T0224556

Einführung in das mathematische Arbeiten

Hermann Schichl · Roland Steinbauer

Einführung in das mathematische Arbeiten

3., überarbeitete Auflage

Hermann Schichl
Fakultät für Mathematik
Universität Wien
Wien, Österreich

Roland Steinbauer
Fakultät für Mathematik
Universität Wien
Wien, Österreich

ISBN 978-3-662-56805-7   ISBN 978-3-662-56806-4 (eBook)
https://doi.org/10.1007/978-3-662-56806-4

Die Deutsche Nationalbibliothek verzeichnet diese Publikation in der Deutschen Nationalbibliografie;
detaillierte bibliografische Daten sind im Internet über http://dnb.d-nb.de abrufbar.

Springer Spektrum
© Springer-Verlag GmbH Deutschland, ein Teil von Springer Nature 2009, 2012, 2018

Verantwortlich im Verlag: Annika Denkert

Gedruckt auf säurefreiem und chlorfrei gebleichtem Papier

Springer Spektrum ist ein Imprint der eingetragenen Gesellschaft Springer-Verlag GmbH, DE und ist
ein Teil von Springer Nature.
Die Anschrift der Gesellschaft ist: Heidelberger Platz 3, 14197 Berlin, Germany

Für
    Waltraud, Arthur und Konstanze

Für
    Petra, Florian und Julian

Vorwort

Wir freuen uns sehr über die fortdauernde positive Aufnahme, die unser Buch bei der Leserschaft gefunden hat, und auch über die freundliche Kritik von zahlreichen FachkollegInnen. Insbesondere wurde das damit verbundene Projekt zur Gestaltung der Studieneingangsphase an der Universität Wien im Jahr 2016 mit dem ARS DOCENDI, dem österreichischen Staatspreis für universitäre Lehre ausgezeichnet.

Insofern war eine Neuauflage des Buchs schon länger angezeigt, und wir haben schon vor über zwei Jahren mit der Arbeit daran begonnen. Allerdings haben wir uns entschlossen, als wesentliche Neuerung begleitendes Videomaterial zur Verfügung zu stellen. Tatsächlich haben wir zwischen 5 und 10 Minuten lange Erklärvideos zu Schlüsselstellen des Buchs gedreht. Diese Videosequenzen sollen als Ergänzung und zusätzliche Unterstützung beim Verständnis zentraler Begriffe dienen — besonders jener, die unserer Erfahrung nach den AnfängerInnen die meisten Verständnisschwierigkeiten bereiten. Die Videos sind in der e-book–Version an Ort und Stelle verlinkt und in der Druckversion mittels solcher QR-Codes eingebunden. Darüber hinaus ist die gesamte Sammlung der Erklärvideos, die unter der Creative-Commons Lizenz steht, auch frei über die Webseite des Buchs `http://www.mat. univie.ac.at/~einfbuch` erreichbar, und wir planen, das Angebot an Videos in Zukunft noch zu erweitern.

Tatsächlich hat die Herstellung der Erklärvideos wesentlich mehr Zeit und Ressourcen in Anspruch genommen, als wir ursprünglich geplant hatten. Zunächst haben wir mit dem Team um Gerd Krizek von der Fachhoschule Technikum Wien kooperiert, das uns in großzügiger Weise unterstützt hat und mit dem wir ungefähr die Hälfte der hier eingebundenen Videos produziert haben. Dafür bedanken wir uns an dieser Stelle sehr herzlich, ebenso bei Harald Stockinger, der den Kontakt hergestellt hat. Im Laufe des Studienjahrs 2016/17 wurde dann das Aufnahme-Setting vom „Center for Teaching and Learning" der Universität Wien an die Universität transferiert, und wir konnten dort die zweite Hälfte der vorliegenden Videos produzieren. Großer Dank gebührt dafür Charlotte Zwiauer, Sylvia Lingo, Felix Schmitt und vor allem unserem Aufnahmeleiter Christoph Winter.

Natürlich haben wir auch in dieser Auflage weiter an den Texten im Buch gefeilt und viele kleinere Veränderungen vorgenommen. Insbesondere haben wir zahlreiche Fehler ausgebessert, die uns aufmerksame Leserinnen und Leser aufgezeigt haben. Dafür sei ihnen herzlich gedankt. Viele Hinweise haben wir über das Webformular erhalten und uns bemüht, möglichst zeitnah darauf zu reagieren und Errata auf der Webseite zu veröffentlichen, was uns oft, aber sicher nicht immer, gelungen ist. Wir werden uns weiterhin bemühen, Zuschriften, die uns auf diesem Weg erreichen, persönlich zu bearbeiten und Rückmeldungen zu geben. Eine große Anzahl von Hinweisen und Korrekturen verdanken wir darüber hinaus unseren InstitutskollegInnen, die unser Buch als Quelle für ihre eigenen Vorlesungen verwendet haben. Besonderer Dank gebührt hier Andreas Čap und Günther Hörmann. Schließlich verdanken wir Michael Grosser eine äußerst umfangreiche Liste von Kommentaren und Bemerkungen, von denen wir viele eingearbeitet haben. Weiters möchten wir uns beim Springer Verlag, besonders bei Annika Denkert und Agnes Herrmann für die freundliche und geduldige Betreuung und bei Manuela Barth für die kompetente Unterstützung in TEX–Fragen bedanken.

Zum Abschluss bleibt uns noch die große Freude, unseren Ehefrauen und Kindern zu danken, die mittlerweile über zehn Jahre Arbeit an diesem Buch begleitet und unterstützt haben, einerseits durch ihre Inspiration und andererseits durch ihre Toleranz gegenüber unseren mitunter ausgedehnten Arbeitszeiten.

Wien, Mai 2018,   *Hermann Schichl und Roland Steinbauer*

Vorwort zur zweiten Auflage

Wir freuen uns, dass wir mit dieser zweiten Auflage des Buches schon nach relativ kurzer Zeit die Gelegenheit erhalten, die bisher gefundenen Ungenauigkeiten und Fehler zu korrigieren. Auch kleinere Ergänzungen konnten wir vornehmen und die eine oder andere Formulierung glätten, in der Hoffnung, dadurch die Lesbarkeit zu verbessern. Für alle, die unser Buch nutzen, haben wir außerdem schon nach Erscheinen der ersten Auflage unter `http://www.mat.univie.ac.at/ ~einfbuch` eine Webseite eingerichtet, die neben Errata und Musterlösungen der Aufgaben weitere aktuelle Informationen und Ergänzungen enthält. Diese Seite werden wir auch parallel zu dieser zweiten Auflage pflegen und erweitern.

Eine etwas größere Ergänzung zur ersten Auflage findet sich am Ende des Buches. Die englische Sprache hat sich schon lange zur Lingua Franca der Naturwissenschaften und der Mathematik entwickelt. Auf internationalen Mathematikkongressen ist seit langem schon Englisch die Vortragssprache, und immer mehr Curricula im deutschen Sprachraum schreiben verpflichtende englischsprachige Vorlesungen oder Seminare vor. Da passiert es dann mitunter, dass „blunt corners" berechnet, die Konvergenz von „Kraftserien" besprochen, oder gar in einem Vortrag über „bodies" mathematische Leichen aus dem Keller geholt werden. Als Hilfestellung haben wir daher in zwei Anhängen die englischen Übersetzungen für jene Fachbegriffe angegeben, die in diesem Buch eingeführt werden. Diesen haben wir einen weiteren Anhang vorangestellt, der eine Sammlung von Phrasen zum korrekten Verständnis häufig verwendeter englischer Formulierungen enthält.

Natürlich ist auch die zweite Auflage nicht ohne die wertvolle Unterstützung anderer möglich gewesen, und darum sei an dieser Stelle allen Studierenden und Vortragenden, speziell Arnold Neumaier, gedankt, die Fehler aufgespürt und uns mit wertvollen Hinweisen versorgt haben. Besonderer Dank gilt Rabbiner Schlomo Hofmeister für seine Unterstützung bei den hebräischen Fonts. Weiters bedanken wir uns beim Springer Verlag, insbesondere bei Clemens Heine, für die fortlaufende freundliche Betreuung. Zu guter Letzt erneuern wir den Dank an unsere Familien, die uns fortdauernde Unterstützung und Inspiration sind.

Wien, November 2011,   *Hermann Schichl und Roland Steinbauer*

Vorwort zur ersten Auflage

Dieses Buch ist aus einem Skriptum zur gleichnamigen Vorlesung entstanden, die an der Universität Wien seit dem Studienjahr 2001 angeboten wird. Diese Vorlesung ist Teil einer Studieneingangsphase, die mit der Idee ins Leben gerufen wurde, die Drop-Out–Rate zu Studienbeginn zu senken, indem die AnfängerInnen behutsam in die abstrakte mathematische Denkweise eingeführt werden. Das Ziel ist, die Studierenden konsequent an dem Ort abzuholen, an dem sie stehen und auf ein Abstraktionsniveau zu führen, auf dem die traditionellen Vorlesungszyklen aus Analysis und Linearer Algebra ansetzen können. Inhaltlich werden jene Themen abgedeckt, die typischerweise diesen beiden Zyklen vorgelagert sind bzw. an ihrem Anfang stehen: Grundlegende Schreibweisen und Logik, Mengen, einfache algebraische Strukturen, Zahlenmengen und analytische Geometrie.

Nachdem dieses Konzept in den vergangenen Jahren aufgegangen zu sein scheint, haben wir uns entschlossen, das Skriptum zum nun vorliegenden Lehrbuch auszubauen. Wir denken, damit auch eine gewisse Lücke in der deutschsprachigen Lehrbuchliteratur auszufüllen. Zwar kennt die englischsprachige Literatur einige „transition courses" etwa ECCLES [25] und BLOCH [13], die ähnliche Inhalte allerdings eine andere Akzentsetzung aufweisen. Grundlegende Themen werden breit behandelt, aber die Bücher führen inhaltlich weniger in Richtung der traditionellen Einführungszyklen. Ein deutschsprachiges Buch mit einem ähnlichen didaktischen Anspruch ist BEHRENDS [9], das aber vom Inhalt her einen klassischen Analysiskurs darstellt.

Natürlich ist das vorliegende Buch stark von unserer eigenen Lerngeschichte und unseren Erfahrungen als Studienanfänger geprägt. Vieles, das wir an den Vorträgen, Skripten und Büchern unserer akademischen Lehrer geschätzt haben, ist in der einen oder anderen Form in den

Text eingeflossen. Andererseits haben wir auch einiges eingebunden, das wir in unserer eigenen Anfängerausbildung vermisst haben — in einer Art und Weise, wie wir die entsprechenden Sachverhalte selbst gerne erklärt bekommen hätten. Besonders wertvoll waren uns auch die Erfahrungen als Übungsleiter in den Proseminaren und Übungen des ersten Studienjahres und die Diskussionen und Gespräche mit interessierten und engagierten Studierenden. Besonders das Nachdenken über die „lästigen" Fragen der StudentInnen hat uns viel gelehrt und oft direkten Einfluss auf unsere Formulierungen gehabt.

Unserem Selbstverständnis entsprechend und eingedenk der Tatsache, dass mehr als die Hälfte der StudienbeginnerInnen weiblich ist, aber nur sehr wenige Frauen an Universitäten mathematisch forschen und lehren, haben wir versucht weitgehend geschlechtsneutral zu formulieren, bzw. beide Genera abwechselnd zu verwenden. Dabei haben wir auch vor der Verwendung des Binnen-I[1] nicht zurückgeschreckt und hoffen so zur Sichtbarmachung und zur Motivation der Studentinnen beizutragen.

Bei unserer Arbeit im Rahmen der Studieneingangsphase wurden wir von zahlreichen KollegInnen in vielfältiger Weise unterstützt. Ihnen allen sei dafür herzlich gedankt.
Viele wertvolle Diskussionen zu allen Fragen der AnfängerInnenausbildung haben wir mit „unserem" Studienprogrammleiter Andreas Čap geführt. Michael Grosser hat unsere inhaltlichen Diskussionen sehr bereichert und einige knifflige Fehler in früheren Versionen aufgedeckt. Michael Kunzinger hat die Vorlesung nach unserem Skriptum gehalten und ebenfalls einige Fehler und Ungereimtheiten aufgespürt. Wertvolle Hinweise zum Inhalt und weiterführender Literatur haben uns Christoph Baxa, Markus Fulmek, Friedrich Haslinger, Arnold Neumaier, Esther Ramharter und Johannes Schoißengeier gegeben. Die Diskussionen zu vielen Aspekten der Lehre mit Stefan Götz, Stefan Haller und Günther Hörmann haben wir besonders genossen. Letzterer hat auch mehrmals im Anschluss an die „Einführung" den Analysiszyklus

---

[1] Dabei sehen wir uns im Einklang mit Hinweisen zur Manuskriptgestaltung verschiedener Institute der Universität Wien. Generell scheint die Verwendung des Binnen-I in Österreich stärker verbreitet zu sein als in Deutschland oder der Schweiz.

gehalten und uns mit wertvollen Anregungen zur Schnittstelle des Buches zur Analysis geholfen. Profitiert haben wir auch von Gesprächen mit Ferenc Domes und Evelyn Stepancik über ihre praktischen Erfahrungen aus dem Schulunterricht. Viele der Übungsaufgaben in diesem Buch gehen ursprünglich auf die ÜbungsleiterInnen aus dem Studienjahr 2001 zurück. Das waren neben oben genannten Theresia Eisenkölbl, Waltraud Huyer, Heinrich Massold und Peter Raith. Eine wertvolle Unterstützung waren uns die TutorInnen in den begleitenden Lehrveranstaltungen, allen voran Petra Grell, Christoph Marx, Claudia Steinwender und Therese Tomiska. Viele Studierende unserer Vorlesungen haben mit ihren Anregungen, Kommentaren, Verbesserungsvorschlägen und Fragen zum Text beigetragen. Franz Embacher hat das Projekt „Neue Medien in der Mathematikausbildung" initiiert, das vom österreichischen Bundesministerium für Bildung, Wissenschaft und Kultur in den Jahren 2002–04 finanziert wurde, und an dem wir mit Gewinn teilgenommen haben.

Wir bedanken uns beim Springer Verlag für die professionelle Unterstützung. Bei der Erstellung des Buches haben uns Clemens Heine und Agnes Herrmann sehr freundlich betreut, und Frank Holzwarth hat uns wertvolle TeX-nische Hilfe geleistet.

Von ganzem Herzen danken wir unseren Ehefrauen, nicht allein für ihre Geduld, sondern auch für ihr Interesse und ihre wertvollen Anregungen zu Formulierungen und Inhalt; schließlich an unsere Kinder: Danke, dass Ihr uns ein konzentriertes Arbeiten möglich gemacht habt.

Wien, Mai 2009,   *Hermann Schichl und Roland Steinbauer*

Inhaltsverzeichnis

Kapitel 1
Einleitung

Eine mathematische Wahrheit ist an sich weder einfach noch kompliziert, sie ist.

Émile Michel Hyacinthe Lemoine (1840–1912)

Es ist uns eine große Freude, dass Sie sich für einen Blick in unser Buch entschieden haben. Wir wollen Sie darin am Beginn einer Reise begleiten, an deren Ziel die tiefgründige Wahrheit steht, die in obigem Zitat anklingt.

Mathematik ist in vielerlei Hinsicht eine erstaunliche, eine schöne Wissenschaft. Sie ist voll einer abstrakten Ästhetik, vergleichbar mit der, die vielen modernen Kunstwerken zugrunde liegt. Sie ist die abstrakteste Kunstform, die wir kennen, und trotzdem ist die Mathematik kein Selbstzweck. Unser Leben in der heutigen Form wäre ohne Mathematik undenkbar. Raumfahrt, Autos, Schiffe, Brücken, Wolkenkratzer, Mobiltelefone, Radio und Fernsehen, Internet — auf all das und noch viel mehr müssten wir ohne sie verzichten. Praktische, geradlinige Anwendbarkeit und verschlungene Gebilde reiner Schönheit; einmal Hilfsarbeiten ausführen, einmal Kreativität beweisen; Mathematik zu betreiben kann ebenso abwechslungsreich wie schweißtreibend sein, Frustration erzeugen, aber vor allem auch wunderbare Erfolge bescheren.

Doch jede Handwerkerin und jeder Künstler muss klein anfangen, sich zunächst die Grundtechniken der Zunft aneignen und ein Gefühl für Qualität und Schönheit entwickeln, unermüdlich üben, um sich in die Lage zu versetzen, selbst Meisterwerke anfertigen zu können.

Von diesen Grundtechniken handelt unser Buch. Doch wie es mit Grundtechniken so ist, sind sie oft weit entfernt vom Ziel und offen-

© Springer-Verlag GmbH Deutschland, ein Teil von Springer Nature 2018
H. Schichl, R. Steinbauer, *Einführung in das mathematische Arbeiten*,
https://doi.org/10.1007/978-3-662-56806-4_1

baren nicht sofort ihren Zusammenhang mit dem Ganzen. Manchmal sind sie trocken und schwer verdaulich, oft benötigen sie Übung, und in seltenen Fällen lässt sich nur schwer erkennen, wozu sie überhaupt gut sind. Dann bitten wir Sie, uns zu vertrauen und sich trotzdem um ein Verstehen zu bemühen, ja zu kämpfen!

Johann Wolfgang von Goethe hat einmal gesagt: „Ich hörte mich anklagen, als sei ich ein Widersacher, ein Feind der Mathematik überhaupt, die doch niemand höher schätzen kann als ich, da sie gerade das leistet, was mir zu bewirken völlig versagt worden." Nun, wann immer man ein Buch schreibt, und sei es ein Lehr- oder Sachbuch, so wird man an den großen Literaten der Zeit und der Vergangenheit gemessen werden. Vermag man den Leser ebenso zu unterhalten und zu fesseln, mit Worten zu umgarnen?
Leider ist es uns versagt worden, Goethe und anderen Wortkünstlern in angemessener Weise nahe zu kommen. Trotzdem hoffen wir, dass die Leserinnen und Leser dieses Buches genug an Unterhaltung in den erklärenden Texten und der vorgestellten Mathematik selbst finden, damit ihr Start in die Wissenschaft, die uns Autoren so am Herzen liegt, ein kurzweiliger wird.

1.1 Schul- und Hochschulmathematik

Die Art und Weise, wie Mathematik an höheren Schulen[1] unterrichtet wird, unterscheidet sich radikal von der Art und Weise, wie Mathematik an Universitäten gelehrt wird, d.h. von der Mathematik als Wissenschaft. Während in der Schulmathematik das Hauptaugenmerk auf das Lösen von Beispielen gerichtet ist und oft der algorithmische Aspekt, d.h. das Erlernen von Schemata zur Behandlung von Standardproblemen, im Vordergrund steht, tritt dieser Bereich an der Universität merklich in den Hintergrund. Die Mathematik als Wissenschaft beschäftigt sich hauptsächlich mit abstrakten Strukturen. Diese werden durch möglichst wenige grundlegende Attribute definiert. Weitere gültige Eigenschaften sowie Querbeziehungen zu anderen Strukturen

---

[1] Sekundarstufe II in Deutschland und der Schweiz, AHS und BHS Oberstufe in Österreich, ISCED–Level 3 nach der UNESCO Klassifikation.

werden in Beweisen mittels logischer Schlussfolgerungen aus diesen Grundlagen und bereits bekannten Tatsachen abgeleitet. Beispiele dienen primär zur Illustration abstrakter Sachverhalte.

So gibt es wohl kaum ein Fach, bei dem ein tieferer und breiterer Graben zwischen Schule und Hochschule zu überwinden ist, und viele StudienanfängerInnen — sowohl in der Fachmathematik als auch im Lehramt — drohen bereits in den ersten Studienwochen an diesem Übergang zu scheitern. Tatsächlich weist das Mathematikstudium im Vergleich mit vielen anderen Studienrichtungen, selbst mit den naturwissenschaftlichen, eine sehr hohe Drop-Out–Rate[2] auf, und viele Studierende geben bereits bald nach Studienbeginn auf.

Um dieser Problematik sinnvoll zu begegnen und den Studierenden den Einstieg in die Hochschulmathematik zu erleichtern, wird an der Fakultät für Mathematik der Universität Wien seit dem Studienjahr 2001 eine Studieneingangsphase angeboten, deren Herzstück eine Vorlesung mit dem Titel „Einführung in das mathematische Arbeiten" darstellt. Diese Vorlesung hat einen Umfang von drei Semesterwochenstunden (6 ECTS-Punkten) und findet geblockt in den ersten sechs Wochen des ersten Semesters als Pflichtveranstaltung sowohl im Bachelorstudiengang Mathematik, als auch im Lehramtsstudium zum Unterrichtsfach Mathematik statt. Sie ist somit Vorläufer und Wegbereiter der anschließenden traditionellen Vorlesungszyklen aus Analysis und Linearer Algebra und Geometrie. Die Studieneingangsphase wird von Übungen zur Einführungsvorlesung, Begleittutorien und Workshops zur Aufarbeitung des Schulstoffs abgerundet. Diese haben insbesondere zum Ziel, die Studierenden auf einen annähernd gleichen Wissensstand bezüglich des Schulstoffs zu bringen.

Wir Autoren haben beide mehrmals die „Einführung in das mathematische Arbeiten" gelesen sowie die gesamte Studieneingangsphase koordiniert. Schon im Studienjahr 2001 entstand ein Skriptum zur Vorlesung, das laufend von beiden Autoren erweitert, verbessert und an die wechselnden Anforderungen der Curricula (Studienpläne) angepasst wurde. Im Studienjahr 2008 schließlich wurde das Skriptum zum vorliegenden Lehrbuch erweitert und ausgestaltet, wobei es im Umfang deutlich über das ursprüngliche Ausmaß eines Skriptums zu einer

---

[2] Das ist die Anzahl der StudienabbrecherInnen pro -anfängerIn.

dreistündigen Vorlesung hinausgewachsen ist. Wir haben uns dabei von dem Ziel leiten lassen, einen Text aus einem Guss zu erstellen, der den Graben zwischen Schul- und Hochschulmathematik überbrückt.

Wir stellen in der Vermittlung der typischen Inhalte der ersten Studienphase dem „Was" das „Wie" gleichberechtigt zur Seite und präsentieren die Mathematik gemeinsam mit ihrer Methodik, ihrer Sprache und ihren Konventionen. Wir machen das oft Implizite und Unausgesprochene offiziell — nicht als Trockenschwimmkurs, sondern verwoben mit den Inhalten: grundlegende mathematische Ideen und Schreibweisen, Aussagenlogik, (naive) Mengenlehre, algebraische Strukturen, Zahlenmengen und analytische Geometrie. So versteht sich dieser Text einerseits als Medizin gegen den von vielen Studierenden zu Beginn ihres Studiums erlittenen „Abstraktionsschock" und führt den für das weitere Studium fundamental wichtigen „abstrakten Zugang" sanft ein, indem es ihn selbst zum Thema macht und erklärt. Andererseits vermitteln wir die mathematischen Inhalte, die gewissermaßen den klassischen Einführungszyklen „Analysis" und „Lineare Algebra und Geometrie" vorgelagert sind bzw. typischerweise an deren Beginn stehen. Darüber hinaus streifen wir auch Inhalte, die auf einführende Vorlesungen aus den Gebieten Zahlentheorie, Algebra sowie Diskrete Mathematik und Kombinatorik vorbereiten.

Bevor wir die Inhalte am Ende der Einleitung genauer beschreiben, wollen wir Ihnen einige Tipps und Tricks für den Studienbeginn und einige Hinweise zur Benutzung des vorliegenden Buches geben.

1.2 Hürden zu Studienbeginn

Das Mathematikstudium bietet den meisten Studierenden zu Beginn einige grundlegende Hürden und Schwierigkeiten, die in diesem Abschnitt kurz angesprochen werden sollen — nicht um Ihnen eine Begegnung damit zu ersparen (das lässt sich nämlich gar nicht einrichten), sondern um Ihnen einige Tipps und Tricks mit auf den Weg zu geben.

1.2.1 „Definition, Satz, Beweis" — Abstraktion

So seltsam es auch klingen mag, die Stärke der Mathematik beruht auf dem Vermeiden jeder unnötigen Annahme und auf ihrer großartigen Einsparung an Denkarbeit.

Ernst Mach (1838–1916)

Seit Euklid im dritten Jahrhundert vor unserer Zeitrechnung sein Hauptwerk, die *Elemente*, geschaffen hat, in dem er den Großteil der damals bekannten Mathematik zusammenfasste, ist das Gebäude der Mathematik nach streng logischen Kriterien aufgebaut. Mathematische Objekte werden durch wenige grundlegende Eigenschaften *definiert*, und allgemeine Aussagen über diese abstrakten Objekte werden in *mathematischen Sätzen* formuliert. Deren Gültigkeit wird in *Beweisen* durch logische Schlussfolgerungen aus einigen wenigen Grundannahmen (den Axiomen, die nicht weiter hinterfragt werden) und bereits bekannten Sachverhalten abgeleitet. Auf diese Weise wird sichergestellt, dass in der mathematischen Welt die gemachten Aussagen rein logisch nachgewiesen oder widerlegt werden können. Sie müssen nicht durch Experimente oder Expertengutachten gestützt werden. Auch der in vielen Wissenschaften tobende „philosophische" Kampf zwischen verschiedenen Schulen und Lehrmeinungen findet in der Mathematik nicht statt, oder beschränkt sich zumindest darauf, ob ein bestimmtes Gebiet interessant bzw. modern ist oder eben nicht.

Diese Vorgehensweise und insbesondere das Beweisen ist den meisten StudienanfängerInnen fremd, da sie aus der Schule gewohnt sind, dass mathematische Inhalte anhand von Beispielen erklärt und weiterentwickelt werden, ja der gesamte Unterricht meist auf Beispiele fokussiert ist. Die Tatsache, dass die wahre Entwicklung mathematischer Inhalte von konkreten Beispielen abgehoben, innerhalb abstrakter Strukturen und in allgemeinen Aussagen erfolgt, die dann auch noch bewiesen werden, führt häufig zu einem **„Abstraktionsschock"** unter den Studierenden.

Die Bewältigung dieses Schocks wird oft durch den folgenden nur zunächst paradox erscheinenden Faktor erschwert: die scheinbare Einfachheit des zu Beginn gelehrten Stoffs. Tatsächlich sind viele der zu

Beginn des Studiums präsentierten mathematischen Inhalte schon aus der Schule bekannt, was dazu verführt, sich auf dem in der Schule erworbenen Polster „auszuruhen". Aber der Stoff sieht nur auf den ersten Blick einfach aus, denn die wahre Schwierigkeit liegt oft nicht darin, *was* behandelt wird, sondern *wie* es behandelt wird. Zusätzlich erreichen die geschaffenen Strukturen schon nach kurzer Zeit einen Umfang und ein Abstraktionsniveau, das sich mit Schulwissen und Beispielen allein nicht mehr überblicken lässt.

Unser Tipp: Nutzen Sie die scheinbare Einfachheit am Beginn dazu, zu verstehen, *wie* der Lehrstoff präsentiert wird und *warum* das gerade *so* geschieht. In unserer Darstellung des Stoffs haben wir versucht, Sie dabei nach besten Kräften zu unterstützen.

1.2.2 „Ich habe genau eine Schwester" — Sprache

> *Die Mathematiker sind eine Art Franzosen: Redet man zu ihnen, so übersetzen sie es in ihre Sprache, und dann ist es alsbald ganz etwas anderes.*
>
> Johann Wolfgang von Goethe (1749–1832)

Die Sprache dient in der Mathematik, wie auch im täglichen Leben, der Informationsübermittlung. Die Aufgabe des Sprechenden ist es dabei, durch geeignete Sprachwahl dem Hörenden möglichst wenig Mühe beim Verstehen zu verursachen. Nun ist die Mathematik ein Gebiet, in dem äußerst komplexe Sachverhalte dargestellt werden und es sehr auf Exaktheit ankommt. Daher ist die mathematische Sprache Regeln unterworfen, die über jene hinausgehen, die für Umgangssprache (Hochsprache) und Literatur gelten.

Der Beruf als MathematikerIn prägt die verwendete Sprache, wie das bei jedem Beruf der Fall ist. Genauso wie von ÄrztInnen in der Regel anstelle des Wortes „Ellenbogenbruch" oft „Olekranonfraktur" verwendet wird[3], kann man von MathematikerInnen mitunter „ich habe genau einen Bruder" hören. Während jedoch angehende MedizinerIn-

---

[3] Olekranonfraktur spezifiziert die Bruchstelle genauer.

nen einige Monate Zeit haben, ihre Sprache an das Berufsbild anzu-
passen, ist es für Mathematikstudierende notwendig, die grundlegenden Sprechweisen äußerst rasch zu erlernen. Ohne diese Fähigkeit
gehen nämlich schon zu Beginn viele wesentliche Informationen ver-
loren, und manchmal bleibt sogar das Grundverständnis einer ganzen
mathematischen Aussage auf der Strecke.

Um diesem Umstand sinnvoll zu begegnen, haben wir in diesem Buch
fachsprachliche Regeln, Besonderheiten und Konventionen in grau hin-
terlegten Boxen gesammelt, die in den laufenden Text eingewoben sind.
So erklären wir an Ort und Stelle die für das unmittelbare Verstehen der Inhalte notwendigen sprachlichen Übereinkünfte. Einige der
dort zitierten Regeln sind ebenso wie die dazu gehörenden Beispiele
dem ausgezeichneten Büchlein von BEUTELSPACHER [10] entnommen,
dessen begleitende Lektüre wir Ihnen hiermit sehr ans Herz legen.
Dort, wie auch in HALMOS & HINTZSCHE [37] finden Sie viele nützliche
Hinweise zum Verfassen eigener mathematischer Texte.

1.2.3 „Mathematik ist kein Zuschauersport"[4] — Übungsaufgaben

> *Die Mathematik ist mehr ein Tun als eine Lehre.*
> Luitzen Egbertus Jan Brouwer (1881–1966)

Die schon oben erwähnten Besonderheiten mathematischer Texte haben
zur Folge, dass diese eine hohe Informationsdichte aufweisen. Daraus
ergibt sich, dass ein wirkliches Verstehen mathematischer Sachverhalte
nicht durch ein einfaches „Durchlesen" des entsprechenden Textes
erzielt werden kann — selbst dann, wenn der Text besonders ausführlich
und gut geschrieben ist. Manche Zusammenhänge „wollen" von den
LeserInnen selbst durchdacht, gewisse Aspekte eines Begriffs selbst
entdeckt werden, und einige Details werden sich auch den gründlich-
sten LeserInnen erst beim zweiten oder dritten Durchgang offenbaren.
Außerdem ist Mathematik kein Zuschauersport und kann nicht allein
durch Nachvollziehen vorgegebener Inhalte erlernt werden. Um ein

---

[4] Das war ein beliebter Ausspruch unseres Lehrers Hans-Christian Reichel (1945–
2002)

wirkliches Verständnis mathematischer Begriffe zu erlangen, ist eine intensive Auseinandersetzung mit ihnen nötig, und eine große Schwierigkeit, vor der StudienanfängerInnen häufig stehen, ist es einzuschätzen, ab wann sie einen Begriff wirklich ausreichend „verstanden" haben.

Um diesem Umstand zu begegnen, hat es sich in der mathematischen Lehrbuchliteratur eingebürgert, dass in Ergänzung zum Haupttext Übungsaufgaben gestellt werden. Dabei handelt es sich um mehr oder weniger einfach zu lösende Problemstellungen, die sich unmittelbar an den erklärten Stoff anschließen. Sie ermöglichen den LeserInnen, sich selbständig mit dem Text und seinen Inhalten auseinander zu setzen: In gewisser Weise läuft während des Bearbeitens von Übungsaufgaben ein zum Lesen bzw. Rezipieren vorhandener Texte komplementärer Teil des Lernprozesses ab — nämlich der eigenständige und kreative(!) Umgang mit den Inhalten.

Unser Tipp: Scheuen Sie nicht davor zurück, sich an Übungsaufgaben zu versuchen, sondern sehen Sie diese als integralen Bestandteil des Erlernens mathematischer Inhalte — selbst dann, wenn Ihnen die Aufgaben schwierig oder lästig erscheinen. Die Beschäftigung mit gut gestellten Übungsaufgaben bringt Ihnen immer einen Erkenntnisgewinn.

1.3 Zur Verwendung des Buches

Zum Abschluss der Einleitung wollen wir noch einige Besonderheiten des vorliegenden Buches hervorheben und den LeserInnen einige Worte zum Umgang mit dem Buch mitgeben.

Dieses Buch ist sehr ausführlich gestaltet, um seine Nützlichkeit für das Selbststudium zu garantieren. Zu seiner Verwendung als Haupttext in einer einführenden Vorlesung geben wir weiter unten einen Erfahrungsbericht. Wir haben zwar hauptsächlich Studierende der Mathematik — sei es zum Lehramt oder zur Fachmathematik — als Publikum im Auge, aber auch AnfängerInnen der Physik und verwandter Studien haben mit Gewinn die entsprechenden Vorlesungen an der Universität Wien besucht bzw. das Vorlesungsskriptum verwendet.

1.3.1 Stil, graue Boxen und Erweiterungsstoff

Dieses Buch will Ihnen eine solide Wissensbasis für die erste Zeit ihres Mathematikstudiums vermitteln. Gemeinsam mit der Darstellung der typischen mathematischen Inhalte wird die mathematische Methode selbst zum Thema gemacht. Daher weist der Text neben der üblichen Gliederung in Definition, Satz und Beweis auch lange erklärende Abschnitte auf.

Insbesondere werden wichtige Erklärungen zur Methode der Mathematik, zur Art und Weise der Darstellung mathematischer Inhalte und vor allem Erläuterungen zur mathematischen Fachsprache in grauen Boxen hervorgehoben.

Um den Anforderungen eines Textes für AnfängerInnen gerecht zu werden, haben wir alle mathematischen Begriffsbildungen ausführlich motiviert und die auftretenden Begriffe durch viele Beispiele illustriert. Zusätzlich haben wir reichlich Übungsaufgaben im Text verteilt, die im Schwierigkeitsgrad von einfachen Routineaufgaben bis zu anspruchsvollen Problemen reichen und Ihnen die Möglichkeit zur Entwicklung mathematischer Kreativität bieten. Wo mehrere Aufgaben zu einem Themenkreis gestellt sind, ist ihr Schwierigkeitsgrad in der Regel aufsteigend.

Auf der Webseite http://www.mat.univie.ac.at/~einfbuch haben wir für alle Übungsaufgaben ausgearbeitete Lösungen oder zumindest Lösungshinweise zusammengestellt. Achtung, die Übungsaufgaben entfalten ihre volle positive Wirkung nur dann, wenn sie *selbständig* bearbeitet werden (vgl. 1.2.3). Wir raten Ihnen daher, die angebotenen Lösungen primär zur Kontrolle Ihrer eigenen Ausarbeitungen zu verwenden.

Einige Teile des Textes, die so wie dieser Abschnitt gekennzeichnet sind, gehen deutlich über den üblichen Stoff der ersten Studienwochen hinaus. Da sich die entsprechenden Begriffe aber generisch in die Darstellung einfügen und eine Behandlung an der entsprechenden Stelle ohne weiteres möglich ist, haben wir uns entschlossen, sie als „Erweiterungsstoff" in das Buch aufzunehmen. So können sie den interessierten LeserInnen als Motivation und weiterführende Anregung dienen.

Außerdem haben wir hin und wieder Übungsaufgaben, die besondere Schwierigkeiten enthalten, als Erweiterungsstoff gekennzeichnet.

Der Haupttext des Buches ist allerdings in sich abgeschlossen und ohne den Erweiterungsstoff eigenständig lesbar.

1.3.2 Exaktheit und naives Verwenden des Schulstoffs

Ein Wort zur mathematischen Exaktheit und zum Aufbau des Buches: Im Prinzip wäre es möglich, den Stoff der Vorlesung zu entwickeln, ohne irgendwelche mathematische Vorkenntnisse vorauszusetzen. Dann würde allerdings Ihr Vorwissen über weite Strecken brach liegen, und viele der vorgestellten Konstruktionen würden blutleer und gekünstelt wirken. Um Sie nicht so in eine Motivationskrise zu treiben, werden wir, während wir die Inhalte der Vorlesung *mathematisch exakt* aufbauen, auf den reichen Fundus der Schulmathematik zurückgreifen, um auf diese Weise den Stoff anhand von Beispielen zu motivieren und zu untermalen. Das macht es allerdings nötig, einige mathematische Begriffe und Objekte zu verwenden, bevor sie im Rahmen der Vorlesung exakt definiert wurden, d.h. sie *naiv* zu verwenden und an Ihre bisherige mathematische Erfahrung zu appellieren. Dies betrifft vor allem die Zahlenmengen aber etwa auch die Winkelfunktionen und Winkelsätze, die Exponential- und die Logarithmusfunktion, die Verwendung von Variablen und, vor allem in Kapitel 7, einige Tatsachen aus der ebenen und räumlichen Geometrie. Als Referenz verweisen wir dafür auf KEMNITZ [50], ein Buch das (vor allem) den Schulstoff in knapper Form zusammenfasst.

Als ein Beispiel wollen wir die Ihnen „selbstverständliche" Rechnung $1 + 1 = 2$ heranziehen. Das Wissen um die Richtigkeit dieser Gleichung ist ihnen (mindestens) seit der Volks- bzw. Grundschule bekannt. Es scheint uns offensichtlich, dass *jeder* Mensch das „weiß". In der Tat ist das aber nicht so. Es gibt Volksgruppen in Amazonien, die mit der Rechnung $1 + 1 = 2$ so nichts anfangen können. Gehen Sie nun in sich und überprüfen Sie kritisch, ob sie tatsächlich *wissen*, was in besagter Gleichung die Symbole 1, 2, + und = genau bedeuten. Sie werden feststellen, dass — natürlich abhängig von Ihrer mathematischen Vorbildung — das Wissen recht vage ist. Für den Anfang wollen wir daher die Zahlen $1, 2, \ldots$, die wir zum Zählen verwenden, *natürliche Zahlen* nennen, sie mit $\mathbb{N}$ bezeichnen und so tun, als ob wir genau über sie Bescheid wüssten. Als Konvention, d.h. nach Übereinkunft, wollen wir die Zahl 0 zu den natürlichen Zahlen zählen.

Wenn wir die natürlichen Zahlen um die negativen Zahlen ergänzen, dann erhalten wir die *ganzen Zahlen*, bezeichnet mit $\mathbb{Z}$. Bilden wir Brüche (Quotienten) ganzer Zahlen, mit von Null verschiedenem Nenner, so erhalten wir eine noch größere Zahlenmenge, die mit $\mathbb{Q}$ bezeichneten *rationalen Zahlen*. Diese reichen für die meisten in der Praxis auftretenden Rechnungen bereits aus. Wie aber schon die Griechen in der Antike, sehr zu ihrem Entsetzen, herausgefunden haben, gibt es geometrische Beziehungen, die sich nicht durch Bruchzahlen beschreiben lassen, z.B. das Verhältnis von Diagonallänge und Seitenlänge in einem Quadrat oder das Verhältnis von Kreisumfang zu Kreisdurchmesser. Wir müssen also unsere Zahlenmengen noch weiter vergrößern, bis wir schließlich bei den *reellen Zahlen* $\mathbb{R}$, veranschaulicht durch die aus der Schule bekannte Zahlengerade, anlangen. In der Schulmathematik wird üblicherweise die Menge der reellen Zahlen anschaulich dadurch konstruiert, dass man zu den rationalen Zahlen, die man durch die abbrechenden und periodischen Dezimalzahlen beschreibt, *alle* — auch die nichtperiodischen — Dezimalzahlen hinzufügt.

Möglicherweise haben Sie in der Schule auch die Menge der *komplexen Zahlen* $\mathbb{C}$ kennengelernt. Und natürlich werden Sie diese auch im vorliegenden Buch (wieder)finden. Bis wir dorthin gelangt sein werden, werden Sie allerdings auch schon genau gelernt haben, wie die natürlichen, ganzen, rationalen und sogar die reellen Zahlen *mathematisch exakt definiert* sind. Nun aber noch einmal als Überblick und zum naiven Einstieg:

> natürliche Zahlen $\mathbb{N}$: $0, 1, 2, 3, \ldots$
> ganze Zahlen $\mathbb{Z}$: $0, \pm 1, \pm 2, \pm 3, \ldots$
> rationale Zahlen $\mathbb{Q}$: Brüche ganzer Zahlen
> mit nicht verschwindendem Nenner.
> reelle Zahlen $\mathbb{R}$: Zahlen auf der Zahlengeraden,
> *alle* Dezimalzahlen.

1.3.3 Inhalte

Nun ist es aber höchste Zeit, Ihnen die Inhalte des Buches genauer vorzustellen.

In Kapitel 2 beginnen wir damit, einige Grundlagen der mathematischen Methodik und Sprache sowie grundlegende Schreibweisen zu sammeln. Wir lernen erste mathematische Sätze (z.B. den Euklidischen Primzahlsatz) kennen und führen unsere ersten mathematischen Beweise. Wir erklären Indizes, Summen- und Produktzeichen und besprechen Grundsätzliches zum Stil und zu Gleichungsumformungen. Schließlich erklären wir das Beweisprinzip der vollständigen Induktion und beweisen damit den binomischen Lehrsatz, der eine Formel zur Berechnung von Potenzen der Form $(a+b)^n$ liefert. In diesem Zusammenhang diskutieren wir ausführlich Binomialkoeffizienten sowie das Pascalsche Dreieck und geben so einen ersten Vorgeschmack auf das Gebiet der Diskreten Mathematik und Kombinatorik.

In Kapitel 3 widmen wir uns den logischen Grundlagen der Mathematik — soweit das für „working mathematicians" notwendig und sinnvoll ist. In einem Abschnitt über boolesche Algebren besprechen wir die grundlegenden logischen Operationen: Und, Oder und die Negation. Weiters diskutieren wir die Grundlagen der Aussagenlogik, insbesondere die Implikation und die Äquivalenz, die ja die Basis aller mathematischen Aussagen darstellen. Wir erklären die Struktur indirekter Beweise und schließen so auf die Irrationalität von $\sqrt{2}$. Bevor wir im letzten Abschnitt korrekte Argumentation und den Aufbau mathematischer Beweise diskutieren, lernen wir Quantoren kennen und legen somit den Grundstein zur Definition unserer ersten mathematischen Struktur, der Menge.

Tatsächlich ist das gesamte Kapitel 4 der Mengenlehre gewidmet. Wir beginnen mit der naiven Definition des Mengenbegriffs, der für viele Belange des „mathematischen Alltags" ausreichend exakt ist. Darauf bauen wir unsere Darstellung der grundlegenden Mengenoperationen auf: Teilmengen, Vereinigung, Durchschnitt, Komplement, Differenz und Potenzmenge. In Abschnitt 4.2 führen wir den Begriff der Relation ein und diskutieren ausführlich Äquivalenz- und Ordnungsrelationen. Insbesondere stellen wir als deren Folgestrukturen Äquivalenzklassen und Faktormengen bzw. Schranken, Infima und Suprema von Mengen vor. Abschnitt 4.3 ist dem zentralen Begriff der Funktion gewidmet. Wir motivieren ausführlich seine Definition und besprechen die Konzepte von Bild und Urbild von Mengen. Den zentralen Eigenschaften Injektivität, Surjektivität und Bijektivität von Funktionen widmen wir breiten Raum. Danach besprechen wir den Begriff der Mächtigkeit von Mengen — ein Konzept, das es gestattet, über die „Größe" auch unendlicher Mengen zu sprechen — und beweisen mittels des Cantorschen Diagonalverfahrens die Gleichmächtigkeit von $\mathbb{N}$ und $\mathbb{Q}$ sowie die Überabzählbarkeit von $\mathbb{R}$. Schließlich geben wir in Abschnitt 4.5, der zur Gänze zum Erweiterungsstoff zählt, einen kurzen Abriss der axiomatischen Mengenlehre, wobei wir das Axiomensystem von Zermelo und Fraenkel diskutieren.

Kapitel 5 ist grundlegenden algebraischen Strukturen gewidmet. In diesem Kapitel gehen wir, dem Inhalt entsprechend, besonders streng nach dem „Definition-Satz-Beweis"-Stil vor, wie er im Großteil der mathematischen Literatur verwendet wird. Damit bereiten wir Sie auf den Übergang zur „dichter" geschriebenen Literatur vor, wie sie im weiteren Verlauf des Studiums immer typischer werden wird. Nachdem der Stil für die meisten StudentInnen gewöhnungsbedürftig ist und auch wesentlich zum Abstraktionsschock beiträgt, machen wir ihn selbst zum Thema der Erörterung. Mathematisch beschäftigen wir uns jeweils in einem eigenen Abschnitt mit Gruppen, Ringen und Körpern. In der Gruppentheorie motivieren wir ausführlich die Gruppenaxiome, besprechen Untergruppen und Homomorphismen, erklären dabei die Idee der strukturerhaltenden Abbildungen und geben viele Beispiele. Die Ringtheorie führt uns von der Definition der Ringe, Unterringe und Homomorphismen zu den Begriffen Teiler, Primelement und größter gemeinsamer Teiler. Wir präsentieren den Euklidischen Algorithmus, beweisen den Fundamentalsatz der Arithmetik und besprechen im Erweiterungsstoff kurz Euklidische Ringe und schaffen so einen Brückenkopf zur elementaren Zahlentheorie. Schließlich kommen wir zur speziellsten der vorgestellten Strukturen, den Körpern, betrachten wieder Teilstrukturen und Homomorphismen und als Beispiele insbesondere $\mathbb{Q}$, $\mathbb{R}$ und die Restklassenkörper.

In Kapitel 6 kehren wir zu den Zahlenmengen zurück, die wir schon die ganze Zeit über naiv verwendet haben. Die Abschnitte über die natürlichen, ganzen, rationalen und reellen Zahlen zerfallen in jeweils zwei Teile. Im beschreibenden Teil definieren wir $\mathbb{N}$ über die Peano-Axiome und bauen unser Verständnis der weiteren Zahlenmengen auf den algebraischen Begriffen aus Kapitel 5 auf. Daneben entwickeln wir im Erweiterungsstoff einen axiomatischen Zugang, in dem wir die Zahlenmengen direkt aus dem Zermelo-Fraenkelschen Axiomensystem konstruieren. Als Grundlage der Analysis besprechen wir die reellen Zahlen sehr ausführlich. Wir diskutieren geordnete Körper und den Begriff der Ordnungsvollständigkeit, beweisen die Archimedische Eigenschaft, die Dichtheit der rationalen und irrationalen Zahlen in $\mathbb{R}$, die Existenz- und Eindeutigkeit der n–ten Wurzel und die Monotonie der Wurzelfunktionen. Danach widmen wir einen Abschnitt den komplexen Zahlen, die wir direkt auf algebraischem Weg definieren, und führen bis zum Fundamentalsatz der Algebra und dem Theorem von Abel — natürlich ohne die beiden zu beweisen. Schließlich runden wir das Zahlenkapitel noch mit einem kurzen Abschnitt über Quaternionen und Oktonionen ab, der zum Erweiterungsstoff zählt.

Das abschließende Kapitel 7 ist der analytischen Geometrie und somit einer der Grundlagen der Linearen Algebra gewidmet. Wir behandeln zunächst Ebene und Raum getrennt und schälen sorgfältig die gemeinsamen Strukturen — vor allem die Rechenoperationen, Länge, Abstand und Skalarprodukt — heraus, um schließlich die Verallgemeinerung auf höhere Dimensionen zu vollziehen. Parallel dazu bemühen wir uns, an einfachen Beispielen zu demonstrieren, wie Mathematik und mathematisches Modellieren zur Lösung von realen Anwendungsproblemen beitragen kann. Als weiteren strukturellen Aspekt diskutieren wir lineare Abbildungen und deren Darstellung durch Matrizen, die wir davor schon in den Kapiteln 2 und 5 im Rahmen von Beispielen kennengelernt haben. Am Ende des Kapitels verlassen wir völlig den Bereich der Anschauung, besprechen zunächst den n-dimensonalen Raum und führen dann auf rein algebraischem Weg zur Definition des Vektorraumes hin. An dieser Stelle übergeben wir den Staffelstab an die Literatur zur Linearen Algebra.

Insgesamt versuchen wir, in den einzelnen Abschnitten, Anknüpfungspunkte an verschiedene mathematische Teilgebiete zu schaffen und geben an den jeweiligen Stellen einige wenige Literaturhinweise. Dabei haben wir die Bücher wenn möglich so geordnet, dass „leichtere" Lektüre in der Reihenfolge vor den schwierigeren und dichteren Büchern aufgelistet ist. Wir haben auch einige englischsprachige Werke empfohlen, besonders dann, wenn sie uns selbst gut gefallen haben — eingedenk der Tatsache, dass eine tiefer gehende Beschäftigung mit der Mathematik als Wissenschaft ohne Grundkenntnisse der englischen Sprache schwierig, wenn nicht gar unmöglich ist. Einige Bücher, die Ihnen dabei helfen können, die Fähigkeit zum Verstehen und Erstellen englischsprachiger mathematischer Texte zu erwerben, wären etwa HIGHAM [42], KRANTZ [54] und KNUTH et al. [53].

Als erste Hilfe finden Sie nach der Bibliographie am Ende dieses Buches einen Appendix, der eine Sammlung von Phrasen zum korrekten Verständnis häufig gebrauchter mathematischer Formulierungen in englischer Sprache enthält. Daran schließen sich ein deutsch-englischer und ein englisch-deutscher Index, der die Übersetzungen jener Fachbegriffe enthält, die in diesem Buch eingeführt werden.

Ganz am Ende des Buches finden Sie schließlich vier Indizes, mit deren Hilfe Sie das gesamte Buch durchsuchen können. Der erste ist eine Liste der verwendeten mathematischen Symbole, grob nach mathematischen Gebieten geordnet. Daran fügen sich ein Index aller Definitionen, Propositionen und Theoreme, ein Index aller Beispiele und zuletzt ein Verzeichnis der definierten und erwähnten Begriffe.

Die Kenntnis des griechischen Alphabets, der ersten Buchstaben des hebräischen Alphabets und auch ein Beherrschen der kalligraphischen und der Frakturbuchstaben ist für angehende MathematikerInnen unerlässlich — treten doch alle diese Zeichen häufig in der mathematischen Literatur auf. Daher haben wir sie ganz am Ende des Buches tabellarisch erfasst.

1.3.4 Erfahrungsbericht

Zu guter Letzt wollen wir noch einen Erfahrungsbericht zur Verwendung des Buches im Rahmen einer einführenden Lehrveranstaltung zu Studienbeginn geben. Grundsätzlich hat sich die Reihenfolge der Lehrinhalte in unserer Lehrveranstaltung bewährt. Das Kapitel über Algebra hat erfahrungsgemäß die größten Schwierigkeiten bereitet, auch weil dort zum ersten Mal die gesamte Komplexität der mathematischen Abstraktion auf die Studierenden einstürzt. Deshalb haben wir in

diesem Abschnitt die Vortragsgeschwindigkeit üblicherweise reduziert.
Wenn die Vorlesung einen Gesamtumfang von etwa 2 Semesterstunden aufweist, dann ist realistisch, die Kapitel 2 bis 6 in gekürzter Form
und ohne Erweiterungsstoff zu besprechen; in manchen Jahren haben
wir etwa das Kapitel 5 direkt bei den Gruppenaxiomen begonnen
und haben die Ringtheorie nur sehr eingeschränkt behandelt. Der Abschnitt 3.3 ist eher für das Selbststudium gedacht und wurde von uns
so nicht präsentiert, sondern vielmehr in den begleitenden Übungen
besprochen. Ab einem Gesamtumfang von 3 Semesterwochenstunden
reicht die Zeit aus, das Kapitel 7 teilweise in der Vorlesung zu behandeln. Der Großteil des Erweiterungsstoffes war erst bei einem noch
mehr an Zeit so präsentierbar, dass die Studierenden davon profitieren konnten. Die Abschnitte 4.5 über axiomatische Mengenlehre und
die Abschnitte 6.1.1, 6.2.1, 6.3.1 und 6.4.1 über die Konstruktion der
Zahlenmengen — die für viele AnfängerInnen nur schwer verständlich
sind, Hochinteressierte aber meist fesseln — könnten aber an den Beginn einer eigenständigen Vorlesung über Grundideen der Mathematik gestellt werden. Alternativ könnten sie eigenständig am Ende einer
Einführungsvorlesung gebracht werden, die etwa einen Umfang von 5
Semesterstunden hat.

Was uns jetzt noch bleibt, ist Ihnen viel Vergnügen mit dem folgenden
Text und viel Erfolg bei Ihren ersten Schritten in die Mathematik als
Wissenschaft zu wünschen!

Kapitel 2
Grundlagen

Es gibt keinen Königsweg zur Mathematik.
Euklid von Alexandria (um 300 v. Chr.)

Bevor wir uns auf den Ozean der Mathematik hinaus wagen können, müssen wir zunächst einiges an Grundlagenwissen ansammeln. In diesem Kapitel werden wir einige Grundideen und Schreibweisen vorstellen, ohne die wir unser Ziel, das Wesen der „höheren" Mathematik zu erforschen, nicht erreichen können.

2.1 Beweise

Wie wir schon in der Einleitung erwähnt haben, bilden *Beweise* die Grundlage des mathematischen Gebäudes. Während wir in den weiteren Abschnitten tiefer auf die Art und Weise eingehen werden, wie Beweise aufgebaut und geführt werden, wollen wir zunächst mit ein paar einfach verständlichen Beispielen beginnen.

Zu Anfang erinnern wir uns an den Begriff der **Teilbarkeit**. Sei n eine ganze Zahl, dann nennen wir eine ganze Zahl $m \neq 0$ einen **Teiler** von n, wenn bei der Division von n durch m kein Rest bleibt, d.h. wir $n = mk$ für ein geeignetes, ganzes k schreiben können. Anders gesagt: Es existiert eine ganze Zahl k, sodass $n = mk$ gilt. Wir sagen dann, dass n durch m **teilbar** ist, oder auch m **teilt** n, was wir in mathematischen Symbolen schreiben als $m|n$. Insbesondere verstehen wir unter einer *geraden Zahl* eine ganze, durch 2 teilbare Zahl.

© Springer-Verlag GmbH Deutschland, ein Teil von Springer Nature 2018
H. Schichl, R. Steinbauer, *Einführung in das mathematische Arbeiten*,
https://doi.org/10.1007/978-3-662-56806-4_2

2.1.1   **Proposition 2.1.1 (Quadrate gerader Zahlen).** Das Quadrat einer geraden Zahl ist gerade.

Man kann sich die gesamte Mathematik als ein Gedankengebäude vorstellen, das aus Aussagen besteht, die aus gewissen Grundaussagen (den **Axiomen**) durch logische Schlussfolgerungen abgeleitet werden. Dieser Vorgang heißt **beweisen.** Gilt eine Aussage A als bewiesen, und kann man eine weitere Aussage B logisch aus A ableiten, so gilt auch B als bewiesen. Mit diesem Prinzip steht und fällt die Mathematik, daran lässt sich nicht rütteln.

Die solcherart bewiesenen Aussagen nennt man **Sätze**, oder auch **Theoreme.** In der mathematischen Literatur ist es üblich, zuerst die Aussage des Satzes aufzuschreiben und danach den Beweis anzuschließen, in dem die Aussage des Satzes aus bereits bekannten Resultaten hergeleitet wird.

Anstelle von Satz bzw. Theorem werden auch zuweilen andere Ausdrücke verwendet, die die relative Wichtigkeit oder den Stellenwert der Aussagen untereinander im Rahmen einer Theorie andeuten. Ob und wie man diese Begriffe verwendet, ist teilweise auch Geschmackssache und von Autor zu Autor verschieden.

Hauptsatz, Fundamentalsatz: So wird ein besonders wichtiges Theorem in einem Teilgebiet der Mathematik genannt. Ein Beispiel ist etwa der Hauptsatz der Differential- und Integralrechnung, den Sie im Rahmen der Analysis–Vorlesungen kennen lernen werden. Manche Autoren verwenden das lateinische Wort **Theorem**, um Hauptsätze zu bezeichnen.

Satz, Theorem: Dies ist das typische Resultat einer Theorie. Manche Autoren reservieren aber das Wort Theorem für Hauptsätze.

Proposition: Dies ist die lateinische Bezeichnung für Aussage und wird manchmal an Stelle von Satz verwendet. In den meisten Fällen bezeichnet Proposition aber ein Resultat, dessen Wichtigkeit geringer als die eines Theorems oder Satzes ist.

Weitere Bezeichnungen für mathematische Aussagen werden wir in Kürze kennenlernen.

Beweis (Proposition 2.1.1). Sei n eine beliebige gerade Zahl. **2.1.1**
Nachdem n durch 2 teilbar ist, existiert eine ganze Zahl m mit $n = 2m$. Wir können also nun das Quadrat von n durch m ausdrücken und erhalten $n^2 = (2m)^2 = 4m^2$. Natürlich ist $4m^2 = 2\,(2m^2)$ durch 2 teilbar, und daher ist n^2 gerade. □

In der mathematischen Literatur ist es üblich, das Ende eines Beweises zu kennzeichnen, denn es wäre äußerst ermüdend für die LeserInnen, wenn sie sich nie sicher sein könnten, wo genau ein Beweis endet. Als Kennzeichen für das Ende eines Beweises dienen manchmal Phrasen wie

- *Damit ist alles bewiesen (gezeigt, hergeleitet, etc.).* oder
- *. . . was wir behauptet hatten.*

und ähnliche Sätze. Das zwingt den Leser dazu, den Beweis bis zum Ende zu lesen und erschwert es, sich einen schnellen Überblick zu verschaffen, speziell wenn mehrere Resultate und Zwischentexte aufeinander folgen. Übersichtlicher sind die Standardabkürzungen

- *w.z.z.w* — was zu zeigen war — oder die lateinische Variante
- *Q.E.D.* (auch *q.e.d.* oder *qed.*) — quod erat demonstrandum.

In modernen Büchern hat sich das ökonomische Beweisabschlusszeichen, das meist am Ende der letzten Beweiszeile steht,

. . . □

durchgesetzt.

Falls Ihnen obiger Beweis (zu) einfach erscheint, dann beherzigen Sie bitte unseren Tipp von Seite 5.

Im obigen Beweis haben wir mit der Voraussetzung (die ursprüngliche Zahl ist gerade) begonnen, diese umgeformt und daraus die Behauptung (ihr Quadrat ist gerade) hergeleitet. Beweise dieser Art heißen **direkte Beweise**.

Als nächstes beschäftigen wir uns mit Primzahlen, die, wie wir sehen werden, eine wichtige Rolle im multiplikativen Aufbau der natürlichen Zahlen spielen. Im Rahmen der Primzahltheorie werden nur positive Teiler berücksichtigt.

2.1.2 **Definition 2.1.2 (Primzahl).** Eine *Primzahl* ist eine natürliche Zahl $p > 1$, die nur die *trivialen Teiler* besitzt, d.h. deren einzige Teiler 1 und p selbst sind.

Die kleinsten Primzahlen sind 2, 3, 5, 7, 11, 13, 17, 19, 23, 29, 31, 37, 41, 43, 47, 53, 59, 61, 67, 71, 73, 79, 83, 89, 97, usw. Nun liegt die Frage auf der Hand, ob die Folge der Primzahlen abbricht, es also eine größte Primzahl gibt, oder ob es keine größte und damit unendlich viele Primzahlen gibt. Wir werden sie in Kürze beantworten.

Definitionen dienen zur Vergabe von *Namen* oder *Abkürzungen*. Sie sind weder richtig noch falsch (außer bei der Reproduktion schon vorhandener Definitionen im Rahmen einer Prüfung); sie können allerdings mehr oder weniger sinnvoll sein.

Eine Definition verändert nicht das vorhandene mathematische Gebäude, sie ergänzt bloß die Sprache darüber um ein weiteres Vokabel.

Der Vorgang des Definierens ist allerdings essentiell in der Mathematik. Die Einführung eines neuen Namens macht nämlich einen Teil des mathematischen Gebäudes, eine mathematische Struktur, übersichtlich und erklärt sie zum Diskussionsobjekt, über das neue Aussagen hergeleitet werden. Dieser Akt der Namensgebung erzeugt denkbare Begriffe und erschließt damit einen neuen noch unberührten Teil des mathematischen Gedankengebäudes, der aus dem neu geschaffenen Begriff erwächst.

Beim Schreiben von mathematischen Texten, etwa im Rahmen der Lösung von Übungsaufgaben, scheuen Sie also nicht davor zurück, auftretenden Objekten eigene Namen zu geben, z.B. „starke" Matrizen, „leuchtende" Elemente,....

Um mit durch Definitionen neu geschaffenen Begriffen richtig umzugehen zu können, muss man ihre definierenden Beschreibungen im Gedächtnis behalten. Besonders im Rahmen von Beweisen ist es nämlich oft notwendig, die vorkommenden Begriffe durch ihre definierenden Beschreibungen zu ersetzen, und umgekehrt die definierende Beschreibung eines Begriffs zu erkennen. Hat man dann diese Übersetzungen nicht parat, ist es nicht möglich, einen Beweis nachzuvollziehen oder ihn gar selbst zu finden. Daher ist es im Verlauf des Studiums wichtig, sich die verwendeten Definitionen rasch einzuprägen, ja sie *auswendig zu lernen*.

Theorem 2.1.3 (Satz von Euklid). Es gibt unendlich viele Primzahlen.   **2.1.3**

Beweis. Nehmen wir einmal an, es gäbe nur endlich viele Primzahlen. Wenn dem so ist, können wir sie mit $p_1, \ldots, p_n$ bezeichnen (wobei n die endliche Anzahl von Primzahlen ist).
Nun bilden wir die Zahl

$$m = p_1 p_2 \cdots p_n + 1.$$

Weiters verwenden wir die Tatsache, dass jede natürliche Zahl größer 1 in Primfaktoren zerlegt, d.h. als Produkt von Primzahlen geschrieben werden kann. (Einen Beweis für diese Aussage liefern wir später in Lemma 2.1.4 nach). Insbesondere ist jede solche Zahl durch mindestens eine Primzahl teilbar.

Daher muss es eine Primzahl geben, die m teilt. Dies ist jedoch nicht möglich, da m durch keine der Primzahlen p_i $(1 \leq i \leq n)$ teilbar ist. (Es bleibt ja immer ein Rest von 1.) So endet unsere logische Schlusskette in einem Widerspruch.

Wir müssen also unsere zu Beginn des Beweises getroffene Annahme verwerfen, und daher existieren tatsächlich unendlich viele Primzahlen.

□

> In diesem Beweis sind wir grundlegend anders als im direkten Beweis von Proposition 2.1.1 vorgegangen. Wir haben mit einer Annahme begonnen, deren Aussage gerade die Verneinung unserer Behauptung war. Danach haben wir eine logische Schlusskette bis zu einem Widerspruch verfolgt. Die Annahme konnte also nicht richtig gewesen sein, und daher musste zwangsläufig ihr Gegenteil stimmen („tertium non datur"), also unsere Behauptung wahr sein.
>
> Beweise mit diesem Aufbau heißen **indirekte Beweise**. Wir werden ihre logische Struktur im Abschnitt 3.2.2.1 genauer untersuchen.

Obiger Beweis des Satzes von Euklid (ca. 325–265 v. Chr.) wird vielfach als *das* Musterbeispiel eines einfachen, klaren und *eleganten* Beweises angesehen. Er findet sich erstmals in Euklids Werk „Die Elemente", in dem er den Großteil des damals bekannten mathematischen Wissens zusammentrug.

Wir sind Ihnen noch den Beweis für die oben verwendete Tatsache schuldig, dass jede natürliche Zahl größer 1 in Primfaktoren zerlegt werden kann. Wieder werden wir einen indirekten Beweis führen.

2.1.4   **Lemma 2.1.4 (Existenz der Primfaktorzerlegung).** Sei $a > 1$ eine natürliche Zahl. Dann gibt es Primzahlen $p_1, \ldots, p_k$, sodass

$$a = p_1 p_2 \cdots p_k$$

gilt.

Hier nehmen wir den Faden aus der grauen Box auf Seite 18 wieder auf und besprechen einige weitere Bezeichnungen für mathematische Aussagen.

Lemma: Das Wort stammt aus dem Griechischen (die Mehrzahl ist daher **Lemmata**) mit der Bedeutung „Einnahme", „Annahme", „Stichwort" oder „Hauptgedanke". Es wird in zwei verschiedenen Zusammenhängen verwendet. Zum einen bezeichnet es ein kleines, meist technisches Resultat, einen **Hilfssatz**, der im Rahmen des Beweises eines wichtigen Satzes verwendet wird, selbst aber eine untergeordnete Bedeutung hat. Zum anderen handelt es sich dabei um besonders wichtige **Schlüsselgedanken**, die in verschiedenen Situationen nützlich sind. Solche genialen Erkenntnisse tragen meist den Namen des Erfinders (Lemma von Zorn, Lemma von Urysohn, ...).

Behauptung: Dabei handelt es sich ebenfalls um ein Hilfsresultat. Oft wird auch im Rahmen eines langen Beweises die Aussage des Satzes in mehrere Teilbehauptungen zerlegt, um die Lesbarkeit zu erhöhen.

Korollar, Folgerung: Dies ist ein Satz, der aus einem anderen Satz durch triviale oder sehr einfache Schlussweise folgt. Manchmal ist es ein Spezialfall einer bereits bewiesenen allgemeineren Aussage. Das Wort Korollar stammt übrigens vom lateinischen Wort *corollarium* ab, welches ein Kränzchen bezeichnet, das der Gastgeber dem Gast „einfach so" schenkt.

Kriterium: Mit dieser Bezeichnung werden üblicherweise Resultate bedacht, die Äquivalenzen ausdrücken, d.h. Aussagen der Form: Aussage A kann bei Gültigkeit von B bewiesen werden und umgekehrt. In diesem Fall ist Aussage A ein Kriterium für die Gültigkeit von Aussage B. Oft wird auch die Formulierung „A charakterisiert B" verwendet (siehe dazu auch die graue Box auf Seite 90).

Bemerkung: Ein Autor führt Bemerkungen ein, um die LeserInnen auf wichtige Fakten hinzuweisen, die im weiteren Text meist nicht verwendet werden und daher oft *ohne Beweis* bleiben. Das bedeutet **nicht**, dass die Aussage nicht wahr ist. Der Autor bleibt nur mit voller Absicht den Beweis schuldig. Generell kann man dann in der Bemerkung ein Zitat finden, das angibt, wo der Beweis nachgelesen werden kann.

Beobachtung: Kann ein Faktum vom Lesenden leicht nachvollzogen werden, und ist es für den folgenden Text und das Verständnis wichtig, so wird es von AutorInnen oft im Rahmen einer Beobachtung hervorgehoben.

Vermutung: Damit wird eine mathematische Aussage bezeichnet, von deren Gültigkeit der Autor zwar überzeugt ist, die er aber nicht beweisen kann, z.B. hatte der große Satz von Fermat (siehe Seite 291) die längste Zeit den Status einer Vermutung.

2.1.4 *Beweis (Lemma 2.1.4).* Wir nehmen indirekt an, dass die Aussage des Lemmas falsch ist, also nicht alle Zahlen größer 1 in Primfaktoren zerlegt werden können. Sei a die kleinste solche Zahl.

Zunächst kann a keine Primzahl sein, denn sonst könnten wir $a = p$ schreiben, und a wäre ein (triviales) Produkt von Primzahlen. Also muss es eine Zahl b geben, die a teilt. D.h. wir können schreiben $a = b\,c$ für ein geeignetes c, und es gilt $b, c < a$.

Nun können wir b und c in Primfaktoren zerlegen (sie sind ja kleiner als a); es gilt also $b = p_1 \cdots p_s$ und $c = p_{s+1} \cdots p_k$ für gewisse Primzahlen $p_1, \ldots, p_k$.

Zusammengefasst gilt also

$$a = b\,c = p_1 \cdots p_s \cdot p_{s+1} \cdots p_k,$$

was im Widerspruch zur Unzerlegbarkeit von a steht. □

Aufgabe 2.1.5. Beweisen Sie die Aussage: Das Quadrat einer ungeraden Zahl ist ungerade.

Hinweis: Studieren Sie den Beweis von Proposition 2.1.1 und versuchen Sie, die Beweisidee zu erkennen. Dann übernehmen Sie möglichst viele der Formulierungen. Übrigens: Eine ungerade Zahl m lässt sich als $m = 2n + 1$ für ein passendes natürliches n schreiben.

Aufgabe 2.1.6. Beweisen Sie die Aussage: Die Summe zweier gerader Zahlen ist gerade.

Aufgabe 2.1.7. Beweisen Sie: Es gibt keine ganzen Zahlen n, m mit $28m + 42n = 100$.
Hinweis: Beweisen Sie indirekt. Nehmen Sie an, es gäbe solche m und n. Dann finden Sie einen Teiler der linken Seite, der die rechte Seite nicht teilt.

Aufgabe 2.1.8. Zerlegen Sie die folgenden Zahlen in Primfaktoren:

$$400, \quad 2049, \quad 279936, \quad 362880.$$

Hinweis: Aufgaben dieser Art sollten Sie in der Schule kennengelernt haben. Falls nicht, sehen Sie trotzdem in Ihren Schulbüchern nach.

2.2 Indizes

Im Beweis von Theorem 2.1.3 sind Ausdrücke der Form $p_1, \ldots, p_n$ und p_i vorgekommen. Die unter das p tiefer gestellten Zahlen und Buchstaben nennt man **Indizes**.
Indizes dienen dazu, verschiedene (oft miteinander verwandte) Objekte weitgehend einheitlich zu bezeichnen. Darum keine Angst vor Indizes. In vielen Fällen sind sie einfacher und klarer als alle anderen Darstellungsmöglichkeiten. Wer weiß z.B. auf Anhieb, wie die 15. Variable in $a, b, c, \ldots, u, v, w$ heißt? Im Falle von $a_1, a_2, a_3, \ldots, a_{21}, a_{22}, a_{23}$ hingegen läßt sich das sofort sagen.
Indizes treten besonders im Zusammenhang mit Summen und Produkten (siehe Abschnitt 2.3) häufig auf.

> Die Einzahl von Indizes ist übrigens *Index* und nicht Indiz; deren Mehrzahl lautet Indizien, und diese haben in Gerichtssälen, nicht aber in Mathematiktexten ihren Platz.

Eine wichtige Eigenschaft eines Index ist, dass er verschiedene Werte annehmen kann, ganz wie eine Variable. So kann der Index i im Ausdruck p_i im Beweis zu Theorem 2.1.3 als Wert alle natürlichen Zahlen von 1 bis n annehmen.

Es ist z.B. offensichtlich, dass die Argumente der Funktion h im Ausdruck

$$h(x_1, \ldots, x_n)$$

allesamt Variable sein sollen, und dass h genau n Argumente benötigt. Vergleichen Sie das mit der viel unklareren Schreibweise

$$h(x, y, \ldots, z).$$

Besonders in der Linearen Algebra treten Indizes von Anfang an auf. Auch Doppel- (A_{12}, a_{kl}, $b_{i,j+1}$) und sogar Mehrfachindizes (r_{12345}, p_{ijkm}, $Y_{i,i+1,\ldots,i+n}$), ja selbst indizierte Indizes ($Y_{i_1,\ldots,i_n}$) sind möglich und sinnvoll.

Folgender Rat: Machen Sie sich immer klar, was welcher Index bedeutet. Falls Buchstaben als Index auftreten, behalten sie immer im Auge, welche Werte der Index annehmen kann.

2.2.1   Beispiel 2.2.1 (Matrizen). *Wir ordnen die Zahlen $1, 2, \ldots, 20$ in einer Matrix, also einem rechteckigen Schema von Zahlen wie folgt an. Dabei bezeichnen wir die Matrix mit A.*

$$A = \begin{pmatrix} 1 & 2 & 3 & 4 & 5 \\ 6 & 7 & 8 & 9 & 10 \\ 11 & 12 & 13 & 14 & 15 \\ 16 & 17 & 18 & 19 & 20 \end{pmatrix}$$

Mit Hilfe eines Doppelindex können wir die einzelnen Einträge der Matrix bezeichnen, wobei allgemein die Konvention gilt, dass der erste Index die Zeile bezeichnet, der zweite die Spalte (Merkregel: Zeile zuerst; Spalte später). So haben wir z.B. für den Eintrag in der 2. Zeile der 3. Spalte $A_{23} = 8$ und für den 1. Eintrag in der 3. Zeile $A_{31} = 11$.

Wir können sogar die gesamte Matrix A über ihre Einträge mit Hilfe der Indizes definieren, indem wir schreiben

$$A_{ij} = 5i + j - 5, \quad i = 1, \ldots, 4,\ j = 1, \ldots, 5.$$

Oft werden die Einträge von Matrizen auch Komponenten genannt und mit kleinen Buchstaben bezeichnet, also die Einträge der Matrix A mit a_{ij}.

Hat eine Matrix n Zeilen und m Spalten, so sagen wir, es liegt eine $n \times m$–Matrix vor. Matrizen, bei denen die Anzahl der Spalten mit der Anzahl der Zeilen übereinstimmt, heißen quadratisch, alle anderen rechteckig. Matrizen, die nur eine Spalte besitzen bezeichnet man in der Mathematik als (Spalten)Vektor, solche mit nur einer Zeile als Zeilenvektor.

Die Einträge einer Matrix müssen natürlich nicht wie in obigem Beispiel einem offensichtlichen „Bildungsgesetz" folgen, wie etwa in der folgenden Matrix

$$B = \begin{pmatrix} 1 & 5 & 2 \\ 6 & 0 & 3 \end{pmatrix}.$$

Aber auch hier können wir die Einträge mittels Indexschreibweise notieren und z.B. $B_{12} = 5$ und $B_{21} = 6$ schreiben.

Beispiel 2.2.2 (Kronecker–Delta). *Ein wichtiger Ausdruck, in dem ein Doppelindex auftritt, ist das Kronecker-Symbol (oder das Kronecker–Delta)* **2.2.2**

$$\delta_{ij} = \begin{cases} 1 & \text{für } i = j, \\ 0 & \text{sonst.} \end{cases}$$

Bei der Definition des Kronecker–Symbols haben wir eine neue Schreibweise eingeführt. Die senkrecht gestellte geschwungene Klammer bezeichnet eine **Fallunterscheidung**. Rechts neben der Klammer steht der Ausdruck, der in dem jeweiligen Fall gelten soll, und daneben wird der Fall beschrieben. Das Wort „sonst" wird verwendet, um die übrigen, nicht explizit beschriebenen Fälle abzudecken.

Das Kronecker–Delta hat also den Wert 1, wann immer die beiden Indizes i und j den gleichen Wert haben. In allen anderen Fällen ist es 0. Es gilt also z.B. $\delta_{11} = 1 = \delta_{22}$ und $\delta_{21} = 0 = \delta_{17}$.

Bei einer Definition durch Fallunterscheidung ist folgendes wichtig: Die angeführten Fälle sollten einander nicht überlappen. Kann das ohne mühsame Notation einmal nicht vermieden werden, dann muss sichergestellt sein, dass die Definition nicht widersprüchlich wird. Daher **Achtung:** Die Definition durch Fallunterscheidung ist kein `if-elseif-else` Konstrukt, wie sie in manchen Programmiersprachen üblich ist. So ist etwa der Ausdruck

$$X(v) = \begin{cases} -1 & v < 0 \\ 0 & v < 1 \\ 1 & \text{sonst} \end{cases}$$

mathematisch sinnlos, da der Wert $X(-1)$ gleichzeitig -1 (wegen $-1 < 0$) und 0 (wegen $-1 < 1$) sein müsste. Richtig wäre es zu schreiben

$$X(v) = \begin{cases} -1 & v < 0 \\ 0 & 0 \le v < 1 \\ 1 & \text{sonst (oder auch } 1 \le v). \end{cases}$$

Indizes stehen übrigens nicht immer rechts und tiefer gestellt. Es sind auch Varianten üblich, wo die Indizes höher gestellt sind

$$r^{ij}, \quad b^k, \quad t^{mnp}$$

(hier muss man aufpassen, dass man den Index nicht mit einer Potenz verwechselt), oder gar links geschrieben werden

$$^{j\ell}M, \quad ^{\alpha\beta}\Gamma, \quad _{iR}N.$$

Auch Mischungen der einzelnen Indexstellungen in demselben Ausdruck sind keine Seltenheit

$$A^i_j, \quad {}^i_j V^k_\ell, \quad T^{abc}_{ijk},$$

so wird das Kronecker–Symbol aus Beispiel 2.2.2 auch häufig in den Varianten

$$\delta^j_i \quad \text{und} \quad \delta^{ij}$$

verwendet.

Bei Umformungen von Ausdrücken sind Indizes „in Schachteln verpackt". Das bedeutet, dass man sie nicht „wegkürzen" oder ähnliches kann. Zusätzlich werden Doppelindizes durch Kommas getrennt, wenn immer das zur leichteren Lesbarkeit beiträgt. Zur Illustration seien einige richtige und einige falsche Beispiele angegeben.

$$A_{i+1+3\cdot5,j} = A_{i+16,j} \qquad\qquad f_i - 1 \neq f_{i-1}$$

$$B_s B_s = B_s^2 \neq B_{s^2} \qquad\qquad \frac{B_s}{s} \neq B$$

$${}^{3(5i+2)-6}V = {}^{15i}V \qquad\qquad R_{i,i} \neq R_{i^2}$$

Aufgabe 2.2.3. Die Matrix A sei für $i = 1, \ldots, 5$ und $j = 1, \ldots, 8$ gegeben durch $A_{ij} = i^2$. Schreiben Sie die Matrix A an.

Aufgabe 2.2.4. Finden Sie Formeln für die Eintragungen A_{ij} und B_{ij} der beiden Matrizen

$$A = \begin{pmatrix} 4 & 5 \\ 5 & 6 \end{pmatrix} \quad \text{und} \quad B = \begin{pmatrix} 4 & 5 \\ 7 & 8 \end{pmatrix}.$$

Aufgabe 2.2.5. Der Vektor v sei für $i = 1, \ldots, 10$ definiert durch $v_i = i^2 - i + 2$. Bestimmen Sie alle Komponenten von v.

Aufgabe 2.2.6. Die Matrix A sei für $i, j = 1, \ldots, 6$ definiert durch

$$A_{ij} = \begin{cases} 1 & \text{für } j = i + 1 \\ 0 & \text{sonst.} \end{cases}$$

Bestimmen Sie alle Einträge von A.

Aufgabe 2.2.7. Es sei die Zahlenfolge θ für $i = 1, \ldots, 10$ durch $\theta_{2i-1} = 1$ und $\theta_{2i} = 0$ gegeben. Schreiben Sie die Folge an und beschreiben Sie in Worten, welche Gestalt θ hat.

2.3 Summen, Produkte — Zeichen

In der Mathematik untersucht man häufig Summen, in denen die Anzahl der Terme sehr groß ist oder nicht a priori feststeht. So hat etwa ein allgemeines **Polynom** n–ten Grades (für ein beliebiges n in $\mathbb{N}$) die Form

$$p(x) = a_0 + a_1 x + a_2 x^2 + \cdots + a_n x^n$$

mit $n + 1$ Termen, die aufsummiert werden. Um die Schreibweise von den Punkten $(+ \cdots +)$ zu befreien, verwendet man das Summenzeichen. Dieses erlaubt es, die Addition ähnlicher Ausdrücke vereinfacht darzustellen. So kann man mit Hilfe des *Summenzeichens* $\sum$ das Polynom im oberen Beispiel schreiben als

$$p(x) = \sum_{i=0}^{n} a_i x^i. \tag{2.1}$$

Genauer betrachtet, besteht der allgemeine Summenausdruck zusätzlich zum eigentlichen Summenzeichen $\sum$ aus vier verschiedenen Teilen.

- Es gibt eine **Laufvariable**, den **Summationsindex**, in unserem Beispiel ist das i.
- Diese Variable nimmt *alle ganzen* Zahlen beginnend mit der **unteren Grenze**, im Beispiel 0,
- bis zur **oberen Grenze**, in Gleichung (2.1) ist sie n, in Einerschritten an.
- Schließlich steht nach dem Summenzeichen der **allgemeine Summand**, hier $a_i x^i$.

Der Gesamtausdruck entspricht dann einer Summe von Termen, die aussehen wie der allgemeine Summand in dem der Summationsindex jeweils durch die entsprechenden Werte ersetzt wird. **In der dadurch**

gebildeten Summe kommt der Summationsindex also nicht mehr vor!

Betrachtet man eine Summe, so kann man sofort erkennen, aus wie vielen Termen die Summe besteht

$$\text{Anzahl der Summanden} = \text{obere Grenze} - \text{untere Grenze} + 1.$$

Dies ist auch der erste Schritt in der Analyse eines allgemeinen Summenausdrucks.

Man kann das Summenzeichen dazu verwenden, die Addition einer bestimmten Anzahl von Ausdrücken darzustellen. Ein einfaches Beispiel dazu ist

$$\sum_{i=1}^{4} \frac{1}{i+1} = \frac{1}{1+1} + \frac{1}{2+1} + \frac{1}{3+1} + \frac{1}{4+1} = \frac{1}{2} + \frac{1}{3} + \frac{1}{4} + \frac{1}{5}.$$

Neben der präziseren und kompakteren Notation, besteht eine weitere Stärke der Summenschreibweise darin, dass man eine unbestimmte Anzahl von Termen summieren kann,

$$\sum_{i=1}^{n} a_i = a_1 + a_2 + \cdots + a_n.$$

In der Analysis wird gezeigt werden, dass selbst die Unendlichkeit hier **keine** Grenze bildet! Man kann zum Beispiel eine **unendliche Reihe** (hier an einem Beispiel) bilden und schreiben:

$$\sum_{i=1}^{\infty} \frac{1}{i} = \frac{1}{1} + \frac{1}{2} + \frac{1}{3} + \cdots$$

Den tieferen mathematischen Sinn dieses Ausdrucks wollen wir an dieser Stelle allerdings nicht untersuchen.

Wir haben außerdem bisher verschwiegen, dass der allgemeine Summand nicht unbedingt die Laufvariable enthalten muss. Z.B. sind auch folgende Verwendungen eines Summenausdrucks möglich und erlaubt:

$$\sum_{i=1}^{3} 7 = 7 + 7 + 7 = 21, \quad \sum_{j=0}^{5} a = 6a.$$

Die Laufvariable kann an die jeweiligen Bedürfnisse des Problems angepasst werden. Sie kann beliebig umbenannt und sogar weiteren Transformationen unterworfen werden (ähnlich der Substitutionsregel für Integrale), wenn dabei beachtet wird, dass sich das Ergebnis nicht ändert. So kann etwa eine **Indexverschiebung** durchgeführt werden: Setze zum Beispiel $i = j + 2$ so gilt

$$\sum_{i=3}^{9} a_i = \sum_{j=1}^{7} a_{j+2}.$$

Wir haben dabei die neuen Grenzen für j durch Einsetzen berechnet

$$\text{untere Grenze:} \quad 3 = i = j + 2 \text{ also } j = 1$$
$$\text{obere Grenze:} \quad 9 = i = j + 2 \text{ also } j = 7$$

und im allgemeinen Summanden i durch $j + 2$ ersetzt.

Beachten Sie, dass (daher) in der umgekehrten Richtung, also bei der Verwandlung einer expliziten Summe in einen Ausdruck mit $\sum$, das Ergebnis der äußeren Gestalt nach nicht eindeutig zu sein braucht, beispielsweise gilt

$$a_1 + a_2 + a_3 + a_4 = \sum_{i=1}^{4} a_i = \sum_{k=1}^{4} a_k = \sum_{l=0}^{3} a_{l+1} = \sum_{n=58}^{61} a_{62-n}.$$

WICHTIG: Nach Definition ist das Ergebnis einer allgemeinen Summe gleich 0, falls die untere Grenze größer als die obere Grenze ist.

Es treten in der Mathematik natürlich nicht nur *Summen* variierender Länge auf, auch für andere Operationen, etwa Produkte, benötigt man ein ähnliches Prinzip, und daher hat man viele dem Summenzeichen entsprechende Zeichen eingeführt. So gibt es etwa das bereits in der Analysis wichtige *Produktzeichen* ($\prod$) und noch weitere, etwa $\bigcup$, $\bigcap$, $\odot$, $\oplus$, usw., die in anderen Bereichen der Mathematik ihre Rolle spielen.

Die Anwendung dieser Zeichen folgt demselben Schema wie die des Summenzeichens. So ist etwa

$$\prod_{i=1}^{5} b_i = b_1 b_2 b_3 b_4 b_5.$$

Das „leere Produkt" (die obere Grenze ist kleiner als die untere Grenze) wird als 1 festgelegt, d.h. etwa

$$\prod_{i=1}^{0} x_i = 1.$$

Oft lassen sich Teile der verknüpften Ausdrücke vor das Verknüpfungszeichen ziehen, wobei man stets darauf achten muss, dass dies nach den Rechenregeln für die jeweilige Operation geschieht — beim Summenzeichen also das Herausheben (das Ausklammern), d.h.

$$\sum_{i=1}^{n} 7x_i = 7 \sum_{i=1}^{n} x_i.$$

ACHTUNG: Nur Terme die den Summationsindex *nicht* enthalten, z.B. Konstante können herausgehoben werden! Z.B. gilt im allgemeinen

$$\sum_{i=1}^{n} ix_i \neq i \sum_{i=1}^{n} x_i,$$

aber

$$\sum_{i=1}^{n} ma_i = m \sum_{i=1}^{n} a_i, \quad \text{und} \quad \sum_{j=0}^{5} a = a \sum_{j=0}^{5} 1 = 6a.$$

Beim Produktzeichen ist zu beachten, dass solche Konstanten ja multipliziert werden! Daher:

$$\prod_{i=1}^{n} 7x_i = 7^n \prod_{i=1}^{n} x_i.$$

Man kann das Produktzeichen auch verwenden, um **Fakultäten** anzuschreiben. Zunächst definieren wir:

2.3.1   **Definition 2.3.1 (Fakultät).** Die *Fakultät* $n!$ (sprich: n Fakultät, oder: n *faktorielle*) einer natürlichen Zahl n ist rekursiv definiert durch:

$$0! := 1$$
$$(n+1)! := (n+1)\, n!$$

Das Zeichen $:=$ (*definitorisches Gleichheitszeichen*) bedeutet, dass die linke Seite (hier $0!$ resp. $(n+1)!$) durch die rechte Seite **definiert** wird.

Unter einer **rekursiven Darstellung** oder **rekursiven Definition** eines von n in $\mathbb{N}$ abhängigen Ausdrucks $A(n)$ verstehen wir allgemein die Angabe einer Vorschrift zur Berechnung von $A(n)$ mit Hilfe einiger oder aller seiner bereits erklärten Vorgänger $A(n-1)$, $A(n-2)$, usw. Genau das haben wir oben für $A(n) = n!$ getan, indem wir zunächst $A(0) = 0! := 1$ definiert und dann angegeben haben, wie $A(n+1) = (n+1)!$ aus $A(n) = n!$ zu berechnen ist, eben gemäß $A(n+1) := (n+1)\, A(n)$.

Im Unterschied dazu sprechen wir von einer **geschlossenen Darstellung**, falls $A(n)$ ohne Bezugnahme auf seine Vorgänger angegeben wird.

Nun geben wir, wie versprochen, eine Darstellung der Fakultäten mit Hilfe des Produktzeichens an. Dabei handelt es sich um die unmittelbar einsichtige geschlossene Darstellung

$$n! = \prod_{i=1}^{n} i.$$

Dieser Ausdruck wird besonders im Zusammenhang mit Abzählproblemen benötigt. Tatsächlich gibt $n!$ die Anzahl der Möglichkeiten an, n verschiedene Dinge hintereinander aufzureihen.

Das können wir folgendermaßen sehen: Zunächst beobachten wir, dass irgendeiner der Gegenstände an erster Stelle liegen muss. Dafür gibt es n verschiedene Möglichkeiten, und alle diese Möglichkeiten erzeugen unterschiedliche Reihungen der n Gegenstände. Haben wir uns für den vordersten Gegenstand entschieden, so bleiben weitere $n-1$ Dinge übrig, die wir anordnen müssen. Betrachten wir nun die zweite Stelle: Wir haben $n-1$ Möglichkeiten einen Gegenstand an dieser Stelle anzuordnen, und wiederum entsteht jeweils eine andere Reihung aller n Dinge. Gehen wir weiter zur dritten Stelle, so haben wir $n-2$ Möglichkeiten usw. bis zur n-ten Stelle, für die wir nur einen verbleibenden Gegenstand zur Verfügung haben. Insgesamt finden wir tatsächlich $n(n-1)(n-2)\cdots 3\cdot 2\cdot 1 = n!$ verschiedene Möglichkeiten, die n Gegenstände anzuordnen.

Eine wesentliche Vereinfachung ist bei Summanden spezieller Gestalt möglich, nämlich für so genannte **Teleskopsummen**

$$\sum_{i=1}^{n}(a_i - a_{i-1})$$

$$= \cancel{a_1} - a_0 + \cancel{a_2} - \cancel{a_1} + \cancel{a_3} - \cancel{a_2} + \cdots + \cancel{a_{n-1}} - \cancel{a_{n-2}} + a_n - \cancel{a_{n-1}}$$

$$= a_n - a_0.$$

Analog ergeben sich **Teleskopprodukte**

$$\prod_{i=1}^{n}\frac{a_i}{a_{i-1}} = \frac{a_n}{a_0}.$$

Zum Abschluss stellen wir noch eine weitere Verwendung des Summenzeichens vor; analoges gilt natürlich auch für die verwandten Zeichen. Der Ausdruck

$$\sum_{i\in I} a_i$$

definiert eine Summe, die für jedes Element der Menge I einen Term enthält. (Wir verwenden hier den Mengenbegriff naiv, er wird im Kapitel 4 präzisiert.) Ähnlich wie zuvor wird im allgemeinen Summanden die Laufvariable i jeweils durch das ausgewählte Element ersetzt. Diese Notation hat vor allem zwei Vorteile. Zum einen können auch „unregelmäßige" *Indexmengen* verwendet werden, und zum anderen bleibt die Anzahl der Indizes nicht auf endlich (oder abzählbar; vgl. Abschnitt 4.4 unten) viele beschränkt.

2.3.2   **Beispiel 2.3.2 (Summe mit allgemeiner Indexmenge).** *Es gilt*

$$\sum_{i\in\{1,4,7,21\}} a_i^2 = a_1^2 + a_4^2 + a_7^2 + a_{21}^2.$$

Aufgabe 2.3.3. Schreiben Sie die folgenden Ausdrücke ohne Verwendung der Summen- bzw. Produktzeichen an:

1. $\displaystyle\sum_{k=2}^{12} k^{2k+1}$

2. $\displaystyle\sum_{k=-4}^{-6} b_k$

3. $\displaystyle\sum_{k=-2}^{-8} b_{-k}$

4. $\displaystyle\sum_{k=0}^{n} x^{k-1}$

5. $\displaystyle\prod_{i=1}^{7} h^i$

6. $\displaystyle\prod_{j=1}^{9} i^3$

7. $\displaystyle\prod_{l=1}^{5} l^j$

8. $\displaystyle\sum_{j=3}^{6}\prod_{k=1}^{3} (jk-2)$

9. $\displaystyle\sum_{j=2}^{5}\prod_{k=2}^{4} e^{jk+2}$

10. $\displaystyle\sum_{k=0}^{m}\sum_{j=k}^{m} \binom{k}{j}$

Aufgabe 2.3.4. Schreiben Sie die folgenden Ausdrücke mit Hilfe von Summen- bzw. Produktzeichen:

1. $1 + 3 + 9 + 27 + 81 + 243 + 729 + 2187$
2. $a_2 + a_4 + a_6 + a_8 + a_{10}$
3. $x^9 + 3x^{14} + 9x^{19} + 27x^{24} + 81x^{29} + 243x^{34} + 729x^{39}$
4. $1 \cdot 3 \cdot 5 \cdot 7 \cdot 9 \cdot 11 \ldots (2n-1)$
5. $\frac{1}{2} + \frac{1}{6} + \frac{1}{12} + \frac{1}{20} + \frac{1}{30} + \frac{1}{42}$
6. $a_1 + 3a_2 + 5a_3 + 2a_1^2 + 6a_2^2 + 10a_3^2 + 4a_1^3 + 12a_2^3 + 20a_3^3 + 8a_1^4 + 24a_2^4 + 40a_3^4$

Aufgabe 2.3.5. Überprüfen Sie, welche der folgenden Gleichungen gelten. Sollte eine Gleichung falsch sein, so stellen Sie die rechte Seite richtig:

1. $\displaystyle\sum_{i=1}^{5} a_i = \sum_{j=3}^{7} a_{j-2}$

2. $\displaystyle\sum_{k=1}^{n} p_{2k-1} = \sum_{j=-n+1}^{0} p_{-1-2j}$

3. $\displaystyle\sum_{t\in\{9,16,25,36,49\}} m_t^j = \sum_{p=2}^{6} m_i^{(p+1)^2}$

4. $\displaystyle\sum_{k=0}^{n} b_{2k} = \sum_{j=0}^{2n} \frac{(-1)^j + 1}{2} b_j$

5. $\displaystyle\sum_{j=1}^{n} c_{3j-1} = \sum_{i=0}^{n-1} c_{3j+2}$

6. $\displaystyle\sum_{j=0}^{n} k^{2j} = \sum_{r=0}^{2n} k^r - \sum_{s=0}^{n} k^{2s+1}$

7. $\displaystyle\log\prod_{i=0}^{n} 3^{a_i} = \log 3 \sum_{j=0}^{n} a_j$

8. $\displaystyle\sum_{k=0}^{n}\sum_{j=0}^{k} a^j b^{k-j} = \sum_{j=0}^{n}\sum_{k=j}^{n} a^j b^{k-j}$

Aufgabe 2.3.6. Überprüfen Sie, ob die Gleichung

$$\prod_{j=0}^{n} j(n-j)p^{\frac{1}{2}j(n-j)} = \sqrt{\prod_{k=1}^{m-1} k(m-k)p^{k(m-k)}}$$

gilt. Sollte sie falsch sein, so stellen Sie die rechte Seite richtig.
Hinweis: Die Lösung hängt hier von den Werten von n und m ab; verwenden Sie eine Fallunterscheidung. In den Fällen $n < 0$, $m \geq 2$ und $n \geq 0$, $m \geq 2$ hängt die Lösung zusätzlich vom Wert von p ab. Eine vollständige Lösung dieses Beispiels ist schwierig — versuchen Sie trotzdem, es zu lösen und lassen Sie sich nicht entmutigen.

2.4 Gleichungsumformungen in Beweisen — Stil und Fallen

2.4.1 Elementare Umformungen

Wir beginnen mit einigen Worten zur Schreib- und Sprechweise.

Werden Ketten von Gleichungen untereinander geschrieben, so bedeutet das, dass die *untere* Gleichung *aus der oberen* folgt, d.h.: Wenn die obere Gleichung gilt, dann gilt auch die untere.

Betrachten wir die Rechnung

$$3r^2 + 4r + 5 = -r^3 + r + 4 \quad | + r^3 - r - 4$$
$$r^3 + 3r^2 + 3r + 1 = 0$$
$$(r+1)^3 = 0 \qquad\qquad |\sqrt[3]{\ }$$
$$r + 1 = 0 \qquad\qquad | -1$$
$$r = -1.$$

Sie ist, wie in der Mathematik üblich, von oben nach unten gültig. Wir können diesen Sachverhalt in unserer Schreibweise verdeutlichen, indem wir Folgerungspfeile ($\Rightarrow$) verwenden, die die Schlussrichtung (man sagt auch Implikation) anzeigen

$$3r^2 + 4r + 5 = -r^3 + r + 4 \quad | + r^3 - r - 4 \quad \Rightarrow$$
$$r^3 + 3r^2 + 3r + 1 = 0 \qquad\qquad\qquad\qquad \Rightarrow$$
$$(r+1)^3 = 0 \qquad\qquad |\sqrt[3]{\ } \qquad\quad \Rightarrow$$
$$r + 1 = 0 \qquad\qquad | -1 \qquad\quad \Rightarrow$$
$$r = -1,$$

und wenn wir alle Zwischenschritte weglassen, ergibt sich der logische Schluss

$$3r^2 + 4r + 5 = -r^3 + r + 4 \ \Rightarrow \ r = -1.$$

Werden Umformungen durchgeführt, und soll ausgedrückt werden, dass sie in beide Richtungen stimmen, so **muss** dies etwa durch explizites Setzen von Äquivalenzpfeilen ($\Leftrightarrow$) angezeigt werden.

In der Rechnung zuvor folgen in Wahrheit die oberen Gleichungen auch aus den unteren, d.h. sie sind wirklich alle äquivalent und wir sprechen von sogenannten **Äquivalenzumformungen**. *Um das zu unterstreichen, wollen wir daher*

$$3r^2 + 4r + 5 = -r^3 + r + 4 \quad | + r^3 - r - 4 \quad \Leftrightarrow$$
$$r^3 + 3r^2 + 3r + 1 = 0 \qquad\qquad\qquad \Leftrightarrow$$
$$(r + 1)^3 = 0 \qquad\qquad | \sqrt[3]{} \qquad \Leftrightarrow$$
$$r + 1 = 0 \qquad\qquad | - 1 \qquad \Leftrightarrow$$
$$r = -1$$

schreiben.

Auch bei Schlüssen von unten nach oben in einer Umformung müsste die Implikationsrichtung durch Setzen des entsprechenden Pfeils ($\Leftarrow$) angegeben werden. **Schlüsse von unten nach oben gelten nicht als guter mathematischer Stil und sollten daher unbedingt vermieden werden.** Machen Sie sich daher immer klar, womit eine Umformung beginnt und was Sie abzuleiten gedenken. Wenn Sie die Rechnung vom Ergebnis zum Ausgangspunkt hin durchführen, so kehren sie die Schlussweise in der Reinschrift um!

Beachten Sie außerdem, dass hervorgehobene Gleichungen zum mathematischen Text gehören, dass also das Setzen von Satzzeichen verpflichtend ist.

Betrachten wir also die Gleichung

$$7x + 4y = 9,$$

so sehen wir, dass nach der Zahl 9 ein Komma gesetzt ist sowie ein Punkt am Satzende nach der folgenden Gleichung

$$9x - 2y = 8.$$

Welche Umformungen sind denn eigentlich Äquivalenzumformungen? Auf beiden Seiten darf derselbe Ausdruck addiert (subtrahiert) werden. Dürfen auch beide Seiten mit derselben Zahl multipliziert werden, bzw. wie sieht es mit der Division aus?

2.4.1   **Theorem 2.4.1 (Sinnlosigkeit der Zahlen).** Alle Zahlen sind gleich.

2.4.1   *Beweis.* O.B.d.A. werden wir den Spezialfall $1 = 2$ beweisen. Wir werden nur elementare Umformungen benutzen. Wir beginnen mit reellen Zahlen a und b mit $a = b$.

> Die Abkürzung **o.B.d.A.** steht für *ohne Beschränkung der Allgemeinheit*. Damit wird der Leser darauf hingewiesen, dass nur ein Spezialfall der Aussage bewiesen wird, und der Autor des Beweises der Meinung ist, dass sich die Gesamtaussage in *trivialer* Weise (d.h. besonders leicht) auf diesen Spezialfall reduzieren lässt. Es steckt also hinter o.B.d.A. ein weggelassenes (einfaches) mathematisches Argument, mit dem aus dem tatsächlich Bewiesenen die gewünschte Aussage folgt.
>
> Zusätzlich zur Beschränkung auf einen Sonderfall, aus dem schon die gesamte Aussage folgt, kann man o.B.d.A. auch noch zur Vereinfachung der Bezeichnung oder zum Ausschließen trivialer Sonderfälle verwenden. Beispiele zu diesen Verwendungen werden Sie in späteren Beweisen finden.

Wir schreiben

$$
\begin{aligned}
a &= b & \\
a^2 &= ab & \text{nach Multiplikation mit } a \\
a^2 + a^2 &= a^2 + ab & \text{nach Addition von } a^2 \\
2a^2 &= a^2 + ab & \\
2a^2 - 2ab &= a^2 + ab - 2ab & \text{nach Subtraktion von } 2ab \\
2a^2 - 2ab &= a^2 - ab & \\
2(a^2 - ab) &= 1(a^2 - ab) & \\
2 &= 1 & \text{nach Division durch } a^2 - ab,
\end{aligned}
$$

woraus unsere Behauptung folgt.   □

Natürlich haben wir in diesem Beweis einen Fehler gemacht. Können Sie ihn entdecken?

In diesem Beweis sieht man schön die Falle, in die man bei der Verwendung der Division tappen kann. Eine Division durch 0 ist nicht definiert und daher muss immer sichergestellt werden, dass nicht durch 0 dividiert wird, wie im obigen Beweis. Und 0 kann sich hinter komplizierten Ausdrücken verbergen.

Daraus ergibt sich auch, dass nur die Multiplikation mit einer Zahl ungleich 0 eine Äquivalenzumformung ist. Es dürfen beide Seiten einer Gleichung mit jeder Zahl ungleich 0 multipliziert werden und die Umkehroperation ist dann die Division durch ebendiese Zahl. Die Multiplikation mit 0 besitzt allerdings keine Umkehroperation und ist daher keine Äuquivalenzumformung! So folgt zwar aus der (falschen) letzten Zeile im obigen Beweis die vorletzte (richtige) Zeile (durch Multiplikation mit 0) aber eben nicht umgekehrt.

Wir werden später in Kapitel 5 genauer auf Umformungen eingehen. Dort werden wir sehen, dass das Dividieren, mathematisch gesehen, keine eigenständige Operation ist. Wir werden erkennen, dass Dividieren eigentlich Multiplizieren mit dem (multiplikativ) inversen Element bedeutet. Die Gleichungsumformung, die in der Schule als „Dividieren" bezeichnet wird (der Übergang von der vorletzten zur letzten Zeile der Umformung im Beweis), ist eigentlich das Wegstreichen (Kürzen) eines Faktors, der links und rechts des Gleichungszeichens auftritt (in diesem Fall das $(a^2 - ab)$), auf beiden Seiten der Gleichung. Auch, wann das Kürzen erlaubt ist, werden wir in Kapitel 5 diskutieren. In $\mathbb{R}$ ist das immer dann erlaubt, wenn dieser Faktor ungleich 0 ist, und das ist in der Schulmathematik gemeint, wenn gesagt wird: „Das Dividieren durch eine Zahl ungleich 0 ist eine Äquivalenzumformung, aber es ist nicht erlaubt, durch 0 zu dividieren."

2.4.2 Anwendung von Funktionen

Man kann nicht nur auf beiden Seiten der Gleichung elementare arithmetische Operationen ausführen, sondern man kann auch versuchen, geeignete Funktionen anzuwenden um zu vereinfachen. Besonders beliebt sind Umkehrfunktionen von Funktionen, die auf beiden Seiten der Gleichung auftauchen.

Ein einfaches Beispiel bietet die nächste Umformungskette, in der wir im ersten Schritt die Logarithmusfunktion (log), die Umkehrfunktion der Exponentialfunktion, anwenden:

$$e^{3x+4} = e^{x-2} \quad |\log{}_-$$
$$3x + 4 = x - 2$$
$$2x = -6$$
$$x = -3.$$

In der Mathematik wird der natürliche Logarithmus oft mit log und nicht mit ln bezeichnet. Der Logarithmus zur Basis a wird $\log_a$ geschrieben, und für den Logarithmus zur Basis 10 müssen wir bei Verwendung obiger Konvention $\log_{10}$ schreiben und nicht bloß log.

2.4.2   Theorem 2.4.2 (Sinnlosigkeit der Zahlen — 2. Versuch). Alle Zahlen sind gleich.

2.4.2   *Beweis.* O.B.d.A werden wir den Spezialfall $4 = 5$ beweisen:

$$-20 = -20$$
$$16 - 36 = 25 - 45$$
$$16 - 36 + \tfrac{81}{4} = 25 - 45 + \tfrac{81}{4}$$
$$4^2 - 2 \cdot 4 \cdot \tfrac{9}{2} + \left(\tfrac{9}{2}\right)^2 = 5^2 - 2 \cdot 5 \cdot \tfrac{9}{2} + \left(\tfrac{9}{2}\right)^2$$
$$\left(4 - \tfrac{9}{2}\right)^2 = \left(5 - \tfrac{9}{2}\right)^2 \qquad \text{weil } (a-b)^2 = a^2 - 2ab + b^2$$
$$4 - \tfrac{9}{2} = 5 - \tfrac{9}{2}$$
$$4 = 5,$$

womit die Sinnlosigkeit des Zahlenbegriffs erwiesen ist.   □

Offensichtlich steckt in diesem Beweis ein Fehler, denn die Ungültigkeit des Satzes steht wohl außer Zweifel. Können Sie den Fehler entdecken?

Die falsche Umformung steht in der vorletzten Zeile der Rechnung: Das Wegstreichen der Quadrate[1] ist keine Äquivalenzumformung! Soll eine Gleichung auf diese Art umgeformt werden, so muss man sich zuvor überzeugen, dass die Vorzeichen auf beiden Seiten übereinstimmen. Dies ist in obigen Ausdrücken in den Klammern nicht der Fall, und daher hätten wir schreiben müssen

$$\left(4 - \tfrac{9}{2}\right)^2 = \left(5 - \tfrac{9}{2}\right)^2 \quad \Leftarrow$$
$$4 - \tfrac{9}{2} = 5 - \tfrac{9}{2}.$$

Allgemein muss man darauf achten, dass die Funktion, die man „entfernen" möchte (hier die Quadratfunktion), *injektiv* (siehe Abschnitt 4.3 unten) auf den Definitionsbereichen beider Seiten der Gleichung ist.

Beispiel 2.4.3. *Im Allgemeinen ist das Wegstreichen der Quadrate keine Äquivalenzumformung, weil die Funktion $f(x) = x^2$ sowohl x als auch $-x$ auf x^2 abbildet. (In der Sprache der Schule sagt man, dass hier die Wurzel nicht eindeutig definiert werden kann.) Schränken wir aber f auf nicht negative reelle Zahlen ein, so vermeiden wir dieses Problem und können gefahrlos die Quadrate entfernen. Sei $x \geq 0$, und seien a, b reelle Zahlen. Dann gilt* **2.4.3**

$$4x^2 = (a^2 + b^2)^2$$
$$2x = a^2 + b^2$$
$$x = \tfrac{1}{2}(a^2 + b^2),$$

und diese Umformung ist richtig, da wir schon wissen, dass $x \geq 0$ und $a^2 + b^2 \geq 0$ (warum?) gelten.

Ist die Anwendung der Umkehrfunktion zwingend nötig, um eine Rechnung fortsetzen zu können, so müssen wir bei Mehrdeutigkeit Fallunterscheidungen durchführen.

Um wieder zum Beispiel „Quadratwurzel" zurückzukehren, sehen wir uns an, wie der vorletzte Umformungsschritt im falschen Beweis von Theorem 2.4.2 richtigerweise geführt hätte werden müssen.

---

[1] Im Schuljargon wird diese Operation etwas unpräzise als Ziehen der Quadratwurzel bezeichnet.

$$\left(4 - \tfrac{9}{2}\right)^2 = \left(5 - \tfrac{9}{2}\right)^2$$
$$4 - \tfrac{9}{2} = \pm\left(5 - \tfrac{9}{2}\right)$$

In der Mathematik steht das Zeichen $\pm$ (sprich „plus-minus") für „plus *oder* minus". So bedeutet die obige Zeile $4 - \tfrac{9}{2} = 5 - \tfrac{9}{2}$ oder $4 - \tfrac{9}{2} = -(5 - \tfrac{9}{2})$ und wir müssen, um die Rechnung korrekt fortsetzen zu können, die angekündigte Fallunterscheidung vornehmen.

1. Fall: Vorzeichen $+$:
$$4 - \tfrac{9}{2} = 5 - \tfrac{9}{2}$$
$$-\tfrac{1}{2} = \tfrac{1}{2} \quad \text{ist offensichtlich falsch}$$

2. Fall: Vorzeichen $-$:
$$4 - \tfrac{9}{2} = -\left(5 - \tfrac{9}{2}\right)$$
$$-\tfrac{1}{2} = -\tfrac{1}{2}, \quad \text{was stimmt.}$$

Der 1. Fall führt offensichtlich zu einem unsinnigen Ergebnis und muss daher verworfen werden. Der 2. Fall hingegen liefert das richtige Resultat. Nur dieser darf im Beweis des Theorems verwendet werden, und wir sind daher erwartungsgemäß nicht in der Lage, die Behauptung $4 = 5$ zu beweisen.

Wir werden in einer grauen Box auf Seite 48 noch einmal auf Fragen des Stils in Gleichungsumformungen zurückkommen — und zwar im Zusammenhang mit Induktionsbeweisen, die wir als nächstes kennenlernen.

2.5 Vollständige Induktion

Wir haben im Abschnitt 2.1 bereits zwei grundlegende Beweisprinzipien, den direkten und den indirekten Beweis kennengelernt. Die erste

Beweismethode, die wir kennenlernen wollen, wird oft benötigt, wenn wir eine Behauptung *für alle* natürlichen Zahlen beweisen möchten.

Beispiel 2.5.1. *Betrachten wir die folgende Reihe von Ausdrücken.* **2.5.1**

$$
\begin{aligned}
1 &= 1 &&= 1^2 \\
1 + 3 &= 4 &&= 2^2 \\
1 + 3 + 5 &= 9 &&= 3^2 \\
1 + 3 + 5 + 7 &= 16 &&= 4^2 \\
1 + 3 + 5 + 7 + 9 &= 25 &&= 5^2
\end{aligned}
$$

Nach einem „Intelligenztest" finden wir also heraus, dass die Summe der ersten n ungeraden Zahlen genau das Quadrat von n ergibt.

Nun, eigentlich hätten wir sagen sollen, dass wir *vermuten*, dass dem so ist. Die ersten fünf Testbeispiele zu überprüfen, ist natürlich nicht genug, um daraus schon auf die allgemeine Aussage schließen zu können, ja nicht einmal das Überprüfen der ersten 10 Millionen Fälle würde dafür genügen.

Was wir benötigen, ist eine Technik, um mit einem Schlag das Resultat *für alle unendlich vielen natürlichen Zahlen auf einmal* zu beweisen.

Machen wir einen Zwischenausflug ins tägliche Leben: Welche Hilfsmittel würden Sie verwenden, um ein Dach zu erklimmen? Wahrscheinlich eine Leiter. Ist es zum Erklimmen einer Leiter wichtig, deren Höhe zu kennen? Nein. Das Wissen um die Technik des Leiterkletterns genügt (abgesehen von Höhenangst und eingeschränkter Kondition — das wollen wir wegabstrahieren).

Was müssen wir wissen, um die Technik des Leiterkletterns zu erlernen? Erstaunlicherweise nur zwei Dinge:

1. Wie komme ich auf die unterste Leitersprosse? (Leiteranfang)
2. Wie komme ich von einer Leitersprosse auf die nächst höhere Sprosse? (Leiterschritt)

Finden Sie eine Antwort auf diese beiden Fragen, und kein Dach wird vor Ihnen sicher sein (sofern Sie eine Leiter auftreiben können, die lang genug ist — auch das wollen wir wegabstrahieren).

Wenn wir nun den Gipfel der Erkenntnis über natürliche Zahlen erklimmen wollen, so gehen wir ganz ähnlich vor. Die mathematische
Version des Leiterkletterns heißt **vollständige Induktion**.

Um sie korrekt durchzuführen, müssen wir ganz analog zum Leiteranfang erst eine Grundlage, einen Anfang für unsere Behauptung finden.
Wir werden also unsere für alle natürlichen Zahlen zu beweisende Behauptung erst einmal für die kleinste natürliche Zahl, also für $n = 0$
beweisen. Meist ist es einfach, diesen **Induktionsanfang** zu zeigen.

Danach müssen wir eine Methode finden, den Leiterschritt zu imi-
tieren. Für so einen Schritt gehen wir davon aus, dass wir uns bereits auf einer Leitersprosse befinden, wir also die Aussage schon bewiesen haben für eine bestimmte natürliche Zahl n. Diese Aussage
heißt **Induktionsannahme** oder **Induktionsvoraussetzung**. Von
dieser Sprosse ausgehend müssen wir nun eine Methode finden, die
nächst höhere Sprosse zu erklimmen. Im Falle der Leiter ist das ein
einfacher Schritt, in der Mathematik ist dazu ein Beweis von Nöten. In
diesem **Induktionsschritt** wird aus der Behauptung für n die Aussage für die Zahl $n + 1$ (die nächste Sprosse) hergeleitet.

Ist das geschafft, so ist der **Induktionsbeweis** beendet, und die Behauptung ist tatsächlich für alle natürlichen Zahlen bewiesen.

Warum ist das so? Für jede natürliche Zahl können wir die „Induk-
tionsleiter" so lange hinaufklettern bis die Behauptung auch für diese
Zahl bewiesen ist — die Höhe des Daches ist nicht wichtig, so lange
wir nur die Technik des Kletterns beherrschen. Wir werden uns allerdings in Abschnitt 6.1.1, nachdem wir die natürlichen Zahlen *definiert*
haben, noch genauer mit dem mathematischen Hintergrund der Induktion beschäftigen.

Selbstverständlich können wir die Beweistechnik der vollständigen Induktion auch einsetzen, um Aussagen zu beweisen, die nicht für alle
n in $\mathbb{N}$, sondern nur für alle natürlichen Zahlen n größer als ein bestimmtes k gelten. Ausgesprochen oft werden wir es z.B. mit Aussagen
zu tun haben, wo $k = 1$ ist, die also für alle $n \geq 1$ gelten. Klarerweise
besteht dann der Induktionsanfang aus dem Beweis der Aussage für
$n = k$ (statt für $n = 0$).

Verwenden wir also nun unsere neue Technik, um die Behauptung über
die Summe ungerader Zahlen aus Beispiel 2.5.1 zu beweisen.

Proposition 2.5.2 (Summen ungerader Zahlen).   **2.5.2**
Es gilt für[2] $n \geq 1$

$$\sum_{k=1}^{n}(2k - 1) = n^2.$$

Beweis. Wir beweisen die Aussage mit vollständiger Induktion.   **2.5.2**

Induktionsanfang: Sei $n = 1$. Es gilt $\sum_{k=1}^{1}(2k - 1) = 1 = 1^2$.

Induktionsannahme: Es sei die Behauptung für n bereits bewiesen, es gelte also

$$\sum_{k=1}^{n}(2k - 1) = n^2.$$

Induktionsschritt: Wir müssen nun die Behauptung für $n + 1$ zeigen, also

$$\sum_{k=1}^{n+1}(2k - 1) = (n + 1)^2$$

beweisen. Beginnen wir den Beweis mit der linken Seite

$$\sum_{k=1}^{n+1}(2k - 1) = \sum_{k=1}^{n}(2k - 1) + 2n + 1.$$

Für diese Umformung haben wir einfach die Definition des Summensymbols $\sum$ verwendet und den letzten Term explizit aufgeschrieben. Durch diesen Trick (ein Standardtrick in Induktionsbeweisen) haben wir auf der rechten Seite einen Term (den Summenausdruck) erzeugt, der in der Induktionsannahme vorkommt. Wir können also die Induktionsannahme einsetzen und erhalten

$$\sum_{k=1}^{n}(2k - 1) + 2n + 1 = n^2 + 2n + 1.$$

Die rechte Seite ist ein vollständiges Quadrat, und daher können wir fertig umformen

---

[2] Die Aussage ist zwar für $n = 0$ ebenfalls richtig (und zwar trivialerweise), aber in diesem Zusammenhang weniger natürlich, sodass wir darauf verzichten, sie in die Proposition mit einzubeziehen.

$$n^2 + 2n + 1 = (n+1)^2,$$

und wir haben den Induktionsschritt beendet.

Damit ist alles bewiesen — in einem Schritt für unendlich viele, ja für alle natürlichen Zahlen (ab 1). $\qquad\qquad\qquad\qquad\qquad\qquad\qquad\square$

Nachdem sich gezeigt hat, dass besonders bei Induktionsbeweisen die Versuchung sehr groß ist, die falsche Beweisvariante der Von-Oben-Nach-Unten-Rechnung zu verwenden, kehren wir nochmals zum Hauptthema von Abschnitt 2.4 zurück. Wir demonstrieren anhand eines Beispiels, wie man die *richtige Idee* solcher *falschen Beweise* retten kann, indem man sie in mathematisch zulässige Gestalt bringt.

Es sei unsere Aufgabe zu beweisen, dass für alle $n \in \mathbb{N}$

$$\sum_{k=0}^{n} k(k+1) = \tfrac{1}{3}n(n+1)(n+2)$$

gilt.

Ein typischer Beweis, wie er häufig zu finden ist (und möglicherweise in Schulen gelehrt wird), sieht in etwa so aus:

Entwurf:
Induktionsanfang:

$$\sum_{k=0}^{0} k(k+1) = 0 = \tfrac{1}{3}0(0+1)(0+2) \qquad \text{w.A.}$$

Induktionsschritt $n \to n+1$**:**

$$\sum_{k=0}^{n+1} k(k+1) = \tfrac{1}{3}(n+1)((n+1)+1)((n+1)+2)$$

$$\sum_{k=0}^{n} k(k+1) + (n+1)(n+2) = \tfrac{1}{3}(n+1)(n+2)(n+3)$$

$$\tfrac{1}{3}n(n+1)(n+2) + n^2 + 3n + 2 = \tfrac{1}{3}(n^2 + 3n + 2)(n+3)$$

$$\tfrac{1}{3}(n^3 + 3n^2 + 2n) + n^2 + 3n + 2 = \tfrac{1}{3}(n^3 + 6n^2 + 11n + 6)$$

$$3n^2 + 2n + 3n^2 + 9n = 6n^2 + 11n$$

$$0 = 0 \qquad\qquad\qquad \text{w.A.}$$

Dieser Beweis enthält alle wichtigen Rechnungen, aber mathematisch korrekt ist er nicht. Der allgemeinen Konvention folgend, ist die Rechnung von oben nach unten zu lesen und beweist so aus der zu zeigenden Identität die überraschende Gleichung $0 = 0$, aber **nicht die Gültigkeit der zu zeigenden Identität**. Warum aus ersterem logisch nicht zweiteres folgt, diskutieren wir noch in Beispiel 3.3.6, unten.

Trotzdem kann man einen Beweisversuch einmal so beginnen. Danach ist es aber unerlässlich, ihn in einer „Reinschrift" in mathematisch korrekte Form zu bringen. Der Arbeitsaufwand ist dabei gar nicht so hoch. Der Trick ist, zuerst die linken Seiten in den Gleichungen von oben nach unten abzuschreiben und danach die rechten Seiten von unten nach oben. Einzig, die weggekürzten Terme muss man jeweils behalten. Dann schreibt man alles in dieser Reihenfolge in eine lange Gleichungskette:

Beweis in Reinschrift, 1:

Induktionsanfang:

$$\sum_{k=0}^{0} k(k+1) = 0 = \tfrac{1}{3}0(0+1)(0+2)$$

Induktionsannahme: Für n gelte

$$\sum_{k=0}^{n} k(k+1) = \tfrac{1}{3}n(n+1)(n+2).$$

Induktionsschritt: Zu zeigen ist $\sum_{k=0}^{n+1} k(k+1) = \tfrac{1}{3}(n+1)(n+2)(n+3).$

$$\sum_{k=0}^{n+1} k(k+1) = \sum_{k=0}^{n} k(k+1) + (n+1)(n+2)$$
$$= \tfrac{1}{3}n(n+1)(n+2) + n^2 + 3n + 2 = \tfrac{1}{3}(n^3 + 3n^2 + 2n) + n^2 + 3n + 2$$
$$= \tfrac{1}{3}(n^3 + 3n^2 + 2n + 3n^2 + 9n + 6) = \tfrac{1}{3}(n^3 + 6n^2 + 11n + 6)$$
$$= \tfrac{1}{3}(n^2 + 3n + 2)(n+3) = \tfrac{1}{3}(n+1)(n+2)(n+3) \qquad \square$$

Wenn Sie genau vergleichen, werden Sie bemerken, dass es tatsächlich nicht allzu viel Arbeit war, die Reinschrift aus dem

Entwurf zu erzeugen. Und dies ist ein mathematisch korrekter Beweis, zeigen wir doch tatsächlich, dass der Summenausdruck auf der linken Seite gleich dem Produkt auf der rechten Seite ist. Wirklich schön ist der Beweis aber immer noch nicht. Bei genauem Betrachten der Gleichungskette erkennen wir nämlich, dass der Beweis im Induktionsschritt noch deutlich abgekürzt werden kann — auch das ist ein Vorteil des korrekten Beweises mit seiner langen Gleichungskette. Wir können nach Verwendung der Induktionsbehauptung ganz einfach $(n+1)(n+2)$ herausheben (ausklammern).

Beweis in Reinschrift, 2 (Induktionsschritt):

$$\sum_{k=0}^{n+1} k(k+1) = \sum_{k=0}^{n} k(k+1) + (n+1)(n+2)$$
$$= \tfrac{1}{3}n(n+1)(n+2) + (n+1)(n+2) = \tfrac{1}{3}(n+1)(n+2)(n+3).$$

Als ein komplexeres Beispiel für die Anwendung der vollständigen Induktion zum Beweis einer wichtigen mathematischen Tatsache werden wir im folgenden Abschnitt den *binomischen Lehrsatz* behandeln. Zuvor stellen wir aber einige Aufgaben zum Thema Induktion. Achten Sie in Ihren Lösungen besonders auf einen korrekten Beweisstil und fertigen Sie notfalls nach dem Entwurf noch eine Reinschrift an. Weisen Sie auch explizit auf Induktionsanfang, Induktionsbehauptung und Induktionsschritt hin.

Aufgabe 2.5.3. Beweisen Sie die Summenformel für die geometrische Reihe, d.h. für beliebiges reelles q und n in $\mathbb{N}$ zeigen Sie

$$\sum_{k=0}^{n} q^k = \frac{1 - q^{n+1}}{1 - q}.$$

Aufgabe 2.5.4. Beweisen Sie die Summenformel für die arithmetische Reihe: Seien a_0 und d in $\mathbb{R}$ fix gegeben und setzen Sie $a_{k+1} = a_k + d = a_0 + (k+1)d$. Zeigen Sie, dass für alle natürlichen n gilt, dass

$$\sum_{k=0}^{n} a_k = (n+1)\left(a_0 + d\tfrac{n}{2}\right).$$

Aufgabe 2.5.5. Beweisen Sie die folgenden Identitäten für alle natürlichen $n \geq 1$:

1. $\displaystyle\sum_{k=0}^{n} q^{-k} = \frac{q^{n+1} - 1}{q^n(q-1)}, \, q \neq 1$

2. $\displaystyle\sum_{k=1}^{n} (k^3 + k) = \frac{n(n+1)(n^2 + n + 2)}{4}$

3. $\displaystyle\sum_{k=2}^{n} \frac{1}{k(k-1)} = \frac{n-1}{n}$

Aufgabe 2.5.6. Beweisen Sie die folgenden Identitäten für alle angegebenen $n \in \mathbb{N}$:

1. $\displaystyle\sum_{k=0}^{n} (3k - 2) = \frac{(1+n)(3n-4)}{2}, \, n \geq 0$

2. $\displaystyle\sum_{k=1}^{n} k^2 = \frac{n(n+1)(2n+1)}{6}, \, n \geq 1$

3. $(1+x)(1+x^2)(1+x^4)\ldots(1+x^{2^{n-1}})(1+x^{2^n}) = \dfrac{1 - x^{2^{n+1}}}{1-x},$

   für $x \neq 1$ und $n \geq 0$

Aufgabe 2.5.7. Beweisen Sie mittels vollständiger Induktion die *Bernoullische Ungleichung*

$$(1+x)^n \geq 1 + nx, \quad \text{für } x \geq -1 \text{ und } n \in \mathbb{N}.$$

Aufgabe 2.5.8. Beweisen Sie, dass $n^3 - n$ für alle $n \in \mathbb{N}$ durch 6 teilbar ist.

Aufgabe 2.5.9. Für welche $n \in \mathbb{N}$ gilt $2^n > n^2$? Beweisen Sie ihre Vermutung mit vollständiger Induktion!

Zum Abschluss dieses Abschnitts diskutieren wir noch zwei Beispiele falscher Induktionsbeweise, die die Funktionsweise der vollständigen Induktion nochmals beleuchten.

2.5.10   Beispiel 2.5.10 (Alle Menschen sind blond). *Wir beweisen:*

Alle Menschen sind blond.

Zwar ist die Anzahl aller Menschen endlich, da wir diese aber nicht genau kennen, führen wir den Beweis mittels vollständiger Induktion. Die zu beweisende Aussage lautet genauer: Für alle natürlichen Zahlen $n \geq 1$ gilt:

In jeder Menge von n Menschen sind alle Mitglieder blond.

Für den Induktionsanfang wird es Ihnen nicht schwer fallen, einen blonden Menschen zu benennen.
Als Induktionsannahme postulieren wir, wir hätten bereits für alle Menschenmengen der Größe n gezeigt, dass sie nur blonde Menschen enthalten.
Für den Induktionsschritt betrachten wir nun eine beliebige Menge M von $n + 1$ Menschen, die wir uns mit $1, 2, \ldots, n + 1$ durchnummeriert denken. Dann haben die beiden Menschenmengen mit den Mitgliedern $1, 2, \ldots, n$ (wir haben also die „letzte" Person weggeschickt) und jene mit den Mitgliedern $2, 3, \ldots, n + 1$ (wir haben die erste Person weggeschickt) jeweils Größe n. Nach Induktionsannahme sind alle Personen in diesen Mengen blond, also auch alle in der Menge M.
Nach vollständiger Induktion folgt daher, dass alle Menschen blond sind.

Diese Aussage ist natürlich falsch, und der Fehler im Beweis ist auch nicht schwer zu finden. Er befindet sich schon im Induktionsanfang und besteht darin, dass gar nicht die zu beweisenden Aussage „In jeder Menge bestehend aus einem Menschen sind alle Mitglieder blond" behandelt wurde—diese ist ja gerade gleichbedeutend mit der ursprünglichen und falschen Aussage „Alle Menschen sind blond". *Stattdessen wurden mit der (richtigen) Aussage „Es gibt Mengen bestehend aus einer Person, in der alle Mitglieder blond sind" argumentiert, die ja nichts anderes besagt als „Es gibt blonde Menschen".*

Wesentlich subtiler ist der Fehler im folgenden Beispiel.

Beispiel 2.5.11 (Alle Menschen haben dieselbe Haarfarbe). 2.5.11
Wir beweisen:

> Alle Menschen haben dieselbe Haarfarbe.

Genau wie oben verwenden wir vollständige Induktion und formulieren dazu die Aussage in der Form: Für jede natürliche Zahl $n \geq 1$ gilt:

> In jeder Menge von n Menschen haben alle dieselbe Haarfarbe.

Nun ist der Induktionsanfang offenbar richtig und als Induktionsannahme postulieren wir, wir hätten bereits für alle Menschenmengen der Größe n gezeigt, dass alle Mitglieder dieselbe Haarfarbe haben.
Im Induktionsschritt zeigen wir nun, dasss auch in jeder Menschenmenge der Größe $n + 1$ alle Mitglieder dieselbe Haarfarbe aufweisen. Dazu gehen wir wie in 2.5.10 vor und wählen aus der Menge M bestehend aus den Personen $1, 2, \ldots, n + 1$ die Mengen mit den Personen $1, 2, \ldots, n$ sowie die Menge mit den Personen $2, 3, \ldots, n + 1$ aus. Beide diese Mengen haben n Mitglieder und nach Induktionsannahme daher nur jeweils Mitglieder mit derselben Haarfarbe. Daher müssen alle Mitglieder von M selbst dieselbe Haarfarbe haben wie diejenigen Personen, die diesen beiden Teilmengen angehören, also liegt auch in M nur eine einzige Haarfarbe vor.

Natürlich ist auch diese Aussage falsch, aber der Fehler im Beweis ist gut im Induktionsschritt versteckt. Tatsächlich ist der Induktionsschritt von n nach $n + 1$ für alle $n \geq 2$ korrekt. Im Fall $n = 1$ ist er aber falsch: Die beiden Teilmengen bestehen in diesem Fall nur aus jeweils einer Person nämlich 1 bzw. 2 und nun folgt daraus nicht, dass diese beiden dieselbe Haarfarbe haben. Ein solcher Schluss ist nur dann zulässig, falls es eine Person gibt, die zu beiden Teilmengen gehört, was hier eben nicht der Fall ist.

2.5.1 Der binomische Lehrsatz

Der binomische Lehrsatz dient der Auflösung von Potenzen der Form $(a + b)^n$ in eine Summe von Produkten. Er lautet:

$$(a + b)^n = \sum_{k=0}^{n} \binom{n}{k} a^k b^{n-k}.$$

Er begründet sich durch folgende Überlegung: Beim Ausmultiplizieren von n gleichen Binomen $(a + b)$ wird für jedes Produkt aus jedem Binom entweder ein a oder ein b verwendet. Somit entstehen Produkte der Formen $a^n b^0, a^{n-1} b^1, \ldots, a^1 b^{n-1}, a^0 b^n$. Die entstehenden Produkte werden additiv verknüpft, bleibt also nur noch die Frage, welche Produkte wie oft entstehen. Diese Frage nach dem *Koeffizienten* wird im binomischen Lehrsatz mit $\binom{n}{k}$ beantwortet. Weil er der Koeffizient in der Entwicklung der Potenz eines Binoms $(a + b)$ ist, heißt er **Binomialkoeffizient**.

Die mathematische Disziplin, die sich unter anderem mit dem Abzählen von Objekten beschäftigt, ist die **Kombinatorik**. Dort besteht eine übliche Lösungsmethode darin, ein Problem durch ein äquivalentes Problem zu ersetzen, das leichter zu lösen ist. (Dabei ist die Äquivalenz oft schwierig zu zeigen.) Ein im Zusammenhang mit Binomialkoeffizienten stets zitiertes äquivalentes Problem ist das *Pascalsche Dreieck* (siehe Abbildung 2.1). Es folgt nachstehenden Regeln:

- Die oberste Ebene enthält eine Position.
- Jede Ebene enthält eine Position mehr als die darüber liegende.
- Jeder Position werden in der darunter liegenden Ebene zwei benachbarte Positionen als Linksuntere und Rechtsuntere zugeordnet.
- Die Linksuntere einer Position ist stets gleich der Rechtsunteren ihrer links benachbarten Position und umgekehrt.
- Um einen Weg zu einer Zielposition zu erhalten, startet man von der einzigen Position der obersten Ebene. Dann geht man immer zur Links- oder Rechtsunteren der aktuellen Position, bis man bei der Zielposition angekommen ist.
- An jeder Position notieren wir dann die Anzahl der Wege, die zu ihr führen. Dabei gilt die Position in der obersten Ebene als Weg zu sich selbst, bekommt also eine 1 zugeordnet.

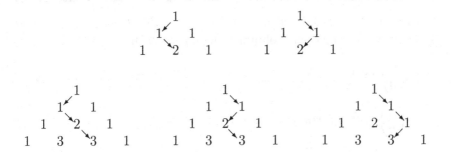

Abb. 2.1 Pascalsches Dreieck

Der Zusammenhang zwischen dem Pascalschen Dreieck und der Frage, wie oft die einzelnen Produkte beim Ausmultiplizieren auftreten, ist folgender:

- Auf der einen Seite steht beim Finden eines Weges auf jeder Ebene die Entscheidung an, ob man entweder zum Links- oder Rechtsunteren weitergeht.
- Auf der anderen Seite muss man beim Ausmultiplizieren aus jedem Binom entweder ein a oder ein b entnehmen.
- Der an einer Position notierte Wert wird also zum Binomialkoeffizienten des entsprechenden Produktes gleich sein (Dies ist hier noch unbewiesen und wird im Weiteren gezeigt werden.), wobei die Ebene der Potenz entsprechend gewählt werden muss; die Koeffizienten $\binom{n}{k}$ von $(a+b)^n$ findet man also in der n–ten Ebene (wobei wir bei $n = 0$ zu zählen beginnen).

Der Ausdruck $\binom{n}{k}$ beansprucht also, als Ergebnis den Wert der k–ten *Position der n–ten Ebene* des Pascalschen Dreiecks zu haben, wobei die Nummerierung sowohl für n als auch für k mit 0 beginnt. Überlegen wir uns, dass eine Position im Pascalschen Dreieck nur über ihre maximal zwei Oberen zu erreichen ist und alle Wege, zu den beiden Oberen verschieden sind, so ist klarerweise der Wert einer Position gleich der Summe der Werte ihrer (höchstens zwei) Oberen. Aus dieser Überlegung definieren wir rekursiv.

2.5.12 **Definition 2.5.12 (Binomialkoeffizient).** Der *Binomialkoeffizient*
$\binom{n}{k}$ für n in $\mathbb{N}$, k in $\mathbb{Z}$ ist (rekursiv) definiert durch

(i) $$\binom{0}{0} := 1.$$

(ii) $$\binom{n}{k} := 0 \quad \text{für } n \text{ in } \mathbb{N} \text{ und } k < 0 \text{ oder } k > n.$$

(iii) $$\binom{n}{k} := \binom{n-1}{k-1} + \binom{n-1}{k} \quad \text{für } n \geq 1 \text{ und } 0 \leq k \leq n.$$

In vielen Situationen (auch im Falle des Binomischen Lehrsatzes) ist
die rekursive Definition des Binomialkoeffizienten etwas unhandlich.
Wir suchen daher nach einer geschlossenen Darstellung desselben.
Beginnen wir mit folgender Beobachtung. Der Binomialkoeffizient $\binom{n}{k}$
zählt die Anzahl der Wege, die von der Spitze des Dreiecks zur Stelle
k in der n-ten Ebene führen. Alle diese Wege stimmen in der Anzahl
ihrer Rechtsschritte (k) und der Anzahl ihrer Linksschritte $(n - k)$
überein, und sie sind natürlich auch alle gleich lang (n Schritte), siehe
Abbildung 2.1. Aus diesem Grund ist ein bestimmter Weg eindeutig
dadurch festgelegt, in welchen Ebenen er Rechtsschritte durchführt.
Wir haben im Übergang zu jeder der Ebenen $1, \ldots, n$ die Wahl, einen
Rechtsschritt durchzuführen, und wir müssen genau k dieser Ebenen
auswählen. Also stimmt die Anzahl der Wege zur Stelle k in der n-ten
Ebene überein mit der Anzahl der Möglichkeiten, k Zahlen aus der
Menge $1, \ldots, n$ auszuwählen.
Versuchen wir, auf neue Art diese Anzahl zu bestimmen: Wir ordnen
die Zahlen $1, \ldots, n$ willkürlich an und nehmen aus dieser Anordnung
die ersten k Zahlen als unsere Auswahl. Es gibt $n!$ Möglichkeiten, die
Zahlen $1, \ldots, n$ anzuordnen, siehe Seite 34. Wenn wir dann die ersten
k Zahlen wählen, dann führen alle jene Anordnungen zu derselben
Auswahl, die nur die ersten k Zahlen oder nur die hinteren $n - k$ Zahlen
umreihen; das sind $k!$ bzw. $(n - k)!$ Möglichkeiten umzureihen. Von
allen möglichen Anordnungen führen also jeweils $k!(n-k)!$ zur gleichen
Auswahl von k Zahlen. Insgesamt ergibt das die folgende geschlossene
Darstellung des Binomialkoeffizienten, die wir mittels vollständiger In-
duktion beweisen werden.

Proposition 2.5.13 (Geschlossene Darstellung des Binomialko- 2.5.13
effizienten). Für alle n in $\mathbb{N}$ und alle natürlichen k mit $k \leq n$ gilt:

$$\binom{n}{k} = \frac{n!}{(n-k)!\,k!}.$$

Beweis. Zu beweisen ist: 2.5.13

$$\binom{n}{k} = \frac{n!}{(n-k)!\,k!}.$$

Dafür müssen wir zeigen, dass die Formel

$$\frac{n!}{(n-k)!\,k!}$$

der Definition 2.5.12 von $\binom{n}{k}$ genügt. Dabei haben wir zu beachten, dass die Formel nur für $n \geq 0$, $0 \leq k \leq n$ gilt.

Zuerst untersuchen wir die Ränder des Pascalschen Dreiecks und zeigen, dass sie ausschließlich aus Einsen bestehen.

Beginnen wir mit dem linken Rand also dem Fall $k = 0$, d.h. den Binomialkoeffizienten der Form $\binom{n}{0}$, n in $\mathbb{N}$. Aus der rechten Seite der Behauptung ergibt sich tatsächlich

$$\frac{n!}{(n-0)!\,0!} = \frac{n!}{n!} = 1.$$

Wir müssen nun auch *beweisen*, dass dasselbe aus der rekursiven Definition für $\binom{n}{0}$ folgt. Dazu verwenden wir das Prinzip der vollständigen Induktion.

Behauptung: Für alle natürlichen n gilt $\binom{n}{0} = 1$.

Induktionsanfang: $\binom{0}{0} = 1$ nach Definition 2.5.12(i).

(Wie gesagt, der Induktionsanfang ist meist leicht — oder falsch!)

Induktionsannahme: Es gelte $\binom{n}{0} = 1$.

Induktionsschritt:

$$\binom{n+1}{0} = \binom{n}{-1} + \binom{n}{0} \qquad \text{nach Definition 2.5.12(iii)}$$

$$= \quad 0 \quad + \quad 1 \qquad \begin{array}{l}\text{nach Definition 2.5.12(ii)} \\ \text{bzw. Induktionsannahme}\end{array}$$

$$= \quad 1$$

Das beweist die Behauptung über den linken Rand des Pascalschen Dreiecks.

Ganz analog behandeln wir den rechten Rand, also die Binomialkoeffizienten der Form $\binom{n}{n}$. Aus der rechten Seite der Aussage des Satzes berechnen wir

$$\frac{n!}{(n-n)!\,n!} = \frac{n!}{n!} = 1.$$

Behauptung: Für alle natürlichen n gilt $\binom{n}{n} = 1$.

Induktionsanfang: $\binom{0}{0} = 1$ nach Definition 2.5.12(i).

Induktionsannahme: Es gelte $\binom{n}{n} = 1$.

Induktionsschritt:

$$\binom{n+1}{n+1} = \binom{n}{n} + \binom{n}{n+1} \qquad \text{nach Definition 2.5.12(iii)}$$

$$= \quad 1 \quad + \quad 0 \qquad \begin{array}{l}\text{nach Induktionsannahme} \\ \text{bzw. Definition 2.5.12(ii)}\end{array}$$

$$= \quad 1$$

Das zeigt die Behauptung über den rechten Rand.

Nun beweisen wir die Formel **für alle (restlichen) n und k.** Dafür müssen wir nachweisen, dass für alle n in $\mathbb{N}$, $2 \leq n$ und $1 \leq k \leq n-1$

$$\binom{n}{k} = \frac{n!}{(n-k)!\,k!}$$

gilt. Wir verwenden ein weiteres Mal vollständige Induktion.

Induktionsanfang: $n = 2$, daher $k = 1$

$$\binom{2}{1} = \binom{1}{0} + \binom{1}{1} \qquad \text{nach Definition 2.5.12(iii)}$$
$$= \quad 1 \quad + \quad 1 \qquad \text{nach dem bereits Bewiesenen}$$
$$= \quad 2$$

Andererseits gilt

$$\frac{2!}{(2-1)!\,1!} = \frac{2}{1 \cdot 1} = 2.$$

Induktionsannahme: Es gelte

$$\binom{n}{k} = \frac{n!}{(n-k)!\,k!} \text{ für } 1 \le k \le n-1.$$

Induktionsschritt: Sei $1 \le k \le n$, dann gilt

$$\binom{n+1}{k} = \binom{n}{k} + \binom{n}{k-1} \qquad \text{Definition 2.5.12(iii)}$$

$$= \frac{n!}{(n-k)!\,k!} + \frac{n!}{(n-k+1)!\,(k-1)!} \qquad \begin{array}{l}\text{Induktionsannahme}\\\text{bzw. obige Beh.}\end{array}$$

$$= \frac{n!\,(n-k+1)}{(n-k+1)(n-k)!\,k!}$$

$$+ \frac{n!\,k}{(n-k+1)!\,(k-1)!\,k} \qquad \text{Erweitern}$$

$$= \frac{n!\,(n-k+1)}{(n-k+1)!\,k!} + \frac{n!\,k}{(n-k+1)!\,k!} \qquad \begin{array}{l}\text{Definition}\\\text{der Fakultät}\end{array}$$

$$= \frac{n!\,(n-k+1) + n!\,k}{(n-k+1)!\,k!} \qquad \begin{array}{l}\text{Zusammenfassen}\\\text{der Brüche}\end{array}$$

$$= \frac{n! \, (n - k + 1 + k)}{(n - k + 1)! \, k!} \quad \text{Herausheben}$$

$$= \frac{n! \, (n + 1)}{(n + 1 - k)! \, k!} \quad \text{Addieren}$$

$$= \frac{(n + 1)!}{(n + 1 - k)! \, k!} \cdot \quad \begin{array}{l} \text{Definition} \\ \text{der Fakultät} \end{array}$$

Das beweist, dass die Formel der rekursiven Darstellung von $\binom{n}{k}$ aus Definition 2.5.12 genügt. $\qquad\qquad\qquad\qquad\qquad\qquad\qquad\qquad\square$

Zum Rechnen mit der Formel aus Proposition 2.5.13 empfiehlt es sich zu kürzen:

$$\binom{n}{k} = \frac{n!}{k! \, (n - k)!}$$
$$= \frac{n(n - 1) \ldots (n - k + 1)}{k!} = \frac{\prod_{i=0}^{k-1} (n - i)}{k!}. \qquad (2.2)$$

Mit Hilfe der mittels Proposition 2.5.13 nachgewiesenen Formel (2.2) können wir die Definition des Binomialkoeffizienten erweitern: Zunächst haben wir — motiviert durch unsere Betrachtung des Pascalschen Dreiecks — in Definition 2.5.12 den Binomialkoeffizienten $\binom{n}{k}$ ja lediglich für n, k in $\mathbb{N}$ definiert. Auf der rechten Seite von (2.2) besteht allerdings keine Notwendigkeit mehr, n auf natürliche Zahlen zu beschränken. So definieren wir wie folgt:

2.5.14 **Definition 2.5.14 (Binomialkoeffizient — Erweiterung).** Der *Binomialkoeffizient* ist für α in $\mathbb{R}$ und k in $\mathbb{N}$ definiert durch:

$$\binom{\alpha}{k} = \frac{\alpha(\alpha - 1) \ldots (\alpha - k + 1)}{k!} = \frac{\prod_{i=0}^{k-1} (\alpha - i)}{k!}.$$

In der Mathematik ergeben sich häufig Situationen, wo ein Begriff (wie etwa oben der Binomialkoeffizient) zunächst in einer spezielle(re)n Situation definiert wird, es sich nach gründlichem Studium allerdings zeigt, dass der Begriff auch in allgemeineren

Situationen Sinn hat. Dann *erweitert* man die Definition. In diesem Sinne ist Definition 2.5.14 eine Erweiterung der Definition 2.5.12. Dabei müssen wir allerdings sorgfältig darauf achten, dass im spezielleren Fall (hier n in $\mathbb{N}$) die erweiterte Definition mit der ursprünglichen übereinstimmt.

Kehren wir nun nach diesem Ausflug in die Kombinatorik zum Binomischen Lehrsatz zurück, den wir zum Abschluss dieses Kapitels beweisen.

Proposition 2.5.15 (Binomischer Lehrsatz). Für alle reellen a, b und n in $\mathbb{N}$ gilt

$$(a + b)^n = \sum_{k=0}^{n} \binom{n}{k} a^k b^{n-k}.$$

2.5.15

Beweis. Zu zeigen ist also

für alle n in $\mathbb{N}$ und alle a, b in $\mathbb{R}$: $(a + b)^n = \sum_{k=0}^{n} \binom{n}{k} a^k b^{n-k}$.

2.5.15

Wir beweisen das mittels vollständiger Induktion.
Induktionsanfang: $n = 0$
Klarerweise gilt $(a + b)^0 = 1$. Andererseits

$$\sum_{k=0}^{0} \binom{0}{k} a^k b^{0-k} = \binom{0}{0} a^0 b^0 = 1 \cdot 1 \cdot 1 = 1.$$

Induktionsannahme: Es gelte

$$(a + b)^n = \sum_{j=0}^{n} \binom{n}{j} a^j b^{n-j}.$$

Induktionsschritt:

$$(a + b)^{n+1} = (a + b)(a + b)^n$$

Induktionsannahme

$$= (a + b) \sum_{j=0}^{n} \binom{n}{j} a^j b^{n-j}$$

Ausmultiplizieren

$$= \sum_{j=0}^{n} \binom{n}{j} a^j b^{n-j} (a + b)$$

Ausmultiplizieren

$$= \sum_{j=0}^{n} \binom{n}{j} (a^{j+1} b^{n-j} + a^j b^{n-j+1})$$

Ausmultiplizieren

$$= \sum_{j=0}^{n} \left(\binom{n}{j} a^{j+1} b^{n-j} + \binom{n}{j} a^j b^{n-j+1} \right)$$

Aufspalten der Summe

$$= \sum_{j=0}^{n} \binom{n}{j} a^{j+1} b^{n-j} + \sum_{j=0}^{n} \binom{n}{j} a^j b^{n-j+1}$$

Indexverschiebung
$$j + 1 = i \text{ und } \binom{n}{n+1} = 0$$

$$= \sum_{i=1}^{n+1} \binom{n}{i-1} a^i b^{n-i+1} + \sum_{j=0}^{n+1} \binom{n}{j} a^j b^{n-j+1}$$

$\binom{n}{-1} = 0$ und Laufva-
riablen umbenannt

$$= \sum_{k=0}^{n+1} \binom{n}{k-1} a^k b^{n-k+1} + \sum_{k=0}^{n+1} \binom{n}{k} a^k b^{n-k+1}$$

Vereinigen der Summen

$$= \sum_{k=0}^{n+1} \left(\binom{n}{k-1} a^k b^{n-k+1} + \binom{n}{k} a^k b^{n-k+1} \right)$$

Herausheben

$$= \sum_{k=0}^{n+1} a^k b^{n-k+1} \left(\binom{n}{k-1} + \binom{n}{k} \right)$$

rekursive Definition von $\binom{n}{k}$

$$= \sum_{k=0}^{n+1} \binom{n+1}{k} a^k b^{n+1-k}.$$

Das beweist den binomischen Lehrsatz. $\qquad\qquad\qquad\square$

Aufgabe 2.5.16. Beweisen Sie $\sum_{k=0}^{n} \binom{n}{k} = 2^n$.
Hinweis: Verwenden Sie den Binomischen Lehrsatz!

Aufgabe 2.5.17. Berechnen Sie $\sum_{k=0}^{n} (-1)^k \binom{n}{k}$.
Hinweis: Vergessen Sie nicht, den Fall $n = 0$ gesondert zu betrachten!

Aufgabe 2.5.18. In manchen Büchern wird der Binomialkoeffizient durch seine geschlossene Formel definiert, also durch

$$\binom{n}{k} := \begin{cases} 0 & \text{falls } k < 0 \text{ oder } k > n \\ \dfrac{n!}{k!(n-k)!} & \text{sonst.} \end{cases} \qquad (2.3)$$

In diesem Fall muss die rekursive Darstellung (unsere Definition) bewiesen werden.
Um dies nachzuvollziehen, nehmen Sie an, dass (2.3) gilt und beweisen Sie, dass dann auch

$$\binom{0}{0} = 1 \quad \text{und} \quad \binom{n}{k} = \binom{n-1}{k-1} + \binom{n-1}{k}$$

gelten.

Aufgabe 2.5.19. Beweisen Sie: Der Binomialkoeffizient erfüllt die Identität

$$\binom{n}{k} = \prod_{i=1}^{k} \frac{n+1-i}{i}.$$

Mit diesen für unser weiteres Vorgehen wichtigsten Resultaten beenden wir den Ausflug in die Diskrete Mathematik und Kombinatorik. Tiefer in diese Gebiete eindringen können Sie etwa durch die Lektüre von AIGNER [1], JACOBS & JUNGNICKEL [46], CAMERON [16] und GRAHAM et al. [35].

Kapitel 3
Logik

Die Logik ist die Wissenschaft des Denkens, seiner Bestimmungen und Gesetze.

Georg Wilhelm Friedrich Hegel (1770–1831)

Dieses Kapitel handelt von *den* Grundlagen der Mathematik. Grundlegendes über boolesche Algebren kann einfach und anschaulich erklärt werden. Versteht man erst das Prinzip von booleschen Algebren, so ist damit schon der erste Schritt zum Verständnis der Aussagenlogik getan. Wir erklären die grundlegenden Operationen *Und, Oder* und die *Negation* sowie die *Implikation* und die *Äquivalenz.*
Schließlich befassen wir uns mit *Quantoren*, also den Grundlagen der Prädikatenlogik, und legen somit den Grundstein zur Einführung unserer ersten mathematische Struktur, der *Mengen*, in Kapitel 4.
In Abschnitt 3.3 werden wir dann über die Verwendung der Logik in der Mathematik und über korrekte Argumentation und Beweise sprechen.
Selbstverständlich stellt dieses Kapitel nur ein erstes Kennenlernen der logischen Grundlagen der Mathematik im Sinne einer intuitiven Einführung dar. Eine Formalisierung der Grundlagen der Logik, die wir naiv verwenden, liegt weit außerhalb des Ziels dieses Buchs. So haben wir subtilere Begriffsbildungen bewusst weiterführenden Texten überlassen, siehe dazu auch Abschnitt 4.5 und insbesondere die Anmerkungen an seinem Schluss.

© Springer-Verlag GmbH Deutschland, ein Teil von Springer Nature 2018
H. Schichl, R. Steinbauer, *Einführung in das mathematische Arbeiten*,
https://doi.org/10.1007/978-3-662-56806-4_3

3.1 Boolesche Algebren

In diesem Abschnitt besprechen wir die Grundlagen boolescher Algebren. Diese sollen uns nicht dazu dienen, daraus die Grundlagen der Mathematik aufzubauen (was im Prinzip möglich wäre), sondern lediglich dazu, die Grundoperationen der Aussagenlogik zu motivieren. Wir beschränken uns dabei auf die *Schaltalgebra*, ein Konzept, das auch für das Verständnis der Informatik von großer Bedeutung ist.

Elektronische (auch elektrische) Schaltungen bestehen aus elektrischen Leitungen und aus Schaltern. Jede Leitung kann sich in zwei Zuständen befinden (Strom führend bzw. nicht Strom führend), so wie jeder Schalter zwei Zustände (Stellungen) hat: „Ein" und „Aus".

Mathematisch kann man sowohl den Zustand einer Leitung als auch die Stellung eines Schalters mit Hilfe einer Variable beschreiben, die zwei Werte annehmen kann: 0 oder 1. Eine solche Variable heißt *binäre Variable*.

Mit Schaltern kann man steuern, ob Strom durch eine bestimmte Leitung fließt oder nicht. Das heißt, die Schalterzustände steuern die Zustände von Leitungen. Schaltet man den Schalter ein, so lässt er den Strom passieren, und falls sich ein geschlossener Stromkreis ergibt, so fließt Strom durch die Leitung. In der Computertechnik wurden mit Hilfe von Transistoren Schaltungen entwickelt, die wie elektronische Schalter funktionieren. Führt dort eine bestimmte Leitung A Strom, so verhält sie sich wie ein Schalter im Zustand „Ein" für eine andere Leitung B. Fließt kein Strom durch Leitung A, so verhält sie sich wie ein Schalter im „Aus"-Zustand für Leitung B.

Baut man eine komplizierte Schaltung aus mehreren Schaltern, die durch Leitungen verbunden sind, so ist meist auf den ersten Blick nicht zu erkennen, welche Leitungen bei welchen Schalterstellungen Strom führen und welche nicht. Man kann sich dann einen Überblick verschaffen, indem man so genannte Schaltwerttabellen aufstellt. An einigen einfachen Schaltungen demonstrieren wir nun dieses Prinzip. In diesen Schaltungen werden wir übrigens Leitungen durch Striche, Schalter durch das Symbol ⟍ • , die Stromquelle durch ⠇⠇⠇ und die Lampe (den Verbraucher) durch ⊗ repräsentieren.

1. Setzt man in einem Stromkreis wie in Abbildung 3.1 zwei Schalter hintereinander, bildet man also eine *Serienschaltung*, und unter-

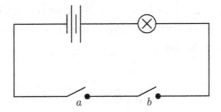

Abb. 3.1 Serienschaltung — Und–Verknüpfung

sucht, wann die Leitung Strom führt, erhält man folgende Schaltwerttabelle. Die Bedeutung der Tabelle ist rechts daneben noch einmal explizit erläutert.

a	b	$a \wedge b$	
0	0	0	$0 \wedge 0 = 0$
0	1	0	$0 \wedge 1 = 0$
1	0	0	$1 \wedge 0 = 0$
1	1	1	$1 \wedge 1 = 1$

Der Strom fließt also, wenn Schalter a **und** Schalter b eingeschaltet sind. Mathematisch schreibt man kurz $a \wedge b$ und spricht a **und** b bzw. von der **Und–Verknüpfung** oder AND-Verknüpfung.

2. Setzt man in einem Stromkreis wie in Abbildung 3.2 zwei Schalter nebeneinander, so wird man folgendes feststellen: Damit die Leitung

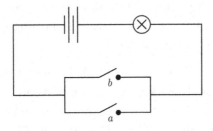

Abb. 3.2 Parallelschaltung — Oder–Verknüpfung

Strom führt, reicht es Schalter a **oder** Schalter b einzuschalten. Eine Schaltung dieser Art nennt man *Parallelschaltung*, und die entsprechende mathematische Verknüpfung heißt **Oder–Verknüp-fung** bzw. OR-Verknüpfung. Man schreibt $a \lor b$ und sagt a **oder** b. Die Schaltwerttabelle ist

a	b	$a \lor b$
0	0	0
0	1	1
1	0	1
1	1	1

ACHTUNG: Beachten Sie, dass „oder" im Gegensatz zum umgangssprachlichen Gebrauch bedeutet, dass a oder b **oder beide** eingeschaltet sein müssen (vgl. Beispiel 3.1.2 und Abschnitt 3.2.1, unten). Wir sprechen vom *einschließenden Oder*.

3. Beschriftet man einen Schalter „verkehrt", so erhält man die einfachste Schaltung, die **Negation** $\neg a$ mit der Schaltwerttabelle

a	$\neg a$
0	1
1	0

3.1.1 **Bemerkung 3.1.1.** Mit *elektrischen* Leitungen und echten Schaltern kann man nicht so leicht komplizierte Schaltungen bauen. Mit *elektronischen* Schaltern (Transistoren) hingegen kann man auch Schaltungen bauen, in denen eine Leitung den Strom in mehreren anderen Leitungen schaltet. Mit dieser Technik kann man aus den drei Grundschaltungen Serienschaltung ($\land$), Parallelschaltung ($\lor$) und Negation ($\neg$) jede beliebige Schaltung fertigen.

Zum besseren Verständnis der Grundschaltungen bringen wir noch einen Vergleich aus dem „wirklichen Leben". Wenn Sie als Abenteurer in einem Fantasy-Spiel in ein Haus eindringen müssen, dann werden Sie zuerst die Türen untersuchen. Besitzt eine Tür zwei Schlösser A und B, so müssen Sie A **und** B öffnen, um die Tür zu überwinden. Hat das Haus aber zwei Türen a und b, so müssen Sie a **oder** b öffnen, um einzudringen. Dies ist ein **einschließendes Oder**, denn wenn sie beide Türen aufbekommen, ist das bestimmt kein Hindernis für das Durchsuchen des Hauses — und falls Sie an der logischen Aufgabe mit den Türen und Schlössern scheitern, können Sie immer noch mit Hilfe der vollständigen Induktion ein Fenster im zweiten Stock einschlagen.

Es existieren vier einstellige Operatoren (wie $\neg$) und 16 mögliche binäre Operatoren (wie $\wedge$ oder $\vee$). Über zwei dieser binären Operatoren wollen wir im Folgenden sprechen.

Beispiel 3.1.2 (XOR). *Betrachten wir zunächst die Schaltwertta-* **3.1.2**
belle

a	b	$a \veebar b$
0	0	0
0	1	1
1	0	1
1	1	0

Diese zweistellige Operation heißt XOR, **exklusives** *Oder, bzw.* **ausschließendes Oder.** *Sie entspricht der Bedeutung von „oder" in der Umgangssprache: Entweder a oder b sind eingeschaltet — keinesfalls beide.*

WICHTIG: In der Mathematik ist es unbedingt notwendig, das Ausschließende der XOR-Operation zu betonen, wie etwa durch Einführen des Wortes „entweder", um Verwechslungen mit der OR-Operation zu vermeiden, die ja als einschließendes Oder einen Einser in der letzten Zeile der Schaltwerttabelle aufweist (vgl. auch Abschnitt 3.2.1, unten).

Beispiel 3.1.3 (NAND). *Interessanterweise gibt es eine Operation* **3.1.3**
— übrigens sehr billig mittels Transistoren herstellbar —, die allein ausreicht, um alle anderen Operationen und damit alle möglichen Schaltungen zu erzeugen. Diese binäre Operation hat die Schaltwerttabelle

a	b	$a \barwedge b$
0	0	1
0	1	1
1	0	1
1	1	0

und trägt den Namen NAND (negated AND, also negiertes Und). Der Zusammenhang mit den bereits definierten Operationen ist

$$a \barwedge b = \neg(a \wedge b),$$

wie leicht aus den Schaltwerttabellen zu sehen ist.

3.1.4 **Bemerkung 3.1.4.** Wie können die bereits bekannten Grundoperationen mit Hilfe der NAND Operation zusammengesetzt werden?

1. Es gilt $\neg a = a \barwedge a$, wie wir anhand der Schaltwerttabelle leicht überprüfen können:

a	$a \barwedge a$	$\neg a$
0	1	1
1	0	0

2. Für die Oder–Verknüpfung erhalten wir $a \vee b = (a \barwedge a) \barwedge (b \barwedge b)$:

a	b	$a \barwedge a$	$b \barwedge b$	$(a \barwedge a) \barwedge (b \barwedge b)$	$a \vee b$
0	0	1	1	0	0
0	1	1	0	1	1
1	0	0	1	1	1
1	1	0	0	1	1

3. Zuletzt stellen wir die Und–Verknüpfung ebenfalls durch drei NAND Operationen als $a \wedge b = (a \barwedge b) \barwedge (a \barwedge b)$ dar. Überprüfen wir die Richtigkeit wieder mit Hilfe der Schaltwerttabelle:

a	b	$a \barwedge b$	$(a \barwedge b) \barwedge (a \barwedge b)$	$a \wedge b$
0	0	1	0	0
0	1	1	0	0
1	0	1	0	0
1	1	0	1	1

Aufgabe 3.1.5. Wir bezeichnen mit a, b und c beliebige binäre Variable. Sind die folgenden Gleichungen richtig?

1. $\neg(a \wedge (\neg a)) = 1$,
2. $(\neg a \wedge (b \vee a)) \wedge c = (b \wedge c) \vee a$,
3. $\neg(a \wedge ((\neg b \wedge \neg a \wedge c) \vee (\neg a \wedge \neg b \wedge \neg c))) = 1$.

Hinweis: Ein Lösungsweg besteht darin, die Schaltwerttabellen für beide Seiten der Gleichung aufzustellen und diese zu vergleichen.

Eine wichtige Frage bei der technischen Herstellung von Schaltungen ist die folgende: Es sei festgelegt, bei welchen Schalterstellungen welche Leitungen Strom führen sollen und welche nicht; es sei also die Schalttafel gegeben. Was ist die einfachste Schaltung, die genau diese Schalttafel besitzt?

Diese Frage zu beantworten, ist nicht ganz einfach. Es ist sicher, dass es jedenfalls *eine* Schaltung gibt, die der Schalttafel entspricht. Man kann sie auch immer konstruieren mit Hilfe der so genannten **disjunktiven Normalform**. Es sei also eine Funktion f gegeben, deren Wert 0 oder 1 ist und von den binären Variablen $a_1, \ldots, a_n$ abhängt. Möchte man eine Schaltung mit n Schaltern (die den Variablen entsprechen) konstruieren, die immer den Wert $f(a_1, \ldots, a_n)$ ergibt, so folgt man dem folgenden *Algorithmus*:

1. Stelle die Schaltwerttabelle mit den Variablen links und dem gewünschten Funktionswert rechts auf.
2. Streiche alle Zeilen, in denen $f(a_1, \ldots, a_n)$ den Wert 0 hat.
3. Ordne jeder der verbliebenen Zeilen eine Und–Verknüpfung von allen Variablen a_i zu, die in dieser Zeile den Wert 1 haben und von den Negationen $\neg a_j$ aller Variablen, die in dieser Zeile den Wert 0 haben.
4. Verknüpfe alle gerade konstruierten Und-Glieder durch Oder–Verknüpfungen.

Beispiel 3.1.6. *Wir konstruieren die disjunktive Normalform zur Schaltwerttabelle* **3.1.6**

a	b	c	$f(a,b,c)$	Und–Verknüpfung
0	0	0	1	$\neg a \wedge \neg b \wedge \neg c$
0	0	1	0	
0	1	0	1	$\neg a \wedge b \wedge \neg c$
0	1	1	1	$\neg a \wedge b \wedge c$
1	0	0	1	$a \wedge \neg b \wedge \neg c$
1	0	1	0	
1	1	0	0	
1	1	1	1	$a \wedge b \wedge c$

Die disjunktive Normalform ist dann

$$f(a,b,c) = (\neg a \wedge \neg b \wedge \neg c) \vee (\neg a \wedge b \wedge \neg c)$$
$$\vee (\neg a \wedge b \wedge c) \vee (a \wedge \neg b \wedge \neg c) \vee (a \wedge b \wedge c).$$

Die disjunktive Normalform ist übrigens nicht die einzige Möglichkeit, zu einer gegebenen Schaltwerttabelle eine Schaltung zu konstruieren. Es existiert zum Beispiel auch noch die **konjunktive Normalform**, die sich grob gesprochen dadurch auszeichnet, dass sie eine Und–Verknüpfung von Oder–Ausdrücken ist. Konstruiert wird sie mittels eines analogen (dualen) Algorithmus:

1. Stelle die Schaltwerttabelle mit den Variablen links und dem gewünschten Funktionswert rechts auf.
2. Streiche alle Zeilen, in denen $f(a_1, \ldots, a_n)$ den Wert 1 hat.
3. Ordne jeder der verbliebenen Zeilen eine Oder–Verknüpfung von allen Variablen a_i zu, die in dieser Zeile den Wert 0 haben und von den Negationen $\neg a_j$ aller Variablen, die in dieser Zeile den Wert 1 haben.
4. Verknüpfe alle gerade konstruierten Oder–Glieder durch Und–Verknüpfungen.

Aufgabe 3.1.7. Gegeben ist die unten stehende Schaltwerttabelle. Bestimmen Sie die disjunktive und die konjunktive Normalform der Schaltung.

a	b	c	$f(a, b, c)$
0	0	0	0
0	0	1	0
0	1	0	1
0	1	1	1
1	0	0	0
1	0	1	0
1	1	0	1
1	1	1	1

Aufgabe 3.1.8. Überprüfen Sie die drei Gleichungen aus Aufgabe 3.1.5 erneut, indem Sie die *konjunktiven* Normalformen der rechten und linken Seiten vergleichen.

Aufgabe 3.1.9. Überprüfen Sie die drei Gleichungen aus Aufgabe 3.1.5 erneut, indem Sie die *disjunktiven* Normalformen der rechten und linken Seiten vergleichen.

Die Normalformen zu einem Ausdruck sind üblicherweise sehr kompliziert, und die Frage ist, ob man eine einfachere Schaltung konstruieren kann, die dieselbe Schaltwerttabelle ergibt. Tatsächlich können komplizierte Verknüpfungen mit Hilfe der folgenden Rechenregeln vereinfacht werden (vgl. Beispiel 3.1.13, unten), die man leicht mit Hilfe der jeweiligen Schaltwerttabellen überprüfen kann.

Theorem 3.1.10 (Rechenregeln für Operatoren der Schaltalgebra). Für die Operationen $\wedge$, $\vee$ und $\neg$ gelten die folgenden Rechenregeln:

Kommutativgesetze:	$a \vee b = b \vee a,$		$a \wedge b = b \wedge a,$	
Assoziativgesetze:	$a \vee (b \vee c) = (a \vee b) \vee c,$			
	$a \wedge (b \wedge c) = (a \wedge b) \wedge c,$			
Distributivgesetze:	$a \vee (b \wedge c) = (a \vee b) \wedge (a \vee c),$			
	$a \wedge (b \vee c) = (a \wedge b) \vee (a \wedge c),$			
Verschmelzungsgesetze:	$a \vee (b \wedge a) = a,$		$a \wedge (b \vee a) = a,$	

Idempotenzgesetze:	$a \vee a = a,$	$a \wedge a = a,$
Neutralitätsgesetze:	$a \vee 0 = a,$	$a \wedge 1 = a,$
Extremalgesetze:	$a \vee 1 = 1,$	$a \wedge 0 = 0,$
Komplementaritätsgesetze:	$a \vee \neg a = 1,$	$a \wedge \neg a = 0,$
Dualitätsgesetze:	$\neg 0 = 1,$	$\neg 1 = 0,$
Doppelnegationsgesetz:	$\neg(\neg a) = a,$	
Gesetze von De Morgan:	$\neg(a \vee b) = \neg a \wedge \neg b,$	
	$\neg(a \wedge b) = \neg a \vee \neg b.$	

3.1.10 *Beweis.* Aufstellen der Schaltwerttabellen. Hier führen wir das an einem Fall durch. Wir beweisen $a \wedge (b \wedge c) = (a \wedge b) \wedge c$:

a	b	c	$b \wedge c$	$a \wedge (b \wedge c)$	$a \wedge b$	$(a \wedge b) \wedge c$
0	0	0	0	**0**	0	**0**
0	0	1	0	**0**	0	**0**
0	1	0	0	**0**	0	**0**
0	1	1	1	**0**	0	**0**
1	0	0	0	**0**	0	**0**
1	0	1	0	**0**	0	**0**
1	1	0	0	**0**	1	**0**
1	1	1	1	**1**	1	**1**

Die fettgedruckten Spalten entsprechen den beiden Seiten der Gleichung. Offensichtlich stimmen sie überein. □

Aufgabe 3.1.11. Beweisen Sie die übrigen Aussagen in Theorem 3.1.10.

3.1.12 **Bemerkung 3.1.12 (Boolesche Algebren).** Eine mathematische Struktur mit 0, 1 und drei Operationen $\wedge$, $\vee$ und $\neg$, die die Rechengesetze

1. Kommutativgesetze
2. Distributivgesetze
3. Neutralitätsgesetze
4. Komplementaritätsgesetze

erfüllt, heißt *boolesche Algebra* oder *boolescher Verband*. Alle anderen Rechengesetze aus Theorem 3.1.10 lassen sich aus diesen acht herleiten.

3.1.13 **Beispiel 3.1.13.** *Mit Hilfe der Rechengesetze aus Theorem 3.1.10 können wir versuchen, die disjunktive Normalform aus Beispiel 3.1.6 zu vereinfachen. Es gilt*

$$f(a, b, c) = (\neg a \wedge \neg b \wedge \neg c) \vee (\neg a \wedge b \wedge \neg c) \vee (\neg a \wedge b \wedge c)$$
$$\vee (a \wedge \neg b \wedge \neg c) \vee (a \wedge b \wedge c)$$
$$= \Big(\neg a \wedge \big((\neg b \wedge \neg c) \vee (b \wedge \neg c) \vee (b \wedge c)\big)\Big)$$
$$\vee (a \wedge \neg b \wedge \neg c) \vee (a \wedge b \wedge c)$$

$$= \left(\neg a \wedge \big(((\neg b \vee b) \wedge \neg c) \vee (b \wedge c) \big) \right) \vee (a \wedge \neg b \wedge \neg c) \vee (a \wedge b \wedge c)$$

$$= \left(\neg a \wedge \big((1 \wedge \neg c) \vee (b \wedge c) \big) \right) \vee (a \wedge \neg b \wedge \neg c) \vee (a \wedge b \wedge c)$$

$$= \left(\neg a \wedge \big(\neg c \vee (b \wedge c) \big) \right) \vee (a \wedge \neg b \wedge \neg c) \vee (a \wedge b \wedge c)$$

$$= (\neg a \wedge \neg c) \vee (\neg a \wedge b \wedge c) \vee (a \wedge \neg b \wedge \neg c) \vee (a \wedge b \wedge c)$$

$$= (\neg a \wedge \neg c) \vee (a \wedge \neg b \wedge \neg c) \vee (\neg a \wedge b \wedge c) \vee (a \wedge b \wedge c)$$

$$= (\neg a \wedge \neg c) \vee (a \wedge \neg b \wedge \neg c) \vee \big((\neg a \vee a) \wedge (b \wedge c) \big)$$

$$= (\neg a \wedge \neg c) \vee (a \wedge \neg b \wedge \neg c) \vee \big(1 \wedge (b \wedge c) \big)$$

$$= \big((\neg a \vee (a \wedge \neg b)) \wedge \neg c \big) \vee (b \wedge c)$$

$$= \big((\neg a \vee a) \wedge (\neg a \vee \neg b) \wedge \neg c \big) \vee (b \wedge c)$$

$$= \big(1 \wedge (\neg a \vee \neg b) \wedge \neg c \big) \vee (b \wedge c)$$

$$= \big((\neg a \vee \neg b) \wedge \neg c \big) \vee (b \wedge c)$$

$$= \big(\neg (a \wedge b) \wedge \neg c \big) \vee (b \wedge c)$$

$$= \neg \big((a \wedge b) \vee c \big) \vee (b \wedge c).$$

Wir erhalten also eine wesentlich einfachere und kürzere Formel. Dass das Ergebnis unserer langen Rechnung tatsächlich korrekt ist, lässt sich durch Aufstellen der Schaltwerttabelle für den letzten Ausdruck überprüfen.

Aufgabe 3.1.14. Führen Sie die eben angesprochene Kontrolle der Rechnung aus Beispiel 3.1.13 mittels Aufstellen der Schaltwerttabelle durch.

Aufgabe 3.1.15. Überprüfen Sie die drei Gleichungen aus Aufgabe 3.1.5 erneut. Formen Sie die jeweils linken Seiten mittels der Rechenregeln aus Theorem 3.1.10 um, bis Sie auf der rechten Seite „anlangen".

Beispiel 3.1.16 (Implikation und Äquivalenz). *Zwei weitere Beispiele binärer Operationen, die im Folgenden noch wichtig sein werden, sind die* Implikation *($\Rightarrow$) und die* Äquivalenz *($\Leftrightarrow$). Ihre Schaltwerttabellen haben die folgende Form:* **3.1.16**

a	b	$a \Rightarrow b$
0	0	1
0	1	1
1	0	0
1	1	1

und

a	b	$a \Leftrightarrow b$
0	0	1
0	1	0
1	0	0
1	1	1

In elementaren Operationen ausgedrückt, finden wir die konjunktive Normalform

$$a \Rightarrow b = \neg a \vee b$$

sowie die disjunktive Normalform

$$a \Leftrightarrow b = (\neg a \wedge \neg b) \vee (a \wedge b).$$

Aufgabe 3.1.17. Bestimmen Sie die disjunktive Normalform der Implikation $a \Rightarrow b$ und vereinfachen Sie diese zur konjunktiven Normalform $\neg a \vee b$. Begründen Sie jeden Umformungsschritt (mit einer der Rechenregeln aus Theorem 3.1.10).

3.2 Aussagen, Logik

In der Mathematik werden Begriffe und Regeln der Logik verwendet, um das Theoriegebäude zu erbauen. Die Mathematik arbeitet dabei mit *Aussagen*. Das hervorstechende Merkmal solcher mathematischer Aussagen ist dabei:

Eine **Aussage** ist entweder **wahr** oder **falsch**.

3.2.1   **Beispiel 3.2.1 (Aussagen).** *Beispiele für Aussagen sind etwa:*

- *7 ist größer als 5, oder in Zeichen $7 > 5$.*
- *Es gibt unendlich viele Primzahlen.*
- *Wale sind Säugetiere.*

Die folgenden Sätze sind keine Aussagen:

- *Wer geht heute ins Clubbing?*
- *$5 + 8$.*

Eine Besonderheit der Mathematik besteht darin, dass zu Beginn als Fundament der gesamten Wissenschaft (bzw. einer Teiltheorie wie der Gruppentheorie, der Analysis, etc.) eine Reihe von Aussagen, die **Axiome** als *wahr angenommen* werden. Danach werden ausgehend von diesen Aussagen weitere **wahre** Aussagen abgeleitet. Gewissermaßen könnte man also sagen, dass sich die Mathematiker eine eigene streng logisch aufgebaute „Welt" erschaffen, in der sie niemals lügen (d.h. sie machen nur wahre Aussagen). Die Gültigkeit dieser Aussagen wird dadurch sicher gestellt, dass sie durch logische Umformungsschritte aus bereits als wahr erkannten Aussagen abgeleitet werden (auch was ableiten bedeutet, kann man exakt definieren — das würde uns aber tiefer in das Gebiet der mathematischen Logik führen). Diesen Vorgang nennt man, wie wir bereits wissen, **beweisen**.

3.2.1 Und oder oder, oder nicht?

Nachdem Aussagen *zwei* mögliche „Werte" haben können, kann man sie mit den gleichen Augen betrachten wie Schalter oder Stromleitungen, und man kann genau dieselben Verknüpfungen von Aussagen machen wie man aus Schaltern und Leitungen Schaltungen bauen kann. Beachten Sie, dass bei der Untersuchung von Aussagen an Stelle von Schaltungen die Schaltwerttabellen als **Wahrheitstafeln** bezeichnen werden.

Setzen wir in den Tabellen für **wahr** den Wert **1** und für **falsch** den Wert **0**, werfen wir noch einmal einen Blick auf die drei Grundoperationen, und versuchen wir zu klären, was sie im Zusammenhang mit Aussagen bedeuten.

3.2.1.1 Oder ($\vee$).

Bei der Diskussion der **Oder–Verknüpfung** müssen wir besonders aufmerksam sein, und daher wollen wir sie zu Beginn behandeln. Die Aussage

Petra ist Professorin **oder** Studentin.

bedeutet, dass Petra Professorin oder Studentin *oder beides* ist. (Petra könnte ja Professorin für Mathematik sein und zusätzlich Geschichte studieren.) Das Oder in der Mathematik ist (wie wir schon aus Abschnitt 3.1 wissen) ein *einschließendes Oder* — im Gegensatz zum umgangssprachlichen Gebrauch. Das entspricht auch der Tabelle zur Verknüpfung ∨.

> Ein Oder in einer mathematischen Aussage ist immer als einschließendes Oder zu verstehen. Möchte man in einer mathematischen Aussage ein Oder so verstanden wissen, dass es, ähnlich zur Umgangssprache, das „Oder beides" ausschließt, möchte man also statt einem einschließenden Oder ein ausschließendes Oder verwenden, so muss man das explizit machen, indem man beispielsweise formuliert:
>
> Petra ist **entweder** Professorin **oder** Studentin.
>
> und eventuell sogar hinzufügt:
>
> Aber nicht beides.

Merke: Hat man zwei Aussagen p und q, dann ist $p \vee q$ (in Sprache p oder q) wahr, wenn p oder q oder beide wahr sind.

So ist den meisten SchülerInnen und Studierenden die Aussage, „Um eine Prüfung zu bestehen, muss man viel lernen *oder* gut schummeln" allzu gut bekannt.

3.2.1.2 Und (∧).

Während die Oder–Verknüpfung einigen Erklärungsbedarf nach sich gezogen hat, ist die **Und–Verknüpfung** aus der Umgangssprache intuitiv klar.
Was bedeutet die folgende Aussage?

Die Zahl 6 ist durch 3 teilbar **und** die Zahl 6 ist durch 2 teilbar.

Klarerweise ist diese Aussage eine Und–Verknüpfung ($\wedge$) der beiden Aussagen „6 ist durch 3 teilbar" und „6 ist durch 2 teilbar". Beide diese Aussagen sind wahr, also ist auch die Und–Verknüpfung der beiden Aussagen wahr, und damit ist auch die Aussage von oben wahr.

> **Merke: Hat man zwei Aussagen p und q, dann ist $p \wedge q$ (in Sprache p *und* q) wahr, wenn p und q *beide* wahr sind.**

3.2.1.3 Negation ($\neg$).

Die Negation einer Aussage ist klarerweise deren Verneinung. Wenn wir etwa die Negation der Aussage

Der Fußboden ist blau.

bilden, so erhalten wir natürlich

Der Fußboden ist **nicht** blau.

ACHTUNG: „Der Fußboden ist gelb" ist **keine** Verneinung der obigen Aussage!

Interessant wird es, wenn wir Aussagen verneinen, in denen bereits Verknüpfungen $\vee$ oder $\wedge$ vorkommen. Dann müssen wir Acht geben. Hier helfen uns die Untersuchungen aus Abschnitt 3.1 weiter, denn in Theorem 3.1.10 haben wir die Regeln von De Morgan kennengelernt, die uns Aufschluss darüber geben, was passiert, wenn man Und- und Oder–Verknüpfungen negiert. Betrachten wir einige Beispiele:

- Verneint man

  Der Fußboden ist blau und die Decke ist grün.

  so erhält man

  Der Fußboden ist nicht blau **oder** die Decke ist nicht grün.

- Will man dagegen die Aussage

  Die Zahl 3 ist eine Primzahl oder die Zahl 4 ist eine Primzahl.

  negieren, so muss man folgendermaßen formulieren.

Die Zahl 3 ist keine Primzahl **und** die Zahl 4 ist keine
Primzahl.

Merke: Will man ∧- oder ∨-Verknüpfungen von Aussagen verneinen, so verneint man die Einzelaussagen und tauscht dann ∧ gegen ∨ aus. Es gelten also die Regeln von De Morgan

$$\neg(p \wedge q) = \neg p \vee \neg q \qquad \neg(p \vee q) = \neg p \wedge \neg q.$$

Die letzte wichtige Regel für Negationen ist schließlich, dass doppelte
Verneinungen wegfallen:

Wale sind nicht keine Säugetiere.

bedeutet dasselbe wie

Wale sind Säugetiere.

Merke: Doppelte Verneinungen fallen weg. Es gilt also
$\neg(\neg p) = p.$

3.2.2   **Beispiel 3.2.2.** *Trifft ein Informatiker seinen Freund, der mit rauchendem Kopf verzweifelt vor dem Computer sitzt. Weil er aus ihm kein vernünftiges Wort herausbringt, blickt er kurz auf den Monitor und liest:* `Nicht alle Dateien nicht löschen? (J/N).`

Schließlich sei an dieser Stelle bemerkt, dass wir — obwohl wir in
der Mathematik natürlich hauptsächlich an wahren Aussagen interessiert sind — oft mit Aussagen zu tun haben, über deren Wahrheitswert wir nicht unmittelbar Bescheid wissen (etwa auf dem Weg zu
oder der Suche nach einer wahren Aussage) oder auch mit falschen
Aussagen (etwa im Rahmen indirekter Beweise) konfrontiert sind. Daher ist es wichtig, mit Aussagen unabhängig von ihrem Wahrheitswert
hantieren (etwa die Negation bilden) zu lernen/können. Dies bereitet
den AnfängerInnen manchmal Schwierigkeiten: Unterscheiden Sie also
sorgfältig zwischen dem Wahrheitsgehalt einer Aussage und einer Manipulation dieser Aussage. So haben wir oben z.B. die Aussage „Die
Zahl 3 ist eine Primzahl oder die Zahl 4 ist eine Primzahl." zu „Die
Zahl 3 ist keine Primzahl und die Zahl 4 ist keine Primzahl." verneint.

Die „Funktionsweise" der Verneinung ist unabhängig von der Tatsache, dass die erste Aussage wahr ist und die zweite falsch. So haben wir ja auch Aussagen über Fußboden und Decke verneint, denen unmittelbar kein Wahrheitswert zugeordnet werden kann.

3.2.2 Implikation und Äquivalenz

Wie versprochen tauchen die in Beispiel 3.1.16 eingeführten binären Operationen hier an wichtiger Stelle wieder auf.

3.2.2.1 Die Implikation ($\Rightarrow$).

Wir haben schon diskutiert, dass in der Mathematik neue Aussagen aus bereits bekannten Resultaten *abgeleitet* werden. Werfen wir nun einen genaueren Blick auf diesen Vorgang. Sehr viele mathematische Sätze haben bei genauer Betrachtung das folgende Aussehen:

Theorem 3.2.3. Aus *den Voraussetzungen* folgt *das Resultat.*   **3.2.3**

Genauer: Ein Theorem ist meist **eine Aussage** der Form:

$\qquad$ Voraussetzungen $\Rightarrow$ Resultat.

Der Beweis stellt sicher, dass diese Aussage **wahr** ist. Was das bedeutet, können wir erkennen, wenn wir die Wahrheitstafel der Implikation noch einmal betrachten.

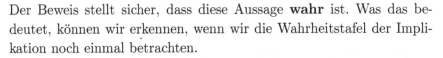

p	q	$p \Rightarrow q$
0	0	1
0	1	1
1	0	0
1	1	1

Wir erkennen, dass es nur *einen Fall* gibt, in dem die Aussage einer Implikation *falsch* ist, nämlich wenn die Voraussetzung wahr aber das Resultat falsch ist. Das entspricht durchaus unserer Intuition. Ebenso steht wohl die letzte Zeile der Wahrheitstabelle außer Diskussion:

Wenn Voraussetzung und Resultat wahr sind, dann ist auch die Implikation wahr.

Eine spezielle Betrachtung verdienen die beiden Fälle, in denen p, also die Voraussetzung, falsch ist. In diesen Fällen ist die Aussage der Implikation nämlich wahr unabhängig vom Wahrheitswert des Resultats („ex falso [sequitur] quodlibet" — Lateinisch für: „aus Falschem [folgt] Beliebiges" oder „[folgt] was auch immer"). Diese mathematische Festlegung widerspricht ein wenig der sprachlichen Intuition, und es hat sich gezeigt, dass diese Tatsache zu Beginn meist (philosophische) Probleme bereitet.

Überlegen wir: Der Ergebniswert kann in beiden Fällen nur 0 oder 1 sein, denn eine dritte Möglichkeit kennt die formale (zweiwertige) Logik nicht („tertium non datur!"). Ein pragmatischer Standpunkt wäre nun zu sagen: „Wir wollen möglichst viele wahre Aussagen in unseren Theorien haben, und daher setzen wir an beide Stellen 1." Das macht Sinn, denn wir wollen mit dem Theorem nur Aussagen machen über Fälle, in denen die Voraussetzung erfüllt ist, und alle anderen Fälle wollen wir nicht betrachten. Dann soll das Theorem immer noch wahr sein, auch wenn die Voraussetzung einmal nicht erfüllt sein sollte.

Schließlich wollen wir ein Beispiel betrachten, das aufzeigt, dass die Wahrheitstabelle der Implikation im täglichen Leben durchaus eine Entsprechung findet. Wir betrachten die folgende Aussage.

(∗)   Wird ein Stein durch ein geschlossenes Fenster geworfen, dann zerbricht die Scheibe (immer).

Diese Aussage steht, denken wir, außer Zweifel. Sie ist also wahr. Analysieren wir die Sache genauer. Wir haben die folgenden Aussagen:

p : Ein Stein wird durch ein geschlossenes Fenster geworfen.
q : Die Scheibe zerbricht.
$p \Rightarrow q$: Ein Stein wird durch ein geschlossenes Fenster geworfen, und daraus folgt, dass die Scheibe zerbricht.

Die Aussage $p \Rightarrow q$ ist eine etwas deutlichere Formulierung unserer Beispielaussage (∗) von oben, deren Wahrheit wir akzeptiert haben. Nun gehen wir alle Fälle unserer Wahrheitstabelle durch:

$p = 0, q = 0$: *Kein Stein wird durch das geschlossene Fenster geworfen. Die Scheibe zerbricht nicht.* Dies ist mit der Wirklichkeit durchaus verträglich und widerspricht nicht im Mindesten unserer Beispielbehauptung (∗).

$p = 1, q = 1$: *Ein Stein wird durch das geschlossene Fenster geworfen. Die Scheibe zerbricht.* Auch das ist ein üblicher Vorgang (nicht das Werfen aber das darauf folgende Zerbrechen). Auch in diesem Fall entsteht kein Zweifel an (∗).

$p = 0, q = 1$: *Kein Stein wird durch das geschlossene Fenster geworfen. Die Scheibe zerbricht.* Dieser Fall bereitet üblicherweise Schwierigkeiten. Doch bei genauerer Betrachtung verblasst das Problem schnell. Vielleicht haben wir die Scheibe etwa mit einem Eisenträger durchstoßen. Die Scheibe ist kaputt ohne dass ein Stein geflogen wäre. Was der Scheibe auch immer passiert ist, genau können wir das aus dem Wahrheitsgehalt der Aussagen p und q nicht ableiten, die Tatsache, dass (∗) wahr ist, wird davon nicht berührt.

$p = 1, q = 0$: *Ein Stein wird durch das geschlossene Fenster geworfen. Die Scheibe zerbricht nicht.* Für einen solchen Fall fänden wir keine Erklärung — Magie vielleicht? In der wirklichen Welt tendieren Scheiben zu zerbrechen, wenn man Steine durch wirft. Sollte aber tatsächlich der Fall eintreten, dass ein Stein geworfen wird, er durch das geschlossene Fenster fliegt und dann die Scheibe noch ganz ist, dann haben wir ein Problem. In diesem einen Fall müssten wir unsere Überzeugung aufgeben, dass (∗) gilt. Die Aussage (∗) wäre also tatsächlich *falsch*.

Wir haben also die Wahrheitswerte der Tabelle für $\Rightarrow$ in unserem Beispiel auf natürliche Weise wiedergefunden.

Alternativ dazu könnten wir versuchen herauszufinden, was es bedeutet, wenn wir die Ergebniswerte in den ersten beiden Zeilen anders setzen. Betrachten wir die möglichen Fälle:

p	q	$p \wedge q$	p	q	$p \Leftrightarrow q$	p	q	q
0	0	0	0	0	1	0	0	0
0	1	0	0	1	0	0	1	1
1	0	0	1	0	0	1	0	0
1	1	1	1	1	1	1	1	1

Der erste Fall ist die Und–Verknüpfung der Aussagen p und q. Wir hätten also nur dann eine gültige Folgerung, wenn p und q beide wahr

sind. Der Satz: „Das Quadrat einer geraden Zahl ist gerade." wäre
also nicht wahr, sondern hätte keinen zuordenbaren Wahrheitswert.
Der Fall, dass Voraussetzung und Resultat beide falsch sind, kann ja
sehr wohl eintreten, z.B. sind 3 und $3^2 = 9$ beide ungerade. Eine solche
Festlegung wäre daher zumindest unpraktisch.

Der zweite Fall ist die Äquivalenz. Auch das ist ein wenig zu restriktiv.
In diesem Fall wäre der Satz „Sind zwei Zahlen gleich, dann sind auch
ihre Quadrate gleich." nicht wahr, denn $2 \neq -2$ aber $2^2 = 4 = (-2)^2$.
Im letzten Fall stimmen die Wahrheitswerte des Theorems mit denen
von q, also denen des Resultates überein, und der Wahrheitsgehalt der
Voraussetzung wird gar nicht betrachtet. Das ist ebenfalls unpraktisch;
auch in diesem Fall wäre der Satz über die Quadrate gerader Zahlen
nicht wahr.

Wir sehen also, dass vieles dafür spricht, die Implikation so und nicht
anders zu definieren. Falls Sie noch immer nicht überzeugt sein sollten,
empfehlen wir Ihnen, diese Tatsache vorerst zu akzeptieren und sich
durch die weitere Praxis von ihrer Praktikabilität überzeugen zu lassen.
Wenden wir uns also dem weiteren Studium der Implikation zu.

3.2.4   **Beispiel 3.2.4 (Umformulierung der Implikation).** *Es gilt die
wichtige Gleichheit*

$$(p \Rightarrow q) = (\neg q \Rightarrow \neg p). \tag{3.1}$$

Tatsächlich zeigt das die folgende Wahrheitstabelle:

p	q	$\neg q$	$\neg p$	$\neg q \Rightarrow \neg p$
0	0	1	1	1
0	1	0	1	1
1	0	1	0	0
1	1	0	0	1

Achtung: *Andererseits gelten weder $(p \Rightarrow q) = (\neg p \Rightarrow \neg q)$, noch die
Gleichung $\neg(p \Rightarrow q) = (\neg p \Rightarrow \neg q)$, wie durch Aufstellen der Wahrheitstabellen zu sehen ist.*

Aufgabe 3.2.5. Weisen Sie explizit nach, dass die beiden letzten
Gleichheiten in Beispiel 3.2.4 tatsächlich falsch sind, also, dass

$$(p \Rightarrow q) \neq (\neg p \Rightarrow \neg q) \text{ und } \neg(p \Rightarrow q) \neq (\neg p \Rightarrow \neg q)$$

gelten.

Die folgende Aufgabe ist sehr wichtig für die Überlegungen, die wir in Abschnitt 3.3 durchführen werden.

Aufgabe 3.2.6. Wir betrachten die Aussagen p und q, über deren Wahrheitswert wir nichts wissen. Es gelte jedoch $p \Rightarrow q$. Was lässt sich dann über die folgenden vier Aussagen sagen?

$$1.\ \neg q \Rightarrow \neg p, \qquad 2.\ \neg p \Rightarrow \neg q, \qquad 3.\ q \Rightarrow \neg p, \qquad 4.\ \neg p \Rightarrow q$$

Nachdem die Implikation *die* Grundlage für den Aufbau des Mathematik–Gebäudes ist, kommt sie in mathematischen Texten ausgesprochen oft vor. Deshalb haben sich einige Standardformulierungen gebildet, die in der Formulierung von Implikationsaussagen häufig verwendet werden (siehe auch BEUTELSPACHER [10, S.33]):

> **daraus folgt**; **dann gilt**; **Sei... dann**; dies **impliziert**; **Sei** $x, \ldots, y$ **erfüllt...**; **so ist**; **so gilt**.

Beachten Sie, dass in der Formulierung von Theoremen nicht immer *alle* Voraussetzungen explizit vorkommen. Manche ergeben sich aus dem Zusammenhang. So entspricht etwa die Formulierung

> Es gibt unendlich viele Primzahlen.

dem vollständigeren

> Sei $P \subseteq \mathbb{N}$ die Menge aller Primzahlen. Dann gilt P ist unendlich.

Der letzte Satz ist explizit als Folgerung formuliert. Die *implizite* Voraussetzung, dass wir die Primzahlen in der Menge aller natürlichen Zahlen betrachten wollen, ist klar und wird daher in der ersten Formulierung nicht in der Liste der Voraussetzungen explizit gemacht.

Oftmals steht auch am Beginn eines Kapitels oder Abschnittes
irgendwo im Text ein Satz der Form[1], „Im gesamten Rest des Abschnittes sei G eine abelsche Gruppe.", oder, „Ab jetzt seien alle
unsere Gruppen abelsch.", oder, „wir schränken uns auf abelsche
Gruppen ein." Das bedeutet, dass für alle in diesem Abschnitt folgenden Theoreme die Voraussetzung, „Sei G eine abelsche Gruppe", in der Formulierung weggelassen wird. Nichtsdestotrotz ist
die Voraussetzung wesentlich und darf beim Lesen und Lernen
des Resultats nicht vergessen werden.

Wollen wir einen Satz beweisen, so müssen wir sicher stellen, dass
seine Aussage wahr ist. Die Wahrheitstabelle gibt uns dazu zwei
Möglichkeiten (vgl. auch Abschnitt 2.1).

1. Wir können annehmen, dass die Voraussetzungen (dies sind selbst
   Aussagen) gelten, dass also p wahr ist, und zeigen, dass dann das
   Resultat (die Aussage q) ebenfalls wahr ist. Beweise dieser Art, **direkte Beweise**, haben wir schon seit Beginn von Abschnitt 2.1
   geführt.

2. Alternativ können wir annehmen, dass das Resultat (die Aussage
   q) *falsch* ist und dann daraus folgern, dass die Voraussetzung (die
   Aussage p) ebenfalls falsch ist bzw. einen Widerspruch zu dieser herleiten. Beweise dieser Art, **indirekte Beweise**, haben wir ebenfalls
   in Abschnitt 2.1 kennengelernt. Dieses Beweisprinzip funktioniert,
   da die Aussage des Satzes bei falschem q nur dann wahr ist, wenn
   auch p falsch ist. Ist jedoch q wahr, so kann p beliebig sein.

Genauere Betrachtungen der Struktur von Beweisen werden wir noch
in Abschnitt 3.3 vornehmen.

Im Zusammenhang mit Implikationen tauchen in mathematischen
Texten oft die Wörter **notwendig** und **hinreichend** auf. Wenn
für Aussagen p und q die Implikation $p \Rightarrow q$ gilt, so heißt p *hinreichend* für q, und q heißt *notwendig* für p. Diese Terminologie

---

[1] für die Begriffe siehe Definition 5.2.35.

ist so festgelegt; prägen Sie sich das so ein und stellen Sie keine philosophischen Überlegungen zu diesem Thema an. Beispiele sind:

- Eine Primzahl größer 2 ist notwendigerweise ungerade.
- Notwendig für die Differenzierbarkeit einer Funktion ist ihre Stetigkeit.
- Hinreichend dafür, dass die Summe zweier natürlicher Zahlen n und m gerade ist, ist, dass m und n beide gerade sind.

Weitere wichtige Formulierungen sind **dann, wenn** und **nur dann, wenn**. Wir nehmen wieder an, dass $p \Rightarrow q$ gilt. Wir sagen dann:

- „q gilt dann, wenn p gilt", und
- „p gilt nur dann, wenn q gilt".

Um ein Beispiel für diese Formulierungen zu geben, betrachten wir die Aussagen: q sei „Der Wasserhahn ist geöffnet." und p sei „Das Wasser fließt.". Die Formulierung „Das Wasser fließt **nur dann, wenn** der Wasserhahn geöffnet ist" entspricht dann der Folgerung $p \Rightarrow q$. Wenn wir den Satz umdrehen, so ergibt das die Aussage „Wenn das Wasser fließt, dann ist jedenfalls der Wasserhahn geöffnet." Seien Sie in jedem Fall vorsichtig, wenn Sie Formulierungen mit dann und wenn benutzen.

Nachdem schon einige direkte Beweise (z.B. Induktionsbeweise) vorgekommen sind, betrachten wir hier nun ein weiteres — man könnte sagen „klassisches" — Beispiel eines indirekten Beweises und zeigen die Irrationalität von $\sqrt{2}$.

Theorem 3.2.7 ($\sqrt{2} \notin \mathbb{Q}$). Die Zahl $\sqrt{2}$ ist irrational.   **3.2.7**

Beweis. Die Aussage des Satzes als Implikation aufgeschrieben lautet: **3.2.7**

Ist q eine rationale Zahl, so gilt $q \neq \sqrt{2}$.

Wir führen einen indirekten Beweis. Zuvor sammeln wir alle Tatsachen, die wir verwenden wollen.

Für jede rationale Zahl q gibt es teilerfremde ganze Zahlen m und $n \neq 0$ mit $q = \frac{m}{n}$, und jede Bruchzahl ist rational. Daher ist q in $\mathbb{Q}$ gleichbedeutend damit, dass q als Bruch zweier teilerfremder ganzer Zahlen mit nicht verschwindendem Nenner darstellbar ist.

Wir können die Aussage des Satzes also auch folgendermaßen formulieren: Sind m und $n \neq 0$ zwei teilerfremde ganze Zahlen, so gilt $\frac{m}{n} \neq \sqrt{2}$. Für den indirekten Beweis müssen wir das Resultat verneinen, also nehmen wir an, dass $\frac{m}{n} = \sqrt{2}$ gilt. Daraus müssen wir folgern, dass es solche m und n nicht gibt.

Beweisen wir dies. Wir rechnen:

$$\frac{m}{n} = \sqrt{2}$$
$$\frac{m^2}{n^2} = 2$$
$$m^2 = 2n^2.$$

Dies bedeutet aber, dass m^2 gerade ist, und da das Quadrat einer ungeraden Zahl ungerade ist, muss folglich m selbst gerade sein. Damit können wir m aber als $m = 2k$ schreiben und einsetzen. Somit ergibt sich

$$(2k)^2 = 2n^2$$
$$4k^2 = 2n^2$$
$$2k^2 = n^2.$$

Wir sehen, dass auch n^2 und damit n gerade ist. Nachdem wir jetzt bewiesen haben, dass n und m beide gerade sind, können sie nicht länger teilerfremd sein (sie sind als gerade Zahlen beide durch 2 teilbar). Dies widerlegt unsere Voraussetzung, und der indirekte Beweis ist geglückt. $\square$

Aufgabe 3.2.8. Es seien p, q, und r beliebige Aussagen. Sind dann die folgenden Aussagen wahr?

1. $(p \vee (p \Rightarrow q)) \Rightarrow q$,
2. $((p \Rightarrow q) \wedge (q \Rightarrow r)) \Rightarrow (p \Rightarrow q)$,

3. $((p \Rightarrow q) \wedge (\neg q)) \Rightarrow \neg p$,

4. $(\neg q \vee p) \Leftrightarrow (\neg p \Rightarrow \neg q)$.

Hinweis: Diese Aufgaben können Sie jeweils auf zwei Arten anpacken. Entweder Sie stellen die Wahrheitstabelle auf, oder Sie verwenden die Rechenregeln aus Theorem 3.1.10. Für die erste Aussage, nennen wir sie A, sieht das etwa so aus:

p	q	$p \Rightarrow q$	$p \vee (p \Rightarrow q)$	A
0	0	1	1	0
1	0	0	1	0
0	1	1	1	1
1	1	1	1	1

Oder:

$$(p \vee (p \Rightarrow q)) \Rightarrow q = \neg(p \vee (p \Rightarrow q)) \vee q = (\neg p \wedge \neg(\neg p \vee q)) \vee q$$
$$= (\neg p \wedge p \wedge \neg q) \vee q = (0 \wedge \neg q) \vee q = 0 \vee q = q.$$

Also gilt $A = q$ und daher ist A genau dann wahr, wenn es q ist.

3.2.2.2 Die Äquivalenz ($\Leftrightarrow$)

Die zweite Klasse von Sätzen der Mathematik hat die logische Äquivalenz (die Operation $\Leftrightarrow$) als Grundlage. Eine leichte Rechnung mit den Wahrheitstabellen ergibt

$$p \Leftrightarrow q = (p \Rightarrow q) \wedge (q \Rightarrow p). \tag{3.2}$$

Aufgabe 3.2.9. Beweisen Sie die Formel (3.2) mittels Aufstellen der Wahrheitstabelle.

Die typische Aussage eines Äquivalenzsatzes sieht so aus:

Theorem 3.2.10. Resultat 1 gilt **genau dann, wenn** Resultat 2 gilt.   3.2.10

Auch an Stelle der Standardaussage „das gilt genau dann, wenn" haben sich einige andere Formulierungen eingebürgert (Zitat BEUTELSPACHER [10, S.33]):

> das ist **äquivalent** zu; dies ist **gleichbedeutend** mit; dies ist **gleichwertig** mit; die beiden Aussagen **gehen auseinander hervor**; dies ist **notwendig und hinreichend** für; **dann und nur dann**...; es **folgt**, dass... **und umgekehrt**.

Eine weitere Terminologie, die gern im Zusammenhang mit Äquivalenzen verwendet wird, ist die folgende: Gilt $p \Leftrightarrow q$, dann sagen wir, (die Gültigkeit von) p ist ein **Kriterium** für (die Gültigkeit von) q, oder auch umgekehrt, q ist ein Kriterium für p. Ebenso verwendet man in diesem Fall die Formulierung, p **charakterisiert** q, oder umgekehrt q charakterisiert p. Beachten Sie, dass diese Formulierungen ausschließlich für Äquivalenzen und *nicht* für Implikationen verwendet werden.

Äquivalenzen kommen in der Mathematik sehr häufig vor. Die Äquivalenz zweier Aussagen A und B beweist man dabei so, wie es von der Formel (3.2) suggeriert wird. Man weist die Gültigkeit von $p \Rightarrow q$ nach *und* auch die der *umgekehrten Richtung* $q \Rightarrow p$.

WICHTIG: Der Beweis einer Äquivalenz ist erst dann vollendet, wenn *beide* Implikationsrichtungen gezeigt sind. Um dies zu verdeutlichen, betrachten wir die folgende Aussage.

3.2.11   **Proposition 3.2.11 (Quadrate gerader Zahlen — die Zweite).** Eine Zahl ist genau dann gerade, wenn ihr Quadrat gerade ist.

Beweis. Umformuliert bedeutet die Aussage für eine beliebige ganze **3.2.11**
Zahl n

$$n \text{ gerade} \Leftrightarrow n^2 \text{ gerade} .$$

Wir müssen also beide Implikationen beweisen und beginnen mit der
„Hinrichtung[2]".
$\Rightarrow$: Diese Implikation ist aber genau die Aussage von Proposition 2.1.1,
sodass wir nichts mehr zu beweisen haben.
Es bleibt uns die „Rückrichtung" zu zeigen.
$\Leftarrow$: Genauer ist zu zeigen n^2 gerade $\Rightarrow n$ gerade.
Das beweisen wir indirekt, indem wir zeigen, dass Quadrate ungerader
Zahlen ungerade sind. (Das ist übrigens genau die Aussage aus Auf-
gabe 2.1.5; vergleichen Sie ihre diesbezügliche Ausarbeitung mit dem
folgenden Beweis!)
Sei also n ungerade, d.h. $n = 2k + 1$ für eine ganze Zahl k. Dann ist
$n^2 = 4k^2 + 4k + 1 = 2(2k^2 + 2k) + 1$ und n^2 somit ungerade.

Nachdem wir beide Implikationen bewiesen haben, gilt die im Satz
behauptete Äquivalenz. $\square$

Ganz nebenbei schließt die „Rückrichtung" der Proposition auch die
(kleine) Lücke im Beweis von Theorem 3.2.7 (Ganz ehrlich: Haben Sie
diese bemerkt?).

Hat man mehr als zwei Aussagen, von denen man die Äquivalenz
zeigen möchte, etwa A, B und C, so kann man einen so genannten
Zirkelschluss $A \Rightarrow B$, $B \Rightarrow C$, $C \Rightarrow A$ durchführen, um die Äquivalenz der Aussagen sicherzustellen. Vorsicht: Solche Zirkelschlüsse be-
weisen nur die Äquivalenz von Aussagen. Über deren jeweiligen Wahrheitswert wird durch solch einen Beweis nichts bekannt.

Interessant ist noch die Verneinung einer Äquivalenz. Mit Hilfe der
Wahrheitstabelle sehen wir nämlich

$$\neg(p \Leftrightarrow q) = p \veebar q, \tag{3.3}$$

---

[2] Die einzigen Hinrichtungen, die in der Mathematik vorkommen; zumindest seit
Hippasos von Metapont, siehe Abschnitt 6.4.

also „p ist nicht äquivalent zu q" ist gleichbedeutend mit „entweder p oder q". Umgekehrt ist natürlich die Verneinung einer Entweder-Oder-Aussage eine Äquivalenz.

Aufgabe 3.2.12. Beweisen Sie die obige Aussage (3.3).

Die folgende Aufgabe ist wieder sehr wichtig für Abschnitt 3.3.

Aufgabe 3.2.13. Wir betrachten die Aussagen p und q, über deren Wahrheitswert wir nichts wissen. Es gelte jedoch $p \Leftrightarrow q$. Was lässt sich dann über die folgenden vier Aussagen sagen?

1. $\neg q \Leftrightarrow \neg p$,
2. $\neg p \Rightarrow \neg q$,
3. $q \Rightarrow \neg p$,
4. $\neg p \Leftrightarrow q$.

Zwei weitere Begriffe der Logik sind für das Verständnis mathematischer Beweise noch sehr wichtig.

3.2.14   **Beispiel 3.2.14 (Tautologie und Kontradiktion).**

- *Betrachten wir für Aussagen p und q die Aussage $r = p \wedge q \Rightarrow q$. Wenn wir die Wahrheitstabelle*

p	q	$p \wedge q$	r
0	0	0	1
0	1	0	1
1	0	0	1
1	1	1	1

  betrachten, so sehen wir, dass unabhängig von den Wahrheitswerten von p und q die Aussage r immer wahr ist.
- *Nun untersuchen wir die Wahrheitstabelle für die Aussage $s = q \wedge p \wedge \neg q$.*

p	q	$q \wedge p$	s
0	0	0	0
0	1	0	0
1	0	0	0
1	1	1	0

Hier sehen wir, dass die Aussage s unabhängig von den Wahrheitswerten von p und q immer falsch ist.

In der Aussagenlogik nennt man eine Aussage, die notwendigerweise wahr ist, unabhängig von den Wahrheitswerten anderer Aussagen (und seien es Teile der Aussage, wie p und q in Beispiel 3.2.14), eine **Tautologie**. Eine Aussage, die notwendigerweise falsch ist, wird **Kontradiktion** oder **Widerspruch** genannt. Die Aussage r aus Beispiel 3.2.14 ist somit eine Tautologie, die Aussage s eine Kontradiktion.

Eine der prominentesten Tautologien, der wir schon zweimal begegnet sind, ist das „tertium non datur", also das Grundprinzip, dass für eine beliebige Aussage p nur die Aussage selbst oder ihre Verneinung gelten kann. Formal bedeutet das ja nichts anderes als, dass $p \vee \neg p$ eine Tautologie ist. Wenn wir diese Aussage verneinen, so erhalten wir die Kontradiktion $\neg(p \vee \neg p) = p \wedge \neg p$, die oft als Prinzip vom Widerspruch bezeichnet wird und besagt, dass eine Aussage und ihre Negation nicht gleichzeitig gelten können.

Aufgabe 3.2.15. Es seien p, q und r beliebige Aussagen. Welche der folgenden Aussagen sind Tautologien, welche Kontradiktionen und welche weder das eine noch das andere?

1. $(\neg p \vee q) \wedge (q \Rightarrow r) \Rightarrow (p \Rightarrow q)$,
2. $((r \Rightarrow p) \wedge \neg p) \Rightarrow \neg r$,
3. $(q \vee (q \Rightarrow p)) \Rightarrow p$,
4. $(p \veebar q) \Leftrightarrow (\neg p \Leftrightarrow q)$,
5. $((p \Rightarrow q) \wedge \neg q) \Leftrightarrow \neg((\neg p \vee q) \wedge \neg q)$

Aufgabe 3.2.16. Seien p, q, r und s Aussagen. Beweisen Sie, dass die folgenden Aussagen Tautologien sind:

1. $((p \Rightarrow q) \wedge p) \Rightarrow q$,
2. $p \Rightarrow (p \vee q)$,
3. $((p \vee q) \wedge \neg p) \Rightarrow q$,
4. $(p \Leftrightarrow q) \Rightarrow (p \Rightarrow q)$,
5. $((p \Rightarrow q) \wedge (q \Rightarrow r)) \Rightarrow (p \Rightarrow r)$,
6. $((p \Rightarrow q) \wedge (r \Rightarrow s) \wedge (p \vee r)) \Rightarrow (q \vee s)$.

3.2.3 Quantoren

Viele mathematische Aussagen gelten für bestimmte oder auch alle Objekte einer „Gattung". Denken Sie z.B. an die Aussagen für alle n aus den natürlichen Zahlen $\mathbb{N}$, die wir im Abschnitt 2.5 mittels vollständiger Induktion bewiesen haben. Solchen Formulierungen wollen wir uns nun genauer zuwenden.

Zu diesem Zweck betrachten wir nun sogenannte **Prädikate**, die auch Aussageformen genannt werden. Ein Prädikat ist dabei grundsätzlich so gebaut wie eine Aussage, enthält aber zusätzlich eine (oder auch mehrere) sogenannte **freie Variable**. Erst wenn für diese Variable ein Wert eingesetzt wird, erhalten wir eine Aussage, der wir dann einen Wahrheitswert zuordnen können. Zum Beispiel ist

> n ist eine natürliche Zahl.

ein solches Prädikat. Daraus wird erst dann eine Aussage, der wir in weiterer Folge einen Wahrheitswert zuordnen können, wenn wir wissen, was genau n ist. Setzen wir für n die Zahl 5 ein, dann erhalten wir eine wahre Aussage. Wenn wir hingegen für n das Wort Fußboden einsetzen, erhalten wir eine falsche Aussage.

Wollen wir in der Mathematik deutlich machen, dass ein Prädikat φ von den freien Variablen $x_1, \ldots, x_n$ abhängt, dann schreiben wir meist $\varphi(x_1, \ldots, x_n)$.

Aus Prädikaten lassen sich also Aussagen formen, indem wir für die freien Variablen einsetzen. Wir können aber auch sogenante Quantoren verwenden, um komplexere Aussagengebilde zu erschaffen. Diese Quantoren werden wir einen nach dem anderen in den folgenden Unterabschnitten betrachten. Der Teil der Logik, der sich mit Prädikaten und Quantoren beschäftigt, heißt übrigens *Prädikatenlogik*[3].

---

[3] Genauer betrachten wir hier nur Prädikatenlogik erster Stufe. Wir lassen nämlich nur Quantoren zu, die freie Variable innerhalb von Prädikaten quantifizieren. Aussagen, die über die Prädikate selbst quantifizieren, kommen in der Mathematik außerhalb der formalen Logik so gut wie nie vor. Daher wollen wir die Prädikatenlogiken höherer Ordnung in diesem Buch ignorieren.

3.2.3.1 Der Allquantor ($\forall$).

Ein Großteil der mathematischen Theorien handelt von Strukturen und Regeln. Ein Beispiel für Regeln sind Rechengesetze, die etwa **für alle** Objekte einer bestimmten Menge gelten. In diesem Fall verwenden wir das Zeichen $\forall$, den **Allquantor**. Eine Allaussage hat z.B. die Form

$$\forall n : \varphi(n).$$

Ein Allquantor bezieht sich auf eine Variable und auf ein Prädikat, das dahinter steht und von dieser freien Variable abhängt. Er *bindet* dann diese freie Variable, und die entstehende Aussage hängt dann nicht mehr von dieser Variablen ab. So haben wir aus dem Prädikat $\varphi(n)$ und dem Allquantor $\forall$ die Aussage $\forall n : \varphi(n)$ gebildet, die keine freie Variable mehr enthält, die also eine Aussage im Sinne des vorangegangenen Abschnittes ist. Zum Beispiel ist die Aussage „Jede gerade Zahl hat ein gerades Quadrat", in Symbolen (mit $\mathbb{N}_g$, der Menge der geraden Zahlen) „$\forall n \in \mathbb{N}_g : n^2 \in \mathbb{N}_g$", wahr oder falsch (in diesem Fall wahr). Ihr Wahrheitswert hängt nicht mehr von n ab.

Häufig bezieht sich eine Allaussage auf alle Elemente einer Menge. Die Formulierung „$\forall x \in M :$" bedeutet „Für alle x in M gilt. . . ".

Andere Formulierungen für dieselbe Zeichenfolge sind etwa (siehe BEUTELSPACHER [10, S.47f]):

- Für jedes x in M gilt. . .
- Für ein beliebiges Element von M gilt. . .
- Ist $x \in M$, dann gilt. . .
- Jedes Element aus M erfüllt. . .
- Die Elemente von M erfüllen. . .
- $\bigwedge x \in M$.
- Sei $x \in M$ beliebig. Dann gilt. . .

Die letzte Formulierung unterscheidet sich semantisch ein wenig von den vorhergehenden, da sie das x für kommende (Beweis)Schritte einführt.

Bezieht sich ein $\forall$ auf mehrere Variable auf einmal, so verwendet man auch oft „je zwei", „je drei", . . .

- Durch je zwei verschiedene Punkte P und Q in der Ebene geht genau eine Gerade.

bedeutet „Für jeden Punkt P und jeden Punkt $Q \neq P$ gibt es genau eine..."
Der Unterschied zwischen „alle" und „jedes" besteht meist darin, dass „für alle" auf die Gesamtheit aller Objekte abzielt, während „jedes" ein beliebig herausgegriffenes Objekt meint:

- Alle bijektiven Funktionen sind invertierbar.
- Für jede bijektive Funktion f existiert die Umkehrfunktion, welche wir mit f^{-1} bezeichnen.

Bindet der Allquantor eine freie Variable eines Prädikats, das von mehr als einer freien Variable abhängt, so entsteht daraus ein Prädikat, das eine freie Variable weniger enthält. Betrachten wir etwa das Prädikat „$n+m$ ist gerade", das von den freien Variablen m und n abhängt. Die Aussage „Für alle geraden Zahlen n ist $n + m$ gerade", in Symbolen $\forall n \in \mathbb{N}_g : n + m \in \mathbb{N}_g$, ist dann ein Prädikat, das nur mehr von der freien Variablen m abhängt.
Aus Aussagen, die Allquantoren enthalten, kann man durch Spezialisierung (Einsetzen) einfache Aussagen gewinnen. So können wir aus der Wahrheit der Aussage $\forall n \in \mathbb{N}_g : n^2 \in \mathbb{N}_g$ ableiten, dass die Aussage „4^2 ist gerade" ebenfalls wahr ist.
Folgen in einer Aussage mehrere Allquantoren hintereinander, so kann man diese vertauschen. Die Aussagen

$$\forall a : \forall b : \varphi(a, b) \quad \text{und} \quad \forall b : \forall a : \varphi(a, b)$$

sind äquivalent. Daher kürzt man oft ab zu

$$\forall a, b : \varphi(a, b).$$

Soll eine Aussage **bewiesen** werden, in der ein Allquantor auftaucht, z.B. $\forall a \in A : \beta(a)$, so hat es sich in der Mathematik bewährt, den Beweis folgendermaßen zu beginnen:

Sei $a \in A$ (beliebig). Wir beweisen, dass $\beta(a)$ gilt.

Danach folgt der Beweis von $\beta(a)$. Auf diese Weise wird das lästige „Mitschleppen" des Allquantors durch den Beweis überflüssig.

Sind mehrere Allquantoren hintereinander gesetzt, wie in $\forall n \in \mathbb{N} : \forall m \in \mathbb{Z} : m + n \in \mathbb{Z}$, so beginnt man den Beweis, indem man jeweils einen Vertreter wählt:

Seien $n \in \mathbb{N}$ und $m \in \mathbb{Z}$ fix gewählt. Dann gilt...

Wichtiges gibt es zur Verneinung von Allaussagen zu diskutieren.

Merke: Um eine Allaussage zu widerlegen, genügt die Angabe *eines* Gegenbeispieles.
Behauptung: Alle ungeraden Zahlen sind Primzahlen. Dies ist natürlich falsch, denn die Zahl $9 = 3 \cdot 3$ ist eine ungerade Zahl, die keine Primzahl ist.

3.2.3.2 Der Existenzquantor ($\exists$); eindeutige Existenz ($\exists!$).

Oftmals wird eine mathematische Aussage nicht über alle Elemente einer Menge getroffen, sondern es wird nur die **Existenz** eines bestimmten Objektes behauptet.

Es gibt eine gerade Primzahl.

Die Formulierung in Zeichen mit Hilfe des **Existenzquantors** ist „$\exists x : \varphi(x)$" und in Worten: „Es existiert ein x, für das $\varphi(x)$ gilt". Diese Aussage bedeutet, dass es **mindestens ein** x mit $\varphi(x)$ gibt.
Möchte man in Zeichen ausdrücken, dass es **genau ein (ein und nur ein)** solches x gibt, so schreibt man „$\exists! x : \varphi(x)$".
So wie der Allquantor beziehen sich auch die beiden Existenzquantoren auf eine Variable und ein Prädikat, das dahinter steht. Auch sie binden dann diese freie Variable.
Aus Beispielen lassen sich Aussagen erzeugen, die Existenzquantoren enthalten. So können wir etwa aus der Aussage „3 ist eine Primzahl" die Aussage „es gibt eine Primzahl" schließen.
Häufig wird die Existenz eines Elements einer Menge behauptet. Die Formulierung $\exists x \in M : \ldots$ bzw. $\exists! x \in M : \ldots$ bedeutet, es existiert (mindestens) ein bzw. genau ein Element $x \in M$ mit $\ldots$

Auch für die Existenzaussage gibt es viele Formulierungen
(siehe BEUTELSPACHER [10, S.51f]):

- Es gibt ein $x \in M$ mit...
- Jede monotone beschränkte Folge reeller Zahlen hat einen
  Häufungspunkt (d.h. es existiert ein Häufungspunkt)
- Für ein geeignetes x ist $\log x \leq x$. Das bedeutet nichts anderes
  als dass solch ein x existiert.
- Im allgemeinen gilt nicht, dass $x^2 + x + 41$ eine Primzahl ist.
  (Das wiederum heißt, dass ein x existiert, sodass $x^2 + x + 41$
  keine Primzahl ist.)
- $\bigvee x \in M :$

Wie für Allquantoren gilt auch für Existenzquantoren, dass man
mehrere aufeinander folgende vertauschen kann. Es sind die Aussagen

$$\exists a : \exists b : \psi(a, b) \quad \text{und} \quad \exists b : \exists a : \psi(a, b)$$

äquivalent, und wieder wird typischerweise abgekürzt zu

$$\exists a, b : \psi(a, b).$$

Möchte man eine Existenzaussage beweisen, etwa $\exists b \in B : \alpha(b)$, so
muss man darauf achten, dass im Beweis irgendwo ein **bestimmtes** b
konstruiert wird, von dem dann bewiesen wird, dass es die Eigenschaft
α hat. Ist das nicht der Fall, dann sollte man den Beweis sehr kritisch
auf seine Gültigkeit überprüfen.

Der Beweis einer **Existenz- und Eindeutigkeitsaussage** (einer
Existiert-Genau-Ein-Aussage), z.B. $\exists! z \in Z : \gamma(z)$, besteht immer aus
zwei Teilen. Zum einen muss man die Existenz eines z mit der Eigenschaft γ nachweisen, und zum anderen muss man beweisen, dass kein
anderes Element von Z ebenfalls die Eigenschaft γ aufweist. Das wird
häufig erledigt, indem die Existenz eines weiteren $z' \in Z$ angenommen
wird, sodass $\gamma(z')$ gilt. Dann weist man nach, dass $z = z'$ gelten muss,
und z somit tatsächlich *eindeutig* ist. Jedenfalls besteht der Beweis

einer Existiert-Genau-Ein-Aussage aus einem **Existenz-** und einem **Eindeutigkeitsteil.**
Schließlich befassen wir uns noch mit der Verneinung von Existenzaussagen und entdecken dabei einen Zusammenhang mit Allaussagen.

Merke: Die Verneinung einer Existenzaussage ist eine Allaussage und umgekehrt.

- Die Verneinung von „Alle Kinder hassen die Schule" ist „Es gibt ein Kind, das die Schule nicht hasst".

- Die Verneinung von „Es gibt einen klugen Professor" ist „Alle Professoren sind dumm."

In Zeichen ausgedrückt, gilt für die Verneinungen:

$$\neg(\forall x \in M : A(x)) \quad \text{entspricht} \quad \exists x \in M : \neg A(x),$$

wenn A eine Aussage über Elemente von M ist, etwa $A(x) = (x < 7)$. Für den Existenzquantor gilt analoges:

$$\neg(\exists x \in M : A(x)) \quad \text{entspricht} \quad \forall x \in M : \neg A(x).$$

ACHTUNG: Die Verneinung einer Existiert-Genau-Ein-Aussage ist *keine* Allaussage! Man muss komplizierter formulieren. Die Verneinung von „Ich habe genau eine Schwester." ist am kürzesten formuliert „Ich habe nicht genau eine Schwester." Möchte man das *„nicht"* zur Aussage befördern, dann muss man mit einer Fallunterscheidung operieren: „Ich habe keine Schwester oder mehr als eine Schwester."

3.2.3.3 Reihenfolge von Quantoren ($\forall\exists$ oder $\exists\forall$?).

Seien Sie vorsichtig, wenn mehr als ein Quantor $\forall$ oder $\exists$ in einem Satz vorkommt. Bei Aussagen mit gemischten Quantoren kommt es nämlich wesentlich auf die Reihenfolge an.
Das folgende Beispiel nach BEUTELSPACHER [10, S.54] erhellt die Tatsache, dass das Vertauschen von Existenz und Allquantoren verboten ist, hoffentlich so deutlich, dass Sie nie wieder den Wunsch verspüren sollten, es zu tun.

3.2.17 **Beispiel 3.2.17 (Vertauschung von All- und Existenzquantor).**
Sei M die Menge aller Männer und F die Menge aller Frauen. Die Aussage $h(m, f)$ sei „m ist verliebt in f". Unter diesen Voraussetzungen machen Sie sich die Bedeutung der beiden Aussagen klar.

1. $\forall m \in M : \exists f \in F : h(m, f)$.
2. $\exists f \in F : \forall m \in M : h(m, f)$.

> Mitunter ist es aus der Formulierung nur schwer zu erkennen, dass ein $\exists\forall$ oder ein $\forall\exists$ versteckt ist. Dann ist es besonders wichtig, die Formulierung sehr lange zu prüfen und eventuell auch formalisiert noch einmal aufzuschreiben.
>
> „Der Wert von $y = f(x)$ ist unabhängig von der Wahl von x" ist gleichbedeutend mit $\exists y : \forall x : f(x) = y$ (BEUTELSPACHER [10, S.54]).

Aufgabe 3.2.18. Formulieren Sie gemäß der Regel (3.1) äquivalente Aussagen zu:

1. $\forall n \in \mathbb{N}: n^2 > n \Rightarrow n > 1$,
2. $\forall n \in \mathbb{N}: 3 \mid n \Rightarrow 4 \mid n$,
3. $\forall n \in \mathbb{N}: n^3$ ungerade $\Rightarrow n$ ungerade.

Aufgabe 3.2.19. Bilden Sie die Verneinung der folgenden Aussagen:

1. Alle Rosen sind verwelkt oder teuer.
2. Alle Rosen sind entweder verwelkt oder teuer.

Hinweis: Beachten Sie die Konvention aus Abschnitt 3.2.1.1: die Formulierung „entweder ... oder" entspricht dem ausschließenden Oder und die Formulierung „oder" dem (mathematischen) einschließenden Oder.

Aufgabe 3.2.20. Verneinen Sie die folgenden Aussagen:

1. Wenn zwei Ebenen einen gemeinsamen Punkt besitzen, dann sind sie nicht parallel.
2. Es gibt Dreiecke, die genau zwei rechte Winkel haben.

Aufgabe 3.2.21. Begründen Sie, warum die folgenden Aussagen wahr bzw. falsch sind:

1. $\forall x \in \mathbb{N} : \exists y \in \mathbb{N} : x = y$,
2. $\exists y \in \mathbb{N} : \forall x \in \mathbb{N} : x = y$,
3. $\forall x \in \mathbb{N} : \exists y \in \mathbb{N} : x > y$,
4. $\exists y \in \mathbb{N} : \forall x \in \mathbb{N} : x \geq y$,
5. $\forall x \in \mathbb{N} : \exists y \in \mathbb{Z} : x > y$,
6. $\exists y \in \mathbb{Z} : \forall x \in \mathbb{N} : x \geq y$.

3.2.3.4 Rechenregeln für Quantoren

Einige grundlegende Rechenregeln für Quantoren sind in der Mathematik wichtig, weil sie oft in Beweisen verwendet werden. Zwei davon haben wir schon kennengelernt, nämlich die Verneinungen der quantifizierten Aussagen. Das folgende Theorem fasst diejenigen Rechenregeln zusammen, die in der Mathematik am häufigsten vorkommen. Um eine vollständige Aufzählung zu erhalten, wiederholen wir in (i) und (ii) die unmittelbar einsichtigen Merksätze aus dem vorigen Abschnitt.

Theorem 3.2.22 (Rechenregeln für Quantoren). Seien $P(x)$ und $Q(x)$ Prädikate, die von der freien Variable x abhängen, und sei q eine Aussage, die nicht von x abhängt. Dann gelten die folgenden Rechenregeln[4]:

3.2.22

(i)	$\neg(\forall x : P(x))$	$=$	$\exists x : \neg P(x)$,
(ii)	$\neg(\exists x : P(x))$	$=$	$\forall x : \neg P(x)$,
(iii)	$\exists x : P(x) \lor Q(x)$	$=$	$(\exists x : P(x)) \lor (\exists x : Q(x))$,
(iv)	$\forall x : P(x) \land Q(x)$	$=$	$(\forall x : P(x)) \land (\forall x : Q(x))$,
(v)	$\forall x : q \lor P(x)$	$=$	$q \lor (\forall x : P(x))$,
(vi)	$\exists x : q \land P(x)$	$=$	$q \land \exists x : P(x)$,
(vii)	$(\forall x : P(x)) \Rightarrow q$	$=$	$\exists x : (P(x) \Rightarrow q)$,
(viii)	$(\exists x : P(x)) \Rightarrow q$	$=$	$\forall x : (P(x) \Rightarrow q)$,

---

[4] An dieser Stelle weichen wir ein klein wenig von unserer Vorgabe von Seite 94 ab. Dieses Theorem ist genau genommen ein Satz aus der Prädikatenlogik zweiter Stufe, da es Für–Alle–Aussagen über Prädikate macht.

(ix) $q \Rightarrow (\forall x : P(x)) \;\; = \;\; \forall x : (q \Rightarrow P(x))$,

(x) $q \Rightarrow (\exists x : P(x)) \;\; = \;\; \exists x : (q \Rightarrow P(x))$.

3.2.22 **Beweis.** Wir beweisen exemplarisch zwei der Aussagen, nämlich (iii) und (viii).

(iii)   Sei die linke Aussage wahr. Dann gibt es ein a mit $P(a) \vee Q(a)$. Gilt $P(a)$, dann $\exists x : P(x)$ (nämlich a). Stimmt aber $Q(a)$, dann auch $\exists x : Q(x)$. Insgesamt haben wir $(\exists x : P(x)) \vee (\exists x : Q(x))$, also ist die rechte Aussage ebenfalls wahr.

Ist umgekehrt die rechte Aussage wahr, dann gibt es b mit $P(b)$ oder es gibt c mit $Q(c)$. Gibt es b mit $P(b)$, dann setzen wir $a = b$ und erhalten ein a mit $P(a) \vee Q(a)$. Gibt es kein solches b, dann muss es c mit $Q(c)$ geben. Wir setzen $a = c$ und erhalten wieder ein a mit $P(a) \vee Q(a)$. Also existiert ein solches a, und die linke Aussage ist wahr. Daher sind die beiden Aussagen gleich.

(viii)   Ist q wahr, dann sind linke und rechte Aussage trivialerweise immer wahr. Sei also q im Folgenden falsch.

Ist die linke Aussage wahr, dann muss $\exists x : P(x)$ ebenfalls falsch sein (das folgt aus der Wahrheitstabelle für $\Rightarrow$). Also gilt $\neg(\exists x : P(x))$ und nach (ii) ist damit auch $\forall x : \neg P(x)$ wahr. Weil q falsch ist, ist auch die rechte Seite $\forall x : (P(x) \Rightarrow q)$ wahr. Sei umgekehrt die rechte Aussage wahr. Wir zeigen zunächst, dass $\neg(\exists x : P(x))$ wahr ist und somit auch $\forall x : \neg P(x)$ (was ja nach (ii) dasselbe ist): Sei t beliebig. Weil die rechte Aussage wahr ist, ist auch $P(t) \Rightarrow q$ wahr. Nachdem aber q falsch ist, muss auch $P(t)$ falsch sein, also $\neg P(t)$ gelten. Weil t beliebig war, muss $\forall x : \neg P(x)$ wahr sein, also auch $\neg(\exists x : P(x))$. Nachdem q falsch ist, ist damit die linke Aussage, $(\exists x : P(x)) \Rightarrow q$, wahr.

$\square$

Aufgabe 3.2.23. Formen Sie die folgenden Aussagen gemäß der entsprechenden Rechenregel aus Theorem 3.2.22 um:

1. Es gibt eine ganze Zahl r, die positiv oder durch drei teilbar ist.
2. Alle natürlichen Zahlen sind Primzahlen und Summe dreier Quadratzahlen

3. Für alle reellen Zahlen $r > 1$ ist $0 < 1$ oder $r^2 < 0$.

4. Es gilt $\sqrt{2} \in \mathbb{Q}$, und es gibt eine rationale Zahl q mit $q^2 = 2$.

5. Weil das Quadrat jeder positiven natürlichen Zahl größer als 1 ist, gilt $0 < 1$.

6. Für alle ganzen Zahlen z folgt aus $z^2 > 0$ sofort $1 > 0$.

7. Wegen $0 < 1$ gilt für alle positiven natürlichen Zahlen n, dass $n^2 > 0$ ist.

8. Es gibt eine Primzahl p, für die aus $2|p$ folgt, dass es eine gerade Primzahl gibt.

Aufgabe 3.2.24. Begründen Sie, warum die folgenden Abwandlungen der Aussagen (iii) und (iv) in Theorem 3.2.22 falsch sind:

1. $\exists x : P(x) \wedge Q(x) = (\exists x : P(x)) \wedge (\exists x : Q(x))$,
2. $\forall x : P(x) \vee Q(x) = (\forall x : P(x)) \vee (\forall x : Q(x))$.

Aufgabe 3.2.25. Beweisen Sie die übrigen Aussagen aus Theorem 3.2.22.

3.3 Über das mathematische Beweisen

In diesem Abschnitt wollen wir uns näher mit mathematischen Beweisen auseinander setzen — denn die Erfahrung zeigt, dass gerade das richtige (Lesen und Schreiben von) Beweisen am Anfang eines Mathematikstudiums oft die größten Schwierigkeiten bereitet. Die Frage

Was ist ein mathematischer Beweis?

können wir aufgrund unserer bisherigen Erklärungen etwa so beantworten: Ein Beweis einer mathematischen Aussage ist eine Kette logischer Argumente, die die Gültigkeit der Aussage sicherstellt. Die einzelnen Schritte der Argumentationskette sind logische Schlussfolgerungen.

Bevor wir uns genauer mit der Struktur von Beweisen und den darin enthaltenen logischen Schlussfolgerungen beschäftigen, wollen wir zunächst den *Sinn und Zweck* mathematischer Beweise diskutieren. Beginnen wir mit der Frage, die die meisten Lernenden am Beginn ihres Studiums der Mathematik beschäftigt:

Was ist ein *korrekter* Beweis?

Darauf gibt es viele verschiedene Antworten, aber es gibt, wenn wir vom Gebiet der formalen Logik absehen, *keine präzise Definition* eines korrekten Beweises — und der Beweisbegriff der formalen Logik ist für Mathematiker weitgehend unbrauchbar. Er ist zwar so präzise, dass man sogar Beweise über Beweise führen kann, aber so unflexibel, dass kaum ein Mathematiker die logischen Methoden und Notationen der Beweistheorie verwendet, um seine Beweise aufzuschreiben: In mathematischen Beweisen kommen oft viele Symbole vor, außerdem werden viele Definitionen und andere bereits bewiesene Resultate verwendet, sodass das Überführen in eine formal logisch korrekte Struktur einerseits extrem mühsam ist und andererseits zu einem Resultat führt, das für die meisten Nicht-LogikerInnen schwer zu lesen ist, wenn nicht sogar durch die endlose Kette logischer Symbole verwirrend (siehe WIEDIJK [72, 73]). Selbst LogikerInnen verwenden daher in ihren Beweisen im Gebiet der Beweistheorie einen weniger formalen Beweisbegriff.

Wollen wir eine gute Antwort auf obige Frage finden und uns der mathematischen Beweistechnik nähern, dann ist es wesentlich, sich klarzumachen, dass in der Mathematik Beweise gleichzeitig drei wichtige Aufgaben erfüllen. Diese müssen beachtet werden, wenn ein Beweis erstellt wird und auch wenn er gelesen wird.
Erstens dient ein Beweis dem Autor dazu, *sich selbst* davon zu überzeugen, dass eine bestimme mathematische Aussage richtig ist — und zwar unzweifelhaft richtig, d.h. insbesondere über die Intuition hinaus, die er für die Gültigkeit der mathematischen Aussage vielleicht hat.

> Beim Überprüfen eines Beweises ist es notwendig, sich alle Details gut zu überlegen. Seien Sie besonders misstrauisch an Stellen, an denen behauptet wird, etwas sei **offensichtlich**, **klar**, **unmittelbar einsichtig**, etc. Die Erfahrung zeigt, dass sich Fehler oft gerade hinter diesen Beweisschritten verbergen.

Die *zweite* wichtige Aufgabe eines Beweises ist es, die Leser oder Hörerinnen, also *jemand anderen*, von der Gültigkeit der mathematischen Aussage zu überzeugen, also die Richtigkeit einer Aussage zu *kommunizieren*. Dies ist ein sehr wichtiger Aspekt, denn er hat unmittelbare Auswirkungen auf die Form, die ein Beweis haben muss. Einerseits muss er für jemand anderen *nachvollziehbar* sein. Er muss also das rechte Maß an Argumentation und an Details enthalten, sodass der Kommunikationspartner sich von der Richtigkeit der einzelnen Beweisschritte überzeugen kann, aber nicht in Details erstickt. Andererseits muss ein Beweis einigen allgemeinen Regeln der Kommunikation folgen.

Beachten Sie, dass mathematische Sprache als Grundlage die Hochsprache bzw. die Literatur hat. Grundsätzlich kann man daher davon ausgehen, dass mathematische Texte zwar Gebrauchsliteratur aber immerhin Literatur sind. Wenn Sie also selbst mathematische Texte verfassen, dann schreiben Sie in vollständigen Sätzen und formulieren Sie überschaubar und klar. Lange verschachtelte Sätze sind ebenso wie verstümmelte Sätze im SMS- oder Telegrammstil schwer verständlich.

Jeder geschriebene Satz muss einen klaren Sinn haben und nicht nur für Sie selbst verständlich sein. Es sollte vermieden werden, durch übertriebene Symbolsetzung und logische Formalismen die Aussagen so zu verschlüsseln, dass am Ende mehr Zeit für das Entziffern der Formulierung als für das Verstehen der Aussage aufgewendet werden muss.

Grundsätzlich gilt die Regel, dass mathematische Formulierungen dann gut sind, wenn sie den Inhalt ohne Mehrdeutigkeiten in möglichst kompakter und übersichtlicher Form transportieren.

Es macht übrigens keinen wesentlichen Unterschied, ob Sie mathematische Beweise oder Resultate in schriftlicher Form übermitteln oder sie in mündlicher Form an Tafel, Overhead–Projektor oder Videobeamer (etwa im Rahmen einer Übung) vortragen. Einige zusätzliche Regeln sind beim mündlichen Vortrag aber zu beachten, da Sie dann zu vie-

len Zuhörern auf einmal sprechen und sich nicht nur dem einen jeweils
Lesenden mitteilen.

Wenn Sie mathematische Ergebnisse mündlich vortragen, so beachten Sie, dass der Zweck darin besteht, Ihren Zuhören auf
möglichst eindeutige Weise mathematisches Wissen zu vermitteln, selbst wenn Sie nur einen Überblick über gewisse mathematische Zusammenhänge geben wollen.

Daher sollte sich die mathematische Sprache beim mündlichen
Vortrag an den Grundregeln der mathematischen Schriftsprache
orientieren. Vermeiden Sie es (trotz eventueller Nervosität),
nur Satzteile und Wortfetzen zu benutzen und dazu an der
Tafel zu schreiben oder zu deuten. Halten Sie wichtige Fakten
übersichtlich und kurz an der Tafel fest.

Beim mündlichen Vortrag ist es nicht unbedingt notwendig,
vollständige Sätze zu *schreiben*. Oft ist das aus Zeitmangel gar
nicht möglich. Notwendig ist aber, dass allen Abkürzungen und
Auslassungen zum Trotz alles, was an der Tafel steht, mathematisch korrekt ist.

Beachten Sie schließlich, dass Sie mindestens das, was Sie an die
Tafel schreiben, auch laut aussprechen. Das ist deswegen wichtig,
weil Sie immer einen Teil der Tafel für manche Zuhörer im Hörsaal
verdecken. Diese können Ihren Vortrag dann nur durch Zuhören
verfolgen und hätten ohne Ihr lautes Sprechen keine Möglichkeit,
Ihre Argumentation zu erfassen. Darüber hinaus ist Sprechen
während des Schreibens günstig, um lange Sprechpausen zu vermeiden, denn andernfalls laufen Sie Gefahr, die Aufmerksamkeit
ihres Publikums zu verlieren.

Diese zweite Aufgabe mathematischer Beweise führt übrigens zu einer der kniffligsten Fragen für AnfängerInnen, wenn sie selbst Beweise
zusammenstellen:

Was *genau* muss bewiesen werden?

Die Antwort auf diese Frage ist gar nicht so einfach zu finden: sie hängt
damit zusammen, welches Wissen der Beweisende bei seiner Leserschaft voraussetzen kann und will. Im Zweifelsfall gilt die Regel, ein

Resultat lieber zu beweisen, als die Behauptung unbewiesen stehen zu lassen. Aber es wird in einem Buch über Zahlentheorie niemand die Tatsache beweisen, dass das Produkt zweier gerader Zahlen gerade ist. Das kann dort getrost als bewiesen angenommen werden, denn jeder, der ein solches Buch liest, wird sicherlich den Beweis über die geraden Zahlen in seiner Grundausbildung gelesen haben und kann ihn wahrscheinlich auf Anfrage reproduzieren.

Die *dritte* Aufgabe eines Beweises ist es schließlich, eine intuitive und möglichst unmittelbare Einsicht zu vermitteln, *warum die zu beweisende Aussage stimmt*, eventuell auch wie man auf das Resultat gekommen ist. Diese Aufgabe sollte nicht vernachlässigt werden, denn sie versetzt jeden Leser des Beweises (und natürlich auch den Beweisenden selbst), in die Lage, jene wichtige mathematische Intuition aufzubauen, die einen Mathematiker dazu befähigt, neue mathematische Theoreme zu erahnen, die unser mathematisches Gebäude weiter ausbauen und unser mathematisches Wissen vermehren.

Meistens ist es möglich, diese dritte Aufgabe zu erfüllen. Nur in ganz unvermeidbaren Fällen darf ein Beweis langwierig sein und so gestaltet werden, dass er keinerlei Beweisidee enthüllt. Beweise dieser Art bestehen dann aus vielen Zeilen (oder Seiten) von Rechnungen oder Abschätzungen, und am Ende ergibt sich zwar die Korrektheit der Aussage, aber weder neue Beweistechniken noch neue intuitive Einsichten werden vermittelt. Ein solcher Beweis wird meist **technischer Beweis** genannt, und die meisten Mathematiker werden solch einen Beweis, *nachdem* sie ihn einmal durchgearbeitet haben, schnell vergessen. Findet ein Mathematiker für ein Resultat, das zuvor rein technisch bewiesen wurde, einen einsichtigeren Beweis, wird meist der neue Beweis übernommen und häufig sogar publiziert.

Beim Lesen mathematischer Literatur ist es wichtig, die Beweise genau zu studieren. Das hat mehrere Gründe.

Erstens erlernt man mathematisch einwandfreie Argumentation am besten durch das Studium fertiger Beweise. Zweitens vermitteln gut geschriebene Beweise weitere Einsicht in die verwendeten Begriffe und Zusammenhänge. Diese Einsicht geht weit über das hinaus, was eine bloße Aufzählung oder das Auswendiglernen der

Theoremformulierungen vermitteln. Drittens erwirbt man sich beim Studium von Beweisen eine Sammlung von Beweisideen und -tricks, die später beim eigenständigen Finden von Beweisen (z.B. beim Lösen von Übungsaufgaben) äußerst hilfreich, ja notwendig, sind.

Werfen wir nun einen genaueren Blick auf die Schlussfolgerungen, die in Beweisen gezogen werden, also die logische Struktur mathematischer Beweise. Bislang haben wir uns hauptsächlich mit Aussagen beschäftigt und haben gelernt, wie man aus einfachen Grundaussagen durch die Operationen $\neg, \wedge, \vee, \underline{\vee}, \Rightarrow, \Leftrightarrow$ neue Aussagen konstruieren kann. Um genauer zu verstehen, wie mathematische Beweise funktionieren, müssen wir kurz über Relationen zwischen verschiedenen Aussagen[5] sprechen. Wir wollen ergründen, was es bedeutet, dass aus einer Aussage A eine Aussage B logisch folgt.

Beginnen wir mit einem Beispiel. Intuitiv wissen wir, dass aus der Aussage „Der Fußboden ist grün und die Decke ist weiß" die Aussage „Der Fußboden ist grün" folgt. Genauer betrachtet bedeutet das das Folgende: Ist die Aussage „Der Fußboden ist grün und die Decke ist weiß" wahr, dann ist notwendigerweise auch die Aussage „Der Fußboden ist grün" wahr.

Betrachten wir ein anderes Beispiel. Folgt aus der Aussage „Wasser ist nass" die Aussage „Blut ist rot"? Intuitiv würden wir das verneinen, und tatsächlich besteht ein Unterschied zwischen den beiden Beispielen. Um diesen herauszuarbeiten, führen wir Abkürzungen für die folgenden vier Aussagen ein:

p: Der Fußboden ist grün.

q: Die Decke ist weiß.

r: Wasser ist nass.

s: Blut ist rot.

---

[5] Solche Relationen sind formal keine Aussagen, sondern Metaaussagen, also Aussagen über Aussagen. Diese Unterscheidung ist zwar wichtig — besonders in der Logik — aber die meisten Mathematiker kümmert das kaum. Sie verwenden diese Relationen mehr intuitiv, wenn sie Beweise formulieren.

Die beiden Aussagen r und s sind (scheinbar) unbestreitbar wahr. Daher ist nach unserer Wahrheitstabelle auch die Aussage $r \Rightarrow s$ wahr. Trotzdem widerstrebt es unserer Intuition zu sagen, dass *logisch* aus der Tatsache, dass Wasser nass ist, folgt, dass Blut rot ist. Mit gutem Recht, denn wir haben die Wahrheit der Implikation nur aufgrund der (vermuteten) Wahrheitswerte von r und s abgeleitet. So ein Argument erlaubt es natürlich nicht, auf die Wahrheit von s zu schließen, und in der Tat würde jeder Vulkanier[6] der Aussage s widersprechen, hat er doch grünes Blut.

Anders im ersten Beispiel: Hier kennen wir den Wahrheitswert von p und q nicht, wir wissen aber: Ist $p \wedge q$ wahr, dann muss auch p wahr sein. Das folgt unmittelbar aus der Wahrheitstabelle für $\wedge$. Es kann also, im Gegensatz zum Wasser–Blut–Beispiel *niemals* passieren, dass die erste Aussage ($p \wedge q$) wahr, die zweite (p) aber falsch ist. Das ist aber genau die intuitive Idee, die hinter der Formulierung „B folgt logisch aus A" steht: Es ist *unmöglich*, dass gleichzeitig A wahr ist und B falsch. Eine weiterer Aspekt ist, dass wir zu jeder Sammlung von Tatsachen, die A enthält, auch die Aussage B hinzufügen können, ohne einen Widerspruch zu erhalten.

In Begriffen der Aussagenlogik bedeutet „B folgt logisch aus A", dass die Aussage $A \Rightarrow B$ eine Tautologie ist[7]. Schlussfolgerungen in mathematischen Beweisen kommen also unter Verwendung von Tautologien zustande: Wir schließen z.B. auf die Wahrheit von B, indem wir eine Tautologie der Form $A \Rightarrow B$ verwenden (also typischerweise ein bereits bewiesenes Theorem (siehe Seite 81) oder allgemeine Schlussregeln wie in Aufgabe 3.2.16), zusammen mit dem Wissen, dass A wahr ist. Solche

---

[6] Das ist ein Vertreter eines spitzohrigen Volkes aus einer bekannten Science-Fiction Serie, das dort berühmt für seinen streng logischen Verstand ist.

[7] Es gibt mathematische Literatur, die deutlich zwischen dem aussagebildenden $A \to B$, der Implikation wie wir sie in der Wahrheitstabelle für $\Rightarrow$ eingeführt haben, die aus zwei Aussagen A und B eine neue Aussage erzeugt, und der Metaaussage der logischen Folgerung $A \Rightarrow B$, gleichbedeutend mit $(A \to B) = 1$, unterscheidet. Das wird verdeutlicht, indem verschiedene Zeichen $\to$ für die Aussage und $\Rightarrow$ für die Metaaussage verwendet werden. Ein Großteil der Mathematiker kümmert sich jedoch nicht wirklich um diese Unterscheidung, da aus dem Zusammenhang ohnehin klar ist, ob die Aussage oder die Metaaussage gemeint ist. Daher haben auch wir darauf verzichtet, zwei verschiedene Zeichen einzuführen und bleiben bei $\Rightarrow$. Ähnliches gilt übrigens auch für die Äquivalenz und die Zeichen $\leftrightarrow$ und $\Leftrightarrow$.

logischen Schlussfolgerungen sind das wesentliche Grundelement mathematischer Beweise und die Grundlage gültiger Argumentation.

Weil Schlussfolgerungen *die* Grundlage für das Formulieren von
Beweisen sind, sind sie extrem häufig. Damit ein mathematischer
Text nicht völlig langweilig wird, werden eine Reihe von Standardformulierungen verwendet (Zitat BEUTELSPACHER [10, S.33],
einige davon haben wir schon in der grauen Box auf Seite 85
erwähnt).

daraus folgt; **also**; **auf Grund** von; das **bedeutet**,
dass; unter **Berücksichtigung** von; **daher**; **damit**; es
ergibt sich; daraus **erhalten** wir; dies hat zur **Folge**; man
kann **folgern**; wir **folgern**; **folglich**; genauer **gesagt**; dies
impliziert; **insbesondere**; dies hat zur **Konsequenz**;
mithin; dies lässt sich **schreiben** als; wir **sehen**; **somit**;
ein Spezialfall hiervon ist; nach **Umformung** ergibt sich;
mit anderen **Worten**; es **zeigt** sich, dass, . . .

Es können zwar nicht alle diese Formulierungen an jeder beliebigen Stelle eines mathematischen Textes verwendet werden, da sie
sich in ihrer Bedeutung in zum Teil subtiler Weise unterscheiden. Es wird Ihnen mit ein bisschen Erfahrung und ein wenig
Überlegung aber nicht schwer fallen, diese Bedeutungsdifferen-
zen zu erkennen, und damit werden Sie auch lernen, die richtigen
Formulierungen in eigenen Texten zu benutzen.

Wie wir zu Beginn des Abschnittes besprochen haben, ist es für einen
Beweis wichtig, nachvollziehbar zu sein und Einsicht in die Zusammenhänge zu vermitteln. Daher ist es wünschenswert, wenn Sie Ihre
Leserin oder Ihren Hörer darauf hinweisen, warum eine Folgerung
richtig ist.

Auch für die Vermittlung von Zusammenhängen und das Hinweisen auf verwendete Resultate gibt es einige mathematische
Standardformulierungen (Zitat BEUTELSPACHER [10, S.33]).

nach **Annahme; auf Grund** von Satz 4.17; unter **Berücksichtigung** der Theorie der...; **da** V endlich dimensional ist; aus der **Definition** ergibt sich; **per definitionem** ist; nach **Voraussetzung; wegen** Lemma 3.5; **weil** f stetig ist...

Fortgeschrittene LeserInnen mathematischer Literatur bevorzugen es, wenn Beweise möglichst kompakt und informativ sind, während AnfängerInnen meist mehr Details benötigen. Damit Beweise übersichtlich bleiben und auch von Lesern mit verschiedenen Graden an Vorwissen gelesen werden können, werden oft Zwischenrechnungen oder andere Details weggelassen, von denen der Beweisende annimmt, dass sie von jedem Leser nachvollzogen werden können. In diesem Fall ist es günstig, wenn Sie den Aufwand verdeutlichen, der zur Überprüfung des fehlenden Beweisdetails betrieben werden muss.

Auch für die Vermittlung des Aufwandes gibt es viele Formulierungen (Zitat BEUTELSPACHER [10, S.33, S.41]).

durch **einfaches Ausrechnen;** durch **genaues Hinsehen;** wie man **leicht sieht; offenbar; offensichtlich;** durch **technische und uninteressante Abschätzungen;** durch **triviale und langweilige Rechnung; trivialerweise;** durch **mühsame Umformungen;** durch **Überprüfen der Wahrheitstabellen;...**

Verspielen Sie dabei nicht den Vertrauensvorschuss Ihrer Leserschaft durch falsche Angaben über den Aufwand. Behaupten Sie grundsätzlich nicht, dass etwas *leicht* einzusehen ist, wenn Sie mehr als 5 Minuten gebraucht haben, um es selbst einzusehen. Zum Gebrauch des Wortes **trivial** ist zu sagen, dass die wenigsten Schritte in der Mathematik tatsächlich trivial sind. Trivial ist ein Beweisschritt *nur* dann, wenn er unmittelbar folgt (etwa direkt durch Anwendung einer Definition). Steckt ein, wenn auch noch so leicht einzusehender Beweis hinter dem Schritt, so ist er schon nicht mehr trivial.

Seien Sie aber nicht frustriert, wenn Ihnen in einer mathematischen Abhandlung „vorgegaukelt" wird, ein Beweisteil sei trivial, und Sie können nicht nachvollziehen warum. Viele Mathematiker verwenden trivial in einer der erweiterten Bedeutungen:

- Trivial ist, was sich auf direktem Weg ohne Hindernisse durch Anwendung (vieler) bekannter Resultate und Beweistechniken herleiten lässt[8]. Wir schlagen vor, in solchen Fällen nicht „trivial", sondern „problemlos" zu verwenden.
- Trivial ist, was dem Autor sonnenklar ist. In diesem Fall würden wir anregen, „offensichtlich" oder „klar" zu sagen, möchten aber nochmals deutlich auf die graue Box auf Seite 104 verweisen.

Übrigens existiert noch eine zweite, begrifflich klar definierte, mathematische Bedeutung des Wortes „trivial", nämlich als Eigenschaftswort wie in

> Die **trivialen** Teiler einer natürlichen Zahl n sind 1 und n.

oder

> Ein homogenes lineares Gleichungssystem hat immer zumindest eine Lösung, nämlich die **triviale**.

Hier werden ausgezeichnete Objekte, die nach Definition immer existieren aber meist uninteressant sind, als trivial bezeichnet (siehe dazu etwa Definition 2.1.2, die Beispiele 4.1.7, 5.2.4, 5.2.36 und 5.2.48, Aufgabe 5.3.13 und Seite 424).

3.3.1 **Beispiel 3.3.1 ($\sqrt{2} \notin \mathbb{Q}$ — die Zweite).** *Der Beweis von Theorem 3.2.7 auf Seite 87 ist sehr ausführlich, gerade für AnfängerInnen geeignet. In fortgeschrittener mathematischer Literatur wäre die Beweisformulierung viel knapper, eher folgendermaßen:*

---

[8] Im Englischen steht an solchen Stellen meist „straightforward".

Beweis (Theorem 3.2.7): Sei $\sqrt{2}$ rational. Dann ist $\sqrt{2} = \frac{m}{n}$ für teilerfremde $m, n \in \mathbb{N}$. Es folgt $2n^2 = m^2$, daher ist m^2 gerade und somit $m = 2k$ für $k \in \mathbb{N}$. Eingesetzt ergibt das $2n^2 = 4k^2$, also ist auch n^2 und damit n gerade, ein Widerspruch zu m, n teilerfremd. □

Von der Leserin wird bei diesem Beweis erwartet, dass sie sich die fehlenden Beweisteile ergänzt. Die grundlegende Beweisidee ist herausgearbeitet, und die wesentlichen Schlussfolgerungen sind vorhanden, der erklärende „Ballast" ist abgeworfen.

Beispiel 3.3.2 (Summen ungerader Zahlen — die Zweite). 3.3.2
Auch Induktionsbeweise werden in fortgeschrittenen Texten viel knapper geführt. Wir wollen den Beweis von Proposition 2.5.2 über die Summen der ungeraden Zahlen in knapper Form wiederholen.
Beweis (Proposition 2.5.2): Wir führen einen Induktionsbeweis. Für $n = 1$ ist das Resultat trivial, und unter Verwendung der Induktionsvoraussetzung gilt

$$\sum_{k=1}^{n+1}(2k-1) = \sum_{k=1}^{n}(2k-1) + 2n + 1 = n^2 + 2n + 1 = (n+1)^2.$$

□

Dem Leser bleibt es überlassen, den Induktionsanfang zu überprüfen und die Struktur des Induktionsbeweises in seinem Kopf hinzuzufügen. Einzig der Beweis des Induktionsschrittes wird, auf seinen wesentlichen Kern reduziert, ausgeführt.

Ähnlich wie bei logischen Folgerungen gibt es auch eine Unterscheidung zwischen Aussagen und Metaaussagen bei Äquivalenzen. Wir sagen, dass zwei Aussagen A und B logisch äquivalent sind, wenn $A \Leftrightarrow B$ eine Tautologie ist. Dies ist zum Beispiel der Fall für $p \Rightarrow q$ und $\neg q \Rightarrow \neg p$ für zwei beliebige Aussagen p und q (vgl. Beispiel 3.2.4). Im Beispiel mit der Scheibe und dem Stein von Seite 82 hieße das: Die Aussage

Wenn ein Stein durch das geschlossene Fenster geworfen wird, dann zerbricht die Scheibe.

ist logisch äquivalent zu der Aussage

Wenn die Scheibe nicht zerbricht, dann wird kein Stein durch das geschlossene Fenster geworfen.

Untersuchen wir nun an einigen Beispielen, welche Schlussfolgerungen wir getrost ziehen dürfen und welche nicht. Dies ist nämlich die Grundlage richtigen Beweisens.

3.3.3   Beispiel 3.3.3 (Billige Reifen).

Wenn Reifen billig sind oder lange halten, dann kann der Hersteller damit kein Geld verdienen. Wenn Reifen weiß sind, dann kann der Hersteller damit Geld verdienen. Die Reifen sind billig. Daher sind die Reifen nicht weiß.

Ist diese logische Herleitung korrekt? Untersuchen wir dies genauer unter Verwendung der folgenden Abkürzungen:

p: *Die Reifen sind billig.*
q: *Die Reifen halten lange.*
r: *Die Reifen sind weiß.*
s: *Der Hersteller verdient Geld mit den Reifen.*

Zu Beginn werden Aussagen als wahr vorgegeben: $p \vee q \Rightarrow \neg s$, $r \Rightarrow s$ und p. Dann behaupten wir, daraus logisch folgern zu können, dass $\neg r$ gilt. Sehen wir uns das genauer an. Weil p wahr ist, ist $p \vee q$ wahr. Das folgt aus der Wahrheitstabelle. Die Aussage p impliziert also logisch die Aussage $p \vee q$. Daraus folgt wiederum $\neg s$, denn das haben wir ja so gefordert. Weil aber $r \Rightarrow s$ logisch äquivalent zu $\neg s \Rightarrow \neg r$ ist, gilt daher $\neg r$. In logischen Zeichen aufgeschrieben wäre das

$$p \Rightarrow p \vee q \Rightarrow \neg s \Rightarrow \neg r.$$

Unsere Folgerung war also korrekt. Eine typische mathematische Formulierung wäre übrigens: Weil p gilt, haben wir $p \vee q$, also ist s falsch, und damit ist auch r falsch.

Die folgende beiden Aufgaben sind wichtige Übungen für das Verstehen und Formulieren mathematischer Beweise.

Aufgabe 3.3.4. Seien p, q, r und s beliebige Aussagen. Zeigen Sie, dass die folgenden Argumente gültig sind:

1. $\neg(p \Rightarrow q)$ impliziert p.
2. Aus $p \Rightarrow q$ und $p \Rightarrow \neg q$ folgt $\neg p$.
3. Wegen $p \Rightarrow q$ gilt $(p \wedge r) \Rightarrow (q \wedge r)$.
4. $(p \wedge q) \Leftrightarrow r$ folgt aus $p \wedge (q \Leftrightarrow r)$.
5. Die Gültigkeit von $p \Rightarrow (q \wedge r)$ hat $(p \wedge q) \Leftrightarrow (p \wedge r)$ zur Konsequenz.
6. $(p \Leftrightarrow r) \wedge (q \Leftrightarrow s)$ und daher $(p \vee r) \Leftrightarrow (q \vee s)$.
7. Aus $\forall x : (P(x) \Rightarrow Q(x))$ und $\forall x : P(x)$ folgt $\forall x : Q(x)$.

Aufgabe 3.3.5. Seien p, q, r und s beliebige Aussagen. Zeigen Sie, dass die folgenden Argumente gültig sind:

1. $p \Leftrightarrow q$ gilt genau dann, wenn $p \Rightarrow q$ und $\neg p \Rightarrow \neg q$.
2. $p \Rightarrow (r \wedge s)$ ist äquivalent zu $(p \Rightarrow r) \wedge (p \Rightarrow s)$.
3. $p \Rightarrow (r \vee s)$ ist notwendig und hinreichend für $(p \wedge \neg r) \Rightarrow s$.
4. $(r \vee s) \Rightarrow q$ ist gleichbedeutend mit $(r \Rightarrow q) \wedge (s \Rightarrow q)$.
5. Aus $(r \wedge s) \Rightarrow q$ folgt $(r \Rightarrow q) \vee (s \Rightarrow q)$ und umgekehrt.
6. $(r \wedge s) \Rightarrow q$ dann und nur dann, wenn $r \Rightarrow (s \Rightarrow q)$.

Nach unserem obigen, korrekten Beispiel einer logischen Schlussfolgerung, wollen wir uns nun drei Arten falscher Argumente zuwenden, die häufig in Beweisen von AnfängerInnen auftreten. Damit wollen wir Ihren Blick schärfen und Sie unterstützen, diesen Fallen auszuweichen.

Beispiel 3.3.6 (Rattengift). *Der erste Fehler hängt mit der Tatsache zusammen, dass $p \Rightarrow q$ nicht $q \Rightarrow p$ impliziert (siehe 3.2.4). Ein Beispiel für ein solches falsches Argument wäre:* **3.3.6**

> *Wenn ein Haus von Ratten befallen ist, dann wird Rattengift ausgelegt. In diesem Haus ist Rattengift ausgelegt. Also ist es von Ratten befallen.*

Dieses Argument ist falsch, wie wir leicht daran erkennen können, dass in Wien in allen Häusern Rattengift ausgelegt werden muss, auch wenn sie nicht befallen sind.

3.3.7 **Beispiel 3.3.7 (Politiker).** *Die zweite falsche Argumentationsweise verwendet die falsche Annahme, dass $\neg p \Rightarrow \neg q$ aus $p \Rightarrow q$ folgt (siehe ebenfalls 3.2.4).*

> *Eine Politikerin, die sich bestechen lässt, ist eine Verbrecherin. Die Regierungschefin ist unbestechlich. Daher ist sie keine Verbrecherin.*

Auch dieses Argument ist falsch. Wenn Sie die Geschichte studieren, werden Sie bestimmt eine Regierungschefin finden können, die eine Verbrecherin (etwa eine Kriegsverbrecherin) war, obwohl sie sich nicht hatte bestechen lassen (oder auch nicht, eine „Schuld" der Geschichte, nicht der Logik).

3.3.8 **Beispiel 3.3.8 (MathematikerInnen und ihre Beweise).** *Die dritte Fehlerquelle ist von anderer Natur. Erfahrungsgemäß sind Fehler dieser Art übrigens am häufigsten.*

> *Wenn ein Mathematiker weiß, was er tut, dann sind alle seine Beweise korrekt. Daher sind die Beweise eines Mathematikers korrekt.*

Natürlich ist auch diese Schlussfolgerung falsch. Hier ist allerdings nicht eine fehlerhaft angenommenen logische Folgerung das Problem. Vielmehr haben wir eine wichtige Voraussetzung unter den Tisch fallen lassen (dass der Mathematiker weiß, was er tut). Wir haben also eine ungerechtfertigte Annahme getroffen (dass jeder Mathematiker weiß, was er tut). Das Treffen ungerechtfertigter Annahmen ist besonders in der Algebra (siehe Kapitel 5) bei Anfängern verbreitet.

Wenn Sie die korrekte Argumentation erlernt haben, bleibt nur noch eines, damit Sie versiert im Beweisen werden. Das ist eine stetig wachsende Sammlung von Beweisideen und -techniken, die Sie kreativ, quasi als Bausteine, verwenden können, um Beweise zu finden. Einige dieser Beweistechniken haben wir in den vergangenen Abschnitten bereits kennengelernt.

Beispiel 3.3.9 (Einige Beweistechniken).   3.3.9

- Die wichtigste Technik ist das Ersetzen eines mathematischen Begriffes durch seine Definition und umgekehrt. Daher ist es so wichtig, die Definitionen gut zu beherrschen.

- Es gibt drei grundlegende Beweisstrukturen, erstens den direkten Beweis, der aus den Voraussetzungen die Ergebnisse herleitet wie etwa der Beweis von Proposition 2.1.1. Hinzu kommen zwei Formen des indirekten Beweises.

  Wir können einerseits die logische Äquivalenz von $\neg(p \Rightarrow q)$ und $p \wedge \neg q$ verwenden, wie in den Beweisen von Theorem 3.2.7 oder Theorem 2.1.3, und zeigen, dass $p \wedge \neg q$ eine Kontradiktion ist. Dann ist $\neg(p \Rightarrow q)$ falsch, also $p \Rightarrow q$ wahr. So ein Beweis wird oft auch als Beweis durch Widerspruch bezeichnet.

  Zweitens können wir die logische Äquivalenz von $p \Rightarrow q$ und $\neg q \Rightarrow \neg p$ verwenden, wie im Beweis von Proposition 3.2.11, wo wir gezeigt haben, dass n^2 gerade impliziert, dass n gerade ist. Einen Beweis dieser Struktur nennt man oft einen Beweis durch logische Transposition bzw. logische Kontraposition.

- In Abschnitt 2.5 haben wir die wichtige Beweismethode der vollständigen Induktion kennengelernt.

- Ein Standardtrick in Beweisen, in denen natürliche Zahlen vorkommen, ist der Minimum–Trick, der vorzugsweise in indirekten Beweisen Verwendung findet. Gibt es Gegenbeispiele für ein Resultat, dann gibt es ein kleinstes Gegenbeispiel m. Dann konstruiert man sich entweder aus m ein weiteres Gegenbeispiel, das kleiner ist, oder man zeigt, dass m kein Gegenbeispiel sein kann. Diese Methode haben wir z.B. im Beweis von Lemma 2.1.4 verwendet.

- Logische Beweise in der Aussagenlogik kann man durch Vergleich von Wahrheitstabellen führen oder durch die Verwendung der Umformungsregeln aus Theorem 3.1.10. In der Prädikatenlogik (mit Quantoren) sind Wahrheitstafeln kaum noch nützlich. Dort muss man auf die Theoreme 3.1.10 und 3.2.22 zurückgreifen.

- Äquivalenzen $p \Leftrightarrow q$ werden meist in zwei Schritten bewiesen. Die „Hinrichtung" zeigt $p \Rightarrow q$ und in der „Rückrichtung" wird $q \Rightarrow p$ hergeleitet.

- *Soll eine Aussage der Form $\forall a \in S : P(a)$ bewiesen werden, dann beginnt der Beweis mit „Sei $a \in S$." Dann wird $P(a)$ gezeigt.*
- *In einer Aussage $\exists a \in S : P(a)$ strebt man danach, ein konkretes $b \in S$ zu finden, für das $P(b)$ gilt.*

Diese Aufzählung erhebt natürlich keinen Anspruch auf Vollständigkeit. Sie werden mit Sicherheit weitere Beweismethoden aufsammeln, wenn Sie sich weiter durch die Beweise in diesem Buch und im Rest der Mathematik arbeiten.

Wenn Sie daran interessiert sind, sich weiter in das Gebiet der mathematischen Logik vorzuarbeiten, bieten Ihnen die Bücher EBBINGHAUS et al. [24], RAUTENBERG [61] und auch HERMES [40] mannigfaltige Anknüpfungspunkte.

Kapitel 4
Mengenlehre

Das Wesen der Mathematik liegt in ihrer Freiheit.

Georg Cantor (1845–1918)

In diesem Kapitel führen wir nun unsere erste mathematische Struktur, die der *Menge*, ein. An diesem Punkt stoßen wir also zum ersten Mal auf das in der Einleitung erwähnte Grundprinzip der Mathematik: Definition und Untersuchung von *Strukturen*.

Ein Großteil der mathematischen Theorien ist darauf aufgebaut, Objekte mit bestimmten Eigenschaften und deren Beziehungen untereinander zu untersuchen. Strukturen können nebeneinander existieren oder aber aufeinander aufbauen, d.h. sie sind Spezialisierungen oder Kombinationen von bereits bestehenden Strukturen.

Die Basisstruktur für die meisten Gebiete der Mathematik ist diejenige der *Menge*, die wir auf naive Weise im Abschnitt 4.1 einführen. Nach einer Darstellung der elementaren Mengenoperationen untersuchen wir *Relationen* als Struktur, die auf dem Begriff der Menge aufbaut, und *Abbildungen* zwischen Mengen. Zum Schluss des Kapitels geben wir (als Erweiterungsstoff) eine kurze Einführung in die *axiomatische Mengenlehre*.

4.1 Naive Mengenlehre

Bevor wir in Abschnitt 4.5 kurz einen logisch exakten Zugang zur Mengenlehre skizzieren, wollen wir uns hier, aus Gründen der Motivation und des besseren Verständnisses, auf den Zugang von Georg Cantor

© Springer-Verlag GmbH Deutschland, ein Teil von Springer Nature 2018
H. Schichl, R. Steinbauer, *Einführung in das mathematische Arbeiten*,
https://doi.org/10.1007/978-3-662-56806-4_4

(1845–1918) zurückziehen, den dieser gegen Ende des 19. Jahrhunderts erstmals formuliert hat (CANTOR [19]):

> Unter einer **Menge** verstehen wir jede Zusammenfassung S von bestimmten wohlunterschiedenen Objekten unserer Anschauung oder unseres Denkens (welche die **Elemente** von S genannt werden) zu einem Ganzen.

Vorstellen kann man sich eine Menge gewissermaßen als einen Sack. Die Elemente sind die Gegenstände, die sich in dem Sack befinden. Natürlich können Mengen andere Mengen enthalten, so wie sich auch weitere Säcke innerhalb eines Sackes befinden können.

4.1.1   **Beispiel 4.1.1 (Mengen).** *Bilden kann man etwa die folgenden Mengen:*

- *Die Menge aller Studierenden im Hörsaal.*
- *Die Menge der natürlichen Zahlen.*
- *Die Menge der Lösungen einer Ungleichung.*
- *Die **leere Menge** („ein leerer Sack").*

In der mathematischen Sprache darf der bestimmte Artikel (der, die, das) nur in ganz bestimmten Fällen verwendet werden. Die folgende feste Regel darf niemals gebrochen werden:

> **Ein bestimmter Artikel darf nur dann vor einen Begriff gesetzt werden, wenn unzweifelhaft sicher ist, dass das bezeichnete Objekt eindeutig bestimmt ist.**

So ist es unzulässig zu formulieren

- ...~~der~~ Teiler von 6 (denn es gibt 1, 2, 3 und 6).
- ...~~die~~ positive reelle Zahl (denn von denen gibt es unendlich viele).
- ...~~die~~ Basis des $\mathbb{R}^3$.

Richtig wäre es dagegen zu sagen:

- Sei p **die** kleinste Primzahl, die ...

- ...**die** leere Menge.
- ...**die** Menge der natürlichen/ganzen/rationalen/reellen Zahlen.

Ist das Objekt nicht eindeutig bestimmt, so verwenden die Mathematiker den unbestimmten Artikel (ein, eine, ein). Die oben falsch formulierten Wendungen hätten folgendermaßen verfasst werden müssen:

- ...**ein** Teiler von 6,
- ...**eine** positive reelle Zahl,
- ...**eine** Basis des $\mathbb{R}^3$.

Bevor wir den Begriff „Menge" weiter studieren, machen wir einen kurzen historischen Exkurs, denn die Geschichte der Mengenlehre unterscheidet sich grundlegend von der fast aller anderen Gebiete der Mathematik (vgl. O'CONNOR & ROBERTSON [59]).

Üblicherweise geht die mathematische Entwicklung verschlungene Wege. Theorien werden über viele Jahre hinweg von mitunter konkurrierenden Schulen von Mathematikern gepflegt und weiterentwickelt. Plötzlich ist die Theorie an einem Punkt angelangt, an dem oftmals mehrere Mathematiker gleichzeitig einen Geistesblitz haben und ein bedeutendes Resultat entdeckt wird. Die Mengenlehre steht dem vollständig entgegen. Bis auf wenige zusätzliche Arbeiten ist sie die Entwicklung eines einzigen Mannes, Georg Cantor (Abb. 4.1).

Die „Unendlichkeit" hat die Philosophie (und damit die Mathematik) jedenfalls seit Zeno von Elea (ca. 490–425 v. Chr), also seit etwa 450 v. Chr. beschäftigt. Später haben sich bedeutende Philosophen, unter anderen Aristoteles (384–322 v. Chr.), René Descartes (1596–1650), George Berkeley (1685–1753), Gottfried W. Leibniz (1646–1716), aber auch Albert von Sachsen (1316–1390), der die Volumina unendlicher Mengen (Strahlen, Raum, ...) verglichen hat, mit diesem Problem auseinander gesetzt.

Anders die Idee der Menge. Diese begann erst Mitte des 19. Jahrhunderts langsam in die Köpfe der Mathematiker Einzug zu halten. So hat

Abb. 4.1 Georg Cantor (1845–1918)

etwa der tschechische Mathematiker Bernard Bolzano (1781–1848) ein Jahr vor seinem Tod folgendermaßen formuliert:

> ...eine Verkörperung der Idee oder des Konzeptes, das wir erhalten, wenn wir die Anordnung seiner Teile für gleichgültig erachten.

Die wirkliche Geburtsstunde der Mengenlehre schlug aber erst mit Georg Cantor, der nach einem Besuch bei Richard Dedekind (1831–1916) und darauf folgender Korrespondenz im Jahr 1873 eine wissenschaftliche Arbeit im Crelle-Journal [17] publizierte, in der er das Konzept von Mengen und verschiedener Klassen von Unendlichkeit erstmals thematisierte.

Im Jahr 1878 versuchte er eine weitere Publikation im Crelle-Journal, doch stieß er auf heftigen Widerstand der damals Ton angebenden mathematischen Schule der *Konstruktivisten* mit ihrem führenden Kopf Leopold Kronecker (1823–1891), die keine mathematischen Sachverhalte akzeptieren wollten, die sich nicht in endlich vielen Schritten aus den natürlichen Zahlen konstruieren ließen. Erst nach massiver Intervention von Karl Weierstrass (1815–1897) wurde die Arbeit schließlich akzeptiert. Das war der Beginn eines langen Kampfes innerhalb der Mathematik um ihre philosophischen und später auch logi-

schen Grundlagen, der z.B. durch folgende Zitate schön belegt werden
kann:

> „Aus dem Paradies [die Mengenlehre], das Cantor uns geschaffen hat, soll uns niemand mehr vertreiben können."
>
> David Hilbert (1862–1943)

> „Spätere Generationen werden die Mengenlehre als Krankheit ansehen, die man überwunden hat."
>
> Jules Henri Poincaré (1854–1912)

Dieser Kampf wurde nicht nur auf mathematischer, sondern auch auf
menschlicher Ebene ausgetragen, so blockierten etwa Kronecker und
Hermann Schwarz (1843–1921) Cantors Stellenbewerbungen.
Von 1879 bis 1884 veröffentlichte Cantor in den *Mathematischen Annalen* [18] eine sechsteilige Abhandlung über die Mengenlehre, die
zu großen Kontroversen in der mathematischen Welt führte. Einige
Mathematiker hielten sich an Kronecker, doch andere folgten Cantors Weg. So führte etwa Giuseppe Peano (1858–1932), nach seinem
berühmten Satz über Differentialgleichungen (1886) und der ersten Definition eines Vektorraumes (1888) und vor seinen berühmten Peano-
Kurven (1890), neben der Axiomatisierung der natürlichen Zahlen
1889 auch das Zeichen $\in$ in die Mengenlehre ein.
Im Jahr 1897 fand Cesare Burali-Forti (1861–1931) das erste Paradoxon in der Mengenlehre, obwohl es durch eine fehlerhaft verstandene
Definition des Begriffes „wohlgeordnete Menge" teilweise entwertet
wurde. Interessanter Weise ereignete sich der erste persönliche Erfolg
für Cantor im selben Jahr auf einem Mathematiker-Kongress in Zürich,
wo sein Werk zum ersten Mal positiv aufgenommen, ja von manchen
in höchsten Tönen gepriesen wurde.
Nachdem Cantor selbst 1899 ein weiteres Paradoxon gefunden hatte,
entdeckte schließlich Bertrand Russell (1872-1970) im Jahre 1902 das
ultimative Paradoxon (heute *Russellsche Antinomie*), das insbesondere wegen seiner Einfachheit die neuen Grundlagen der Mathematik
in ihren Grundfesten erschütterte. Russell betrachtete die Menge R
aller Mengen, die sich nicht selbst enthalten; nennen wir solche Mengen „vernünftig". Die Frage ob R sich selbst enthält, führt nun zu
einem Paradoxon: Nehmen wir nämlich an, dass R ein Element von

R ist, so ist R keine „vernünftige" Menge und kann daher nicht Element von R sein. Ist andererseits R nicht Element von R, so ist R eine „vernünftige" Menge, und es muss gelten, dass R Element von R ist. Zu diesem Zeitpunkt hatte sich die Mengenlehre allerdings schon durchgesetzt. Sowohl die Analysis baute darauf auf als auch Teile der Algebra. Die Maßtheorie und das mengentheoretische Integral waren 1901 bzw. 1902 von Henri Lebesgue (1875–1941) erfunden worden. Daher wurde die Mengenlehre nicht gleich wieder verworfen, sondern es begann eine fieberhafte Suche nach einer „Rettung" der Mengenlehre ohne ihre wichtigsten Eigenschaften aufgeben zu müssen.

Russell selbst versuchte, sein Paradoxon aus der Mathematik „wegzudefinieren". In seinem sehr einflussreichen Werk *Principia Mathematica* [71], das er gemeinsam mit Alfred Whitehead (1861–1947) in den Jahren 1910–1913 veröffentlichte, stellte er eine Lösung mit Hilfe der *Theory of types* vor, doch diese wurde von den meisten nicht als befriedigend erachtet.

Der erste, der eine Lösung für das Paradoxien-Problem fand, war Ernst Zermelo (1871–1953), der im Jahr 1908 das erste befriedigende Axiomensystem für die Mengenlehre publizierte [74], das im Jahr 1922 von Adolf Fraenkel (1891–1965) nochmals verbessert wurde [31], und das heute aus zehn Axiomen bestehend für viele die Grundlage der Mathematik darstellt (siehe Abschnitt 4.5). Auch andere berühmte Mathematiker wie Kurt Gödel (1906–1978), Paul Bernays (1888–1977) und John von Neumann (1903–1957) axiomatisierten die Mengenlehre auf unterschiedliche Weisen, und welches der Axiomensysteme die Grundlage bilden soll, wird in der heutigen Zeit von den meisten MathematikerInnen als „reine Geschmackssache" angesehen.

Um die Jahrhundertwende strebten noch viele Mathematiker, allen voran David Hilbert und Gottlob Frege (1848–1925), danach, die Mathematik (und auch die Physik) vollständig auf die formale Logik zu reduzieren. Hilbert — wahrscheinlich der einflussreichste Mathematiker seiner Zeit — erwähnte dies noch 1900 in seiner berühmten Rede auf dem Internationalen Mathematiker-Kongress in Paris. Für dieses Ziel war eine möglichst umfassende und widerspruchsfreie Axiomatisierung der Mengenlehre wesentlich. Nach Gödels ω-Unvollständigkeitssatz im Jahr 1931 [34], der die Grenzen jedes axiomatischen Systems aufzeigte, wurden alle diese Versuche zerschlagen und weitere Ansätze bereits im Keim erstickt.

Geblieben von dieser Entwicklung ist das heutige Bestreben der Mathematiker nach exaktem und logischem Vorgehen beim Entwickeln und Beweisen von mathematischen Theorien, beim Aufbau des mathematischen Theoriegebäudes. Jetzt ist es wichtig, Grundlagen zu *haben*, die die mathematisch exakte Behandlung der Theorie erlauben. Nachdem alle heute gängigen Axiomensysteme das bieten, ist die genaue Auswahl eines bestimmten Systems den meisten Mathematikern nicht mehr so wichtig.

Nach diesem historischen Überblick wollen wir die Mengenlehre genauer kennenlernen und zunächst wie Cantor naiv beginnen. Wollen wir über Mengen sprechen, so müssen wir zuerst erklären, wie wir sie festlegen können. Grundsätzlich stehen uns zwei Methoden zur Verfügung.

1. **Aufzählen:** Wir können **alle** Elemente einer *endlichen* Menge (aufzählend) angeben, um die Menge zu definieren[1]. Dabei bezeichnen wir eine Menge als endlich, falls sie n Elemente für ein $n \in \mathbb{N}$ besitzt. So könnten wir etwa durch

$$M := \{0, 2, 5, 9\}$$

die Menge M einführen. Sie enthält als Elemente die vier Zahlen 0, 2, 5 und 9.

Diese in der Mengenlehre fundamentale Beziehung zwischen den Mengen und ihren Elementen wird durch das Symbol $\in$ ausgedrückt. Hier also: $0 \in M$, $2 \in M, \ldots$ sprich „0 in M", oder „2 Element M", usw.

Auf die Reihenfolge kommt es bei der Aufzählung übrigens nicht an: $\{0, 5, 2, 9\}$ ist ebenso wie $\{9, 0, 2, 5\}$ die gleiche Menge wie M.

Meistens werden Mengen mit Großbuchstaben, also etwa mit M, N, oder auch A, B, usw. bezeichnet, die geschlungenen Klammern heißen *Mengenklammern*.

---

[1] Wirklich praktikabel ist diese Methode natürlich nur, falls die Menge klein ist.

Erinnern wir uns daran, dass das Zeichen := (vgl. auch die Box auf Seite 34) bedeutet, dass wir gerade etwas **definieren**. In diesem Fall geben wir der Menge bestehend aus den Zahlen 0, 2, 5 und 9 den Namen M. Merke: Der Doppelpunkt im Zeichen := (oder =:) steht immer auf der Seite des Gleichheitszeichens, auf der der zu definierende Begriff oder das zu definierende Symbol steht.

2. **Beschreiben:**   Gemäß einer Idee von Cantor können wir eine Menge auch dadurch definieren, dass wir *Eigenschaften ihrer Elemente* angeben. Dies lässt sich auch auf *unendliche* (d.h. nicht endliche) Mengen anwenden. Die Menge P aller Primzahlen ließe sich etwa definieren durch

$$P := \{p \in \mathbb{N} \mid p > 1 \wedge \forall m \in \mathbb{N} : (m|p \Rightarrow (m = 1 \vee m = p))\}.$$

In Worten ausgedrückt bedeutet das, dass man P als die Menge all jener Elemente p von $\mathbb{N}$ definiert, die größer als 1 sind und folgende Eigenschaft besitzen: Jedes Element m von $\mathbb{N}$, das p teilt, ist entweder 1 oder p selbst. Das bedeutet aber wiederum, dass p größer 1 ist und nur die trivialen (positiven) Teiler 1 und p hat — genau unsere Definition 2.1.2.

Der erste senkrechte Strich ($|$) in obiger Definition wird im Übrigen als „für die gilt" gelesen. Oft wird statt $|$ auch ein Doppelpunkt verwendet, also steht $P := \{p \in \mathbb{N} : \ldots\}$ genauso wie $P := \{p \in \mathbb{N} \mid \ldots\}$ für: „P ist definiert als die Menge aller p aus $\mathbb{N}$, für die gilt ...".
Viele Definitionen verwenden nicht nur verbale Ausdrücke, sondern auch mathematische Symbolik, wie obige Definition von P. Man muss aber nicht rein symbolisch formulieren. Eine ähnlich gute Formulierung für die Definition von P wäre

$$P := \{p \in \mathbb{N} \mid p > 1 \text{ und } p \text{ besitzt nur die Teiler 1 und } p\}.$$

Symbole im Text erhöhen zwar oft dessen Präzision, doch im selben Maße verringern sie seine Lesbarkeit. Geht man zu sorglos mit ihnen um, so kann der Text sogar mehrdeutig werden. Beherzigt man allerdings einige Regeln, so verbessert das die Lage sofort. Siehe auch BEUTELSPACHER [10, S.27–32]

- **Ein Satz sollte nicht mit einem Symbol beginnen.** Man formuliert den Satz

  ℝ bezeichnet die Menge der reellen Zahlen.

  besser um

  Die Menge der reellen Zahlen bezeichnen wir mit ℝ.

- **Axiom von Siegel** (nach dem Mathematiker Carl Siegel (1896–1981)): **Zwei mathematische Symbole** (die sich nicht zu einem größeren Symbolkomplex ergänzen) **müssen stets durch mindestens ein Wort getrennt sein!**

  Eine 10-elementige Menge hat genau ~~45 2~~-elementige Teilmengen.

  könnte bei engerem Druck fehlinterpretiert werden. Besser wäre etwa die Formulierung

  Die Anzahl der 2-elementigen Teilmengen einer 10-elementigen Menge ist 45.

- **Verwenden Sie niemals mathematische Symbole als Abkürzungen für Worte im Text.**

  Sei M ein Menge + unendlich.

Verwenden Sie die Symbole sorgfältig und behalten Sie ihre mathematische Bedeutung stets im Auge. Konzentrieren Sie die Symbolik nicht zu sehr. Eine gute Mischung aus Symbolik und Text garantiert einerseits die Präzision und erhöht andererseits die Lesbarkeit.

Unverzichtbar ist, dass Sie stets in der Lage sind, zwischen verbaler und formaler Beschreibung hin und her zu schalten. Es ist wichtig, schon zu Beginn die Fähigkeit zu trainieren, die eine Beschreibung in die andere zu verwandeln.

Aufgabe 4.1.2. Geben Sie mehrere Formulierungen für die folgenden Mengen an. Orientieren Sie sich dabei an obigen Ausführungen zur Menge der Primzahlen.

1. Die Menge der geraden Zahlen.
2. Die Menge der so genannten vollkommenen Zahlen, wobei eine Zahl vollkommen (oder auch perfekt) heißt, falls die Summe ihrer Teiler die Zahl selbst ergibt.
3. $M = \{n \in \mathbb{N} : 2|n \vee 3|n\}$.

Hinweis: Das Zeichen „|" bedeutet hier „teilt" und nicht „für die gilt", was wir der leichteren Lesbarkeit wegen hier mit einem Doppelpunkt notiert haben.

4.1.3   Beispiel 4.1.3 (Elementbeziehung).

- *Es gilt $2 \in \{2, 4, 7, 9\}$,*
- *weiters haben wir $42 \in \mathbb{N}$.*
- *Steht die Menge links vom Element, so dreht man das Zeichen $\in$ einfach um: $\mathbb{R} \ni \pi$, und man spricht „$\mathbb{R}$ enthält π".*
- *Wollen wir ausdrücken, dass ein Objekt nicht Element einer bestimmten Menge ist, so streichen wir das Zeichen $\in$ einfach durch, wie in $\frac{1}{2} \notin \mathbb{N}$.*
- *Manchmal wird das Elementzeichen in einem Ausdruck mit Einschränkungen an das Element verbunden, wie etwa in $0 < x \in \mathbb{R}$; dies soll natürlich bedeuten, dass x eine positive reelle Zahl ist.*
- *Will man andeuten, dass eine Reihe von Elementen in einer Menge liegt, so schreibt man oft $a, b, c \in M$, abkürzend für $a \in M$, $b \in M$ und $c \in M$.*

4.1.4   Definition 4.1.4 (Gleichheit von Mengen). Zwei Mengen A und B gelten genau dann als *gleich*, wenn sie dieselben Elemente haben; in Symbolen notiert

$$A = B \quad \text{genau dann wenn} \quad \forall x : (x \in A \Leftrightarrow x \in B).$$

Definition 4.1.5 (Leere Menge). Die *leere Menge* $\emptyset$ ist definiert   **4.1.5**
als die Menge, die kein Element enthält. Formal kann das z.B. so ausgedrückt werden:

$$\emptyset := \{x \mid x \neq x\}.$$

In der Mathematik ist das Symbol $\emptyset$ üblich, auch wenn mitunter $\{\}$
als Bezeichnung für die leere Menge verwendet wird.

WICHTIG: Beachten Sie, dass ein Element in einer Menge enthalten
ist, oder eben nicht. Es steht immer eindeutig fest, welche Elemente
zu einer Menge gehören.
Ein und dasselbe Element kann nicht mehrfach in einer Menge auftreten. Eine Menge ist eine Ansammlung *verschiedener* Objekte! Allerdings ist es nicht verboten, einige Elemente mehrfach anzuführen.
$\{1, 2\}$ ist die gleiche Menge wie $\{1, 1, 2\}$. Zugegeben, dieses Beispiel ist
gekünstelt — der Sinn dieser Vereinbarung wird aber deutlich, wenn
man z.B. eine Menge $\{a, b, c\}$ untersucht, wobei a, b und c erst später
festgesetzt oder näher bestimmt werden. Dann ist es sehr praktisch,
$\{a, b, c\}$ schreiben zu können, selbst wenn sich später herausstellen
sollte, dass $a = b$ gilt.

4.1.1 Teilmengen

Wir befassen uns im Folgenden mit Konstruktionen, die es ermöglichen,
aus gegebenen Mengen neue zu erzeugen. Zunächst betrachten wir das
einfachste derartige Konzept, das der *Teilmenge*.

Definition 4.1.6 (Teilmenge, Obermenge). Eine Menge B heißt   **4.1.6**
Teilmenge der Menge A, wenn B nur Elemente enthält, die auch in A
enthalten sind. Etwas formaler ausgedrückt, bedeutet das

$$\forall x : x \in B \Rightarrow x \in A, \tag{4.1}$$

oder kürzer und etwas salopper

$$\forall x \in B : x \in A.$$

Ist B Teilmenge von A, so schreiben wir

$$B \subseteq A \quad \text{oder} \quad A \supseteq B.$$

A heißt dann *Obermenge* von B.

Zur graphischen Darstellung von Mengen werden oft die so genannten **Venn-Diagramme** verwendet. Genauer veranschaulichen diese die logischen Elementbeziehungen der beteiligten Mengen, in unserem Fall die Implikation in (4.1). Das entsprechende Venn-Diagramm ist in Abbildung 4.2 dargestellt.

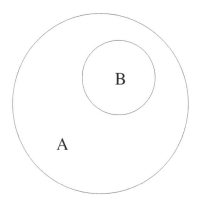

Abb. 4.2 Venn-Diagramm: Teilmenge

4.1.7   **Beispiel 4.1.7 (Teilmengen).**   *Wir finden etwa:*

- *Die leere Menge ist Teilmenge jeder Menge.*
- *Jede Menge M ist Teilmenge von sich selbst. Die Mengen M und $\emptyset$ heißen die* **trivialen Teilmengen** *von M.*
- *Alle Teilmengen, die ungleich der Menge selbst sind, nennt man auch* **echte Teilmengen**. *Möchte man betonen, dass B echte Teilmenge von A ist, so schreibt man meist*

$$B \subset A \quad \text{oder expliziter} \quad B \subsetneqq A.$$

- *Alle Teilmengen von $\{1,2,3\}$ sind $\emptyset$, $\{1\}$, $\{2\}$, $\{3\}$, $\{1,2\}$, $\{1,3\}$, $\{2,3\}$ und $\{1,2,3\}$.*

Aufgabe 4.1.8. Sei M die Menge der geraden natürlichen Zahlen. Beschreiben Sie die Teilmenge aller Elemente von M, die durch 3 teilbar sind.

Aufgabe 4.1.9. Ist die Menge P der Primzahlen eine Teilmenge der rationalen Zahlen $\mathbb{Q}$?

Leider wird in manchen mathematischen Texten das Symbol $\subset$ für Teilmenge verwendet und nicht für *echte* Teilmenge, wie wir das oben definiert haben. Daher unser Tipp: verwenden Sie in eigenen Texten immer $\subseteq$ um Teilmengen und $\subsetneq$ um echte Teilmengen zu kennzeichnen. Finden Sie in einem Text $\subset$, so ist es ratsam, nach der Teilmengendefinition zu suchen, um festzustellen, ob $\subset$ für echte Teilmenge oder nur Teilmenge steht.

Die Teilmengenrelation entspricht, wie schon in der Definition explizit gemacht wurde, der logischen Implikation ($\Rightarrow$) der Elementbeziehung. Daraus lässt sich ableiten, wie man Gleichheit von Mengen überprüfen kann.

Proposition 4.1.10 (Gleichheit von Mengen). Zwei Mengen A und B sind genau dann gleich, wenn $A \subseteq B$ und $B \subseteq A$ gelten; formal

$$A = B \Leftrightarrow A \subseteq B \wedge B \subseteq A.$$

4.1.10

Beweis. Dieser Satz behauptet eine Äquivalenz, und daher müssen wir beide Implikationsrichtungen beweisen.

$\Rightarrow$: Zu zeigen ist, dass wenn $A = B$ gilt, auch die beiden Enthalten-Relationen $A \subseteq B$ und $B \subseteq A$ gelten. Dies ist aber trivial, da $A \subseteq A$ für jede Menge stimmt.

$\Leftarrow$: Wir müssen zeigen, dass aus beiden Enthalten-Relationen schon die Gleichheit folgt. Es mögen also $A \subseteq B$ und $B \subseteq A$ gelten. Wegen $A \subseteq B$ gilt $x \in A \Rightarrow x \in B$. Andererseits folgt aus $B \subseteq A$, dass

4.1.10

$x \in B \Rightarrow x \in A$ gilt. Fassen wir die beiden Implikationen zusammen, erhalten wir für beliebiges x den Zusammenhang $x \in A \Leftrightarrow x \in B$. Das wiederum bedeutet laut Definition 4.1.4, dass $A = B$ gilt.   □

Aufgabe 4.1.11. Beweisen Sie, dass die Menge der geraden Zahlen, die durch 5 teilbar sind, gleich der Menge aller ganzen Zahlen ist, die durch 10 teilbar sind.

4.1.2 Mengenoperationen

In diesem Abschnitt wollen wir aus mehreren gegebenen Mengen neue konstruieren und lernen dabei die grundlegenden Mengenoperationen *Vereinigung, Durchschnitt, Komplement* und *Mengendifferenz* kennen.

4.1.12   **Definition 4.1.12 (Vereinigung).**   Seien zwei Mengen A und B gegeben. Wir konstruieren eine neue Menge, die aus allen Elementen von A und allen Elementen von B besteht. Diese Menge heißt *Vereinigungsmenge* von A und B und wird mit $A \cup B$ (sprich: A vereinigt B) bezeichnet. In formalerer Schreibweise ist sie definiert als

$$A \cup B := \{x \mid x \in A \vee x \in B\}. \tag{4.2}$$

Etwas anders ausgedrückt haben wir eine *Operation* $\cup$ für Paare von Mengen definiert — die *Vereinigung* —, die jedem Paar (A, B) von Mengen deren Vereinigungsmenge $A \cup B$ zuordnet.

Die Elementbeziehung beim Bilden der Vereinigung ist die Oder-Verknüpfung (4.2), dementsprechend hat das Venn-Diagramm die Gestalt wie in Abbildung 4.3.

Man kann auch mehr als zwei Mengen vereinigen, ja sogar beliebig viele. Beginnen wir zunächst mit der Vereinigung von endlich vielen, sagen wir n, Mengen. Hier ist n eine beliebig natürliche Zahl. Seien also die Mengen $A_1, A_2, \ldots, A_n$ gegeben, dann besteht die Vereinigung $A_1 \cup A_2 \cup \cdots \cup A_n = \bigcup_{i=1}^{n} A_i$ aus allen Elementen, die in (mindestens) einer der Mengen A_i enthalten sind, also formal

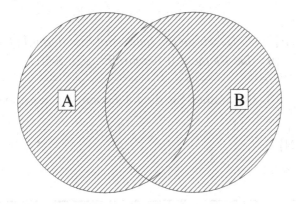

Abb. 4.3 Venn-Diagramm: Vereinigung

$$A_1 \cup \cdots \cup A_n = \bigcup_{i=1}^{n} A_i = \{x \mid x \in A_1 \vee x \in A_2 \vee \cdots \vee x \in A_n\}$$
$$= \{x \mid \exists i : 1 \leq i \leq n \wedge x \in A_i\}. \tag{4.3}$$

Um nun die Vereinigung von beliebig vielen Mengen zu definieren, müssen wir obige **Indexmenge** $I = \{1, 2, \ldots, n\}$ durch eine beliebige Menge I ersetzen. Wir sprechen dann von einer **Mengenfamilie** A_i, wobei $i \in I$ ist. Die Menge I kann z.B. gleich $\mathbb{N}$ oder aber noch „größer" sein. (Die „Größe" von Mengen besprechen wir genauer erst in Abschnitt 4.4). Die folgende Definition enthält als Spezialfälle sowohl Definition 4.1.12 (mit $I = \{1, 2\}$, sowie $A_1 = A$ und $A_2 = B$), als auch obige Formel (4.3) (mit $I = \{1, \ldots, n\}$).

Definition 4.1.13 (Beliebige Vereinigung). Sei I eine beliebige Indexmenge und A_i, $i \in I$ eine Mengenfamilie. Dann definieren wir durch

4.1.13

$$\bigcup_{i \in I} A_i := \{x \mid \exists i \in I : x \in A_i\}$$

die *Vereinigung aller* A_i. Das bedeutet, wir nehmen alle x auf, die in **wenigstens einer** der Mengen A_i liegen.

Beispiel 4.1.14 (Vereinigung). *Es gilt:*

4.1.14

- $\{1, 3, 6\} \cup \{2, 6\} = \{1, 2, 3, 6\}$,

- $M \cup \emptyset = M$,
- $\bigcup_{n \in \mathbb{N}} \{-n, n\} = \mathbb{Z}$. *Beachten Sie hier den besonderen Fall für $n = 0$,*
  wo $\{0, 0\} = \{0\}$ *das Element 0 beschreibt, vgl. Seite 129.*

Aufgabe 4.1.15. Bestimmen Sie die folgenden Mengenvereinigungen:

1. $\{1, 5, 6\} \cup \{1, 8, 9, 11\}$,
2. $\{\frac{m}{2} \mid m \in \mathbb{N}\} \cup \mathbb{N}$,
3. $\bigcup_{n \in \mathbb{N}} \bigcup_{0 \neq m \in \mathbb{N}} \{\frac{n}{m}\}$.

4.1.16 **Definition 4.1.16 (Durchschnitt).**

(i)   Seien wieder zwei Mengen A und B gegeben. Wir bezeichnen die Menge, die alle Elemente enthält, die sowohl in A als auch in B enthalten sind, mit $A \cap B$ und nennen sie *Durchschnittsmenge* von A und B. Formal ist sie definiert durch

$$A \cap B := \{x \mid x \in A \wedge x \in B\}.$$

Analog zu Definition 4.1.12 haben wir somit die Operation $\cap$ für Paare von Mengen definiert, die je zwei Mengen A, B ihre Durchschnittsmenge $A \cap B$ zuordnet.

(ii)   Haben zwei Mengen A und B leeren Durchschnitt, $A \cap B = \emptyset$, so sagen wir, A und B sind *disjunkt*.

Die der Durchschnittsbildung zugrundeliegende logische Elementbeziehung ist die Und-Verknüpfung. Das Venn-Diagramm ist in Abbildung 4.4 dargestellt.

Genau wie für die Vereinigung kann man auch den Durchschnitt beliebig vieler Mengen definieren.

4.1.17 **Definition 4.1.17 (Beliebiger Durchschnitt).** Sei A_i, $i \in I$ eine Familie von Mengen. Dann definieren wir durch

$$\bigcap_{i \in I} A_i := \{x \mid \forall i \in I : x \in A_i\}$$

den *Durchschnitt aller A_i.* Wir nehmen also alle jene Elemente auf, die in **allen** Mengen A_i liegen.

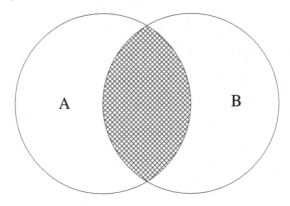

Abb. 4.4 Venn-Diagramm: Durchschnitt

Beispiel 4.1.18 (Durchschnitt). *Es gilt:*   4.1.18

- $\{1, 3, 6\} \cap \{2, 6\} = \{6\}$,
- $M \cap \emptyset = \emptyset$,
- $\mathbb{Z} \cap \{x \in \mathbb{R} : x \geq 0\} = \mathbb{N}$.

Aufgabe 4.1.19. Bestimmen Sie die folgenden Mengendurchschnitte:

1. $\{1, 5, 6\} \cap \{1, 8, 9, 11\}$,
2. $\{\frac{m}{2} \mid m \in \mathbb{N}\} \cap \mathbb{N}$,
3. $\bigcap_{n \geq 1} A_n$, wobei $A_n = \{0, 1, \dots, n\}$ für $n \in \mathbb{N}$,
4. $\mathbb{N}_g \cap \{3k \mid k \in \mathbb{Z}\}$,
5. $\{5z \mid z \in \mathbb{Z}\} \cap P$, wo P wieder die Menge aller Primzahlen bezeichne.

Die dritte in der Mathematik äußerst wichtige Mengenoperation entspricht dem Venn-Diagramm aus Abbildung 4.5 und wird Mengendifferenz genannt.

Definition 4.1.20 (Mengendifferenz). Seien A und B zwei Men-   4.1.20
gen. Die Menge $A \setminus B$ (sprich: A ohne B) ist die Menge aller Elemente
von A, die nicht in B sind, also

$$A \setminus B := \{x \in A \mid x \notin B\}.$$

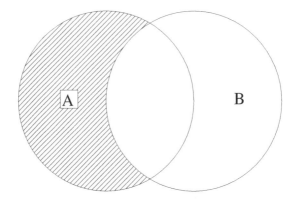

Abb. 4.5 Venn-Diagramm: Mengendifferenz

4.1.21 **Beispiel 4.1.21 (Mengendifferenz).** *Seien die Mengen $A = \{2, 3, 6\}$ und $B = \{2, 5, 7\}$ gegeben. Dann ist $A \setminus B = \{3, 6\}$.*

Aufgabe 4.1.22. Bestimmen Sie die Mengen $A \setminus B$ und $B \setminus A$ für die folgenden Mengen:

1. $A = \{1, 2, 5, 8, 9\}$, $B = \{2, 3, 5, 7, 9\}$,
2. $A = \mathbb{N}$, $B = \mathbb{Q}$,
3. $A = \{n^2 \mid n \in \mathbb{N}\}$, $B = \{2^n \mid n \in \mathbb{N}\}$.

Hinweis: Beachten Sie in Aufgabe 3, dass eine Zweierpotenz genau dann eine Quadratzahl ist, wenn ihr Exponent gerade ist.

Die *symmetrische Mengendifferenz* ist die letzte Grundoperation, die wir für Mengen einführen wollen. Ihr Venn-Diagramm ist in Abbildung 4.6 dargestellt.

4.1.23 **Definition 4.1.23 (Symmetrische Mengendifferenz).** Es seien wieder zwei Mengen A und B gegeben. Wir definieren die *symmetrische Differenz* $A \triangle B$ von A und B als die Menge derjenigen Elemente von A und B, die nicht in beiden Mengen liegen; formal

$$A \triangle B := (A \setminus B) \cup (B \setminus A) = (A \cup B) \setminus (A \cap B). \qquad (4.4)$$

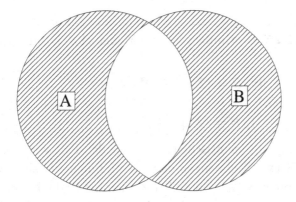

Abb. 4.6 Venn-Diagramm: symmetrische Mengendifferenz

Diese Definition beinhaltet genau genommen eine kleine Behauptung, nämlich dass die beiden Ausrücke rechts des definierenden Gleichheitszeichens (:=), d.h. $(A\setminus B)\cup(B\setminus A)$ und $(A\cup B)\setminus(A\cap B)$ ihrerseits gleich sind. Wird in einem mathematischen Text eine solche „Mini-Behauptung" nicht weiter begründet (wie etwa oben), so bedeutet das, dass die AutorInnen der Ansicht sind, dass die Gültigkeit der Behauptung klar auf der Hand liegt. Die Aufgabe der LeserInnen und besonders der AnfängerInnen ist es, solche kleinen Behauptungen in mathematischen Texten aufzuspüren (d.h. diese nicht zu übersehen) und sich ihre Gültigkeit klarzumachen. Ist der Text gut geschrieben (d.h. wird der Wissensstand der LeserInnen von den AutorInnen richtig eingeschätzt), so sollten Sie auch keine Probleme haben, diese „Mini-Behauptungen" mit „Mini-Beweisen" zu belegen. Also, falls Ihnen die Aussage $(A\setminus B)\cup(B\setminus A)=(A\cup B)\setminus(A\cap B)$ nicht klar ist, so nehmen Sie jetzt Papier und Bleistift zur Hand und begründen diese fürs erste z.B. mittels eines Venn-Diagramms.

Beispiel 4.1.24 (Symmetrische Differenz). *Seien* $A = \{2,3,6\}$ **4.1.24**
und $B = \{2,5,7\}$. *Dann ist* $A \bigtriangleup B = \{3,6,5,7\}$.

Aufgabe 4.1.25. Bestimmen Sie die Menge $A \triangle B$ für die folgenden Mengen:

1. $A = \{1, 2, 5, 8, 9\}$, $B = \{2, 3, 5, 7, 9\}$,
2. $A = \mathbb{N}$, $B = \mathbb{Q}$,
3. $A = \{n^2 \mid n \in \mathbb{N}\}$, $B = \{2^n \mid n \in \mathbb{N}\}$.

Häufig liegt in mathematischen Theorien der Fall vor, dass alle betrachteten Mengen Teilmengen einer Grundmenge U sind (z.B. ist in der Analysis oft von Mengen reeller Zahlen die Rede, in der Topologie werden Teilmengen eines topologischen Raumes (einer Menge) X betrachtet, etc.). Diese Grundmenge U heißt dann oft *Universalmenge* (auch Universum). Die Mengendifferenz zu der Menge U erhält dann einen eigenen Namen. Im Venn-Diagramm stellt sie sich wie in Abbildung 4.7 dar.

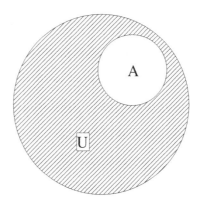

Abb. 4.7 Venn-Diagramm: Komplement

4.1.26 **Definition 4.1.26 (Komplement).** Sei A eine Teilmenge der Menge U. Dann definieren wir das *Komplement* $\complement A$ von A (in U) durch die Beziehung

$$\complement A := \{x \in U \mid x \notin A\}.$$

Oft werden auch die Bezeichnungen A' und A^c für das Komplement von A verwendet.

Die Komplementbildung entspricht der logischen Operation $\neg$, der Negation.

Aufgabe 4.1.27. Sei $U := \mathbb{N}$. Bestimmen Sie das Komplement der folgenden Mengen:

1. die Menge der geraden Zahlen,
2. die Menge der Primzahlen,
3. $\{0\}$,
4. $\emptyset$.

Bemerkung 4.1.28 (Komplement und Mengendifferenz). Die   4.1.28
Komplementbildung $\complement A$ kann mit Hilfe der Mengendifferenz und dem Universum U als

$$\complement A = U \setminus A$$

geschrieben werden.

Wir haben bereits auf den Zusammenhang zwischen den Mengenoperationen und den logischen Operatoren, die wir in Abschnitt 3.1 eingeführt haben, hingewiesen. Fassen wir zusammen: Die Vereinigung ($\cup$) wird gewonnen durch logische Oder-Verknüpfung ($\vee$) der Elementbeziehung der zu vereinigenden Mengen. Der Durchschnitt ($\cap$) entspricht der Und-Verknüpfung ($\wedge$), und die Bildung des Komplements ($\complement$) der Negation ($\neg$) der Elementbeziehungen. Diese enge Verwandtschaft zwischen den logischen Verknüpfungen und den Mengenoperationen hat als Konsequenz, dass die Mengenoperationen analoge Rechengesetze erfüllen.

4.1.29 **Theorem 4.1.29 (Rechenregeln für Mengenoperationen).** Seien A, B und C Teilmengen einer Universalmenge U. Die mengentheoretischen Operationen $\cup$, $\cap$ und $\complement$ erfüllen die folgenden Rechengesetze:

Kommutativgesetze:	$A \cup B = B \cup A, \quad A \cap B = B \cap A,$
Assoziativgesetze:	$A \cup (B \cup C) = (A \cup B) \cup C,$
	$A \cap (B \cap C) = (A \cap B) \cap C,$
Distributivgesetze:	$A \cup (B \cap C) = (A \cup B) \cap (A \cup C),$
	$A \cap (B \cup C) = (A \cap B) \cup (A \cap C),$
Verschmelzungsgesetze:	$A \cup (B \cap A) = A, \quad A \cap (B \cup A) = A,$
Idempotenzgesetze:	$A \cup A = A, \quad A \cap A = A,$
Neutralitätsgesetze:	$A \cup \emptyset = A, \quad A \cap U = A,$
Extremalgesetze:	$A \cup U = U, \quad A \cap \emptyset = \emptyset,$
Komplementaritätsgesetze:	$A \cup \complement A = U, \quad A \cap \complement A = \emptyset,$
Dualitätsgesetze:	$\complement \emptyset = U, \quad \complement U = \emptyset,$
Doppelkomplementsgesetz:	$\complement(\complement A) = A,$
Gesetze von De Morgan:	$\complement(A \cup B) = \complement A \cap \complement B,$
	$\complement(A \cap B) = \complement A \cup \complement B.$

Die Teilmengen von U bilden also mit $\emptyset$, U, $\cap$, $\cup$ und $\complement$ eine boolesche Algebra.

4.1.29 *Beweis.* Alle Aussagen des Theorems können entweder durch Aufstellen von Mengentafeln oder aber durch Zurückführen auf Theorem 3.1.10 bewiesen werden. Wir beweisen ein Verschmelzungsgesetz nach der ersten und ein Distributivgesetz nach der zweiten Methode. Alle anderen Behauptungen folgen analog.

Zu zeigen ist $A \cup (B \cap A) = A$. Wir stellen die Mengentafel auf, d.h. wir betrachten analog zu den Wahrheitstafeln alle möglichen Elementbeziehungen.

A	B	$B \cap A$	$A \cup (B \cap A)$
$\in$	$\in$	$\in$	$\in$
$\in$	$\notin$	$\notin$	$\in$
$\notin$	$\in$	$\notin$	$\notin$
$\notin$	$\notin$	$\notin$	$\notin$

Da die erste und die letzte Spalte übereinstimmen, ist der Beweis des Verschmelzungsgesetzes geglückt.

Zu zeigen ist: $A \cap (B \cup C) = (A \cap B) \cup (A \cap C)$. Wir wissen,

$$x \in A \cap (B \cup C)$$
$$\Leftrightarrow x \in A \land x \in B \cup C$$
$$\Leftrightarrow x \in A \land (x \in B \lor x \in C)$$
$$\Leftrightarrow (x \in A \land x \in B) \lor (x \in A \land x \in C) \quad \text{(wegen Thm. 3.1.10)}$$
$$\Leftrightarrow x \in A \cap B \lor x \in A \cap C$$
$$\Leftrightarrow x \in (A \cap B) \cup (A \cap C).$$

Außer der explizit angegebenen Äquivalenz gelten alle anderen Zeilen wegen der Definitionen von $\cup$ und $\cap$. Die behauptete Aussage folgt schließlich aus Definition 4.1.4. $\square$

Bemerkung 4.1.30. (Venn-Diagramme in Beweisen?) Venn-Dia- 4.1.30
gramme sind in vielen Situationen sehr nützlich, um sich einen schnellen Überblick zu verschaffen und einen ersten Eindruck für die Gültigkeit einer Mengenaussage zu gewinnen. So kann man etwa unmittelbar aus Abbildung 4.4 *„sehen"*, dass das Kommutativgesetz $A \cap B = B \cap A$ gilt (also dass die Durchschnittsbildung nicht von der Reihenfolge der Mengen abhängt).

Ein Beweis ist das allerdings nicht! Dazu muss die unmittelbar gewonnene Einsicht nämlich noch formalisiert und in eine kommunizierbare Form gegossen werden; etwa in eine der beiden Formen, die wir im Beweis von Theorem 4.1.29 verwendeten haben (Mengentafel, Zurückführen auf die logischen Operationen). Dies wird Ihnen aber anhand der gewonnenen Einsicht in vielen Fällen leicht(er) gelingen.

Wenn Ihnen das, angesichts der Einfachheit des obigen Beispiels, übervorsichtig erscheint, bedenken Sie, dass Formeln, in denen mehr als drei Mengen vorkommen, nicht so leicht und übersichtlich dargestellt werden können. Versuchen Sie etwa, vier Mengen in der allgemeinst möglichen Lage aufzuzeichnen.

Aufgabe 4.1.31. Beweisen Sie die restlichen Rechengesetze in Theorem 4.1.29. Verwenden Sie dazu für das jeweils erste der beiden Rechengesetze die Methode der Mengentafel und führen Sie das jeweils zweite Gesetz auf Theorem 3.1.10 zurück.

4.1.32 **Bemerkung 4.1.32 (Mengendifferenz statt Universum).** Beachten Sie, dass wir in Theorem 4.1.29 und seinem Beweis in Aufgabe 4.1.31 die Universalmenge U *nur* in den letzten sechs Gesetzen verwendet haben. Die ersten fünf gelten daher für beliebige Mengen, unabhängig davon, ob sie alle Teilmengen solch einer Universalmenge sind oder nicht.

Ohne Universalmenge muss man insbesondere auf die Bildung des Komplements verzichten, man kann es aber durch die Mengendifferenz (siehe Definition 4.1.20 und Bemerkung 4.1.28) ersetzen. In diesem Fall müssen allerdings die letzten vier Rechenregeln (Komplementaritätsgesetze, Dualitätsgesetze, Doppelkomplementsgesetz, Gesetze von De Morgan) geeignet anpasst werden zu

$$A \cup (C \setminus A) = A \cup C, \qquad A \cap (C \setminus A) = \emptyset,$$
$$C \setminus \emptyset = C, \qquad C \setminus C = \emptyset,$$
$$C \setminus (C \setminus A) = A \cap C,$$
$$C \setminus (A \cup B) = (C \setminus A) \cap (C \setminus B),$$
$$C \setminus (A \cap B) = (C \setminus A) \cup (C \setminus B).$$

Schließlich tritt die Universalmenge U noch im zweiten Neutralitätsgesetz und im ersten Extremalgesetz explizit auf. Hier ist sie sinnvoller Weise durch A zu ersetzten, wodurch sich die entsprechenden Aussagen auf die Idempotenzgesetze reduzieren.

Aufgabe 4.1.33. Beweisen Sie die Komplementaritätsgesetze, die Dualitätsgesetze, das Doppelkomplementsgesetz und die Gesetze von De Morgan aus Bemerkung 4.1.32.

Aufgabe 4.1.34. Seien A und B Mengen. Zeigen Sie:

1. $A \subseteq B \ \Rightarrow A \cup B = B$ und $A \cap B = A$,
2. $B \cup A = A \Leftrightarrow B \subseteq A$.

4.1.3 Potenzmenge, Produktmenge

Nach den grundlegenden Mengenoperationen des vorigen Abschnitts kommen wir nun zu weiteren Konstruktionen, die es ebenfalls erlauben, aus bestehenden Mengen neue zu erzeugen.

Zunächst verwenden wir die Tatsache, dass Mengen wieder Mengen enthalten dürfen, um die Potenzmenge einer Menge zu definieren.

Definition 4.1.35 (Potenzmenge). Sei M eine Menge. Die *Potenzmenge* $\mathbb{P}M$ von M ist definiert als die Menge aller Teilmengen von M. 4.1.35

Beispiel 4.1.36 (Potenzmengen). 4.1.36

- *Die Potenzmenge von $\{1,2,3\}$ ist*

$$\mathbb{P}\{1,2,3\} = \big\{\emptyset, \{1\}, \{2\}, \{3\}, \{1,2\}, \{1,3\}, \{2,3\}, \{1,2,3\}\big\}.$$

- *Die Potenzmenge der leeren Menge ist nicht die leere Menge, sondern eine einelementige Menge, die nur die leere Menge enthält. (Also ein Sack, der nur einen leeren Sack enthält!)*

$$\mathbb{P}\emptyset = \{\emptyset\}.$$

Allgemein bezeichnet man eine Menge, die wieder Mengen enthält, als **Mengensystem**.

Aufgabe 4.1.37. Bestimmen Sie die Potenzmenge der Mengen $\{a\}$, $\{0, 1\}$, $\mathbb{P}\emptyset$ und $\{1, \ldots, 5\}$.

Sind schließlich zwei Mengen A und B gegeben, so kann man die Produktmenge $A \times B$ bilden. Zu diesem Zweck formen wir aus den Elementen a von A und b von B **geordnete Paare** (a, b). In diesen Paaren schreiben wir die Elemente von A an erster und die Elemente von B an zweiter Stelle und nennen die Einträge a und b die Komponenten des Paares (a, b). Zwei dieser geordneten Paare wollen wir nur dann als gleich betrachten, wenn *beide* Komponenten übereinstimmen.

4.1.38   Definition 4.1.38 (Mengenprodukt).

(i)   Seien A und B Mengen. Die *Produktmenge* $A \times B$, auch genannt das *Cartesische Produkt* von A und B, ist die Menge aller geordneten Paare (a, b) aus Elementen von A und B, formal

$$A \times B := \{(a, b) \mid a \in A \wedge b \in B\}.$$

(ii)   Sind k Mengen $M_1, \ldots, M_k$ gegeben, so können wir analog die geordneten k-Tupel bilden $(m_1, \ldots, m_k)$ mit $m_i \in M_i$ für $i = 1, \ldots, k$. Das *Cartesische Produkt*

$$\prod_{i=1}^{k} M_i = \bigtimes_{i=1}^{k} M_i = M_1 \times \ldots \times M_k$$

der M_i ist dann die Menge aller geordneten k-Tupel dieser Form, d.h.

$$\prod_{i=1}^{k} M_i := \bigtimes_{i=1}^{k} M_i := \{(m_1, \ldots, m_k) \mid \forall i : m_i \in M_i\}.$$

(iii)   Ist $B = A$ bzw. $M_i = A$ für alle i, so schreiben wir statt $A \times A$ und $\underbrace{A \times \ldots \times A}_{k \text{ mal}}$ kurz A^2 bzw. A^k.

Beispiel 4.1.39 (Produkte). 4.1.39

- Seien $A = \{1, 2, 3\}$ und $B = \{a, b\}$, dann ist

$$A \times B = \{(1, a), (1, b), (2, a), (2, b), (3, a), (3, b)\}$$

und

$$A^2 = \{(1, 1), (1, 2), (1, 3), (2, 1), (2, 2), (2, 3), (3, 1), (3, 2), (3, 3)\}.$$

- Das Produkt der Menge der reellen Zahlen $\mathbb{R}$ mit sich selbst, also die Menge $\mathbb{R}^2$, besteht aus allen geordneten Paaren reeller Zahlen, d.h.

$$\mathbb{R}^2 = \{(x, y) : x, y \in \mathbb{R}\}.$$

Ebenso ist $\mathbb{R}^3$ die Menge aller geordneten reellen Zahlentripel und allgemeiner $\mathbb{R}^n$ (für $n \in \mathbb{N}$) die Menge aller geordneten n-Tupel reeller Zahlen, d.h.

$$\mathbb{R}^n := \{(x_1, x_2, \ldots, x_n) \mid x_i \in \mathbb{R}, \ 1 \leq i \leq n\}.$$

Man kann auch das Cartesische Produkt beliebig vieler Mengen M_i, $i \in I$ bilden; die Definition ist allerdings ein wenig komplizierter und benötigt Funktionen. Daher werden wir sie erst in Abschnitt 4.3 als Erweiterungsstoff kennenlernen.

Aufgabe 4.1.40. Bestimmen Sie die Mengen $A \times B$, A^2 und B^3 für die Mengen

1. $A = \{1\}$, $B = \{a, b\}$,
2. $A = \{1, 3, 5, 7\}$, $B = \{0, 1\}$,
3. $A = \emptyset$, $B = \{a, b, c\}$.

Aufgabe 4.1.41. Berechnen Sie $\prod_{i=1}^{4} M_i$ mit $M_i := \{i, i + 1\}$ für $i = 1, \ldots, 4$.

4.2 Relationen

Nachdem wir im vorigen Abschnitt die grundlegende Struktur der
Menge definiert und ihr Umfeld erforscht haben, lernen wir in diesem
Abschnitt einen Formalismus kennen, der es gestattet, Elemente von
Mengen miteinander in Bezug zu setzen.

4.2.1   **Beispiel 4.2.1.** *Sei etwa M die Menge aller HörerInnen in einem
Hörsaal. Betrachten wir die Beziehung „ist verwandt mit". Wir können
dann zu je zwei Personen A und B im Hörsaal eine Aussage darüber
machen, ob A mit B verwandt ist.*

*Eine andere Beziehung, die wir auf M betrachten könnten, ist „ist Bru-
der von". Natürlich ist jeder Bruder auch ein Verwandter. Umgekehrt
muss das nicht der Fall sein.*

*Schließlich ist eine dritte mögliche Beziehung „wohnt im selben Bezirk
wie".*

Inbezugsetzungen von Elementen von Mengen in der Art von Beispiel 4.2.1 nennt man in der Mathematik Relationen. Im Folgenden
geben wir die exakte Definition; sie baut auf dem Begriff des geordneten Paares auf.

4.2.2   **Definition 4.2.2 (Relation).** Seien M und N Mengen. Eine *Relation
zwischen M und N* ist eine Teilmenge R des Cartesischen Produkts,
d.h.

$$R \subseteq M \times N.$$

Für zwei Elemente $a \in M$ und $b \in N$ sagen wir: *a steht in Relation
mit b*, falls $(a, b) \in R$ gilt. Wir schreiben dann in Symbolen

$$a \, R \, b.$$

Stehen a und b nicht miteinander in Relation, so schreiben wir $a \, \not{R} \, b$.

Meist werden Relationen nicht mit R, sondern mit Symbolen be-
zeichnet. Typische Relationssymbole sind $<$, $\subset$, $\sim$, $\cong$, $\ll$, $\equiv$, $\simeq$,

⊑, ⌢, ≼ und viele andere mehr. Gerichtete Symbole wie < werden üblicherweise für Ordnungsrelationen (siehe Abschnitt 4.2.2
unten) verwendet, während symmetrische Symbole wie ≃ meist
für Äquivalenzrelationen (siehe Abschnitt 4.2.1 unten) stehen.

Ist R eine Relation zwischen M und N und gilt $M = N$, so sprechen
wir von einer *Relation auf M*. Im Folgenden befassen wir uns (fast)
ausschließlich mit diesem Fall.

Beispiel 4.2.3 (Relationen). *Die Beziehungen aus Beispiel 4.2.1* **4.2.3**
werden natürlich durch Relationen auf der Menge M der HörerIn-
nen im Hörsaal beschrieben. Haben wir etwa ein Geschwisterpaar S
und B im Hörsaal, so müssen wir in unsere Relation V für „verwandt"
die beiden Paare (S, B) und (B, S) aufnehmen. Ist S weiblich und
B männlich, so darf in der „Bruder"-Relation R nur das Paar (B, S)
vorkommen (es gilt ja „B ist Bruder von S" aber nicht „S ist Bruder
von B").

Aufgabe 4.2.4. Finden Sie zwei weitere Beispiele für Beziehungen aus
dem täglichen Leben und beschreiben Sie diese durch Relationen.

Zwei wichtige Hauptgruppen von Relationen wollen wir in den folgenden Abschnitten untersuchen. Zuvor definieren wir jedoch noch zwei
Eigenschaften für Relationen, die in beiden Abschnitten wichtig sein
werden.

Definition 4.2.5 (Transitivität, Reflexivität). Sei R eine Relation **4.2.5**
auf einer Menge M.

(i) R heißt *transitiv*, wenn für alle $a, b, c \in M$ gilt, dass

$$a \, R \, b \wedge b \, R \, c \Rightarrow a \, R \, c.$$

(ii) R heißt *reflexiv*, wenn für alle $a \in M$ gilt, dass

$$a \, R \, a.$$

4.2.6 **Beispiel 4.2.6 (Transitivität, Reflexivität).** *Kehren wir noch einmal — aber nicht zum letzten Mal — zu den Relationen aus Beispiel 4.2.1 zurück. Nicht alle sind transitiv, denn wenn A mit B und B mit C verwandt sind, so ist noch lange nicht A mit C verwandt (z.B. A Mutter, B Kind, C Vater). Dasselbe gilt für Brüder. Ist A Bruder von B und B Bruder von C, so könnte A = C gelten, aber A ist nicht sein eigener Bruder. Andererseits ist das Wohnen im gleichen Bezirk eine transitive Relation.*

Man könnte sagen, die Verwandtschaftsrelation ist reflexiv, wenn man festlegt, dass jeder Mensch mit sich selbst verwandt ist. Die Bruderbeziehung ist jedoch (wie schon oben bemerkt) nicht reflexiv. Die Relation „wohnt im selben Bezirk wie" ist reflexiv.

Aufgabe 4.2.7. Untersuchen Sie die folgenden Relationen auf der Menge aller Menschen auf Transitivität und Reflexivität:

1. ist Onkel von,
2. wohnt im selben Haus wie,
3. ist größer als,
4. ist nicht kleiner als.

4.2.1 Äquivalenzrelationen

In diesem Abschnitt befassen wir uns mit einer speziellen Klasse von Relationen, nämlich jenen die zusätzlich zu den beiden oben definierten Eigenschaften der Reflexivität und Transitivität die Eigenschaft der Symmetrie besitzen. Formal definieren wir:

4.2.8 **Definition 4.2.8 (Äquivalenzrelation).** Eine reflexive und transitive Relation $\sim$ auf einer Menge M heißt *Äquivalenzrelation*, falls sie zusätzlich *symmetrisch* ist, d.h. dass

$$\forall x, y \in M : (x \sim y \Rightarrow y \sim x)$$

gilt. Gilt $x \sim y$, so nennen wir x und y *äquivalent*.

Beispiel 4.2.9 (Äquivalenzrelationen). *Wenn wir ein weiteres Mal* **4.2.9**
die Relationen aus Beispiel 4.2.1 bemühen, so erkennen wir schnell,
dass „wohnt im selben Bezirk wie" eine Äquivalenzrelation ist. Die
Symmetrie ist erfüllt, denn wenn A und B im selben Bezirk wohnen,
wohnen auch B und A im selben Bezirk.
Die zweite Relation „ist Bruder von" ist keine Äquivalenzrelation,
da keine der Eigenschaften Reflexivität, Transitivität bzw. Symmetrie
gilt.
„Ist verwandt mit" ist zwar symmetrisch, aber da die Transitivität
nicht erfüllt ist, handelt es sich um keine Äquivalenzrelation.

Aufgabe 4.2.10.

1. Auf der Menge $\mathbb{Z}$ der ganzen Zahlen betrachten wir die Relation

$$x \equiv y \; :\Leftrightarrow x - y \text{ gerade.}$$

   Zeigen Sie, dass es sich dabei um eine Äquivalenzrelation handelt.
2. Ersetzen Sie in 1. „gerade" durch „ungerade". Handelt es sich nach
   wie vor um eine Äquivalenzrelation?
3. Finden Sie weitere Beispiele für Äquivalenzrelationen.
4. Bei einer Versuchsreihe werden 2 Messergebnisse als gleich betrachtet, wenn sie sich um weniger als $10^{-22}m$ unterscheiden. Definiert
   dieser Gleichheitsbegriff eine Äquivalenzrelation?

Ist eine Äquivalenzrelation $\sim$ auf einer Menge definiert, so können
wir die Relation dafür verwenden, miteinander äquivalente Elemente
von M in Gruppen zusammenzufassen. Dieses Prinzip ist wohl bekannt, denn in Telefonbüchern werden etwa jene Ärzte in eine Gruppe
zusammengefasst, die im selben Bezirk praktizieren.

Definition 4.2.11 (Äquivalenzklasse). Sei M eine Menge und $\sim$ **4.2.11**
eine Äquivalenzrelation auf M. Wir definieren die *Äquivalenzklasse von*
$a \in M$ durch

$$C_a := \{b \in M \mid b \sim a\}.$$

Oft schreiben wir auch auch $[a]$ und $\bar{a}$ für C_a. Außerdem nennen wir
jedes $b \in C_a$ einen *Repräsentanten* der Äquivalenzklasse $C_a = [a] = \bar{a}$.

4.2.12 **Beispiel 4.2.12 (Äquivalenzklassen).** *Die Äquivalenzklassen der „wohnt im selben Bezirk wie"–Relation sind jeweils die Mengen aller HörerInnen, die in einem bestimmten Bezirk wohnen. Achtung: Gehen wir von Wien mit seinen 23 Bezirken aus, heißt das nicht, dass es 23 Äquivalenzklassen gibt. Es könnte ja sein, dass z.B. niemand im Hörsaal im 20. Bezirk wohnt.*

Aufgabe 4.2.13. Beschreiben Sie für die Äquivalenzrelationen aus Aufgabe 4.2.10 die Äquivalenzklassen.

Aus der Definition sehen wir unmittelbar, dass für jedes $a \in M$ die Äquivalenzklasse $C_a \subseteq M$ erfüllt. Wegen der Reflexivität von $\sim$ gilt $a \in C_a$ (Äquivalenzklassen sind also niemals leer!) und somit

$$\bigcup_{a \in M} C_a = M.$$

Eine weitere wichtige Eigenschaft der Äquivalenzklassen wollen wir in der nachfolgenden Proposition festhalten.

4.2.14 **Proposition 4.2.14 (Eigenschaften von Äquivalenzklassen).** Sei M eine Menge und $\sim$ eine Äquivalenzrelation auf M. Dann sind zwei Äquivalenzklassen C_a und C_b entweder disjunkt oder gleich. In Symbolen

$$C_a \cap C_b \neq \emptyset \Leftrightarrow C_a = C_b.$$

Wie in Definition 4.1.23 (vgl. die graue Box nach dieser Definition) ist in Proposition 4.2.14 eine kleine (zusätzliche) Behauptung versteckt, nämlich dass für zwei Mengen C_a und C_b die Aussage C_a und C_b sind entweder disjunkt oder gleich gleichbedeutend mit der Aussage $C_a \cap C_b \neq \emptyset \Leftrightarrow C_a = C_b$ ist. Ehrlich, haben Sie das bemerkt? Gut, und falls Ihnen diese „Mini-Behauptung" nicht klar ist, dann ... (Tipp: Wahrheitstafel)

Beweis. Da es sich um eine Äquivalenz handelt ...   **4.2.14**

$\Leftarrow$: Ist $C_a = C_b$, so ist auch $C_a \cap C_b = C_a \neq \emptyset$, weil Äquivalenzklassen niemals leer sind.

$\Rightarrow$: Ist umgekehrt $C_a \cap C_b \neq \emptyset$. Dann existiert ein $y \in C_a \cap C_b$, und somit gelten $y \sim a$ und $y \sim b$. Aus Symmetrie und Transitivität folgt $a \sim b$. Es bleibt zu zeigen, dass

$$a \sim b \Rightarrow C_a = C_b$$

gilt. Sei dazu $x \in C_a$. Dann wissen wir $x \sim a$ und wegen der Transitivität auch $x \sim b$ und damit $x \in C_b$. Also gilt $C_a \subseteq C_b$. Nachdem wir analog durch Vertauschen von a und b in obiger Argumentation $C_b \subseteq C_a$ beweisen können, folgt $C_a = C_b$, was wir behauptet hatten.

$\square$

Wir finden also für jede Äquivalenzrelation $\sim$ auf einer Menge M eine Familie von Teilmengen von M, die Äquivalenzklassen C_a, die

(i) $C_a \neq \emptyset$

(ii) $\bigcup_{a \in M} C_a = M$ (Man sagt: Die C_a **überdecken** M) und

(iii) $C_a \cap C_b \neq \emptyset \Leftrightarrow C_a = C_b$

erfüllen.

Eine Familie von Teilmengen einer gegebenen Menge M, die diese Eigenschaften erfüllt, ist ein mathematisch interessantes Objekt — und zwar unabhängig davon, ob diese Familie aus den Äquivalenzklassen einer Äquivalenzrelation auf M besteht oder aus *irgendwelchen* Teilmengen von M. Daher wollen wir einen adäquaten Begriff definieren. Zuvor räumen wir aber noch mit der folgenden lästigen Subtilität auf: In der Familie $(C_a)_{a \in M}$ treten im Allgemeinen manche Mengen mehrfach auf, nämlich C_a, C_b für $a \sim b$. In der folgenden Definition wollen wir (der formalen Einfachheit halber) diese Mengen aber nur einmal berücksichtigen und definieren daher:

Definition 4.2.15 (Partition). Eine Familie U_i, $i \in I$ (I eine be-   **4.2.15** liebige Indexmenge) von Teilmengen einer Menge M heißt *Partition* von M, falls die folgenden drei Eigenschaften gelten:

(i) $\forall i \in I : U_i \neq \emptyset$,

(ii) $\bigcup_{i \in I} U_i = M$,

(iii) $\forall i, j \in I : U_i \cap U_j \neq \emptyset \Rightarrow i = j$.

Anders ausgedrückt ist eine Familie von nichtleeren Teilmengen einer Menge M genau dann eine Partition, wenn jedes Element von M in *genau einer* der Teilmengen liegt: Eigenschaft (ii) sorgt dafür, dass jedes Element von M in *mindestens* einer der Teilmengen liegt, Eigenschaft (iii) dafür, dass es *höchstens* eine ist.

4.2.16 **Beispiel 4.2.16 (Partition).** *Gegeben sei die Menge* $M = \{*, \Delta \heartsuit, \nabla\}$. *Eine Partition ist etwa gegeben durch die Familie* $M_1 = \{*, \nabla\}$, $M_2 = \{\heartsuit\}$, $M_3 = \{\Delta\}$.

Die obige Diskussion zeigt, dass sich aus einer Äquivalenzrelation auf einer Menge M eine Partition von M gewinnen lässt. Man nimmt einfach die Familie der Äquivalenzklassen und schließt Mehrfachnennungen aus. Das ist am einfachsten zu erreichen, indem man zur Menge der Äquivalenklassen übergeht. Tasächlich sind von Äquivalenzrelationen *induzierte* Partitionen von Mengen (d.h. Partitionen von Mengen in Äquivalenzklassen einer gegebenen Äquivalenzrelation) in der Mathematik äußerst wichtig. Aus diesem Grund hat man der Menge aller Äquivalenzklassen einen eigenen Namen gegeben.

4.2.17 **Definition 4.2.17 (Quotientenmenge).** Sei $\sim$ eine Äquivalenzrelation auf M. Wir definieren die *Quotientenmenge* oder auch *Faktormenge* $M/\sim$ (sprich: M modulo Tilde) als die Menge aller Äquivalenzklassen bezüglich $\sim$.

Aufgabe 4.2.18. Bestimmen Sie für die Äquivalenzrelationen aus Aufgabe 4.2.10 die Quotientenmenge.

Eine Äquivalenzrelation auf einer Menge M induziert also eine Partition von M. Umgekehrt erlaubt auch jede Partition von M, eine Äquivalenzrelation auf M zu konstruieren, wie das folgende Theorem besagt. Zusammengefasst gilt nämlich für den Zusammenhang zwischen Partitionen und Äquivalenzrelationen:

Theorem 4.2.19 (Äquivalenzklassen und Partitionen). Jede   **4.2.19**
Äquivalenzrelation $\sim$ auf einer Menge M induziert eine Partition von
M. Umgekehrt kann man aus jeder Partition U_i, $i \in I$ einer Menge M
eine Äquivalenzrelation $\sim$ gewinnen, indem man definiert:

$$a \sim b :\Leftrightarrow \exists i \in I : a, b \in U_i.$$

Beweis. Es ist nur mehr die zweite Aussage zu beweisen. Sei eine Par-   **4.2.19**
tition U_i, $i \in I$ gegeben, und sei die Relation $\sim$ wie in der Aussage des
Theorems definiert. Es bleibt zu zeigen, dass $\sim$ eine Äquivalenzrelation
ist.
Reflexivität: Für alle $a \in M$ gilt $a \sim a$, da wegen $\bigcup_{i \in I} U_i = M$ ein
$j \in I$ existieren muss mit $a \in U_j$.
Symmetrie: Das folgt ganz offensichtlich aus der Definition von $\sim$.
Transitivität: Gelten $a \sim b$ und $b \sim c$, so wissen wir, dass ein $j \in I$
existiert mit $a, b \in U_j$ und ein $k \in I$ mit $b, c \in U_k$. Es ist somit
$b \in U_j \cap U_k$, und daher gilt wegen (iii) in Definition 4.2.15 schon $j = k$.
Daraus wiederum folgt, dass $a, b, c \in U_j$ sind und daher $a \sim c$ gilt.
Also ist $\sim$ tatsächlich eine Äquivalenzrelation. $\square$

Wir besprechen nun eine überaus wichtige Äquivalenzrelation, die uns
in diesem und auch im nächsten Kapitel immer wieder begegnen wird
und die Sie vielleicht schon aus der Schule kennen.

Definition 4.2.20 (Kongruenz modulo n). Sei $\mathbb{N} \ni n \geq 2$ **4.2.20**
gegeben. Wir definieren auf $\mathbb{Z}$ die Relation

$$k \sim_n \ell :\Leftrightarrow \exists m \in \mathbb{Z} \text{ mit } k = \ell + mn.$$

Gilt $k \sim_n \ell$ so sagen wir k ist *kongruent* ℓ *modulo* n und schreiben
manchmal auch $k \equiv \ell(n)$.

Gilt für zwei Zahlen k und ℓ, dass sie kongruent modulo n sind, dann
haben sie bei Division durch n denselben Rest. Um das formal einzusehen, nehmen wir an, dass ℓ bei Division durch n Rest r hat. Das bedeutet aber, dass ein $s \in \mathbb{Z}$ existiert, sodass $\ell = sn + r$ gilt (wobei

$r < n$ ist). Nun gibt es aber laut Definition von $\sim_n$ ein $m \in Z$, sodass $k = \ell + mn$. Zusammen ergibt sich also

$$k = \ell + mn = sn + r + mn = (s + m)n + r,$$

was nichts anderes bedeutet, als dass k bei Division durch n ebenfalls Rest r aufweist. Diese Argumentation lässt sich selbstverständlich auch mit vertauschten Rollen von ℓ und k führen, sodass wir also wirklich unsere obere Aussage bewiesen haben. Letzteres folgt im Übrigen auch aus der Symmetrie der Relation $\sim_n$, siehe unten.

4.2.21 **Proposition 4.2.21 (Kongruenz als Äquivalenzrelation).** Die Relation $\sim_n$ ist eine Äquivalenzrelation.

4.2.21 *Beweis.* Wir zeigen der Reihe nach die drei Eigenschaften einer Äquivalenzrelation:

Reflexivität: $k \sim_n k$, weil $k = k + 0n$,

Symmetrie: Ist $k \sim_n \ell$, so finden wir ein $m \in \mathbb{Z}$ mit $k = \ell + mn$, und durch Umformen finden wir $\ell = k + (-m)n$. Da mit m auch $-m$ in $\mathbb{Z}$ ist, folgt $\ell \sim_n k$.

Transitivität: Gelten $k_1 \sim_n k_2$ und $k_2 \sim_n k_3$, so finden wir m_1 und m_2 mit $k_1 = k_2 + m_1 n$ und $k_2 = k_3 + m_2 n$. Setzen wir die Gleichungen zusammen, finden wir $k_1 = k_3 + (m_1 + m_2)n$, und $m_1 + m_2$ ist als Summe ganzer Zahlen eine ganze Zahl. Deshalb folgt $k_1 \sim_n k_3$. $\square$

Die Äquivalenzrelation $\sim_n$ erzeugt genau n Äquivalenzklassen, nämlich

$$\begin{aligned}
\overline{0} &= \{0, \pm n, \pm 2n, \pm 3n, \dots\}, \\
\overline{1} &= \{1, 1 \pm n, 1 \pm 2n, 1 \pm 3n, \dots\}, \\
&\vdots \quad \vdots \\
\overline{n-1} &= \{-1, -1 \pm n, -1 \pm 2n, -1 \pm 3n, \dots\}.
\end{aligned} \tag{4.5}$$

Hier wird traditionell die Schreibweise $\overline{k}$ statt C_k verwendet, vgl. Definition 4.2.11.

Definition 4.2.22 (Restklassen). Die n-elementige Faktormenge $\mathbb{Z}/_{\sim_n}$ wird in der Mathematik üblicherweise mit $\mathbb{Z}_n$ bezeichnet, und man nennt sie die *Restklassen modulo n* oder auch die *Kongruenzklassen modulo n*.

4.2.22

Aufgabe 4.2.23. Bestimmen Sie die Restklassenmengen $\mathbb{Z}_3$, $\mathbb{Z}_5$, $\mathbb{Z}_6$. Versuchen Sie, analog zu Definition 4.2.22 die Mengen $\mathbb{Z}_1$ und $\mathbb{Z}_0$ zu definieren. Was passiert in diesen Fällen?

4.2.2 Ordnungsrelationen

Die zweite große Klasse von Relationen, die neben der Reflexivität und Transitivität die Eigenschaft der Antisymmetrie besitzt, dient dazu, Mengen zu ordnen.

Definition 4.2.24 (Ordnungsrelation).

4.2.24

(i)   Eine reflexive und transitive Relation $\preceq$ (sprich: vor oder gleich) auf M heißt *Ordnungsrelation* oder *Halbordnung*, falls sie zusätzlich *antisymmetrisch* ist, d.h. falls die Beziehungen $a \preceq b$ und $b \preceq a$ schon die Gleichheit $a = b$ implizieren; in Symbolen:

$$a \preceq b \wedge b \preceq a \Rightarrow a = b.$$

(ii) Gilt für zwei Elemente von M weder $a \preceq b$ noch $b \preceq a$, so sagt man a und b sind *nicht vergleichbar* (bezüglich $\preceq$). Andernfalls nennt man die beiden Elemente *vergleichbar*.

(iii) Sind je zwei Elemente von M vergleichbar, gilt also für je zwei Elemente $a, b \in M$ wenigstens eine der Relationen $a \preceq b$ oder $b \preceq a$, so nennt man die Relation eine *Totalordnung* oder *lineare Ordnung* auf M.

(iv) Betrachten wir eine Menge M zusammen mit einer (Total)-Ordnung $\preceq$, so nennen wir das Paar $(M, \preceq)$ *(total) geordnete Menge*.

Um mit Ordnungsrelationen leichter hantieren zu können, müssen wir einige Schreibweisen vereinbaren. Gilt $x \preceq y$, so schreiben wir auch $y \succeq x$. Haben wir $x \preceq y$ und gilt $x \neq y$, so kürzen wir ab zu $x \prec y$ (sprich: x vor y). Analog definieren wir $y \succ x$. Gilt andererseits $x = y$ oder $x \prec y$, so haben wir $x \preceq y$.

4.2.25 **Beispiel 4.2.25 (Ordnungen).**

- *Das bekannteste Beispiel für eine Ordnungsrelation, die sogar eine Totalordnung ist, ist die Beziehung $\leq$ auf den reellen Zahlen $\mathbb{R}$. Wir nennen die totalgeordnete Menge $(\mathbb{R}, \leq)$ oft $\mathbb{R}$ mit der natürlichen Ordnung.*

- *Sei M die Menge aller Menschen. Wir definieren die Relation $\prec$ durch $A \prec B$, wenn A ein Vorfahre von B ist. Die entstehende Relation $\preceq$ ist klarerweise reflexiv und transitiv. Die Antisymmetrie folgt aus der Tatsache, dass kein Mensch Vorfahre von sich selbst sein kann. Es gibt aber Paare von Menschen, die nicht miteinander vergleichbar sind, für die also weder $A \preceq B$ noch $A \succeq B$ gelten. Die Relation „Ist Vorfahre von" ist also eine Halbordnung auf M.*

- *Sei M eine beliebige Menge, dann können wir auf der Potenzmenge $\mathbb{P}M$ von M folgende Ordnung definieren: $A \preceq B :\Leftrightarrow A \subseteq B$. Reflexivität und Transitivität ergeben sich sofort aus der Definition des Teilmengenbegriffs, die Antisymmetrie folgt aus Proposition 4.1.10. Hat M mehr als ein Element, dann ist $\preceq$ keine Totalordnung.*

Aufgabe 4.2.26. Wir betrachten die Menge M aller Punkte auf einer Kreislinie in der Ebene. Für zwei Punkte P und Q sagen wir, dass $P < Q$ gelte, wenn der Kreisbogen von P nach Q gegen den Uhrzeigersinn kürzer ist als der Kreisbogen von Q nach P gegen den Uhrzeigersinn. Ist die so definierte Relation eine Ordnungsrelation auf M?

Aufgabe 4.2.27. Seien die geordneten Mengen $(A, \leq)$ und $(B, \preceq)$ gegeben. Auf $A \times B$ definieren wir die Relation $\unlhd$ durch

$$(a, b) \unlhd (a', b') :\Leftrightarrow a < a' \vee (a = a' \wedge b \preceq b').$$

Zeigen Sie, dass $\unlhd$ eine Ordnungsrelation auf $A \times B$ definiert, die so genannte *lexikographische Ordnung*.

So wie eine Äquivalenzrelation auf einer Menge M eine Struktur definiert, die wichtige Folgestrukturen entstehen lässt, erzeugt auch eine Ordnungsrelation auf M Folgebegriffe.

Definition 4.2.28 (Schranken). Sei $(M, \preceq)$ eine geordnete Menge,   **4.2.28**
und sei $E \subseteq M$ eine Teilmenge.

(i)   Ein Element $\beta \in M$ mit der Eigenschaft

$$x \preceq \beta \text{ für jedes Element } x \in E,$$

heißt eine *obere Schranke von E*.

(ii)   *Untere Schranken* sind analog durch Ersetzen von $\preceq$ durch $\succeq$ definiert.

(iii)   Die Teilmenge E heißt *nach oben (unten) beschränkt*, falls sie eine obere (untere) Schranke besitzt. Sie heißt *beschränkt*, falls sie nach oben und unten beschränkt ist.

Um Beispiele zur Illustration von Definition 4.2.28 geben zu können, definieren wir den Begriff des **Intervalls**, den Sie vermutlich aus der Schule kennen. Seien $a < b \in (\mathbb{R}, \leq)$. Das *offene Intervall* $]a, b[$ (oft auch (a, b) geschrieben), das *abgeschlossene Intervall* $[a, b]$ bzw. die *halboffenen Intervalle* $[a, b[$ und $]a, b]$ sind definiert als die folgenden Teilmengen der reellen Zahlen:

$$]a, b[\, := \{x \in \mathbb{R} \, | \, a < x < b\}, \quad [a, b] := \{x \in \mathbb{R} \, | \, a \leq x \leq b\},$$
$$[a, b[\, := \{x \in \mathbb{R} \, | \, a \leq x < b\}, \quad]a, b] := \{x \in \mathbb{R} \, | \, a < x \leq b\}.$$

Die einseitig und zweiseitig *unendlichen Intervalle* sind definiert als

$$] - \infty, a[\, := \{x \in \mathbb{R} \, | \, x < a\}, \quad] - \infty, a] := \{x \in \mathbb{R} \, | \, x \leq a\},$$
$$]a, \infty[\, := \{x \in \mathbb{R} \, | \, x > a\}, \quad [a, \infty[\, := \{x \in \mathbb{R} \, | \, x \geq a\}$$
$$\text{und} \quad] - \infty, +\infty[\, := \mathbb{R}.$$

Beispiel 4.2.29 (Schranken).   **4.2.29**

- *Betrachten wir die totalgeordnete Menge* $(\mathbb{R}, \leq)$. *Das Intervall* $E = [0, 1]$ *ist eine Teilmenge von* $\mathbb{R}$. *Jede Zahl im Intervall* $[1, \infty[$ *ist obere Schranke von* E, *und jede Zahl im Intervall* $] - \infty, 0]$ *ist untere Schranke von* E. E *ist also beschränkt.*

- *Die Menge $M := \{1/n \mid n \in \mathbb{N} \setminus \{0\}\}$ ist nach oben und unten beschränkt. M hat dieselben unteren und oberen Schranken wie E.*
- *Die Menge aller Primzahlen ist als Teilmenge von $\mathbb{R}$ nach unten beschränkt, sie besitzt aber keine obere Schranke.*
- *Die Menge $\mathbb{Z} \subseteq \mathbb{R}$ ist weder nach oben noch nach unten beschränkt.*

Aufgabe 4.2.30. Betrachten wir $\mathbb{R}$ mit der natürlichen Ordnung $\leq$. Geben Sie für die folgenden Teilmengen von $\mathbb{R}$ obere und untere Schranken an, falls diese existieren. Sind die entsprechenden Mengen beschränkt?

1. $[0, 4[$,
2. $]a, \infty[$
3. $] - 3, 2] \cup [4, 5]$,
4. $\mathbb{N}_g$, die Menge der geraden natürlichen Zahlen.

Aufgabe 4.2.31. Auf der Menge aller Menschen betrachten wir wieder die Ordnungsrelation „ist Vorfahre von". Sei A ein Mensch, der die folgende „Verwandtenmenge" besitzt:

$$V := \{\text{Vater}, \text{Tochter}, \text{Schwester}\}.$$

Hat V untere und obere Schranken? Wenn ja, geben Sie Beispiele.

Wir sehen aus obigen Beispielen, dass obere und untere Schranken bei weitem nicht eindeutig sind. Die interessante Frage ist, ob es eine ausgezeichnete obere bzw. untere Schranke gibt. Die Beantwortung dieser Frage für die geordnete Menge $(\mathbb{Q}, \leq)$ wird uns in Kapitel 6 zu den reellen Zahlen führen. Hier wollen wir uns mit einer Definition begnügen.

4.2.32 **Definition 4.2.32 (Supremum und Infimum, Maximum und Minimum).** Sei $(M, \preceq)$ eine totalgeordnete Menge.

(i) Sei E eine Teilmenge von M und $\alpha \in M$ eine obere Schranke von E mit folgender Eigenschaft:

  Jedes $\gamma \in M$ mit $\gamma \prec \alpha$ ist nicht obere Schranke von E.

Dann nennen wir α kleinste obere Schranke oder *Supremum* von E, und wir schreiben

$$\alpha = \sup E.$$

(ii)   Analog definieren wir größte untere Schranke bzw. *Infimum* und
        schreiben
$$\alpha = \inf E$$

(iii)   Gilt für das Supremum (Infimum) α einer Teilmenge $E \subseteq M$,
        $\alpha \in E$, dann nennen wir α auch das *Maximum* (*Minimum*) von
        E, in Zeichen $\alpha = \max E$ ($\alpha = \min E$).

Beispiel 4.2.33 (sup, max, inf, min). *Seien E und M wie in Bei-*   **4.2.33**
spiel 4.2.29. Es gilt $0 = \inf E = \inf M$ und $1 = \sup E = \sup M$.
Für E sind 1 und 0 sogar Maximum bzw. Minimum. Für M ist 1 ein
Maximum, aber 0 ist kein Minimum, da $0 \notin M$.
Endliche nichtleere Teilmengen totalgeordneter Mengen haben stets
ein Minimum und ein Maximum, nämlich ihr kleinstes bzw. größtes
Element.

Aus Definition 4.2.32 folgt unmittelbar, dass Suprema und Infima eindeutig bestimmt sind, falls sie denn überhaupt existieren. Genauer,
eine Teilmenge E der totalgeordneten Menge $(M, \prec)$ hat höchstens
ein Supremum und höchstens ein Infimum. Seien nämlich α_1 und α_2
beide z.B. Suprema von E, dann kann $\alpha_1 \prec \alpha_2$ *nicht* gelten: Da α_2
Supremum ist, wäre nach der Bedingung in 4.2.32(i) α_1 keine obere
Schranke. Das widerspricht aber der Eigenschaft von α_1 Supremum
(und damit auch obere Schranke) zu sein. Analog kann $\alpha_1 \succ \alpha_2$ ebenfalls *nicht* gelten. Da $\prec$ eine Totalordnung ist, folgt $\alpha_1 = \alpha_2$. (Damit
ist auch der Gebrauch des bestimmten Artikels im dritten Teil der
Definition gerechtfertigt, vgl. die graue Box auf Seite 120.)

Aufgabe 4.2.34. Wir betrachten wieder $\mathbb{R}$ mit der natürlichen Ordnung $\leq$. Sind die folgenden Teilmengen von $\mathbb{R}$ nach oben bzw. nach
unten beschränkt?
Wenn ja, geben Sie Infimum bzw. Supremum an. Handelt es sich dabei
jeweils um Minima resp. Maxima?

1. $[-4, 18]$,   5. $]-\infty, 4] \cap]1, \infty[$,
2. $]-3, -2[$,   6. $\bigcup_{n \in \mathbb{N}}]-n, n[$,
3. $[-3, 2[$,   7. $\emptyset$,
4. $]-3, -2[\cup [4, \infty[$,   8. $\mathbb{N}_g$, die geraden natürlichen Zahlen.

4.3 Abbildungen

Wie bereits früher erwähnt, besteht ein großer Teil der Mathematik aus der Analyse von Strukturen. Diese Strukturen bestehen aus Objekten und den Beziehungen zwischen diesen Objekten. Wir haben schon erwähnt, dass Mengen für die meisten Strukturen die Basis bilden. Die in diesem Abschnitt behandelten *Abbildungen* sind neben den Relationen *die* Basis für die Beziehungen zwischen Objekten.

Wegen der zentralen Bedeutung des Begriffs Abbildung bzw. Funktion (diese beiden Bezeichnungen werden synonym verwendet; siehe auch unten) werden wir zwei Definitionen geben. Wir beginnen mit der anschaulicheren, die Ihnen vermutlich bekannt vorkommen wird.

4.3.1 **Definition 4.3.1 (Funktion — Zuordnungsdefinition).** Seien A und B Mengen.

(i)   Unter einer *Funktion* oder *Abbildung f von A nach B* verstehen wir eine Vorschrift, die jedem $a \in A$ **genau ein** $b \in B$ zuordnet.

(ii)   Das dem Element a zugeordnete Element b bezeichnen wir mit $f(a)$ und nennen es *den Wert der Funktion f an der Stelle a* oder *das Bild von a unter f*; a wird als ein *Urbild von b unter f* bezeichnet.

(iii) Weiters wird A als *Definitionsmenge* oder *-bereich* von f bezeichnet und B als *Zielmenge* oder *-bereich* von f.

WICHTIG: Zur Festlegung einer Funktion **muss** man ausdrücklich Definitions- und Zielmenge angeben. Meist werden die Schreibweisen

$$f : A \to B \quad \text{oder} \quad A \xrightarrow{f} B$$

verwendet. Die Angabe der Zuordnungsvorschrift alleine ist keinesfalls ausreichend (siehe auch Beispiel 4.3.18 unten)!

Das Symbol

$$a \mapsto f(a)$$

drückt aus, dass die Funktion f dem Element a des Definitionsbereichs das Bild $f(a)$ im Zielbereich zuordnet. Oft wird dieses Symbol auch zur Bezeichnung der Funktion selbst verwendet und man spricht von „der Funktion $a \mapsto f(a)$" (lies „a geht über (in) $f(a)$"). Dann müssen allerdings Definitions- und Zielbereich gesondert angegeben werden.

Die ausführlichste und genaueste Darstellung einer Funktion erfolgt durch die Notation

$$f : A \to B \qquad \text{bzw.} \qquad f : A \to B$$
$$a \mapsto f(a) \qquad\qquad f(a) = \ldots$$

Es ist wichtig, in Texten zwischen der Funktion f und den Werten $f(x)$ einer Funktion zu unterscheiden. Falsch ist etwa

Die Abbildung $f(x)$ ...

Dafür hat man die $\mapsto$–Notation. Die Formulierung

Die Abbildung $f : x \mapsto f(x)$ ...

ist in Ordnung.

Beispiel 4.3.2 (Funktionsschreibweise). *Die Funktion, die jeder nichtnegativen reellen Zahl ihre Quadratwurzel zuordnet, schreiben wir*

$$f : [0, \infty[\to \mathbb{R} \qquad \text{bzw.} \qquad f : [0, \infty[\to \mathbb{R}$$
$$x \mapsto \sqrt{x} \qquad\qquad f(x) = \sqrt{x}.$$

4.3.2

Aufgabe 4.3.3. Wandeln Sie die Funktionsdarstellung der angegebenen Funktionen in die jeweils andere Form um ($x \mapsto \ldots$ bzw. $f(x) = \ldots$).

1. $g : \mathbb{R} \to \mathbb{R}$ mit $g(x) = 7x^2 + 3x + 4$,
2. $h : \mathbb{R}^2 \to \mathbb{R}$ mit $h(x, y) = xy - e^{3xz}$,
3. $f : \mathbb{N} \to \mathbb{N}$ mit $a \mapsto 2a^2$,
4. $k : \mathbb{Q} \to \mathbb{Q}$ mit $s \mapsto 3as^4t$.

Abbildungen zwischen endlichen Mengen lassen sich sehr bequem durch Pfeildiagramme darstellen. In diesem Diagramm bezeichnen die

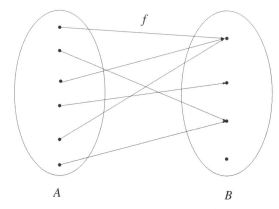

Abb. 4.8 Pfeildiagramm einer Funktion $f : A \to B$ zwischen endlichen Mengen.

Punkte die verschiedenen Elemente der Mengen A bzw. B, und die Pfeile symbolisieren die Zuordnung durch die Funktion f.

Die Tatsache, dass nach Definition 4.3.1 *jedem $a \in A$ genau ein $b \in B$* zugeordnet wird, bedeutet, dass von jedem Element von A genau ein Pfeil wegführt. Andererseits können die Elemente von B von mehreren Pfeilen getroffen werden, oder auch von gar keinem.

Einen Schönheitsfehler hat Definition 4.3.1 allerdings: sie beruht auf dem Wort „Zuordnung", das wir streng genommen gar nicht definiert haben — obwohl in diesem Fall die alltagssprachliche Bedeutung den mathematischen Inhalt sehr genau trifft. Dieses Problem können wir umgehen, indem wir eine rein mengentheoretische Definition des Funktionsbegriffs geben. Das ist unser nächstes Ziel.

Nach unserer obigen Definition setzt eine Funktion $f : A \to B$ die Elemente a von A mit gewissen Elementen $b = f(a)$ von B in Verbindung; fassen wir diese zu geordneten Paaren (siehe Seite 144) (a, b) zusammen, so folgt aus der **Eindeutigkeit** der Zuordnung, dass Paare mit gleichen ersten Komponenten gleiche zweite Komponenten besitzen, also bereits (als geordnetes Paar) gleich sind. Die durch f gegebene „Zuordnung" kann deshalb als *spezielle* Teilmenge des Produkts $A \times B$ beschrieben werden. Genau das macht sich die folgende Definition zunutze.

Definition 4.3.4 (Funktion — mengentheoretische Definition). 4.3.4
Eine *Funktion* ist ein Tripel $f = (A, B, G)$ bestehend aus einer Menge A, genannt *Definitionsbereich*, einer Menge B, genannt *Zielbereich* und einer Teilmenge G des Produkts $A \times B$ mit den Eigenschaften

(i) $\forall a \in A : \exists b \in B : (a, b) \in G$
      (D.h. jedes $a \in A$ tritt als erste Komponente eines Paares in G auf.)

(ii) $\forall a \in A : \forall b_1, b_2 \in B : (a, b_1) \in G \land (a, b_2) \in G \Rightarrow b_1 = b_2$
      (D.h. stimmen die ersten Komponenten eines Paares in G überein, dann auch die zweiten.)

Die Menge G heißt *Graph* der Funktion f und wird oft auch mit $G(f)$ bezeichnet. Gilt $(a, b) \in G$, so schreiben wir $f(a) = b$, und wir können den Graphen schreiben als

$$G(f) = \{(a, f(a)) \mid a \in A\}.$$

Die Paarungen $(a, f(a))$ sind gewissermaßen das abstrakte Analogon zur Zusammenstellung der a-Werte und der zugehörigen Funktionswerte $f(a)$ in einer Wertetabelle, ein Konzept, das Ihnen sicherlich aus der Schule bekannt ist.

Sind A und B Teilmengen der reellen Zahlen $\mathbb{R}$, dann kann der Graph von f tatsächlich graphisch dargestellt werden, nämlich als "Kurve" in einem kartesischen Koordinatensystem. Auch dieses Konzept ist Ihnen sicherlich aus der Schule ein Begriff.

Vielleicht haben Sie bemerkt, dass wir noch immer nicht gesagt haben, *was* eine „Zuordnung" denn eigentlich *ist*. Die moderne Mathematik zieht sich in dieser und ähnlichen Situationen aus der Affäre, indem Sie Ihnen die Objekte „aufzählt", die einander „zugeordnet" sind; in unserem Fall geschieht das durch die geordneten Paare $(a, f(a))$.

Nach dieser „philosophischen" Bemerkung kommen wir zu einem einfachen, konkreten Beispiel.

4.3.5 **Beispiel 4.3.5 (Funktion).** *Betrachten wir die Funktion* $f : A \to B$ *mit* $A = \{1,2,3\}$ *und* $B = \{a,b\}$ *gegeben durch* $f : 1 \mapsto a$, $f : 2 \mapsto b$ *und* $f : 3 \mapsto a$. *Der Graph von* f *ist dann die Menge* $\{(1,a),(2,b),(3,a)\}$.

4.3.6 **Beispiel 4.3.6 (Funktion).** *Sei* $A = \mathbb{R} = B$. *Wir betrachten die Funktion* $f : x \mapsto x^2$. *Dann gilt* $G = \{(x,x^2) \mid x \in \mathbb{R}\} \subseteq \mathbb{R} \times \mathbb{R}$, *d.h. z.B.* $(0,0) \in G$, $(1,1) \in G$, $(-1,1) \in G$, $(2,4) \in G$. *Graphisch können wir* $G(f)$ *wie folgt darstellen:*

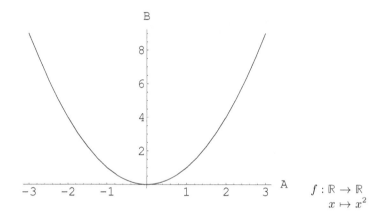

$$f : \mathbb{R} \to \mathbb{R}$$
$$x \mapsto x^2$$

Aufgabe 4.3.7. Bestimmen Sie den Graphen der Funktion $f : \{0,1,\ldots,n\} \to \mathbb{N}$ mit $f(k) = k^3 + 1$.

Aufgabe 4.3.8. Zeichnen Sie den Graphen der Funktion $f : [-3,3] \to \mathbb{R}$ mit $f(x) = x^3$ als Teilmenge des $\mathbb{R}^2$.

4.3.9 **Beispiel 4.3.9 (Quotientenabbildung).** *Sei* M *eine Menge und* $\sim$ *eine Äquivalenzrelation auf* M. *Weil wegen Theorem 4.2.19 jedes Element* $a \in M$ *in genau einer Äquivalenzklasse liegt, definiert die Zuordnung* $q : a \mapsto C_a$, *die jedem Element* $a \in M$ *seine Äquivalenzklasse* C_a *zuordnet, eine Abbildung* $q : M \to M/\sim$ *von* M *auf die Quotientenmenge* $M/\sim$ *(siehe Definition 4.2.17). Diese Abbildung heißt Quotientenabbildung.*

Bemerkung 4.3.10 (Funktionen als Relationen).   4.3.10
Aus Definition 4.3.4 wird auch ersichtlich, dass jede Funktion $f : A \to$
B als spezielle Relation zwischen A und B aufgefasst werden kann:
für jedes $a \in A$ existiert **genau ein** $b \in B$, mit dem es in Relation
steht. Oft wird eine Funktion auch als derartig „eindeutige" Relation
definiert.

Obwohl der Begriff der Abbildung einer der wichtigsten Begriffe
der modernen Mathematik ist, wurde er erst sehr spät, nämlich im
zwanzigsten Jahrhundert formalisiert. Daher gibt es in verschiedenen mathematischen Gebieten viele verschiedene Ausdrücke für
Abbildung (siehe auch BEUTELSPACHER [10, S.74f]).
Der Terminus **Abbildung** ist der allgemeinste, doch der Begriff
Funktion ist ein Synonym, auch wenn er meist dann verwendet
wird, wenn B ein Körper (siehe Kapitel 5) ist.
Eine **Transformation** ist eine Abbildung einer Menge in sich
(also falls $A = B$ gilt). Eine bijektive (siehe Definition 4.3.17 (iii)
unten) Transformation einer endlichen Menge heißt auch **Permutation**.
Ein **Operator** ist eine Abbildung zwischen Mengen von Abbildungen. So bildet etwa der *Ableitungsoperator* jede differenzier-
bare Funktion auf ihre Ableitungsfunktion ab.
Schließlich taucht besonders in der Linearen Algebra und der
Funktionalanalysis der Begriff **Form** auf. Dieser beschreibt eine
lineare Abbildung in den Grundkörper eines Vektorraums (siehe
Definition 7.4.30).

Wir können mit Hilfe einer Abbildung ganze Teilmengen von A nach
B abbilden.

Definition 4.3.11 (Bild). Sei $f : A \to B$ eine Abbildung, und sei   4.3.11
$M \subseteq A$ eine Teilmenge. Wir nennen die Menge

$$f(M) := \{b \in B \mid \exists a \in M : f(a) = b\} = \{f(a) \mid a \in M\}$$

das *Bild der Menge M unter f*. Speziell nennen wir das Bild der Definitionsmenge $f(A)$ den *Wertebereich von f*.

Umgekehrt können wir für eine Teilmenge $N \subseteq B$ des Zielbereichs alle Elemente in A suchen, deren Bilder in N liegen, also die Urbilder aller Elemente von N.

4.3.12   Definition 4.3.12 (Urbild). Sei wieder $f : A \to B$ eine Abbildung.

(i)   Sei $N \subseteq B$ eine Teilmenge des Zielbereichs. Wir definieren die Menge

$$f^{-1}(N) := \{a \in A \mid f(a) \in N\}$$

und nennen sie das *Urbild der Menge N unter f*.

(ii)   Für ein Element $b \in B$ definieren wir das *Urbild von b* durch $f^{-1}(b) := f^{-1}(\{b\})$. Beachten Sie dabei, dass das Urbild von b **eine Menge** ist!

4.3.13   Beispiel 4.3.13 (Bild und Urbild). *Betrachten wir nochmals die Funktion* $f : \mathbb{R} \to \mathbb{R}$ *mit* $f(x) = x^2$. *Das Bild der Menge* $M =]-1, 1]$ *ist die Menge* $f(M) = [0, 1]$. *Das Urbild von* $N = [-4, 4]$ *ist die Menge* $f^{-1}(N) = [-2, 2]$, *und das Urbild des Punktes 9 ist die Menge* $f^{-1}(9) = \{-3, 3\}$.

Aufgabe 4.3.14. Bestimmen Sie für die folgenden Funktionen $f_i : \mathbb{R} \to \mathbb{R}$ und die Mengen A_i, B_i ($i = 1, 2, 3$) die Bildmengen $f_i(A_i)$ sowie die Urbildmengen $f_i^{-1}(B_i)$:

1. $f_1(x) = x + 3$, $A_1 = \{1, 2, 5\}$, $B_1 =]-1, 3[$,
2. $f_2(x) = x^2 - 1$, $A_2 =]-1, 1[$, $B_2 = \{-1, 0\}$,
3. $f_3(x) = a$ ($a \in \mathbb{R}$ eine Konstante), $A_3 = \{0\} \cup]1, 2[$, $B_3 = \{a\}$.

4.3.15   Beispiel 4.3.15 (Bild und Urbild von Vereinigungen). *Wir zeigen, dass das Urbild und das Bild mit der Vereinigung zweier Mengen verträglich ist, genauer: Das Urbild bzw. Bild der Vereinigungen zweier Mengen ist die Vereinigung der Urbilder bzw. Bilder. Sei also* $f : A \to B$ *eine Funktion, und seien* $A_1, A_2 \subseteq A$ *und* $B_1, B_2 \subseteq B$. *Wir zeigen*

$$f^{-1}(B_1 \cup B_2) = f^{-1}(B_1) \cup f^{-1}(B_2),$$
$$f(A_1 \cup A_2) = f(A_1) \cup f(A_2).$$

Zunächst gilt nach Definition von Urbild und Vereinigung, dass

$$a \in f^{-1}(B_1 \cup B_2)$$
$$\Leftrightarrow f(a) \in B_1 \cup B_2$$
$$\Leftrightarrow f(a) \in B_1 \vee f(a) \in B_2$$
$$\Leftrightarrow a \in f^{-1}(B_1) \vee a \in f^{-1}(B_2) \Leftrightarrow a \in f^{-1}(B_1) \cup f^{-1}(B_2),$$

und somit gilt $f^{-1}(B_1 \cup B_2) = f^{-1}(B_1) \cup f^{-1}(B_2)$.
Um die zweite Behauptung zu zeigen, verwenden wir die Definition von Bild und Vereinigung und sehen, dass

$$b \in f(A_1 \cup A_2)$$
$$\Leftrightarrow \exists a \in A_1 \cup A_2 : \ f(a) = b$$
$$\Leftrightarrow (\exists a \in A_1 : \ f(a) = b) \vee (\exists a \in A_2 : \ f(a) = b)$$
$$\Leftrightarrow b \in f(A_1) \vee b \in f(A_2) \Leftrightarrow b \in f(A_1) \cup f(A_2),$$

also $f(A_1 \cup A_2) = f(A_1) \cup f(A_2)$ gilt. Übrigens haben wir in der letzten Rechnung Theorem 3.2.22(iii) verwendet — ist Ihnen das aufgefallen?

Aufgabe 4.3.16. Sei $f : A \to B$ eine Funktion, und seien $A_1, A_2 \subseteq A$ und $B_1, B_2 \subseteq B$. Zeigen Sie die Behauptungen:

1. $f^{-1}(B_1 \cap B_2) = f^{-1}(B_1) \cap f^{-1}(B_2)$,
2. $f(A_1 \cap A_2) \subseteq f(A_1) \cap f(A_2)$,
3. $f^{-1}(B_1 \setminus B_2) = f^{-1}(B_1) \setminus f^{-1}(B_2)$,
4. $f(A_1 \setminus A_2) \supseteq f(A_1) \setminus f(A_2)$.

Finden Sie analog zu Beispiel 4.3.15 verbale Formulierungen der Aussagen.

Geben Sie außerdem Beispiele an, die belegen, dass in den Behauptungen 2 und 4 die Gleichheit verletzt ist.

Hinweis: Gehen Sie analog zu Beispiel 4.3.15 vor. Zur Widerlegung der Gleichheit in 2 und 4 genügt es, eine Menge A mit zwei Elementen und B mit einem Element heranzuziehen und f entsprechend zu definieren.

Kommen wir jetzt zu *den* drei grundlegenden Eigenschaften von Abbildungen.

4.3.17 **Definition 4.3.17 (Injektiv, surjektiv, bijektiv).** Sei $f : A \to B$ eine Abbildung.

(i)   Wir sagen f ist *injektiv*, wenn jedes Element $b \in B$ **höchstens ein** Urbild hat. In Symbolen können wir schreiben[2]

$$x \neq y \in A \Rightarrow f(x) \neq f(y) \quad \text{oder} \quad f(x) = f(y) \Rightarrow x = y.$$

(ii)   Die Funktion f heißt *surjektiv*, wenn jedes Element $b \in B$ **mindestens ein** Urbild besitzt. In Symbolen:

$$\forall b \in B : \exists a \in A : f(a) = b.$$

(iii)   Wir nennen f *bijektiv*, wenn f injektiv und surjektiv ist. Das ist der Fall, wenn **jedes** Element der Zielmenge **genau ein** Urbild besitzt.

Um diese Begriffe zu veranschaulichen, betrachten wir zunächst Abbildungen zwischen *endlichen* Mengen, die wir ja mittels Pfeildiagrammen darstellen können. Genauer betrachten wir die Abbildung f aus dem Pfeildiagramm von Seite 162.

In diesem Bild bedeutet die Injektivität einer Abbildung, dass *kein* Element der Zielmenge B von mehr als einem Pfeil getroffen wird bzw. *jedes* Element höchstes ein Mal getroffen wird, d.h. höchstens ein Urbild besitzt. Daher ist die Funktion auf Seite 162 nicht injektiv; der oberste Punkt in B wird dreimal und der zweitunterste zweimal getroffen.

Stellen wir uns nun die Aufgabe, die auf Seite 162 dargestellte Abbildung f injektiv machen. Zunächst müssen wir dazu einige der Pfeile entfernen. Dabei müssen wir allerdings beachten, dass in der Definitionsmenge einer Funktion keine Elemente auftreten dürfen, von denen kein Pfeil ausgeht — das würde der Funktionsdefinition widersprechen. So können wir z.B. die obersten zwei Elemente in A sowie das zweitunterste mitsamt den von ihnen ausgehenden Pfeilen entfernen, um eine injektive Abbildung g zu erhalten, siehe Abbildung 4.3.

---

[2] Hier verwenden wir wieder einmal die Äquivalenz von $p \Rightarrow q$ und $\neg q \Rightarrow \neg p$.

Dabei bemerken wir, dass die neue Definitionsmenge C weniger Elemente enthält als B.

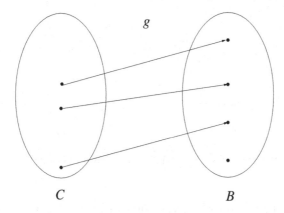

Abb. 4.9 Pfeildiagramm der injektiven Funktion $g : C \to B$.

Surjektivität bedeutet in einem Pfeildiagramm, dass jedes Element der Zielmenge mindestens einmal getroffen wird, also mindestens ein Urbild besitzt. Daher ist weder die ursprüngliche Funktion f noch die daraus konstruierte injektive Funktion g surjektiv, weil jeweils das unterste Element der Zielmenge B gar nicht getroffen wird.

Wollen wir die Abbildung g nun noch weiter modifizieren, so dass sie auch surjektiv wird, so müssen wir noch den untersten Punkt in B entfernen, da er ja nicht von einem Pfeil getroffen wird. Damit erhalten wir eine neue Funktion $h : C \to D$, siehe Abbildung 4.3. Wir sehen, dass die beiden Mengen C und D gleich viele Elemente besitzen.

Wir sind also ausgehend von der Funkton $f : A \to B$ schrittweise zu einer injektiven und surjektiven und damit bijektiven Abbildung $h : C \to D$ gelangt, die allerdings nicht nur eine veränderte Zuordnungsvorschrift aufweist (wir haben ja einige der Pfeile entfernt), sondern wir haben auch Definitions- und Zielmenge verändert (durch das Entfernen von Elementen in A und B). Natürlich war unsere Vorgehensweise dabei willkürlich: wir hätten genauso gut andere Pfeile und Punkte entfernen oder auch Punkte hinzufügen können. Alternativ hätten wir auch zuerst die Surjektivität und erst danach die Injektivität sicherstellen können. Allgemein folgt aber für Abbildungen zwischen endlichen Mengen unmittelbar aus Definition 4.3.17, dass im Falle von Injektivität die Definitionsmenge höchstens so viele Ele-

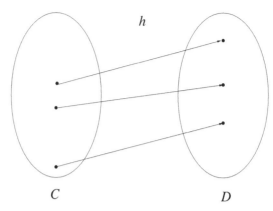

Abb. 4.10 Pfeildiagramm der sujektiven Funktion $h : C \to D$.

mente haben kann wie die Zielmenge und im Fall von Surjektivität mindestens so viele haben muss. Daher gilt für bijektive Abbildungen zwischen endlichen Mengen, dass Definitions- und Zielmenge gleich viele Elemente besitzen — Bijektionen endlicher Mengen sind also im Wesentlichen bloß Umbenennungen der Elemente.

> Mitunter werden für die Begriffe *injektiv* und *bijektiv* auch die alten Begriffe *eindeutig* und *eineindeutig* verwendet. Das wäre ja leicht zu merken, doch unglücklicherweise verwenden manche Autoren den Begriff „eineindeutig" statt für bijektiv für injektiv. Daher raten wir dringend zur Verwendung der Bezeichnungen aus Definition 4.3.17.
>
> Ist $f : A \to B$ surjektiv, so sagt man auch f ist eine Abbildung von A **auf** B.
>
> Eine weitere Begriffsverwirrung betrifft den Terminus *Wertebereich*, den wir für das Bild der Definitionsmenge $f(A)$ verwenden. Andere Autoren bezeichnen den Zielbereich B als Wertebereich — was im allgemeinen nicht dasselbe ist, also Achtung!

Wenn man Injektivität und Surjektivität von Abbildungen untersucht, zeigt die obige Diskussion, wie wichtig es ist, Definitions- und Zielmenge genau zu beachten. Wenn wir etwa die Zuordnungsvorschrift

$x \mapsto x^2$ untersuchen, dann können wir abhängig von Definitions- und Zielbereich alle Varianten finden, wie uns das folgende Beispiel zeigt.

Beispiel 4.3.18 (Injektiv, surjektiv, bijektiv). *Wir bezeichnen* **4.3.18** *mit $\mathbb{R}_0^+$ die Menge der nichtnegativen reellen Zahlen, d.h.* $\mathbb{R}_0^+ := \{x \in \mathbb{R} \mid x \geq 0\}$.

- $x \mapsto x^2 : \mathbb{R} \to \mathbb{R}$ *ist weder injektiv noch surjektiv, weil $f(-1) = 1 = f(1)$, was der Injektivität widerspricht und -1 nicht von f getroffen wird, was die Surjektivität ausschließt.*
- $x \mapsto x^2 : \mathbb{R}_0^+ \to \mathbb{R}$ *ist injektiv aber nicht surjektiv.*
- $x \mapsto x^2 : \mathbb{R} \to \mathbb{R}_0^+$ *ist surjektiv aber nicht injektiv.*
- $x \mapsto x^2 : \mathbb{R}_0^+ \to \mathbb{R}_0^+$ *ist bijektiv.*

Aufgabe 4.3.19. Sind die folgenden Abbildungen injektiv, surjektiv bzw. bijektiv? Begründen Sie Ihre Antwort:

1. $f_1 : \mathbb{N} \to \mathbb{N}$, $n \mapsto n^2$,
2. $f_2 : \mathbb{Z} \to \mathbb{Z}$, $n \mapsto n^2$,
3. $f_3 : \mathbb{R} \to \mathbb{R}_0^+$, $x \mapsto x^2 + 1$,
4. $f_4 : \mathbb{R} \to \mathbb{R}$, $f_4(x) = 4x + 1$,
5. $f_5 : \mathbb{R} \to [-1, 1]$, $x \mapsto \sin x$.

Aufgabe 4.3.20. Sei $f : A \to B$ eine Funktion, und seien $A_1, A_2 \subseteq A$. Zeigen Sie, dass für injektives f in Aussage 2 und 4 aus Aufgabe 4.3.16 die Gleichheit gilt, also, dass für *injektives* f gilt:

1. $f(A_1 \cap A_2) = f(A_1) \cap f(A_2)$,
2. $f(A_1 \setminus A_2) = f(A_1) \setminus f(A_2)$.

Aufgabe 4.3.21. Sei $f : A \to B$ eine Funktion, und sei $A_1 \subseteq A$.

1. Zeigen Sie dass die Mengen $f(\complement A_1)$ und $\complement f(A_1)$ unvergleichbar sind, dass also im allgemeinen weder $f(\complement A_1) \subseteq \complement f(A_1)$ noch $\complement f(A_1) \subseteq f(\complement A_1)$ gilt.
2. Zeigen Sie, dass für injektives f das Bild des Komplements im Komplement des Bildes enthalten ist, also $f(\complement A_1) \subseteq \complement f(A_1)$ gilt.
3. Zeigen Sie, dass für surjektives f das Komplement des Bildes im Bild des Komplements liegt.
4. Wie steht es um die analoge Problemstellung für Urbilder: Wie verhält sich das Komplement des Urbilds einer Menge zum Urbild des Komplements?

Aufgabe 4.3.22. Fertigen Sie eine Tabelle an, in der Sie die Ergebnisse der vorangegangenen Beispiele und Aufgaben zur Verträglichkeit von Bild und Urbild mit den Mengenoperationen Vereinigung, Durchschnitt, Mengendifferenz und Komplementbildung zusammenfassen.

Seien eine Abbildung $f : A \to B$ und eine Teilmenge des Definitionsbereichs $C \subseteq A$ gegeben, dann können wir unseren Blick auf die Teilmenge C einschränken und uns vorstellen, die Abbildung f gehe nur von der Menge C aus: Da jedes Element $x \in C$ auch ein Element von A ist, ist $f(x)$ in natürlicher Weise definiert. Nun haben wir aber gerade gesehen, wie stark die Eigenschaften einer Funktion von ihrer Definitions- und Zielmenge beeinflusst werden. Wenn wir also f nur auf der Menge C betrachten wollen, müssen wir eine neue Abbildung definieren, die als Definitionsbereich die Menge C anstelle der Menge A besitzt. Die Funktionswerte auf C sollen dabei natürlich nicht verändert werden.

4.3.23   **Definition 4.3.23 (Einschränkung einer Abbildung).** Sei $f :$ $A \to B$ eine Abbildung und sei $C \subseteq A$ eine Teilmenge des Definitionsbereichs. Die *Einschränkung* $f|_C$ (sprich: f eingeschränkt auf C) von f auf C ist die Abbildung $f|_C : C \to B$ mit dem Graphen

$$G(f|_C) := \{(a, f(a)) \mid a \in C\} \subseteq G(f).$$

In Übereinstimmung mit Definition 4.3.4 haben wir den Graphen von $f|_C$ angeben, und in diesen nehmen wir all jene Paare $(a, f(a)) \in G(f)$ auf, deren erste Komponente in C liegt. Bei der Definition von $f|_C$ haben wir also nichts weiter getan, als die Werte von f auf $A \setminus C$ zu vergessen. Da die in Definition 4.3.4 geforderten Eigenschaften (i) und (ii) sogar für alle $a \in A$ gelten, gelten sie erst recht für alle $a \in C$ und $f|_C$ ist tatsächlich eine Funktion.

4.3.24   **Beispiel 4.3.24 (Einschränkung).**   *Wir betrachten nochmals die Quadratabbildung auf $\mathbb{R}$, genauer*

$$f : \ \mathbb{R} \to \mathbb{R}, \quad f(x) = x^2.$$

Schränken wir f auf die nichtnegativen Zahlen ein, betrachten also
$f|_{\mathbb{R}_0^+}$, dann wissen wir aus Beispiel 4.3.18, dass $f|_{\mathbb{R}_0^+}$ (im Gegensatz zu
f) injektiv ist.

Als nächstes wollen wir diskutieren, was zu beachten ist, wenn wir den
Definitionsbereich einer Funktion vergrößern wollen.

Bemerkung 4.3.25 (Erweiterung einer Abbildung). Sei eine Ab-   **4.3.25**
bildung $g : A \to B$ gegeben und sei $D \supseteq A$ eine Obermenge des De-
finitionsbereichs. Dann heißt jede Abbildung $f : D \to B$, die $f|_A = g$
erfüllt eine **Erweiterung von g auf D**. Erweiterungen von Abbildungen sind im Gegensatz zu Einschränkungen nicht eindeutig.
Erweiterungen werden in der Mathematik fast immer zusammen mit
zusätzlichen Eigenschaften betrachtet. So gibt es etwa Sätze über die
Existenz oder Nicht-Existenz differenzierbarer, stetiger oder beschränk-
ter Erweiterungen von Funktionen in verschiedenen Gebieten der Mathematik.

Beispiel 4.3.26 (Erweiterung). *Kehren wir noch einmal zur Qua-*   **4.3.26**
dratfunktion zurück, und schreiben wir

$$g : \mathbb{R}_0^* \to \mathbb{R}, \quad g(x) = x^2,$$

dann ist f aus Beispiel 4.3.24 eine Erweiterung von g auf $\mathbb{R}$. Eine
andere Erweiterung auf $\mathbb{R}$ wäre etwa

$$f_1 : \mathbb{R} \to \mathbb{R}, \quad f_1(x) = \begin{cases} x^2 & \text{falls } x \geq 0 \\ -x^2 & \text{falls } x < 0. \end{cases}$$

Wie wir in Beispiel 4.3.18 gesehen haben, ist es auch interessant, den
Zielbereich einer Abbildung $f : A \to B$ zu verändern. Es ist offensichtlich möglich, die Funktion f auf jedem Zielbereich zu betrachten,
der ihren Wertebereich $f(A)$ enthält. Am häufigsten wird der Zielbereich von f auf den Wertebereich eingeschränkt. Dadurch wird die
Funktion surjektiv. (Achtung: hier versteckt sich wieder eine „Mini-
Behauptung"!) Der Graph $G(f)$ verändert sich als Menge durch dieses
Manöver nicht. Einzig die Menge, als deren Teilmenge $G(f)$ betrachtet
wird, ändert sich.

Obwohl sich eine Funktion f definitionsgemäß ändert, wenn wir ihren Zielbereich austauschen, hat sich in der Mathematik keine eigene Bezeichnung für diese Änderung etabliert. Im Rahmen von mathematischen Texten werden für diesen Vorgang meist Sätze wie: „Wenn wir die Funktion f auf ihren Wertebereich einschränken..." formuliert, und die Bezeichnung f wird für diese neue Funktion weiterverwendet.

4.3.27 **Beispiel 4.3.27 (Einschränken des Zielbereichs).** *Kehren wir ein letztes Mal zur Quadratfunktion*

$$f: \ \mathbb{R} \to \mathbb{R}, \quad f(x) = x^2$$

zurück. Da $f(\mathbb{R}) = \mathbb{R}_0^+$ gilt, können wir den Zielbereich von f etwa auf das Intervall $[-1, \infty[$ einschränken, was aber keine besonderen Neuigkeiten zu Tage fördert. Anders, wenn wir den Zielbereich von f auf $\mathbb{R}_0^+$ einschränken: Dann wird f in Übereinstimmung mit unserer obigen „Mini-Behauptung" surjektiv, wie wir auch schon in Beispiel 4.3.18 festgestellt haben.

Ein einfaches aber wichtiges Beispiel für eine bijektive Abbildung ist für jede Menge A die **Identität** (auch **identische Abbildung** genannt), die jedem $a \in A$ wieder a zuordnet, d.h.

$$\mathbb{1}_A : A \to A, \ \mathbb{1}_A(a) = a.$$

In vielen Texten wird die identische Abbildung auch mit id_A bezeichnet. Ist aus dem Zusammenhang klar, was die Menge A ist, so wird sie gerne notationell unterdrückt, d.h. die Identität wird mit $\mathbb{1}$ oder id bezeichnet.

Sind $f : A \to B$ und $g : B \to C$ zwei Abbildungen, so können wir diese hintereinander ausführen, indem wir das Ergebnis von f in g einsetzen: $g(f(a))$. Dies ist ein wichtiges Konzept.

Definition 4.3.28 (Verknüpfung von Abbildungen). Seien $f:$ **4.3.28**
$A \to B$ und $g : B \to C$ zwei Abbildungen. Wir definieren die
Verknüpfung von f mit g (oder die *Hintereinanderausführung von f
und g* bzw. die *Komposition von f mit g*) in Zeichen, $g \circ f : A \to C$
durch

$$(g \circ f)(a) := g(f(a)). \tag{4.6}$$

Achten Sie sorgfältig auf die Reihenfolge bei Verknüpfungen! Die
Notation ist so gewählt, dass auf beiden Seiten von Gleichung
(4.6) die Reihenfolge der Symbole g und f übereinstimmt. Das
Symbol $g \circ f$ wird auch „g nach f" gelesen, um klar zu stellen,
dass zuerst die Funktion f und dann die Funktion g ausgeführt
wird.

Beispiel 4.3.29 (Komposition). *Für die Abbildung* $f : \mathbb{N} \to \mathbb{N}$ *mit*   **4.3.29**
$f(n) = n^2$ *und* $g : \mathbb{N} \to \mathbb{N}$ *mit* $g : m \mapsto 5m$ *finden wir die Kompositio-
nen*

$$f \circ g : n \mapsto (5n)^2, \qquad g \circ f : n \mapsto 5n^2.$$

Aufgabe 4.3.30. Wir betrachten die Abbildungen $f : \{a, b\} \to \{1, 2, 3\}$
mit $f : a \mapsto 1$ und $f : b \mapsto 3$ und $g : \{1, 2, 3\} \to \{A, B, C, D\}$ mit
$g : 1 \mapsto C$, $g : 2 \mapsto D$ und $g : 3 \mapsto B$. Bestimmen Sie die Verknüpfung
$g \circ f$.

Aufgabe 4.3.31. Bestimmen Sie die Zusammensetzungen $f \circ g$ und
$g \circ f$ für die jeweils angegebenen Funktionen:

1. $f, g : \mathbb{R} \to \mathbb{R}$ mit $f(x) = \sin(x)$ und $g(x) = x^2$,
2. $f, g : \mathbb{Q} \to \mathbb{Q}$ mit $f(q) = \frac{q}{3}$ und $g(q) = q^2 - 1$,
3. $f, g : \mathbb{N} \to \mathbb{N}$ mit $f : n \mapsto 3^n$ und $g(n) = n^3$.

Aufgabe 4.3.32.

1. Gibt es zwei Funktionen f und g, die beide nicht bijektiv sind, sodass die Zusammensetzung $f \circ g$ bijektiv ist?
2. Gibt es zwei Funktionen f und g, die beide nicht injektiv sind, sodass die Zusammensetzung $f \circ g$ injektiv ist?

Sind $f : A \to B$, $g : B \to C$ und $h : C \to D$ drei Abbildungen, so gilt für deren Verknüpfung das **Assoziativgesetz** $(h \circ g) \circ f = h \circ (g \circ f)$. Dies folgt direkt aus der Definition der Verknüpfung. Man darf also beim Zusammensetzen von Abbildungen die Klammern weglassen.

Aufgabe 4.3.33. Zeigen Sie, dass die Verknüpfung von Abbildungen das Assoziativgesetz erfüllt.

Ist $f : A \to B$ bijektiv, so gibt es zu jedem Bild $b \in B$ genau ein Urbild $a \in A$ mit $f(a) = b$. Diese Tatsache können wir benutzen, um eine neue Funktion, die **Umkehrfunktion** von f zu konstruieren, die jedem $b = f(a)$ *das* Urbild a zuordnet. Die Surjektivität von f garantiert dabei, dass *jedem* b ein a zugeordnet werden kann, die Injektivität von f hingegen, dass die Zuordnung eindeutig ist.

4.3.34 **Definition 4.3.34 (Umkehrfunktion).** Sei $f : A \to B$ bijektiv. Die *inverse Abbildung von* f, die *Inverse* oder die *Umkehrfunktion von* f ist definiert durch

$$f^{-1} : B \to A$$
$$f(a) \mapsto a.$$

Verwechseln Sie nicht die Umkehrfunktion f^{-1}, **die wir nur für bijektive Abbildungen** f definiert haben mit der "Mengenabbildung" aus 4.3.12, die für beliebiges f existiert! Um die latent vorhandene Verwechslungsgefahr zu entschärfen, wird das alleinstehende Symbol f^{-1} nur für die inverse Abbildung verwendet; für die "Mengenabbildung", die einer Teilmenge N des Zielbereichs ihr Urbild zuordnet, wird das Symbol f^{-1} ausschließlich zusammen mit der Menge verwendet, also $f^{-1}(N)$.

Ist $f : N \to N$ bijektiv, so könnte $f^{-1}(N)$ allerdings auch das Bild von N unter f^{-1} bezeichnen. Das ist aber kein Problem, da dieses mit dem

Urbild von N unter f übereinstimmt. (Achtung: „Mini-Behauptung"!) Bleibt alleine das Problem, dass $f^{-1}(b)$ für ein $b \in B$ einerseits das Bild von $b \in B$ unter der inversen Funktion f^{-1} und andererseits das Urbild von $\{b\} \subseteq B$ unter f (vgl. Definition 4.3.12(ii)) bezeichnet. Da f injektiv ist, ist letzteres die einelementige Menge $\{f^{-1}(b)\} \subseteq A$, sodass $f^{-1}(b)$ im ersten Fall ein Element von A bezeichnet im zweiten eine Teilmenge von A, die als einziges Element eben $f^{-1}(b)$ enthält; welche der beiden gemeint ist, wird aber immer aus dem Zusammenhang klar sein. Auch wenn Ihnen obige Bemerkung spitzfindig erscheint: wenn Sie sie verstehen, können Sie sicher sein, die Begriffe Bild, Urbild und Umkehrfunktion *gut* verstanden zu haben!

Bemerkung 4.3.35 (Umkehrabbildung). Die Zusammensetzung einer bijektiven Funktion f mit ihrer Umkehrabbildung f^{-1} ergibt für alle $a \in A$ und alle $b \in B$, wie man leicht einsehen kann   **4.3.35**

$$f(f^{-1}(b)) = b, \qquad f^{-1}(f(a)) = a,$$

oder in Funktionsnotation

$$f \circ f^{-1} = \mathbb{1}_B, \qquad f^{-1} \circ f = \mathbb{1}_A.$$

Beispiel 4.3.36 (Umkehrfunktion). *Zur Funktion $f : \mathbb{R} \to \mathbb{R}$, $x \mapsto x^3$ ist die Umkehrfunktion $f^{-1} : \mathbb{R} \to \mathbb{R}$ gegeben durch $x \mapsto \sqrt[3]{x}$.*   **4.3.36**

Aufgabe 4.3.37. Es sei die Abbildung $f : \{a, b, c\} \to \{1, 2, 3\}$ gegeben durch $f : a \mapsto 2$, $f : b \mapsto 3$ und $f : c \mapsto 1$. Bestimmen Sie die Umkehrabbildung f^{-1} von f.

Aufgabe 4.3.38. Zeigen Sie, dass die Abbildung

$$f : \{1, 2, 3\} \times \{1, 2, 3\} \to \{0, \ldots, 8\}, \quad (n, m) \mapsto 3(n - 1) + m - 1$$

bijektiv ist und bestimmen Sie die Umkehrabbildung f^{-1}.

Ein erstes Beispiel für eine **mathematische Struktur** war diejenige einer Menge. Die zugehörigen Beziehungen sind die Abbildungen. Wir haben aber im letzten Abschnitt eine weitere, etwas speziellere Struktur definiert, die *geordnete Menge*. Was sind die Beziehungen zwischen geordneten Mengen? Ganz einfach: Diejenigen Abbildungen, die die Ordnungsstruktur erhalten, also die monotonen Abbildungen.

4.3.39   **Definition 4.3.39 (Monotonie).** Seien $(A, \preceq)$ und $(B, \trianglelefteq)$ zwei geordnete Mengen. Eine Abbildung $f : A \to B$ heißt *monoton wachsend*, falls aus $a \preceq b$ schon $f(a) \trianglelefteq f(b)$ folgt. Sie heißt *monoton fallend*, falls sich aus $a \preceq b$ die Relation $f(a) \trianglerighteq f(b)$ ergibt.

4.3.40   **Beispiel 4.3.40 (Monotonie).** *Die Funktion* $f : \mathbb{R}_0^+ \to \mathbb{R}$, $x \mapsto x^2$ *ist monoton wachsend.*

Aufgabe 4.3.41. In welchen Intervallen sind die folgenden Funktionen $f : \mathbb{R} \to \mathbb{R}$ monoton wachsend bzw. fallend?

1. $f(x) = x^2$,
2. $f(x) = 0$,
3. $f(x) = 4x^3 + 3x^2 - x + 4$,
4. $f(x) = \cos(x)$,
5. $f(x) = \tan(x)$.

Aufgabe 4.3.42. Beweisen Sie, dass die Zusammensetzung $f \circ g$ zweier monotoner Funktionen f und g wieder monoton ist. Betrachten Sie dazu alle vier Kombinationsmöglichkeiten (f und g jeweils monoton fallend oder wachsend). Wie verhält es sich genau mit der Richtung der Monotonie, d.h. welche Monotonie erhält man bei Verknüpfung einer wachsenden mit einer fallenden Funktion, etc.?

Wir haben also bereits zwei Beispiele für typische mathematische Strukturen kennengelernt: *Mengen und Abbildungen* und *geordnete Mengen und monotone Abbildungen*.

Hat man zwei Mengen A und B, so können wir alle Abbildungen von A nach B wieder zu einer Menge zusammenfassen, der **Menge aller Abbildungen von A nach B**, die oft mit B^A bezeichnet wird.

Der Ursprung der Bezeichnungsweise B^A wird uns gleich klarer werden. Zuletzt sei nämlich wie versprochen noch die Definition des Cartesischen Produktes von endlich vielen Mengen auf beliebig viele Mengen verallgemeinert.

Definition 4.3.43 (Unendliches Produkt). Seien M_i, $i \in I$ Mengen. Wir defi- **4.3.43**
nieren

$$\prod_{i \in I} M_i := \bigtimes_{i \in I} M_i := \{f : I \to \bigcup_{i \in I} M_i \mid \forall i \in I : f(i) \in M_i\}$$

das *Cartesische Produkt* der M_i.

Sind alle Mengen $M_i = M$ gleich, dann schreiben wir statt $\prod_{i \in I} M$ auch M^I, und das stimmt mit der oberen Bezeichnung von M^I als Menge aller Abbildungen von I nach M überein!

Man beachte, dass diese Definition für endliche Indexmengen I äquivalent ist zur Definition mit k-Tupeln. Haben wir etwa die Mengen M_0 und M_1, dann ist unsere Indexmenge $I = \{0, 1\}$. Setzen wir in Definition 4.3.43 ein, so erhalten wir

$$M_0 \times M_1 = \{f : \{0, 1\} \to M_0 \cup M_1 \mid f(0) \in M_0 \wedge f(1) \in M_1\}. \tag{4.7}$$

Eine Abbildung f von $\{0, 1\}$ in irgendeine Menge ist eindeutig bestimmt durch die Werte bei 0 und 1. Die einzige Forderung an f ist, dass $f(0) \in M_0$ und $f(1) \in M_1$ liegen müssen. Verstehen wir nun die Indexmenge I als „Positionsangaben" und schreiben wir die Abbildung f ein wenig anders auf, dann sehen wir

$$
\begin{array}{ccc}
I & 0 & 1 \\
& (f(0)\ , & f(1)), \\
& \in M_0 & \in M_1
\end{array}
$$

dass jede Funktion einem geordneten Paar entspricht, dessen erster Eintrag in M_0 liegt, und dessen zweiter Eintrag Element von M_1 sein muss. Alle möglichen Funktionen, die die Form von (4.7) haben, findet man also, indem man $f(0)$ alle möglichen Elemente von M_0 durchlaufen lässt und für $f(1)$ jedes Element von M_1 einsetzt. Man konstruiert also wirklich alle geordneten Paare von M_0 und M_1.

Zum weiteren Verständnis wollen wir die Konstruktion für $I = \{0, 1, 2\}$ und $M_0 = \{a, b\}$, $M_1 = \{1, 2, 3\}$ und $M_2 = \{\alpha, \beta\}$ genau durchrechnen:

$$
\begin{aligned}
M_0 \times M_1 \times M_2 = \{&(a, 1, \alpha), (a, 1, \beta), (a, 2, \alpha), (a, 2, \beta), (a, 3, \alpha), (a, 3, \beta), \\
&(b, 1, \alpha), (b, 1, \beta), (b, 2, \alpha), (b, 2, \beta), (b, 3, \alpha), (b, 3, \beta)\}
\end{aligned}
$$

entspricht unserer ursprünglichen Definition durch Tripel (3-Tupel).

Untersuchen wir die Menge aller Abbildungen

$$
\begin{aligned}
X := \{f : \{0, 1, 2\} &\to M_0 \cup M_1 \cup M_2 = \{1, 2, 3, a, b, \alpha, \beta\} \mid \\
&f(0) \in \{a, b\} \wedge f(1) \in \{1, 2, 3\} \wedge f(2) \in \{\alpha, \beta\}\}. \tag{4.8}
\end{aligned}
$$

Es gibt zwölf verschiedene Abbildungen in dieser Menge X:

$$
\begin{array}{llll}
f_0 : 0 \mapsto a & f_1 : 0 \mapsto a & f_2 : 0 \mapsto a & f_3 : 0 \mapsto a \\
 1 \mapsto 1 & 1 \mapsto 1 & 1 \mapsto 2 & 1 \mapsto 2 \\
 2 \mapsto \alpha & 2 \mapsto \beta & 2 \mapsto \alpha & 2 \mapsto \beta
\end{array}
$$

$$f_4 : 0 \mapsto a \qquad f_5 : 0 \mapsto a \qquad f_6 : 0 \mapsto b \qquad f_7 : 0 \mapsto b$$
$$1 \mapsto 3 \qquad\quad 1 \mapsto 3 \qquad\quad 1 \mapsto 1 \qquad\quad 1 \mapsto 1$$
$$2 \mapsto \alpha \qquad\quad 2 \mapsto \beta \qquad\quad 2 \mapsto \alpha \qquad\quad 2 \mapsto \beta$$

$$f_8 : 0 \mapsto b \qquad f_9 : 0 \mapsto b \qquad f_{10} : 0 \mapsto b \qquad f_{11} : 0 \mapsto b$$
$$1 \mapsto 2 \qquad\quad 1 \mapsto 2 \qquad\quad 1 \mapsto 3 \qquad\quad 1 \mapsto 3$$
$$2 \mapsto \alpha \qquad\quad 2 \mapsto \beta \qquad\quad 2 \mapsto \alpha \qquad\quad 2 \mapsto \beta$$

Sorgfältiger Vergleich zwischen den Mengen X und $M_0 \times M_1 \times M_2$ zeigt, dass in der Tat beide Mengen dasselbe beschreiben.

4.3.44   **Beispiel 4.3.44 (Reelle Zahlenfolgen).** *Die Menge $\mathbb{R}^{\mathbb{N}}$ aller Abbildungen von $\mathbb{N}$ nach $\mathbb{R}$ (oder das Cartesische Produkt von „$\mathbb{N}$-vielen Kopien von $\mathbb{R}$") ist die Menge aller reellen Zahlenfolgen*

$$(x_0, x_1, x_2, x_3, \dots), \qquad \text{mit } x_i \in \mathbb{R} \text{ für } i \in \mathbb{N}.$$

Reelle Folgen stehen am Beginn der Analysis, und Sie werden Ihnen im Laufe Ihres Studiums noch viele Male begegnen.

4.4 Mächtigkeit

Eine interessante Eigenschaft von Mengen, die wir auch gelegentlich schon angesprochen haben, ist ihre „Größe" bzw. etwas mathematischer ausgedrückt ihre **Mächtigkeit**. Wie fast alles in der Mengenlehre geht auch dieses Konzept auf Georg Cantor zurück. Für unendliche Mengen hat er als erster definiert, wann es legitim ist zu sagen, dass zwei Mengen A und B *gleichmächtig* („gleich groß") sind.

Das Thema der Mächtigkeit auch unendlicher Mengen ist etwas schwieriger als die zuvor behandelten und bringt uns an die Grenzen der naiven Mengenlehre. Wir wollen trotzdem die wesentlichen Ideen vermitteln — allerdings verwenden wir einen Stil, der etwas weniger formal gehalten und kolloquialer ist als zuvor.

Für **endliche Mengen** M, also Mengen, die n Stück Elemente (für ein $n \in \mathbb{N}$) enthalten ist die Mächtigkeit $|M|$ einfach die Anzahl ihrer Elemente. Für **unendliche Mengen** (also Mengen, die nicht endlich viele Elemente besitzen) müssen wir aber etwas trickreicher vorgehen.

Definition 4.4.1 (Gleichmächtigkeit). Zwei Mengen A und B hei- 4.4.1
ßen *gleichmächtig*, wenn eine bijektive Abbildung (eine Bijektion) von
A auf B existiert. In diesem Fall sagt man auch A und B haben gleiche
Kardinalität oder die gleiche *Kardinalzahl* und schreibt

$$\mathrm{card}(A) = \mathrm{card}(B) \text{ oder } |A| = |B|.$$

Diese einfache Definition hat weit reichende Konsequenzen. Es wird
unter anderem möglich, dass eine Menge gleichmächtig zu einer ihrer
echten Teilmengen ist.

Beispiel 4.4.2 (Gleichmächtigkeit von $\mathbb{N}$ und $\mathbb{N}_g$). *Betrachten* 4.4.2
wir die Menge $\mathbb{N}$ und die Menge $\mathbb{N}_g$ aller geraden Zahlen. Es gilt
$\mathbb{N}_g \subsetneqq \mathbb{N}$, *doch die Abbildung $f : \mathbb{N} \to \mathbb{N}_g$ mit $f : x \mapsto 2x$ ist eine*
Bijektion. Die Mengen $\mathbb{N}$ und $\mathbb{N}_g$ sind also gleichmächtig.

Es stellt sich heraus, dass nur die endlichen Mengen die Eigenschaft
haben, eine größere Mächtigkeit zu besitzen als alle ihre echten Teilmengen.

Proposition 4.4.3 (Charakterisierung unendlicher Mengen). 4.4.3
Eine Menge ist unendlich genau dann, wenn sie eine gleichmächtige
echte Teilmenge besitzt.

Beweis. Der Beweis dieser Proposition geht über das Lehrziel dieses 4.4.3
Buches hinaus. Sie finden ihn z.B. in VAN DALEN et al. [68, Corollary
16.6]. □

Aufgabe 4.4.4. Welche der folgenden Mengen sind gleichmächtig? $\mathbb{N}$,
$\mathbb{N}_g$, P die Menge aller Primzahlen, $\{1, 2, 3, \ldots, 27\}$, $\{1, 2, 3\} \times \{a, b, c\} \times$
$\{X, Y, Z\}$, $\{0, 1\}^5$.

Schon Cantor hat gezeigt, dass aus der Mächtigkeitsdefinition gefol-
gert werden kann, dass unendlich große Mengen nicht gleich groß zu
sein brauchen. **Es gibt auch bei unendlichen Menge Größenun-
terschiede.** In der Mengentheorie ist also „unendlich nicht gleich unendlich".

Das Wort *unendlich* ist in der Mathematik allgegenwärtig. Die meisten vom Mathematiker behandelten Gebilde sind unendlich (z.B. $\mathbb{N}$, $\mathbb{R}^n$, ...), die meisten Aussagen in mathematischen Theorien handeln von unendlich vielen Objekten.

Das Symbol für den Ausdruck *unendlich* ist ∞. Dass es ein (und nur ein) Symbol für „unendlich" gibt, führt leider oft zu Missverständnissen, wird doch von vielen irrtümlich daraus geschlossen, dass man mit unendlich so umgehen kann wie mit einer reellen oder komplexen Zahl.

Die Menge M hat unendlich viele Elemente.

oder

Die Menge M ist unendlich (groß).

Diese Aussage bedeutet, dass es keine natürliche Zahl n gibt mit $|M| = n$. Man schreibt abkürzend manchmal $|M| = \infty$. Es bezeichnet $|M|$ die Mächtigkeit (**Kardinalität**) von M, doch ∞ ist keine Kardinalzahl. Daher ist obige Formulierung *keine* mathematisch exakte Aussage.

Man verwendet ∞ bei der Beschreibung von Grenzübergängen wie etwa in

$$\lim_{n \to \infty} a_n$$

oder in

Für $n \to \infty$ strebt die Folge $(x_n)_n$ gegen x.

Auch hier ist ∞ nur eine *Abkürzung* für die ε-δ-Definition, die Sie in der Analysis noch sehr genau studieren werden. Dasselbe gilt für die Notation in unendlichen Reihen, z.B.

$$\sum_{n=1}^{\infty} \frac{1}{n^2}.$$

Eine wirkliche mathematische Bedeutung hat das Symbol ∞ etwa in der Maßtheorie, in der die Menge $\bar{\mathbb{R}} := \mathbb{R} \cup \{\infty\}$ definiert wird. In diesem Fall bezeichnet ∞ ein bestimmtes von allen reellen Zahlen wohlunterschiedenes Element von $\bar{\mathbb{R}}$ mit genau definierten

Eigenschaften. Auch in der projektiven Geometrie kommt das Symbol ∞ vor, und auch dort hat es eine genau festgelegte Bedeutung. In diesen Fällen ist ∞ keine Abkürzung mehr; dort hat es aber auch eine fixe Bedeutung frei von Mythen.

Ihnen wird vielleicht aufgefallen sein, dass wir nur definiert haben, was es für zwei Mengen bedeutet, die gleiche Kardinalzahl zu haben, aber nicht, was eine Kardinalzahl ist; dies geht über den Rahmen dieser Vorlesung hinaus. Wir befinden uns hier in etwa in der Situation eines Cowboys, der die Größe zweier Rinderherden vergleichen soll, ohne weit genug zählen zu können. Um festzustellen, ob die beiden Herden gleich viele Tiere enthalten, braucht man diese aber nur paarweise durch ein Tor laufen zu lassen!

Was ist eigentlich die „kleinste" unendliche Menge? Diese Frage lässt sich beantworten. Es kann relativ leicht gezeigt werden, dass jede unendliche Menge mindestens so groß wie $\mathbb{N}$ sein muss.

Heuristisch lässt sich das so begründen: Wenn wir $\mathbb{N}$ genauer untersuchen, dann erkennen wir folgende Eigenschaft: In der natürlichen Ordnung von $\mathbb{N}$ besitzt jede Teilmenge $T \subseteq \mathbb{N}$ ein kleinstes Element (ein Minimum). Man sagt, die Menge $\mathbb{N}$ ist **wohlgeordnet** (siehe auch Abschnitt 6.1). Nun finden wir, dass für Teilmengen T von $\mathbb{N}$ nur zwei Möglichkeiten in Betracht kommen.

1. Die Menge T ist nach oben beschränkt. Dann ist T endlich. Ist nämlich α eine obere Schranke von T, so ist T Teilmenge der endlichen Menge $\{0, 1, \ldots, \alpha\}$.
2. Die Menge T ist nicht nach oben beschränkt. Dann kann man zu jedem Element t in T das nächst größere Element t' in T finden. Auf diese Weise kann man die Elemente von T durchnummerieren und eine Bijektion auf $\mathbb{N}$ konstruieren.

Also ist jede Teilmenge von $\mathbb{N}$ entweder endlich oder unendlich und gleichmächtig wie $\mathbb{N}$ selbst. „Zwischen" den endlichen Mengen und $\mathbb{N}$ gibt es also keine Größenordnung mehr.

Um die Mächtigkeit von $\mathbb{N}$ bezeichnen zu können, müssen wir ein neues Symbol einführen. Wir schreiben $|\mathbb{N}| =: \aleph_0$ (dieser Buchstabe stammt aus dem hebräischen Alphabet und heißt *Aleph* — diesen und die anderen hebräischen Buchstaben, die regelmäßig in der mathematischen Literatur vorkommen, können Sie in Tabelle 2 auf Seite 533 finden —; die Mächtigkeit von $\mathbb{N}$ ist also Aleph-Null) und nennen jede Menge, die gleichmächtig mit $\mathbb{N}$ ist, also Kardinalität $\aleph_0$ hat, **abzählbar (unendlich)**.

Cantor hat bereits knapp vor der vorletzten Jahrhundertwende bewiesen, dass $\mathbb{N} \times \mathbb{N}$ **abzählbar** ist, was ebenso wie die Gleichmächtigkeit von $\mathbb{N}$ und $\mathbb{N}_g$ zunächst überraschend ist. Dazu hat er das nach ihm benannte Diagonalverfahren verwendet, das in Abbildung 4.11 dargestellt ist. Alle geordneten Paare in $\mathbb{N} \times \mathbb{N}$ werden in einem Rechteckschema angeschrieben und entlang der Pfeile der Reihe nach durchlaufen; so wird eine Bijektion auf $\mathbb{N}$ hergestellt. Eine Formel für die Zuordnung

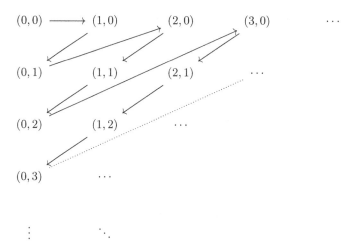

Abb. 4.11 Cantorsches Diagonalverfahren

ist

$$f : (i, j) \mapsto \tfrac{1}{2}(i + j)(i + j + 1) + j.$$

Nachdem die positiven respektive die negativen rationalen Zahlen $\mathbb{Q}$ als Teilmenge von $\mathbb{N} \times \mathbb{N}$ aufgefasst werden können ($q = \pm\frac{m}{n}$ für zwei teilerfremde natürliche Zahlen m und $n \neq 0$; vgl. den Beweis von Theorem 3.2.7 — wir kommen in Kapitel 6 noch genauer darauf zurück), ist also auch $\mathbb{Q}$ **abzählbar**.

Auch die Vereinigung von abzählbar vielen abzählbaren Mengen ist wieder abzählbar. Das kann man mit Hilfe des gleichen Prinzips beweisen (schreibe in Gedanken alle Mengen untereinander auf und konstruiere die Bijektion analog zur Diagonalabzählung).

Cantor hat andererseits auch bewiesen, dass es verschiedene Größenklassen von unendlichen Mengen gibt. So ist etwa die Potenzmenge $\mathbb{P}M$ einer Menge M **immer** mächtiger als M selbst (die Mächtigkeit der Potenzmenge einer Menge erfüllt $|\mathbb{P}M| = 2^{|M|}$).

Aufgabe 4.4.5. Beweisen Sie, dass $\mathbb{P}M = 2^M$ gilt. *Hinweis: Konstruieren Sie eine Bijektion von $\mathbb{P}M$ auf die Menge aller Abbildungen $M \to \{0,1\}$. Finden Sie zu jeder Teilmenge von M eine passende Abbildung.*

Zeigen Sie, dass für endliche[3] Mengen M weiters $|2^M| = 2^{|M|}$ gilt, also $|\mathbb{P}M| = 2^{|M|}$.

Interessant ist, dass die reellen Zahlen $\mathbb{R}$ mächtiger sind als $\mathbb{N}$. Man sagt, die **reellen Zahlen sind überabzählbar**. Das hat ebenfalls Cantor gezeigt.

Genauer hat Cantor bewiesen, dass $]0,1[$ überabzählbar ist. Die Tatsache, dass $]0,1[$ die gleiche Mächtigkeit wie $\mathbb{R}$ hat, ist einfach zu zeigen. So bildet etwa die Funktion $\frac{1}{\pi}(\arctan(x) + \frac{\pi}{2})$ ganz $\mathbb{R}$ bijektiv auf $]0,1[$ ab (siehe Abbildung 4.12). Zum Beweis der Überabzählbarkeit von $]0,1[$ verwenden wir die Tatsache, dass sich jede reelle Zahl r als Dezimalzahl aufschreiben lässt, und dann gehen wir indirekt vor. Angenommen, es gäbe eine Bijektion

$$b : \mathbb{N} \to]0,1[.$$

Dann stellen wir uns vor, dass wir alle Zahlen in $]0,1[$ in der Reihenfolge untereinander schreiben, wie sie durch die Bijektion auf $\mathbb{N}$ gegeben ist. Im nachfolgenden Diagramm repräsentiert die oberste Zeile die Dezimalentwicklung der ersten Zahl, die nächste Zeile die der zweiten, usw. Dabei stehen die a_{ij} für entsprechenden Dezimalziffern. Wäre $]0,1[$ abzählbar, so müsste in diesem Schema *jede* reelle Zahl aus $]0,1[$

---

[3] Tatsächlich gelten diese Gleichungen (im Rahmen der Kardinalzahlarithmetik) auch für beliebige Mengen. Das zu erklären ginge aber weit über den Rahmen dieses Einführungsbuchs hinaus.

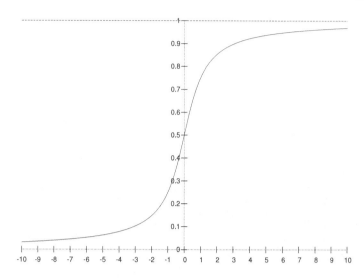

Abb. 4.12 Graph der Funktion $x \mapsto \frac{1}{\pi}(\arctan(x) + \frac{\pi}{2})$

irgendwo auftauchen. Wir werden aber eine Zahl angeben, die nicht in dieser Aufzählung vorkommt.

$$
\begin{aligned}
0 &: 0, \mathbf{a_{01}} \; a_{02} \; a_{03} \; a_{04} \; a_{05} \; a_{06} \; \cdots \\
1 &: 0, a_{11} \; \mathbf{a_{12}} \; a_{13} \; a_{14} \; a_{15} \; a_{16} \; \cdots \\
2 &: 0, a_{21} \; a_{22} \; \mathbf{a_{23}} \; a_{24} \; a_{25} \; a_{26} \; \cdots \\
3 &: 0, a_{31} \; a_{32} \; a_{33} \; \mathbf{a_{34}} \; a_{35} \; a_{36} \; \cdots \\
4 &: 0, a_{41} \; a_{42} \; a_{43} \; a_{44} \; \mathbf{a_{45}} \; a_{46} \; \cdots \\
5 &: 0, a_{51} \; a_{52} \; a_{53} \; a_{54} \; a_{55} \; \mathbf{a_{56}} \; \cdots \\
  & \quad \vdots \; \vdots \quad \vdots \quad \vdots \quad \vdots \quad \vdots \quad \vdots \quad \vdots \quad \ddots
\end{aligned}
$$

Dazu definieren wir die reelle Zahl r mit der Dezimalentwicklung

$$
r = 0, \widehat{a_{01}} \; \widehat{a_{12}} \; \widehat{a_{23}} \; \widehat{a_{34}} \; \widehat{a_{45}} \; \widehat{a_{56}} \ldots \widehat{a_{n\,n+1}} \ldots,
$$

wobei wir $\widehat{a_{ij}}$ festlegen durch

$$
\widehat{a_{ij}} := \begin{cases} a_{ij} + 2 & \text{falls } a_{ij} \leq 4 \\ a_{ij} - 2 & \text{falls } a_{ij} \geq 5. \end{cases} \tag{4.9}
$$

Versuchen wir nun herauszufinden, an welcher Stelle r in der Liste eingetragen ist, so müssen wir feststellen, dass r gar nicht in der Aufzählung enthalten sein kann. Sei nämlich n diejenige natürliche Zahl mit $b(n) = r$. Dann gilt aber

$$b(n) = 0,\ a_{n1}\ a_{n2}\ a_{n3}\ a_{n4}\ a_{n5}\ a_{n6} \cdots$$
$$r = 0,\ \widehat{a_{01}}\ \widehat{a_{12}}\ \widehat{a_{23}}\ \widehat{a_{34}}\ \widehat{a_{45}}\ \widehat{a_{56}} \cdots$$

Damit wirklich $b(n) = r$ gilt, müssen die Dezimalentwicklungen von $b(n)$ und r übereinstimmen. Es gilt wegen (4.9) aber $\widehat{a_{n,n+1}} \neq a_{n,n+1}$. Daher sind $b(n)$ und r verschieden, und r war tatsächlich nicht in der Liste enthalten.

Genauer untersuchend sieht man, dass $\mathbb{R}$ gleichmächtig ist mit der Potenzmenge von $\mathbb{N}$. Man könnte nun vermuten, dass $\mathbb{R}$ die nächst höhere Mächtigkeit nach $\aleph_0$ besitzt, die wir mit $\aleph_1$ bezeichnen. Trotzdem bezeichnet man aus gutem Grund die Mächtigkeit von $\mathbb{R}$ mit $|\mathbb{R}| = c$, der so genannten Mächtigkeit des Kontinuums. Es lässt sich nämlich nicht $c = \aleph_1$ beweisen. Genauer: **Man kann beweisen, dass sich das nicht beweisen lässt**[4] (das hat Paul J. Cohen (geb. 1934) im Jahr 1963 getan). Es lässt sich übrigens auch **nicht widerlegen**[4] (das hat Kurt Gödel (1906–1978) bereits im Jahr 1938 gezeigt). Die so genannte **Kontinuumshypothese** von Georg Cantor, dass $c = \aleph_1$ ist, ist **unabhängig von den Axiomen der Mengenlehre**. Das heißt, es gibt *Modelle* der axiomatischen Mengenlehre, in denen $c = \aleph_1$ gilt, und andere *Modelle*, in denen $c \neq \aleph_1$ zutrifft. Die Axiomatisierung des Mengenbegriffs bringt solche unangenehmen Fakten mit sich, die zeigen, dass es (noch) nicht geschafft wurde, den naiven Mengenbegriff so gut zu axiomatisieren, dass die Axiome unsere Vorstellungswelt ganz einzufangen im Stande sind.

Aufgabe 4.4.6. Welche der folgenden Mengen sind abzählbar? $\mathbb{N}$, $\mathbb{N}_g$, $\mathbb{Z}$, $\mathbb{Z}^2$, $\mathbb{Q}$, $\mathbb{Q}^5$, $\mathbb{N}^{\mathbb{N}}$, $\mathbb{R}^2$, $\mathbb{R}^{\mathbb{N}}$, $\{0,1\}^{\mathbb{N}}$.

---

[4] wenn man ZFC (siehe Abschnitt 4.5) voraussetzt.

4.5 Axiomatische Mengenlehre

Eine Möglichkeit, die Mengenlehre (und damit weite Teile der Mathematik) auf ein festes Fundament zu stellen, ist ihre Axiomatisierung nach Zermelo und Fraenkel. Mit der Festlegung dieser *Axiome* gibt man ihr einen Satz von Grundaussagen. Aus diesen werden dann die mathematischen Theoreme abgeleitet, auf diesen Fundamenten wird das Gebäude der Mengenlehre entwickelt

Der Ursprung der axiomatischen Mengenlehre liegt in den Paradoxien, die die naive Mengenlehre um die Jahrhundertwende geplagt haben, wie etwa die Russellsche Antinomie (siehe Seite 123). Sie wurde 1908 von Zermelo erfunden und hat bald eine große Bedeutung gewonnen. Die Mengenlehre ist die Basis für beinahe die gesamte Mathematik, und ihre Axiomatisierung erlaubt es, diese Basis einwandfrei zu legen.

Es gibt mehrere verschiedene Axiomensysteme, die alle die naive Mengenlehre präzisieren aber untereinander fundamentale Unterschiede aufweisen. Wir präsentieren hier die Axiome von Zermelo und Fraenkel, ZFC, etwa im Gegensatz zu den Systemen von Neumann-Bernays-Gödel oder Morse-Kelley, auch weil wir dadurch die Einführung des Begriffs der *Klasse* vermeiden können.

Grundlage für die Axiomatisierung der Mengenlehre ist die Logik, und obwohl man auch die Theorie der Aussagen (Aussagenlogik, Prädikatenlogik) formal exakt machen könnte, werden wir hier stoppen und die logischen Grundlagen naiv verwenden. Es sei nur festgehalten, dass *alle* auftretenden Zeichen Bedeutung in der Logik haben (auch $=$) mit der einzigen Ausnahme $\in$, und dass φ und ψ beliebige Formeln bezeichnen, deren Variablen in Klammern angegeben werden.

Mit Hilfe der ersten sechs ZFC–Axiome kann die gesamte *endliche* Mathematik konstruiert werden. Sie lauten wie folgt:

(ZF1) $\exists x : (x = x)$ (Existenz)

(ZF2) $\forall x : \forall y : \forall z : ((z \in x \Leftrightarrow z \in y) \Rightarrow x = y)$ (Extensionalität)

(ZF3) $\forall U : \forall p : \exists Z : \forall x : (x \in Z \Leftrightarrow (x \in U \land \varphi(x, p)))$ (Separation)

(ZF4) $\forall x : \forall y : \exists Z : (x \in Z \land y \in Z)$ (Paare)

(ZF5) $\forall \mathcal{F} : \exists Z : \forall F : \forall x : ((x \in F \land F \in \mathcal{F}) \Rightarrow x \in Z)$ (Vereinigung)

(ZF6) $\forall U : \exists \mathcal{Z} : \forall Y : (\forall x : (x \in Y \Rightarrow x \in U) \Rightarrow Y \in \mathcal{Z})$ (Potenzmenge)

Wegen des hohen Abstraktionsgrades dieser Axiome ist ein wenig Erklärung von Nöten, und außerdem müssen wir einige Abkürzungen einführen. Das Axiom (ZF1) stellt sicher, dass Mengen existieren, und (ZF2) erklärt, dass zwei Mengen genau dann gleich sind, wenn sie dieselben Elemente haben. Mit Hilfe von (ZF3) wird das erste Konstruktionsprinzip für neue Mengen eingeführt, die Auswahl einer Teilmenge Z aus einer *gegebenen* Menge U mit Hilfe einer „Auswahlregel" φ. Für diese Menge Z führen wir die Abkürzung $\{x \in U \mid \varphi(x)\}$ ein. Weitere Abkürzungen seien die Formulierungen $\forall x \in U$, die für $\forall x : x \in U$ stehe, und $\exists x \in U$ für $\exists x : x \in U$.

Axiom (ZF3) besagt in gewisser Art und Weise, dass man für *jedes* Element einer Menge testen kann, ob es eine bestimmte Eigenschaft φ aufweist oder nicht. Das ist natürlich nur theoretisch möglich, weshalb dies von E. Bishop in BISHOP [12] als *Prinzip der Allwissenheit* bezeichnet wurde.

Seien x und y gegeben. Wegen (ZF4) gibt es eine Menge Z mit $x \in Z$ und $y \in Z$. Dieses Z betrachtend definieren wir $\{x, y\} := \{z \in Z \mid z = x \lor z = y\}$ und mit dieser Notation dann $\{x\} := \{x, x\}$.

Zu der Mengenfamilie $\mathcal{F} = \{X, Y\}$ liefert uns das Vereinigungs-Axiom (ZF5) die Existenz einer Menge $\hat{Z}$, mit deren Hilfe wir

$$X \cup Y := \{z \in \hat{Z} \mid z \in X \vee z \in Y\}$$

definieren können (siehe auch Definition 4.1.12).

Drei weitere Symbole müssen wir einführen, um die weiteren Axiome formulieren zu können. Es sind dies das *Leere Menge-Symbol* $\emptyset := \{z \in \widetilde{Z} \mid \neg(z = z)\}$ für eine fixe Menge $\widetilde{Z}$ und $S(x) := x \cup \{x\}$. Schließlich erklären wir das (uns bereits naiv bekannte) Symbol $\exists!$ durch folgende Abkürzungsvereinbarung

$$\exists! y : \varphi(y) \text{ entspreche } \exists y : \varphi(y) \wedge (\forall y : \forall x : (\varphi(y) \wedge \varphi(x)) \Rightarrow x = y).$$

Die drei nächsten Axiome sind dann:

(ZF7) $\exists Z : \forall X : (\emptyset \in Z \wedge (X \in Z \Rightarrow S(X) \in Z))$ (Unendlichkeit)

(ZF8) $\forall U : \forall p : \big(\forall x \in U : \exists! z : \varphi(x, z, U, p) \Rightarrow$
$$\exists Z : \forall x \in U : \exists z \in Z : \varphi(x, z, U, p)\big) \quad \text{(Ersetzung)}$$

(ZF9) $\forall x : \big(\neg(x = \emptyset) \Rightarrow$
$$\exists y : (y \in x \wedge \neg \exists z : (z \in x \wedge z \in y))\big) \quad \text{(Fundierung)}$$

Hier ist wieder einiges an Erläuterungen von Nöten. Axiom (ZF7) garantiert die Existenz einer Menge mit den Elementen $\emptyset, S(\emptyset), S(S(\emptyset)), \ldots$. Diese scheinbar schräge Konstruktion wird aber sofort verständlicher, wenn man die Bezeichnungen $0 := \emptyset$, $1 := S(\emptyset)$, $2 := S(S(\emptyset))$, und allgemein $n + 1 := S(n)$ einführt — so ergeben sich nämlich die natürlichen Zahlen, siehe Abschnitt 6.1.1.

Das Axiom (ZF8) hat die komplexeste Formel, doch stellt es nichts anderes sicher, als dass man aus einer Menge U und einer Zuordnung f, die jeder Menge $x \in U$ eine Menge y zuordnet, eine weitere Menge als Bild von U unter f konstruieren kann. Dieses Axiom rechtfertigt auch die Abkürzung $\{f(x) \mid x \in U\}$ für die Definition einer Menge.

Das Fundierungsaxiom (ZF9) zu guter Letzt schließt unter anderem die Russellsche Antinomie aus zusammen mit allen Mengen, die in gewissen Sinne „zu groß" sind. Es wird verlangt, dass jede nichtleere Menge x ein Element y enthält, das mit x kein gemeinsames Element hat. Dadurch werden einerseits alle Mengen verboten, die sich selbst enthalten, und andererseits auch alle solche Mengen, die wiederum andere Mengen enthalten, die wiederum andere Mengen enthalten, und so weiter ad infinitum.

Das letzte und zehnte Axiom von ZFC hat in der Vergangenheit einige Kontroversen verursacht, da es dem Mathematiker gestattet, auf nicht konstruktivem Weg neue Mengen zu definieren. Analog zum Prinzip der Allwissenheit könnte man das Axiom auch wie J. Cigler und H.-C. Reichel in CIGLER & REICHEL [20] als das *Prinzip der Allmächtigkeit* bezeichnen. Heute akzeptiert ein überwiegender Teil der Mathematiker dieses Axiom auf Grund seiner Verwendbarkeit und der Vielfalt praktischer Theoreme, die zu diesem Axiom äquivalent sind. Bevor wir das Axiom aber anführen, benötigen wir eine weitere Abkürzung (siehe Definition 4.1.16)

$$F \cap G := \{z \in F \cup G \mid z \in F \wedge z \in G\}.$$

Das zehnte Axiom, das Auswahlaxiom, lautet

(ZF10) $\forall \mathcal{F} : \big(\forall H \in \mathcal{F} : \neg(H = \emptyset) \land \forall F \in \mathcal{F} : \forall G \in \mathcal{F} :$ (Auswahl)
$(F = G \lor F \cap G = \emptyset) \Rightarrow \exists S : \forall F \in \mathcal{F} : \exists! s (s \in S \land s \in F)\big).$

Es besagt, dass es zu jeder gegebenen Familie von nichtleeren, paarweise disjunkten Mengen M_i, $i \in I$ eine weitere Menge gibt, die aus jedem M_i genau ein Element enthält.

Nachdem wir das Axiomensystem ZFC vorgestellt und kurz diskutiert haben, kehren wir zum Abschluss dieses Abschnitts zu seinem Ursprung zurück. Dieser liegt ja (siehe Seite 188) im Auftreten verschiedener Paradoxien in der naiven Mengenlehre, von denen die *Russellsche Antinomie* die verheerendste ist. Diese haben wir schon auf Seite 123 diskutiert und wollen hier sehen, wie sie im Rahmen von ZFC „aufgelöst" wird. Nach der ursprünglichen Definition von Cantor (siehe Seite 120) ist es erlaubt, die Menge

$$R := \{x \mid x \notin x\}$$

zu betrachten. Danach können wir uns die Frage stellen, ob $R \in R$ gilt. Ist $R \in R$ erfüllt, dann folgt aus der Definition von R sogleich, dass $R \notin R$. Wenn andererseits $R \notin R$ gilt, dann folgt aus der Definition von R, dass $R \in R$ liegt. Wir haben also $R \in R \Leftrightarrow R \notin R$ gezeigt, ein Widerspruch, der unmittelbar aus der Definition von R folgt, die aber im Einklang mit Cantors ursprünglicher naiver Mengendefinition steht. Die modernen Axiomensysteme der Mengenlehre, unter anderem die oben eingeführten Axiome von Zermelo und Fraenkel, liefern uns eine Definition des Mengenbegriffs, die (zumindest) diesen Widerspruch nicht zulässt. In ZFC ist das Fundierungsaxiom (ZF9) dafür verantwortlich, dass die Definition der Menge R unmöglich wird.

Sind wir damit nun an unserem Ziel angelangt, eine widerspruchsfreie Grundlage der Mathematik zu legen? Leider nein: Eine Axiomatisierung der Mengenlehre alleine ist dazu nicht ausreichend, wie der ein wenig subtilere Fehler in der nun folgenden Argumentation zeigt.

4.5.1   **Theorem 4.5.1 (Natürliche Zahlen begrenzter Länge).** Jede natürliche Zahl lässt sich in höchstens 66 Zeichen definieren.

4.5.1   *Beweis.* Wir verwenden (ZF3) und definieren

$$M := \{k \in \mathbb{N} \mid k \text{ lässt sich nicht durch höchstens 66 Zeichen definieren}\}. \quad (4.10)$$

Jede nichtleere Menge M natürlicher Zahlen hat ein Minimum. Das werden wir in Theorem 6.1.14 beweisen. Wenn $M \neq \emptyset$ gilt, hat M also ein eindeutiges kleinstes Element m, und es gilt wegen (4.10)

$$m = \min\{k \in \mathbb{N} \mid k \text{ lässt sich nicht durch höchstens 66 Zeichen definieren}\}.$$
$$(4.11)$$

Nun ist aber (4.11) eine Definition von m, die 66 Zeichen benötigt, und daher gilt $m \notin M$, ein Widerspruch zu der Tatsache, dass m das kleinste Element von M ist. Daher gilt $M = \emptyset$, und daher lässt sich *jede* natürliche Zahl durch höchstens 66 Zeichen definieren. $\square$

Der gerade bewiesene Satz hat nun eine bedeutende Konsequenz.

Korollar 4.5.2 (Endlichkeit von $\mathbb{N}$). Die Menge $\mathbb{N}$ ist endlich.   **4.5.2**

Beweis. Es gibt nur endlich viele Zeichen, sagen wir K viele. Aus Theorem 4.5.1   **4.5.2**
folgt dann, dass es höchstens $1 + K + K^2 + \cdots + K^{66} = \frac{K^{67}-1}{K-1}$ natürliche Zahlen gibt,
da es nur so viele mögliche Definitionen gibt, die höchstens 66 Zeichen enthalten.

$\square$

Dieses Resultat widerspricht nicht nur unserer intuitiven Vorstellung von $\mathbb{N}$, sondern
es folgt auch aus den Peano-Axiomen, die wir in Abschnitt 6.1.1 aus ZFC beweisen
werden, dass die Menge $\mathbb{N}$ nicht endlich sein kann. (Sonst hätte $\mathbb{N}$ nämlich ein
maximales Element N, und N hätte dann keinen Nachfolger $S(N)$, ein Widerspruch
zu (PA2), siehe Bemerkung 6.1.1.)
Es sieht also so aus, als ob wir einen Widerspruch in ZFC gefunden hätten:
Die Existenz und Unendlichkeit der Menge $\mathbb{N}$ folgen aus ZFC, wie wir in Abschnitt 6.1.1 zeigen werden. Gleichzeitig folgt aus ZFC das Korollar 4.5.2 und damit
die Endlichkeit von $\mathbb{N}$.

Wo liegt also der Fehler?

Das lässt sich leider nicht allein mit dem uns zur Verfügung stehenden Wissen
klären. Er liegt in der Definition (4.10) der Menge M. Dort haben wir das Axiom
(ZF3) verwendet, und einzig die „Auswahlregel"

    k lässt sich nicht durch höchstens 66 Zeichen definieren

bleibt als Fehlerquelle übrig. Die Auswahlregeln gehören in das Gebiet der Logik,
„leben" also „eine Stufe unter" der Mengenlehre. Die Logik haben wir aber noch
nicht formalisiert, sondern bislang naiv behandelt. An dieser Stelle zahlen wir den
Preis dafür mit einem Widerspruch. Dieser lässt sich heilen, indem wir die Logik
formalisieren und genau festlegen, welche Auswahlregeln in ZFC zugelassen werden dürfen. Wer sich für diese und ähnliche Themenkreise interessiert, kann die
Hintergründe etwa in HERMES [40] nachlesen.

Diese axiomatische Einführung der Mengen ist natürlich nicht umfassend; im Rahmen dieses Buches können wir nur einen kurzen Einblick in diese Fundamente der
Mathematik geben. Weiterführende Informationen finden Sie in Vorlesungen oder
Büchern zu den Themenkreisen „Grundbegriffe der Mathematik" und „Axiomatische Mengenlehre", etwa MONNA & VAN DALEN [56], VAN DALEN et al. [68].

Kapitel 5
Grundlegende Algebra

*Menschen, die von der Algebra nichts wissen, können sich auch
nicht die wunderbaren Dinge vorstellen, zu denen man mit Hilfe
der genannten Wissenschaft gelangen kann.*
Gottfried Wilhelm Leibniz (1646–1716)

In diesem Kapitel widmen wir uns dem weiteren Aufbau mathematischer Strukturen. Basierend auf dem Mengenbegriff und dem Abbildungsbegriff lernen wir *grundlegende algebraische Strukturen* kennen: Gruppen, Ringe und Körper. Das Teilgebiet der Mathematik, das sich mit dem Studium dieser und auch vieler anderer darauf aufbauenden Strukturen beschäftigt, heißt **Algebra**. Der Begriff der Gruppe ist der allgemeinste der drei genannten und wird in vielen Teilgebieten der Mathematik aber auch in der Physik und der Chemie verwendet. Die etwas speziellere Struktur der Ringe ist in der *Zahlentheorie*[1], der algebraischen Geometrie und in der Algebra selbst von zentraler Bedeutung. Die Körper, die speziellste Struktur schließlich, bilden die Grundlage für das Theoriegebäude der *Linearen Algebra* und der *Analysis*, sind aber z.B. auch in der Kryptologie wichtig.

Da die folgenden Abschnitte dem Auf- und Ausbau mathematischer Strukturen gewidmet sind, verwenden wir in diesem Kapitel einen strengen „Definition–Satz–Beweis-Stil", einen in der mathematischen Literatur vorherrschenden knappen und „dichten" Schreibstil. Er dient dazu, mathematische Ergebnisse so effizient wie möglich zu *kommunizieren* und den Leser von deren Korrektheit zu überzeugen und nicht

---

[1] Das ist jenes Teilgebiet der Mathematik, das sich aus dem Studium der Eigenschaften der ganzen Zahlen entwickelt hat.

© Springer-Verlag GmbH Deutschland, ein Teil von Springer Nature 2018
H. Schichl, R. Steinbauer, *Einführung in das mathematische Arbeiten*,
https://doi.org/10.1007/978-3-662-56806-4_5

primär dazu, die Ergebnisse und Theorien zu motivieren. Besonders beliebt ist er in jenen Teilen der mathematischen Literatur, die sich mit dem Aufbau und der Analyse mathematischer Strukturen beschäftigt. Es ist wichtig, sich diesen Stil gut einzuprägen und damit umgehen zu lernen, da die Betrachtung bestehender und die Entwicklung neuer Strukturen eines der Standbeine der modernen Mathematik darstellt. Der Grundaufbau des Stils ist nicht kompliziert, und wir werden in den schon bekannten grauen Boxen zu Beginn des Kapitels die wichtigsten Merkmale erklären.

Die Dichte der Resultate und Begriffe im Definition–Satz–Beweis–Stil macht es für den Leser notwendig, das Lesetempo zu reduzieren. Wie Sie sehen werden, ist Literatur, die in diesem Stil geschrieben ist, deutlich in einzelne Punkte gegliedert. Bemühen Sie sich, erst dann zum jeweils nächsten Punkt überzugehen, wenn sie sich den Punkt gut eingeprägt haben, an dem Sie gerade stehen. Auf diese Weise stellt sich das „korrekte" Lesetempo ganz von selbst ein.

Wir beginnen, wie schon in Kapitel 4, mit einer historischen Einleitung. Schon in der Zeit der Antike haben in Griechenland berühmte Mathematiker gewirkt. Euklid (ca. 325–265 v. Chr.) (*euklidische* Geometrie, *euklidische* Räume) ist heute vor allem bekannt für sein 13 Bücher umfassendes Werk „Die Elemente", das das erste bekannte mathematische Lehrwerk ist, in dem Axiome, Theoreme und Beweise in klarer Abfolge vorkommen und das auf rigorosen Umgang mit der Mathematik abzielt. Es enthält unter anderem Aussagen über ebene und räumliche Geometrie (etwa die Platonischen Körper), Zahlentheorie (z.B. den euklidischen Algorithmus), rationale und irrationale Zahlen. Etwa fünfhundert Jahre später schrieb Diophantus von Alexandria (ca. 200–284) (*diophantische* Gleichung, *diophantische* Approximation) neben anderen Büchern sein 13-bändiges Werk „Arithmetica", von dessen Name unser heutiges „Arithmetik" abgeleitet ist. In diesem machte er als erster einen Schritt in Richtung moderner Algebra. Er studierte lineare und quadratische Gleichungen sowie zahlentheoretische Probleme. Da aber zu seiner Zeit die Null noch nicht erfunden war und das Konzept negativer Zahlen noch in weiter Ferne lag, war die Behandlung dieser Gleichungen noch auf Fallunterscheidungen angewiesen. Darüber hinaus erschienen ihm einige dieser Gleichungen als sinnlos, etwa $4 = 4x + 20$, weil sie keine (d.h. negative) Lösungen hatten. Auch das „Buchstabenrechnen" hatte er noch nicht eingeführt, und es gab noch kein praktisches Zahlensystem. Alle Theoreme und Rechnungen wurden in Worten präsentiert.

Weitere fünfhundert Jahre später verfasste der arabische Mathematiker Abu Abd Allah Mohammed Ibn Musa Al-Khwarizmi (ca. 780–850), Hofmathematiker in Bagdad, sein Hauptwerk „al-kitab almukhtamar fi hisab **al-jabr** wa'l-muqabala", zu deutsch „Kurzgefasstes Buch über das Rechnen durch Vervollständigen und Ausgleichen". Ein weiterer Meilenstein in der Mathematik (nicht primär im Inhalt aber bestimmt in der Wirkung), beschreibt dieses Buch doch die vollständige Behandlung der linearen und quadratischen Gleichungen, auch die negativen Fälle, beide Lösungen, aber noch immer ohne die Verwendung von Null und negativen Zahlen. Auch das Rechnen mit Buchstaben wurde zu dieser Zeit noch nicht erfunden. Allerdings wurden zum ersten Mal detaillierte Rechenschritte zur Lösung mathematischer Probleme angegeben. Außerdem wurde das hinduistische Zahlensystem (die heutigen arabischen Zahlen) mit den Ziffern 0 bis 9 und den Dezimalstellen zum ersten Mal ausführlich erklärt. Im zwölften Jahrhundert wurde es in Latein übersetzt und beginnt dort mit den Worten „Dixit Algoritmi" (Al-Khwarizmi hat gesagt). Aus dieser Latinisierung des Herkunftsnamens von Al-Khwarizmi (Khwarizm, das heutige Khiva südlich des Aralsees in Usbekistan und Turkmenistan) wird übrigens das Wort *Algorithmus* für das schrittweise Lösen mathematischer Probleme abgeleitet. Teile des arabischen Titels, besonders das **al-jabr**, wurden auch in späteren Büchern arabischer Mathematiker verwendet, und so wurde über viele Zwischenstufen aus dem arabischen al-jabr (Auffüllen, Vervollständigen) das moderne Wort *Algebra*. Heute wird unter Algebra vor allem die mathematische Theorie von Strukturen verstanden, und was das genau ist, werden wir uns in den nächsten Abschnitten ansehen.

5.1 Motivation

Alle hier zu besprechenden Strukturen basieren auf dem Mengenkonzept. Es sind **Mengen zusammen mit Abbildungen**, die bestimmte Eigenschaften aufweisen. Wir beginnen mit einigen Beispielen.

Eine **mathematische Struktur** ist, grob gesagt, eine Klasse von Objekten, die alle dieselben Eigenschaften aufweisen, und eine dazu passende Klasse von Abbildungen zwischen den Objekten, die eben diese Eigenschaften erhalten.

5.1.1   **Beispiel 5.1.1 (Algebraische Strukturen).**

Hauptwörter: *Sei W die Menge aller Hauptwörter der deutschen Sprache. Wählt man zwei Wörter aus W, dann kann man (meist) durch (fast bloßes) Hintereinandersetzen ein weiteres Wort aus W erzeugen. Wir können etwa aus „Leiter" und „Sprosse" das Wort „Leitersprosse" bilden. Auch „Dampf" und „Schiff" lassen sich zu „Dampfschiff" verbinden, „Schiff" und „Kapitän" ergeben „Schiffskapitän".*

Strichblöcke: *Sei S die Menge aller Strichblöcke. Ein Strichblock ist einfach eine Ansammlung hintereinander geschriebener gleich langer Striche:*

$$s = |||||||||||||||$$

Fügen wir zwei Strichblöcke aneinander, dann erhalten wir wieder einen (längeren) Strichblock.

Translationen: *Sei T die Menge aller Möglichkeiten, ein Objekt im dreidimensionalen Raum geradlinig parallel zu verschieben (d.h. ohne es dabei zu verdrehen), also die Menge der Translationen. Bei der Betrachtung solcher Verschiebungen können wir uns auf deren Richtung und Länge beschränken. Zusammen mit der Position des Objekts vor der Translation ist es uns dann leicht möglich, seine Endposition zu bestimmen. Verschieben wir ein Objekt zweimal, so hätten wir dieselbe Endposition auch mit einer einzigen Translation erreichen können. Das Hintereinander-Ausführen von Translationen ist also wieder eine Translation.*

Drehungen: *Betrachten wir wieder einen Gegenstand im dreidimensionalen Raum. Wir wählen eine beliebige Gerade g, die durch seinen Schwerpunkt geht. Dann geben wir uns einen Winkel φ und einen Drehsinn vor und verdrehen das Objekt bezüglich der Drehachse g um den Winkel φ in die Richtung des Drehsinns. Die*

Menge aller dieser Drehungen sei D. Wie bei den Translationen ergibt das Hintereinander-Ausführen zweier Drehungen wieder eine Drehung. Das ist zwar anschaulich nicht unmittelbar klar, wenn die beiden Drehachsen verschieden sind, kann aber im Rahmen der linearen Algebra allgemein gezeigt werden. Zur Veranschaulichung kann man etwa einen Zahlenwürfel heranziehen, vgl. dazu auch Beispiel 5.2.24 bzw. Abbildung 5.4.

Abbildungen: *Sei M eine Menge und $M^M = \mathrm{Abb}(M)$ die Menge aller Abbildungen von M nach M. (Zur Bezeichnung siehe auch Seite 179ff.) Die Hintereinander-Ausführung ○ von Abbildungen (vgl. 4.3.28) ergibt wieder eine Abbildung von M nach M, ist also wieder ein Element von $\mathrm{Abb}(M)$.*

Zahlenmengen:

$\mathbb{N}$: *Wenn wir zwei natürliche Zahlen addieren oder multiplizieren, erhalten wir wieder eine natürliche Zahl.*

$\mathbb{Z}$: *Auch das Produkt und die Summe zweier ganzer Zahlen ist eine ganze Zahl.*

$\mathbb{R}$: *Auch reelle Zahlen können wir addieren und multiplizieren, um eine neue reelle Zahl zu berechnen.*

Matrizen:

Addition: *Sei $M_2(\mathbb{R})$ die Menge aller 2×2–Matrizen reeller Zahlen. Eine 2×2–Matrix ist dabei ein kleines Zahlenquadrat der Form (vgl. 2.2.1)*

$$\begin{pmatrix} a_{11} & a_{12} \\ a_{21} & a_{22} \end{pmatrix}$$

aus Zahlen $a_{ij} \in \mathbb{R}$. Wir definieren die Summe zweier Matrizen komponentenweise, d.h.

$$\begin{pmatrix} a_{11} & a_{12} \\ a_{21} & a_{22} \end{pmatrix} + \begin{pmatrix} b_{11} & b_{12} \\ b_{21} & b_{22} \end{pmatrix} := \begin{pmatrix} a_{11} + b_{11} & a_{12} + b_{12} \\ a_{21} + b_{21} & a_{22} + b_{22} \end{pmatrix}$$

und erhalten wieder eine 2×2–Matrix.

Multiplikation: *Auf $M_2(\mathbb{R})$ kann man auch ein Produkt einführen, das zwei Matrizen eine weitere Matrix zuordnet. Die Definition ist nicht-trivial und lautet*

$$\begin{pmatrix} a_{11} & a_{12} \\ a_{21} & a_{22} \end{pmatrix} \cdot \begin{pmatrix} b_{11} & b_{12} \\ b_{21} & b_{22} \end{pmatrix} := \begin{pmatrix} a_{11}b_{11} + a_{12}b_{21} & a_{11}b_{12} + a_{12}b_{22} \\ a_{21}b_{11} + a_{22}b_{21} & a_{21}b_{12} + a_{22}b_{22} \end{pmatrix}.$$

Visualisieren lässt sich die Verknüpfung an Hand der Pfeile in Abbildung 5.1. Für jeden der Einträge in der Ergebnismatrix wandert man die Pfeile in den beiden Faktoren entlang. Dann berechnet man das Produkt der ersten Zahl im Pfeil links mit der ersten Zahl im Pfeil rechts, das der zweiten Zahl im linken Pfeil mit der zweiten Zahl im rechten Pfeil und summiert die Ergebnisse.

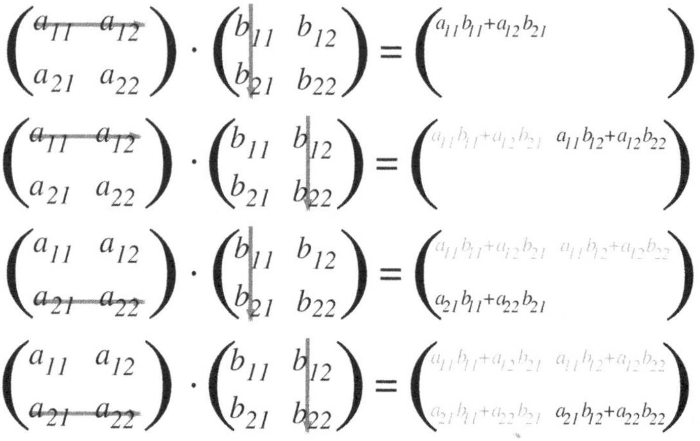

Abb. 5.1 Multiplikation von Matrizen

Sie fragen nun vielleicht, warum wir die Multiplikation von Matrizen auf so komplizierte Weise definiert haben, und nicht — analog zur Summe — einfach die entsprechenden Einträge multipliziert haben. Nun, mathematisch gäbe es dagegen nicht viel einzuwenden, allerdings zeigt sich in der überwältigenden Zahl von Anwendungsfällen, dass ein solches Produkt nicht viel nützt. Anders die oben definierte „komplizierte" Matrizenmultiplikation, die in vielen Fällen ein äußerst nützliches Werkzeug darstellt.

Gleitkommazahlen: *Sei FP_2 die Menge aller rationalen Zahlen, die sich schreiben lassen als $\pm 0,z_1 z_2 \cdot 10^n$ mit Ziffern z_1 und z_2 und ganzzahligem Exponenten n. Diese Zahlen heißen auch dezima-*

*le Gleitkommazahlen mit zwei signifikanten Stellen. Beispiele sind
etwa* $4,5 = 0,45 \cdot 10^1$ *oder* $-0,015 = -0,15 \cdot 10^{-1}$.

*Addieren wir zwei solche Zahlen, erhalten wir wieder eine rationale
Zahl. Diese Zahl lässt sich aber meist nicht in der obigen Form
schreiben:*

$$0,23 + 4,5 = 4,73.$$

*Wir zwingen das Ergebnis nun in die Gleitkommaform, indem wir
runden. Dann wird*

$$0,23 + 4,5 = 4,73 \approx 4,7$$

und wir definieren eine „veränderte" Addition $\oplus$*, die Addition mit
Runden, sodass*

$$0,23 \oplus 4,5 = 4,7.$$

Damit ergibt die $\oplus$*-Summe zweier Elemente von* FP_2 *wieder eine
Gleitkommazahl mit zwei signifikanten Stellen.*

*Analog ist auch das Produkt zweier Gleitkommazahlen zwar eine
rationale Zahl aber im Allgemeinen kein Element von* FP_2:

$$0,23 \cdot 4,5 = 1,035 \approx 1,0,$$

sodass wir ebenfalls eine „veränderte" Multiplikation $\otimes$*, die Multiplikation mit Runden, in diesem Fall*

$$0,23 \otimes 4,5 = 1,0,$$

einführen müssen, um wieder in FP_2 *zu landen.*

Alle diese Beispiele haben eines gemeinsam. Wir starten mit einer
Menge M und einer Methode, wie wir aus zwei Elementen von M
ein weiteres Element von M erzeugen. In der nächsten Definition
fassen wir diese simple Tatsache in abstrakter Form zusammen und
geben diesem kleinsten „gemeinsamen strukturellen Nenner" unserer Beispiele einen Namen — wobei abstrakt hier nur bedeutet, dass
wir all die konkreten Eigenschaften der einzelnen Beispiele *vergessen*
und allein die Möglichkeit der Verknüpfung zweier Elemente zu einem
neuen im Auge behalten.

5.1.2   **Definition 5.1.2 (Verknüpfung, Gruppoid).**
Sei $G \neq \emptyset$ eine Menge.

(i)   Eine *Verknüpfung* auf G ist eine Abbildung

$$\circ : G \times G \to G.$$

An Stelle von $\circ(g, h)$ für zwei Elemente $g, h \in G$ schreiben wir
$g \circ h$, und wir nennen das Bild von (g, h) unter $\circ$ das *Ergebnis*
oder den *Wert* der Verknüpfung von g mit h.

(ii)   Wenn wir die Menge G zusammen mit der Verknüpfung $\circ$ untersuchen, so schreiben wir meist $(G, \circ)$. So ein Paar $(G, \circ)$ nennen
wir *Gruppoid* oder *Magma*. Das Gruppoid $(G, \circ)$ besteht aus
seiner *Grundmenge* G und seiner *Verknüpfung* $\circ$.

Gruppoide sind (abgesehen von den in Bemerkung 3.1.12 vorgestellten Booleschen Algebren) unsere ersten Beispiele für sogenannte *algebraische Strukturen*. Wir werden in diesem Kapitel noch zahlreiche
weitere algebraische Strukturen kennen lernen; die wichtigsten davon
sind Gruppen (das sind Gruppoide mit gewissen Zusatzeigenschaften),
Ringe und Körper. Die beiden letzteren bestehen jeweils aus einer
Menge und zwei Verknüpfungen.

> Der Definition–Satz–Beweis–Stil beginnt, wie der Name schon
> sagt, üblicherweise mit einer Definition. In dieser wird ein neuer
> mathematischer Begriff (meist eine mathematische Struktur)
> eingeführt (hier Gruppoid), oftmals zusammen mit einer Eigen-
> schaft (besitzt eine Verknüpfung, dieser Begriff wird gleich mit-
> definiert). Im Folgenden wird dieser Begriff dann in den Mit-
> telpunkt der Untersuchungen gestellt.

Es sind also alle im Beispiel 5.1.1 betrachteten Mengen mit den entsprechenden Abbildungen Gruppoide.
Die Stärke, die in dieser und ähnlichen Definitionen von Strukturen
liegt, ist dass man die Eigenschaften der Struktur und Konsequenzen
aus diesen Eigenschaften unabhängig vom tatsächlichen Beispiel untersuchen kann. Die Ergebnisse dieser Untersuchung lassen sich dann auf

alle zu dieser Struktur passenden Beispiele anwenden und erlauben
es dadurch, auf sehr elegantem Wege neue Erkenntnissen über *alle*
möglichen Beispiele zu gewinnen.

Verknüpfungen von Elementen werden meist mit Symbolen be-
zeichnet. Typische Symbole sind $\circ$, $+$, $\cdot$, $*$, $\oplus$, $\otimes$, $\boxdot$, $\circledast$, $\ldots$
Betrachten wir Mengen mit mehr als einer Verknüpfung, so
nehmen wir auch die anderen Verknüpfungssymbole in die Bezeichnung auf, z.B. $(B, \wedge, \vee)$.
Wird die Verknüpfung mit $\circ$ oder mit $\cdot$ bezeichnet, so lässt man
das Verknüpfungssymbol meist weg, sofern keine Mehrdeutigkeiten bestehen. Man schreibt dann statt $g \circ h$ einfach gh. Kommen
$\circ$ und $\cdot$ vor, so lässt man (meist) $\cdot$ weg. Z.B. schreibt man $(g \circ h)k$
statt $(g \circ h) \cdot k$. Falsch wäre $(gh) \cdot k$.

Bemerkung 5.1.3. Ist die Menge M endlich, so kann man jede Ver-   **5.1.3**
knüpfung direkt angeben, indem man den Wert der Verknüpfung $g \circ h$
für jedes Paar $(g, h) \in M \times M$ in einer Tabelle, der **Verknüpfungstabelle** auch **Cayley–Tafel**, anschreibt.
Wenn wir etwa auf der Menge $M = \{0, 1\}$ die Verknüpfung $\circ$ durch
$0 \circ 0 := 1$, $0 \circ 1 := 0$, $1 \circ 0 := 1$ und $1 \circ 1 := 0$ definieren, dann ergibt
das die folgende Cayley–Tafel:

$\circ$	0	1
0	1	0
1	1	0

Cayley–Tafeln folgen der Konvention, dass der erste Faktor in einer
Verknüpfung der entsprechenden Zeile und der zweite der Spalte ent-
nommen wird. Darum befindet sich der Wert von $0 \circ 1 = 0$ in der
ersten Zeile und zweiten Spalte, während $1 = 1 \circ 0$ sich in der zweiten
Zeile und ersten Spalte befindet. (Diese Konvention ist also analog zur
Benennung von Elementen in einer Matrix, vgl. Beispiel 2.2.1.)

Aufgabe 5.1.4. Überprüfen Sie, ob die folgenden Abbildungen ∘ jeweils Verknüpfungen auf den angegebenen Mengen M sind, und stellen Sie die Verknüpfungstabellen auf:

1. $M := \{0, 1\}$, $a \circ b := ab$,
2. $M := \{0, 1, 2\}$, $a \circ b := ab$,
3. $M := \{\alpha, \beta, \gamma, \delta, \xi\}$, $a \circ b := a$.

Aufgabe 5.1.5. Überprüfen Sie, ob die folgenden Abbildungen ∘ jeweils Verknüpfungen auf den angegebenen Mengen M sind:

1. $M := \mathbb{Q}$, $a \circ b := \sqrt{|ab|}$,
2. $M := \mathbb{R}$, $a \circ b := \sqrt[3]{a + b}$,
3. $M := \mathbb{R} \setminus \{0\}$, $a \circ b := \frac{a}{b}$,
4. $M := \mathbb{Z}$, $a \circ b := \frac{a}{b}$,
5. $M := \mathbb{R}$, $a \circ b := \frac{a}{b}$.

5.1.6   **Definition 5.1.6 (Operationen für Restklassen).** Auf der Menge der Restklassen $\mathbb{Z}_n$ (siehe Definition 4.2.22, bzw. darüber für die Notation) definieren wir durch

$$\overline{a} + \overline{b} := \overline{a + b},$$
$$\overline{a} \cdot \overline{b} := \overline{ab}$$

zwei Verknüpfungen, die *Addition* und die *Multiplikation von Restklassen*.

5.1.7   **Bemerkung 5.1.7 (Wohldefiniertheit der Operationen für Restklassen).** Wir müssen zeigen, dass Addition und Multiplikation von Restklassen *wohldefiniert* sind.

Der Ausdruck **wohldefiniert** bedeutet nicht, dass etwas „besonders schön" definiert ist. Diesen Ausdruck verwendet man, wenn man den Wert einer Abbildung (oder Relation, oder

Verknüpfung) für eine (Äquivalenz-)Klasse von Objekten dadurch definiert, dass man einen **Repräsentanten** aus der Klasse wählt und für diesen den Wert erklärt. Dann muss man nämlich überprüfen, ob diese Definition **unabhängig** von der Wahl des Repräsentanten ist, oder ob die Definition etwa auf verschiedenen Elementen der Klasse Verschiedenes bedeutet, denn das wäre schlecht: Wir könnten so nämlich keine Abbildung auf den Klassen definieren!

Derartiges passiert etwa im folgenden — zugegebenermaßen etwas gekünstelten — Beispiel. Betrachten wir folgende „Modulo 5"-Operation auf $\mathbb{Z}_3$: „Für eine gegebene Restklasse modulo 3 wähle einen Vertreter daraus und bestimme seinen Rest $r \in \{0, 1, 2, 3, 4\}$ bei Division durch 5. Der Output bestehe in der Restklasse modulo 3, in der r liegt." Für die Repräsentanten $0, 3, 6, 9, 12$ der Restklasse $\overline{0}$ ergeben sich der Reihe nach die Ergebnisse $0, 0, 1, 1, 2$. Dann geht es wieder von vorne los. Diese Operation ist also nicht unabhängig von der Wahl des Repräsentanten in $\overline{0}$ und ergibt daher keine Abbildung auf $\mathbb{Z}_3$!

Für die Addition in $\mathbb{Z}_n$ ist die Wohldefiniertheit leicht zu sehen, weil für je zwei verschiedene *Repräsentanten* $a, a' \in \overline{a}$ bzw. $b, b' \in \overline{b}$ gilt: $a = a' + kn$ und $b = b' + \ell n$ für geeignete $k, \ell \in \mathbb{Z}$. Dann ist aber $a + b = a' + b' + (k + \ell)n$, und damit ist $\overline{a + b} = \overline{a' + b'}$.

Aufgabe 5.1.8. Zeigen Sie, dass auch die Multiplikation von Restklassen wohldefiniert ist.

In der Zahlentheorie sind die Operationen in den $\mathbb{Z}_n$ sehr wichtig, und es hat sich eine eigene Schreibweise etabliert. Für $\overline{a} + \overline{b} = \overline{c}$ in $\mathbb{Z}_n$ schreibt man

$$a + b \equiv c \mod n \quad \text{oder} \quad a + b \equiv c \ (n)$$

und spricht: „a plus b **kongruent** c **modulo** n". Ebenso schreibt man für das Produkt

$$a \cdot b \equiv c \mod n \quad \text{oder} \quad a \cdot b \equiv c \ (n).$$

5.1.9   **Beispiel 5.1.9 (Rechnen in Restklassen).** *Für das konkrete Rechnen in Restklassen greifen wir einfach auf die Beschreibung der entsprechenden Äquivalenzklassen in (4.5) zurück. So gilt etwa in $\mathbb{Z}_3$*

$$\bar{1} + \bar{2} = \overline{1+2} = \bar{3} = \bar{0}, \quad \bar{2} + \bar{2} = \bar{4} = \bar{1}, \quad \bar{2} \cdot \bar{2} = \bar{4} = \bar{1},$$

bzw. in der eben eingeführten Schreibweise

$$1 + 2 \equiv 0 \ (3), \quad 2 + 2 \equiv 1 \ (3), \quad 2 \cdot 2 \equiv 1 \ (3).$$

In den $\mathbb{Z}_n$ können auch Subtraktion, Division (jedenfalls für n prim) und Potenzen definiert werden — und zwar völlig analog zu den reellen Zahlen als Umkehrung von $+$, $\cdot$ bzw. als iteriertes Produkt. Beispiele sind etwa

$$3 - 4 = -1 \equiv 3 \ (4), \quad 3 - 7 = -4 \equiv 4 \ (8),$$

$$\frac{1}{2} \equiv 2 \ (3) \quad (\text{denn } 2 \cdot 2 = 4 \equiv 1 \ (3) \ )$$

und

$$4^4 \equiv 1^4 = 1 \ (3) \text{ und } 5^{27} \equiv 5 \ (6),$$

denn $5^2 = 25 \equiv 1 \ (6)$ und daher $5^{27} = 5^{2 \cdot 13} 5 \equiv 5 \ (6)$.

Aufgabe 5.1.10. Berechnen Sie:

1. $2 + 4 \mod 5$,
2. $5 - 6 \mod 6$,
3. $5 \cdot 3 \mod 13$,
4. $1/4 \mod 7$,
5. $4^{807} \mod 9$.

Aufgabe 5.1.11. Stellen Sie die Verknüpfungstabellen jeweils für die Addition und die Multiplikation in den Restklassenmengen $\mathbb{Z}_2$, $\mathbb{Z}_3$, $\mathbb{Z}_4$, $\mathbb{Z}_5$ und $\mathbb{Z}_6$ auf.

Hinweis: Diese Aufgabe macht zwar viel Arbeit, aber in einigen der folgenden Aufgaben wird es sich als äußerst nützlich erweisen, die jeweiligen Verknüpfungstabellen zur Hand zu haben.

Wie bereits mehrfach angekündigt, werden wir in diesem Kapitel eine Vielzahl mathematischer Strukturen kennenlernen. Sie bauen teilweise aufeinander und insbesondere auf Definition 5.1.2 auf. Wir erklären zuerst einige allgemeine Sprechweisen und Begrifflichkeiten, die es erleichtern, mit Strukturen und vor allem mit *Hierarchien von Strukturen* umzugehen.

Je mehr Eigenschaften eine Struktur aufweist, um so spezieller ist sie. Umgekehrt kann man aus einer spezielleren Struktur immer eine allgemeinere machen, indem man die Eigenschaften, die „zu viel" sind, einfach *vergisst*. So ist etwa jede Gruppe (siehe Definition 5.2.35) auch eine Halbgruppe (siehe Definition 5.2.2). Die Abbildungen 5.2 und 5.3 geben ein grobes Diagramm der Strukturhierarchie wieder, wie wir sie in diesem Abschnitt kennenlernen werden. In beiden Abbildungen sehen wir, dass zusätzlich geforderte Eigenschaften, jeweils angedeutet durch ein Rechteck, die Menge der passenden Strukturen einschränken. Es gilt aber immer, dass speziellere Strukturen eben speziellere Varianten von weniger speziellen (d.h. allgemeineren) Strukturen sind. Die Abbildung 5.2 beschränkt das Bild zunächst auf Strukturen, die nur eine Verknüpfung aufweisen. In Abbildung 5.3 fügen wir dann noch jene algebraischen Strukturen hinzu, bei denen zwei Verknüpfungen definiert sind. In diesem Bild ist auch gut zu sehen, dass jeder Körper auch ein Ring und jeder Ring auch eine kommutative Gruppe und erst recht ein Gruppoid ist.

Diese Art, sich in Strukturhierarchien zu bewegen, ist keine rein mathematische: dieses Jonglieren mit Begriffen kommt durchaus in der Alltagssprache vor. Auch dort verwenden wir Unter- und Oberbegriffe, um unsere Anschauung zu gliedern. Betrachten wir folgendes Beispiel:

Ein Verkehrsmittel ist ein Ding, mit dem man Personen und Dinge transportieren kann.

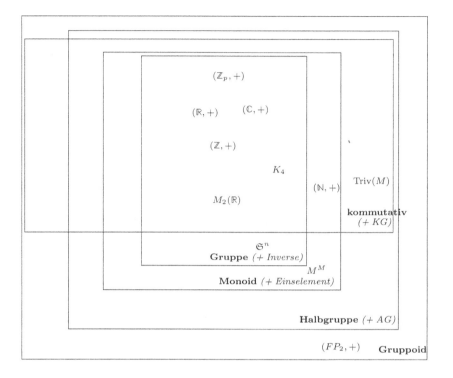

Abb. 5.2 Hierarchie einiger algebraischer Strukturen mit einer Verknüpfung

Wir haben also zwei Klassen von Objekten: Ding und Verkehrsmittel. *Jedes* Verkehrsmittel ist ein Ding (wir haben einfach „vergessen", dass man damit etwas transportieren kann). *Manche* Dinge sind Verkehrsmittel (nämlich genau diejenigen, mit denen man etwas transportieren kann). Es gibt *weniger* Verkehrsmittel als Dinge, ein Verkehrsmittel ist ein *spezielles* Ding.

Wenn wir den Begriff Verkehrsmittel geklärt haben, können wir danach den neuen Begriff „Fahrzeug" einführen:

Ein Fahrzeug ist ein mobiles Verkehrsmittel.

Wir haben den Begriff Verkehrsmittel weiter *spezialisiert*, indem wir die zusätzliche Eigenschaft „mobil" *hinzugefügt* haben. Die neue Klasse von Objekten, die Fahrzeuge, sind immer noch Verkehrsmittel und natürlich auch spezielle Dinge (noch speziellere als die Verkehrsmittel). Sie haben also außer der Eigenschaft „mobil" auch noch alle

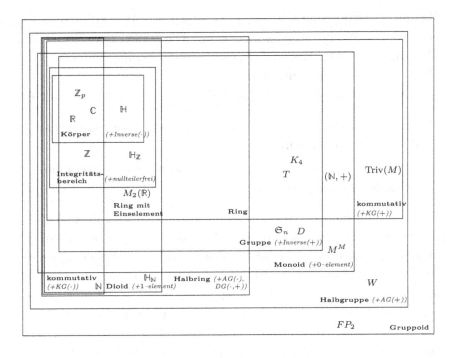

Abb. 5.3 Hierarchie einiger algebraischer Strukturen

Eigenschaften eines Verkehrsmittels, daher kann man mit ihnen auch Personen und Dinge transportieren. Es gibt weniger Fahrzeuge als Verkehrsmittel, denn eine Seilbahn ist etwa ein Verkehrsmittel aber kein Fahrzeug, und ein Fahrzeug hat mehr Eigenschaften als ein Verkehrsmittel.

Verfolgen wir das Verfahren noch einen Schritt weiter:

Ein Landfahrzeug ist ein Fahrzeug, das sich nur oder überwiegend an Land fortbewegt.

Ein Wasserfahrzeug ist ein Fahrzeug, das zur Fortbewegung auf dem oder im Wasser bestimmt ist.

Die beiden neuen Begriffe Landfahrzeug und Wasserfahrzeug sind wiederum spezieller als der Begriff Fahrzeug. Damit erben sie auch dessen Eigenschaften („mobil" (aus der Definition von Fahrzeug) und „befähigt Personen und Dinge zu transportieren" (aus der Definition von Verkehrsmittel)) und sind natürlich Dinge (weil alle Verkehrsmittel Dinge sind). Es ist aber weder ein Wasserfahrzeug ein spezielles Landfahrzeug noch umgekehrt. Die beiden Begriffe „stehen nebeneinander". Der Begriff Fahrzeug ist eine *Verallgemeinerung* der beiden Begriffe Wasser- und Landfahrzeug.

Alternativ können wir natürlich auch die folgenden Begriffe definieren:

Ein motorisiertes Fahrzeug ist ein Fahrzeug, das von einem Motor angetrieben wird.

Ein nichtmotorisiertes Fahrzeug ist ein Fahrzeug, das kein motorisiertes Fahrzeug ist.

Wieder haben wir zwei Spezialisierungen des Begriffes Fahrzeug eingeführt. Diese beiden Begriffe sind *komplementär*, da ein Fahrzeug entweder ein motorisiertes oder ein nichtmotorisiertes Fahrzeug ist. Sie stehen wieder nebeneinander und jeweils neben den zuvor eingeführten Begriffen Land- und Wasserfahrzeug.

Neue Begriffe können natürlich auch von mehr als einem Begriff abgeleitet werden. So ist etwa ein Motorboot ein motorisiertes Wasserfahrzeug, also sowohl Wasserfahrzeug als auch motorisiert, etc.

Dieses Verfahren können wir noch lange wiederholen und Begriffe wie Kraftfahrzeug, PKW, Tankschiff, Hubschrauber, Sportwagen, Porsche Carrera GT, (ein Sportwagen, ein PKW, ein Kraftfahrzeug, also ein motorisiertes Straßenfahrzeug, ein Landfahrzeug, ein Fahrzeug, ein Verkehrsmittel und in letzter Konsequenz ein Ding), etc. einführen.

Was im täglichen Leben so natürlich aussieht, funktioniert in der Mathematik genauso, bloß die Eigenschaften sind abstrakter und die Begriffsnamen etwas gewöhnungs- (eher noch lern-) bedürftig.

Lassen Sie sich also von den vielen Eigenschaften und Definitionen in diesem Kapitel nicht abschrecken. Versuchen Sie einfach, sich Schritt für Schritt jeden neuen Begriff anzueignen, sich seine Eigenschaften einzuprägen und Beispiele zu betrachten. Dadurch entsteht eine Vertrautheit mit diesem Begriff, und es wird Ihnen der Schritt zum nächsten Begriff leicht(er) fallen.

Wer übrigens genau aufgepasst hat, dem wird nicht entgangen sein, dass die Relation „ist spezieller als" eine Halbordnung auf der Menge der Begriffe definiert. Das sei aber nur am Rande erwähnt.

5.2 Gruppen

In diesem Abschnitt wollen wir uns zunächst auf Mengen zusammen mit *einer* Verknüpfung beschränken. Das bedeutet, dass wir uns ab jetzt innerhalb der mathematischen Struktur *Gruppoid* bewegen und unser Blickfeld auf Abbildung 5.2 einschränken. Wir werden im folgenden Abschnitt zuerst immer mehr mögliche (interessante) Eigenschaften E betrachten, die eine Verknüpfung aufweisen kann, oder eben nicht. Danach werden wir jeweils eine neue mathematische Struktur all jener Gruppoide bilden, die die Eigenschaft E aufweisen.

Beispiel 5.2.1 (Assoziativität).   5.2.1

$(W, \circ)$: *Sei $(W, \circ)$ die Menge aller Hauptwörter der deutschen Sprache mit dem Hintereinandersetzen als Verknüpfung. Man kann natürlich auch zusammengesetzte Hauptwörter mit weiteren Wörtern verknüpfen und dadurch längere (mehrfach) zusammengesetzte Hauptwörter konstruieren. „Dampf" und „Schiffskapitän" liefern so etwa „Dampfschiffskapitän". Wenig überraschend setzen sich auch „Dampfschiff" und „Kapitän" zu „Dampfschiffskapitän" zusammen. Wir sehen also, dass das Ergebnis beim Hintereinandersetzen von „Dampf", „Schiff" und „Kapitän" das Wort „Dampfschiffskapitän" ergibt und das unabhängig von der Reihenfolge des Zusammensetzens. Also erfüllt $(W, \circ)$ das Assoziativgesetz in syntaktischer Hinsicht.*

In semantischer Hinsicht ist das nicht immer der Fall (z.B. (Finanz)-buchhalter vs. (Finanzbuch)halter), davon wollen wir in der Folge aber absehen.

$(S, \circ)$: *Bezeichnen wir mit $(S, \circ)$ das Gruppoid der Strichblöcke mit der Zusammensetzung als Verknüpfung. Beim Zusammensetzen von drei Strichblöcken kommt es nicht darauf an, ob zuerst die ersten beiden zusammengefasst werden und danach der dritte hinzugefügt wird, oder ob zuerst die beiden hinteren verknüpft werden und danach der erste Strichblock daran gehängt wird.*

$(T, \circ)$, $(D, \circ)$: *Ebenso verhält sich die Verknüpfung von drei Translationen oder Drehungen.*

(Abb(M), ∘): *Allgemein ist das Hintereinander-Ausführen von Abbildungen assoziativ (das haben wir schon in Abschnitt 4.3 beobachtet).*

$(\mathbb{N}, +)$, $(\mathbb{Z}, +)$, $(\mathbb{R}, +)$, $(\mathbb{N}, \cdot)$, $(\mathbb{Z}, \cdot)$, $(\mathbb{R}, \cdot)$: *Auch bei der Addition natürlicher, ganzer und reeller Zahlen sowie bei der Multiplikation dieser macht es keinen Unterschied, welche einer Reihe gleicher Verknüpfungen zuerst ausgeführt wird.*

$(M_2(\mathbb{R}), +)$: *Für 2×2–Matrizen überprüfen wir, ob $+$ diese Eigenschaft auch besitzt. Seien A, B und C Elemente aus $(M_2(\mathbb{R}), +)$. Dann finden wir*

$$\left(\begin{pmatrix} a_{11} & a_{12} \\ a_{21} & a_{22} \end{pmatrix} + \begin{pmatrix} b_{11} & b_{12} \\ b_{21} & b_{22} \end{pmatrix} \right) + \begin{pmatrix} c_{11} & c_{12} \\ c_{21} & c_{22} \end{pmatrix}$$

$$= \begin{pmatrix} a_{11} + b_{11} & a_{12} + b_{12} \\ a_{21} + b_{21} & a_{22} + b_{22} \end{pmatrix} + \begin{pmatrix} c_{11} & c_{12} \\ c_{21} & c_{22} \end{pmatrix}$$

$$= \begin{pmatrix} a_{11} + b_{11} + c_{11} & a_{12} + b_{12} + c_{12} \\ a_{21} + b_{21} + c_{21} & a_{22} + b_{22} + c_{22} \end{pmatrix}$$

$$= \begin{pmatrix} a_{11} & a_{12} \\ a_{21} & a_{22} \end{pmatrix} + \begin{pmatrix} b_{11} + c_{11} & b_{12} + c_{12} \\ b_{21} + c_{21} & b_{22} + c_{22} \end{pmatrix}$$

$$= \begin{pmatrix} a_{11} & a_{12} \\ a_{21} & a_{22} \end{pmatrix} + \left(\begin{pmatrix} b_{11} & b_{12} \\ b_{21} & b_{22} \end{pmatrix} + \begin{pmatrix} c_{11} & c_{12} \\ c_{21} & c_{22} \end{pmatrix} \right).$$

$(M_2(\mathbb{R}), \cdot)$: *Auch in $(M_2(\mathbb{R}), \cdot)$ verhält es sich ähnlich, die Rechnung ist allerdings etwas mühsamer.*

$(\mathbb{F}\mathbb{P}_2, \oplus)$: *In diesem Fall kommt es sehr wohl auf die Reihenfolge der Verknüpfungen an, denn*

$$(0,47 \oplus 0,57) \oplus 0,88 = 1,0 \oplus 0,88 = 1,9,$$
$$0,47 \oplus (0,57 \oplus 0,88) = 0,47 \oplus 1,5 = 2,0$$

liefern verschiedene Resultate. Auch im Fall der Multiplikation mit Runden hängt das Ergebnis von der Reihenfolge ab:

$$(0,46 \otimes 0,57) \otimes 0,86 = 0,26 \otimes 0,86 = 0,22,$$
$$0,46 \otimes (0,57 \otimes 0,86) = 0,46 \otimes 0,49 = 0,23.$$

Wir erkennen also: Die Eigenschaft, dass man auf die genaue Festlegung der Verknüpfungsreihenfolge verzichten kann, ist zwar (sehr) oft aber nicht immer erfüllt. Darum führen wir für solche speziellere Strukturen einen neuen Begriff ein.

Definition 5.2.2 (Assoziativgesetz, Halbgruppe). Ein Gruppoid $(G, \circ)$ heißt *Halbgruppe*, falls die Verknüpfung *assoziativ* ist, also das *Assoziativgesetz*

5.2.2

$$\textbf{(AG)} \quad \forall g, h, k \in G : (g \circ h) \circ k = g \circ (h \circ k)$$

gilt. In diesem Fall ist das Setzen von Klammern nicht notwendig, und wir dürfen an Stelle von $(g \circ h) \circ k$ einfach $g \circ h \circ k$ schreiben.

Beispiel 5.2.3 (Halbgruppen).

5.2.3

(i) *Wie schon erwartet, bilden die Mengen W bis $M_2(\mathbb{R})$ mit den in Beispiel 5.1.1 definierten Verknüpfungen Halbgruppen.*

(ii) *Keine Halbgruppe sind etwa die Menge $(FP_2, \oplus)$ der Gleitkommazahlen mit zwei signifikanten Stellen mit der Addition mit Runden und die Menge $(FP_2, \otimes)$ derselben Gleitkommazahlen mit der Multiplikation mit Runden.*

Immer nach der Einführung einer Struktur kann man untersuchen, welche Objekte diese Struktur beschreibt — also Beispiele für diese Struktur finden. Meist kann man schnell sehr einfach gebaute Objekte finden, auf die das zutrifft. Besonders um die Grenzen eines Begriffs auszuloten, ist es oft sinnvoll, diese trivialen Strukturen zu untersuchen.

5.2.4 **Beispiel 5.2.4 (Triviale Halbgruppen).** *Die einfachste Halbgruppe ist jene, die nur ein Element besitzt. Nennen wir dieses a, so ist die einzig mögliche Verknüpfung $a \circ a = a$, was klarerweise eine assoziative Operation ist.*

Daneben gibt es auch noch andere „triviale" Halbgruppen. Sei nämlich M eine beliebige nichtleere Menge und $m \in M$ ein beliebiges Element, dann definiert $m_1 \circ m_2 := m$ für alle $m_1, m_2 \in M$ eine assoziative Verknüpfung auf M, also eine Halbgruppe, die wir hier mit $\mathrm{Triv}(M, m)$ bezeichnen wollen.

Die oben beschriebene einfachste Halbgruppe ist dann $\mathrm{Triv}(\{a\}, a)$ und wir schreiben einfach $\mathrm{Triv}(\{a\})$.

Aufgabe 5.2.5. Auf der Menge $\mathbb{R}$ der reellen Zahlen sei die Verknüpfung $\otimes$ für je zwei Elemente a und b durch

$$a \otimes b := ab - 4$$

definiert. Überprüfen Sie, ob die so definierte Verknüpfung assoziativ ist.

Aufgabe 5.2.6. Wir definieren auf der Menge $\mathbb{Q}$ der rationalen Zahlen die Verknüpfung $\odot$ durch

$$a \odot b := 6a + 6b + 3ab + 10 = 3(a + 2)(b + 2) - 2.$$

Überprüfen Sie, ob $\odot$ das Assoziativgesetz erfüllt.

Aufgabe 5.2.7. Gegeben sei die Menge $\mathbb{Z}$ mit der Verknüpfung $\oplus$

$$a \oplus b := a + b - 8.$$

Überprüfen Sie das Assoziativgesetz.

Aufgabe 5.2.8. Beweisen Sie, dass $(M_2(\mathbb{R}), \cdot)$ eine Halbgruppe ist.

Wenn wir die mathematischen Beispiele $\mathbb{N}$, $\mathbb{Z}$ und $\mathbb{R}$ betrachten, dann wissen wir aus unserer Erfahrung, dass es die speziellen Elemente 0 und 1 gibt, die bei Addition bzw. Multiplikation ein besonders einfaches Verhalten zeigen; dies motiviert die folgende Definition.

Definition 5.2.9 (Links- und Rechtseinselement). Sei $(G, \circ)$ ein Gruppoid. $\quad$ **5.2.9**

(i) $\quad$ Ein Element $e_L \in G$ heißt *Linkseinselement (linksneutrales Element)*, falls die Beziehung

$$\forall g \in G : e_L \circ g = g$$

gilt.

(ii) $\quad$ Analog heißt ein Element $e_R \in G$ *Rechtseinselement (rechtsneutrales Element)*, wenn sich bei Verknüpfung von rechts „nichts ändert":

$$\forall g \in G : g \circ e_R = g.$$

Gibt es ein Element $e \in G$, das sowohl Links- als auch Rechtseinselement ist, dann heißt e Einselement. Formal definieren wir:

Definition 5.2.10 (Einselement). Ein Element e eines Gruppoids $\quad$ **5.2.10**
G heißt *Einselement* oder *neutrales Element*, falls

$$\forall g \in G : \ g \circ e = e \circ g = g$$

gilt. Wird die Verknüpfung mit $+$ bezeichnet (additiv geschrieben), so bezeichnet man e oft mit 0 oder $\mathbb{0}$ und nennt es *Nullelement*. Einselemente bezüglich multiplikativ geschriebener Verknüpfungen erhalten auch oft die Bezeichnung 1 oder $\mathbb{1}$.

Beispiel 5.2.11 (Neutrales Element). $\quad$ **5.2.11**

$(\mathbb{N}, +), \ \ldots, (\mathbb{R}, \cdot)$: *Für die Addition von natürlichen, ganzen und reellen Zahlen ist klarerweise 0 das Nullelement, und für die Multiplikation ist 1 das Einselement.*

$(T, \circ)$: *Die Menge T enthält die Translation der Länge 0, welche das Objekt nicht von der Stelle bewegt. Die Richtung ist hierbei egal! Sie ist das Einselement von T.*

$(D, \circ)$: *Die Drehung um 0 Grad — die Achse ist dabei unerheblich — ist das Einselement der Halbgruppe D.*

$(\text{Abb}(M), \circ)$: *In der Menge der Abbildungen $\text{Abb}(M)$ bildet die Identität $\mathbb{1}_M$ (vgl. Seite 174) auf M das Einselement.*

$(W, \circ), \ (S, \circ)$: *Führt man nicht künstlich leere Hauptwörter oder leere Strichblöcke ein, so enthalten W und S keine neutralen Elemente.*

$(M_2(\mathbb{R}), +)$: *Nullelement von* $(M_2(\mathbb{R}),+)$ *ist die* **Nullmatrix**

$$\mathbb{0} = 0 = \begin{pmatrix} 0 & 0 \\ 0 & 0 \end{pmatrix}.$$

$(M_2(\mathbb{R}), \cdot)$: *Auch* $(M_2(\mathbb{R}), \cdot)$ *hat ein Einselement, nämlich die* **Einheitsmatrix**

$$\mathbb{1} = I = \begin{pmatrix} 1 & 0 \\ 0 & 1 \end{pmatrix}$$

(FP₂, ⊕): Die Menge FP_2 hat ebenfalls ein Nullelement. Die Zahl 0 ist in FP_2 enthalten und besitzt alle Eigenschaften eines neutralen Elements.

(FP₂, ⊗): Die Menge FP_2 hat auch ein Einselement, nämlich die Zahl 1.

Aufgabe 5.2.12. Betrachten Sie die Verknüpfung aus Aufgabe 5.2.5 und überprüfen Sie, ob ein Einselement existiert.

Aufgabe 5.2.13. Existiert ein Einselement für die Verknüpfung $\odot$ aus Aufgabe 5.2.6?

Aufgabe 5.2.14. Gibt es für die Verknüpfung $\oplus$ auf $\mathbb{Z}$ aus Aufgabe 5.2.7 ein Einselement?

Aufgabe 5.2.15. Beweisen Sie, dass die Einheitsmatrix und die Nullmatrix jeweils neutrale Elemente von $(M_2(\mathbb{R}), \cdot)$ bzw. $(M_2(\mathbb{R}, +))$ sind.

Im Definition–Satz–Beweis–Stil wird jeweils nach den Definitionen der Begriffe und den dazupassenden Eigenschaften untersucht, ob weitere Aussagen über die solcherart eingeführten Begriffe getroffen werden können. Das geschieht meist im Rahmen von Sätzen, die gleich danach bewiesen werden.

Nach der Definition des neutralen Elements fragen wir uns also, welche unmittelbaren Konsequenzen seine Existenz hat. Wir wollen zum Beispiel die interessante Frage beantworten, ob das angegebene

Einselement das einzige Element der Grundmenge ist, das die Neutralitätseigenschaft besitzt. Hier gilt es wieder die Stärke der mathematischen Strukturtheorie auszunutzen: Um nicht jedes Beispiel einzeln untersuchen zu müssen, verwenden wir die Struktureigenschaften.

Warnung: Wir dürfen in unseren Beweisen allerdings *nur* diese Struktureigenschaften verwenden. Hier und in den übrigen Beweisen in diesem Abschnitt müssen wir genauestens auf die Eigenschaften achten, die wir verwenden „dürfen". Einer der beliebtesten Fehler in der Algebra ist es nämlich, in Beweisen ohne zu zögern Eigenschaften der Verknüpfung zu verwenden, die gar nicht erfüllt sind — also Achtung!

Proposition 5.2.16 (Eindeutigkeit des neutralen Elements). 5.2.16
Besitzt ein Gruppoid $(G, \circ)$ ein Einselement e, so ist e eindeutig bestimmt (und wir können also von *dem* Einselement von G sprechen).

Beweis. G besitzt ein Einselement, also $\exists e \in G$:   5.2.16

$$\forall g \in G : \; g \circ e = e \circ g = g, \tag{5.1}$$

Sei $\tilde{e}$ ein weiteres neutrales Element von $(G, \circ)$, d.h. es existiere $\tilde{e}$ mit

$$\forall g \in G : \; g \circ \tilde{e} = \tilde{e} \circ g = g. \tag{5.2}$$

Wir zeigen, dass dann $e = \tilde{e}$ gilt. Zunächst ist (setze $g = e$ in (5.2))

$$\tilde{e} \circ e = e.$$

Analog folgt (setze $g = \tilde{e}$ in (5.1))

$$\tilde{e} \circ e = \tilde{e}.$$

Insgesamt folgt also $\tilde{e} = e$.   □

Proposition 5.2.17 (Übereinstimmung von Links- und Rechtseinselement). 5.2.17
Ist $(G, \circ)$ ein Gruppoid mit Linkseinselement e_L und Rechtseinselement e_R, so gilt

$$e_L = e_R =: e,$$

und e ist Einselement von G.

5.2.17   *Beweis.* Es gilt $e_L = e_L e_R$, da e_R ein Rechtseinselement ist, und weil e_L linksneutral ist, haben wir $e_L e_R = e_R$. Aus diesen Gleichungen sieht man aber sofort $e_L = e_R$. Setzen wir $e = e_L = e_R$, so erhalten wir das gewünschte Einselement.   □

5.2.18   **Definition 5.2.18 (Idempotenz).** Ein Element g in einem Gruppoid $(G, \circ)$ heißt *idempotent*, falls

$$g \circ g = g$$

gilt.

Damit haben wir:

5.2.19   **Proposition 5.2.19 (Einselemente sind idempotent).** Ein (Links-, Rechts-) Einselement e eines Gruppoids $(G, \circ)$ ist immer idempotent.

5.2.19   *Beweis.* Es gilt $e \circ e = e$, weil e (Links-, Rechts-) Einselement ist.   □

Nachdem Einselemente häufig anzutreffen sind, hat man *Halbgruppen*, die ein solches enthalten, einen eigenen Namen gegeben.

5.2.20   **Definition 5.2.20 (Monoid).** Ist $(G, \circ)$ eine Halbgruppe und existiert ein Einselement $e \in G$, so nennt man G auch *Monoid* und schreibt oft $(G, \circ, e)$.

Im Definition–Satz–Beweis–Stil beginnt an dieser Stelle ein neuer „Durchgang". Wir haben einen Begriff (in diesem Fall Einselement) in den Mittelpunkt unserer Untersuchungen gestellt und haben die wichtigsten Resultate, die mit diesem Begriff zusammenhängen, in Sätzen formuliert und bewiesen (Eindeutigkeit). Jetzt kehren wir zu unserer zuvor betrachteten Struktur (Halbgruppe) zurück, fügen sie mit dem neu untersuchten Begriff zusammen, erzeugen dadurch eine interessant erscheinende Spezialisierung dieses zentralen Begriffes und geben ihr im Rahmen einer Definition einen Namen (Monoid). Damit stellen wir diesen neuen Begriff für das weitere Vorgehen in den Fokus unserer Betrachtung.

Dieser Vorgang wiederholt sich nun immer wieder — bis ans Ende dieses Kapitels.

Beispiel 5.2.21 (Monoide).   5.2.21

- Sowohl $(\mathbb{N}, +)$ als auch $(\mathbb{N}, \cdot)$ sind Monoide. Auch $(\mathbb{Z}, +)$, $(\mathbb{Z}, \cdot)$, $(\mathbb{R}, +)$, $(\mathbb{R}, \cdot)$ sind Monoide, so wie $(\mathrm{Abb}(M), \circ)$ und $(T, \circ)$ bzw. $(D, \circ)$.

- Die Menge $(FP_2, \oplus)$ ist kein Monoid. Sie besitzt zwar ein neutrales Element, aber die Verknüpfung ist nicht assoziativ (FP_2 ist ja nicht einmal eine Halbgruppe!). Analoges gilt für $(FP_2, \otimes)$.

- $(W, \circ)$ und $(S, \circ)$ sind ebenfalls keine Monoide, weil sie kein neutrales Element besitzen. Wir könnten aber durch Hinzufügen des leeren Hauptwortes bzw. des leeren Strichblockes Einselemente in W und S definieren.

  Auf diese Weise kann man übrigens aus jeder Halbgruppe durch Hinzufügen (Adjungieren) eines neutralen Elements ein Monoid machen.

Aufgabe 5.2.22. Welche der Gruppoide aus den Aufgaben 5.2.5, 5.2.6 und 5.2.7 sind Monoide?

Aufgabe 5.2.23. Begründen Sie, warum $(M_2(\mathbb{R}), +)$ und $(M_2(\mathbb{R}), \cdot)$ Monoide sind.

Fahren wir fort, die verschiedenen Beispiele miteinander zu vergleichen. Vielleicht können wir noch weitere Eigenschaften der Verknüpfungen isolieren.

Hier stoßen wir übrigens auf ein wichtiges mathematisches Prinzip, das auch viel Raum für Kreativität lässt: Durch Untersuchung mehrerer Schlüsselbeispiele spüren wir eine Eigenschaft auf, geben ihr einen Namen und machen sie so reif für eine Untersuchung. Kreative Namensgebung ist bereits der erste Schritt zur erfolgreichen Behandlung einer Theorie. Die Kreativität liegt dabei natürlich mehr darauf, *was* und nicht darauf *wie* etwas benannt wird — meist jedenfalls. Hätte nämlich der amerikanische

Physiker George Zweig die kleinen Teilchen, aus denen die Elementarteilchen aufgebaut sind, nicht *Aces* genannt, so wäre heute sein Name berühmt und nicht der Name Murray Gell-Mann, der zur selben Zeit wie Zweig die Theorie der *Quarks* entdeckt aber den erfolgreicheren Namen gewählt hat.

5.2.24 **Beispiel 5.2.24 (Kommutativität).**   *Wenn wir die Verknüpfungen untersuchen, die wir seit Beispiel 5.1.1 betrachten, dann fällt an manchen eine weitere Besonderheit auf.*

$(\mathbb{N}, +), \ldots, (\mathbb{R}, \cdot)$: *Am ehesten offensichtlich ist es bei den Zahlenmengen. In allen Beispielen von $(\mathbb{N}, +)$ bis $(\mathbb{R}, \cdot)$ kann man erkennen, dass es beim Addieren und Multiplizieren auf die Reihenfolge der Operanden nicht ankommt. Jeder „weiß", dass etwa $4 + 5 = 5 + 4$ und $3 \cdot 6 = 6 \cdot 3$ gelten.*

$(T, \circ)$: *Die Translationen T haben ebenfalls diese Eigenschaft. Egal welche von zwei Translationen zuerst durchgeführt wird, das verschobene Objekt wird am selben Platz landen.*

$(D, \circ)$: *Drehungen sind allerdings anders: Legen wir das Koordinatenkreuz so, dass Ursprung und Schwerpunkt des zu drehenden Objektes zusammen fallen. Drehen wir zuerst um $90°$ um die x_1–Achse und danach um $90°$ um die x_3–Achse, so ergibt das eine Gesamtdrehung um die Achse, die durch den Punkt $(1, -1, 1)$ geht, um den Winkel $120°$. Vertauscht man die beiden Drehungen, dann ergibt sich eine Gesamtdrehung um die Achse durch den Punkt $(1, 1, 1)$ wieder um den Winkel $120°$. Das Ergebnis der beiden Drehreihenfolgen können Sie auch in Abbildung 5.4 am Beispiel eines Würfels ablesen. Der erste Würfel zeigt dabei die Ausgangslage, der zweite Würfel wurde zuerst um x_1 dann um x_3 gedreht, und der dritte Würfel zeigt das Ergebnis, wenn zuerst um x_3 und danach um x_1 rotiert wird. Die Reihenfolge, in der Drehungen ausgeführt werden, ist also wesentlich.*

$(\mathrm{Abb}(M), \circ)$: *Auch bei der Verknüpfung von Abbildungen darf man nicht einfach die Reihenfolge vertauschen. Sind etwa $f : \mathbb{R} \to \mathbb{R}, x \mapsto x^2$ und $g : \mathbb{R} \to \mathbb{R}, x \mapsto -x$ gegeben. Dann gilt $f \circ g : x \mapsto x^2$, aber*

Abb. 5.4 Drehungen eines Würfels

$g \circ f : x \mapsto -x^2$. *(Siehe auch Beispiel 4.3.29.)*

$(M_2(\mathbb{R}), +)$: *Bei der Addition von 2×2–Matrizen darf man die Terme vertauschen. Das folgt einfach aus der Tatsache, dass die Addition komponentenweise definiert ist.*

$(M_2(\mathbb{R}), \cdot)$: *Die Multiplikation in $M_2(\mathbb{R})$ ist da schon problematischer. Es gilt etwa*

$$A := \begin{pmatrix} 1 & 2 \\ 0 & 3 \end{pmatrix}, \quad B := \begin{pmatrix} 1 & 1 \\ -1 & 2 \end{pmatrix},$$

$$AB = \begin{pmatrix} -1 & 5 \\ -3 & 6 \end{pmatrix}, \quad BA = \begin{pmatrix} 1 & 5 \\ -1 & 4 \end{pmatrix}.$$

Das Ergebnis der Multiplikation reeller 2×2–Matrizen hängt also von der Reihenfolge der beiden Faktoren ab.

$(S, \circ)$: *Das Ergebnis der Verknüpfung von Strichblöcken S ist wieder unabhängig von der Reihenfolgen der Operanden.*

$(W, \circ)$: *Bei Worten macht es dagegen einen Unterschied. „Dampfschiff" hat eine gänzlich andere Bedeutung als „Schiffsdampf".*

Wir sehen also, dass manchmal die Operanden einer Verknüpfung vertauscht werden dürfen, ohne das Ergebnis zu ändern, manchmal aber nicht. Jetzt fehlt nur noch der Name für diese Eigenschaft.

Definition 5.2.25 (Kommutativgesetz). Eine Verknüpfung $\circ$ in einem Gruppoid $(G, \circ)$ heißt *kommutativ*, falls das *Kommutativgesetz* erfüllt ist, d.h. falls   **5.2.25**

$$\textbf{(KG)} \quad \forall g, h \in G : \ g \circ h = h \circ g$$

gilt.

5.2.26 **Beispiel 5.2.26 (Kommutativgesetz).**

- *Aus unserer Beispielliste erfüllen die Zahlenmengen, die Transla-
  tionen, $(M_2(\mathbb{R}), +)$, die Strichblöcke und FP_2 mit den jeweiligen
  Verknüpfungen das Kommutativgesetz.*
- *Nicht das Kommutativgesetz erfüllen hingegen die Drehungen, die
  Abbildungen (beide bzgl. der Hintereinanderausführung von Ab-
  bildungen), $(M_2(\mathbb{R}), \cdot)$ und die Menge der Hauptwörter (mit der
  Zusammensetzung).*

Aufgabe 5.2.27. Überprüfen Sie, welche der Verknüpfungen aus den
Aufgaben 5.2.5, 5.2.6 und 5.2.7 kommutativ sind.

Und weiter führt uns unsere Entdeckungsreise durch die verschiedenen
Verknüpfungseigenschaften. Wir fragen uns, ob eine einmal erfolgte
Verknüpfung wieder rückgängig gemacht werden kann. Bei den Translationen T kann man etwa nach jeder Verschiebung die Translation
gleicher Länge aber entgegengesetzter Richtung ausführen und damit
das Objekt wieder an seinen ursprünglichen Platz zurück schieben.
Translationen kann man also wieder ungeschehen machen. Wie das
bei den anderen Verknüpfungen aussieht, wollen wir uns nach der folgenden Definition ansehen.

5.2.28 **Definition 5.2.28 (Links- und Rechtsinverses).** Sei $(G, \circ, e)$ ein Gruppoid mit
Einselement.

(i)   Ist $a \in G$, so nennen wir $a' \in G$ ein *zu a linksinverses Element*, falls

$$a' \circ a = e.$$

(ii)   Ein Element $a' \in G$ heißt *zu a rechtsinvers*, wenn die umgekehrte Beziehung
       gilt, d.h.

$$a \circ a' = e.$$

Analog zur Situation mit den einseitigen neutralen Elementen nennen wir ein a',
das sowohl links- als auch rechtsinvers zu a ist, *inverses Element von a*. Formal
definieren wir:

Definition 5.2.29 (Inverses Element). Sei $(G, \circ, e)$ ein Gruppoid 5.2.29
mit Einselement, und sei $a \in G$. Wir nennen $a' \in G$ *inverses Element*
von a, falls

$$a' \circ a = a \circ a' = e$$

gilt. Wir nennen a' auch *Inverses zu* a und schreiben meist a^{-1}. Ist das
Verknüpfungszeichen ein $+$, schreiben wir die Operation also additiv,
dann bezeichnen wir das Inverse von a üblicherweise mit $-a$.

Beispiel 5.2.30 (Inverse).   5.2.30

$(\mathbb{N}, +), \ldots, (\mathbb{R}, \cdot)$: *Bis zu diesem Zeitpunkt sind die Zahlenmengen mit*
ihren Verknüpfungen brav nebeneinander marschiert: Alle bisher in
diesem Kapitel besprochenen (algebraischen) Eigenschaften kom-
men jeder von ihnen in gleichem Maße zu. Doch nun trennt sich die
Verknüpfungsspreu vom Weizen.

- *In* $(\mathbb{N}, +, 0)$ *gibt es außer für 0 zu keinem Element ein Inverses.*
- *In* $(\mathbb{Z}, +, 0)$ *und* $(\mathbb{R}, +, 0)$, *andererseits, hat jedes Element* $n \in \mathbb{Z}$
  bzw. $n \in \mathbb{R}$ *ein inverses Element, nämlich* $-n$.
- *In* $(\mathbb{N}, \cdot, 1)$ *respektive* $(\mathbb{Z}, \cdot, 1)$ *besitzt außer 1 respektive 1 und* -1
  kein Element ein Inverses.
- *In* $(\mathbb{R}, \cdot, 1)$ *hat jedes Element außer 0 ein Inverses.*

$(T, \circ)$: *Wir haben schon gesehen, dass die Translationen aus* T *Inverse*
besitzen, einfach die Verschiebung um dieselbe Länge in die Gegen-
richtung.

$(D, \circ)$: *Auch alle Drehungen in* D *haben Inverse, die Drehungen um*
dieselbe Achse um den Winkel mit entgegengesetztem Vorzeichen.

$(\mathrm{Abb}(M), \circ)$: *In der Menge der Abbildungen* $\mathrm{Abb}(M)$ *haben nur die*
bijektiven Abbildungen Inverse (vgl. 4.3.34). Alle anderen können
nicht rückgängig gemacht werden.

$(M_2(\mathbb{R}), +)$: *In* $(M_2(\mathbb{R}), +)$ *hat jede Matrix* A *ein Inverses, nämlich*
diejenige Matrix $-A$, *bei der man bei jedem Element von* A *das*
Vorzeichen gewechselt hat.

$(M_2(\mathbb{R}), \cdot)$: *Für* $(M_2(\mathbb{R}), \cdot)$ *kann man beweisen (und das wird in Aufgabe 5.2.32 auch getan!), dass eine Matrix A genau dann ein Inverses hat, wenn $a_{11}a_{22} - a_{12}a_{21} \neq 0$ gilt; diese A heißen* **invertierbar.** *Die Zahl $a_{11}a_{22} - a_{12}a_{21}$ nennt man übrigens die* **Determinante** *von A.*

Aufgabe 5.2.31. Überprüfen Sie, für welche der Verknüpfungen aus den Aufgaben 5.2.5, 5.2.6 und 5.2.7 inverse Elemente existieren.

Aufgabe 5.2.32. Beweisen Sie, dass eine 2×2–Matrix

$$A = \begin{pmatrix} a_{11} & a_{12} \\ a_{21} & a_{22} \end{pmatrix}$$

genau dann ein inverses Element besitzt, wenn

$$\det(A) := a_{11}a_{22} - a_{12}a_{21} \neq 0$$

gilt.

Hinweis: Nehmen Sie an, es gäbe eine Inverse $B = \begin{pmatrix} b_{11} & b_{12} \\ b_{21} & b_{22} \end{pmatrix}$ also, dass $AB = I$ gilt. Schreiben Sie die entstehenden 4 Gleichungen an und lösen Sie nach $b_1, \ldots, b_4$ auf. Zeigen Sie dann auch noch, dass $BA = I$ gilt. Achtung, das ist eine etwas langwierige Rechnung.

Wieder stehen wir vor der Frage, ob das Inverse zu einem Element, falls es überhaupt existiert, eindeutig bestimmt ist, oder ob mehr als ein (Links-, Rechts-) Inverses existieren kann. Wieder beantwortet uns die Untersuchung der Struktureigenschaften die Frage für alle Beispiele auf einmal.

5.2.33 **Proposition 5.2.33 (Eindeutigkeit des Inversen).** Sei $(G, \circ, e)$ ein Monoid und $g \in G$. Existiert zu g ein Inverses g^{-1}, so ist g^{-1} eindeutig bestimmt.

Beweis. Weil g^{-1} invers zu g ist, gilt $g \circ g^{-1} = g^{-1} \circ g = e$. Sei $\tilde{g}$ ein **5.2.33**
weiteres Inverses zu g, d.h. es gelte $g \circ \tilde{g} = \tilde{g} \circ g = e$. Wir zeigen, dass
dann schon $g^{-1} = \tilde{g}$ gilt. Tatsächlich ist

$$\tilde{g} = \tilde{g} \circ e = \tilde{g} \circ (g \circ g^{-1}) = (\tilde{g} \circ g) \circ g^{-1} = e \circ g^{-1} = g^{-1}.$$

$\square$

Beachten Sie, dass wir im Beweis das Assoziativgesetz verwendet
haben. Das ist in Ordnung, da wir ja $(G, \circ, e)$ als Monoid (also insbesondere als Halbgruppe) vorausgesetzt haben und nicht bloß als
Gruppoid mit Einselement!
Tatsächlich dürfen wir nicht auf die Voraussetzung verzichten, dass
das Assoziativgesetz gilt. In $(FP_2, \otimes)$, das eine nicht-assoziative Verknüpfung hat, sind etwa 0,91, 0,92, 0,93, 0,94 und 0,95 Inverse von
1,1.

Proposition 5.2.34 (Übereinstimmung von Links- und Rechtsinversen). **5.2.34**
Sei $(G, \circ, e)$ ein Monoid und $g \in G$. Ist g_L^{-1} ein Linksinverses von g und g_R^{-1} ein
Rechtsinverses von g, d.h. gilt

$$g_L^{-1} g = e = g g_R^{-1},$$

so ist $g_L^{-1} = g_R^{-1} =: g^{-1}$ und g^{-1} ist Inverses zu g.

Beweis. Wir haben **5.2.34**

$$g_L^{-1} = g_L^{-1} e = g_L^{-1}(g g_R^{-1}) = (g_L^{-1} g) g_R^{-1} = e g_R^{-1} = g_R^{-1}.$$

Daher sind g_L^{-1} und g_R^{-1} gleich, und klarerweise ist $g^{-1} := g_L^{-1} = g_R^{-1}$ Inverses zu
g. $\square$

Jetzt haben wir alle Eigenschaften zusammengesammelt und benannt
und können endlich die Struktur definieren, auf die wir schon die ganze
Zeit hinarbeiten.

Definition 5.2.35 (Gruppe). Sei $(G, \circ)$ ein Gruppoid. Gelten die **5.2.35**
folgende Eigenschaften

(G1) Assoziativgesetz:

$$\forall g, h, k \in G : (g \circ h) \circ k = g \circ (h \circ k),$$

(G2)   Einselement:

$$\exists e \in G : \; \forall g \in G : \; e \circ g = g \circ e = g,$$

(G3)   Inverse:

$$\forall g \in G : \; \exists g^{-1} \in G : \; g^{-1} \circ g = g \circ g^{-1} = e,$$

dann heißt $(G, \circ)$ *Gruppe*. Gilt außerdem noch

(G4)   Kommutativgesetz:

$$\forall g, h \in G : \; g \circ h = h \circ g,$$

dann heißt G *kommutative* oder *abelsche Gruppe* (nach Nils Henrik Abel (1802–1829)).

Die Eigenschaften (G1) bis (G3) nennt man auch oft die *Gruppenaxiome*. Sie besagen — anders ausgedrückt — dass eine Gruppe ein Monoid mit der zusätzlichen Eigenschaft ist, dass jedes $g \in G$ ein Inverses besitzt; siehe dazu auch Abbildung 5.3.

Gruppen werden in weiten Teilen der Mathematik benötigt. Sie beschreiben nicht nur Bewegungen, sondern auch Symmetrien. Sie spielen ihre Rolle bei der Untersuchung von Differentialgleichungen genauso wie bei der Lösung von Optimierungsaufgaben oder der Lösung kombinatorischer Probleme. Zweifellos gehören Gruppen zu den zentralen Begriffen der Mathematik.

Auch im nächsten Abschnitt und in der Linearen Algebra werden Gruppen gebraucht werden. Es ist also unerlässlich, diesen Begriff sorgfältig mit Fleisch (also mit Beispielen) zu füllen.

5.2.36   Beispiel 5.2.36 (Gruppen).

(i)   *Aus unserer Beispielliste bilden die ganzen Zahlen $(\mathbb{Z}, +)$ und die reellen Zahlen $(\mathbb{R}, +)$ abelsche Gruppen, so wie auch $(\mathbb{R} \setminus \{0\}, \cdot)$. Dasselbe gilt für die Translationen und $(M_2(\mathbb{R}), +)$.*

(ii)   *Nicht kommutative Gruppen sind die Drehungen im Raum (im Sinne von Beispiel 5.1.1) und die allgemeine lineare Gruppe $\mathrm{GL}(2, \mathbb{R})$ der invertierbaren Matrizen in $(M_2(\mathbb{R}), \cdot)$ (siehe Aufgabe 5.2.32).*

(iii)   *Die einelementige Menge $M = \{e\}$ ist eine abelsche Gruppe mit*
     der einzig möglichen Verknüpfung $e \circ e = e$, sie heißt Permuta-
     tionsgruppe von einem Element $\mathfrak{S}^1$ oder triviale Gruppe.

Wir wollen nun zeigen, dass Definition 5.2.35 teilweise redundant ist. Tatsächlich genügt es, folgende Abschwächung der Gruppenaxiome zu fordern.

Proposition 5.2.37 (Abschwächung der Gruppenaxiome).   Sei $(G, \circ)$ ein   **5.2.37**
Gruppoid. Sind folgende Eigenschaften erfüllt, dann ist G eine Gruppe:

(G1)   Assoziativgesetz:

$$\forall g, h, k \in G : (g \circ h) \circ k = g \circ (h \circ k),$$

(G2')   Linkseinselement:
$$\exists e \in G : \forall g \in G : e \circ g = g,$$

(G3')   Linksinverse:
$$\forall g \in G : \exists g^{-1} \in G : g^{-1} \circ g = e.$$

Gilt außerdem noch

(G4)   Kommutativgesetz:
$$\forall g, h \in G : g \circ h = h \circ g,$$

dann ist G eine abelsche Gruppe.

Beweis. Wir haben nicht alles vorausgesetzt, was wir vorher von einer Gruppe   **5.2.37**
verlangt hatten. Eigenschaft (G1), das Assoziativgesetz macht $(G, \circ)$ zu einer Halbgruppe, doch wir haben nur die Existenz von *Links*einselement und *Links*inversem vorausgesetzt. Wir müssen also zeigen, dass das Linkseinselement auch Rechtseinselement ist und dass alle Linksinversen auch Rechtsinverse sind.
Schritt 1: Wir beginnen mit einer Teilbehauptung. Ist $g \in G$ idempotent, so gilt schon $g = e$. Wir haben nämlich

$$
\begin{aligned}
gg &= g \\
g^{-1}(gg) &= g^{-1}g &&\text{das Linksinverse } g^{-1} \text{ existiert immer} \\
(g^{-1}g)g &= g^{-1}g &&\text{Assoziativität} \\
eg &= e &&\text{weil } g^{-1} \text{ Linksinverses ist} \\
g &= e &&\text{weil } e \text{ Linkseinselement ist}
\end{aligned}
$$

Das beweist unsere Teilbehauptung.
Schritt 2: Jetzt beweisen wir, dass das Linksinverse g^{-1} auch $gg^{-1} = e$ erfüllt, also Rechtsinverses ist.

$$
\begin{aligned}
gg^{-1} &= g(eg^{-1}) &&\text{weil } e \text{ Linkseinselement ist} \\
&= g((g^{-1}g)g^{-1}) &&\text{weil } g^{-1} \text{ Linksinverses ist} \\
&= (gg^{-1})(gg^{-1}) &&\text{Assoziativität.}
\end{aligned}
$$

Aus obiger Beziehung folgt, dass gg^{-1} idempotent ist. Wir haben aber in Schritt 1 bewiesen, dass dann schon $gg^{-1} = e$ gilt.

Schritt 3: Es bleibt noch zu zeigen, dass für alle $g \in G$ auch $ge = g$ gilt, e also Rechtseinselement ist.

$$
\begin{aligned}
ge &= g(g^{-1}g) & &\text{weil } g^{-1} \text{ Linksinverses ist} \\
&= (gg^{-1})g & &\text{Assoziativität} \\
&= eg & &\text{das haben wir in Schritt 2 gezeigt} \\
&= g & &e \text{ ist Linkseinselement}
\end{aligned}
$$

Wir haben also gezeigt, dass e Einselement ist. Darum ist $(G, \circ, e)$ ein Monoid, und jedes Element besitzt ein Inverses wegen Schritt 2. Daher ist G eine Gruppe. Die Aussage über die Kommutativität ist offensichtlich. □

5.2.38 **Bemerkung 5.2.38 ($\mathbb{Z}_2$).** Es existiert nur eine zweielementige Gruppe, nämlich $\mathbb{Z}_2 := (\{0,1\}, +)$ mit $0 + 0 = 0$, $1 + 0 = 0 + 1 = 1$ und $1 + 1 = 0$. Ihre **Cayley–Tafel** ist:

+	0	1
0	0	1
1	1	0

(hat Ihre Version aus Aufgabe 5.1.11 auch so ausgesehen?). Sie drückt aus, was wir über das Addieren gerader und ungerader Zahlen wissen (0 ist die Äquivalenzklasse der geraden Zahlen und 1 diejenige der ungeraden Zahlen). Gerade plus gerade ist gerade, ungerade plus ungerade ist gerade, gerade plus ungerade ist ungerade.

5.2.39 **Beispiel 5.2.39 (Permutationsgruppe von 3 Elementen).** *Betrachten wir ein gleichseitiges Dreieck in der Ebene und alle seine sogenannten Deckabbildungen. Darunter vesteht man Abbildungen, die das Dreieck auf sich selbst abbilden und seine Form und Größe nicht verändern.[2] Es gibt sechs verschiedene davon. Einige davon sind in Abbildung 5.5 dargestellt.*

1. Die Identität I,

2. Drehung um $\frac{2}{3}\pi$ (120°) im Uhrzeigersinn D_1,

---

[2] Das ist keine strenge Definition, eine solche werden Sie in der linearen Algebra kennenlernen. Für unsere Zwecke ist ein intuitives Verständnis aber ausreichend.

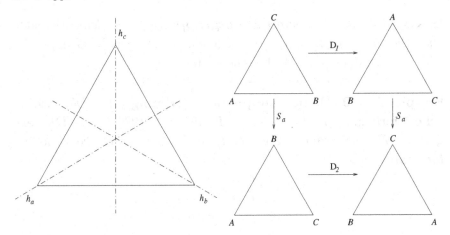

Abb. 5.5 Deckabbildungen des gleichseitigen Dreiecks

3. Drehung um $\frac{4}{3}\pi$ (240°) im Uhrzeigersinn D_2,
4. Spiegelung S_a an der Höhe h_a auf a,
5. Spiegelung S_b an der Höhe h_b auf b,
6. Spiegelung S_c an der Höhe h_c auf c.

Die Menge dieser Abbildungen bildet eine Gruppe bezüglich der Verknüpfung von Abbildungen. Man kann die Wirkung der Abbildung am einfachsten veranschaulichen, indem man beobachtet, wohin die Eckpunkte abgebildet werden. Die Abbildung D_1 etwa bildet die Ecken ABC auf die Ecken BCA (in dieser Reihenfolge) ab. Die Spiegelung S_a bildet ABC auf ACB ab. Man sieht also, dass die Deckabbildungen des gleichseitigen Dreiecks genau die Permutationen (siehe die graue Box auf Seite 165) der Eckpunkte sind. Die dabei entstehende Gruppe heißt $\mathfrak{S}^3$, und ihre Verknüpfungstabelle ist:

$\circ$	I	S_a	S_b	S_c	D_1	D_2
I	I	S_a	S_b	S_c	D_1	D_2
S_a	S_a	I	D_2	D_1	S_c	S_b
S_b	S_b	D_1	I	D_2	S_a	S_c
S_c	S_c	D_2	D_1	I	S_b	S_a
D_1	D_1	S_b	S_c	S_a	D_2	I
D_2	D_2	S_c	S_a	S_b	I	D_1

Diese Gruppe ist die **Permutationsgruppe** *von drei Elementen oder auch Diedergruppe* D_3 *der Ordnung 3, eine nicht abelsche Gruppe. Sie ist sogar die kleinste nicht abelsche Gruppe.*

5.2.40 **Beispiel 5.2.40 (Diedergruppe der Ordnung 2).** *Die* **Kleinsche Vierergruppe** V_4 *(nach Felix Klein (1849–1925)), auch* **Diedergruppe** D_2 *der Ordnung 2 genannt, ist definiert durch die Verknüpfungstabelle:*

$\circ$	e	a	b	c
e	e	a	b	c
a	a	e	c	b
b	b	c	e	a
c	c	b	a	e

Sie ist übrigens die kleinste nicht zyklische Gruppe (wobei eine Gruppe **zyklisch** *heißt, wenn sich alle Elemente als Potenzen eines einzigen Elements schreiben lassen).*

Aufgabe 5.2.41. Zeigen Sie, dass $(\mathbb{Z}_4, +)$ eine Gruppe bildet. Vergleichen Sie diese vierelementige Gruppe mit der Kleinschen Vierergruppe V_4. Hinweis: Betrachten Sie dazu die Verknüpfungstabellen.

Aufgabe 5.2.42. Beweisen Sie, dass $(\mathbb{Z}_5 \setminus \{\bar{0}\}, \cdot)$ eine Gruppe bildet. Vergleichen Sie diese Gruppe mit $(\mathbb{Z}_4, +)$. Was fällt Ihnen auf?

Aufgabe 5.2.43. Stellen Sie die Cayley–Tafeln von $(\mathbb{Z}_6, +)$ und $(\mathbb{Z}_6, \cdot)$ auf. Welche algebraischen Strukturen liegen vor: Gruppoid, Halbgruppe, Monoid, Gruppe? Zählen Sie alle zutreffenden auf!

Aufgabe 5.2.44. Wir betrachten ein Rechteck, das kein Quadrat ist, und alle Abbildungen, die das Rechteck auf sich selbst abbilden. Zeigen Sie, dass diese Abbildungen eine Gruppe bilden, und stellen Sie die Verknüpfungstabelle auf. Kommt Ihnen die Gruppe bekannt vor? Was ändert sich im Falle eines Quadrats?

Nun wenden wir uns wieder dem Studium der abstrakten Struktur einer Gruppe zu. Zunächst zeigen wir das Gesetz der doppelten Inversion.

Proposition 5.2.45 (Doppelte Inversion). Ist $(G, \circ)$ eine Gruppe, so haben wir für jedes $g \in G$

$$(g^{-1})^{-1} = g.$$

Beweis. Das Element $(g^{-1})^{-1}$ ist das Inverse von g^{-1}. Wir wissen aber, dass $g \circ g^{-1} = g^{-1} \circ g = e$ gilt. Daher ist auch g das Inverse von g^{-1}. Wegen der Eindeutigkeit der Inversen (Proposition 5.2.33) folgt $g = (g^{-1})^{-1}$. □

Überlegen Sie genau, warum wir im Beweis von Proposition 5.2.45 das Resultat aus Proposition 5.2.33 verwenden durften. Dabei zeigt sich besonders schön die Stärke aufeinander aufbauender mathematischer Strukturen.

Acht geben muss man, wenn man das Verhältnis von Gruppenoperation und Inversion untersucht.

Proposition 5.2.46 (Rechenregeln für Gruppen). Sind $(G, \circ)$ eine Gruppe und $g, h, k \in G$, dann gelten die Rechenregeln:

(i) $(g \circ h)^{-1} = h^{-1} \circ g^{-1}$ (umgekehrte Verknüpfungsreihenfolge!),

(ii) $k \circ g = k \circ h \Rightarrow g = h$ (es gilt die *Kürzungsregel*),

(iii) Die Gleichung $g \circ x = h$ hat in G die eindeutige Lösung

$$x = g^{-1} \circ h.$$

Bei (ii) und (iii) gelten auch die zu den obigen Aussagen symmetrischen Versionen: $g \circ k = h \circ k \Rightarrow g = h$, und die eindeutige Lösung von $x \circ g = h$ ist $x = h \circ g^{-1}$. Die Beweise dieser Aussagen funktionieren in völliger Analogie zu denen von (ii) und (iii).

Beweis.

(i)   Es gilt

$$(g \circ h) \circ (h^{-1} \circ g^{-1}) = g \circ (h \circ h^{-1}) \circ g^{-1} = g \circ g^{-1} = e$$

und analog

$$(h^{-1} \circ g^{-1}) \circ (g \circ h) = h^{-1} \circ (g^{-1} \circ g) \circ h = h^{-1} \circ h = e.$$

Die Aussage folgt nun aus der Eindeutigkeit der Inversen.

(ii)   Wir haben

$$k \circ g = k \circ h$$
$$k^{-1} \circ (k \circ g) = k^{-1} \circ (k \circ h)$$
$$(k^{-1} \circ k) \circ g = (k^{-1} \circ k) \circ h$$
$$e \circ g = e \circ h$$
$$g = h.$$

(iii)   Zunächst ist $x = g^{-1} \circ h$ eine Lösung, da $g \circ x = g \circ (g^{-1} \circ h) = (g \circ g^{-1}) \circ h = e \circ h = h$. Angenommen x' ist eine weitere Lösung, so gilt $g \circ x = h = g \circ x'$, und aus der Kürzungsregel folgt nun $x = x'$.   □

Im Folgenden werden wir Teilmengen von Gruppen studieren und dabei unser erstes Beispiel einer *Teilstruktur* kennenlernen. Wenn $H \subseteq G$ gilt und $(G, \circ, e)$ eine Gruppe ist, dann ist automatisch eine Abbildung

$$\circ|_{H \times H} : H \times H \to G$$

definiert; jedes $h \in H$ ist ja auch Element von G, und daher ist für jedes Paar $(g, h) \in H \times H$ sein Bild $g \circ h \in G$ unter der Verknüpfung $\circ$ definiert — allerdings wissen wir nicht, ob $g \circ h$ wieder in H liegt! Ist das der Fall, d.h. falls

$$\forall g, h \in H : \ g \circ |_{H \times H} h \in H$$

gilt (und nur dann!) sprechen wir von der von G *ererbten* oder auch *induzierten* Operation auf H. In diesem Fall führt die Verknüpfung also nicht aus H heraus, und wir sagen auch, dass H bezüglich der Verknüpfung $\circ$ von G **abgeschlossen** ist. Dann verzichten wir auch (sinnvollerweise) darauf, notationell zwischen $\circ|_{H \times H}$ und $\circ$ zu unterscheiden und schreiben einfach immer $\circ$.

Besonders interessant sind nun solche Teilmengen von Gruppen, die mit der ererbten Operation dieselbe Struktur aufweisen wie ihre Obermenge, also selbst Gruppen sind.

Definition 5.2.47 (Untergruppe). Sei $(G, \circ, e)$ eine Gruppe. Eine Teilmenge $H \subseteq G$ heißt *Untergruppe* von G, falls die Verknüpfung $\circ$ die Menge $H \times H$ auf H abbildet und $(H, \circ, e)$ eine Gruppe ist.

5.2.47

Beispiel 5.2.48 (Untergruppen).

5.2.48

- *Jede Gruppe G besitzt die beiden **trivialen Untergruppen** $\{e\}$ und G.*
- *Die Gruppe $(\mathbb{Z}, +)$ ist eine Untergruppe von $(\mathbb{R}, +)$.*
- *Die Gruppe $(\mathbb{Z}, +)$ besitzt etwa die Untergruppe $\mathbb{Z}_g$ aller geraden ganzen Zahlen.*

Man bezeichnet Teilstrukturen (die gleiche Struktur auf einer Teilmenge) meist mit Unter ... oder mit Teil ...
In der Algebra kommen etwa *Untergruppen*, *Unterringe* und *Unterkörper* vor. In der Linearen Algebra spricht man von *Teilräumen*, *Teilalgebren*, ...

Sei H Teilmenge der Gruppe $(G, \circ)$ und abgeschlossen bezüglich $\circ$. Dann stellt sich die Frage, ob und welche weiteren Eigenschaften gelten müssen, damit $H \subseteq G$ zur Untergruppe wird. Die Antwort gibt die folgende Proposition.

Proposition 5.2.49 (Charakterisierung von Untergruppen). Eine nichtleere Teilmenge $H \subseteq G$ einer Gruppe $(G, \circ, e)$ ist genau dann eine Untergruppe, wenn eine der beiden äquivalenten Bedingungen gilt:

5.2.49

(i) Für alle $g, h \in H$ liegt die Verknüpfung $g \circ h \in H$ und zusätzlich liegt zu jedem Element $h \in H$ auch das Inverse $h^{-1} \in H$.

(ii) Für alle $g, h \in H$ ist auch $g \circ h^{-1} \in H$.

Ist G abelsch, dann auch H.

5.2.49 *Beweis.* Zuerst beweisen wir die Äquivalenz der beiden Bedingungen. (ii)⇒(i): Ist für je zwei Elemente $g, h \in H$ auch $g \circ h^{-1} \in H$, so sehen wir sofort, dass $e = g \circ g^{-1} \in H$ liegt. Damit ist aber auch zu jedem $g \in H$ das Element $e \circ g^{-1} = g^{-1} \in H$. Ferner muss dann aber für $g, h^{-1} \in H$ das Element $g \circ (h^{-1})^{-1} = g \circ h \in H$ liegen. (i)⇒(ii): Seien $g, h \in H$. Dann erhalten wir $h^{-1} \in H$, und daher ist auch $g \circ h^{-1} \in H$.

Das beweist die behauptete Äquivalenz.

Nun zeigen wir, dass die Bedingung (i) impliziert, dass H eine Gruppe ist. Der erste Schritt dabei ist zu zeigen, dass $(H, \circ)$ ein Gruppoid bildet, dass also $\circ$ eine Verknüpfung auf H ist. Das ist aber tatsächlich der Fall, weil wir schon wissen, dass für je zwei Elemente $g, h \in H$ auch $g \circ h \in H$ liegt. Damit ist aber H bereits eine Halbgruppe, denn das Assoziativgesetz gilt, weil es sogar für alle Elemente in G erfüllt ist.

Das Einselement e von G liegt ebenfalls in H, da für jedes Element $g \in H$ auch $g \circ g^{-1} = e \in H$ sein muss. Schließlich besitzt jedes Element $g \in H$ ein Inverses in G, nämlich g^{-1}, von dem wir bereits wissen, dass es in H liegt. Das beweist alle Gruppeneigenschaften für $(H, \circ, e)$, und daher ist H eine Untergruppe von G.

Die umgekehrte Richtung, d.h. dass für eine Untergruppe H die Eigenschaft (i) gilt, enthält eine lästige Subtilität. Zunächst folgt aus der Definition der Untergruppe, dass mit g, h auch $g \circ h$ in H liegt. Nun aber müssen wir zeigen, dass für $h \in H$ auch h^{-1} in H liegt, wobei h^{-1} das Inverse *in G* ist! Zum Glück stimmt dieses aber mit dem Inversen h' von h *in H* überein, das natürlich in H liegt. Tatsächlich gilt nämlich $h \circ h^{-1} = e = h \circ h'$ und mit der Kürzungsregel 5.2.46(ii) folgt $h^{-1} = h'$.

Nun fehlt nur mehr die Aussage über die Kommutativität, die aber ebenfalls leicht einzusehen ist. Wenn G abelsch ist, dann erfüllen alle Elemente in G das Kommutativgesetz, also erst recht alle in H. □

Aufgabe 5.2.50. Überprüfen Sie, ob die Teilmenge $\{\overline{0}, \overline{2}, \overline{4}\}$ von $(\mathbb{Z}_6, +)$ eine Untergruppe bildet.

Aufgabe 5.2.51. Bestimmen Sie alle Untergruppen von $(\mathbb{Z}_6, +)$.

Aufgabe 5.2.52. Geben Sie alle Untergruppen der Kleinschen Vierergruppe V_4 (siehe Beispiel 5.2.40) an.

Aufgabe 5.2.53. Beweisen Sie, dass $(\mathbb{Z}, +)$ eine Untergruppe von $(\mathbb{R}, +)$ ist. Zeigen Sie weiters, dass $(\mathbb{Z}_g, +)$ eine Untergruppe von $(\mathbb{Z}, +)$ ist. Folgt aus diesen beiden Aussagen schon, dass $(\mathbb{Z}_g, +)$ eine Untergruppe von $(\mathbb{R}, +)$ ist?

Aufgabe 5.2.54. Wir definieren die Menge $\mathrm{SL}(2, \mathbb{R})$ von reellen 2×2–Matrizen, deren Determinante (siehe Beispiel 5.2.30) gleich 1 ist, also

$$\mathrm{SL}(2, \mathbb{R}) := \{A \in M_2(\mathbb{R}) : \det(A) = a_{11}a_{22} - a_{12}a_{21} = 1\}.$$

Zeigen Sie, dass $(\mathrm{SL}(2, \mathbb{R}), \cdot)$ eine Untergruppe von $(\mathrm{GL}(2, \mathbb{R}), \cdot)$ ist (siehe dazu Beispiel 5.2.36).

Aufgabe 5.2.55. Zeigen Sie, dass die Menge aller invertierbaren Abbildungen einer beliebigen Menge M auf sich selbst eine Gruppe bildet. Ist die Menge endlich mit n Elementen, dann nennen wir die entstehende Gruppe die *Permutationsgruppe mit n Elementen* und bezeichnen sie mit $\mathfrak{S}_n$. Bestimmen Sie die Cayley–Tafeln von $\mathfrak{S}_1$, $\mathfrak{S}_2$ und $\mathfrak{S}_4$.

Aufgabe 5.2.56. Sei $(H, \circ)$ eine Untergruppe von $(G, \circ)$ und $(K, \circ)$ eine Untergruppe von $(H, \circ)$. Beweisen Sie, dass dann $(K, \circ)$ eine Untergruppe von $(G, \circ)$ ist. Vergleichen Sie mit Aufgabe 5.2.53.

Ein wichtiger Begriff der Algebra fehlt noch. Wir haben jetzt aus zuvor unbedarften Mengen neue mathematische Strukturen geschaffen, indem wir auf ihnen eine Verknüpfung eingeführt haben. Dann haben wir die Eigenschaften dieser Verknüpfungen untersucht und sind so schließlich zur Definition der Gruppe gekommen. Wo sind aber die versprochenen Verbindungen zwischen unseren Gruppenobjekten? Bei den Mengen hatten wir die Abbildungen. Was sollen wir bei den Gruppen verwenden?

Die Lösung ist einfach. Gruppen sind Mengen, also können wir mit Abbildungen beginnen. Um allerdings die Gruppenstruktur nicht zu vergessen, müssen wir von den Abbildungen verlangen, dass sie die Gruppenstruktur respektieren. Das führt zur folgenden Definition.

5.2.57 **Definition 5.2.57 (Gruppenhomomorphismus).** Seien $(G, \circ)$ und $(H, \square)$ Gruppen.

(i)   Ein *Gruppenhomomorphismus* von G nach H ist eine Abbildung $f : G \to H$ mit

$$\forall g_1, g_2 \in G : f(g_1 \circ g_2) = f(g_1)\square f(g_2).$$

Das bedeutet also, dass es unerheblich ist, ob man zuerst in G verknüpft und dann nach H abbildet oder zuerst nach H abbildet und dann dort verknüpft.

(ii)   Ist die Abbildung f zusätzlich bijektiv, dann heißt sie *Gruppenisomorphismus*; in diesem Fall sagen wir die beiden Gruppen sind *isomorph*, und wir schreiben $G \cong H$, oder auch deutlicher $(G, \circ) \cong (H, \square)$.

(iii)   Sind G und H nur Monoide und gilt $f(e_G) = e_H$, so heißt f *Monoidhomomorphismus*. Ist f zusätzlich bijektiv, so heißt f *Monoidisomorphismus*.

(iv)   Sind G und H nur Halbgruppen oder Gruppoide, so heißt f *Halbgruppenhomomorphismus* bzw. *Gruppoidhomomorphismus*. Ist f zusätzlich bijektiv, so heißt f *Halbgruppenisomorphismus* bzw. *Gruppoidisomorphismus*.

Wie aus der obigen Definition bereits erahnt werden kann, werden in der Mathematik Abbildungen zwischen Mengen mit zusätzlicher Struktur, die diese Struktur erhalten, **Homomorphismen** genannt und der Name der Struktur vorangestellt.

Bijektive Homomorphismen heißen **Isomorphismen**, wobei ebenfalls der Name der Struktur vorangestellt wird. Die jeweiligen Objekte heißen dann isomorph und sind vom Standpunkt der jeweiligen Strukturtheorie aus nicht unterscheidbar. Meist wird das Zeichen $\cong$ verwendet, um die Isomorphie zweier Objekte A und B zu bezeichnen, also $A \cong B$ geschrieben.

Homomorphismen von Strukturen auf sich heißen **Endomorphismen** und Isomorphismen von Strukturen auf sich **Auto-**

morphismen, wobei wiederum jeweils der Name der Struktur vorangestellt wird.

Ein Gruppenisomorphismus (wie jeder andere Isomorphismus in der Mathematik auch) ist im Wesentlichen nichts anderes als eine *Umbenennung* der Gruppenelemente. Dass solche Umbenennungen mitunter sehr praktisch sein können, muss nicht extra erwähnt werden. Zwei isomorphe Strukturen sind vom Standpunkt der Strukturtheorie aus ununterscheidbar. Oftmals kann man sich bei der Untersuchung der Eigenschaften eines bestimmten Objektes damit wesentlich weiterhelfen, einen Isomorphismus zu einem bereits bekannten Objekt zu konstruieren.

Beispiel 5.2.58 (Gruppenhomomorphismen). 5.2.58

- *Die Abbildung, die jedem $z \in \mathbb{Z}$ die reelle Zahl $z \in \mathbb{R}$ zuordnet, ist ein Gruppenhomomorphismus von $(\mathbb{Z}, +)$ in $(\mathbb{R}, +)$.*
- *Die Abbildung f von S nach $\mathbb{N}$, die jedem Strichblock die Anzahl der enthaltenen Striche zuordnet, ist ein Halbgruppenhomomorphismus von S nach $\mathbb{N}$. Haben wir zu S den leeren Strichblock hinzugefügt, dann ist $f : S \to \mathbb{N}$ bijektiv, also ein Halbgruppenisomorphismus. Die Menge der Strichblöcke ist also von den natürlichen Zahlen nicht unterscheidbar vom Standpunkt der Halbgruppentheorie aus. Die Menge S ist eine Möglichkeit, $\mathbb{N}$ zu konstruieren. Eine andere Variante, in der $\mathbb{N}$ aus den Mengenaxiomen konstruiert wird, findet sich in Abschnitt 6.1.1.*
- *Seien G und H Gruppen, so kann trivialerweise immer der folgende Gruppenhomomorphismus definiert werden: $f(g) := e'$ für alle $g \in G$, wobei e' das Einselement von H ist.*

Bemerkung 5.2.59 (Zweielementige Gruppen). Wir definieren 5.2.59
auf der Menge $G = \{0, 1\}$ die Verknüpfung $\square$ durch die folgende Cayley-Tafel:

$\square$	0	1
0	1	0
1	0	1

Es handelt sich bei $(G, \square)$ um eine kommutative Gruppe mit neutralem Element 1, und die Elemente 0 und 1 sind ihre eigenen Inversen.

Die Gruppe $(G, \square)$ ist isomorph zu $\mathbb{Z}_2$ (siehe Bemerkung 5.2.38), denn die Abbildung

$$f : \mathbb{Z}_2 \to G \text{ mit } f(0) = 1, \ f(1) = 0$$

ist offensichtlich bijektiv, und es gilt

$$f(0)\square f(0) = 1\square 1 = 1 = f(0) = f(0 + 0),$$
$$f(0)\square f(1) = 1\square 0 = 0 = f(1) = f(0 + 1) \text{ und}$$
$$f(1)\square f(1) = 0\square 0 = 1 = f(0) = f(1 + 1).$$

Es gilt also $G \cong \mathbb{Z}_2$, und die beiden Gruppen sind vom Standpunkt der Gruppentheorie aus gleich: die Abbildung f ist ja lediglich eine Umbenennung der Elemente (1 wird auf 0 umbenannt und umgekehrt). Da alle anderen 14 möglichen Verknüpfungstabellen für zweielementige Mengen keine Gruppe ergeben (siehe Aufgabe 5.2.60, unten), gibt es *bis auf Isomorphie* tatsächlich nur eine zweielementige Gruppe oder etwas legerer — wie auch schon in Bemerkung 5.2.38 behauptet: Es gibt nur eine zweielementige Gruppe, nämlich $\mathbb{Z}_2$.

Aufgabe 5.2.60. Betrachten sie alle 16 möglichen Verknüpfungstabellen für zweielementige Mengen und zeigen Sie, dass es sich außer bei $\mathbb{Z}_2$ und $(G, \square)$ aus Bemerkung 5.2.59 um keine Gruppen handelt. Übrigens, kommen ihnen einige dieser 16 Tabellen bekannt vor?

5.2.61 **Beispiel 5.2.61 (Halbgruppenisomorphismus und** $\mathrm{Triv}(M)$**).** *Betrachten wir die (nichtleere) Menge M und $m, m' \in M$ beliebig. Wenn wir die Verknüpfungen $\circ$ und $\square$ auf M definieren als $k \circ \ell = m$ bzw. $k \square \ell = m'$ für alle $k, \ell \in M$, dann sind $(M, \circ)$ und $(M, \square)$ Halbgruppen. Jede bijektive Abbildung $\varphi : M \to M$ mit $\varphi(m) = m'$ ist ein Halbgruppenisomorphismus von $(M, \circ)$ auf $(M, \square)$. Das beweist, dass die Halbgruppen $\mathrm{Triv}(M, m)$ und $\mathrm{Triv}(M, m')$ (in der Notation aus Beispiel 5.2.4) isomorph sind und wir können sie mit $\mathrm{Triv}(M)$ bezeichnen.*

Beispiel 5.2.62 (Die Exponentialabbildung als Gruppenhomomorphismus). *Ein äußerst wichtiges Beispiel eines Gruppenhomomorphismus ist die Abbildung*

$$f : (\mathbb{R}, +) \to (\mathbb{R} \setminus \{0\}, \cdot)$$
$$f(x) = e^x \qquad (e, \text{ die Eulersche Zahl}).$$

f ist ein Gruppenhomomorphismus, da für alle $x, y \in \mathbb{R}$ gilt, dass

$$f(x + y) = e^{x+y} = e^x e^y = f(x)f(y).$$

Schränkt man den Zielbereich von f auf $\mathbb{R}^+ = \{x \in \mathbb{R} : x > 0\}$ ein $((\mathbb{R}^+, \cdot)$ ist Untergruppe von $(\mathbb{R} \setminus \{0\}, \cdot)$!), so ist f sogar ein Gruppenisomorphismus mit Umkehrabbildung $f^{-1}(z) = \log z$.

Aufgabe 5.2.63. Seien $(\mathbb{Z}_3, +)$ und $(\mathbb{Z}_6, +)$ gegeben. Geben Sie zwei Gruppenhomomorphismen $f : \mathbb{Z}_3 \to \mathbb{Z}_6$ an.

Aufgabe 5.2.64. Betrachten Sie die Menge $G = \{e, a, b\}$ mit der durch die folgende Cayley–Tafel definierten Verknüpfung:

$\circ$	e	a	b
e	e	a	b
a	a	b	e
b	b	e	a

Zeigen Sie, dass $(G, \circ)$ isomorph zu $(\mathbb{Z}_3, +)$ ist.

Aufgabe 5.2.65. Sei G eine Gruppe. Beweisen Sie, dass die Abbildung $f : G \to \{e\}$ mit $f : g \mapsto e$ in die triviale Gruppe immer ein Gruppenhomomorphismus ist.

Zum Abschluss des Abschnitts zeigen wir, dass Definition 5.2.57 tatsächlich ausreicht, um die gesamte Gruppenstruktur zu respektieren. Es ist nicht nur unerheblich, ob vor oder nach der Anwendung von f verknüpft wird, sondern das Einselement wird auf das Einselement abgebildet, und es ist auch egal, ob vor oder nach der Abbildung invertiert wird.

5.2.66 **Proposition 5.2.66 (Eigenschaften von Gruppenhomomorphismen).** Sei f ein Gruppenhomomorphismus von $(G, \circ, e)$ nach $(H, \square, e')$. Dann gilt

(i) $f(e) = e'$ und
(ii) $\forall a \in G : \; f(a^{-1}) = (f(a))^{-1}$.

5.2.66 *Beweis.*

(i)   Es gilt $f(e) = f(e \circ e) = f(e)\square f(e)$, daher $e' \square f(e) = f(e) = f(e)\square f(e)$, und mit der Kürzungsregel (in H) folgt die Aussage.

(ii) Es gilt nach (i) $e' = f(e) = f(a \circ a^{-1}) = f(a)\square f(a^{-1})$. Analog folgt $e' = f(a^{-1})\square f(a)$, und wegen der Eindeutigkeit der Inversen ist $f(a^{-1})$ das Inverse (in H) zu $f(a)$, d.h. $(f(a))^{-1} = f(a^{-1})$.

$\square$

Aufgabe 5.2.67. Es seien $(G, \cdot)$ und $(H, \square)$ Gruppen. Wir definieren $\mathrm{Hom}(G, H)$ als die Menge der Gruppenhomomorphismen von G nach H. Zeigen Sie, dass für eine abelsche Gruppe H die Menge $\mathrm{Hom}(G, H)$ mit der Verknüpfung $\circ$

$$(\varphi \circ \varphi')(g) := \varphi(g)\square\varphi'(g), \quad \forall g \in G,$$

eine Gruppe bildet.

Der Begriff des Homomorphismus mag auf den ersten Blick recht kompliziert aussehen. Tatsächlich sind wir es aber im täglichen Leben gewöhnt, damit umzugehen. Kehren wir zu unserem Vergleich mit den Verkehrsmitteln aus der Einleitung zurück und betrachten wir die Unterklasse der Personenkraftwagen (PKWs). Wenn wir lernen, ein Auto zu fahren, dann erlernen wir die Bedienung der Pedale (Gas, Bremse, Kupplung), des Schalthebels, des Lenkrads, der Lichter, Blinker, Rückspiegel, etc. Wir üben einige Zeit in einem Übungsfahrzeug, mit ebendiesen Gegenständen umzugehen, und erlernen so das Autofahren.

Wollen wir nun einen gänzlich anderen PKW (unseren Privatwagen) lenken, dann müssen wir nicht wieder alles neu lernen. Wir müssen nur unsere Erfahrung mit den Bedienelementen des Übungswagens auf den zu lenkenden PKW übertragen („abbilden"). Einige Bedienelemente werden wir leicht finden (Kupplung, etc.), auch wenn sie anders aussehen. Andere sind manchmal nicht so leicht zu entdecken (Lichtschalter, etc.). Dann müssen wir die „Abbildungsvorschrift", die Bedienungsanleitung, zu Rate ziehen.

Wir wenden — „mathematisch gesprochen" — einen Homomorphismus von unserem Übungsfahrzeug auf den Privatwagen an und fahren (hoffentlich) gut dabei. Das Wesentliche dabei ist, dass wir bei der Abbildung die Struktur des Autos erhalten. Wir bilden Teile gleicher Funktion auf Teile gleicher Funktion ab (so wie wir bei einem Gruppenhomomorphismus das Einselement auf das Einselement und Inverse auf Inverse abbilden). Das ist nur natürlich so. Würden wir die Bremse des Übungsautos auf das Gaspedal des Privatwagens abbilden, so hätten wir nicht lange Freude mit unserem Auto.

Auch die „Verknüpfung" der einzelnen Teile wird abgebildet. So gehen wir davon aus, dass durch Treten auf das Bremspedal tatsächlich die Räder unseres Privatautos gebremst werden, so wie es beim Übungswagen der Fall ist. Es ist für uns lebenswichtig, dass diese Verknüpfungen erhalten bleiben, und wir verlassen uns stillschweigend darauf.

In vielen Fällen ist der so gefundene Homomorphismus sogar ein Isomorphismus, da in modernen Autos die Bedienungselemente meist vollständig vorhanden sind. In wenigen Fällen fehlen jedoch einige (zum Beispiel hat ein Auto mit Automatikgetriebe kein Kupplungspedal) oder es kommen andere hinzu (vielleicht hat unser Privatwagen Nebelscheinwerfer, der Übungswagen nicht). Dann ist die „Abbildung" wirklich ein Homomorphismus und kein Isomorphismus.

Aufgabe 5.2.68. Zeigen Sie, dass die drei komplexen Lösungen der Gleichung

$$x^3 = 1$$

eine abelsche Gruppe bezüglich der Multiplikation komplexer Zahlen bilden. Wie verhält sich diese Gruppe zur Gruppe $(\mathbb{Z}_3, +)$?

Aufgabe 5.2.69. Zeigen Sie, dass die komplexen Zahlen c mit $|c| = 1$ eine Gruppe bezüglich der Multiplikation komplexer Zahlen bilden. Diese Gruppe wird übrigens mit S^1 bezeichnet.

Aufgabe 5.2.70. Sei G eine beliebige Gruppe und $\widehat{G} := \operatorname{Hom}(G, S^1)$ (siehe Aufgaben 5.2.69 und 5.2.67). Ist $\widehat{G}$ immer kommutativ?

Die weitergehenden Untersuchungen der Struktur von Gruppen ist das Thema der **Gruppentheorie**, einem riesigen Teilgebiet der Algebra. Dort werden z.B. endliche Gruppen klassifiziert und viele andere tiefliegende Fragen über Gruppen beantwortet.

Die Gruppentheorie hat auch vielfältige und weitreichende Anwendungen, sowohl innerhalb der Mathematik, z.B. in der Geometrie und den Differentialgleichungen, als auch in den Naturwissenschaften, etwa in der Physik (insbesondere in der Quantenmechanik) und in der Chemie. Geeigneten Lesestoff finden Sie in jedem einführenden Buch zur Algebra, etwa in Jantzen & Schwermer [48] oder Scheja & Storch [66].

5.3 Ringe

Um uns den „Schmuckstücken" der Mathematik zu nähern, kehren wir zurück zu unseren Gruppoiden aus Beispiel 5.1.1. Einige dort betrachtete Mengen haben als doppeltes Beispiel gedient. So etwa $\mathbb{N}$, $\mathbb{Z}$ und $\mathbb{R}$, aber auch die 2×2–Matrizen $M_2(\mathbb{R})$. Für alle diese Mengen haben wir Summen und Produkte definiert. Alle diese Mengen sind also Gruppoide bezüglich zweier Verknüpfungen.

5.3.1 **Beispiel 5.3.1 (Distributivität).** *Wichtig an den oben erwähnten Mengen mit Gruppoid–Strukturen bezüglich zweier Verknüpfungen ist die Eigenschaft, dass „Ausmultiplizieren" und „Herausheben" („Ausklammern") gültige Rechenregeln sind. Uns allen ist ja bekannt, dass etwa* $(3 + 4) \cdot 5 = 3 \cdot 5 + 4 \cdot 5$ *gilt.*

Von nun an werden wir Mengen betrachten, auf denen *zwei* Verknüpfungen definiert sind. Wir schreiben die beiden Verknüpfungen $+$ und $\cdot$, vereinbaren, dass $\cdot$ stärker bindet als $+$ („Punktrechnung vor Strichrechnung"), und lassen, wie schon angekündigt, den Punkt weg, wenn immer angebracht.

5.3.2 **Definition 5.3.2 (Distributivgesetze).** Sei H ein Gruppoid bezüglich der beiden Verknüpfungen $+$ und $\cdot$, das wir mit $(H, +, \cdot)$ bezeichnen. Wir sagen $+$ erfüllt die beiden *Distributivgesetze* bzgl. $\cdot$, falls gilt

$$\textbf{(DG1)} \quad \forall a, b, c \in H : \ a(b + c) = ab + ac,$$
$$\textbf{(DG2)} \quad \forall a, b, c \in H : \ (b + c)a = ba + ca.$$

Aufgabe 5.3.3. Überprüfen Sie, ob in $(\mathbb{Z}_4, +, \cdot)$ und $(\mathbb{Z}_5, +, \cdot)$ die Distributivgesetze gelten. (Achtung, direktes Nachrechnen ist hier nicht zielführend! Suchen Sie nach einer alternativen Beweismöglichkeit.)

Aufgabe 5.3.4. Rechnen Sie nach, dass in $(M_2(\mathbb{R}), +, \cdot)$ die Distributivgesetze gelten.

Definition 5.3.5 (Halbring). 5.3.5

(i) Eine Menge H, die eine Halbgruppe $(H, +)$ und eine Halbgruppe $(H, \cdot)$ bildet, heißt *Halbring*, falls die beiden Distributivgesetze von $+$ bezüglich $\cdot$ erfüllt sind.

(ii) Ist $(H, +)$ eine kommutative Halbgruppe, so sprechen wir von einem *additiv kommutativen* Halbring, ist $(H, \cdot)$ kommutativ, so nennen wir die Struktur einen *multiplikativ kommutativen* Halbring. Sind beide Verknüpfungen kommutativ, so liegt ein *kommutativer* Halbring vor.

Beispiel 5.3.6 (Halbringe). 5.3.6

(i) *Die natürlichen Zahlen $(\mathbb{N}, +, \cdot)$ bilden einen kommutativen Halbring. Beide Halbgruppen $(\mathbb{N}, +)$ und $(\mathbb{N}, \cdot)$ sind sogar Monoide; manchmal wird so eine Struktur auch **Dioid** genannt.*

(ii) *Auch $(\mathbb{Z}, +, \cdot)$ und $(\mathbb{R}, +, \cdot)$ besitzen eine Halbringstruktur. Dies folgt aus Beispiel 5.2.3(i) und der offensichtlichen Gültigkeit der Distributivgesetze. Beide Strukturen sind sogar kommutative Halbringe.*

(iii) *Eine interessante Frage ist, ob $M_2(\mathbb{R})$ ebenfalls ein Halbring ist. Die Antwort ist ja, ein additiv kommutativer Halbring. Das Nachrechnen der Distributivgesetze ist zwar ein bisschen mühsam, ergibt sich aber aus der Gültigkeit der Distributivgesetze für die reellen Zahlen (siehe Aufgabe 5.3.4).*

Das Nullelement der Operation $+$ in einem Halbring bezeichnen wir mit 0 und das Einselement von $\cdot$ mit 1, sofern sie existieren.

Beispiel 5.3.7 (Gruppeneigenschaft der Addition). *Einige un-* 5.3.7 *serer Beispielmengen besitzen aber noch mehr Struktur. So ist zwar $(\mathbb{N}, +)$ keine Gruppe, sehr wohl sind aber $(\mathbb{Z}, +)$ und $(\mathbb{R}, +)$ kommutative Gruppen. Auch $(M_2(\mathbb{R}), +)$ ist eine abelsche Gruppe.*

Dies führt uns unmittelbar zum nächsten Begriff.

5.3.8   **Definition 5.3.8 (Ring).** Sei $(R, +, \cdot)$ ein Gruppoid bezüglich beider
Verknüpfungen.

(i) $(R, +, \cdot)$ heißt *Ring*, falls folgende Eigenschaften erfüllt sind:

    (R1)   Es existiert ein Element in $0 \in R$, sodass $(R, +, 0)$ abel-
sche Gruppe ist.

    (R2) $(R, \cdot)$ erfüllt das Assoziativgesetz, d.h. ist Halbgruppe.

    (R3) $(R, +, \cdot)$ erfüllt die Distributivgesetze von $+$ bzgl. $\cdot$.

(ii)   Existiert zusätzlich ein Element $1 \in R$ mit $1 \neq 0$, sodass $(R, \cdot, 1)$
ein Monoid ist, so sagen wir R ist ein *Ring mit Eins(element)*
und schreiben oft auch $(R, +, \cdot, 0, 1)$.

(iii)   Ist die Operation $\cdot$ kommutativ, so liegt ein *kommutativer Ring*
vor.

(iv)   Hat man beides, Kommutativität und Einselement, dann nennt
man die entstehende Struktur ganz einfach *kommutativer Ring
mit Einselement*.

Obige Definition besagt also, dass ein Halbring $(R, +, \cdot)$ ein Ring ist, falls zusätzlich
(R1) gilt, also $(R, +)$ eine abelsche Gruppe ist.

5.3.9   **Beispiel 5.3.9 (Ringe).**

(i)   *Die ganzen Zahlen $(\mathbb{Z}, +, \cdot)$ und die reellen Zahlen $(\mathbb{R}, +, \cdot)$ sind
kommutative Ringe mit Einselement.*

(ii)   *Die reellen 2×2–Matrizen bilden einen Ring mit Einselement,
der aber nicht kommutativ ist (vgl. Beispiel 5.2.24).*

5.3.10   **Beispiel 5.3.10 (Polynomring).**   *Sei $\mathbb{R}[x]$ die Menge aller **Polynome***

$$p(x) = \sum_{i=0}^{n} a_i x^i, \quad n \in \mathbb{N}, a_i \in \mathbb{R}$$

(siehe dazu auch Abschnitt 2.3). Die reellen Zahlen a_i werden die
***Koeffizienten** des Polynoms genannt. Ist in der Darstellung $p(x) = \sum_{i=0}^{n} a_i x^i$ der höchste Koeffizient a_n von 0 verschieden, so heißt n*
***Grad** von p und wir schreiben $\deg(p) = n$. Dem Nullpolynom ordnen
wir keinen Grad zu.*

Addition und Multiplikation von Polynomen seien **punktweise** *definiert durch*

$$(p+q)(x) := p(x) + q(x),$$
$$(pq)(x) := p(x)q(x),$$

für alle $x \in \mathbb{R}$.

Die reellen Polynome $(\mathbb{R}[x], +, \cdot)$ *bilden einen kommutativen Ring mit Einselement, wie wir in Aufgabe 5.3.15 sehen werden.*

Weitere Beispiele für (kommutative) Ringe (mit Eins) liefert die folgende Proposition.

Proposition 5.3.11 (Restklassenringe). Die Restklassen $\mathbb{Z}_n$ bilden (mit der Addition und der Multiplikation von Restklassen) einen kommutativen Ring mit Einselement. **5.3.11**

Beweis. Weil für ganze Zahlen (und das sind die Repräsentanten der Nebenklassen ja auch!) Assoziativgesetze, Kommutativgesetze und Distributivgesetze gelten, gelten diese Gesetze auch für $+$ und $\cdot$ auf $\mathbb{Z}_n$. Das Nullelement ist $\overline{0}$, und das Einselement $\overline{1}$ erfüllt für $n > 1$ auch $\overline{0} \neq \overline{1}$. Das additiv Inverse einer Klasse $\overline{a}$ ist leicht gefunden. Es ist $\overline{-a}$. **5.3.11** □

Aufgabe 5.3.12. Bildet $(FP_2, \oplus, \otimes)$ (siehe Beispiel 5.1.1) einen Ring?

Aufgabe 5.3.13. Betrachten wir die Menge $R = \{0\}$ mit den Verknüpfungen $+$ und $\cdot$ mit $0 + 0 = 0$ und $0 \cdot 0 = 0$. Zeigen Sie, dass $(R, +, \cdot)$ einen kommutativen Ring bildet, den **trivialen Ring**. Ist der triviale Ring ein Ring mit Einselement? Wie sieht der einfachste Ring mit Einselement aus?

Aufgabe 5.3.14. Sei ε ein Symbol, das kein Element von $\mathbb{R}$ repräsentiert. Wir betrachten die Menge $\mathbb{R}[\varepsilon] := \{a + b\varepsilon \mid a, b \in \mathbb{R}\}$ und definieren darauf die beiden Verknüpfungen $\oplus$ und $\odot$ durch

$$(a + b\varepsilon) \oplus (a' + b'\varepsilon) := (a + a') + (b + b')\varepsilon,$$
$$(a + b\varepsilon) \odot (a' + b'\varepsilon) := aa' + (ab' + a'b)\varepsilon.$$

Weisen Sie nach, dass $(\mathbb{R}[\varepsilon], \oplus, \odot)$ ein kommutativer Ring ist.

Aufgabe 5.3.15. Für die beiden Polynome $p, q \in \mathbb{R}[x]$

$$p(x) = \sum_{i=0}^{n} a_i x^i$$
$$q(x) = \sum_{j=0}^{m} b_j x^j$$

bestimmen Sie die Koeffizienten von $p + q$ und pq.

Danach zeigen Sie nur unter Zuhilfenahme der berechneten Formeln, dass $\mathbb{R}[x]$ ein kommutativer Ring mit Einselement ist.

Nachdem wir nun einige Ringe in unserer täglichen mathematischen Umgebung identifiziert haben, spielen wir wieder die Stärken der Algebra aus und suchen *nur an Hand der geforderten Eigenschaften* nach neuen Gesetzen, die in *allen* Ringen gelten.

5.3.16 **Proposition 5.3.16 (Rechenregeln in Ringen).** Ist $(R, +, \cdot)$ ein Ring, so gelten die Rechenregeln

(i) $\quad \forall r \in R : r0 = 0r = 0$,

(ii) $\quad \forall r, s \in R : -(rs) = (-r)s = r(-s)$,

(iii) $\quad \forall r, s \in R : rs = (-r)(-s)$.

(iv) $\quad$ Besitzt R eine Eins, so gilt für alle $r \in R : (-1)r = r(-1) = -r$.

5.3.16 *Beweis.*

(i) $\quad$ Es gilt $r0 = r(0+0) = r0+r0$, und durch Addition von $-(r0)$ auf beiden Seiten der Gleichung folgt $0 = r0$. Die zweite Gleichung folgt analog.

(ii) $\quad$ Wir haben $(-r)s + rs = ((-r) + r)s = 0s = 0$ wegen (i). Aus der Eindeutigkeit des Inversen, Proposition 5.2.33 (Überlegen Sie wieder, warum dieses Ergebnis hier verwendet werden darf!), folgt $-(rs) = (-r)s$. Analog finden wir $-(rs) = r(-s)$.

(iii) $\quad$ Mit Proposition 5.2.45 und zweimaliger Verwendung von (ii) folgt $rs = -(-(rs)) = -((-r)s) = (-r)(-s)$.

(iv) $\quad$ Unter Verwendung von (ii) und der Neutralitätseigenschaft folgt $(-1)r = 1(-r) = -r$. Die zweite Gleichung zeigt man analog.

$\square$

Aufgabe 5.3.17. Führen Sie den Schritt im obigen Beweisteil (i), dass in einem Ring $(R, +, \cdot)$ tatsächlich $0r = 0$ für alle $r \in R$ gilt, explizit aus.

Aufgabe 5.3.18. Machen Sie den Schritt im obigen Beweisteil (ii) explizit, indem sie zeigen, dass in einem Ring $(R, +, \cdot)$ für $r, s \in R$ tatsächlich $-(rs) = r(-s)$ gilt.

Genau wie für Gruppen können wir auch für Ringe Teilstrukturen definieren.

Definition 5.3.19 (Unterring). Wir nennen eine Teilmenge $S \subseteq R$ eines Ringes $(R, +, \cdot)$ *Unterring* oder *Teilring* von R, falls die Verknüpfungen $+$ und $\cdot$ die Menge $S \times S$ auf S abbilden und $(S, +, \cdot)$ ein Ring ist.   **5.3.19**

Gemäß der vor Definition 5.2.47 eingeführten Terminologie ist eine Teilmenge S eines Ringes R also ein Teilring, falls S mit den induzierten Operationen selbst ein Ring ist.
Zur Beantwortung der Frage, ob eine Teilmenge eines Rings ein Unterring ist, müssen glücklicherweise nicht alle Ringeigenschaften nachgeprüft werden. Wie schon im Fall der Gruppe, genügt es im Wesentlichen zu zeigen, dass die Verknüpfungen aus der Teilmenge nicht hinausführen, die Teilmenge also bzgl. der Verknüpfungen abgeschlossen ist.

Proposition 5.3.20 (Charakterisierung von Unterringen). Eine nichtleere Teilmenge $S \subseteq R$ eines Ringes $(R, +, \cdot)$ ist ein Unterring genau dann, wenn für alle $r, s \in S$ die Elemente $r - s$ und rs in S liegen.   **5.3.20**
Ist R kommutativ, dann auch S.

Beweis. Die Notwendigkeit der Bedingung ist klar. Wir beweisen, dass sie auch hinreichend ist. Weil für $r, s \in S$ schon $r - s \in S$ folgt, wissen wir aus Proposition 5.2.49, dass $(S, +)$ eine Gruppe ist und zwar eine Untergruppe von $(R, +)$. Die Verknüpfung $\cdot$ ist in S abgeschlossen, denn das haben wir vorausgesetzt. Weil aber das Assoziativgesetz und die Distributivgesetze für alle Elemente in R gelten, stimmen sie erst recht für alle Elemente von S. Daher ist S ein Ring. Die Aussage über Kommutativität ist offensichtlich. $\square$ **5.3.20**

Aufgabe 5.3.21. Überprüfen Sie, ob die geraden Zahlen $(\mathbb{Z}_g, +, \cdot)$ einen Teilring der ganzen Zahlen $(\mathbb{Z}, +, \cdot)$ bilden.

Aufgabe 5.3.22. Betrachten Sie die Teilmenge $S := \{\overline{0}, \overline{2}, \overline{4}\}$ von $(\mathbb{Z}_6, +, \cdot)$. Bildet S einen Unterring von $\mathbb{Z}_6$?

Aufgabe 5.3.23. Wir betrachten die 2×2–Matrizen mit ganzzahligen Einträgen, $(M_2(\mathbb{Z}), +, \cdot)$ mit den von $(M_2(\mathbb{R}), +, \cdot)$ ererbten Operationen. Ist $M_2(\mathbb{Z})$ ein Unterring von $M_2(\mathbb{R})$?

Aufgabe 5.3.24. Weisen Sie nach, dass die ganzen komplexen Zahlen, auch **Gaußsche Zahlen** genannt,
$$\mathbb{Z}[i] := \{a + ib \mid a, b \in \mathbb{Z}\}$$
einen Teilring der komplexen Zahlen $\mathbb{C}$ bilden.

In Ringen wie etwa in $\mathbb{Z}$ und $\mathbb{Q}$, oder auch in $M_2(\mathbb{R})$ können wir also addieren und multiplizieren. Diese drei Ringe unterscheiden sich allerdings wesentlich in der Anzahl der Elemente, die Inverse bezüglich der Multiplikation besitzen. Wollen wir uns der Struktur dieser Ringe weiter nähern, ist es daher wichtig, diese Elemente zu kennen und zu untersuchen.

5.3.25 **Definition 5.3.25 (Einheit).** Ein Element a eines Ringes $(R, +, \cdot)$ mit Einselement heißt *Einheit*, falls es ein Inverses bezüglich der Multiplikation besitzt.

Die Menge R^* aller Einheiten in einem Ring R mit Eins bildet eine Gruppe bezüglich der Multiplikation, die *Einheitengruppe*, wie wir in Aufgabe 5.3.27 sehen werden.

5.3.26 **Beispiel 5.3.26 (Einheit).**

- *In den ganzen Zahlen $\mathbb{Z}$ sind die Elemente 1 und -1 die Einheiten.*
- *Es gilt $\mathbb{Q}^* = \mathbb{Q} \setminus \{0\}$, da alle rationalen Zahlen ungleich 0 ein Inverses bezüglich der Multiplikation besitzen. Analog gilt auch $\mathbb{R}^* = \mathbb{R} \setminus \{0\}$.*

- Die Einheitengruppe der reellen 2×2–Matrizen ist nach Aufgabe 5.2.32 die allgemeine lineare Gruppe $\mathrm{GL}(2, \mathbb{R})$

$$M_2(\mathbb{R})^* = \mathrm{GL}(2, \mathbb{R}) = \left\{ \begin{pmatrix} a_{11} \ a_{12} \\ a_{21} \ a_{22} \end{pmatrix} \middle| \ \det(A) = a_{11}a_{22} - a_{12}a_{21} \neq 0 \right\}.$$

- Im kommutativen Ring $\mathbb{R}[x]$ der reellen Polynome sind genau die konstanten Polynome $a_0 x^0$ mit $a_0 \neq 0$ invertierbar. Die konstanten Polynome bilden also die Einheitengruppe $\mathbb{R}[x]^*$. Diese Gruppe ist offensichtlich isomorph zu $\mathbb{R}^*$.

Aufgabe 5.3.27. Beweisen Sie, dass R^*, die Menge der Einheiten in einem Ring R mit Eins, tatsächlich eine Gruppe ist.

Beispiel 5.3.28 (Einheiten in $\mathbb{Z}[i]$). In $\mathbb{Z}[i]$ besteht die Einheitengruppe aus den vier Elementen $1, -1, i$ und $-i$. Kommt Ihnen die Cayley–Tafel von $\mathbb{Z}[i]^*$ bekannt vor?   **5.3.28**

$\cdot$	1	-1	i	$-i$
1	1	-1	i	$-i$
-1	-1	1	$-i$	i
i	i	$-i$	-1	1
$-i$	$-i$	i	1	-1

Aufgabe 5.3.29. Bestimmen Sie die Einheitengruppen der Ringe $\mathbb{Z}_n$ für $n = 2, \ldots, 6$.

Der Begriff der Teilbarkeit (siehe Seite 17) lässt sich ebenfalls von $\mathbb{N}$ auf allgemeine kommutative Ringe mit Einselement übertragen. Die Definition entspricht vollständig der aus den natürlichen Zahlen bekannten.

Definition 5.3.30 (Teiler). Seien a und c Elemente eines kommu-   **5.3.30**
tativen Ringes $(R, +, \cdot)$. Wir sagen, a *teilt* c, in Zeichen $a|c$, falls ein $b \in R$ existiert mit $ab = c$. Wir nennen dann a einen *Teiler* von c.

Beispiel 5.3.31 (Teiler).   **5.3.31**

(i)   In den ganzen Zahlen sind $\pm 1, \pm 2, \pm 3, \pm 6$ die Teiler der Zahl 6.

(ii)   In den rationalen Zahlen ist jedes $q \in \mathbb{Q}^*$ ein Teiler von 6.

(iii)   Das Polynom $x + 1$ teilt etwa das Polynom $x^2 - 1$, da bekanntermaßen $(x + 1)(x - 1) = x^2 - 1$ gilt.

Beispiel 5.3.32 (Teiler in den Gaußschen Zahlen). *In $\mathbb{Z}[i]$ ist etwa $1 - 2i$ ein Teiler von 5, denn $(1 - 2i)(1 + 2i) = 5$.*

Aufgabe 5.3.33. Bestimmen Sie alle Teiler des Elements $\bar{2}$ in $\mathbb{Z}_n$ für $n = 3, \ldots, 6$.

Es ist wesentlich zu beobachten, wie die Begriffe Einheit und Teiler zusammenhängen. Ist a ein Teiler von b im Ring R, dann ist auch ua ein Teiler von b für eine beliebige Einheit $u \in R^*$, und genauso ist a ein Teiler von ub. Es gilt sogar noch ein bisschen mehr, wie die nächste Aufgabe lehrt.

Aufgabe 5.3.34. Seien a und b Elemente eines kommutativen Ringes mit Eins $(R, +, \cdot)$, und sei $u \in R^*$ eine Einheit. Beweisen Sie,

$$a|b \Leftrightarrow a|ub \quad \text{und} \quad a|b \Leftrightarrow ua|b.$$

Ist der Ring nicht kommutativ, so erinnern wir uns an unser Vorgehen in Gruppoiden, einseitige Einselemente und Inverse einzuführen (siehe die Definitionen 5.2.9 und 5.2.28) und definieren folgendermaßen:

Definition 5.3.35 (Links- und Rechtsteiler). Seien $a \neq 0$, $b \neq 0$ und c Elemente eines Ringes $(R, +, \cdot)$ mit $ab = c$. Wir nennen dann a einen *Links-* und b einen *Rechtsteiler* von c. Ein Element, das sowohl Links- als auch Rechtsteiler von c ist, heißt *Teiler* von c.

Wenn es um die Teilbarkeit geht, nimmt das Element 0 eine Sonderstellung ein. Wir betrachten nun in der Notation von Definition 5.3.30 $a|c$ im Spezialfall $c = 0$.

Beispiel 5.3.36 (Nullteiler). *Für zwei ganze Zahlen p und q wissen wir folgende Eigenschaft: Sind $p \neq 0$ und $q \neq 0$, dann ist auch $pq \neq 0$. Auch die Menge der reellen Zahlen erfüllt das.*
In $\mathbb{Z}_8$ ist diese Aussage aber nicht richtig, denn es gilt, dass $\bar{6} \cdot \bar{4} = \bar{0}$. Auch in den 2×2–Matrizen wäre der Schluss falsch. Es gilt nämlich

$$\begin{pmatrix} 0 & 1 \\ 0 & 0 \end{pmatrix} \cdot \begin{pmatrix} 0 & 2 \\ 0 & 0 \end{pmatrix} = \begin{pmatrix} 0 & 0 \\ 0 & 0 \end{pmatrix}.$$

In $\mathbb{Z}_8$ und $M_2(\mathbb{R})$ ist also das Produkt von Null verschiedener Elemente nicht notwendigerweise auch von Null verschieden. Das ist eine bemerkenswerte Eigenschaft, die uns zur nächsten Definition führt.

Definition 5.3.37 (Nullteiler, Integritätsbereich). Sei $(R, +, \cdot)$ **5.3.37**
ein kommutativer Ring.

(i) Ein Element $0 \neq r \in R$ heißt *Nullteiler*, falls es ein $0 \neq s \in R$ gibt, sodass $rs = 0$ gilt.

(ii) Besitzt R ein Einselement, so heißt R *Integritätsbereich*, wenn für je zwei Elemente $r, s \in R$ aus $rs = 0$ schon $r = 0$ oder $s = 0$ folgt.

Obige Definition besagt also, dass es in einem Integritätsbereich keine Nullteiler gibt, genauer dass ein Integritätsbereich ein *nullteilerfreier* kommutativer Ring mit Eins ist.

Beispiel 5.3.38 (Integritätsbereiche). **5.3.38**

(i) *Die ganzen Zahlen* $(\mathbb{Z}, +, \cdot, 0, 1)$ *sind ein Integritätsbereich, ebenso die reellen Zahlen* $(\mathbb{R}, +, \cdot, 0, 1)$.

(ii) *Die Matrizen* $M_2(\mathbb{R})$ *sind kein Integritätsbereich, denn die Multiplikation ist nicht kommutativ, und* $M_2(\mathbb{R})$ *ist nicht nullteilerfrei.*

Wenn Sie genau gelesen haben, werden Sie festgestellt haben, dass in Beispiel 5.3.36 die angegebenen 2×2–Matrizen nach Definition 5.3.37 eigentlich keine Nullteiler sind. Der Ring $M_2(\mathbb{R})$ ist ja kein *kommutativer* Ring. Man kann jedoch auch den Begriff der Nullteiler, wie den Begriff Teiler, auf nicht kommutative Ringe übertragen.

Definition 5.3.39 (Links- und Rechtsnullteiler). Sei $(R, +, \cdot)$ ein Ring. Seien **5.3.39**
$0 \neq r, s \in R$ mit $rs = 0$. Dann nennen wir r *Links-* und s *Rechtsnullteiler*. Ein Element, das sowohl Links- als auch Rechtsnullteiler ist, wird *Nullteiler* genannt.

In diesem Sinne sind die in Beispiel 5.3.36 angegebenen Matrizen also tatsächlich Nullteiler.

Aufgabe 5.3.40. Geben Sie alle Nullteiler in $(\mathbb{Z}_4, +, \cdot)$ und $(\mathbb{Z}_6, +, \cdot)$ an. Gibt es auch in $(\mathbb{Z}_3, +, \cdot)$ oder $(\mathbb{Z}_5, +, \cdot)$ Nullteiler?

Aufgabe 5.3.41. Für welche $n = 2, \ldots, 6$ ist $(\mathbb{Z}_n, +, \cdot)$ ein Integritäts-bereich?

Aufgabe 5.3.42. Betrachten Sie den Ring $\mathbb{R}[\varepsilon]$ aus Beispiel 5.3.14. Enthält er Nullteiler?

Aufgabe 5.3.43. Weisen Sie nach, dass der Ring der reellen Polynome $(\mathbb{R}[x], +, \cdot)$ ein Integritätsbereich ist. *Hinweis: Verwenden Sie Aufgabe 5.3.15.*

Aufgabe 5.3.44. Zeigen Sie, dass $(\mathbb{Z}[i], +, \cdot)$ aus Aufgabe 5.3.24 ein Integritäts-bereich ist.

Haben wir erst den Begriff der Teilbarkeit verallgemeinert, dann würden wir auch gerne das Prinzip *Primzahl* auf allgemeinere Ringe über-tragen. Direkt geht das nicht, denn es macht keinen Sinn zu verlangen, dass ein Element $p \neq 1$ nur durch 1 und sich selbst teilbar sein soll. In $\mathbb{Z}$ wäre dann -1 die einzige Primzahl, obgleich sie eher die Eigen-schaften von 1 aufweist als die einer Primzahl. Wir müssen uns also etwas anderes einfallen lassen.

Wir sind also in der Situation, dass wir einen Begriff (Primzahl) von einer spezielleren Struktur ($\mathbb{N}$) auf eine allgemeinere Struk-tur (Ring) übertragen — man sagt: verallgemeinern — wollen. Auf direktem Wege ist das oft nicht (ohne weiteres) möglich: Wie im obigen Fall kann eine direkte Übersetzung der Definition des Spezialfalls scheitern. Entweder ist sie nicht formulierbar, wenn etwa nicht alle in der ursprünglichen Definition verwendeten Be-griffe in der allgemeineren Situation zur Verfügung stehen. Oder sie führt einfach nicht zu einer sinnvollen oder als sinnvoll er-achteten Verallgemeinerung des Begriffs (wie oben).
Ein beliebter Ausweg aus so einer Situation ist es, äquivalente Bedingungen zur ursprünglichen Definition zu suchen, die eine direkte Verallgemeinerung erlauben.

Zunächst wollen wir das Resultat, das wir in Lemma 2.1.4 bewiesen haben, zu einem wichtigen Theorem vervollständigen, das am Beginn der Zahlentheorie steht.

Theorem 5.3.45 (Fundamentalsatz der Arithmetik). Sei $n > 1$ **5.3.45**
eine natürliche Zahl. Dann ist n als Produkt endlich vieler Primzahlen darstellbar. Diese Darstellung ist eindeutig, wenn man die in ihr vorkommenden Primzahlen der Größe nach ordnet. Sie wird die *Primfaktorzerlegung* oder *Primfaktorenzerlegung* von n genannt.

Beweis. Aus Lemma 2.1.4 wissen wir bereits, dass n als Produkt von   **5.3.45**
Primzahlen geschrieben werden kann. Es bleibt also zu zeigen, dass die Darstellung eindeutig ist, falls die Primfaktoren der Größe nach geordnet sind — das wollen wir in der Folge immer annehmen.
Wir gehen indirekt vor und nehmen an, dass nicht alle natürlichen Zahlen eine eindeutige Primfaktorzerlegung haben. Sei m die kleinste solche Zahl, dann gibt es zwei verschiedene Darstellungen

$$m = \prod_{i=1}^{r} p_i = \prod_{j=1}^{s} q_j,$$

mit Primzahlen p_i und q_j.
Sei o.B.d.A. p_1 die kleinste in einem der beiden Produkte vorkommende Primzahl. Dann gilt $p_1 \neq q_1$, weil sonst wegen $m = \ell p_1$ eine natürliche Zahl $\ell < m$ existieren würde mit zwei verschiedenen Primfaktorzerlegungen $\ell = \prod_{i=2}^{r} p_i = \prod_{j=2}^{s} q_j$. Daher gilt $p_1 < q_1$ und damit auch $p_1 < q_j$ für alle j.
Nun definieren wir

$$m' := m - p_1 \prod_{j=2}^{s} q_j = (q_1 - p_1) \prod_{j=2}^{s} q_j, \tag{5.3}$$

und weil $q_1 > p_1$ gilt, ist $m' \in \mathbb{N}$. Wegen $p_1 | m$ gilt auch $p_1 | m'$. Also gibt es ein $k \in \mathbb{N}$ mit $m' = p_1 k$, und wegen $k < m' < m$ ist k eindeutig als Produkt von Primzahlen darstellbar, also

$$k = \prod_{j=1}^{t} r_j,$$

mit Primzahlen r_j. Wegen $m' < m$ ist

$$m' = p_1 \prod_{j=1}^{t} r_j$$

(bis auf Umordnung) die eindeutige Primfaktorzerlegung von m', und p_1 kommt in diesem Produkt vor. Nun kann p_1 nicht $q := \prod_{j=2}^{s} q_j$ teilen, da sonst $q < m$ keine eindeutige Primfaktorzerlegung hätte (es müsste eine geben, in der p_1 vorkommt, aber alle $q_j \neq p_1$). Daher gilt wegen (5.3), dass $p_1 | (q_1 - p_1)$, und somit $p_1 | q_1$. Das ist aber unmöglich, da $q_1 \neq p_1$ prim ist, der gewünschte Widerspruch. □

Aus dem Fundamentalsatz der Arithmetik leiten wir nun eine Charakterisierung für Primzahlen ab.

5.3.46   Proposition 5.3.46 (Primzahlkriterium).   Eine natürliche Zahl $p > 1$ ist genau dann eine Primzahl, wenn für alle $k, \ell \in \mathbb{N} \setminus \{0, 1\}$ gilt

$$p | k\ell \Rightarrow p | k \vee p | \ell.$$

5.3.46   *Beweis.* Sei zunächst p eine Primzahl. Nach Theorem 5.3.45 besitzen k und ℓ eindeutige Primfaktorzerlegungen $k = \prod_{i=1}^{r} p_i$ und $\ell = \prod_{j=1}^{s} q_j$. Die eindeutige Primfaktorzerlegung von $k\ell$ ist dann (nach geeigneter Umordnung der Faktoren) $k\ell = \left(\prod_{i=1}^{r} p_i\right)\left(\prod_{j=1}^{s} q_j\right)$. In diesem Produkt muss p vorkommen, da sonst $k\ell$ zwei verschiedene Primfaktorzerlegungen hätte. Daher ist $p = p_i$ für ein i oder $p = q_j$ für ein j und damit ist p ein Teiler von k oder von ℓ.
Beweisen wir nun die andere Richtung der Äquivalenz. Sei $1 < p \in \mathbb{N}$. Wir gehen nun davon aus, dass für alle k, ℓ gilt, dass $p|k\ell \Rightarrow p|k \vee p|\ell$. Angenommen, p ist keine Primzahl. Dann gibt es $r, s \in \mathbb{N} \setminus \{0, 1\}$ mit $p = rs$. Offensichtlich gilt $p|rs$. Weil aber $r < p$ und $s < p$ sind, teilt p weder r noch s. Das ist ein Widerspruch, also ist p in der Tat eine Primzahl. □

Wir erheben nun das Kriterium in Proposition 5.3.46 zur Definition.

Definition 5.3.47 (Primelement). Ein Nichtnullteiler $a \neq 0$ eines **5.3.47**
kommutativen Ringes $(R, +, \cdot)$ mit Einselement heißt *prim* oder ein
Primelement, falls $a \notin R^*$ und für alle $r, s \in R$ gilt, dass

$$a|rs \Rightarrow a|r \vee a|s.$$

Beispiel 5.3.48 (Primelemente).   **5.3.48**

- *In den ganzen Zahlen sind die Primelemente genau die Zahlen $\pm p$,
  wobei p eine Primzahl ist.*
- *In $\mathbb{Q}$ gibt es kein Primelement, da $\mathbb{Q}^* = \mathbb{Q} \setminus \{0\}$ gilt.*
- *In $\mathbb{R}[x]$ sind etwa die Polynome $x + 1$ und $x^2 + 1$ Primelemente.*

  *Es ist höchst nichttrivial, das zu beweisen. Tatsächlich verwendet man die
  Charakterisierung von Primelementen in so genannten Hauptidealringen R, zu
  denen $\mathbb{R}[x]$ gehört, als irreduzible Elemente. Dabei heißt ein Nichtnullteiler
  $r \in R \setminus R^*$ irreduzibel, genau dann, wenn aus $r = ab$ schon folgt, dass $a \in R^*$
  oder $b \in R^*$ gilt. Das wäre im Übrigen die „andere" Möglichkeit, den Begriff prim
  von $\mathbb{N}$ auf Ringe zu verallgemeinern (vgl. die graue Box auf Seite 250). Nun sind
  alle Polynome vom Grad 1 irreduzibel so wie alle Polynome zweiten Grades, die
  keine reellen Nullstellen haben. Letzteres folgt aus dem Fundamentalsatz der
  Algebra 6.5.19, den wir in Abschnitt 6.5 kennenlernen werden.*

Aufgabe 5.3.49. Finden Sie alle Primelemente der Ringe $\mathbb{Z}_n$ für $n = 2, \ldots, 6$.

Mit Definition 5.3.47 haben wir also das „Programm" aus der
grauen Box von Seite 250 abgeschlossen. Das im Spezialfall
$\mathbb{N}$ gültige Primzahlkriterium aus Proposition 5.3.46 liefert uns
tatsächlich eine Umformulierung der ursprünglichen Definition,
die sich leicht und sinnvoll auf die allgemeinere Situation übertragen lässt. Man sagt oft — so wie auch wir das oben getan
haben: „Wir erheben das Kriterium zur Definition (im allgemeineren Fall)."

Dieses Vorgehen ist übrigens in der Mathematik äußerst weit verbreitet. Es erfordert allerdings, den ursprünglichen Begriff in der spezielleren Situation genau und in all seinen Facetten zu kennen, und nicht bloß seine Definition. Nur so wird man „sehen", welche seiner Charakterisierungen oder Beschreibungen eine einfache und sinnvolle Verallgemeinerung erlauben.

5.3.50   **Beispiel 5.3.50 (Primelemente in den Gaußschen Zahlen).** *Die Bestimmung der Primelemente in $\mathbb{Z}[i]$ ist ebenfalls eine komplizierte Angelegenheit. Zunächst ist 2 in $\mathbb{Z}[i]$ kein Primelement, da etwa $2 = (1 + i)(1 - i)$ gilt und weil jedes Primelement eines Ringes offensichtlich irreduzibel ist (für den Begriff irreduzibel siehe Beispiel 5.3.48). Ebenso ist die Zahl 5 nicht prim. Es ist z.B. $5 = (2+i)(2-i)$. Beide Darstellungen als Produkte sind nicht eindeutig, da auch $5 = (1 + 2i)(1 - 2i)$ gilt. Beachten Sie aber, dass sich $(2 + i)$ und $(1 - 2i)$ nur durch Multiplikation mit der Einheit $-i$ unterscheiden. Im Gegensatz dazu ist 3 auch in $\mathbb{Z}[i]$ ein Primelement, ebenso wie die Teiler von 2, die Zahlen $(1 + i)$ und $(1 - i)$ (auch sie unterscheiden sich nur durch Multiplikation mit der Einheit $-i$).*

Trotzdem haben die Primelemente in $\mathbb{Z}[i]$ einiges mit den Primzahlen zu tun: Es kann keine ganze Zahl p in $\mathbb{Z}[i]$ Primelement sein, wenn sie nicht schon in $\mathbb{Z}$ prim ist. Ist andererseits p eine Primzahl mit $p = 4k + 1$ für eine ganze Zahl k, dann kann man p immer schreiben als $u^2 + v^2$ für zwei ganze Zahlen u und v (dieses Resultat wurde ursprünglich von Pierre de Fermat (ca.1608–1665) bewiesen. Ein äußerst schöner Beweis dafür findet sich in AIGNER & ZIEGLER *[2, Kapitel 4], eine Sammlung besonders ästhetischer Beweise), und daher kann man p als Produkt zweier Gaußscher Zahlen schreiben, wegen*

$$p = u^2 + v^2 = (u + iv)(u - iv).$$

Andererseits bleiben alle Primzahlen der Form $4k + 3$ für eine ganze Zahl k auch in $\mathbb{Z}[i]$ Primelemente.

Zusammenfassend kann man beweisen, dass $a + ib \in \mathbb{Z}[i]$ genau dann ein Primelement ist, wenn

- $b = 0$ *und a eine Primzahl der Form $\pm(4k + 3)$ für eine ganze Zahl k ist,*
- $a = 0$ *und b eine Primzahl der Form $\pm(4k + 3)$ für eine ganze Zahl k ist,*
- $a \neq 0$ *und $b \neq 0$ und $a^2 + b^2$ eine Primzahl ist.*

Dieses Resultat und weitere, darüber hinausgehende interessante Eigenschaften der Gaußschen Zahlen lernt man im mathematischen Gebiet der **algebraischen Zahlentheorie** *kennen, siehe etwa* NEUKIRCH *[57, Kapitel 1],* ALACA & WILLIAMS *[3] oder* HARDY & WRIGHT *[39].*

Ein weiterer Begriff, der direkt mit der Teilbarkeit verknüpft ist, ist der des größten gemeinsamen Teilers (ggT). Etwa beim Kürzen eines

Bruches $\frac{m}{n}$ ($m, n \in \mathbb{Z}$ $n \neq 0$) ist es wichtig, die gemeinsamen Teiler von m und n zu kennen, also alle Zahlen, die sowohl m als auch n teilen. Durch genau diese Zahlen kann man den Bruch nämlich kürzen, und der größte gemeinsame Teiler von m und n, in Symbolen $\mathrm{ggT}(m, n)$ ist die größte Zahl, durch die der Bruch gekürzt werden kann. Ist $\mathrm{ggT}(m, n) = 1$, dann sagen wir, dass m und n **relativ prim** oder **teilerfremd** sind.

Wir haben auch schon eine Methode, den ggT zweier natürlicher Zahlen m und n zu bestimmen. Wir können nach Lemma 2.1.4 beide Zahlen in Primfaktoren zerlegen:

$$m = \prod_{j=1}^{M} p_j^{k_j}, \quad n = \prod_{i=1}^{M} p_i^{\ell_i}.$$

Dabei haben wir die p_i so gewählt, dass alle Primzahlen vorkommen, die m oder n teilen, und wir haben gleiche Primzahlen zu Potenzen zusammengefasst; außerdem setzen wir $k_j = 0$ ($\ell_j = 0$), falls p_j nicht m (n) teilt. Es gilt dann

$$\mathrm{ggT}(m, n) = \prod_{i=1}^{M} p_i^{\min(k_i, \ell_i)}. \tag{5.4}$$

Aufgabe 5.3.51. Beweisen Sie, dass (5.4) tatsächlich eine Formel für den ggT von m und n ist.

Aufgabe 5.3.52. Berechnen Sie den größten gemeinsamen Teiler von 4715460 und 8187333.

Beispiel 5.3.53 (Darstellung des ggT). *Der ggT der Zahlen 1314 und 1241 ist 73. Wir können 73 schreiben als $73 = 1 \cdot 1314 + (-1) \cdot 1241$. Der ggT der Zahlen 9132 und 13485 ist 3. Es gilt $3 = -1741 \cdot 9132 + 1179 \cdot 13485$.*   **5.3.53**

Im obigen Beispiel konnten wir jeweils den ggT zweier Zahlen a und b darstellen als ganzzahlige (Linear)kombination von a und b. Die Frage, ob das immer möglich ist, beantwortet die folgende Proposition.

5.3.54 **Proposition 5.3.54 (Darstellung des ggT).** Seien m und n positive natürliche Zahlen. Dann gibt es $a, b \in \mathbb{Z}$ mit

$$\gcd(m, n) = am + bn.$$

5.3.54 ***Beweis.*** Sei $M := \{xm + yn \mid x, y \in \mathbb{Z} \text{ und } xm + yn > 0\}$. Die Menge M ist eine nichtleere Teilmenge von $\mathbb{N}$, da z.B. $m \in M$. Daher besitzt M ein kleinstes Element ($\mathbb{N}$ ist wohlgeordnet, siehe Seite 183). Wir definieren $d = \min M$; da $d \in M$ gibt es $a, b \in \mathbb{Z}$ mit $d = am + bn$. Nun gilt offensichtlich $\gcd(m, n) | d$, also ist $\gcd(m, n) \leq d$.

Weiters dividieren wir m und n mit Rest durch d und erhalten $r, s, t, u \in \mathbb{Z}$ mit $m = td + r$ und $n = ud + s$ und $0 \leq r, s < d$. Daraus sehen wir, dass $r = m - td = m - t(am + bn) = (1 - ta)m - tbn$ und analog $s = (1 - ub)n - uam$. Hätten wir $r > 0$, dann wäre $r = (1 - ta)m - tbn \in M$ und $r < d$, ein Widerspruch zur Minimalität von d, also gilt $r = 0$. Mit demselben Argument sehen wir $s = 0$, also gilt $d|m$ und $d|n$, also $d| \gcd(m, n)$, und damit ist $d \leq \gcd(m, n)$, also insgesamt $d = \gcd(m, n)$. $\qquad\square$

Die Proposition liefert uns also die Existenz zweier ganzer Zahlen m und n, mit deren Hilfe sich der ggT darstellen lässt — ein Resultat das später im Zusammenhang mit Restklassenkörpern (Theorem 5.4.10) noch eine wichtige Rolle spielen wird.

Über die konkrete Berechnung von m und n schweigt sich die obige Proposition allerdings aus. Darüber hinaus ist in der Praxis auch die Formel (5.4) unbrauchbar zur Bestimmung des ggT, denn für große Zahlen ist die Berechnung der Primfaktorzerlegung sehr aufwändig. Sie ist sogar so aufwändig, dass das bekannte RSA–Verfahren zur Verschlüsselung von Texten und Daten auf dieser Tatsache aufbaut, siehe RIVEST et al. [64]. Wir benötigen also noch ein Verfahren, das uns ermöglicht, den ggT effizient zu berechnen. Außerdem wird für das Rechnen in den Restklassen $\mathbb{Z}_n$ — vor allem bei großem n — die Darstellung des ggT aus Proposition 5.3.54 explizit benötigt.

Glücklicherweise gibt es ein schnelles Verfahren zur Berechnung des ggT, das beide Probleme löst. Seine Entstehung reicht bis weit in die

Antike zurück. Zum ersten Mal beschrieben wurde es in Euklids „Elementen", es gilt aber als gesichert, dass Eudoxos von Knidos (408–355 v. Chr.) den Algorithmus bereits 75 Jahre früher gekannt hat — trotzdem heißt das Verfahren der *euklidische Algorithmus*. Er löst zunächst nur das Problem der ggT–Berechnung. Wie wir ihn dazu verwenden können, auch die Zahlen m und n aus Proposition 5.3.54 zu bestimmen, werden wir später in Algorithmus 5.3.75 im Erweiterungsstoff klären.

Proposition 5.3.55 (Euklidischer Algorithmus). Seien a und b **5.3.55**
zwei positive natürliche Zahlen. Wir definieren rekursiv eine Folge:

$$g_0 = a,$$
$$g_1 = b,$$
$$g_{n-1} = q_n g_n + g_{n+1}, \tag{5.5}$$

wobei wir q_n und g_{n+1} durch Dividieren von g_{n-1} durch g_n mit Rest bestimmen. Die Rekursion bricht nach endlich vielen Schritten ab, d.h. es gibt ein kleinstes m mit $g_{m+1} = 0$. Dann gilt

$$\mathrm{ggT}(a, b) = g_m.$$

Um mit dem eben vorgestellten Algorithmus vertraut zu werden, betrachten wir vor dem Beweis der Proposition ein Beispiel.

Beispiel 5.3.56 (Euklidischer Algorithmus). *Um den ggT von*   **5.3.56**
1794 und 1248 zu bestimmen, berechnen wir

$$g_0 = 1794,$$
$$g_1 = 1248,$$

$1794 = 1 \cdot 1248 + 546,$	$g_2 = 546,$
$1248 = 2 \cdot 546 + 156,$	$g_3 = 156,$
$546 = 3 \cdot 156 + 78,$	$g_4 = 78,$
$156 = 2 \cdot 78 + 0,$	$g_5 = 0.$

Daher wissen wir $\mathrm{ggT}(1794, 1248) = 78$.

5.3.56 **Beweis (von Proposition 5.3.55).** Der euklidische Algorithmus endet nach endlich vielen Schritten, da jeweils $g_{n+1} < g_n$ gilt und nur endlich viele natürliche Zahlen kleiner als g_0 sind.

Sei m wie in der Behauptung, also $g_{m+1} = 0$. Dann ist offensichtlich g_m der größte gemeinsame Teiler von g_{m-1} und g_m, denn g_m teilt dann g_{m-1}, ist also ein Teiler, und jeder gemeinsame Teiler von g_m und g_{m-1} muss laut Definition g_m teilen.

Um den Rest der Proposition zu beweisen, müssen wir nur noch zeigen, dass für alle n

$$\operatorname{ggT}(g_{n-1}, g_n) = \operatorname{ggT}(g_n, g_{n+1})$$

gilt. Das tun wir, indem wir für alle n zeigen, dass g_n und g_{n-1} dieselben gemeinsamen Teiler haben wie g_n und g_{n+1}.

Sei also d ein gemeinsamer Teiler von g_n und g_{n+1}. Dann gibt es a und b mit $da = g_n$ und $db = g_{n+1}$. Setzen wir in die Gleichung für g_{n-1} ein, so erhalten wir

$$g_{n-1} = g_n q_n + g_{n+1} = (q_n a + b)d,$$

also teilt d auch g_{n-1}, ist also gemeinsamer Teiler von g_{n-1} und g_n. Ist umgekehrt d gemeinsamer Teiler von g_{n-1} und g_n, dann existieren r und s mit $dr = g_{n-1}$ und $ds = g_n$. Setzen wir wieder in die Gleichung für g_{n-1} ein, so erhalten wir nach einfacher Umformung

$$g_{n+1} = g_{n-1} - g_n q_n = (r - q_n s)d,$$

also teilt d auch g_{n+1}.

Wir haben also tatsächlich gezeigt, dass g_n und g_{n-1} dieselben gemeinsamen Teiler haben wie g_n und g_{n+1}. Daher stimmen auch die größten gemeinsamen Teiler überein und $g_m = \operatorname{ggT}(g_0, g_1) = \operatorname{ggT}(a, b)$. $\quad\square$

In der originalen Version des euklidischen Algorithmus kommt übrigens noch keine Division mit Rest vor. Stattdessen wurde wiederholt subtrahiert bis die Differenz kleiner war als der Subtrahend. Dieses Prinzip der *Wechselwegnahme* wurde übrigens von Hippasos von Metapont (6.–5. Jh. v. Chr.) verwendet, um auf geometrischem Weg zu beweisen, dass die Diagonale des Quadrates inkommensurabel zur Seitenlänge ist, der erste Beweis für die Irrationalität von $\sqrt{2}$.

Der euklidische Algorithmus ist so einfach, dass man einem Computer ohne weiteres beibringen kann, ihn auszuführen. In computergerechte Form gebracht, sieht er etwa folgendermaßen aus.

Algorithmus 5.3.57 (Euklidischer Algorithmus).   **5.3.57**

while $b \neq 0$ **do**
$\quad h \leftarrow a \bmod b$
$\quad a \leftarrow b$
$\quad b \leftarrow h$
done
return(a)

Hier bedeutet $\leftarrow$, dass die Variable links auf den Wert gesetzt wird, der rechts steht; $a \bmod b$ berechnet den Rest bei der ganzzahligen Division von a durch b.

Die Kunst, mathematische Sachverhalte so aufzubereiten, dass sie in Computern verwendet werden können, sie also zu algorithmisieren, ist in der modernen Mathematik äußerst wichtig. Ganze Teilgebiete der Mathematik, etwa die **Numerische Mathematik** beschäftigen sich mit dieser Aufgabenstellung. Näheres zu diesem Thema können Sie etwa in DEUFLHARD & HOHMANN [22], FREUND & HOPPE [32] oder NEUMAIER [58] finden. Ein Standardwerk über Algorithmen und deren Umsetzung auf dem Computer ist KNUTH [52].

Aufgabe 5.3.58. Bestimmen Sie den größten gemeinsamen Teiler der Zahlen aus Aufgabe 5.3.52 mit Hilfe des euklidischen Algorithmus.

Nachdem die Begriffe Teiler und Primzahl von $\mathbb{N}$ auf allgemeinere Ringe verallgemeinert werden konnten, ist es nicht anders zu erwarten, dass das auch mit dem größten gemeinsamen Teiler möglich ist. Genauso wie bei der Primzahl können wir aber nicht einfach die Definition aus $\mathbb{N}$ kopieren. In vielen Ringen, z.B. den Polynomen, haben wir ja nicht einmal eine Definition für „größer". Wir werden also noch einmal so vorgehen, wie wir das in der grauen Box auf Seite 250 beschrieben haben, und weil in $\mathbb{N}$ der ggT jener gemeinsame Teiler ist, der von allen anderen gemeinsamen Teilern geteilt wird, definieren wir wie folgt.

5.3.59   **Definition 5.3.59 (ggT).** Seien zwei Elemente a und b eines kommutativen Ringes R mit Einselement gegeben.

(i)   Wir sagen, dass $d \in R$ ein *gemeinsamer Teiler* von a und b ist, falls $d|a$ und $d|b$ gelten.

(ii)   Ein gemeinsame Teiler d heißt ein *größter gemeinsamer Teiler* oder *ggT* von a und b, in Zeichen $\mathrm{ggT}(a,b)$, falls für alle anderen gemeinsamen Teiler c von a und b folgt $c|d$.

(iii) Für je zwei a und b sind die Elemente von R^* immer gemeinsame Teiler. Sind das die einzigen gemeinsamen Teiler von a und b, so nennen wir a und b *relativ prim*.

5.3.60   **Beispiel 5.3.60 (ggT).**

(i)   *Ein ggT von 57 und 42 in $\mathbb{Z}$ ist 3. Der andere ist -3.*

(ii)   *Die Zahlen 24 und 35 sind in $\mathbb{Z}$ relativ prim.*

(iii) *Ein ggT von $x^2 - 1$ und $x^3 - 1$ im Ring der Polynome $\mathbb{R}[x]$ ist $x - 1$.*

Aufgabe 5.3.61. Bestimmen Sie die größten gemeinsamen Teiler von -41324 und 32128 in $\mathbb{Z}$.

Den Begriff des größten gemeinsamen Teilers haben wir also leicht in allgemeinen kommutativen Ringen mit Eins gefunden. Jetzt hätten wir gerne eine Methode, den ggT zweier Ringelemente zu berechnen. Es ist naheliegend zu versuchen, den euklidischen Algorithmus 5.3.57 zu diesem Zweck zu verwenden. Der einzige komplizierte Schritt im Algorithmus ist dabei die Berechnung der Division von a durch b mit Rest. Wir suchen somit für a und $b \neq 0$ im Ring R zwei Elemente d und r mit

$$a = db + r. \tag{5.6}$$

In den natürlichen Zahlen hat die Division mit Rest die Eigenschaft, dass $r < b$ gilt, und das wird im Beweis des euklidischen Algorithmus ganz wesentlich verwendet. In $\mathbb{Z}$ kann aber das $<$ nicht die einfache Ordnungsrelation sein, da sich in Bezug auf Teilbarkeit die Elemente $\pm k$ gleich verhalten — sie unterscheiden sich ja nur durch Multiplikation mit einer Einheit. Das gibt uns auch schon einen Hinweis: Wenn wir $|r| < |b|$ verlangen[3], dann können wir in $\mathbb{Z}$ eine Division mit Rest ausführen, die (5.6) erfüllt.

Zunächst sehen wir, dass eine Division mit Rest nur sinnvoll ist, wenn der Ring, den wir betrachten, nullteilerfrei ist. Andernfalls könnten wir den „Rest" 0 noch weiter „dividieren". Daher werden wir unseren Wunsch nach Verallgemeinerung auf Integritätsbereiche einschränken. Lassen wir uns von $\mathbb{Z}$ leiten, dann suchen wir auf einem Integritätsbereich R einen Betrag $|\ \ | : R \to \mathbb{N}$ mit $|0| = 0$ und $|xy| \geq |x|$ für $x, y \neq 0$ so, dass für $a, b \in R$ mit $b \neq 0$ ein d und r existieren mit (5.6) und $|r| < |b|$.

Leider stellt sich heraus, dass an dieser Stelle unsere „Verallgemeinerungsmaschinerie" einen Motorschaden erleidet. Man kann so eine Abbildung $|\ \ |$ nicht in jedem Integritätsbereich finden, d.h. eine sinnvolle Division mit Rest definieren.

---

[3] Hier ist $|z|$ der Absolutbetrag einer ganzen Zahl, also $|z| = \begin{cases} z & z \geq 0 \\ -z & z < 0. \end{cases}$

Diese Situation ist in der Mathematik häufig. Man identifiziert die wesentlichen Eigenschaften, die benötigt werden, um ein wichtiges Resultat zu verallgemeinern. Leider stellt sich dann heraus, dass nicht alle untersuchten Strukturen diese Eigenschaft besitzen. In diesem Fall gibt man der benötigten Eigenschaft einen Namen und definiert eine neue Struktur all jener Objekte der alten Struktur, die die gewünschte Eigenschaft besitzen.

Auf diese Weise entstehen die meisten Begriffe in der Mathematik. Die Suche nach Verallgemeinerungen ist eine der wichtigsten Inspirationsquellen für neue mathematische Strukturen.

Definition 5.3.62 (Euklidischer Ring). Ein Integritätsbereich R heißt *euklidischer Ring*, falls eine *Bewertungsfunktion* oder *euklidische Funktion* $|\ \ | : R \to \mathbb{N}$ existiert mit   **5.3.62**

(i) $|0| = 0$,
(ii) $|xy| \geq |x|$ für $0 \neq x, y \in R$,
(iii)   für $a, b \in R$ mit $b \neq 0$ gibt es d und r in R mit $a = db + r$ und $r = 0$ oder $|r| < |b|$.

Beispiel 5.3.63 (Euklidischer Ring). *Die ganzen Zahlen $\mathbb{Z}$ sind ein euklidischer Ring mit dem Absolutbetrag als Bewertungsfunktion.*   **5.3.63**

Beispiel 5.3.64 (Polynomdivision). *Der Ring $\mathbb{R}[x]$ aller reellen Polynome ist ein euklidischer Ring mit $|p| = \text{grad}(p)$ für $p \neq 0$ und $|0| = 0$. Die Methode, ein Polynom p mit Rest durch ein anderes Polynom q zu dividieren, unterscheidet sich erstaunlicherweise kaum vom Divisionsalgorithmus für ganze Zahlen. Wir wollen den Algorithmus zur Polynomdivision anhand eines Beispiels kennenlernen.*   **5.3.64**
Seien

$$p(x) = 15x^4 + 9x^3 - 18x^2 + 15x + 19 \text{ und}$$
$$q(x) = 5x^2 + 12x - 7.$$

Wir bestimmen r und s mit $p = sq + r$ so, dass der Grad des Restes r kleiner als der Grad von q ist.

Für den ersten Schritt fragen wir uns, wie oft das Monom höchsten Grades von q, das ist $5x^2$, in das Monom höchsten Grades von p, also in $15x^4$, passt. Klarerweise ist das Ergebnis $3x^2$ Mal. Das multipliziert man dann mit q und subtrahiert das Ergebnis

$$3x^2(5x^2 + 12x - 7) = 15x^4 + 36x^3 - 21x^2$$

von p. Das entfernt das Monom höchsten Grades aus p. Im nächsten Schritt betrachtet man das Monom höchsten Grades im Resultat und dividiert es wieder durch $5x^2$, und so weiter.

$$
\begin{array}{l}
(\ 15x^4 + \ 9x^3 - \ 18x^2 + \ 15x + \ 19\ ) : (\ 5x^2 + 12x - 7\ ) = 3x^2 \\
\underline{-\ 15x^4 - 36x^3 + \ 21x^2}
\end{array}
$$

$$
\begin{array}{ll}
-\ 27x^3 + \ 3x^2 + \ 15x & \qquad -\tfrac{27}{5}x \\
\underline{+\ 27x^3 + \tfrac{324}{5}x^2 - \tfrac{189}{5}x} & \\
\qquad\quad \tfrac{339}{5}x^2 - \tfrac{114}{5}x + \ 19 & \qquad +\tfrac{339}{25} \\
\underline{-\ \ \tfrac{339}{5}x^2 - \tfrac{4068}{25}x + \tfrac{2373}{25}} & \\
\qquad\qquad\qquad -\tfrac{4638}{25}x + \tfrac{2848}{25} &
\end{array}
$$

Das Polynom in der letzten Zeile hat Grad 1 und ist damit das gesuchte $r(x) = -\frac{4638}{25}x + \frac{2848}{25}$. *Das Polynom* $s(x) = 3x^2 - \frac{27}{5}x + \frac{339}{25}$ *kann man an der rechten Seite ablesen.*

Aufgabe 5.3.65. Dividieren Sie jeweils die Polynome p mit Rest durch die Polynome q:

1. $p(x) = x^3 - x^2 + x - 1$, $q(x) = x^2 + 1$,
2. $p(x) = x^5 - 1$, $q(x) = x - 1$,
3. $p(x) = x^5 - 3x^3 + 12x + 19$, $q(x) = 2x^4 - 3x^2 + 11$,
4. $p(x) = x^6 + 3x^5 - 2x^4$, $q(x) = x^5 + 13x + 1$,
5. $p(x) = x^6 - 9x^5 + 22x^4 - 41x^3 + 17x^2 - 4x + 8$, $q(x) = x^2 - 2x + 5$.

5.3.66   **Beispiel 5.3.66 (Division mit Rest in den Gaußschen Zahlen).** *Auch die Gaußschen Zahlen* $\mathbb{Z}[i]$ *sind ein euklidischer Ring. Wir „borgen“ uns die Idee für den Absolutbetrag von den komplexen Zahlen aus, verzichten dabei auf die Wurzel und definieren den Betrag einer Gaußschen Zahl durch*

$$
|x + iy| := x^2 + y^2.
$$

Wir suchen also für eine Division mit Rest von w *durch* z *Gaußsche Zahlen* q *und* r *mit* $w = qz + r$ *und* $|r| < |q|$.
Wir demonstrieren die Berechnung an einem Beispiel, indem wir $a = 7 + 9i$ *mit Rest durch* $b = 3 + 5i$ *dividieren. Dazu führen wir zunächst die Division in* $\mathbb{C}$ *aus:*

$$
\frac{7 + 9i}{3 + 5i} = \frac{33}{17} - \frac{4}{17}i
$$

und suchen die nächstliegende Gaußsche Zahl, in diesem Fall $d = 2 + 0i$. *Dann bestimmen wir den Rest durch*

$$
r = a - db = 7 + 9i - (6 + 10i) = 1 - i.
$$

In der Tat gilt $|r| = 2 < 36 = |b|$.

In einem euklidischen Ring können wir dann den euklidischen Algorithmus direkt verallgemeinern.

Proposition 5.3.67 (Euklidischer Algorithmus). Seien a und b zwei Elemente   **5.3.67**
ungleich 0 eines euklidischen Ringes R. Wir definieren rekursiv eine Folge:

$$g_0 = a,$$
$$g_1 = b,$$
$$g_{n-1} = q_n g_n + g_{n+1}, \qquad\qquad (5.7)$$

wobei wir q_n und g_{n+1} durch Dividieren von g_{n-1} durch g_n mit Rest bestimmen.
Die Rekursion bricht nach endlich vielen Schritten ab, d.h. es gibt ein kleinstes m
mit $g_{m+1} = 0$. Dann gilt

$$\mathrm{ggT}(a, b) = g_m.$$

Beweis. Der Beweis ist eine (fast) wortwörtliche Kopie des Beweises von Pro-   **5.3.67**
position 5.3.55. Einzig am Beginn müssen wir die Ungleichung $g_{n+1} < g_n$ durch
$|g_{n+1}| < |g_n|$ ersetzen.   □

Aufgabe 5.3.68. Führen Sie den Beweis der Proposition 5.3.67 explizit aus.

Es ist auch (um die Rechnung zu vereinfachen) noch wichtig zu beobachten, dass
wir im euklidischen Algorithmus die Elemente g_n durch $u_n g_n$ ersetzen können für
beliebige Einheiten u_n ohne die Eigenschaft zu verlieren, dass das Endergebnis ein
größter gemeinsamer Teiler ist.

Aufgabe 5.3.69. Bestimmen Sie den ggT von -41324 und 32128 mit Hilfe des
euklidischen Algorithmus. Vergleichen Sie die Rechnung mit Ihrer Lösung von Aufgabe 5.3.61.

Beispiel 5.3.70 (Euklidischer Algorithmus für Polynome). *Wir wollen den*   **5.3.70**
größten gemeinsamen Teiler der Polynome

$$p(x) = x^6 - 10x^5 + 23x^4 - 25x^3 + 24x^2 - 15x + 2 \ und$$
$$q(x) = x^6 + 3x^5 + 2x^3 - 3x^2 - x - 2$$

bestimmen. Dazu verwenden wir den euklidischen Algorithmus und setzen wieder

$$g_0 = x^6 - 10x^5 + 23x^4 - 25x^3 + 24x^2 - 15x + 2$$
$$g_1 = x^6 + 3x^5 + 2x^3 - 3x^2 - x - 2.$$

*Das nächste Element g_2 bestimmen wir als den Rest der Polynomdivision $g_0 : g_1$.
Nachdem die Monome höchsten Grades in g_0 und g_1 gleich sind, ist der Quotient
$q_1 = 1$ und der Rest $g_0 - g_1$, also*

$$g_2 = -13x^5 + 23x^4 - 27x^3 + 27x^2 - 14x + 4.$$

*Im nächsten Schritt müssen wir g_2 durch g_1 mit Rest dividieren. Der Quotient ist
$q_2 = -\frac{1}{13}(x - \frac{62}{13})$, und der Rest*

$$g_3 = \tfrac{5}{169}(215x^4 - 197x^3 + 197x^2 - 197x - 18).$$

Nach einer weiteren Division (g_2 durch g_3) erhalten wir den Quotienten $q_3 = -\tfrac{2197}{1075}x + \tfrac{402896}{231125}$ und den Rest

$$g_4 = -\frac{227812}{46225}(x^3 - x^2 + x - 1).$$

Schließlich gilt $g_3 = q_4 g_4 + 0$, wobei $q_4 = -\tfrac{231125}{38500228}(215x + 18)$. Daher ist $x^3 - x^2 + x - 1$ ein größter gemeinsamer Teiler von p und q (wir haben nur die Einheit $-\tfrac{227812}{46225}$ weggelassen).
Wir hätten die Rechnung übrigens etwas vereinfachen können, wenn wir jeweils bei der Definition von g_3 und g_4 die herausgehobenen Koeffizienten ($\tfrac{5}{169}$ bzw. $-\tfrac{227812}{46225}$) weggelassen hätten, weil das Weglassen von Einheiten die Gültigkeit des Ergebnisses nicht ändert.

Aufgabe 5.3.71. Bestimmen Sie den größten gemeinsamen Teiler der Polynome

$$p(x) = x^6 + x^5 + 2x^4 + 3x^3 + 2x^2 + 2x + 1$$
$$q(x) = -x^5 - x^4 - x^3 - x^2 + 2x + 2.$$

5.3.72 **Beispiel 5.3.72 (Euklidischer Algorithmus in den Gaußschen Zahlen).**
Berechnen wir den ggT von $8 - 2i$ und $9 + 7i$ in $\mathbb{Z}[i]$ mit Hilfe des euklidischen Algorithmus. Wieder setzen wir

$$g_0 = 9 + 7i,$$
$$g_1 = 8 - 2i,$$
$$9 + 7i = (1 + i)(8 - 2i) + (-1 + i), \qquad g_2 = -1 + i,$$
$$8 - 2i = (-5 - 3i)(-1 + i) + 0, \qquad g_3 = 0,$$

also gilt $\mathrm{ggT}(9 + 7i, 8 - 2i) = -1 + i$.

Aufgabe 5.3.73. Bestimmen Sie den ggT von $19 + 12i$ und $13 - 8i$.

Direkt aus dem euklidischen Algorithmus zur Berechnung des größten gemeinsamen Teilers folgt auch das folgende Resultat, das Proposition 5.3.54 aus den natürlichen Zahlen verallgemeinert, und sein Beweis wird uns den entscheidenden Hinweis auf einen Algorithmus liefern, der m und n tatsächlich berechnet.

5.3.74 **Proposition 5.3.74 (Darstellung des ggT).** Seien a und b Elemente eines euklidischen Ringes R und nicht beide gleich 0. Dann gibt es m und n in R mit

$$\mathrm{ggT}(a, b) = ma + nb.$$

Beweis. Betrachten wir den euklidischen Algorithmus noch einmal genauer und die durch ihn aus a und b berechneten Elemente g_n. Wir können Gleichung (5.7) umformen zu

$$g_{n+1} = g_{n-1} - q_n g_n. \qquad (5.8)$$

Auf diese Weise können wir jeweils g_{n+1} durch g_{n-1} und g_n ausdrücken. Sei nun m so, dass $g_{m+1} = 0$ gilt. Dann ist wegen Proposition 5.3.67 und (5.8)

$$\mathrm{ggT}(a,b) = g_m = g_{m-2} - q_{m-1} g_{m-1}.$$

Dadurch haben wir $\mathrm{ggT}(a,b)$ durch g_{m-2} und g_{m-1} ausgedrückt. Verwenden wir nun (5.8) für $n = m - 2$, um g_{m-1} zu ersetzen, dann erhalten wir

$$\mathrm{ggT}(a,b) = g_{m-2} - q_{m-1}(g_{m-3} - q_{m-2}g_{m-2})$$
$$= (1 + q_{m-1}q_{m-2})g_{m-2} - q_{m-1}g_{m-3}.$$

Wir haben also $\mathrm{ggT}(a,b)$ durch g_{m-2} und g_{m-3} ausgedrückt. Verwenden wir (5.8) weitere $m - 3$ Mal, so erhalten wir schließlich eine Gleichung, die $\mathrm{ggT}(a,b)$ durch $g_1 = b$ und $g_0 = a$ darstellt, wie verlangt. □

Wie versprochen, liefern wir noch den Algorithmus, der zusätzlich zum ggT die Elemente m und n bestimmt, deren Existenz wir in Proposition 5.3.74 bewiesen haben. Er macht sich das induktive Prinzip im Beweis zunutze und berechnet während der Bestimmung des ggT parallel die Koeffizienten. Bei geeigneter Implementation funktioniert der Algorithmus in jedem euklidischen Ring.

Algorithmus 5.3.75 (Erweiterter euklidischer Algorithmus). 5.3.75

```
x ← 0
xℓ ← 1
y ← 1
yℓ ← 0
while b ≠ 0 do
        (q, r) ← a div b
        a ← b
        b ← r
        r ← x
        x ← xℓ − q · x
        xℓ ← r
        r ← y
        y ← yℓ − q · y
        yℓ ← r
done
return(a, xℓ, yℓ)
```

Hier steht $a \operatorname{div} b$ für die Division mit Rest von a durch b, wobei q der Quotient und r der Rest ist. Zurückgegeben wird das Tripel $(\mathrm{ggT}(a,b), m, n)$ mit $\mathrm{ggT}(a,b) = ma + nb$.

Wie zu den Gruppen gehören auch zu den Ringen bestimmte Abbildungen, die sich mit der Struktur vertragen. Das Prinzip kennen wir schon: Ein Ring ist eine Gruppe mit etwas Zusatzstruktur, also ist ein Ringhomomorphismus ein Gruppenhomomorphismus, der „noch ein bisschen mehr kann".

5.3.76 Definition 5.3.76 (Ringhomomorphismus).   Seien $(R, +, \cdot)$ und $(S, \oplus, \otimes)$ zwei Ringe.

(i)   Ein *Ringhomomorphismus* ist ein Gruppenhomomorphismus $f : (R, +) \to (S, \oplus)$, für den zusätzlich noch

$$\forall r, r' \in R : f(rr') = f(r) \otimes f(r')$$

gilt (der also darüber hinaus ein Halbgruppenhomomorphismus $(R, \cdot) \to (S, \otimes)$ ist).

(ii) Ist f zusätzlich bijektiv, dann heißt f *Ringisomorphismus*, man sagt R und S sind *isomorph* und schreibt $R \cong S$.

5.3.77 Beispiel 5.3.77 (Ringhomomorphismus). *Die Abbildung*

$$\iota : \mathbb{R} \to M_2(\mathbb{R})$$
$$r \mapsto \begin{pmatrix} r & 0 \\ 0 & r \end{pmatrix}$$

ist ein Ringhomomorphismus von $(\mathbb{R}, +, \cdot)$ *nach* $(M_2(\mathbb{R}), +, \cdot)$. *Es gilt nämlich*

$$\iota(r_1) + \iota(r_2) = \begin{pmatrix} r_1 & 0 \\ 0 & r_1 \end{pmatrix} + \begin{pmatrix} r_2 & 0 \\ 0 & r_2 \end{pmatrix} = \begin{pmatrix} r_1 + r_2 & 0 \\ 0 & r_1 + r_2 \end{pmatrix} = \iota(r_1 + r_2),$$

sowie

$$\iota(r_1)\,\iota(r_2) = \begin{pmatrix} r_1 & 0 \\ 0 & r_1 \end{pmatrix} \begin{pmatrix} r_2 & 0 \\ 0 & r_2 \end{pmatrix} = \begin{pmatrix} r_1 r_2 & 0 \\ 0 & r_1 r_2 \end{pmatrix} = \iota(r_1 r_2).$$

In diesem Beispiel können wir auch leicht sehen, dass die Inversion mit der Abbildung vertauscht — es also egal ist, ob zuerst abgebildet, dann invertiert wird, oder umgekehrt. (Allgemein folgt dies ja aus Proposition 5.2.66.) Es gilt

$$\iota(-r) = \begin{pmatrix} -r & 0 \\ 0 & -r \end{pmatrix} = - \begin{pmatrix} r & 0 \\ 0 & r \end{pmatrix} = -\iota(r).$$

Der Ringhomomorphismus ι ist sogar injektiv. Man sagt er **bettet** $\mathbb{R}$ in die Menge der 2×2–Matrizen **ein**, bzw. er ist eine **Einbettung**. Er ist nicht surjektiv, da z.B. $\begin{pmatrix} 0 & 1 \\ 0 & 0 \end{pmatrix}$ nicht im Bild von $\mathbb{R}$ liegt.

Dass ι nicht bijektiv sein kann, wissen wir schon aufgrund folgender Überlegung: Wäre ι ein Ringisomorphismus, so wären $\mathbb{R}$ und $M_2(\mathbb{R})$ aus Sicht der Ringtheorie ununterscheidbar. Das kann aber nicht sein, da $\mathbb{R}$ ein Integritätsbereich ist und $M_2(\mathbb{R})$ nicht.

Aufgabe 5.3.78. Sei $\mathbb{R}[\varepsilon]$ der Ring aus Aufgabe 5.3.14. Zeigen Sie, dass die Abbildung $\iota : \mathbb{R} \to \mathbb{R}[\varepsilon]$ mit $\iota(r) = r + 0\varepsilon$ ein injektiver Ringhomomorphismus ist.

Aufgabe 5.3.79. Wir betrachten die Ringe $(\mathbb{Z}, +, \cdot)$ und $(\mathbb{Z}_g, +, \cdot)$ und definieren die Abbildung $\varphi : \mathbb{Z} \to \mathbb{Z}_g$ durch

$$\varphi(z) := \begin{cases} z & \text{falls } z \text{ gerade ist} \\ z - 1 & \text{falls } z \text{ ungerade ist.} \end{cases}$$

Ist φ ein Ringhomomorphismus?

Aufgabe 5.3.80. Ist die Quotientenabbildung (siehe Beispiel 4.3.9) $\varphi : \mathbb{Z} \to \mathbb{Z}_2$ mit

$$\varphi(z) := \begin{cases} \bar{0} & z \in \mathbb{Z}_g \\ \bar{1} & \text{sonst} \end{cases}$$

ein Ringhomomorphismus von $\mathbb{Z}$ auf $\mathbb{Z}_2$?

Aufgabe 5.3.81. Betrachten Sie die Ringe $\mathbb{Z}[i]$ und $M_2(\mathbb{Z})$ aus den Aufgaben 5.3.23 und 5.3.24 und die Abbildung $\varphi : \mathbb{Z}[i] \to M_2(\mathbb{Z})$ mit

$$\varphi(a + ib) := \begin{pmatrix} a & b \\ -b & a \end{pmatrix}.$$

Zeigen Sie, dass φ ein Ringhomomorphismus ist. Ist φ eine Einbettung?

Die weitere Untersuchung der Struktur von Ringen ist ein Teil der (höheren) Algebra, der starke Wechselwirkungen mit der algebraischen Geometrie und der Zahlentheorie besitzt. Wie wir bereits gesehen haben, führen wesentliche Fragen der elementaren Zahlentheorie, z.B. Teilbarkeitsfragen und das Studium von Primelementen in natürlicher Weise auf Ringe, speziell auf Integritätsbereiche. Lesestoff dazu finden sie in den meisten Büchern über Algebra etwa JANTZEN & SCHWERMER [48], SCHEJA & STORCH [66] oder solchen zur Zahlentheorie, z.B. RIBENBOIM [63], BUNDSCHUH [15], HARDY & WRIGHT [39], IRELAND & ROSEN [45] für eine Einführung oder HLAWKA et al. [43], ALACA & WILLIAMS [3], NEUKIRCH [57] für Fortgeschrittene.

Der algebraische Teil der Zahlentheorie findet prominente Anwendungen in der Kryptographie, insbesondere in Fragen der sicheren Datenübertragung im Internet. Eine Leseempfehlung dazu ist etwa BEUTELSPACHER et al. [11].

5.4 Körper

Jetzt sind wir beinahe am Ende unseres Weges durch die Welt der wichtigsten algebraischen Strukturen angelangt. Die folgende speziellste Struktur der Algebra für Mengen mit zwei Verknüpfungen spielt in der Mathematik eine herausragende Rolle. Sie wird sowohl in der Analysis, als auch in der Linearen Algebra ein wesentlicher Begleiter sein, und daher ist es wichtig, sich die Eigenschaften möglichst gut einzuprägen.

Definition 5.4.1 (Körper). Ein Gruppoid $(K, +, \cdot)$ mit den beiden   5.4.1
Verknüpfungen $+$ und $\cdot$ heißt *Körper*, falls die folgenden Eigenschaften
(die *Körperaxiome*) gelten:

(K1) $\forall a, b, c \in K : (a + b) + c = a + (b + c)$,   ((AG) $+$)
(K2) $\forall a, b \in K : a + b = b + a$,   ((KG) $+$)
(K3) $\exists 0 \in K : \forall a \in K : a + 0 = a$,   (Nullelement)
(K4) $\forall a \in K : \exists (-a) \in K : a + (-a) = 0$,   (Inverse bzgl. $+$)
(K5) $\forall a, b, c \in K : (ab)c = a(bc)$,   ((AG) $\cdot$)
(K6) $\forall a, b \in K : ab = ba$,   ((KG) $\cdot$)
(K7) $\exists 1 \in K : 1 \neq 0 \wedge \forall a \in K \setminus \{0\} : a1 = a$,   (Einselement)
(K8) $\forall a \in K \setminus \{0\} : \exists a^{-1} \in K : aa^{-1} = 1$,   (Inverse bzgl. $\cdot$)
(K9) $\forall a, b, c \in K : a(b + c) = ab + ac$.   (Distributivität)

Bemerkung 5.4.2 (Zu den Körperaxiomen). Die Bedingungen   5.4.2
(K1) bis (K4) machen $(K, +, 0)$ zur abelschen Gruppe. Weiters macht
die Bedingung (K5) $(K, \cdot)$ zur Halbgruppe. Weil auch die Distributivgesetze gelten (nämlich wegen (K9) in Kombination mit (K6)) ist
$(K, +, \cdot)$ ein Ring, der wegen (K6) und (K7) sogar ein kommutativer
Ring mit Eins ist. Mit (K8) folgt nun sogar, dass $(K \setminus \{0\}, \cdot, 1)$ eine
abelsche Gruppe ist: Tatsächlich gilt, dass für $a, b \in K \setminus \{0\}$ auch
$ab \neq 0$ ist. Denn nehmen wir an, dass $a \neq 0$ und $ab = 0$ gilt, dann
zeigt der folgende Einzeiler unter Verwendung von Proposition 5.3.16,
dass $b = 0$ gilt:

$$ab = 0 \ \Rightarrow \ 0 = a^{-1}(ab) = (a^{-1}a)b = 1b = b. \tag{5.9}$$

Daher können wir sagen, dass ein kommutativer Ring mit Einselement
$(K, +, \cdot)$ ein Körper ist, wenn zusätzlich $(K \setminus \{0\}, \cdot, 1)$ eine abelsche
Gruppe ist.
Anders ausgedrückt ist $(K, +, \cdot)$ ein Körper, falls sowohl $(K, +, 0)$ als
auch $(K \setminus \{0\}, \cdot, 1)$ abelsche Gruppen sind und die beiden Operationen
im Sinne der Distributivgesetze „verträglich" sind.

Beispiel 5.4.3 (Körper). *Die rationalen Zahlen* $(\mathbb{Q}, +, \cdot, 0, 1)$ *bilden*   5.4.3
einen Körper ebenso wie die reellen oder komplexen Zahlen.

5.4.4 **Bemerkung 5.4.4 ($\mathbb{Z}_2$).** Es gibt nur einen Körper mit 2 Elementen, nämlich ($\mathbb{Z}_2, +, \cdot$). (Selbstverständlich gilt diese Aussage wiederum nur bis auf Isomorphie; vgl. Bemerkung 5.2.59, und für den Begriff des Körperisomorphismus siehe Definition 5.4.20(ii) unten.)

Tatsächlich wissen wir aus Bemerkung 5.2.59, dass ($\mathbb{Z}_2, +$) die einzige zweielementige Gruppe ist. Betrachten wir schließlich die Verknüpfungstabelle der Multiplikation

$$
\begin{array}{c|cc}
\cdot & 0 & 1 \\
\hline
0 & 0 & 0 \\
1 & 0 & 1
\end{array}
$$

so sehen wir, dass ($\mathbb{Z}_2 \setminus \{0\}, \cdot$) die triviale Gruppe ist (siehe Beispiel 5.2.36(iii)), also ist $\mathbb{Z}_2$ ein Körper (vgl. Bemerkung 5.4.2 und Proposition 5.3.11). Schließlich ist die triviale Gruppe (wiederum bis auf Isomorphie) die einzige einelementige Gruppe.

5.4.5 **Beispiel 5.4.5 ($\mathbb{Q} \times \mathbb{Q}$).** *Definieren wir auf $\mathbb{Q} \times \mathbb{Q}$ die Verknüpfungen*

$$(a_1, a_2) + (b_1, b_2) := (a_1 + b_1, a_2 + b_2)$$
$$(a_1, a_2) \cdot (b_1, b_2) := (a_1 b_1 + 2a_2 b_2, a_1 b_2 + a_2 b_1),$$

dann ist ($\mathbb{Q} \times \mathbb{Q}, +, \cdot$) ein Körper.

Wir überprüfen das, indem wir explizit die Körperaxiome nachrechnen:

(K1) *Seien $a, b, c \in \mathbb{Q} \times \mathbb{Q}$. Wir finden*

$$
\begin{aligned}
(a + b) + c &= \big((a_1, a_2) + (b_1, b_2)\big) + (c_1, c_2) \\
&= (a_1 + b_1, a_2 + b_2) + (c_1, c_2) \\
&= (a_1 + b_1 + c_1, a_2 + b_2 + c_2) \\
&= (a_1, a_2) + (b_1 + c_1, b_2 + c_2) \\
&= (a_1, a_2) + \big((b_1, b_2) + (c_1, c_2)\big) = a + (b + c).
\end{aligned}
$$

(K2) *Nehmen wir beliebige $a, b \in \mathbb{Q} \times \mathbb{Q}$. Es gilt*

$$
\begin{aligned}
a + b &= (a_1, a_2) + (b_1, b_2) = (a_1 + b_1, a_2 + b_2) \\
&= (b_1 + a_1, b_2 + a_2) = (b_1, b_2) + (a_1, a_2) = b + a.
\end{aligned}
$$

(K3) Für $0 := (0,0) \in \mathbb{Q} \times \mathbb{Q}$ gilt

$$a + 0 = (a_1, a_2) + (0,0) = (a_1 + 0, a_2 + 0) = (a_1, a_2) = a.$$

(K4) Sei $a \in \mathbb{Q} \times \mathbb{Q}$ gegeben. Wir definieren $-a := (-a_1, -a_2) \in \mathbb{Q} \times \mathbb{Q}$ und berechnen

$$\begin{aligned}
a + (-a) &= (a_1, a_2) + (-a_1, -a_2) \\
&= (a_1 + (-a_1), a_2 + (-a_2)) = (0,0) = 0.
\end{aligned}$$

(K5) Für alle $a, b, c \in \mathbb{Q} \times \mathbb{Q}$ folgt

$$\begin{aligned}
(ab)c &= \big((a_1, a_2)(b_1, b_2)\big)(c_1, c_2) \\
&= (a_1 b_1 + 2a_2 b_2, a_1 b_2 + a_2 b_1)(c_1, c_2) \\
&= \big((a_1 b_1 + 2a_2 b_2)c_1 + 2(a_1 b_2 + a_2 b_1)c_2, \\
&\qquad (a_1 b_1 + 2a_2 b_2)c_2 + (a_1 b_2 + a_2 b_1)c_1\big) \\
&= \big(a_1 b_1 c_1 + 2a_2 b_2 c_1 + 2a_1 b_2 c_2 + 2a_2 b_1 c_2, \\
&\qquad a_1 b_1 c_2 + a_1 b_2 c_1 + a_2 b_1 c_1 + 2a_2 b_2 c_2\big) \\
&= \big(a_1(b_1 c_1 + 2b_2 c_2) + 2a_2(b_1 c_2 + b_2 c_1), \\
&\qquad a_1(b_1 c_2 + b_2 c_1) + a_2(b_1 c_1 + 2b_2 c_2)\big) \\
&= (a_1, a_2)(b_1 c_1 + 2b_2 c_2, b_1 c_2 + b_2 c_1) \\
&= (a_1, a_2)\big((b_1, b_2)(c_1, c_2)\big) = a(bc).
\end{aligned}$$

(K6) Es seien wieder $a, b \in \mathbb{Q} \times \mathbb{Q}$. Wir rechnen nach:

$$\begin{aligned}
ab &= (a_1, a_2)(b_1, b_2) = (a_1 b_1 + 2a_2 b_2, a_1 b_2 + a_2 b_1) \\
&= (b_1 a_1 + 2b_2 a_2, b_1 a_2 + b_2 a_1) = (b_1, b_2)(a_1, a_2) = ba.
\end{aligned}$$

(K7) Wir definieren $1 := (1,0) \in \mathbb{Q} \times \mathbb{Q}$. Klarerweise gilt $0 \neq 1$, und außerdem für $a \in \mathbb{Q} \times \mathbb{Q}$

$$a \cdot 1 = (a_1, a_2)(1, 0) = (a_1 \cdot 1 + 0, 0 + a_2 1) = (a_1, a_2) = a.$$

(K8) Für $0 \neq a \in \mathbb{Q} \times \mathbb{Q}$ definieren wir $a^{-1} := \left(\frac{a_1}{a_1^2 - 2a_2^2}, \frac{-a_2}{a_1^2 - 2a_2^2}\right)$. Es gilt, a^{-1} ist für alle $a \neq 0$ definiert, denn für solche a ist $a_1^2 - 2a_2^2 \neq 0$. Um das zu beweisen, nehmen wir an, dass $a_1^2 = 2a_2^2$

gilt. Dann muss $a_2 = 0$ sein, denn sonst folgt $(a_1/a_2)^2 = 2$ und die linke Seite dieser Gleichung ist ein Quadrat einer rationalen Zahl, die rechte aber nicht ($\sqrt{2} \notin \mathbb{Q}$). Also haben wir einen Widerspruch, und so muss $a_2 = 0$ gelten. Dann haben wir aber auch $a_1 = 0$ und somit $a = 0$.

Nun können wir rechnen

$$aa^{-1} = (a_1, a_2)(a_1/(a_1^2 - 2a_2^2), -a_2/(a_1^2 - 2a_2^2))$$
$$= ((a_1^2 - 2a_2^2)/(a_1^2 - 2a_2^2), 0) = (1, 0) = 1.$$

(K9)   Auch das letzte Axiom ist eine längliche Rechnung. Seien wieder $a, b, c \in \mathbb{Q} \times \mathbb{Q}$, dann gilt

$$ab + ac = (a_1, a_2)(b_1, b_2) + (a_1, a_2)(c_1, c_2)$$
$$= (a_1b_1 + 2a_2b_2, a_1b_2 + a_2b_1) + (a_1c_1 + 2a_2c_2, a_1c_2 + a_2c_1)$$
$$= (a_1b_1 + a_1c_1 + 2a_2b_2 + 2a_2c_2, a_1b_2 + a_1c_2 + a_2b_1 + a_2c_1)$$
$$= (a_1(b_1 + c_1) + 2a_2(b_2 + c_2), a_1(b_2 + c_2) + a_2(b_1 + c_1))$$
$$= (a_1, a_2)(b_1 + c_1, b_2 + c_2) = (a_1, a_2)((b_1, b_2) + (c_1, c_2))$$
$$= a(b + c).$$

Wir haben also alle Eigenschaften nachgeprüft, und daher ist ($\mathbb{Q} \times \mathbb{Q}, +, \cdot$) wirklich ein Körper.

Aufgabe 5.4.6. Auf der Menge $K = \{0, 1, a, b\}$ seien die Verknüpfungen

+	0	1	a	b
0	0	1	a	b
1	1	0	b	a
a	a	b	0	1
b	b	a	1	0

und

$\cdot$	0	1	a	b
0	0	0	0	0
1	0	1	a	b
a	0	a	b	1
b	0	b	1	a

gegeben. Zeigen Sie, dass ($K, +, \cdot$) ein Körper ist. Vergleichen Sie diesen Körper (seine mathematische Bezeichnung ist übrigens $GF(4)$ oder $\mathbb{F}_4$) mit $\mathbb{Z}_4$.

Aufgabe 5.4.7. Für welche $n \in \{2, \ldots, 6\}$ ist $\mathbb{Z}_n$ ein Körper?

Nun, wie sieht die Situation allgemein aus, d.h. welche algebraische Struktur haben die $(\mathbb{Z}_n, +, \cdot)$? Die Antwort geben wir in Theorem 5.4.10, doch zuvor wenden wir uns noch dem Studium der abstrakten Struktur von Körpern zu.

Proposition 5.4.8 (Rechenregeln für Körper). Ist $(K, +, \cdot)$ ein   **5.4.8**
Körper, $a, b \in K$, so gelten die Rechenregeln:

(i) $(ab)^{-1} = a^{-1}b^{-1}$ (für $a, b \neq 0$)

(ii) $(-a)^{-1} = -a^{-1}$ (für $a \neq 0$)

(iii) $ab = 0$ impliziert $a = 0$ oder $b = 0$ (Nullteilerfreiheit)

(iv)   Die Gleichung $ax = b$ hat für $a \neq 0$ die eindeutige Lösung
$x = a^{-1}b$.

Beweis.   **5.4.8**

(i)   Die Aussage folgt aus Proposition 5.2.46(i) und der Kommutativität der Multiplikation oder direkt aus

$$(ab)(a^{-1}b^{-1}) = aba^{-1}b^{-1} = aa^{-1}bb^{-1} = 1 \cdot 1 = 1$$

und der Eindeutigkeit der Inversen.

(ii)   Zunächst gilt $(-1)^{-1} = -1$, denn

$$-1 = (-1) \cdot 1 = (-1)((-1)(-1)^{-1})$$
$$= ((-1)(-1))(-1)^{-1} = (-1)^{-1},$$

wobei wir im letzten Schritt Proposition 5.3.16(iii) verwendet haben[4]. Schließlich erhalten wir unter Verwendung von Eigenschaft (i) und Proposition 5.3.16(iv)

$$(-a)^{-1} = ((-1)a)^{-1} = (-1)^{-1}a^{-1} = (-1)a^{-1} = -a^{-1}.$$

---

[4] Überlegen Sie wieder, warum wir Proposition 5.3.16 hier verwenden dürfen.

(iii) Diese Aussage haben wir bereits in (5.9) bewiesen; sie ist äquivalent zur Tatsache, dass $(K \setminus \{0\}, \cdot)$ eine Gruppe bildet.

(v) Falls $b \neq 0$ folgt die Aussage aus Proposition 5.2.46(iii) (wiederum weil $(K \setminus \{0\}, \cdot)$ eine Gruppe ist). Ist $b = 0$, so folgt aus (iii), dass $x = 0$; also gilt auch hier die Eindeutigkeit.

$\square$

5.4.9 **Bemerkung 5.4.9 (Körper sind nullteilerfrei).**
Aus Proposition 5.4.8(iii) folgt, dass Körper nullteilerfrei also Integritätsbereiche sind; also sind Körper die speziellste aller hier vorgestellten Strukturen (vgl. Abbildung 5.3).

Nun kehren wir zu den Restklassen zurück und klären die Frage nach deren algebraischer Struktur vollständig.

5.4.10 **Theorem 5.4.10 (Restklassenkörper).** Die Restklassen $\mathbb{Z}_n$ bilden (mit der Addition und der Multiplikation von Restklassen) einen kommutativen Ring mit Einselement.
Außerdem ist $\mathbb{Z}_p$ ein Körper, genau dann wenn p eine Primzahl ist.

5.4.10 *Beweis.* Die Aussage über die Ringstruktur ist genau Proposition 5.3.11.
Ist n keine Primzahl, so gibt es ganze Zahlen a und b mit

$$a \cdot b = n \equiv 0 \ (n).$$

Also sind $\bar{a}$ und $\bar{b}$ Nullteiler, und nach Bemerkung 5.4.9 ist $\mathbb{Z}_n$ kein Körper.
Um schließlich zu überprüfen, dass $\mathbb{Z}_p$ ein Körper ist, wenn p eine Primzahl ist, müssen wir nur noch beweisen, dass jedes Element $\bar{a} \neq \bar{0}$ ein Inverses besitzt. Dazu müssen wir eine Restklasse $\bar{b}$ finden mit $\bar{a} \cdot \bar{b} = \bar{1}$. Dazu verwenden wir Proposition 5.3.54: Für jede Restklasse $\bar{a}$ mit $\bar{a} \neq \bar{0}$ gibt es einen Repräsentanten $a > 0$, und es gilt $\mathrm{ggT}(a, p) = 1$, da p Primzahl ist. Daher garantiert Proposition 5.3.54 die Existenz zweier ganzer Zahlen b, n mit

$$1 = \mathrm{ggT}(a, p) = ba + np.$$

Daher ist $\bar{b}$ das Inverse zu $\bar{a}$, und $\mathbb{Z}_p$ ist tatsächlich ein Körper.   □

Bemerkung 5.4.11 (Endliche und unendliche Körper). Wir wis-   **5.4.11**
sen wegen (4.5), dass $\mathbb{Z}_p$ genau p Elemente hat. Daher ist $\mathbb{Z}_p$, für p eine
Primzahl, ein Körper mit p Elementen. Wir sprechen von **endlichen
Körpern** im Gegensatz zu $\mathbb{Q}$, $\mathbb{R}$ und $\mathbb{C}$, die ja unendlich (genauer
abzählbar unendlich im Fall von $\mathbb{Q}$ bzw. überabzählbar unendlich in
den Fällen $\mathbb{R}$ und $\mathbb{C}$; vgl. Abschnitt 4.4) viele Elemente besitzen.

Aufgabe 5.4.12. Sei $(K, +, \cdot)$ Körper. Wir vereinbaren für $a, b \in K$
mit $b \neq 0$ die Schreibweise $a/b := \frac{a}{b} := ab^{-1}$. Zeigen Sie die Gültigkeit
der folgenden „Regeln der Bruchrechnung" $(a, b, c, d \in K, b, d \neq 0)$:

1. $\dfrac{a}{b} \pm \dfrac{c}{d} = \dfrac{ad \pm bc}{bd}$,

2. $\dfrac{a}{b} \cdot \dfrac{c}{d} = \dfrac{ac}{bd}$,

3. $\dfrac{a/b}{c/d} = \dfrac{ad}{bc}$ $(c \neq 0)$.

Analog zu Gruppen und Ringen kann man auch wieder Unterkörper
definieren und zwar als Teilmengen, die mit den ererbten Operationen
einen Körper bilden.

Definition 5.4.13 (Unterkörper). Eine Teilmenge $Q \subseteq K$ eines   **5.4.13**
Körpers $(K, +, \cdot)$ heißt *Unterkörper* oder *Teilkörper*, wenn die Operationen $+$ und $\cdot$ die Menge $Q \times Q$ auf Q abbilden und $(Q, +, \cdot)$ selbst
ein Körper ist.

Beispiel 5.4.14 (Unterkörper). *Die rationalen Zahlen $\mathbb{Q}$ sind ein*   **5.4.14**
*Unterkörper der reellen Zahlen $\mathbb{R}$. Diese sind wiederum ein Unterkörper
der komplexen Zahlen $\mathbb{C}$.*

Wie schon im Fall von Gruppen und Ringen können Unterkörper im
wesentlichen durch die Abgeschlossenheit der Operationen charakterisiert werden.

5.4.15 **Proposition 5.4.15 (Charakterisierung von Unterkörpern).**
Eine Teilmenge $Q \neq \emptyset$ eines Körpers $(K, +, \cdot)$ ist genau dann ein Unterkörper, wenn eine der folgenden äquivalenten Bedingungen gilt:

(i)   Für je zwei Elemente $a, b \in Q$ ist sowohl $a - b \in Q$ als auch, sofern $b \neq 0$, $ab^{-1} \in Q$.

(ii) Für je drei Elemente $a, b, c \in Q$ mit $c \neq 0$ ist auch $(a-b)c^{-1} \in Q$.

5.4.15 ***Beweis.*** Die Eigenschaft (i) impliziert offenbar (ii). Für die Rückrichtung beachte, dass $(a - 0)c^{-1} = ac^{-1}$ und $(a - b)1^{-1} = a - b$ gelten. Der Rest folgt aus Proposition 5.2.49 für $(K, +)$ und $(K \setminus \{0\}, \cdot)$. $\square$

Proposition 5.4.15 gibt uns die Möglichkeit, neue Beispiele zu konstruieren — nämlich als Teilmengen von schon bekannten Körpern, die abgeschlossen bezüglich der Verknüpfungen sind. Dieses Verfahren probieren wir als nächstes aus.

5.4.16 **Beispiel 5.4.16 ($\mathbb{Q}[\sqrt{2}]$).** *Wir definieren auf der Menge*

$$K = \{a + b\sqrt{2} \mid a, b \in \mathbb{Q}\} \subseteq \mathbb{R}$$

die folgenden Operationen:

$$(a_1 + b_1\sqrt{2}) \oplus (a_2 + b_2\sqrt{2}) := (a_1 + a_2) + (b_1 + b_2)\sqrt{2},$$
$$(a_1 + b_1\sqrt{2}) \otimes (a_2 + b_2\sqrt{2}) := (a_1 a_2 + 2b_1 b_2) + (a_2 b_1 + a_1 b_2)\sqrt{2}.$$

Bei genauerer Betrachtung sehen wir, dass $\oplus$ und $\otimes$ genau die von $\mathbb{R}$ ererbten Operationen $+$ und $\cdot$ sind. Wir untersuchen also:

$$(a_1 + b_1\sqrt{2}) - (a_2 + b_2\sqrt{2}) = (a_1 - a_2) + (b_1 - b_2)\sqrt{2} \in K,$$

und für $(a_2, b_2) \neq (0, 0)$

$$(a_1 + b_1\sqrt{2})(a_2 + b_2\sqrt{2})^{-1} = \frac{a_1 + b_1\sqrt{2}}{a_2 + b_2\sqrt{2}} = \frac{(a_1 + b_1\sqrt{2})(a_2 - b_2\sqrt{2})}{a_2^2 - 2b_2^2}$$
$$= \frac{a_1 a_2 - 2b_1 b_2}{a_2^2 - 2b_2^2} + \frac{a_2 b_1 - a_1 b_2}{a_2^2 - 2b_2^2}\sqrt{2}.$$

Dieses Ergebnis liegt in K, sofern $a_2^2 - 2b_2^2 \neq 0$ gilt. Dies ist aber wahr, da nicht beide a_2 und b_2 gleich Null sein dürfen und weil $a_2^2 \neq 2b_2^2$ sein muss, da a_2 und b_2 rational sind, $\sqrt{2}$ aber irrational ist (vgl. (K8) in Beispiel 5.4.5). Daher sind die Voraussetzungen von Proposition 5.4.15 erfüllt, und K ist in der Tat ein Unterkörper von $\mathbb{R}$. Wir schreiben auch $K = \mathbb{Q}[\sqrt{2}]$.

Aufgabe 5.4.17. Definieren Sie $\mathbb{Q}[\sqrt{3}]$ analog zu Beispiel 5.4.16 durch

$$(a_1 + b_1\sqrt{3}) \oplus (a_2 + b_2\sqrt{3}) := (a_1 + a_2) + (b_1 + b_2)\sqrt{3}$$
$$(a_1 + b_1\sqrt{3}) \otimes (a_2 + b_2\sqrt{3}) := (a_1 a_2 + 3b_1 b_2) + (a_2 b_1 + a_1 b_2)\sqrt{3}.$$

Zeigen Sie, dass $\mathbb{Q}[\sqrt{3}]$ ein Unterkörper von $\mathbb{R}$ ist.

Aufgabe 5.4.18. Betrachten Sie noch einmal den Körper $\mathbb{F}_4$ aus Aufgabe 5.4.6 und den Körper $\mathbb{Z}_2$ aus Bemerkung 5.4.4. Zeigen Sie, dass $\mathbb{Z}_2$ ein Unterkörper von $\mathbb{F}_4$ ist.

Aufgabe 5.4.19. Sei $\mathbb{Q}[i] := \{a + ib \mid a, b \in \mathbb{Q}\} \subseteq \mathbb{C}$. Beweisen Sie, dass $\mathbb{Q}[i]$ ein Unterkörper von $\mathbb{C}$ ist.

Nach den Definitionen der Struktur und den Beispielen müssen wir uns ein weiteres Mal um die Abbildungen kümmern. Das Prinzip ist wieder dasselbe wie schon zuvor. Jeder Körper ist ein Ring mit zusätzlichen Eigenschaften, also ist ein Körperhomomorphismus — bitte raten! — genau, ein Ringhomomorphismus, der auch diese zusätzlichen Eigenschaften respektiert.

Definition 5.4.20 (Körperhomomorphismus). Es seien $(K, +, \cdot)$ und   **5.4.20**
$(K', \oplus, \otimes)$ zwei Körper.

(i)   Ein *Körperhomomorphismus* ist ein Gruppenhomomorphismus $f : (K, +) \to (K', \oplus)$, der auch noch ein Gruppenhomomorphismus $f : (K \setminus \{0\}, \cdot) \to (K' \setminus \{0\}, \otimes)$ ist.

(ii) Ist f zusätzlich bijektiv, so nennt man die Abbildung *Körperisomorphismus*, sagt die beiden Körper K und K' sind *isomorph* und schreibt $K \cong K'$.

5.4.21   **Beispiel 5.4.21** ($\mathbb{Q} \times \mathbb{Q} \cong \mathbb{Q}[\sqrt{2}]$). *Wir zeigen, dass $\mathbb{Q} \times \mathbb{Q}$ aus Beispiel 5.4.5 isomorph zu $\mathbb{Q}[\sqrt{2}]$ aus Beispiel 5.4.16 ist. Dazu definieren wir die Abbildung*

$$f : \mathbb{Q} \times \mathbb{Q} \to \mathbb{Q}[\sqrt{2}]$$
$$(a_1, a_2) \mapsto a_1 + a_2\sqrt{2}.$$

Die Funktion f ist offensichtlich surjektiv. Sie ist auch injektiv, da $\sqrt{2}$ irrational ist ($a_1 + a_2\sqrt{2} = 0$ impliziert $a_1 = 0 = a_2$). Weiters gilt

$$
\begin{aligned}
f(a + b) &= f((a_1, a_2) + (b_1, b_2)) = f((a_1 + b_1, a_2 + b_2)) \\
&= (a_1 + b_1) + (a_2 + b_2)\sqrt{2} = (a_1 + a_2\sqrt{2}) \oplus (b_1 + b_2\sqrt{2}) \\
&= f(a) \oplus f(b), \\
f(ab) &= f((a_1, a_2)(b_1, b_2)) = f((a_1 b_1 + 2a_2 b_2, a_1 b_2 + a_2 b_1)) \\
&= (a_1 b_1 + 2a_2 b_2) + (a_1 b_2 + a_2 b_1)\sqrt{2} \\
&= (a_1 + a_2\sqrt{2}) \otimes (b_1 + b_2\sqrt{2}) = f(a) \otimes f(b).
\end{aligned}
$$

Daher ist f tatsächlich ein Körperisomorphismus, und wir haben gezeigt, dass $(\mathbb{Q} \times \mathbb{Q}, \oplus, \otimes) \cong \mathbb{Q}[\sqrt{2}]$. Die beiden Strukturen sind also identisch bis auf Umbenennen der Elemente.

Aufgabe 5.4.22. Wir definieren auf $\mathbb{Q} \times \mathbb{Q}$ (alternative) Verknüpfungen durch

$$
\begin{aligned}
(a_1, a_2) + (b_1, b_2) &:= (a_1 + b_1, a_2 + b_2) \\
(a_1, a_2) \cdot (b_1, b_2) &:= (a_1 b_1 + 3a_2 b_2, a_1 b_2 + a_2 b_1).
\end{aligned}
$$

Beweisen Sie, dass $(\mathbb{Q} \times \mathbb{Q}, +, \cdot)$ ein Körper ist.
Zeigen Sie weiters, dass dieser Körper isomorph zu $\mathbb{Q}[\sqrt{3}]$ aus Aufgabe 5.4.17 ist.

Aufgabe 5.4.23. Auf den reellen Zahlen $\mathbb{R}$ definieren wir die Verknüpfungen

$$
\begin{aligned}
a \oplus b &:= a + b - 3, \\
a \otimes b &:= (a - 3)(b - 3) + 3 = ab - 3a - 3b + 12.
\end{aligned}
$$

Weisen Sie nach, dass $(\mathbb{R}, \oplus, \otimes)$ ein Körper ist.

Geben Sie einen Körperisomorphismus $\varphi : (\mathbb{R}, \oplus, \otimes) \to (\mathbb{R}, +, \cdot)$ an.

Aufgabe 5.4.24. Wir betrachten die Teilmenge

$$K := \left\{ \begin{pmatrix} a & b \\ -b & a \end{pmatrix} \;\middle|\; a, b \in \mathbb{Q} \right\}$$

von $(M_2(\mathbb{R}), +, \cdot)$. Zeigen Sie, dass $(K, +, \cdot)$ ein Körper ist, der isomorph zu $\mathbb{Q}[i]$ (siehe Aufgabe 5.4.19) ist.

Damit schließen wir unsere algebraischen Untersuchungen ab. Ein weitergehendes Studium der Struktur von Körpern ist Teil der (höheren) Algebra. Dort werden Fragen gestellt und beantwortet wie: Welche Arten von Körpern gibt es? Kann man alle endlichen Körper finden? Sie können diese Themen etwa in JANTZEN & SCHWERMER [48] oder SCHEJA & STORCH [66] weiter erkunden.

Aufbauend auf den Körperaxiomen werden in den meisten mathematischen Teilgebieten darüber hinaus gehend neue Strukturen definiert und studiert, wie die eines **Vektorraumes** — *der* Grundbegriff der Linearen Algebra, siehe auch Kapitel 7 —, einer **Algebra**, etc.

Als Grundlage der Analysis benötigen wir genauere Untersuchungen der rationalen, reellen und komplexen Zahlen, die wir im nächsten Kapitel beginnen werden. Alle diese Mengen sind mit den bereits bekannten Rechengesetzen ausgestattet und bilden Körper.

Kapitel 6
Zahlenmengen

Die Erfindung der Gesetze der Zahlen ist auf Grund des ur-
sprünglich schon herrschenden Irrtums gemacht, daß es mehrere
gleiche Dinge gebe (aber tatsächlich gibt es nichts Gleiches),
mindestens daß es Dinge gebe (aber es gibt kein „Ding").

Friedrich Nietzsche (1844–1900)

Dieses Kapitel führt uns zurück zu den konkreten Dingen. Wir werden uns wieder mit Zahlen beschäftigen. Nach der Wanderung durch die Grundbegriffe der Mathematik wie Logik, Mengenlehre und elementare Algebra, kehren wir zurück zu den Anfängen der Mathematik.

Wir haben im Verlauf der vergangenen Kapitel häufig die verschiedenen Zahlenmengen als Beispiel verwendet. Wir sind durch den täglichen Umgang mit den Zahlen überzeugt, sie zu beherrschen, ihre Eigenschaften zu kennen. Es scheint uns, dass wir mit ihnen völlig vertraut sind.

Doch trügt der Schein nicht? Was ist $\sqrt{2}$ eigentlich? Haben wir diese Zahl wirklich verstanden? „Natürlich", wird der informierte Leser einwenden, „$\sqrt{2}$ Einheiten ist die Länge der Diagonale eines Quadrates, dessen Seitenlänge 1 Einheit lang ist." Gegen diese Antwort ist nichts einzuwenden, obwohl wir jetzt über die Realisierbarkeit perfekter Quadrate, die Fähigkeit Längen exakt zu messen, etc. philosophieren könnten.

Darum richten wir den Blick zunächst auf die einfachste Zahlenmenge in unserem Repertoire, die natürlichen Zahlen. Jeder kennt und versteht die natürlichen Zahlen. Schon kleine Kinder machen sich mit ihnen vertraut, und nach einer Weile haben sie auch deren wichtigstes

© Springer-Verlag GmbH Deutschland, ein Teil von Springer Nature 2018
H. Schichl, R. Steinbauer, *Einführung in das mathematische Arbeiten*,
https://doi.org/10.1007/978-3-662-56806-4_6

Prinzip begriffen. Wer hat nicht im Lauf seines Heranwachsens einmal ein Streitgespräch der folgenden Form geführt, oder wenigstens bei einem zugehört:

Kind 1: Ich kann den Stein zehn Meter weit werfen.

Kind 2: Und ich kann ihn hundert Meter weit werfen.

Kind 1: Ich kann den Stein aber tausend Meter weit werfen.

Kind 2: Und ich kann ihn hunderttausend Meter weit werfen.

Kind 1: Und ich kann den Stein eine Million Meter weit werfen.

...

Kind 1: Ich kann ihn immer um einen Meter weiter werfen als du.

Das Grundprinzip ist einfach. Wir haben ein Schema entwickelt, die Zahlen zu benennen, sie aufzuschreiben, etc. Kurz gesagt, wir beherrschen sie.

Ist das wirklich so? Nun, das Hinterfragen dessen, was wir zu wissen glauben, die kritische Analyse, ist eines der Grundprinzipien der modernen Naturwissenschaft.

Um uns dieser Frage zu stellen, wollen wir uns eine spezielle natürliche Zahl einmal genauer ansehen, die **Grahamsche Zahl** (siehe auch GARDNER [33], GRAHAM & ROTHSCHILD [36]).

Die Grahamsche Zahl ist eine der größten Zahlen, die bis zu diesem Zeitpunkt in einem sinnvollen mathematischen Beweis verwendet wurde. Sie tritt in einem mathematischen Gebiet auf, das als *Ramsey– Theorie* bekannt ist. In diesem Gebiet geht es — grob gesagt — darum, dass sich innerhalb scheinbar willkürlicher, chaotischer Strukturen ein kleines bisschen Ordnung finden lässt, solange die chaotische Struktur nur groß genug ist.

Geben wir ein einfaches Beispiel: Wir malen N Punkte auf ein Blatt Papier und verbinden je zwei von ihnen mit einer roten oder blauen Linie, ganz willkürlich. Dann untersuchen wir alle möglichen Dreiecke, die sich ergeben, und überprüfen, ob eines davon einfärbig ist, d.h. nur rote oder nur blaue Kanten hat. Ein grundlegendes Resultat der Ramsey–Theorie besagt nun, dass für $N \geq 6$ *immer* so ein Dreieck gefunden werden kann. (Machen Sie doch ein paar Versuche!) Ab der

Zahl 6 stellt sich also in einer willkürlich gebildeten Struktur (die Farben der Kanten waren ja beliebig) so etwas wie Ordnung, hier ein *einfärbiges* Dreieck, ein.

In komplizierteren Situationen ist es oft schwierig zu beweisen, dass sich tatsächlich ab einer bestimmten Größe N_0 Ordnung innerhalb einer chaotischen Struktur bildet, und noch schwieriger ist es, dieses N_0 zu berechnen.

Für eine spezielle Aufgabe in der Ramsey–Theorie, die sich gar nicht so sehr vom oben beschriebenen Spezialfall unterscheidet und deren genaue Beschreibung Sie etwa in Exoo [28] nachlesen können, wurde bewiesen, dass so eine Zahl N_0 existiert und dass

$$11 \leq N_0 \leq G$$

gilt, wobei G die Grahamsche Zahl ist, und diese wollen wir jetzt definieren.

Da G so groß ist, dass sie mit der üblichen Exponentialnotation nicht sinnvoll dargestellt werden kann, müssen wir zuerst eine neue Notation einführen, die das ermöglicht: die **Pfeilnotation von Knuth** (nach Donald Knuth (geb. 1938)). Für $a, b \in \mathbb{N}$ definieren wir

$$a \uparrow b := a^b,$$

$$a \uparrow\uparrow b := \underbrace{a \uparrow a \uparrow \cdots \uparrow a}_{b \text{ mal}} = a^{a^{a^{\cdot^{\cdot^{\cdot^a}}}}} \quad \text{mit } b - 1 \text{ Exponenten},$$

$$a \uparrow\uparrow\uparrow b := \underbrace{a \uparrow\uparrow a \uparrow\uparrow \cdots \uparrow\uparrow a}_{b \text{ mal}},$$

$$a \uparrow\uparrow\uparrow\uparrow b := \underbrace{a \uparrow\uparrow\uparrow a \uparrow\uparrow\uparrow \cdots \uparrow\uparrow\uparrow a}_{b \text{ mal}},$$

    usw.,

wobei die Pfeile (wie Potenzen) von rechts geklammert werden, d.h. $a \uparrow\uparrow a \uparrow\uparrow a = a \uparrow\uparrow (a \uparrow\uparrow a)$. Alle diese Zahlen $a \uparrow \cdots \uparrow b$ sind zweifellos natürliche Zahlen.

Mit Hilfe dieser Pfeilnotation definieren wir nun die Zahlen g_n rekursiv wie folgt

$$g_1 := 3 \uparrow\uparrow\uparrow\uparrow 3,$$
$$g_{n+1} := 3 \underbrace{\uparrow \cdots \uparrow}_{g_n \text{ Pfeile}} 3.$$

Die Grahamsche Zahl ist dann $G := g_{64}$, zweifellos ebenfalls eine natürliche Zahl. Wir können also mit G umgehen, oder?

Versuchen wir, eine Vorstellung von G zu erhalten. Nachdem G rekursiv definiert ist, beginnen wir am besten beim Anfang der Rekursion, bei g_1. Diese Zahl ist definiert als

$$g_1 := 3 \uparrow\uparrow\uparrow\uparrow 3 = 3 \uparrow\uparrow\uparrow (3 \uparrow\uparrow\uparrow 3).$$

Um g_1 zu verstehen, müssen wir zunächst also

$$3 \uparrow\uparrow\uparrow 3 = 3 \uparrow\uparrow (3 \uparrow\uparrow 3)$$

berechnen und damit

$$3 \uparrow\uparrow 3 = 3 \uparrow (3 \uparrow 3) = 3^{3^3} = 3^{27} = 7\,625\,597\,484\,987.$$

Setzen wir das in die Formel für $3 \uparrow\uparrow\uparrow 3$ ein, so erhalten wir

$$3 \uparrow\uparrow\uparrow 3 = 3 \uparrow\uparrow 7\,625\,597\,484\,987 = 3^{3^{3^{\cdot^{\cdot^{\cdot^3}}}}}$$

mit $7\,625\,597\,484\,986$ (mehr als sieben Billionen) Exponenten. Bereits diese Zahl ist unglaublich groß! Bemühen wir dazu folgende Vorstellung: Wenn wir auf jedes Elementarteilchen[1] des Universums eine Ziffer schreiben könnten, würde der Platz bei weitem nicht ausreichen, wird die Anzahl der Elementarteilchen im Universum doch „nur" auf 10^{87} geschätzt, und selbst die Exponentialschreibweise hat es in sich. Würden wir nur die Exponenten in obiger Größe auf Papier drucken, ergäbe das eine Strecke, die zehn Mal zum Mond und zurück führt. Aber von g_1 ist diese Zahl noch *weit* entfernt, denn

---

[1] Elementarteilchen sind die kleinsten bekannten Bausteine der Materie, d.h. laut dem Standardmodell der Teilchenphysik Quarks, Leptonen und Bosonen.

$$g_1 = 3 \uparrow\uparrow\uparrow\uparrow 3 = 3 \uparrow\uparrow\uparrow (3 \uparrow\uparrow\uparrow 3) = \underbrace{3 \uparrow\uparrow \cdots \uparrow\uparrow 3}_{3^{3^{3^{\cdot^{\cdot^{\cdot^{3}}}}}} \text{ mal}},$$

und jeder der Doppelpfeile bedeutet einen „Turm" von Exponenten 3, dessen Höhe durch das Ergebnis des Turmes bestimmt wird, der rechts von ihm steht; und es gibt $3 \uparrow\uparrow\uparrow 3$ viele Türme. Die Zahl g_1 lässt sich mit keinem Mittel in Exponentialnotation ausdrücken, und kehren wir noch einmal zur Überlegung mit den Elementarteilchen zurück, so sehen wir: Könnten wir in jedes Elementarteilchen des Universums ein Universum platzieren, und in jedes Elementarteilchen dieser Universen wieder ein Universum, und würden wir diesen Vorgang so oft wiederholen, wie es Elementarteilchen im Universum gibt, dann könnten wir auf alle Elementarteilchen all dieser Universen zusammen nicht einmal die Anzahl der Exponenten 3 aufschreiben, die die Zahl g_1 bilden, geschweige denn die Ziffern der Zahl g_1.

Diese schier unvorstellbare Größenordnung richten bereits vier Pfeile der Knuthschen Pfeilnotation an. Die Zahl g_2 enthält jedoch g_1 viele *Pfeile* — allein die Anzahl der Pfeile ist schon zu hoch für unsere Vorstellungskraft, von der Zahl selbst gar nicht zu sprechen. Doch um zur Grahamschen Zahl G zu gelangen, müssen wir den rekursiven Vorgang noch weitere 62(!) Mal wiederholen, und dabei wird jedes Mal die Anzahl der Pfeile von der vorhergegangenen unvorstellbar großen Zahl festgelegt!

Doch damit nicht genug. Wo wir schon die Notation haben: Eigentlich ist es kein Problem, auch noch die Zahl g_G (wir führen die Rekursion nicht 64 Mal, sondern G Mal durch) zu bilden, oder g_{g_G}, oder gar

$$\underbrace{g_{g_{g_{\cdots_{g_G}}}}}_{G \text{ mal}} .$$

Auch das sind natürliche Zahlen, und es sind Zahlen, gegen die G ein wahrer Zwerg ist. Zu verstehen, wie viel größer g_G als G ist und wie viel größer g_{g_G} als g_G, sprengt die menschliche Vorstellungskraft, vom letzten Ungetüm wollen wir gar nicht erst sprechen.

Nun, sind Sie jetzt immer noch felsenfest davon überzeugt, dass Sie *genau* wissen, was die natürlichen Zahlen sind? In welchem Sinn exis-

tieren G, g_G und g_{g_G} eigentlich, wo wir die Zahlen doch nicht aufschreiben, ja sie uns nicht einmal vorstellen können? Und kommen wir
zurück zur Zahl $\sqrt{2}$. Selbst wenn Sie G Nachkommastellen von $\sqrt{2}$
berechnen könnten (wo auch immer im Universum Sie diese dann wegen des oben erwähnten „Platzproblems" auch aufschreiben würden),
Sie hätten doch nur einen *verschwindenden Teil* aller Nachkommastellen dieser irrationalen Zahl bestimmt, und für π und e sieht es nicht
besser aus. Und wenn wir schon *damit* Schwierigkeiten haben, was
genau ist eigentlich i, die imaginäre Einheit der komplexen Zahlen,
eine Zahl, die quadriert -1 ergibt?

Wir haben damit hoffentlich ausreichend demonstriert, dass wir uns
den Zahlenmengen nicht einfach dadurch nähern können, dass wir
sagen: „Sie sind uns bekannt. Wir beherrschen sie. Wir können mit
ihnen umgehen." (Wenn Sie immer noch finden, dass das stimmt, dann
nennen Sie doch bitte die ersten und die letzten hundert Ziffern der
Zahl G.)
Nichtsdestoweniger sind die Zahlenmengen grundlegend für die Mathematik. Doch im Gegensatz zu früher ist unser mathematischer Blick
nach den ersten fünf Kapiteln viel geschulter. Diesen geschulten Blick
wollen wir nun auf das richten, was wir bereits zu kennen glaubten. Wir
werden unser Wissen über Mengenlehre und mathematische Strukturen anwenden und die Zahlen selbst in einem etwas veränderten
Licht betrachten. Wir werden uns Ihnen nicht mehr über ihre Gestalt,
sondern über ihre Eigenschaften nähern, ihre Existenz beweisen und
dadurch die Schwierigkeiten aushebeln[2].

Das Kapitel ist in zwei Teile geteilt, die munter durcheinander gemischt
erscheinen. Nur Randstreifen trennen den vergleichsweise beschreibenden Zugang zu den Zahlenmengen, der vor allem auf die algebraischen
Begriffe aus Kapitel 5 aufbaut, vom axiomatischen Zugang, bei dem die

---

[2] Wir werden jedenfalls die Schwierigkeiten aushebeln, die mit den Beschränkungen
unseres Vorstellungsvermögens zusammenhängen. Dafür handeln wir uns neue ein,
und zwar solche, die entgegen unserer Intuition aus den abstrakten Definitionen folgen. Die Kontinuumshypothese kennen wir ja schon, doch selbst in den natürlichen
Zahlen, im Gebiet der diophantischen Gleichungen gibt es seltsame Phänomene.
Wenn Sie sich dafür interessieren, schlagen Sie das *zehnte Hilbertsche Problem* und
seine Lösung nach.

Zahlenmengen direkt aus dem Zermelo–Fraenkelschen Axiomensystem ZFC konstruiert werden, das wir in Abschnitt 4.5 kennengelernt haben.

6.1 Die natürlichen Zahlen ℕ

„Die natürlichen Zahlen hat der liebe Gott gemacht, alles andere ist Menschenwerk."   Leopold Kronecker (1823–1891)

„Die [natürlichen] Zahlen sind freie Schöpfungen des menschlichen Geistes."   Richard Dedekind (1831–1916)

Der Vorgang des Zählens ist ein, wenn nicht *der*, Ursprung der Mathematik, und gezählt wurde von Menschen nachweislich schon sehr früh im Verlauf der Urgeschichte. So sind Funde aus der Steinzeit bekannt, wo regelmäßige Kerben zum Festhalten von Zahlen in verschiedene Materialien geritzt wurden. Besonders die Messung der Zeit durch Zählen von Tagen und anderen Einheiten war für das Leben der frühen Menschen offenbar sehr wichtig, zeugen doch 70.000 Jahre alte Funde in Südafrika von Versuchen, Zeit zu quantifizieren. Es gibt auch archäologische Beweise dafür, dass Frauen bereits vor Zehntausenden von Jahren ihren biologischen Zyklus durch Einkerbungen in Knochen oder Steine studiert haben. Die berühmten Knochenfunde aus der Lebombo–Höhle und aus dem Ishango–Gebiet, die mehr als 32 bzw. 20 Jahrtausende alt sind, werden von vielen Wissenschaftlern für Rechen- oder Kalenderstöcke gehalten. Das System der darauf angebrachten Einkerbungen scheint jedenfalls für mehr als das bloße Zählen verwendet worden zu sein.

Der Vorgang des Zählens und erst recht der des Rechnens ist übrigens auch insofern bemerkenswert, als er einen hohen geistigen Abstraktionsschritt voraussetzt, nämlich das Zusammenfassen verschiedener Objekte in eine Gruppe; es gleicht eben ein Ei nicht völlig dem anderen, und bei Birnen, Tieren und Menschen sind die Unterschiede viel gravierender (vergleichen Sie dazu auch das Zitat von Friedrich Nietzsche am Beginn dieses Kapitels). Diese geistige Leistung ist auch deshalb nicht zu unterschätzen, als sie dem Menschen anscheinend nicht angeboren ist. Es gibt nämlich ein Volk in Amazonien, das das Zählen offenbar nicht beherrscht, und dessen Erwachsene es auch nicht mehr erlernen können (siehe EVERETT [27]).

Das deutsche Wort „Zahl" stammt übrigens vom althochdeutschen Wort „zala", das die Bedeutung „Einkerbung" oder „eingekerbtes Merkzeichen" trug, ein direkter Bezug zum Vorgang des Abzählens.

In vielen Sprachen und Kulturen haben sich zwei Aspekte der Zahlen herausgebildet. Wollen wir eine Menge, eine Anzahl, eine Quantität beschreiben, verwenden wir den **kardinalen** Aspekt, etwa im Satz „Gib mir bitte zehn Eier." Dagegen verwenden wir im Satz „Ich bin der neunte auf der Liste." den **ordinalen** Aspekt. Wir beziehen uns dann nämlich auf eine Ordnung, in der die Zahlen zur Nummerierung verwendet werden. Wenn ich der neunte bin, dann muss es auch einen Ersten, einen Zweiten, etc. geben. In den meisten Sprachen werden diese beiden Aspekte wohl unterschieden (im deutschen etwa fünf im Gegensatz zu die/der fünfte), und auch in der Mathematik wird diese Unterscheidung in **Kardinalzahlen** und **Ordinalzahlen** getroffen, ein Faktum, das insbesondere in der axiomatischen Mengenlehre wesentlich ist.

In der Mathematik hat sich zunächst aus dem Zählen der mathematische Begriff der **natürlichen Zahl** entwickelt, wobei die Null als Zeichen und als eigenständige Zahl erst langsam den Weg in das Denken der Menschen gefunden hat. Sie wurde im Verlauf der Geschichte nicht weniger als dreimal neu erfunden, von den Babyloniern, den Maya und etwa im achten Jahrhundert von den Indern, von denen wir das moderne Ziffernsystem und auch das Zeichen für Null übernommen haben. Nach Europa hat die Zahl Null vermutlich der italienische Mathematiker Leonardo von Pisa, genannt Fibonacci (ca. 1170–1250), von seinen Reisen in den vorderen Orient mitgebracht und sie in seinem Buch *Liber Abaci* (Das Buch des Rechnens oder das Buch über den Abakus) zusammen mit dem modernen Ziffernsystem eingeführt.

In weiten Teilen der mathematischen Literatur herrscht Uneinigkeit, ob die Zahl 0 Element der natürlichen Zahlen sein soll oder ob diese mit 1 beginnen. In diesem Buch beginnen die natürlichen Zahlen bei 0, denn wir definieren das so, und auch die DIN Norm 5473 stimmt darin mit uns überein. Demnach sei

$$\mathbb{N} := \{0, 1, 2, 3, 4, \dots\}.$$

Mit dieser „Definition" erhalten Sie die richtige Vorstellung von ℕ, doch mathematisch exakt ist sie nicht. Was sollen die Punkte bedeuten? Um ihnen und damit der ganzen Menge ℕ Sinn zu geben, folgen wir Giuseppe Peano (1858–1932), der die einfachste axiomatische Beschreibung von ℕ gegeben hat, die die Punkte in obiger „Aufzählung" exakt macht.

Bemerkung 6.1.1 (Peano-Axiome). Die natürlichen Zahlen sind eine Menge ℕ zusammen mit einer Vorschrift S, die die **Peano-Axiome** erfüllt: 6.1.1

(PA1)   0 ist eine natürliche Zahl, d.h. $0 \in \mathbb{N}$.

(PA2)   Jeder natürlichen Zahl n wird genau eine natürliche Zahl $S(n)$ zugeordnet, die ihr *Nachfolger* genannt wird, d.h.

$$\forall n \in \mathbb{N} : (S(n) \in \mathbb{N}).$$

(PA3)   0 ist kein Nachfolger, d.h.

$$\forall n \in \mathbb{N} : \neg(S(n) = 0).$$

(PA4)   Sind zwei natürliche Zahlen verschieden, so sind das auch ihre Nachfolger, d.h.

$$\forall n \in \mathbb{N} : \forall m \in \mathbb{N} : (S(n) = S(m)) \Rightarrow n = m.$$

(PA5)   Enthält eine Menge M natürlicher Zahlen die Zahl 0 und mit jeder Zahl ihren Nachfolger, so ist $M = \mathbb{N}$, genauer: Ist $0 \in M \subseteq \mathbb{N}$ und gilt: $n \in M \Rightarrow S(n) \in M$, so gilt schon $M = \mathbb{N}$.

Im Rahmen der naiven Mengenlehre sind die Peano-Axiome als Definition der natürlichen Zahlen zu lesen und sie nehmen damit tatsächlich die Rolle von Axiomen ein, also von nicht beweisbedürftigen Grundannahmen.

In Fall der Peano-Axiome kann man aber noch einen Schritt weiter gehen, denn ganz befriedigend ist diese Beschreibung von ℕ noch nicht. Wir hätten ja gerne, dass die Menge ℕ existiert und eindeutig bestimmt ist, d.h. dass es genau eine Menge ℕ gibt, die die (PA1)–(PA5)

erfüllt. Tatsächlich kann man die Peano-Axiome im Rahmen der axiomatischen Mengenlehre aus den ZFC Axiomen beweisen und wir werden das in Abschnitt 6.1.1 auch tun. In diesem Rahmen verlieren die
Peano-Axiome also ihren Status als Axiome und werden zu bewiesenen
Sätzen.

Wer diesen Teil des Erweiterungsstoffs aber überspringen will, kann
also mit Fug und Recht Bemerkung 6.1.1, also **die Peano-Axiome,
als Definition der natürlichen Zahlen auffassen**, denn die axiomatische Mengenlehre garantiert, dass dies eine sinnvolle Definition
ist.

Das letzte der Peano-Axiome (PA5) wird übrigens Induktionsprinzip
genannt. Es stellt sicher, dass Induktionsbeweise in den natürlichen
Zahlen tatsächlich gültig sind.

Auf der Menge $\mathbb{N}$ sind die beiden **Operationen** $+$, die Addition, und $\cdot$,
die Multiplikation, definiert, wobei $(N, +)$ eine *kommutative Halbgruppe mit Nullelement* 0 und $(N, \cdot)$ eine *kommutative Halbgruppe mit Einselement* 1 ist, und $+$ das *Distributivgesetz* bezüglich $\cdot$ erfüllt.

In der Sprache von Definition 5.3.5 ist $\mathbb{N}$ ein kommutativer Halbring mit 0 und 1
(ein Dioid) ohne Nullteiler (siehe Beispiel 5.3.6).

Außerdem ist auf $\mathbb{N}$ eine Totalordnung $\leq$ (siehe Definition 4.2.24 (iii))
erklärt, die verträglich mit den Verknüpfungen ist, d.h. es gelten die
beiden **Ordnungsaxiome**

(O1)   Ist $a \leq b$, so ist für alle $c \in \mathbb{N}$ auch $a + c \leq b + c$,
(O2)   Sind $x > 0$ und $y > 0$, so ist $xy > 0$.

Weiters ist die Menge $\mathbb{N}$ bezüglich der Ordnungsrelation $\leq$ **wohlgeordnet**, d.h. jede nichtleere Teilmenge von $\mathbb{N}$ besitzt ein kleinstes Element. In Symbolnotation heißt das:

$$\forall A \subseteq \mathbb{N} : (A = \emptyset \vee \exists a \in A : \forall b \in A : a \leq b).$$

Die Menge $\mathbb{N}$ ist also ein wohlgeordnetes Dioid bezüglich Addition und Multiplikation.

Wie wir bereits aus Abschnitt 4.4 wissen, ist $\mathbb{N}$ ist die kleinstmächtige
unendliche Menge, und es gilt $|\mathbb{N}| = \aleph_0$.

In der Mathematik haben die natürlichen Zahlen, von denen wir jetzt
erstmals sagen können, was sie sind, eine zentrale Bedeutung. Sie sind

im Kern beinahe aller wesentlichen Theorien vorhanden. So bieten bereits die natürlichen Zahlen genug Komplexität, um einerseits interessante Zusammenhänge zu entdecken, wie etwa den berühmten **großen Satz von Fermat**, nach dem es für $n > 2$ keine natürlichen Zahlen $a, b, c > 0$ mit $a^n + b^n = c^n$ gibt, und um andererseits bereits unvorhergesehene Verwicklungen hervorzurufen. Das zeigt etwa der berühmte **Unvollständigkeitssatz** von Kurt Gödel (1906–1978) über die Existenz unentscheidbarer Aussagen (siehe GÖDEL [34]), der in allen formalen Systemen gilt, die mächtig genug sind, um darin die natürlichen Zahlen zu konstruieren.

Aufgabe 6.1.2. Sei $b > 1$ eine natürliche Zahl. Beweisen Sie, dass jede natürliche Zahl $n > 0$ eindeutig geschrieben werden kann als

$$n = \sum_{i=0}^{K} a_i b^i$$

mit $K \in \mathbb{N}$, $0 \leq a_i < b$ und $a_K \neq 0$. Die Form

$$(a_K a_{K-1} \ldots a_0)_b$$

heißt die *b–adische Darstellung* der Zahl n, oder die Darstellung (Entwicklung) der Zahl n zur *Basis b*. Das System mit $b = 10$ entspricht natürlich unserer Dezimalnotation. Weitere wichtige Basen, speziell in der Informatik, sind 2 (Binärdarstellung), 8 (Oktaldarstellung) und 16 (Hexadezimaldarstellung, wobei man für die „Ziffern" 10–15 üblicherweise die Buchstaben A–F verwendet).

Aufgabe 6.1.3. Berechnen Sie die Binär-, Oktal- und Hexadezimaldarstellungen (siehe Aufgabe 6.1.2) der folgenden Zahlen:

$$1742, \qquad 1048576, \qquad 213, \qquad 11138.$$

Aufgabe 6.1.4. Berechnen Sie die Darstellung zur Basis 3 (siehe Aufgabe 6.1.2) von

$$9, \qquad 27, \qquad 1241, \qquad 343.$$

Bestimmen Sie die ersten hundert und die letzten hundert Ziffern der Grahamschen Zahl G zur Basis 3.

Aufgabe 6.1.5. Sei $m = pq$ mit Primzahlen p und q. Sei c ein echter Teiler von m. Zeigen Sie, dass $c = p$ oder $c = q$ gilt.

Kommen wir jetzt nach Studium der Peano–Axiome und den algebraischen Eigenschaften noch einmal zurück zu den Betrachtungen aus der Einleitung dieses Kapitels. Was haben wir gelernt? Wir haben ein mathematisches Denkgebilde definiert, indem wir grundlegende, einleuchtende[3] Eigenschaften verlangt haben. Mathematisch gesprochen, haben wir Axiome, die Peano-Axiome, eingeführt. Aus diesen Axiomen, und nur aus diesen, kann man dann alle algebraischen Eigenschaften der natürlichen Zahlen herleiten[4]. Wir Mathematiker haben es also nicht mehr nötig, uns darauf zu verlassen, dass wir uns die natürlichen Zahlen vorstellen können. Das zu können, wäre ohnehin nur Einbildung, wie uns die Grahamsche Zahl und ihre monströsen Geschwister vor Augen führen.

Das alles im Geiste, zeigt sich die Weisheit der beiden Kinder im Umgang mit den natürlichen Zahlen. Also benennen wir sie, stellen sie uns vor, sprechen über sie, solange sie winzig genug sind, dass wir das können. Und danach ziehen wir uns auf das Konstruktionsprinzip zurück: Egal welche Zahl wir betrachten, es gibt immer eine nächstgrößere. Mathematisch exakt machen das die Peano-Axiome.

6.1.1 Mengentheoretische Konstruktion von $\mathbb{N}$

Die Peano-Axiome sind geeignet, die natürlichen Zahlen mathematisch verwendbar zu machen. Was sie nicht leisten, ist die Existenz der Menge der natürlichen Zahlen zu liefern. Außerdem können wir nicht sicher sein, dass keine „exotischen" natürlichen Zahlen existieren, die auch die Peano-Axiome erfüllen aber mit „unseren" natürlichen Zahlen nichts zu tun haben.
Darum werden wir als nächstes zeigen, dass das mathematische Axiomensystem zur Mengenlehre ZFC, das wir in Abschnitt 4.5 eingeführt haben, mächtig genug

---

[3] Wem das Induktionsprinzip (PA5) nicht einleuchtet, der möge bei Interesse Abschnitt 6.1.1 durchlesen. Beginnt man nämlich bei den Axiomen der Mengenlehre, dann kann man das Induktionsprinzip *beweisen*.

[4] Im Prinzip geschieht dies in Abschnitt 6.1.1

ist, um die natürlichen Zahlen als Menge darin zu konstruieren, und in welchem Sinn diese Menge eindeutig bestimmt ist. In ZFC stehen uns für die Konstruktion vor allem die leere Menge und die Mengenoperationen zur Verfügung. Damit unsere Konstruktion den Peano–Axiomen genügt, benötigen wir die Nachfolgereigenschaft. Um diese zu erhalten, beginnen wir mit der folgenden „Definition":

$$0 := \emptyset,$$
$$1 := S(0) = 0 \cup \{0\} = \{\emptyset\},$$
$$2 := S(1) = 1 \cup \{1\} = \{\emptyset, \{\emptyset\}\},$$
$$3 := S(2) = 2 \cup \{2\} = \Big\{\emptyset, \{\emptyset\}, \{\emptyset, \{\emptyset\}\}\Big\},$$
$$4 := S(3) = 3 \cup \{3\} = \Big\{\emptyset, \{\emptyset\}, \{\emptyset, \{\emptyset\}\}, \{\emptyset, \{\emptyset\}, \{\emptyset, \{\emptyset\}\}\}\Big\}, \text{ d.h.}$$

$$n := \begin{cases} \emptyset & n = 0 \\ S(n-1) = (n-1) \cup \{(n-1)\} & n \neq 0. \end{cases}$$

Somit erhalten wir in Kurzform $0 = \emptyset$, $1 = \{0\}$, $2 = \{0, 1\}$ und allgemein $n = \{0, 1, \ldots, n-1\}$. Jede Zahl ist also identifiziert als die Menge, die alle kleineren Zahlen enthält.
So stellen wir uns das jedenfalls vor. Jetzt wollen wir das mathematisch exakt machen.

Definition 6.1.6 (Nachfolger). Wir definieren für eine beliebige Menge A den *Nachfolger* $S(A)$ von A durch   6.1.6

$$S(A) := A \cup \{A\}.$$

Wir stellen uns wie oben die natürlichen Zahlen so vor, dass sie mit $0 = \emptyset$ beginnen und den Nachfolger von 0, dessen Nachfolger, usw. enthalten. Die Konstruktoren, die wir verwendet haben, sind alle bereits in Abschnitt 4.5 definiert worden, und (ZF7) garantiert uns, dass eine Menge existiert, die alle diese Zahlen enthält. Leider wissen wir eines noch nicht, nämlich ob es eine Menge gibt die **genau alle** diese Zahlen enthält, denn nur dann ist sie eindeutig bestimmt (und das, was wir uns naiv unter ℕ vorstellen).

Theorem 6.1.7 (Existenz und Eindeutigkeit von ℕ). Sei die *Nachfolgereigen-*   6.1.7
schaft ψ

$$\psi(Y) := \forall X : (\emptyset \in Y \wedge (X \in Y \Rightarrow S(X) \in Y)).$$

gegeben. Dann gilt

$$\exists! \mathbb{N} : \forall M : (\psi(\mathbb{N}) \wedge (\psi(M) \Rightarrow \mathbb{N} \subseteq M)).$$

Mit anderen Worten, es gibt genau eine Menge der natürlichen Zahlen. Sie ist die kleinste Menge, die die Nachfolgereigenschaft besitzt.

6.1.7   *Beweis.* Wegen (ZF7) gibt es eine Menge Z, die die Eigenschaft $\psi(Z)$ besitzt. Wir definieren die Mengenfamilie $\mathcal{N} := \{M \in \mathbb{P}Z \mid \psi(M)\}$. Sei nun $\mathbb{N} := \bigcap \mathcal{N}$. (Für eine Mengenfamilie $\mathcal{F}$ ist $\bigcap \mathcal{F}$ definiert durch $\bigcap \mathcal{F} := \{x \in \bigcup \mathcal{F} \mid \forall F \in \mathcal{F} : (x \in F)\}$, vgl. Definition 4.1.16(ii).)

Dann gilt $\forall M \in \mathcal{N} : \psi(M)$, und daher $\forall M \in \mathcal{N} : (\emptyset \in M)$, also auch $\emptyset \in \mathbb{N}$. Ferner wissen wir $X \in \mathbb{N} \Rightarrow (\forall M \in \mathcal{N} : (X \in M))$, deshalb $\forall M \in \mathcal{N} : (S(X) \in M)$, was wiederum $S(X) \in \mathbb{N}$ zur Folge hat. Daher gilt $\psi(\mathbb{N})$.

Um Eindeutigkeit zu zeigen, nehmen wir an, dass $\exists M : \psi(M)$ (etwa ein M, das nicht Teilmenge von Z ist). Mit denselben Argumenten wie oben können wir zeigen, dass $\psi(Z \cap M)$ gilt, sowie $(Z \cap M) \subseteq M$ und $\mathbb{N} \subseteq Z \cap M$, was $\mathbb{N} \subseteq M$ impliziert. □

6.1.8   **Korollar 6.1.8 (Induktionsprinzip).** Es gilt das *Induktionsprinzip*

$$\forall M \in \mathbb{P}\mathbb{N} : (\psi(M) \Rightarrow M = \mathbb{N}).$$

6.1.8   *Beweis.* Sei $M \in \mathbb{P}\mathbb{N}$ beliebig. Gilt $\psi(M)$, so ist $M \subseteq \mathbb{N}$, und nach Voraussetzung gilt $\mathbb{N} \subseteq M$, und daher ist $M = \mathbb{N}$.   □

Diese (etwas unintuitive) Version der Konstruktion der natürlichen Zahlen ist viel mächtiger als die Definition durch die Peano-Axiome, wie sie im neunzehnten Jahrhundert gegeben wurde. Das sieht man allein daran, dass das Induktionsprinzip *bewiesen* werden kann und nicht als Axiom gefordert werden muss. Tatsächlich kann die Gültigkeit aller fünf von Peano für die natürlichen Zahlen angegebenen Axiome leicht überprüft werden, wie wir gleich sehen werden.

Natürlich möchte sich niemand die natürlichen Zahlen *vorstellen* als die Menge, wie sie hier beschrieben ist. Wollten wir nämlich versuchen, ihre Elemente aufzuzählen, dann sähe das sehr gewöhnungsbedürftig aus:

$$\mathbb{N} = \Big\{\emptyset, \{\emptyset\}, \{\emptyset, \{\emptyset\}\}, \{\emptyset, \{\emptyset\}, \{\emptyset, \{\emptyset\}\}\}, \{\emptyset, \{\emptyset\}, \{\emptyset, \{\emptyset\}\}, \{\emptyset, \{\emptyset\}, \{\emptyset, \{\emptyset\}\}\}\}, \ldots\Big\}.$$

Aber bedenken Sie, es ist nicht unsere Absicht, eine Menge zu erzeugen, die man sich vorstellen kann. Wir streben danach zu beweisen, dass es *genau eine* Menge $\mathbb{N}$ in unserem axiomatisch definierten Mengengebäude *gibt*, die alle *Eigenschaften* aufweist, die wir von den natürlichen Zahlen erwarten. Wie wir nach dem Beweis die einzelnen Elemente *bezeichnen* bleibt dann uns überlassen, und dass es irgendwann mit der Vorstellung ohnehin vorbei ist, sollte die Grahamsche Zahl aus der Einleitung ausreichend belegt haben.

An diesen Überlegungen sehen wir, dass Anschaulichkeit und Nützlichkeit einer mathematischen Beschreibung nicht immer Hand in Hand gehen. Wir können aber durch gute Wahl der Notation beides miteinander verbinden: Zunächst verwenden wir den unanschaulichen aber mächtigen und daher sehr *nützlichen* axiomatischen Zugang zur Menge der natürlichen Zahlen. Nachdem die gesamte Konstruktion durchgeführt und alles bewiesen ist, stellen wir durch die Bezeichnung $0 = \emptyset$, $1 = \{\emptyset\}$, etc. sicher, dass wir wie gewohnt, *anschaulich* mit den Elementen im wohlgeordneten Dioid ℕ umgehen können.

Nun kommen wir zum angekündigten Nachweis, dass die Peano-Axiome aus der mengentheoretischen Konstruktion von ℕ folgen.

Proposition 6.1.9 (Gültigkeit der Peano-Axiome). Die Menge der natürlichen Zahlen ℕ erfüllt die Peano-Axiome.   6.1.9

Beweis. Die Axiome (PA1) und (PA2) gelten wegen der Definition von ℕ und 6.1.9
(PA5) haben wir in Korollar 6.1.8 gezeigt. Es bleibt also nur noch (PA3) und (PA4).

(PA3) beweisen wir indirekt. Sei also $n \in$ ℕ gegeben mit $S(n) = 0$. Dann ist $S(n) = n \cup \{n\} = \emptyset$, doch es gilt $n \in S(n)$, und daher $S(n) \neq \emptyset$. Dieser Widerspruch beweist (PA3).

Zum Beweis von (PA4) nehmen wir an, dass $m, n \in$ ℕ sind mit $S(n) = S(m)$. Sei $k \in n$. Dann ist auch $k \in n \cup \{n\} = S(n) = S(m) = m \cup \{m\}$, also $k \in m$ oder $k \in \{m\}$ wegen der Eigenschaften von $\cup$. Weil aber die Menge $\{m\}$ nur ein Element, nämlich m enthält, folgt daraus die Tatsache $k \in m \vee k = m$. Ist $k = m$, so gilt $n \in k \vee n = k$, weil $n \in S(n) = S(m) = S(k)$, und daher widerspricht entweder $\{n, k\}$ oder $\{k\}$ dem Fundierungsaxiom (ZF9). Daher gilt $k \in m$ und auch $n \subseteq m$. Analog zeigt man durch Vertauschen von m und n die Relation $m \subseteq n$, und es folgt $n = m$. Dies beweist auch (PA4), und wir sind fertig.   □

Nachdem wir die Existenz und Eindeutigkeit der Menge ℕ sowie die Gültigkeit der Peano-Axiome gezeigt haben, wollen wir auch die Rechenoperationen der Addition und Multiplikation sowie die Ordnungsrelation auf ℕ mengentheoretisch fundieren. Für die Definition der Ordnungsrelation und der Rechenoperationen benötigen wir zunächst das folgende Hilfsresultat:

Lemma 6.1.10. Es gelten die folgenden Aussagen: 6.1.10

(i) $\forall m, n \in$ ℕ $: (m \in n \Rightarrow S(m) \subseteq n)$,
(ii) $\forall m, n \in$ ℕ $: ((m \subseteq n \wedge m \neq n) \Rightarrow m \in n)$.

Beweis. Wir verwenden jeweils das Induktionsprinzip (PA5). Den Großteil dieses 6.1.10
Beweises führen wir, indem wir eine Menge M aller jener Zahlen konstruieren, die das Resultat erfüllen, um dann herzuleiten, dass M die Nachfolgereigenschaft hat, also mit (PA5) schon $M = $ ℕ gilt.

(i) Sei $M := \{n \in \mathbb{N} \mid \forall m \in \mathbb{N} : (m \in n \Rightarrow S(m) \subseteq n)\}$. Die 0 erfüllt die Bedingung trivialerweise, daher ist $0 \in M$. Sei nun $n \in M$. Wir zeigen, dass auch $S(n) \in M$ gilt. Sei dazu $m \in S(n) = n \cup \{n\}$, so ist entweder $m = n$ oder $m \in n$. Ist $m = n$, so ist $S(m) = S(n)$ und daher gilt $S(m) \subseteq S(n)$. Ist hingegen $m \in n$, so gilt wegen $n \in M$ auch $S(m) \subseteq n \subseteq S(n)$, und somit gilt immer $S(m) \subseteq S(n)$. Daher ist auch $S(n) \in M$, und wegen Korollar 6.1.8 folgt $M = \mathbb{N}$.

(ii) Sei $M := \{n \in \mathbb{N} \mid \forall m \in \mathbb{N} : ((m \subseteq n \wedge m \neq n) \Rightarrow m \in n)\}$. Ist $m \subseteq 0$, so ist $m = 0$, und daher ist nichts zu zeigen, und es gilt $0 \in M$. Sei nun $n \in M$. Wir betrachten $S(n)$, und daher sei $m \in \mathbb{N}$ mit $m \subseteq S(n) \wedge m \neq S(n)$. Ist $k \in m$, so gilt wegen $S(n) = n \cup \{n\}$, dass entweder $k \in n$ oder $k = n$. Ist $k = n$, so ist $n \in m$, und wegen (i) folgt dann $S(n) \subseteq m$. Dies ist aber ein Widerspruch zu $m \subseteq S(n) \wedge m \neq S(n)$. Daher gilt $\forall k \in m : k \in n$, also $m \subseteq n$. Ist $m = n$, dann haben wir $m \in n \cup \{n\} = S(n)$. Sonst gilt $m \subseteq n \wedge m \neq n$ und, weil $n \in M$ vorausgesetzt ist, auch $m \in n$. Dies impliziert aber $m \in S(n)$ und $S(n) \in M$. Aus Korollar 6.1.8 folgt nun $M = \mathbb{N}$. $\qquad\square$

Wir definieren nun die **Ordnungsrelation** $\leq$ durch

$$m \leq n :\Leftrightarrow (m \in n \vee m = n). \tag{6.1}$$

Wie schon zuvor schreiben wir $m < n :\Leftrightarrow m \leq n \wedge m \neq n$ und verwenden auch die Zeichen $\geq$ und $>$ für die umgekehrten Relationen.

6.1.11 **Proposition 6.1.11 (Eigenschaften von $\leq$ auf $\mathbb{N}$).** Die Relation $\leq$ erfüllt

(i) $\forall m, n \in \mathbb{N} : m \leq n \Leftrightarrow m \subseteq n$
(ii) $\forall m, n \in \mathbb{N} : m \leq n \Leftrightarrow m < S(n)$
(iii) $\forall n \in \mathbb{N} : 0 \leq n$

6.1.11 *Beweis.*

(i) Seien $m, n \in \mathbb{N}$ beliebig mit $m \leq n$. Gilt $m = n$, so ist $m \subseteq n$. Ist andererseits $m \in n$, so gilt wegen Lemma 6.1.10.(i) und der Definition von S, dass $m \subseteq S(m) \subseteq n$. Es gelte umgekehrt $m, n \in \mathbb{N}$ mit $m \subseteq n$. Ist $m = n$, so ist offenbar $m \leq n$. Gilt andererseits $m \neq n$, so ist $m \in n$ wegen Lemma 6.1.10.(ii).

(ii) Sei $m \leq n$. Ist einerseits $m = n$, so folgt nach Definition von S, dass $m \in S(n)$ und daher $m \leq S(n)$ und $m \neq S(n)$. Gilt andererseits, dass $m \in n$, so folgt wieder aus der Definition von S, dass $m \in n \subseteq S(n)$. Insgesamt finden wir wieder, dass $m \leq S(n)$ und $m \neq S(n)$ gelten. Wählen wir umgekehrt m, n mit $m < S(n)$, also $m \in S(n) = n \cup \{n\}$. Dann gilt $m = n$ oder $m \in n$, somit $m \leq n$.

(iii) Das ist ein Spezialfall von (i), da $0 \subseteq n$ für alle $n \in \mathbb{N}$. $\qquad\square$

Proposition 6.1.12 (Totalordnung auf ℕ). Die Relation $\leq$ ist eine Totalord-   **6.1.12**
nung auf ℕ.

Beweis. Die Reflexivität ist offensichtlich, und die Transitivität folgt direkt aus   **6.1.12**
Proposition 6.1.11(i). Wäre die Antisymmetrie nicht erfüllt, dann existierten zwei
natürliche Zahlen $m \neq n \in ℕ$ mit $n \leq m$ und $m \leq n$, also mit $m \in n$ und $n \in m$.
Gäbe es diese Zahlen, dann könnten wir die Menge $\{m, n\}$ bilden, welche (ZF9)
widerspräche. Daher ist die Antisymmetrie erfüllt, und $\leq$ ist eine Halbordnung.
Um zu beweisen, dass $\leq$ eine Totalordnung ist, müssen wir zeigen, dass für je zwei
Zahlen $m, n \in ℕ$ entweder $m < n$ oder $m = n$ oder $m > n$ gilt.
Sei $M = \{n \in ℕ \mid \forall m \in ℕ : (m < n \vee m = n \vee n < m)\}$. Betrachten wir zuerst
0. Ist $0 \neq m$, so gilt $0 = \emptyset \subseteq m$, also $0 \in n$ wegen Lemma 6.1.10.(ii) und daher
$0 \in M$. Sei nun $n \in M$. Betrachten wir $S(n)$. Sei $m \in ℕ$ gegeben. Gelten $m \in n$
oder $m = n$, so haben wir $m \in n \cup \{n\} = S(n)$. Gilt andererseits $n \in m$, so
folgt aus Lemma 6.1.10.(i), dass $S(n) \subseteq m$. Ist $S(n) \neq m$, so ist $S(n) \in m$ wegen
Lemma 6.1.10.(ii). Es gilt also $m \in S(n) \vee m = S(n) \vee S(n) \in m$, und daher
$S(n) \in M$. Verwenden wir ein weiteres Mal Korollar 6.1.8, so sehen wir $M = ℕ$,
und wir sind fertig.   □

Bevor wir weitere Eigenschaften der Ordnungsrelation auf ℕ untersuchen, wollen
wir das wichtige Beweisprinzip der Ordnungsinduktion für die natürlichen Zahlen
herleiten. Dieses ist zwar formal stärker aber tatsächlich äquivalent zum Induktionsprinzip.

Theorem 6.1.13 (Ordnungsinduktion). Es gilt   **6.1.13**

$$\forall n \in ℕ : \big((\forall k \in ℕ : k < n \Rightarrow A(k)) \Rightarrow A(n) \big) \Rightarrow \forall n \in ℕ : A(n).$$

Beweis. Zu Beginn führen wir die Abkürzung $B(n) := (\forall k \in ℕ : k < n \Rightarrow A(k))$ **6.1.13**
ein. Dann liest sich die Voraussetzung als

$$\forall n \in ℕ : B(n) \Rightarrow A(n), \tag{6.2}$$

und wir definieren die Menge $M := \{n \in ℕ \mid B(n)\}$. Es gilt $0 \in M$, weil $B(0) =$
$(\forall k \in ℕ : k < 0 \Rightarrow A(k))$ wegen Proposition 6.1.11.(iii) wahr ist. Sei nun $n \in M$
beliebig. Dann gilt $B(n)$ und wegen (6.2) auch $A(n)$, und somit $\forall k \in ℕ : k \leq n \Rightarrow$
$A(k)$, daher wegen Proposition 6.1.11.(ii) auch $B(S(n))$. Darum ist $S(n) \in M$ und
wegen Korollar 6.1.8 folgt $M = ℕ$. Zuletzt gilt $\forall n \in ℕ : B(n)$ und wegen (6.2) auch
$\forall n \in ℕ : A(n)$.   □

Nun können wir tatsächlich beweisen, dass ℕ wohlgeordnet ist.

Theorem 6.1.14 (Wohlordnung von ℕ). Die Menge ℕ ist bezüglich der Rela-   **6.1.14**
tion $\leq$ *wohlgeordnet*, d.h. jede nichtleere Teilmenge von ℕ hat ein kleinstes Element.

6.1.14   *Beweis.* Sei $T \subseteq \mathbb{N}$ mit $T \neq \emptyset$. Wir wollen zeigen, dass T ein kleinstes Element besitzt. Das beweisen wir indirekt und nehmen an, dass T kein kleinstes Element besitze, d.h.

$$\neg(\exists n \in T : \forall m \in T : n \leq m) \iff \forall n \in T : \exists m \in T : m < n$$
$$\iff \forall n \in \mathbb{N} : (n \in T \Rightarrow \exists m \in T : m < n). \qquad (6.3)$$

Sei $A(n) := (n \notin T)$. Dann ist $A(0)$ erfüllt, weil $\neg \exists m \in T : m < 0$ wegen Proposition 6.1.11.(iii) und daher $0 \notin T$ wegen (6.3). Sei nun $n \in \mathbb{N}$, und es gelte $\forall k \in \mathbb{N} : k < n \Rightarrow A(k)$. Dann ist $n \notin T$, wegen (6.3), weil sonst ein $k \in T$ existieren müsste mit $k < n$. Somit gilt $\big(\forall k \in \mathbb{N} : k < n \Rightarrow A(k)\big) \Rightarrow A(n)$. Aus Theorem 6.1.13 folgt, dass $\forall n \in \mathbb{N} : n \notin T$ und somit $T = \emptyset$, ein Widerspruch.   □

Die arithmetische Operation der **Addition** $+ : \mathbb{N} \times \mathbb{N} \to \mathbb{N}$ sei unser nächstes Opfer. Wir definieren (gewohnt unanschaulich) rekursiv für alle $n \in \mathbb{N}$

$$n + 0 = n$$
$$n + S(m) = S(n + m).$$

Mit dieser Definition finden wir das folgende Resultat, und im Beweis sehen wir auch, dass diese Operation genau das ist, was wir anschaulich von der Addition auf $\mathbb{N}$ wollen.

6.1.15   **Proposition 6.1.15 (Addition auf $\mathbb{N}$).**   Es gibt genau eine Abbildung $+ : \mathbb{N} \times \mathbb{N} \to \mathbb{N}$, die obige rekursive Definition erfüllt.

6.1.15   *Beweis.* Beginnen wir mit der Eindeutigkeit. Seien $+$ und $\boxplus$ zwei Funktionen, die die rekursive Definition erfüllen. Setzen wir $M := \{n \in \mathbb{N} \mid \forall m \in \mathbb{N} : (m + n = m \boxplus n)\}$. Natürlich ist $0 \in M$ wegen $m + 0 = m = m \boxplus 0$. Sei nun $n \in M$, dann haben wir für $m \in \mathbb{N}$ die Gleichung $m + S(n) = S(m + n) = S(m \boxplus n)$ wegen $n \in M$, und es gilt $S(m \boxplus n) = m \boxplus S(n)$ und daher $S(n) \in M$. Aus Korollar 6.1.8 folgt $M = \mathbb{N}$, und daher ist $+ = \boxplus$ als Teilmenge von $(\mathbb{N} \times \mathbb{N}) \times \mathbb{N}$. Wir dürfen noch nicht von Abbildung reden, da wir die Abbildungseigenschaft noch nicht nachgewiesen haben. Dies können wir mit einem ähnlichen Induktionsargument erreichen.
Sei für jedes $m \in \mathbb{N}$ die „Abbildung" $+_m : \mathbb{N} \to \mathbb{N}$ definiert durch $+_0(n) = n$ und $+_{S(m)}(n) = S(+_m(n))$. Dies macht $+_m$ zu einer Relation, und wir weisen nun die Abbildungseigenschaft nach:
Sei $M := \{m \in \mathbb{N} \mid \forall n \in \mathbb{N} : \forall j \leq m : \exists! k \in \mathbb{N} : (+_j(n) = k)\}$. Wegen $\forall n \in \mathbb{N} : (+_0(n) = n)$ folgt sofort $0 \in M$. Ist $m \in M$, dann ist $+_0(n) = n$ eindeutig. Sei also $j \leq m$. Dann existiert für beliebiges $n \in \mathbb{N}$ genau ein k mit $+_j(n) = k$. Also ist für $S(j)$ die Beziehung $+_{S(j)}(n) = S(+_j(n)) = S(k)$ erfüllt. Somit ist auch $S(m) \in M$, da für $j \in \mathbb{N}$ mit $j \leq S(m)$ entweder $j = 0$ ist oder ein $j' \in \mathbb{N}$ existiert mit $j = S(j')$ und $j' \leq m$. Somit impliziert Korollar 6.1.8 aber $M = \mathbb{N}$. Daher ist für jedes $m \in \mathbb{N}$ die Relation $+_m$ tatsächlich eine Abbildung, und $+ : \mathbb{N} \times \mathbb{N} \to \mathbb{N}$ ist dann als Abbildung definiert durch $n + m = +_m(n)$ für alle $m, n \in \mathbb{N}$.   □

Die arithmetische Operation der **Multiplikation** $\cdot : \mathbb{N} \times \mathbb{N} \to \mathbb{N}$ wollen wir zuletzt definieren. Wir setzen wieder rekursiv für alle $n \in \mathbb{N}$

$$n \cdot 0 = 0$$
$$n \cdot S(m) = (n \cdot m) + n$$

und finden analog zur Addition das folgende Resultat:

Proposition 6.1.16 (Multiplikation auf $\mathbb{N}$). Es gibt genau eine Abbildung $\cdot : \mathbb{N} \times \mathbb{N} \to \mathbb{N}$, die obige rekursive Definition erfüllt. 6.1.16

Beweis. Beginnen wir wieder mit der Eindeutigkeit. Seien $\cdot$ und $\boxdot$ zwei Funktionen, die die rekursive Definition erfüllen. Setzen wir $M := \{n \in \mathbb{N} \mid \forall m \in \mathbb{N} : (m \cdot n = m \boxdot n)\}$. Natürlich ist $0 \in M$ wegen $n \cdot 0 = 0 = n \boxdot 0$. Sei nun $n \in M$, dann haben wir für $m \in \mathbb{N}$ die Gleichung $m \cdot S(n) = (m \cdot n) + m = (m \boxdot n) + m$ wegen $n \in M$ und Proposition 6.1.15. Außerdem wissen wir $(m \boxdot n) + m = m \boxdot S(n)$, und deshalb ist $S(n) \in M$. Aus Korollar 6.1.8 folgt $M = \mathbb{N}$, und daher ist $\cdot = \boxdot$ als Teilmenge von $(\mathbb{N} \times \mathbb{N}) \times \mathbb{N}$. Wir dürfen auch hier noch nicht von Abbildung reden, da wir die Abbildungseigenschaft noch nicht nachgewiesen haben. Auch das erreichen wir mit einem Induktionsargument. 6.1.16

Sei für jedes $m \in \mathbb{N}$ die „Abbildung" $\times_m : \mathbb{N} \to \mathbb{N}$ definiert durch $\times_0(n) = 0$ und $\times_{S(m)}(n) = \times_m(n) + n$. Dies macht $\times_m$ zu einer Relation, aber wir werden gleich auch die Abbildungseigenschaft nachweisen:

Sei $M := \{m \in \mathbb{N} \mid \forall n \in \mathbb{N} : \forall j \leq m : \exists! k \in \mathbb{N} : (\times_j(n) = k)\}$. Wegen $\forall n \in \mathbb{N} : (\times_0(n) = 0)$ folgt sofort $0 \in M$. Ist $m \in M$, dann ist $\times_0(n) = 0$ eindeutig. Sei also $j \leq m$. Dann existiert für beliebiges $n \in \mathbb{N}$ genau ein k mit $\times_j(n) = k$. Also ist für $S(j)$ die Beziehung $\times_{S(j)}(n) = \times_j(n) + n = k + n$ erfüllt. Somit ist auch $S(m) \in M$, da für $j \in \mathbb{N}$ mit $j \leq S(m)$ entweder $j = 0$ ist oder ein $j' \in \mathbb{N}$ existiert mit $j = S(j')$ und $j' \leq m$. Somit impliziert Korollar 6.1.8 aber $M = \mathbb{N}$. Daher ist für jedes $m \in \mathbb{N}$ die Relation $\times_m$ tatsächlich eine Abbildung, und $\cdot : \mathbb{N} \times \mathbb{N} \to \mathbb{N}$ ist dann als Abbildung definiert durch $n \cdot m = \times_m(n)$ für alle $m, n \in \mathbb{N}$. $\square$

Wir können nun die algebraischen Eigenschaften von $\mathbb{N}$ formulieren und beweisen.

Theorem 6.1.17 ($\mathbb{N}$ als Halbring). Die natürlichen Zahlen $(\mathbb{N}, +, \cdot)$ bilden einen kommutativen Halbring mit 0 und 1. 6.1.17

Beweis. Zeigen wir zunächst, dass $(\mathbb{N}, +)$ eine kommutative Halbgruppe ist. 6.1.17

(Nullelement) $\forall n \in \mathbb{N} : 0 + n = n$.

Sei $M := \{n \in \mathbb{N} \mid 0 + n = n\}$. Dann ist $0 \in M$ wegen $0 + 0 = 0$. Sei nun $n \in M$ und betrachten wir $S(n)$. Wir erhalten $0 + S(n) = S(0+n) = S(n)$ aus der Definition von $+$ und weil $n \in M$. Daher ist wiederum wegen des Induktionsprinzips $M = \mathbb{N}$, und daraus folgt, dass 0 Nullelement ist.

(**Behauptung 1**) $\forall n \in \mathbb{N} : S(m) + n = m + S(n)$.

Sei $M := \{n \in \mathbb{N} \mid \forall m \in \mathbb{N} : S(m) + n = m + S(n)\}$. Es gilt für $m \in \mathbb{N}$, dass $S(m) + 0 = S(m)$ und $0 + S(m) = S(m)$, und daher ist $0 \in M$. Sei nun $n \in M$. Wir betrachten $S(n)$ und erhalten für alle $m \in \mathbb{N}$ die Beziehung $S(m) + S(n) = S(S(m) + n) = S(m + S(n)) = m + S(S(n))$ nach Definition von $+$ und weil $n \in M$. Daher ist auch $S(n) \in M$ und Korollar 6.1.8 liefert uns wiederum $M = \mathbb{N}$.

(**KG**($+$)) $\forall n, m \in \mathbb{N} : n + m = m + n$.

Diese Beziehung zeigen wir ebenfalls mit Induktion. Sei $M := \{n \in \mathbb{N} \mid \forall m \in \mathbb{N} : m + n = n + m\}$. Weil 0 Nullelement ist und der Definition von $+$, gilt für alle $n \in \mathbb{N}$ die Gleichung $0 + n = n + 0$ und daher $0 \in M$. Sei nun $n \in M$. Dann rechnen wir für beliebiges $m \in \mathbb{N}$ wie folgt: $S(n) + m = n + S(m) = S(n + m) = S(m + n) = m + S(n)$. Dabei haben wir zweimal die Definition von $+$ verwendet und je einmal die Tatsachen $n \in M$ und Behauptung 1. Daher ist $S(n) \in M$, wegen Korollar 6.1.8 gilt $M = \mathbb{N}$, und daher ist $+$ kommutativ.

(**AG**($+$)) $\forall k, m, n \in \mathbb{N} : (k + n) + m = k + (n + m)$.

Ein weiterer Induktionsbeweis wird uns das Assoziativgesetz zeigen. Wir definieren $M := \{m \in \mathbb{N} : \forall k, n \in \mathbb{N} : (k + n) + m = k + (n + m)\}$, und wieder gilt $0 \in M$, diesmal wegen $(k + n) + 0 = k + n = k + (n + 0)$. Ist $m \in M$, dann rechnen wir für beliebige $k, n \in \mathbb{N}$

$$(k + n) + S(m) = S((k + n) + m) = S(k + (n + m)) =$$
$$= k + S(n + m) = k + (n + S(m)).$$

Das beweist $S(m) \in M$ und damit $M = \mathbb{N}$ wegen Korollar 6.1.8. Also ist $+$ assoziativ und $(\mathbb{N}, +)$ ein kommutatives Monoid.

(**Behauptung 2**) $\forall n \in \mathbb{N} : 0 \cdot n = 0$.

Wir verwenden Induktion mit $M := \{n \in \mathbb{N} \mid 0 \cdot n = 0\}$, und $0 \in M$ wegen der Definition $0 \cdot 0 = 0$. Ist $n \in M$, so ist auch $S(n) \in M$ wegen $0 \cdot S(n) = (0 \cdot n) + 0 = 0 + 0 = 0$. Korollar 6.1.8 impliziert wieder $M = \mathbb{N}$.

(**Einselement**) $\forall n \in \mathbb{N} : S(0) \cdot n = n \cdot S(0) = n$, also $S(0)$ ist Einselement.

Die erste Gleichung $n \cdot S(0) = n \cdot 0 + n = 0 + n = n$ folgt direkt aus den Definitionen von $\cdot$ und $+$. Die zweite Gleichung benötigt einen Induktionsbeweis. Sei $M := \{n \in \mathbb{N} \mid S(0) \cdot n = n\}$. Es ist $0 \in M$ nach Definition von $\cdot$, und ist $n \in M$, so können wir rechnen

$$S(0) \cdot S(n) = (S(0) \cdot n) + S(0) = n + S(0) = S(n + 0) = S(n).$$

Daher ist $S(n) \in M$ und $M = \mathbb{N}$ wegen Korollar 6.1.8.

(**Behauptung 3**) $\forall n, m \in \mathbb{N} : S(n) \cdot m = n \cdot m + m$.

Dieser erste Schritt zur Kommutativität folgt aus Korollar 6.1.8 nach Definition von $M := \{m \in \mathbb{N} \mid \forall n \in \mathbb{N} : S(n) \cdot m = n \cdot m + m\}$. Es gilt nämlich wegen $S(n) \cdot 0 = 0 = (n \cdot 0) + 0$, dass $0 \in M$ ist. Gilt nun $m \in M$, dann haben wir für beliebiges $n \in \mathbb{N}$

$$S(n) \cdot S(m) = (S(n) \cdot m) + S(n) = (n \cdot m) + m + S(n) =$$
$$= (n \cdot m) + S(m) + n = (n \cdot m) + n + S(m) =$$
$$= (n \cdot S(m)) + S(m)$$

und damit $S(m) \in M$.

(KG($\cdot$)) $\forall m, n \in \mathbb{N} : m \cdot n = n \cdot m$.
Diesmal setzen wir $M := \{n \in \mathbb{N} \mid \forall m \in \mathbb{N} : m \cdot n = n \cdot m\}$. Wegen der
Definition von $\cdot$ und Behauptung 2 ist $0 \in M$. Ist $n \in M$, so auch $S(n)$ wegen
$m \cdot S(n) = (m \cdot n) + m = (n \cdot m) + m = S(n) \cdot m$. Hier haben wir die Definition
und Behauptung 3 verwendet. Es ist also $M = \mathbb{N}$ wegen Korollar 6.1.8.

(DG) $\forall k, m, n \in \mathbb{N} : k \cdot (m + n) = (k \cdot m) + (k \cdot n)$.
Sei $M = \{k \in \mathbb{N} \mid \forall m, n \in \mathbb{N} : k \cdot (m + n) = (k \cdot m) + (k \cdot n)\}$. Dann ist $0 \in M$
wegen $0 \cdot (m + n) = 0 = 0 + 0 = (0 \cdot m) + (0 \cdot n)$. Haben wir $k \in M$, so ist auch
$S(k) \in M$ wegen Definitionen, Eigenschaften von $+$ und weil $S(0)$ Einselement
ist

$$S(k) \cdot (m + n) = (k \cdot (m + n)) + (m + n) = (k \cdot m) + (k \cdot n) + m + n =$$
$$= (k \cdot m) + m + (k \cdot n) + n = (S(k) \cdot m) + (S(k) \cdot n).$$

Aus Korollar 6.1.8 erhalten wir $M = \mathbb{N}$.

(AG($\cdot$)) $\forall k, m, n \in \mathbb{N} : (k \cdot m) \cdot n = k \cdot (m \cdot n)$.
Setzen wir diesmal $M := \{n \in \mathbb{N} \mid \forall k, m \in \mathbb{N} : (k \cdot m) \cdot n = k \cdot (m \cdot n)\}$. Es ist
$0 \in M$ erfüllt, weil $(k \cdot m) \cdot 0 = 0 = k \cdot 0 = k \cdot (m \cdot 0)$. Ist nun $n \in M$, und sind
$k, m \in \mathbb{N}$ beliebig, so rechnen wir nach dem zuvor Bewiesenen

$$(k \cdot m) \cdot S(n) = ((k \cdot m) \cdot n) + (k \cdot m) = (k \cdot (m \cdot n)) + (k \cdot m) =$$
$$= k \cdot ((m \cdot n) + m) = k \cdot (m \cdot S(n)).$$

Verwenden wir ein letztes Mal Korollar 6.1.8, so erhalten wir $M = \mathbb{N}$.

Somit haben wir alle erforderlichen Eigenschaften eines kommutativen Halbrings
mit 0 und 1 nachgewiesen. $\qquad\qquad\qquad\qquad\qquad\qquad\qquad\qquad\qquad\quad$ $\square$

Wir haben nun die natürlichen Zahlen mit ihren Rechenoperationen aus ZFC konstruiert. Wir führen die „Vorrangregel" $\cdot$ vor $+$ ein, um uns überflüssige Klammerun-
gen zu ersparen. Außerdem lassen wir in Zukunft auch das Multiplikationszeichen
weg, wenn dadurch keine Zweideutigkeit entsteht.
Im Folgenden befassen wir uns mit der Verträglichkeit der algebraischen Operationen mit der Totalordnung.

Theorem 6.1.18 ($\mathbb{N}$ als geordneter Halbring). Die Ordnungsrelation $\leq$ und $\qquad$ **6.1.18**
die arithmetischen Operationen $+$ und $\cdot$ sind verträglich. Genauer gilt:

(i) $\quad \forall k, m, n \in \mathbb{N} : (m \leq n \Rightarrow k + m \leq k + n)$
(ii) $\quad \forall k, \ell, m, n \in \mathbb{N} : ((m \leq n \wedge k \leq \ell) \Rightarrow k + m \leq \ell + n)$
(iii) $\quad \forall k, m, n \in \mathbb{N} : (n + k \leq n + m \Rightarrow k \leq m)$
(iv) $\quad \forall k, m, n \in \mathbb{N} : (m \leq n \Rightarrow km \leq kn)$
(v) $\quad \forall k, m, n \in \mathbb{N} : ((n \neq 0 \wedge nk \leq nm) \Rightarrow k \leq m)$
(vi) $\quad \forall m, n \in \mathbb{N} : (n > 0 \wedge m > 0) \Rightarrow nm > 0$.

Die Punkte (i) und (vi) sind die beiden Ordnungsaxiome (O1) und (O2).

6.1.18 **Beweis.** Auch in diesem Beweis werden wir das Induktionsprinzip in der schon bekannten Art und Weise verwenden. Wir beginnen zunächst mit dem Beweis der folgenden Hilfsbehauptung:

$$\forall m, n \in \mathbb{N} : m \leq n \Leftrightarrow S(m) \leq S(n). \tag{6.4}$$

Wegen Lemma 6.1.10 und (PA2) gilt

$$m \leq n \Rightarrow m \in n \vee m = n \Rightarrow S(m) \subseteq n \vee S(m) = S(n) \Rightarrow$$
$$\Rightarrow (S(m) \subseteq S(n) \wedge S(m) \neq S(n)) \vee S(m) = S(n) \Rightarrow$$
$$\Rightarrow S(m) \in S(n) \vee S(m) = S(n) \Rightarrow S(m) \leq S(n),$$

und umgekehrt folgt mit (PA4), dass

$$S(m) \leq S(n) \Rightarrow S(m) \in S(n) \vee S(m) = S(n) \Rightarrow S(m) \in n \cup \{n\} \vee m = n \Rightarrow$$
$$\Rightarrow S(m) \in n \vee S(m) = n \vee m = n \Rightarrow m \in n \vee m = n \Rightarrow m \leq n,$$

was die Hilfsbehauptung zeigt.

(i) $M := \{k \in \mathbb{N} \mid \forall m, n \in \mathbb{N} : (m \leq n \Rightarrow k + m \leq k + n)\}$. Trivial ist $0 \in M$. Für $k \in M$ wissen wir wegen (6.4) und (6.1)

$$m \leq n \Rightarrow k + m \leq k + n \Rightarrow S(k + m) \leq S(k + n) \Rightarrow S(k) + m \leq S(k) + n.$$

Daher ist $S(k) \in M$ und daher $M = \mathbb{N}$.

(ii)   Es gilt $k \leq \ell$ und daher wegen (i) $k + m \leq \ell + m$. Wegen $m \leq n$ gilt außerdem $\ell + m \leq \ell + n$. Aus der Transitivität von $\leq$ folgt schließlich $k + m \leq \ell + n$.

(iii) Sei $M := \{n \in \mathbb{N} \mid \forall k, m \in \mathbb{N} : (n + k \leq n + m \Rightarrow k \leq m)\}$. Es gilt wieder trivialerweise $0 \in M$, und für $n \in M$ finden wir wegen (6.4)

$$S(n) + k \leq S(n) + m \Rightarrow S(n + k) \leq S(n + m) \Rightarrow n + k \leq n + m \Rightarrow k \leq m$$

und $S(n) \in M$, also $M = \mathbb{N}$.

(iv) $M := \{k \in \mathbb{N} \mid \forall m, n \in \mathbb{N} : (m \leq n \Rightarrow km \leq kn)\}$. Trivial sind $0 \in M$, da $0 \leq 0$, und $S(0) \in M$. Für $k \in M$ wissen wir wegen (ii)

$$m \leq n \Rightarrow km \leq kn \Rightarrow km + m \leq kn + n \Rightarrow S(k)m \leq S(k)n.$$

Daher ist $S(k) \in M$ und $M = \mathbb{N}$.

(v)   Sei $M := \{k \in \mathbb{N} \mid \forall n, m \in \mathbb{N} : ((n \neq 0 \wedge nk \leq nm) \Rightarrow k \leq m)\}$. Es gilt trivialerweise $0 \in M$, und für $k \in M$ finden wir

$$nS(k) \leq nm \Rightarrow nk + n \leq nm. \tag{6.5}$$

Nun unterscheiden wir zwei Fälle. Ist $m = 0$, so muss wegen Proposition 6.1.11(iii) $nk + n = 0$ sein. Das ist aber nur möglich, wenn $n = 0$ ist; dies ist aber nicht erlaubt. Also gilt $m \neq 0$, und damit existiert $m' \in \mathbb{N}$ mit $m = S(m')$. Wir folgern in Gleichung (6.5) weiter mittels (iii)

$$nk + n \leq nS(m') \Rightarrow nk + n \leq nm' + n \Rightarrow nk \leq nm' \Rightarrow$$
$$\Rightarrow k \leq m' \Rightarrow S(k) \leq S(m') = m.$$

Daher ist auch $S(k) \in M$ und $M = \mathbb{N}$.

(vi)   Gelten $n > 0$ und $m > 0$, dann gibt es m' und n' mit $n = S(n')$ und $m = S(m')$. Wir rechnen $nm = S(n')S(m') = S(n')m' + S(n') = S(S(n')m' + n')$, und damit ist $nm > 0$.   □

Zum Abschluss dieses Abschnitts formulieren und beweisen wir noch nützliche Rechenregeln in den natürlichen Zahlen.

Theorem 6.1.19 (Kürzungsregeln in $\mathbb{N}$). Im Halbring $(\mathbb{N}, +, \cdot)$ gelten die folgenden Regeln:

6.1.19

(i)   Aus $nm = 0$ folgt bereits $n = 0$ oder $m = 0$.

(ii)   Aus $n + m = n + k$ folgt $m = k$.

(iii)   Aus $nm = nk$ für $n \neq 0$ folgt $m = k$.

Beweis.

6.1.19

(i)   Sei $n \neq 0$ und $m \neq 0$. Dann gibt es $m', n' \in \mathbb{N}$ mit $n = S(n')$ und $m = S(m')$, und wir erhalten aus den Definitionen der Operationen $mn = S(m')S(n') = m'S(n') + S(n') = m'n' + m' + S(n') = S(m'n' + m' + n') \neq 0$ wegen (PA3).

(ii)   Sei $M := \{n \in \mathbb{N} \mid \forall m, k \in \mathbb{N} : (n + m = n + k \Rightarrow m = k)\}$. Dann ist $0 \in M$ weil aus $0 + m = 0 + k$ trivialerweise $m = k$ folgt. Sei nun $n \in M$. Dann gilt wegen (PA4)

$$S(n) + m = S(n) + k \Rightarrow S(n + m) = S(n + k) \Rightarrow n + m = n + k \Rightarrow m = k.$$

Daher ist $S(n) \in M$ und $M = \mathbb{N}$ wegen Korollar 6.1.8.

(iii)   Aus $nm = nk$ können wir $nm \leq nk$ folgern, und daraus wegen Theorem 6.1.18(v) auch $m \leq k$. Da wir analog auch $nk \leq nm$ und daraus $k \leq m$ schließen können, folgt der Rest aus der Antisymmetrie der Ordnungsrelation.

□

Aufgabe 6.1.20. Beweisen Sie die Gültigkeit der Gleichung $1 + 1 = 2$ von Seite 10 der Einleitung.

6.2 Die ganzen Zahlen $\mathbb{Z}$

Hat schon die Einführung der Zahl 0 in der Geschichte der Mathematik eine vergleichsweise sehr lange Zeit gedauert — in Europa immerhin bis zum Anfang des dreizehnten Jahrhunderts — so benötigte die Erfindung der negativen Zahlen einen weiteren Abstraktionsschritt, der in Europa nochmals fünf Jahrhunderte verschlang.

Obwohl schon recht früh in der Geschichte der Menschheit der Tauschhandel und später das Geld eingeführt wurden und damit das Prinzip der Schulden, war die Idee, dass Schulden ein negatives Guthaben sind, lange Zeit undenkbar. Im Gegenteil, zu Beginn sahen selbst die bedeutendsten Mathematiker ihrer Zeit wie Diophantus von Alexandria (ca. 200–284 v. Chr.) etwa Gleichungen, deren Ergebnisse auf negative Lösungen führten, als sinnlos an. Es war *undenkbar*, mit Zahlen zu rechnen, die weniger als nichts repräsentierten. Fortschrittlicher waren da schon die chinesischen Mathematiker, die bereits um 100 v. Chr. in der Lage waren, negative Zahlen zum Lösen von Gleichungen zu verwenden. Im siebten Jahrhundert hatten indische Mathematiker die Multiplikationsregeln für den Umgang mit negativen Zahlen hergeleitet, und zu Beginn des zweiten Jahrtausends hatten arabische Mathematiker den Zusammenhang von Schulden und negativem Guthaben realisiert und seine Wichtigkeit erkannt. In Europa dauerte es allerdings bis zur Renaissance, dass die negativen Zahlen den Bereich des Dunklen und Mythischen verließen und in das Allgemeingut mathematischer Anwendung integriert wurden.

In der heutigen Zeit haben wir diese philosophische Schwierigkeit überwunden, und jeder, der ein Bankkonto besitzt, wird wahrscheinlich schon praktische Erfahrungen mit den negativen Zahlen gemacht haben.

In der Schule sind die ganzen Zahlen die zweite Zahlenmenge, die eingeführt wird. Sie haben den angenehmen Effekt, dass sie die Probleme ausschließen, die bei der Umkehrung der Addition, der Subtraktion $-$, entstehen, wenn man größere Zahlen von kleineren subtrahiert. Für alle Ergebnisse solcher Rechenoperationen führt man auf konsistente Weise „neue" *negative Zahlen* ein, und zwar so, dass **zu jeder natürlichen Zahl** $n \neq 0$ **genau eine negative Zahl** $-n$ **mit** $n + (-n) = 0$ definiert wird. Auf diese Weise wird $\mathbb{Z}$ zu einer *abelschen Gruppe bezüglich der Addition*. Wir haben

$$\mathbb{Z} = \{\ldots, -4, -3, -2, -1, 0, 1, 2, 3, 4, \ldots\}.$$

Zusammen mit der Addition $+$ und der Multiplikation $\cdot$ bildet $\mathbb{Z}$ einen *Integritätsbereich*. Ferner kann man die *Totalordnung* von $\mathbb{N}$ auf $\mathbb{Z}$ fortsetzen, indem man erklärt

$$-n \leq -m :\Leftrightarrow m \leq n \text{ und } -m \leq 0 \qquad \forall m, n \in \mathbb{N},$$
$$\text{sowie } -m \leq n \qquad \forall m, n \in \mathbb{N} \setminus \{0\}.$$

Diese Ordnungsrelation erfüllt dann dieselben Verträglichkeitsbedingungen **(O1)** und **(O2)**, die schon in $\mathbb{N}$ gelten.

$\mathbb{Z}$ ist *nicht wohlgeordnet*, da es in den ganzen Zahlen Teilmengen gibt, die beliebig kleine Elemente enthalten (z.B. die Menge der negativen Zahlen $\mathbb{Z}_-$). Es gilt aber, dass jede nach unten beschränkte Teilmenge von $\mathbb{Z}$ ein kleinstes Element besitzt, der bestmögliche „Ersatz" für die Wohlordnung.

Die ganzen Zahlen sind gleichmächtig wie $\mathbb{N}$. Es gilt also $|\mathbb{Z}| = \aleph_0$.

In der Mathematik haben die ganzen Zahlen als einfachster Integritätsbereich eine wesentliche Bedeutung, und ein eigenes mathematisches Teilgebiet, die **Zahlentheorie**, hat sich aus ihrer Untersuchung entwickelt, ein sehr fruchtbares Gebiet, das auch große Auswirkungen auf andere mathematische Teilgebiete hat (siehe auch die Anmerkungen am Ende des Abschnitts 5.3).

Aufgabe 6.2.1. Wir definieren auf $\mathbb{Z} \times \mathbb{Z}$ die Rechenoperationen

$$(a, b) + (a', b') := (a + a', b + b'),$$
$$(a, b) \cdot (a', b') := (aa' + 2bb', ab' + ba').$$

Zeigen Sie, dass $(\mathbb{Z} \times \mathbb{Z}, +, \cdot)$ ein Integritätsbereich ist.

Aufgabe 6.2.2. Sei $(G, +)$ eine Untergruppe von $(\mathbb{Z}, +)$. Beweisen Sie das folgende Resultat. Es gibt genau eine natürliche Zahl n, so dass $G = \{kn \mid k \in \mathbb{Z}\}$. Für welche n ist G isomorph zu $\mathbb{Z}$?.

6.2.1 Mengentheoretische Konstruktion von $\mathbb{Z}$

Die natürlichen Zahlen haben wir bereits in Abschnitt 6.1.1 aus den Mengenaxiomen ZFC von Zermelo und Fraenkel konstruiert. Wir wissen also schon, dass genau eine Menge $\mathbb{N}$ der natürlichen Zahlen existiert. Diese nehmen wir nun zum Ausgangspunkt, um im nächsten Schritt auch die Menge der ganzen Zahlen auf mengentheoretische Weise zu konstruieren. Das Besondere dabei ist, dass wir von nun an nur mehr einfache Mengenoperationen und algebraische Konstruktionen verwenden werden. Die genaue Konstruktion der Menge $\mathbb{N}$ wird ab jetzt keine Rolle mehr spielen.

Beginnen wir also mit $\mathbb{N}$. Bis jetzt ist dies ja die einzige unendliche Zahlenmenge, die wir aus den Axiomen konstruiert haben. Wir bilden $\mathbb{N} \times \mathbb{N}$, die Paare natürlicher Zahlen und definieren eine Relation $\sim$ auf $\mathbb{N} \times \mathbb{N}$ durch

$$(m, n) \sim (m', n') :\Leftrightarrow m + n' = m' + n.$$

6.2.3   **Proposition 6.2.3 (Konstruktion von $\mathbb{Z}$).** Die Relation $\sim$ ist eine Äquivalenzrelation auf $\mathbb{N} \times \mathbb{N}$.

6.2.3   *Beweis.* Die Reflexivität ist offensichtlich erfüllt, ebenso wie die Symmetrie. Kommen wir zur Transitivität. Seien $(m, n) \sim (m', n')$ und $(m', n') \sim (m'', n'')$. Dann gelten $m + n' = m' + n$ und $m' + n'' = m'' + n'$. Daher wissen wir $m + n' + m'' = m' + n + m''$, und daraus wiederum folgt $m + m' + n'' = m' + n + m''$. Verwenden wir nun Eigenschaft (ii) aus Theorem 6.1.19, so erhalten wir $m + n'' = m'' + n$ und $(m, n) \sim (m'', n'')$.   □

Wir definieren die **Menge der ganzen Zahlen**

$$\mathbb{Z} := (\mathbb{N} \times \mathbb{N})/\sim$$

als Faktormenge bezüglich der oben definierten Relation. Diese Definition ist, ähnlich wie schon viele der Definitionen in Abschnitt 6.1.1, sehr unanschaulich. Nachdem wir allerdings mittels ihrer Nützlichkeit (vgl. dazu die graue Box auf Seite 294) die Operationen $+$ und $\cdot$ sowie die Relation $\leq$ auch auf $\mathbb{Z}$ definiert und studiert haben, werden wir die übliche Schreibweise für die ganzen Zahlen zurückgewinnen.

Definition 6.2.4 (Operationen auf $\mathbb{Z}$). Auf $\mathbb{Z}$ definieren wir Addition, Multiplikation und $\leq$ wie folgt:

$$[(m_1, m_2)] + [(n_1, n_2)] := [(m_1 + n_1, m_2 + n_2)]$$
$$[(m_1, m_2)] \cdot [(n_1, n_2)] := [(m_1 n_1 + m_2 n_2, m_1 n_2 + m_2 n_1)]$$
$$[(m_1, m_2)] \leq [(n_1, n_2)] :\Leftrightarrow m_1 + n_2 \leq n_1 + m_2$$

6.2.4

Proposition 6.2.5 (Grundeigenschaften der Operationen auf $\mathbb{Z}$). Die Rechenoperationen $+$ und $\cdot$ auf $\mathbb{Z}$ sind ebenso wohldefiniert wie die Relation $\leq$. Letztere ist eine Totalordnung.

6.2.5

Beweis. Wir beginnen mit der Wohldefiniertheit der Addition. Seien (m_1, m_2) und (m'_1, m'_2) zwei verschiedene Repräsentanten von $[(m_1, m_2)]$. Dann gilt $m_1 + m'_2 = m'_1 + m_2$, und wir erhalten

6.2.5

$$(m_1 + n_1) + (m'_2 + n_2) = (m_1 + m'_2) + (n_1 + n_2) =$$
$$= (m'_1 + m_2) + (n_1 + n_2) =$$
$$= (m'_1 + n_1) + (m_2 + n_2).$$

Daher ist $(m_1 + n_1, m_2 + n_2) \sim (m'_1 + n_1, m'_2 + n_2)$. Analog weist man die Wohldefiniertheit im zweiten Term nach.

Die Tatsache, dass die Multiplikation wohldefiniert ist, kann leicht nachgerechnet werden.

Die Relation $\leq$ ist wohldefiniert, was man ebenfalls leicht nachrechnet. Sie ist auch offensichtlich reflexiv. Sie ist antisymmetrisch, weil aus $[(m_1, m_2)] \leq [(n_1, n_2)]$ und $[(n_1, n_2)] \leq [(m_1, m_2)]$ und den Eigenschaften von $\leq$ auf $\mathbb{N}$ die Beziehung $m_1 + n_2 = n_1 + m_2$, also $(m_1, m_2) \sim (n_1, n_2)$ und daher $[(m_1, m_2)] = [(n_1, n_2)]$ folgt.
Die Transitivität erhält man so: $[(m_1, m_2)] \leq [(n_1, n_2)]$ impliziert $m_1 + n_2 \leq n_1 + m_2$, und aus $[(n_1, n_2)] \leq [(k_1, k_2)]$ folgt $n_1 + k_2 \leq k_1 + n_2$. Aus Theorem 6.1.18(i) erhalten wir

$$m_1 + n_2 + k_2 \leq n_1 + m_2 + k_2 \leq k_1 + n_2 + m_2,$$

woraus $m_1 + k_2 \leq k_1 + m_2$ folgt, also $[(m_1, m_2)] \leq [(k_1, k_2)]$.
Seien schließlich $[(n_1, n_2)]$ und $[(m_1, m_2)]$ in $\mathbb{Z}$ gegeben. Wir betrachten die natürlichen Zahlen $n_1 + m_2$ und $n_2 + m_1$. Weil $(\mathbb{N}, \leq)$ eine totalgeordnete Menge ist, sind $n_1 + m_2$ und $n_2 + m_1$ vergleichbar. Gilt $n_1 + m_2 = n_2 + m_1$, dann folgt $[(n_1, n_2)] = [(m_1, m_2)]$. Ist $n_1 + m_2 < n_2 + m_1$, dann ist $[(n_1, n_2)] < [(m_1, m_2)]$, und aus $n_1 + m_2 > n_2 + m_1$ ergibt sich $[(n_1, n_2)] > [(m_1, m_2)]$. Daher sind auch $[(n_1, n_2)]$ und $[(m_1, m_2)]$ vergleichbar, und $\leq$ ist eine Totalordnung. $\square$

Aufgabe 6.2.6. Beweisen Sie, dass die Multiplikation auf $\mathbb{Z}$ wohldefiniert ist.

Aufgabe 6.2.7. Beweisen Sie, dass die Ordnungsrelation auf $\mathbb{Z}$ wohldefiniert ist.

Jetzt haben wir die Grundoperationen definiert. Es bleibt noch, ihre Eigenschaften zu beweisen.

6.2.8   **Theorem 6.2.8 ($\mathbb{Z}$ als Integritätsbereich).** Die ganzen Zahlen $(\mathbb{Z}, +, \cdot)$ sind ein Integritätsbereich.

6.2.8   *Beweis.* Verifizieren wir zuerst, dass $(\mathbb{Z}, +)$ eine abelsche Gruppe ist:

(AG(+))   Es gilt $([(m_1, m_2)] + [(n_1, n_2)]) + [(k_1, k_2)] = [(m_1, m_2)] + ([(n_1, n_2)] + [(k_1, k_2)])$, weil die Operation komponentenweise definiert und $+$ auf $\mathbb{N}$ assoziativ ist.

(Nullelement)   Das Element $[(0, 0)]$ ist neutrales Element, wie man sofort einsieht.

(Inverses (+))   Sei $[(m_1, m_2)] \in \mathbb{Z}$ beliebig. Dann ist das Element $[(m_2, m_1)]$ ein Inverses bezüglich der Addition.
Es gilt $[(m_1, m_2)] + [(m_2, m_1)] = [(m_1 + m_2, m_1 + m_2)] = [(0, 0)]$.

(KG(+))   Das Kommutativgesetz ist erfüllt, weil es in $(\mathbb{N}, +)$ gilt und die Operation in $\mathbb{Z}$ komponentenweise auf Repräsentanten definiert ist.

Nun müssen wir zeigen, dass $(\mathbb{Z}, \cdot)$ ein kommutatives Monoid ist.

(AG($\cdot$))   Es gilt $([(m_1, m_2)][(n_1, n_2)])[(k_1, k_2)] = [(m_1, m_2)]([(n_1, n_2)][(k_1, k_2)])$. Das sieht man nach langer aber einfacher Rechnung ein.

(Einselement)   Das Element $[(1, 0)]$ ist Einselement. Das ist leicht zu sehen.

(KG($\cdot$))   Dass das Kommutativgesetz $[(m_1, m_2)][(n_1, n_2)] = [(n_1, n_2)][(m_1, m_2)]$ gilt, folgt unmittelbar aus der Definition.

(DG)   Ebenso mühsam aber einfach nachzurechnen wie das Assoziativgesetz ist das Distributivgesetz.

Was bleibt, ist die **Nullteilerfreiheit** zu zeigen. Seien $[(m_1, m_2)]$ und $[(n_1, n_2)]$ zwei Elemente von $\mathbb{Z}$ mit $[(m_1, m_2)][(n_1, n_2)] = [(0, 0)]$. Aus dieser Gleichung folgt mit Hilfe der Definitionen von $\cdot$ und $\sim$ die Beziehung

$$m_1 n_1 + m_2 n_2 = m_1 n_2 + m_2 n_1. \tag{6.6}$$

Hilfsbehauptung: Wir zeigen nun für je vier Zahlen $m, n, k, \ell \in \mathbb{N}$:

$$mk + n\ell = m\ell + nk \quad \wedge \quad m \neq n \quad \Rightarrow \quad k = \ell.$$

Wie immer beweisen wir das mit vollständiger Induktion. Sei

$$M := \big\{ n \in \mathbb{N} \mid \forall k, \ell, m \in \mathbb{N} : \big((mk + n\ell = m\ell + nk \wedge m \neq n) \Rightarrow k = \ell \big) \big\}.$$

Dann gilt $0 \in M$, weil

$$mk + 0\ell = m\ell + 0k \Rightarrow mk = m\ell \Rightarrow k = \ell,$$

wegen $m \neq n = 0$ und Theorem 6.1.19(iii).

Sei nun $n \in M$. Dann untersuchen wir

$$mk + S(n)\ell = m\ell + S(n)k$$

Für $m = 0$ haben wir $0k + S(n)\ell = 0\ell + S(n)k$, woraus sofort $\ell = k$ folgt wegen Theorem 6.1.19(iii). Sei also nun $m \neq 0$ und $m \neq S(n)$. Dann existiert $m' \in \mathbb{N}$ mit $S(m') = m$, und wir können unter Verwendung von Theorem 6.1.19 rechnen

$$mk + S(n)\ell = m\ell + S(n)k$$
$$mk + n\ell + \ell = m\ell + nk + k$$
$$S(m')k + n\ell + \ell = S(m')\ell + nk + k$$
$$m'k + k + n\ell + \ell = m'\ell + \ell + nk + k$$
$$m'k + n\ell = m'\ell + nk.$$

Falls $n \neq m'$ gilt, dann können wir aus $n \in M$ schon $\ell = k$ folgern. Das ist aber der Fall, weil $S(m') = m \neq S(n)$ vorausgesetzt war. Daher ist auch $S(n) \in M$, und aus Korollar 6.1.8 folgen $M = \mathbb{N}$ und die Hilfsbehauptung.

Kehren wir zurück zur Beziehung (6.6). Aus der Hilfsbehauptung erhalten wir für $m_1 \neq m_2$ die Folgerung $n_1 = n_2$, also $[(n_1, n_2)] = [(0,0)]$. Gilt andererseits $m_1 = m_2$, so bedeutet das $[(m_1, m_2)] = [(0,0)]$, und wir schließen die Nichtexistenz von Nullteilern. $\qquad \square$

Wir können sehr leicht nachrechnen, dass für die Elemente $[(n,0)]$ dieselben Rechenregeln gelten wie für natürliche Zahlen n. Außerdem sind alle diese Zahlen verschieden, denn $n \neq m \Rightarrow [(n,0)] \neq [(m,0)]$. Es ist also $\mathbb{N} \subseteq \mathbb{Z}$ mit dieser Identifikation. Wir schreiben in Zukunft auch n für diese Elemente. Es ist nun das Inverse bzgl. $+$ von n die Klasse $[(0,n)]$, und wir schreiben für dieses Element von $\mathbb{Z}$ kurz $-n$. Die Elemente $[(n,0)]$ und $[(0,n)]$ für $n \in \mathbb{N}$ sind auch schon alle Elemente in $\mathbb{Z}$, da

$$([m_1, m_2]) = m_1 + (-m_2) = \begin{cases} ([m_1 - m_2, 0]) & \text{falls } m_1 \geq m_2 \\ ([0, m_2 - m_1]) & \text{falls } m_1 < m_2. \end{cases}$$

Damit haben wir endlich die uns **vertraute Form der ganzen Zahlen** als „$\pm\mathbb{N}$" wiedergewonnen.

Es gilt für alle $n, m \in \mathbb{N}$, dass $[(n,0)] \leq [(m,0)]$ genau dann, wenn $n \leq m$. Das folgt direkt aus der Definition. Ebenfalls aus der Definition folgt sogleich $[(0,n)] \leq [(0,m)]$, dann und nur dann wenn $m \leq n$ ist. Schließlich kann man noch aus der Definition ablesen, dass für $\mathbb{N} \ni n \neq 0$ die Ungleichungen $[(0,n)] < [(0,0)] < [(n,0)]$ gelten. Die natürlichen Zahlen entsprechen also genau den *positiven* Elementen von $\mathbb{Z}$, und die Elemente $-n$ sind die *negativen* Elemente (die negativen Zahlen).

Theorem 6.2.9 (Ordnungsrelation auf $\mathbb{Z}$). Die Ordnungsrelation von $\mathbb{Z}$ erfüllt die folgenden Eigenschaften: **6.2.9**

(i) $\forall m, n \in \mathbb{Z} : (m \leq n \Rightarrow -m \geq -n)$,

(ii) $\forall k, m, n \in \mathbb{Z} : (m \leq n \Rightarrow m + k \leq n + k)$,

(iii) $\forall m, n \in \mathbb{Z} : ((m > 0 \wedge n > 0) \Rightarrow mn > 0)$,

(iv) $\forall k, m, n \in \mathbb{Z} : ((k > 0 \wedge m \leq n) \Rightarrow km \leq kn)$,

(v) $\forall k, m, n \in \mathbb{Z} : ((k < 0 \land m \leq n) \Rightarrow km \geq kn)$,

(vi) $\forall k, m, n \in \mathbb{Z} : ((k > 0 \land km \leq kn) \Rightarrow m \leq n)$

6.2.9   *Beweis.*

(i)   Sind die Vorzeichen von m und n verschieden, so wissen wir $m \leq 0 \leq n$ und daher $-m \geq 0 \geq -n$. Sind m und n positiv, so sind $-m = [(0, m)]$ und $-n = [(0, n)]$. Wegen $m \leq n$ gilt nach Definition von $\leq$ auf $\mathbb{Z}$ die Beziehung $-m \geq -n$. Haben wir umgekehrt $m \leq n \leq 0$, so impliziert das analog zu oben $-m \geq -n$.

(ii)   Sind $m = [(m_1, m_2)]$, $n = [(n_1, n_2)]$ und $k = [(k_1, k_2)]$, so erhalten wir wegen Theorem 6.1.18

$$m \leq n$$
$$[(m_1, m_2)] \leq [(n_1, n_2)]$$
$$m_1 + n_2 \leq m_2 + n_1$$
$$m_1 + k_1 + n_2 + k_2 \leq m_2 + k_2 + n_1 + k_1$$
$$[(m_1 + k_1, m_2 + k_2)] \leq [(n_1 + k_1, n_2 + k_2)]$$
$$m + k \leq n + k$$

(iii)   Dies folgt aus Theorem 6.1.18(iv) und der Nullteilerfreiheit.

(iv)   Ist $m \geq 0$, so folgt aus Theorem 6.1.18(iv) sofort $km \geq 0 = k0$. Gilt nun $m \leq n$, so folgt aus (ii) $0 \leq n - m$ und aus dem schon Bewiesenen $0 \leq k(n - m) = kn - km$, und wir erhalten wieder aus (ii) die gesuchte Ungleichung $km \leq kn$.

(v)   Für $k \leq 0$ ist $-k \geq 0$, und alles weitere folgt aus (iii).

(vi)   Gilt $km \leq kn$, so erhalten wir aus (ii) die Beziehung $0 \leq k(n - m)$. Weil $k > 0$ gilt, können wir aus Theorem 6.1.18(v) $0 \leq n - m$ und damit wegen (ii) $m \leq n$ schließen.

$\square$

6.2.10   **Proposition 6.2.10 ((Fast) Wohlordnung auf $\mathbb{Z}$).** Jede nichtleere nach unten beschränkte Teilmenge von $\mathbb{Z}$ hat ein kleinstes Element.

6.2.10   *Beweis.* Sei $\mathbb{Z} \supseteq T \neq \emptyset$ eine nach unten beschränkte Menge. Wir definieren $M := \{n \in \mathbb{N} \mid \forall k \in T : k + n \geq 0\}$. Die Menge M ist nichtleer, denn wenn $s \in \mathbb{Z}$ eine untere Schranke von T ist, dann gilt entweder $s \geq 0$ und $0 \in M$ oder $s < 0$ und $-s \in M$ da $\forall z \in T : 0 = s - s \leq z - s$. Daher hat M wegen Theorem 6.1.14 ein minimales Element m, und es gilt $M' := \{z + m \mid z \in T\} \subseteq \mathbb{N}$ und M' ist nichtleer wegen Theorem 6.2.9. Daher hat M' wegen der Wohlordnung von $\mathbb{N}$ ein kleinstes Element n. Wir setzen $y := n - m$. Es gilt $y \in T$ weil $n \in M'$. Sei außerdem $z \in T$ beliebig, dann folgt $z + m \geq n \Rightarrow z \geq n - m = y$.

$\square$

Proposition 6.2.11 (Kürzungsregel in $\mathbb{Z}$). Ist $k \neq 0$, so folgt aus $km = kn$
schon $m = n$ für beliebige $m, n \in \mathbb{Z}$.

Beweis. Es gilt $km = kn \Rightarrow 0 = km - kn \Rightarrow 0 = k(m - n)$. Weil $k \neq 0$ gilt, muss
wegen der Nullteilerfreiheit $m - n = 0$, also $m = n$ gelten.   □

6.3 Die rationalen Zahlen ℚ

Vor mehr als 2500 Jahren waren der berühmte griechische Mathematiker Pythagoras von Samos (ca. 570–509 v. Chr.) und seine Schüler, die Pythagoräer, überzeugt, dass die gesamte Wirklichkeit eine starke Verbindung zur Mathematik aufweise. So meinten sie, dass die natürlichen Zahlen die ultimate Wirklichkeit darstellen würden, und dass man durch sie und durch mathematische Beziehungen die gesamte Welt messen und vorhersagen könne. Pythagoras soll das in etwa folgendermaßen formuliert haben: „Zahlen sind die Beherrscher von Formen und Ideen und die Ursache für Götter und Dämonen".

Die Pythagoräer postulierten, ja sie erhoben das gleichsam zur Religion, dass sich alle Beziehungen in der Geometrie, der Natur, ja im Universum durch geometrische Objekte und Verhältnisse natürlicher Zahlen ausdrücken ließen. Das führte zum Prinzip der **Kommensurabilität**. So heißen etwa zwei Strecken a und b kommensurabel, wenn es eine dritte Strecke c gibt, sodass sich sowohl a als auch b als ganzzahlige Vielfache von c repräsentieren lassen. Dieses Prinzip der Verhältnisse wurde außer in der Geometrie auch auf andere Lebensbereiche ausgedehnt, wobei die pythagoräische Harmonielehre in der Musik eine der bemerkenswertesten Anwendungen ist, hat sie doch die musikalische Entwicklung des Abendlandes entscheidend beeinflusst.

Das Rechnen mit Verhältnissen natürlicher Zahlen, das heißt mit positiven Brüchen, ist also schon seit Jahrtausenden bekannt. In der Mathematik bilden die Bruchzahlen, genannt die rationalen Zahlen, die nächst umfassendere der aus der Schule bekannten Zahlenmengen. Ebenso wie wir die ganzen Zahlen konstruiert haben, um die Subtraktion für alle Zahlen durchführen zu können, erweitern wir nun die Zahlenmenge erneut, um die Multiplikation umkehren zu können.

Der Übergang von den ganzen Zahlen zu den rationalen Zahlen, den Bruchzahlen, geht dabei folgendermaßen vor sich: Wir führen Ausdrücke der Form

$$q = \frac{m}{n}$$

ein und entdecken die ersten beiden Schwierigkeiten, die bei der naiven Einführung der ganzen Zahlen nicht aufgetreten sind. Erstens schaffen wir es nicht, dem Ausdruck $\frac{m}{0}$ Sinn zu geben, ohne Widersprüche zu verursachen. Zweitens bemerken wir, dass es notwendig ist, Ausdrücke der Form $\frac{m}{n}$ und $\frac{km}{kn}$ für gleich zu erklären (z.B. $\frac{1}{2} = \frac{2}{4}$). Mathematisch heißt das, wir müssen bei der Einführung von $\mathbb{Q}$ *Äquivalenzklassen* bilden und die Null im Nenner verbieten!

Wir definieren also $\mathbb{Q}$ als die **Äquivalenzklassen (bezüglich Erweitern und Kürzen) von Brüchen der Form $\frac{m}{n}$ ganzer Zahlen mit** $n \neq 0$ und finden, dass es in jeder Äquivalenzklasse einen Bruch gibt, sodass m und n teilerfremd sind und weiters $n > 0$ gilt.

Zusammen mit der Addition $+$ und $\cdot$ bildet $\mathbb{Q}$ einen *Körper*. Außerdem ist auf $\mathbb{Q}$ eine Ordnungsrelation $\leq$ definiert, für die $\mathbb{Q}$ ein *geordneter* Körper ist, was wir nun präzisieren.

6.3.1   **Definition 6.3.1 (Geordneter Körper).** Ein Körper $(K, +, \cdot)$, der auch eine totalgeordnete Menge $(K, \leq)$ ist, heißt *geordneter Körper*, falls die beiden Ordnungsaxiome gelten, d.h. für $q, r, s \in K$ gilt

(O1) $q \leq r \;\Rightarrow\; q + s \leq r + s$,
(O2) $q > 0 \wedge r > 0 \;\Rightarrow\; qr > 0$.

Wir schreiben dann $(K, +, \cdot, \leq)$.

Die Ordnungsrelation muss also mit den Rechenoperationen **verträglich** sein. Aus den Ordnungsaxiomen können wir auch bereits die bekannten Rechengesetze für Ungleichungen herleiten, wie „das Ungleichheitszeichen dreht sich um, wenn man mit einer negativen Zahl multipliziert".

6.3.2   **Proposition 6.3.2 (Rechenregeln in geordneten Körpern).** In einem geordneten Körper $(K, +, \cdot, \leq)$ gelten folgende Aussagen $(x, y, z \in K)$:

(i) $x \leq y \Leftrightarrow y - x \geq 0$,

(ii) $x \leq 0 \Leftrightarrow -x \geq 0$,

(iii) Ist $x \geq 0$ und $y \leq z$, dann folgt $xy \leq xz$.

(iv) Ist $x < 0$ und $y \leq z$, dann folgt $xy \geq xz$.

(v) Für $x \neq 0$ ist $x^2 > 0$ und daher $1 > 0$.

(vi) Ist $0 < x < y$, dann folgt $0 < y^{-1} < x^{-1}$.

Beweis.   6.3.2

(i) Aus $x \leq y$ folgt mit (O1) $0 = x + (-x) \leq y + (-x)$ und somit $0 \leq y - x$. Umgekehrt ergibt sich aus $y - x \geq 0$ mit (O1) $y = y - x + x \geq 0 + x = x$.

(ii) Folgt aus (i) für $y = 0$.

(iii) Für $y = z$ wissen wir $xy = xz$. Für $x = 0$ gilt $0 = xy = xz = 0$. Ist $y < z$, so ist wegen (i) $0 < z - y$. Ist schließlich $x > 0$, dann folgt aus (O2) $0 < x(z - y) = xz - xy$ und somit ist $xy < xz$.

(iv) Dies folgt aus (ii) und (iii).

(v) Ist $x > 0$, so gilt $x^2 = x \cdot x > 0$ wegen (O2). Für $x < 0$ ist $-x > 0$ und $x^2 = (-x)(-x) > 0$. Es ist $1 \neq 0$ und daher $1 = 1^2 > 0$.

(vi) Ist $x > 0$, so ist $x^{-1} > 0$. Wäre das nicht so, hätten wir $1 = xx^{-1} < 0$ im Widerspruch zu (v). Gilt $0 < x < y$, so wissen wir $x^{-1}y^{-1} > 0$, und daher folgt

$$x < y$$
$$x(x^{-1}y^{-1}) < y(x^{-1}y^{-1})$$
$$y^{-1} < x^{-1}.$$

$\square$

Aufgabe 6.3.3. Sei $(K, +, \cdot, \leq)$ ein geordneter Körper. Beweisen Sie folgende Aussagen für $a, b, c, d \in K$, ausschließlich unter Verwendung der Körperaxiome, der Definition einer Ordnung, der Ordnungsaxiome und Proposition 6.3.2. Begründen Sie jeden ihrer Schritte!

(i) Gleichsinnige Ungleichungen „dürfen" addiert werden, genauer: aus $a < b$ und $c < d$ folgt $a+c < b+d$, oder in leicht verständlicher Symbolik:

$$\begin{array}{c} a < b \\ c < d \\ \hline a + c < b + d \end{array}$$

(ii) Gleichsinnige Ungleichungen „dürfen" immer dann miteinander multipliziert werden, wenn alle Glieder positiv sind, genauer: aus $0 < a < b$ und $0 < c < d$ folgt $ac < bd$, oder in leicht verständlicher Symbolik:

$$\begin{array}{c} 0 < a < b \\ 0 < c < d \\ \hline ac < bd \end{array}$$

Bemerkung: Aus (i) folgt (setze $c = 0$), dass eine Kleinerbeziehung wahr bleibt, falls auf der rechten Seite eine positive Zahl addiert wird; man sagt: die Abschätzung $a < b$ wird *vergröbert*, wenn eine positive Zahl zu b addiert wird.

Aufgabe 6.3.4. Zeigen Sie: In einem geordneten Körper folgt aus $0 < a < b$

$$a^2 < ab < b^2.$$

Aufgabe 6.3.5. Zeigen Sie: In einem geordneten Körper folgt aus $a < b$

$$a < \frac{a + b}{2} < b.$$

Dabei setzen wir $2 = 1 + 1$.

Als nächstes kümmern wir uns um die natürlichen Zahlen als Teilmenge der rationalen Zahlen.

6.3.6 **Proposition 6.3.6 (Unbeschränktheit von $\mathbb{N}$ in $\mathbb{Q}$).** Die Menge $\mathbb{N}$ ist in $\mathbb{Q}$ nach oben unbeschränkt.

6.3.6 *Beweis:* Angenommen, $\mathbb{N}$ sei in $\mathbb{Q}$ beschränkt. Dann existieren positive natürliche Zahlen k und m mit der Eigenschaft, dass $\forall n \in \mathbb{N}: n \leq \frac{m}{k}$. Daraus folgt mit Proposition 6.3.2(iii), dass $\forall n \in \mathbb{N}: nk \leq m$ gilt. Nachdem k positiv ist, muss $nk \geq n$ sein, weil $k \geq 1$ gilt ($k = k' + 1$, daher $nk = nk' + n$ mit $n \geq 0$ und $k' \geq 0$, also $nk' \geq 0$, was $nk \geq n$ impliziert), und daher existiert eine positive natürliche Zahl m so, dass $\forall n \in \mathbb{N}: n \leq m$. Es ist aber $m + 1 > m$, ein Widerspruch. Daher ist $\mathbb{N}$ in $\mathbb{Q}$ unbeschränkt. $\square$

Wie wir schon in Abschnitt 4.4 gesehen haben, ist die Menge $\mathbb{Q}$ abzählbar; es gilt also $|\mathbb{Q}| = \aleph_0$. Außerdem besitzt $\mathbb{Q}$ keinen nichttrivialen Unterkörper, und somit ist $\mathbb{Q}$ der *kleinste Körper, der die ganzen Zahlen als Teilring enthält*.

Aufgabe 6.3.7. Beweisen Sie, dass $\sqrt{3}$ irrational ist.

Aufgabe 6.3.8. Beweisen Sie, dass die Quadratwurzel einer natürlichen Zahl n genau dann rational ist, wenn $n = k^2$ gilt für ein $k \in \mathbb{N}$.

6.3.1 Mengentheoretische Konstruktion von $\mathbb{Q}$

Nachdem die rationalen Zahlen aus den ganzen Zahlen so ähnlich hervorgehen wie die ganzen Zahlen aus den natürlichen Zahlen, nämlich durch Hinzufügen von Inversen zu einer assoziativen Verknüpfung, ist es nur natürlich, dass wir versuchen, die mengentheoretische Konstruktion von $\mathbb{Z}$ aus $\mathbb{N}$ von Abschnitt 6.2.1 in ähnlicher Weise noch einmal durchzuführen.

Im Folgenden bezeichne $\mathbb{Z}_+ := \{n \in \mathbb{Z} \mid n > 0\}$ die Menge der positiven Elemente in $\mathbb{Z}$, also der natürlichen Zahlen ungleich 0. Betrachten wir nun auf der Menge $\mathbb{Z} \times \mathbb{Z}_+$ die Relation

$$(m_1, m_2) \sim (n_1, n_2) :\Leftrightarrow m_1 n_2 = m_2 n_1.$$

Insbesondere folgt daraus für jede positive natürliche Zahl n die Relation

$$(m_1, m_2) \sim (nm_1, nm_2).$$

Proposition 6.3.9 (Konstruktion von $\mathbb{Q}$). Die Relation $\sim$ ist eine Äquivalenzrelation auf $\mathbb{Z} \times \mathbb{Z}_+$.

6.3.9

Beweis. Die Reflexivität ist offensichtlich, und die Symmetrie ist erfüllt, weil die Definition symmetrisch ist.

Nun zur Transitivität: Seien $(m_1, m_2) \sim (n_1, n_2)$ und $(n_1, n_2) \sim (k_1, k_2)$. Dann sind $m_1 n_2 = m_2 n_1$ und $n_1 k_2 = n_2 k_1$. Multiplizieren wir die erste Gleichung mit k_2, so erhalten wir $m_1 n_2 k_2 = m_2 n_1 k_2$. Jetzt können wir die zweite Gleichung einsetzen und finden $m_1 n_2 k_2 = m_2 n_2 k_1$. Nachdem $n_2 \neq 0$ gilt und $\mathbb{Z}$ ein Integritätsbereich ist, folgt $m_1 k_2 = m_2 k_1$, also $(m_1, m_2) \sim (k_1, k_2)$. $\square$

6.3.9

Wir definieren nun die **Menge der rationalen Zahlen** $\mathbb{Q}$ als Faktormenge

$$\mathbb{Q} := \mathbb{Z} \times \mathbb{Z}_+/_\sim.$$

Wiederum handelt es sich hierbei um eine unanschauliche Vorgehensweise, aber wir werden, ebenso wie im Fall der ganzen Zahlen, am Ende des Abschnitts zur gewohnten Schreibweise für rationale Zahlen zurückkehren. Wir kümmern uns zunächst um die Rechenoperationen auf $\mathbb{Q}$.

6.3.10   **Definition 6.3.10 (Rechenoperationen auf $\mathbb{Q}$).** Auf $\mathbb{Q}$ definieren wir die Addition und Multiplikation durch

$$[(m_1, m_2)] + [(n_1, n_2)] := [(m_1 n_2 + m_2 n_1, m_2 n_2)] \quad \text{und}$$
$$[(m_1, m_2)] \cdot [(n_1, n_2)] := [(m_1 n_1, m_2 n_2)].$$

6.3.11   **Lemma 6.3.11 (Wohldefiniertheit der Rechenoperationen auf $\mathbb{Q}$).** Die Addition und die Multiplikation sind auf $\mathbb{Q}$ wohldefiniert.

6.3.11   *Beweis.* Beginnen wir mit der Wohldefiniertheit von $+$. Sei $(m_1', m_2') \in [(m_1, m_2)]$. Dann haben wir $m_1' m_2 = m_1 m_2'$ und

$$[(m_1', m_2')] + [(n_1, n_2)] = [(m_1' n_2 + m_2' n_1, m_2' n_2)] =$$
$$= [((m_1' n_2 + m_2' n_1) m_2, m_2' n_2 m_2)] =$$
$$= [(m_1' n_2 m_2 + m_2' n_1 m_2, m_2' n_2 m_2)] =$$
$$= [(m_2' m_1 n_2 + m_2' n_1 m_2, m_2' n_2 m_2)] =$$
$$= [(m_2'(m_1 n_2 + n_1 m_2), m_2' n_2 m_2)] = [(m_1 n_2 + n_1 m_2, n_2 m_2)] =$$
$$= [(m_1, m_2)] + [(n_1, n_2)].$$

Die Wohldefiniertheit im zweiten Term zeigt man analog.

Die Wohldefiniertheit der Multiplikation erkennen wir aus der folgenden Rechnung. Sei $(m_1', m_2') \in [(m_1, m_2)]$ und deshalb $m_1' m_2 = m_1 m_2'$. Dann finden wir

$$[(m_1', m_2')][(n_1, n_2)] = [(m_1' n_1, m_2' n_2)] = [(m_1' n_1 m_2, m_2' n_2 m_2)] =$$
$$= [(m_2' m_1 n_1, m_2' n_2 m_2)] = [(m_1 n_1, n_2 m_2)] =$$
$$= [(m_1, m_2)][(n_1, n_2)].$$

Die Wohldefiniertheit im zweiten Faktor zeigt man analog.   □

Aufgabe 6.3.12. Beweisen Sie die Wohldefiniertheit der Addition in $\mathbb{Q}$ für den zweiten Term.

Aufgabe 6.3.13. Beweisen Sie die Wohldefiniertheit der Multiplikation in $\mathbb{Q}$ für den zweiten Faktor.

Wir sind nun bereits in der Lage, die algebraischen Struktur der rationalen Zahlen zu klären, ebenso wie ihr Verhältnis zu den ganzen Zahlen.

Theorem 6.3.14 ($\mathbb{Q}$ ist ein Körper). Die Menge der rationalen Zahlen $(\mathbb{Q}, +, \cdot)$ **6.3.14**
ist ein Körper mit Nullelement $[(0,1)]$ und Einselement $[(1,1)]$. Die Abbildung

$$\iota : \mathbb{Z} \to \mathbb{Q}$$
$$\iota : z \mapsto [(z,1)]$$

ist ein injektiver Ringhomomorphismus.

Die zweite Aussage des Theorems besagt also, dass die Elemente der Form $[(z,1)]$ in $\mathbb{Q}$ genau $z \in \mathbb{Z}$ entsprechen und ihre Menge isomorph zu $\mathbb{Z}$ ist. Weiters können wir $\mathbb{Z} \cong \iota(\mathbb{Z}) \subseteq \mathbb{Q}$ als Teilring (sogar Teil-Integritätsbereich) von $\mathbb{Q}$ sehen. Wir werden Elemente der Form $[(z,1)]$ daher (weiterhin) mit der ganzen Zahl z identifizieren.

Beweis. Zunächst rechnen wir die Gruppenaxiome für $+$ nach   **6.3.14**

(K1) Seien $q = [(q_1, q_2)]$, $r = [(r_1, r_2)]$ und $s = [(s_1, s_2)]$. Wir rechnen

$$(q + r) + s = [(q_1 r_2 + q_2 r_1, q_2 r_2)] + [(s_1, s_2)] =$$
$$= [((q_1 r_2 + q_2 r_1) s_2 + s_1 q_2 r_2, q_2 r_2 s_2)] =$$
$$= [(q_1 r_2 s_2 + q_2 r_1 s_2 + s_1 q_2 r_2, q_2 r_2 s_2)] =$$
$$= [(q_1 r_2 s_2 + q_2 (r_1 s_2 + r_2 s_1), q_2 r_2 s_2)] =$$
$$= [(q_1, q_2)] + [(r_1 s_2 + r_2 s_1, r_2 s_2)] = q + (r + s).$$

(K2) Die Definition von $q + r$ ist symmetrisch in q und r.
(K3) Es gilt $[(q_1, q_2)] + [(0,1)] = [(1 q_1 + 0 q_2, 1 q_2)] = [(q_1, q_2)]$. Daher ist $0 = [(0,1)]$ das neutrale Element.
(K4) Wir rechnen $[(q_1, q_2)] + [(-q_1, q_2)] = [(q_1 q_2 - q_1 q_2, q_2^2)] = [(0, q_2^2)] = [(0,1)] = 0$. Das inverse Element von $[(q_1, q_2)]$ ist also $[(-q_1, q_2)]$.

Nun beweisen wir die Gruppenaxiome für $\cdot$.

(K5), (K6) Die Multiplikation ist komponentenweise definiert, und die Multiplikation ganzer Zahlen ist kommutativ und assoziativ.
(K7) Das Element $1 := [(1,1)] \neq [(0,1)]$ ist offensichtlich Einselement.
(K8) Ist $q = [(q_1, q_2)] \neq 0$, dann ist $q_1 \neq 0$, und wir finden $q^{-1} = [(q_2, q_1)]$, falls $q_1 > 0$ und $q^{-1} = [(-q_2, -q_1)]$ für $q_1 < 0$. Dass dann q^{-1} das Inverse von q ist, ist einfach einzusehen.

Das Distributivgesetz, schließlich, sieht man so ein.

(K9) Für $q = [(q_1, q_2)]$, $r = [(r_1, r_2)]$ und $s = [(s_1, s_2)]$ rechnen wir

$$q(r + s) = [(q_1, q_2)]([(r_1, r_2)] + [s_1, s_2]) = [(q_1, q_2)][(r_1 s_2 + r_2 s_1, r_2 s_2)] =$$
$$= [(q_1(r_1 s_2 + r_2 s_1), q_2 r_2 s_2)] = [(q_1 r_1 s_2 + q_1 r_2 s_1, q_2 r_2 s_2)] =$$
$$= [(q_1 r_1 q_2 s_2 + q_2 r_2 q_1 s_1, q_2^2 r_2 s_2)] = [(q_1 r_1, q_2 r_2)] + [(q_1 s_1, q_2 s_2)] =$$
$$= [(q_1, q_2)][r_1, r_2] + [(q_1, q_2)][(s_1, s_2)] = qr + qs.$$

Daher ist $\mathbb{Q}$ ein Körper.

Betrachten wir nun die Elemente $[(m, 1)]$ für $m \in \mathbb{Z}$. Zunächst finden wir für $m, n \in \mathbb{Z}$, dass $[(m, 1)] + [(n, 1)] = [(m + n, 1)]$ und $[(m, 1)] \cdot [(n, 1)] = [(mn, 1)]$ gelten. Deshalb ist die Abbildung ι ein Ringhomomorphismus, und die Elemente der Form $[(m, 1)]$ bilden einen Unterring von $\mathbb{Q}$. Dieser Ringhomomorphismus ist injektiv, denn aus $[(m, 1)] = [(n, 1)]$ folgt direkt aus der Definition der Äquivalenzrelation $\sim$, dass $m = n$ gilt. Daher ist $\mathbb{Z}$ tatsächlich ein Unterring von $\mathbb{Q}$.   □

Nun führen wir die **Relation** $\leq$ **auf** $\mathbb{Q}$ ein, indem wir definieren

$$[(m_1, m_2)] \leq [(n_1, n_2)] :\Leftrightarrow m_1 n_2 \leq n_1 m_2.$$

Wiederum ist $\leq$ wohldefiniert, denn hätten wir etwa $(m_1', m_2') \in [(m_1, m_2)]$ gewählt, so ist $m_1 m_2' = m_1' m_2$ und wir haben

$$m_1 n_2 \leq n_1 m_2$$
$$m_1 m_2' n_2 \leq n_1 m_2 m_2'$$
$$m_1' m_2 n_2 \leq n_1 m_2 m_2'$$
$$m_1' n_2 \leq n_1 m_2'$$

wegen $m_2 > 0$ und Theorem 6.2.9. Analog zeigt man die Wohldefiniertheit auf der rechten Seite.

Aufgabe 6.3.15. Beweisen Sie die Wohldefiniertheit der Ordnungsrelation auf der rechten Seite.

Nun können wir das Hauptresultat über die Verträglichkeit der algebraischen Operationen mit der Ordnungsrelation beweisen.

6.3.16   **Theorem 6.3.16 ($\mathbb{Q}$ als geordneter Körper).** Die Relation $\leq$ macht $\mathbb{Q}$ zu einem geordneten Körper. Auf dem Unterring $\mathbb{Z}$ stimmt die Ordnungsrelation mit der dort eingeführten Relation $\leq$ überein.

6.3.16   **Beweis.** Wir beginnen mit dem Nachweis, dass $\leq$ eine Totalordnung auf $\mathbb{Q}$ ist. Die Reflexivität ist offensichtlich. Seien $q = [(q_1, q_2)]$ und $r = [(r_1, r_2)]$ in $\mathbb{Q}$ gegeben mit $q \leq r$ und $r \leq q$. Dann haben wir $q_1 r_2 \leq q_2 r_1$ und $q_2 r_1 \leq q_1 r_2$. Weil $(\mathbb{Z}, \leq)$ eine totalgeordnete Menge ist, folgt $q_1 r_2 = q_2 r_1$ und damit $q = r$; also ist $\leq$ antisymmetrisch.

Für die Transitivität betrachten wir drei Elemente $q = [(q_1, q_2)]$, $r = [(r_1, r_2)]$ und $s = [(s_1, s_2)]$ mit $q \leq r$ und $r \leq s$. Aus der Definition von $\leq$ folgen dann $q_1 r_2 \leq q_2 r_1$ und $r_1 s_2 \leq r_2 s_1$. Multiplizieren wir die erste Ungleichung mit $s_2 > 0$ und verwenden wir die zweite Ungleichung, dann erhalten wir $q_1 r_2 s_2 \leq q_2 r_1 s_2 \leq q_2 r_2 s_1$. Aus Proposition 6.2.9.(vi) folgt dann $q_1 s_2 \leq q_2 s_1$ und $q \leq s$.

Dass $(\mathbb{Q}, \leq)$ totalgeordnet ist, sehen wir folgendermaßen: Seien $q = [(q_1, q_2)]$ und $r = [(r_1, r_2)]$ gegeben. Wir betrachten die ganzen Zahlen $q_1 r_2$ und $q_2 r_1$. Weil $(\mathbb{Z}, \leq)$ eine totalgeordnete Menge ist, muss eine der Relationen $q_1 r_2 \leq q_2 r_1$ oder $q_2 r_1 \leq q_1 r_2$ erfüllt sein. Das impliziert aber, dass eine der Ungleichungen $q \leq r$ oder $r \leq q$ erfüllt sein muss.

Wir müssen schließlich noch die Bedingungen (O1) und (O2) nachweisen:

(O1)   Seien $q = [(q_1, q_2)]$, $r = [(r_1, r_2)]$ und $s = [(s_1, s_2)]$. Dann gilt

$$q \le r \Rightarrow q_1 r_2 \le q_2 r_1 \Rightarrow q_1 s_2 r_2 \le r_1 s_2 q_2$$
$$\Rightarrow (q_1 s_2 + s_1 q_2) r_2 \le (r_1 s_2 + s_1 r_2) q_2$$
$$\Rightarrow (q_1 s_2 + s_1 q_2) r_2 s_2 \le (r_1 s_2 + s_1 r_2) q_2 s_2$$
$$\Rightarrow [(q_1 s_2 + s_1 q_2, q_2 s_2)] \le [(r_1 s_2 + s_1 r_2, r_2 s_2)] \Rightarrow q + s \le r + s.$$

(O2)   Sei $q = [(q_1, q_2)] > 0$, dann folgt $q_1 > 0$. Für $r = [(r_1, r_2)]$ gilt analog $r_1 > 0$. Daher ist $qr = [(q_1 r_1, q_2 r_2)] > 0$, weil $q_1 r_1 > 0$ gilt wegen Theorem 6.2.9.

Nun zur Übereinstimmung mit der Relation auf $\mathbb{Z}$: Aus der Definition von $\le$ folgt für alle $m, n \in \mathbb{Z}$ direkt $[(m, 1)] \le [(n, 1)]$ genau dann, wenn $m \le n$.   □

Nun führen wir zu guter Letzt die Schreibweise

$$\frac{m}{n} := [(m, n)]$$

ein. Damit haben wir die „Bruchzahlen" wieder gewonnen und damit auch die **gewohnte Notation von** $\mathbb{Q}$.

6.4 Die reellen Zahlen ℝ

Die Tatsache, dass sich nicht alle geometrischen Beziehungen durch Verhältnisse natürlicher Zahlen beschreiben lassen, hat sehr zum Entsetzen der Pythagoräer einer aus ihrer Mitte, nämlich Hippasos von Metapont (spätes 6. bis frühes 5. Jahrhundert v. Chr.) bereits im fünften vorchristlichen Jahrhundert entdeckt, als er auf geometrischem Wege bewies, dass die Länge der Diagonale im Quadrat inkommensurabel zur Seitenlänge ist, d.h. er hat die Irrationalität von $\sqrt{2}$ bewiesen. Auch die Inkommensurabilität der Diagonalen im Fünfeck zur Seitenlänge des Fünfeckes soll er gezeigt haben, ein weiterer schwerer Schlag für die pythagoräische Weltanschauung, war doch das Pentagramm eines der wichtigsten pythagoräischen Symbole. Dem Mythos nach soll Hippasos diese Entdeckung auf einem Schiff gemacht haben, während er mit gleichgesinnten Pythagoräern eine Reise unternahm. Die über diese Entdeckung erzürnten Mitreisenden sollen ihn daraufhin im Meer ertränkt haben.

Nichtsdestotrotz blieb die Tatsache bestehen, dass die rationalen Zahlen nicht genügen, auch nur alle einfachen geometrischen Relationen, etwa die Länge der Diagonale des Einheitsquadrates oder die Fläche des

Einheitskreises, zu beschreiben. Uns bleibt also keine Wahl, als unsere Zahlenmenge ein weiteres — wie wir sehen werden vorletztes — Mal zu vergrößern.

Zu diesem Zweck wollen wir den Körper $\mathbb{Q}$ ein wenig genauer unter die Lupe nehmen. Wenn wir das tun, können wir winzige „Löcher" in seiner Struktur entdecken, und zwar im folgenden Sinn. Betrachten wir die beiden disjunkten Mengen

$$A = \{x \in \mathbb{Q} \mid x > 0 \land x^2 < 2\}$$
$$B = \{x \in \mathbb{Q} \mid x > 0 \land x^2 > 2\},$$

dann ist deren Vereinigung $A \cup B = \mathbb{Q}_+ (= \{x \in \mathbb{Q} \mid x > 0\})$. Wir würden aber intuitiv erwarten, dass zwischen den beiden Mengen noch eine Zahl sein sollte. Das ist aber in $\mathbb{Q}$ nicht möglich, da diese Zahl die Gleichung $x^2 = 2$ erfüllen würde, was bekanntermaßen in den rationalen Zahlen nicht möglich ist (Theorem 3.2.7).

Abb. 6.1 Die Zahlengerade

Um die Löcher zu „stopfen", müssen wir zu $\mathbb{Q}$ irrationale Zahlen hinzufügen, um den geordneten Körper $(\mathbb{R}, +, \cdot, \leq)$ der reellen Zahlen zu erhalten, den wir auch als **Zahlengerade** (siehe Abbildung 6.1) repräsentieren. Die rationalen Zahlen sind dann ein geordneter Unterkörper von $\mathbb{R}$.

Die reellen Zahlen bilden die Grundlage der **Analysis**, also jenem Teilgebiet der Mathematik, das sich vor allem mit reellen Funktionen, Grenzwerten sowie der Differential- und Integralrechnung beschäftigt. Um dieser ein festes Fundament zu verschaffen, werden wir einige wichtige Eigenschaften von $\mathbb{R}$ ableiten. Wir beginnen damit, die Idee des „Löcherstopfens" explizit zu machen.

Definition 6.4.1 (Ordnungsvollständigkeit). Eine totalgeordnete **6.4.1**
Menge M heißt *ordnungsvollständig* bzw. hat die *Supremums–Eigen-schaft*, wenn jede nichtleere nach oben beschränkte Teilmenge $E \subseteq M$
ein Supremum $\sup E \in M$ besitzt (vgl. Definition 4.2.32).

Um diese Eigenschaft vernünftig anwenden zu können, müssen wir
zuerst einige äquivalente Formulierungen beweisen.

Proposition 6.4.2 (Charakterisierung ordnungsvollständiger   **6.4.2**
Mengen). Sei M eine totalgeordnete Menge. Dann sind äquivalent:

(i) M ist ordnungsvollständig.
(ii)   Jede nach unten beschränkte nichtleere Teilmenge $F \subseteq M$ be-
        sitzt ein Infimum $\inf F \in M$.
(iii)   Für je zwei nichtleere Teilmengen E und F von M mit

$$a \leq b \quad \forall a \in E, \ \forall b \in F$$

gibt es ein Element $m \in M$ mit

$$a \leq m \leq b \quad \forall a \in E, \ \forall b \in F.$$

Beweis. Wir beginnen mit (i)⇒(ii). Sei $\emptyset \neq F \subseteq M$ und F nach   **6.4.2**
unten beschränkt. Wir definieren

$$E := \{x \in M \mid \forall f \in F : x \leq f\}.$$

Die Menge E ist nach oben beschränkt, weil jedes Element von F eine
obere Schranke für E ist. Außerdem ist E nichtleer, da F als nach
unten beschränkt vorausgesetzt war. Nach Voraussetzung existiert daher das Supremum $\alpha = \sup E \in M$. Wir zeigen nun, dass $\alpha = \inf F$
gilt. Nachdem E die Menge aller unteren Schranken von F ist, ist α
größer oder gleich allen unteren Schranken von F. Wir müssen also
nur zeigen, dass α eine untere Schranke von F ist. Angenommen, das
ist nicht der Fall. Dann gäbe es ein $f \in F$ mit $f < \alpha$. Weil E die
Menge der unteren Schranken von F ist, gilt $\forall e \in E : e \leq f$. Daher

ist f eine obere Schranke von E, ein Widerspruch zur Supremumseigenschaft von α. Daher ist α tatsächlich eine untere Schranke von F, also $\inf F$.

(ii)$\Rightarrow$(iii): Seien E und F Mengen wie in der Voraussetzung. Wegen (ii) existiert $m := \inf F$. Klarerweise ist $m \leq b$ für alle $b \in F$. Es ist außerdem $\forall a \in E : a \leq m$, denn wäre das nicht der Fall, so gäbe es ein $e \in E$ mit $e > m$. Wegen der Eigenschaften von E und F ist aber e eine untere Schranke von F, was der Infimumseigenschaft von m widerspricht. Daher gilt (iii).

(iii)$\Rightarrow$(i): Sei $\emptyset \neq E$ eine nach oben beschränkte Menge. Wir definieren die Menge F aller oberen Schranken von E als

$$F := \{x \in M \mid \forall e \in E : e \leq x\} \neq \emptyset.$$

Nach Voraussetzung existiert dann ein $m \in M$ mit $e \leq m \leq f$ für alle $e \in E$ und $f \in F$. Daher ist m eine obere Schranke von E. Sei $\alpha < m$. Dann ist $\alpha \notin F$, also keine obere Schranke. Daher ist m das Supremum von E. $\qquad\square$

6.4.3   **Beispiel 6.4.3 (Nichtvollständigkeit von $\mathbb{Q}$).** *Die Menge der rationalen Zahlen ist nicht ordnungsvollständig. Wir betrachten dazu die folgenden Teilmengen A und B von $\mathbb{Q}$:*

$$A = \{x \in \mathbb{Q} \mid x > 0 \wedge x^2 < 2\},$$
$$B = \{x \in \mathbb{Q} \mid x > 0 \wedge x^2 > 2\}.$$

Zunächst sind A und B nichtleer, da $1 \in A$ und $2 \in B$ gilt. Weiters gilt $a < b$ für alle $a \in A$ und für alle $b \in B$. Wäre $\mathbb{Q}$ ordnungsvollständig, dann gäbe es ein Element $m \in \mathbb{Q}$ mit

$$a \leq m \leq b \text{ für alle } a \in A \text{ und } b \in B. \tag{6.7}$$

Definieren wir nun (beachte $m \geq 1$, da $1 \in A$)

$$c := m - \frac{m^2 - 2}{m+2} = \frac{2m+2}{m+2} > 0. \tag{6.8}$$

Damit gilt

$$c^2 - 2 = \frac{2(m^2 - 2)}{(m+2)^2}. \tag{6.9}$$

Ist nun $m^2 > 2$, dann folgt mit (6.9) dass $c^2 > 2$ und somit $c \in B$ gilt. *Allerdings ist wegen (6.8) $c < m$, was im Widerspruch zu (6.7) steht. Andererseits führt aber auch $m^2 < 2$ zu einem Widerspruch. In diesem Fall impliziert nämlich (6.9) $c^2 < 2$ und somit $c \in A$, während (6.8) jetzt $c > m$ zur Folge hat. Das widerspricht aber (6.7). Daher gilt also $m^2 = 2$, was aber in $\mathbb{Q}$ unmöglich ist wegen Theorem 3.2.7.*

Die nun dringend benötigte „Ordnungsvervollständigung" von $\mathbb{Q}$ und damit den Schritt zu den reellen Zahlen liefert uns der folgende Satz.

Theorem 6.4.4 (Richard Dedekind). Es existiert bis auf Isomorphie genau ein ordnungsvollständiger geordneter Körper $\mathbb{R}$, der $\mathbb{Q}$ als geordneten Unterkörper besitzt. Wir nennen $\mathbb{R}$ die Menge der reellen Zahlen und die Elemente der Menge $\mathbb{R} \setminus \mathbb{Q}$ die irrationalen Zahlen.   **6.4.4**

Beweis. In Abschnitt 6.4.1.   □   **6.4.4**

Will man sich nicht auf die mengentheoretischen Konstruktionen in Abschnitt 6.4.1 einlassen, so kann man sich auf den Standpunkt von Hilbert stellen, der die Einführung der reellen Zahlen als ordnungsvollständigen, geordneten Körper den mengentheoretischen Konstruktionen vorzog, und pragmatisch das Theorem 6.4.4 zur Definition erheben. Das bedeutet also, die **reellen Zahlen als ordnungsvollständigen, geordneten Körper zu definieren, der $\mathbb{Q}$ als geordneten Unterkörper besitzt**; dann garantiert Theorem 6.4.4, dass es einen und nur einen solchen Körper gibt.
Was auch immer man tut, die folgenden Ergebnisse folgen nur aus den Eigenschaften und nicht aus der speziellen mengentheoretischen Konstruktion.

6.4.5 **Proposition 6.4.5 (Archimedische Eigenschaft und Dichtheit).**

(i) Zu je zwei reellen Zahlen x, y mit $x > 0$ existiert eine natürliche Zahl n so, dass

$$nx > y$$

gilt. Wir sagen, $\mathbb{R}$ besitzt die *archimedische Eigenschaft*.

(ii) Zwischen je zwei reellen Zahlen $x, y \in \mathbb{R}$ mit $x < y$ gibt es eine rationale Zahl $q \in \mathbb{Q}$ und eine irrationale Zahl $r \in \mathbb{R} \setminus \mathbb{Q}$, d.h. es gibt $q \in \mathbb{Q}$ und $r \in \mathbb{R} \setminus \mathbb{Q}$ mit

$$x < q < y \quad \text{und} \quad x < r < y.$$

Man sagt auch $\mathbb{Q}$ und $\mathbb{R} \setminus \mathbb{Q}$ *liegen dicht* in $\mathbb{R}$.

6.4.5 ***Beweis.*** Wir beginnen mit der archimedischen Eigenschaft.

(i) Sei $A := \{nx \mid n \in \mathbb{N}\}$. Wäre die archimedische Eigenschaft nicht erfüllt, dann wäre y eine obere Schranke von A. Damit wäre A nach oben beschränkt und hätte ein Supremum, weil $\mathbb{R}$ die Supremumseigenschaft besitzt. Sei $\alpha := \sup A$. Wegen $x > 0$ ist $\alpha - x < \alpha$, also ist $\alpha - x$ keine obere Schranke von A. Somit existiert nach Definition von A eine natürliche Zahl n mit $\alpha - x < nx$. Dann ist aber $\alpha < (n+1)x$, ein Widerspruch dazu, dass α obere Schranke von A ist. Also gilt die archimedische Eigenschaft.

(ii) Wir beweisen zunächst die Dichtheit von $\mathbb{Q}$. Sei $x < y$ und damit $y - x > 0$. Wegen der archimedischen Eigenschaft gibt es eine natürliche Zahl n so, dass $n(y - x) > 1$ ist. Wir können auch natürliche Zahlen m_1 und m_2 finden mit $m_1 > nx$ und $m_2 > -nx$. Wir haben jetzt

$$-m_2 < nx < m_1,$$

was die Existenz einer ganzen Zahl m impliziert mit

$$m - 1 \leq nx < m \quad \text{und} \quad -m_2 \leq m \leq m_1.$$

Das sieht man folgendermaßen. Sei $M := \{m \in \mathbb{Z} \mid nx < m\}$. Diese Menge ist nichtleer, da $m_1 \in M$ gilt. Außerdem ist M nach unten beschränkt, da $-m_2$ eine untere Schranke ist wegen $-m_2 < nx$. Als nach unten beschränkte Teilmenge von $\mathbb{Z}$ besitzt M wegen Proposition 6.2.10 (aus dem Erweiterungsstoff) ein kleinstes Element m. Die Zahl $m-1$ erfüllt dann $m-1 \leq nx$ (sonst wäre $m-1 > nx$ und damit $m-1 \in M$, was der Minimalität von m widerspräche). Die Kombination aller dieser Ungleichungen liefert

$$nx < m \leq 1 + nx < ny, \quad \text{also} \quad x < \tfrac{m}{n} < y,$$

wobei die letzte Ungleichung aus $n > 0$ folgt. Setzen wir $q = \tfrac{m}{n}$, so haben wir alles bewiesen, was behauptet wurde.

Nun zu $\mathbb{R} \setminus \mathbb{Q}$: Wenden wir obiges Argument zweimal an, so können wir rationale Zahlen q_1 und q_2 finden mit $x < q_1 < q_2 < y$. Wir definieren

$$r := q_1 + \frac{q_2 - q_1}{2}\sqrt{2} > q_1.$$

Die Zahl r ist irrational, weil $\sqrt{2}$ irrational ist. Außerdem ist

$$q_2 - r = (q_2 - q_1)(1 + \tfrac{1}{\sqrt{2}}) > 0,$$

und deswegen gilt $x < q_1 < r < q_2 < y$. $\qquad\square$

Aufgabe 6.4.6. Sei K ein geordneter Körper und $1 < a \in K$. Zeigen Sie, dass aus $x \geq a$ und $n \geq 2$ folgt, dass $x^n > a$ gilt. *Hinweis: Verwenden Sie Proposition 6.3.2(iii) und vollständige Induktion nach n.*

Aufgabe 6.4.7. Sei K ein geordneter Körper und $0 < b < 1 \in K$. Zeigen Sie, dass für $n \geq 2$ folgt, dass $b^n < b$ ist. *Hinweis: Verwenden Sie Proposition 6.3.2(ii) und vollständige Induktion nach n.*

Eine weitere Eigenschaft von $\mathbb{R}$ betrifft das Wurzelziehen. Wir verwenden im nächsten Resultat essentiell die Ordnungsvollständigkeit der reellen Zahlen.

Proposition 6.4.8 (Existenz und Eindeutigkeit der Wurzel). 6.4.8
Für alle $a \in \mathbb{R}$ mit $a > 0$ und alle positiven $n \in \mathbb{N}$ gibt es genau ein $x \in \mathbb{R}$ mit $x > 0$ und $x^n = a$.

6.4.8 ***Beweis.*** Beweisen wir zuerst die Eindeutigkeit: Sind $x \neq y$ zwei Lösungen, so ist o.B.d.A. $x < y$. Mit den Ordnungseigenschaften und vollständiger Induktion folgt dann für jedes $n \in \mathbb{N}$, dass $x^n < y^n$, also $x^n \neq y^n$ gilt.

Die Existenzaussage ist für $n = 1$ oder $a = 1$ trivial. Seien also zunächst $a > 1$ und $n \geq 2$. Dann definieren wir

$$A := \{x \in \mathbb{R} \mid x > 0 \wedge x^n \leq a\}.$$

Weil $1 \in A$ und $\forall x \in A : x < a$ gilt (denn mittels Proposition 6.3.2(iii) und Induktion folgt $x \geq a \Rightarrow x^n \geq a^n > a$, siehe Aufgabe 6.4.6), wissen wir, dass $s = \sup A$ existiert.

Wir wollen jetzt beweisen, dass $s^n = a$ gilt.

Fall 1: Ist $s^n < a$, so definieren wir $b := (1+s)^n - s^n > 0$ und wählen $0 < \varepsilon < \min\{1, \frac{a-s^n}{b}\}$. Dann folgt unter Verwendung der Tatsache $\varepsilon < 1 \Rightarrow \varepsilon^n < \varepsilon$ für alle $1 < n \in \mathbb{N}$ (was ebenfalls mittels Induktion aus Proposition 6.3.2(iii) folgt, siehe Aufgabe 6.4.7)

$$(s + \varepsilon)^n = \sum_{k=0}^{n-1} \binom{n}{k} s^k \varepsilon^{n-k} + s^n$$

$$\leq \varepsilon \sum_{k=0}^{n-1} \binom{n}{k} s^k + s^n = \varepsilon b + s^n < a - s^n + s^n = a,$$

ein Widerspruch zur Supremumseigenschaft von s.

Fall 2: Ist $s^n > a$, so definieren bzw. wählen wir

$$c := \sum_{\substack{j \\ 0 \leq 2j-1 \leq n}} \binom{n}{2j-1} s^{n-2j+1} > 0, \text{ und } 0 < \varepsilon < \min\{1, \frac{s^n-a}{c}\}.$$

Dann rechnen wir nach (wobei wir wieder verwenden, dass $\varepsilon^n < \varepsilon$ gilt):

$$(s - \varepsilon)^n = s^n + \sum_{k=1}^{n} \binom{n}{k} s^{n-k} (-\varepsilon)^k$$

$$\geq s^n + \sum_{\substack{k=1 \\ k \text{ ungerade}}}^{n} \binom{n}{k} (-1)^k \varepsilon^k s^{n-k}$$

$$= s^n + \sum_{\substack{j \\ 0 \leq 2j-1 \leq n}} (-1)^{2j-1} \binom{n}{2j-1} s^{n-2j+1} \varepsilon^{2j-1}$$

$$\geq s^n - \varepsilon \sum_{\substack{j \\ 0 \leq 2j-1 \leq n}} \binom{n}{2j-1} s^{n-2j+1}$$

$$= s^n - \varepsilon c > s^n - s^n + a = a.$$

Dies widerspricht ebenfalls der Tatsache, dass $s = \sup A$ gilt.

Deshalb muss $s^n = a$ gelten, was wir zeigen wollten.
Ist schließlich $a < 1$, dann ist $\frac{1}{a} > 1$. Wir können also ein $y \in \mathbb{R}$ finden mit $y^n = \frac{1}{a}$. Dann aber gilt für $x = \frac{1}{y}$, dass $x^n = a$ ist. $\quad\square$

Die Aussage von Proposition 6.4.8 ermöglicht es uns, für jedes $0 < n \in \mathbb{N}$ die Funktion $\sqrt[n]{} : \mathbb{R}_+ \to \mathbb{R}$ mit $x \mapsto \sqrt[n]{x}$ zu definieren. Die folgende wichtige Eigenschaft dieser Funktion, insbesondere der Quadratwurzel, werden wir im nächsten Kapitel noch einige Male benötigen.

Proposition 6.4.9 (Monotonie der Wurzelfunktion). Für alle positiven $n \in \mathbb{N}$ ist die Wurzelfunktion $\sqrt[n]{}$ streng monoton wachsend. 6.4.9

Beweis. Sei $0 < n \in \mathbb{N}$. Wir beweisen indirekt. Seien $0 < x < y$ 6.4.9 reelle Zahlen mit $a := \sqrt[n]{x} \geq \sqrt[n]{y} =: b$. Mittels vollständiger Induktion beweisen wir, dass für alle $0 < m \in \mathbb{N}$ aus $a \geq b > 0$ folgt, dass $a^m \geq b^m$ gilt. Der Induktionsanfang für $m = 1$ ist trivial. Gilt das Resultat für m, dann folgt aus Proposition 6.3.2

$$a^{m+1} = a a^m \geq a b^m \geq b b^m = b^{m+1}.$$

Darum gilt $x = a^n \geq b^n = y$, ein Widerspruch zu $x < y$. Also ist die Wurzelfunktion in der Tat streng monoton wachsend. $\quad\square$

Wir haben die irrationalen Zahlen als die „Lücken" in den rationalen Zahlen eingeführt. Es ist aber auch sinnvoll zwischen verschiedenen „Arten" irrationaler Zahlen zu unterscheiden. Die Zahl $\sqrt{2}$ z.b. tritt als Nullstelle eines Polynoms mit rationalen Koeffizienten auf. Es ist $\sqrt{2}$ nämlich Nullstelle von $x^2 - 2$.

6.4.10 Definition 6.4.10 (Algebraische reelle Zahl). Eine reelle Zahl r heißt *algebraisch*, wenn es $n \in \mathbb{N}$ und rationale Zahlen $a_0, \dots, a_n$ gibt mit

$$\sum_{i=0}^{n} a_i r^i = 0.$$

Eine bis Cantor ungelöste Frage war, ob alle irrationalen Zahlen algebraisch sind. Er hat diese Frage für die damalige Zeit auf recht überraschende Weise beantwortet: Jedes rationale Polynom n–ten Grades besitzt höchstens n Nullstellen (siehe Korollar 6.5.21, unten). Ferner gibt es nur abzählbar viele rationale Polynome, die also insgesamt höchstens abzählbar viele Nullstellen besitzen können. Die Mächtigkeit der Menge $\mathbb{R}_a$ der algebraischen Zahlen ist also $\aleph_0$. Cantor hat aber auch bewiesen, dass $|\mathbb{R}| = c > \aleph_0$ gilt. Aus diesem Grund ist $\mathbb{R}_t := \mathbb{R} \setminus \mathbb{R}_a \neq \emptyset$, ja es gilt sogar $|\mathbb{R}_t| = c$. Die Elemente von $\mathbb{R}_t$ heißen **transzendente Zahlen**. Z.B. sind π und e transzendent. Ersteres hat übrigens Ferdinand Lindemann (1852–1939) im April 1882 bewiesen.

Zum Abschluss dieses Abschnitts wollen wir noch die Begriffe des Absolutbetrags einer und des Abstands zweier reeller Zahlen diskutieren, die wichtige Werkzeuge der Analysis darstellen.

6.4.11 Definition 6.4.11 (Absolutbetrag, Abstand und Signum). Seien $x, y \in \mathbb{R}$.

(i)   Wir definieren den *Absolutbetrag* oder einfach *Betrag* von x durch

$$|x| := \begin{cases} x & \text{falls } x \geq 0 \\ -x & \text{falls } x < 0. \end{cases}$$

(ii) Unter dem *Abstand* von x und y verstehen wir die Zahl $|x - y|$.

(iii) Das *Vorzeichen* oder *Signum* von x ist definiert als

$$\text{sgn}(x) := \begin{cases} 1 & \text{falls } x > 0 \\ -1 & \text{falls } x < 0 \\ 0 & \text{falls } x = 0. \end{cases}$$

Beachten Sie, dass der Abstand $|x - y| = x - y$ oder $|x - y| = y - x$ ist, je nachdem ob $x > y$ oder $y > x$ gilt. Weiters besitzen Betrag und Abstand offensichtlich die so genannte *Spiegelungssymmetrie*

$$|x| = |-x| \text{ und } |x - y| = |y - x|. \tag{6.10}$$

Die Graphen des Betrags und der Vorzeichenfunktion sind in den Abbildungen 6.2 und 6.3 dargestellt.

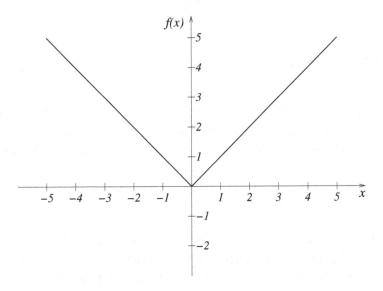

Abb. 6.2 Graph von $|x|$

Weitere wichtige Eigenschaften fassen wir in der folgenden Proposition zusammen.

Proposition 6.4.12 (Eigenschaften von Betrag und Abstand). 6.4.12
Für alle $x, y, z \in \mathbb{R}$ gilt:

(i) $|x| \geq 0$ und $|x| = 0 \Leftrightarrow x = 0$,   (positive Definitheit)

(ii) $|x + y| \leq |x| + |y|$,   (Dreiecksungleichung)

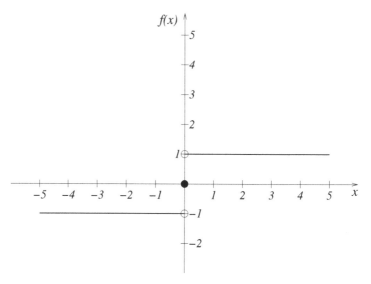

Abb. 6.3 Graph von $\mathrm{sgn}(x)$

(iii) $|xy| = |x||y|,$ (Multiplikativität)

(iv) $|x - y| \geq 0$ und $|x - y| = 0 \Leftrightarrow x = y,$ (positive Definitheit)

(v) $|x - z| \leq |x - y| + |y - z|.$ (Dreiecksungleichung)

6.4.12 Beweis.

(i)   Die erste Behauptung folgt sofort aus der Definition des Betrags
       und Proposition 6.3.2(ii). Die „Rückrichtung" der zweiten Be-
       hauptung folgt sofort aus der Definition und die „Hinrichtung"
       aus der Tatsache, dass wiederum wegen der Definition des Be-
       trags aus $x \neq 0$ folgt, dass $|x| \neq 0$.

(ii)   Folgt mittels Fallunterscheidung oder mittels der Aussage

$$a \leq b \text{ und } -a \leq b \;\Rightarrow\; |a| \leq b \qquad (6.11)$$

(die ebenfalls unmittelbar aus Definition 6.4.11(i) folgt). Ad-
dieren wir nämlich die offensichtlichen Ungleichungen $x \leq |x|$,
$-x \leq |x|$, sowie $y \leq |y|$ und $-y \leq |y|$, so folgt

$$x + y \leq |x| + |y| \text{ und } -x - y \leq |x| + |y|,$$

was mittels (6.11) die Behauptung ergibt.

(iii) Folgt ebenfalls mittels Fallunterscheidung.

(iv) Ergibt sich sofort aus (i).

(v) Wegen der Dreiecksungleichung für den Betrag gilt

$$|x - z| = |(x - y) + (y - z)| \leq |x - y| + |y - z|.$$

$\square$

Beachten Sie, dass wir mit Definition 6.4.11 den Absolutbetrag auch auf den Teilmengen $\mathbb{Q}$ und $\mathbb{Z}$ von $\mathbb{R}$ eingeführt haben.

Aufgabe 6.4.13. Beweisen Sie, dass $|x| = |-x|$ und $|x - y| = |y - x|$ für $x, y \in \mathbb{R}$ gelten.

Aufgabe 6.4.14. Zeigen Sie für $a, b \in \mathbb{R}$

1. $\left|\dfrac{a}{b}\right| = \dfrac{|a|}{|b|} \qquad (b \neq 0)$,

2. $\Big||a| - |b|\Big| \leq \begin{cases} |a - b| \\ |a + b| \end{cases}$.

Aufgabe 6.4.15. Beweisen Sie die folgenden Aussagen:

1. $a^2 = |a^2| = |a|^2$, $\forall a \in \mathbb{R}$,

2. Seien $x, x_0 \in \mathbb{R}$ und $\mathbb{R} \ni \varepsilon > 0$. Dann gilt

$$|x| < \varepsilon \Leftrightarrow -\varepsilon < x < \varepsilon \quad \text{und} \quad |x - x_0| < \varepsilon \Leftrightarrow x_0 - \varepsilon < x < x_0 + \varepsilon.$$

Aufgabe 6.4.16. Zeigen Sie für $a, b \in \mathbb{R}$ die Cauchy–Ungleichung

$$|ab| \leq \frac{a^2 + b^2}{2}.$$

Hinweis: Verwenden Sie die bekannten Formeln für $(a \pm b)^2$ und Proposition 6.3.2(v), also die Tatsache, dass Quadrate nichtnegativ sind.

Aufgabe 6.4.17. Beweisen Sie dass für $a, b \in \mathbb{R}$ gelten:

1. $\max\{a, b\} = \dfrac{a + b + |a - b|}{2}$,

2. $\min\{a, b\} = \dfrac{a + b - |a - b|}{2}$ und

3. $\max\{a, b\} - \min\{a, b\} = |a - b|$.

Aufgabe 6.4.18. Finden Sie die Lösungsmenge in $\mathbb{R}$ der folgenden Systeme von Gleichungen bzw. Ungleichungen:

1. $5 - 3x \leq 2x + 1 \leq 3x - 7$,   2. $x + 1 \leq x + 4 \leq 6 \leq 5x + 4$,
3. $|2x - 3| = |4x + 9|$,   4. $|3x + 4| \leq |x + 8|$,
5. $4x^2 - 9x \leq 5$,   6. $|2x - 5| \geq |x^2 + 8|$,
7. $\frac{5+x}{5-x} \leq 2$,   8. $3 - \frac{x+1}{x-2} < \left|\frac{x-4}{x-2}\right|$,
9. $\frac{1}{3} < \frac{2x-1}{3-2x} < \frac{1}{2}$,   10. $|3x^2 - 8x - 7| \leq 4$,
11. $325 - 2x(2x - 39) < 8x(x - 4)^2 - (2x - 5)^3$.

Hinweis: Hier können Sie graphisch oder rechnerisch vorgehen!

Aufgabe 6.4.19. Finden Sie die Lösungsmenge in $\mathbb{R}$ der folgenden Gleichungen und Ungleichungen in Abhängigkeit von y. Veranschaulichen Sie die Lösungsmenge im $\mathbb{R}^2$:

1. $|x||y - 1| \leq 1$,   2. $|x + y| \leq |x - y|$,
3. $|x + 1|^2 + |y|^2 = 1$,   4. $3|x| + 5|y| \leq 1$,
5. $|x^2 - 2x - 6y| \leq 9$,   6. $|x^2 - 4x + 4| \leq |2y|$.

6.4.1 Die mengentheoretische Konstruktion von $\mathbb{R}$

Das einzige, das uns noch fehlt in unserer Untersuchung über die reellen Zahlen, ist der Beweis von Theorem 6.4.4. Wir werden diesen gesamten Abschnitt dafür verwenden und $\mathbb{R}$ aus $\mathbb{Q}$ mengentheoretisch konstruieren. Es gibt viele äquivalente Verfahren, um die reellen Zahlen aus den rationalen zu konstruieren; wir werden die von Richard Dedekind (1831–1916) erfundenen Schnitte verwenden. Die **Dedekindschen Schnitte** sind zwar nicht die intuitivste Methode aber jedenfalls eine, die nur Mengenoperationen verwendet.

6.4.20 **Definition 6.4.20 (Dedekindscher Schnitt).** Eine nichtleere nach unten beschränkte Teilmenge $S \subseteq \mathbb{Q}$ heißt *Schnitt* (von $\mathbb{Q}$), falls

$\quad$ **(S1)** $\quad \forall q \in \mathbb{Q} \setminus S : \forall s \in S : s \geq q,$ $\quad$ und
$\quad$ **(S2)** $\quad \forall s \in S : \exists s' \in S : s > s'.$

Zur Motivation können wir uns vorstellen, dass ein Schnitt ein halboffenes Intervall $]a, +\infty[\cap \mathbb{Q}$ mit $a \in \mathbb{R}$ ist. Noch dürfen wir das allerdings nicht wirklich sagen.

Proposition 6.4.21 (Struktur von Schnitten). Sei S ein Schnitt. 6.4.21

(i) Es gilt
$$\forall s \in S : \forall q \in \mathbb{Q} : (s \leq q \Rightarrow q \in S).$$
Ist also eine rationale Zahl größer als ein Element des Schnittes, dann liegt sie im Schnitt.

(ii) Zu jeder positiven rationalen Zahl ε gibt es $q, r \in \mathbb{Q}$ mit $q \in S$, $r \in \mathbb{Q} \setminus S$ und $q - r \leq \varepsilon$.

Beweis. 6.4.21

(i) Seien $s \in S$ und $q \in \mathbb{Q}$ mit $s \leq q$. Ist $q \notin S$, dann liegt natürlich $q \in \mathbb{Q} \setminus S$, und daher gilt $\forall s' \in S : s' \geq q$. Daher ist auch $s \geq q$, und weil $\leq$ eine Ordnungsrelation ist, folgt $s = q$. Das ist ein Widerspruch zu $q \notin S$. Daher ist $q \in S$, und wir sind fertig.

(ii) Sei $0 < \varepsilon \in \mathbb{Q}$. Weil S ein Schnitt ist, gibt es $q \in S$ und $r \in \mathbb{Q} \setminus S$. Ist $q - r \leq \varepsilon$, dann sind wir fertig. Andernfalls sei $n \in \mathbb{N}$ so groß, dass $n > \frac{q-r}{\varepsilon}$ gilt. Solch ein n existiert wegen Proposition 6.3.6. Wir bilden nun die Menge

$$M := \{r + k \tfrac{q-r}{n} \mid k \in \{0, \dots, n\}\} \subseteq \mathbb{Q},$$

wofür $q \in M \cap S$ und $r \in M \cap (\mathbb{Q} \setminus S)$. Es existiert ein kleinstes Element $q_m \in M \cap S$, weil M endlich ist. Dann ist $r_m := q_m - \frac{q-r}{n} \in M \cap (\mathbb{Q} \setminus S)$, und wir haben zwei rationale Zahlen q_m und r_m wie benötigt gefunden, da $q_m - r_m = \frac{q-r}{n} < \varepsilon$ gilt. $\square$

Definition 6.4.22 (Grundmenge und $\leq$). Sei $R \subseteq \mathbb{PQ}$ die Menge aller Schnitte 6.4.22
von $\mathbb{Q}$. Wir definieren auf R die Relation $\leq$ durch

$$S \leq T :\Leftrightarrow S \supseteq T. \tag{6.12}$$

Proposition 6.4.23 (Totalordnung). Die Relation $\leq$ macht R zu einer totalge- 6.4.23
ordneten Menge.

Beweis. Wir müssen die Ordnungseigenschaften überprüfen. Die Halbordnungs- 6.4.23
eigenschaften ergeben sich, da $\supseteq$ eine Halbordnung auf $\mathbb{PQ}$ bildet, explizit aufgeschrieben haben wir:

Reflexivität: Es ist für jede Menge $S \supseteq S$.
Symmetrie: Sind $S \supseteq T$ und $T \supseteq S$ erfüllt, so ist $S = T$.
Transitivität: Seien $S \supseteq T$ und $T \supseteq U$. Ist $u \in U$, dann ist $u \in T$, und daher gilt $u \in S$. Das impliziert $S \supseteq U$.

Es bleibt zu zeigen, dass $\leq$ eine Totalordnung ist. Seien S und T zwei Schnitte und $S \neq T$. Ist $S \not\leq T$, dann ist $S \not\supseteq T$, und daher gibt es ein $t \in T$ mit $t \notin S$. In diesem Fall liegt $t \in \mathbb{Q} \setminus S$, also ist für alle $s \in S$ die Ungleichung $s \geq t$ erfüllt. Wegen Proposition 6.4.21(i) bedeutet das aber $s \in T$, und das impliziert $S \subseteq T$, also $S \geq T$. Damit sind je zwei Schnitte vergleichbar, und $\leq$ ist eine Totalordnung auf R.   □

Nun beginnen wir uns um die algebraischen Operationen zu kümmern und fangen mit der Addition an.

6.4.24   **Definition 6.4.24 (Addition).** Wir definieren die Abbildung $+ : R \times R \to \mathbb{PQ}$ durch
$$S + T := \{s + t \mid s \in S \wedge t \in T\} \quad \text{für } S, T \in R.$$

6.4.25   **Proposition 6.4.25 (Gruppoideigenschaft für $+$).** Für zwei Schnitte S und T ist $S + T$ wieder ein Schnitt. Die Addition führt also wieder nach R und somit ist $(R, +)$ ein Gruppoid.

6.4.25   *Beweis.* Wir zeigen zunächst, dass $S + T$ nicht leer und nach unten beschränkt ist.

Sind $s \in S$ und $t \in T$, dann ist $s + t \in S + T$, also ist $S + T \neq \emptyset$.

Sei σ untere Schranke von S und τ untere Schranke von T. Für beliebiges $x \in S + T$ gibt es $s \in S$ und $t \in T$ mit $x = s + t$. Aus den Eigenschaften von $\leq$ auf $\mathbb{Q}$ folgt ferner $x = s + t \geq \sigma + \tau$. Daher ist $S + T$ nach unten beschränkt.

Nun zeigen wir die Schnitteigenschaften:
(S1) Betrachten wir $q \in \mathbb{Q} \setminus (S + T)$. Sei $s \in S$ gegeben; wir wissen $\forall t \in T : s + t \neq q$. Wir formen das um zu $\forall t \in T : t \neq q - s$, und daher ist $q - s \in \mathbb{Q} \setminus T$. Weil T ein Schnitt ist, folgt $\forall t \in T : t \geq q - s$. Bringen wir s zurück auf die linke Seite, ergibt das $\forall t \in T : s + t \geq q$, darum gilt für alle $x \in S + T$, dass $x \geq q$, also ist Eigenschaft (S1) erfüllt.
(S2) Sei $x \in S + T$ beliebig. Dann existieren $s \in S$ und $t \in T$ mit $s + t = x$. Weil S und T Schnitte sind, gibt es $s' \in S$ und $t' \in T$ mit $s > s'$ und $t > t'$. Daher ist $x' = s' + t' \in S + T$, und es gilt $x > x'$. Das weist Eigenschaft (S2) nach.   □

Bevor wir weitere Eigenschaften von R beweisen, betrachten wir noch ein Klasse spezieller Schnitte.

6.4.26   **Definition 6.4.26 (Rationaler Schnitt).** Ein Schnitt S heißt *rational*, falls er ein Infimum besitzt.

6.4.27   **Proposition 6.4.27 (Einbettung von $\mathbb{Q}$).** Ein Schnitt S ist genau dann rational, wenn es ein $q \in \mathbb{Q}$ gibt mit
$$S = \mathbb{S}_q := \{q' \in \mathbb{Q} \mid q' > q\}. \tag{6.13}$$

Beweis. Sei S ein Schnitt von der Form (6.13). Nun ist q eine untere Schranke   **6.4.27**
von S, und falls $q' \in \mathbb{Q}$ mit $q' > q$, dann ist q' keine untere Schranke von S. Es ist
nämlich $q' > \frac{1}{2}(q' + q) > q$, und daher $\frac{1}{2}(q' + q) \in S$. Daher ist q das Infimum von
S und S rational.
Nun sei S ein rationaler Schnitt. Es existiert $q = \inf S$, und wir definieren $S_q =$
$\{q' \in \mathbb{Q} \mid q' > q\}$. Weil q untere Schranke von S ist, folgt $S \subseteq S_q$. Sei nun $t \in S_q$.
Falls $t \notin S$ gilt, wissen wir, dass $\forall s \in S : s \geq t$. Daher ist t eine untere Schranke
von S mit $t > q$. Das widerspricht der Infimumseigenschaft von q. Daher ist $t \in S$
und $S = S_q$.   □

Auf diese Weise sehen wir, dass für je zwei rationale Zahlen q und r die zugehörigen
rationalen Schnitte S_q und S_r genau dann gleich sind, wenn $q = r$. Die Abbildung

$$\iota : \mathbb{Q} \to R \quad \text{mit} \quad \iota : q \mapsto S_q$$

ist also injektiv. Auf diese Weise wird $\mathbb{Q}$ in R **eingebettet**, und wir können in
Zukunft die rationale Zahl q mit dem Schnitt S_q identifizieren.

Proposition 6.4.28 (Eigenschaften von $+$). $(R, +)$ ist eine abelsche Gruppe.   **6.4.28**

Beweis. Wir weisen sukzessive alle Eigenschaften nach: **6.4.28**

(AG)   Seien S, T und U Schnitte.

$$(S + T) + U = \{x + u \mid x \in S + T, u \in U\}$$
$$= \{(s + t) + u \mid s \in S, t \in T, u \in U\}$$

$$= \{s + (t + u) \mid s \in S, t \in T, u \in U\}$$
$$= \{s + y \mid s \in S, y \in T + U\}$$
$$= S + (T + U).$$

(KG)   Für zwei Schnitte S und T sind die Mengen $S + T$ und $T + S$ gleich, weil
die Addition in $\mathbb{Q}$ kommutativ ist.
Nullelement   Der rationale Schnitt $0 := \{q \in \mathbb{Q} \mid q > 0\} = S_0$ ist das Nullelement. Sei nämlich T ein beliebiger Schnitt. Dann erhalten wir

$$0 + T = \{s + t \mid s \in 0, t \in T\}.$$

Wir müssen nachweisen, dass $0 + T = T$ gilt. Sei $x \in 0 + T$, dann gibt es $s \in 0$
und $t \in T$ mit $s + t = x$. Wegen $s > 0$ ist $x > t$, und damit gilt $x \in T$, also
$0 + T \subseteq T$. Umgekehrt sei $t \in T$. Weil T ein Schnitt ist, gibt es ein $t' \in T$ mit
$t' < t$. Setzen wir nun $s = t - t'$, dann ist $s \in 0$ und $t = s + t' \in S + T$, was
wiederum $T \subseteq 0 + T$ beweist.
(Inverse)   Betrachten wir wieder einen Schnitt S. Wir definieren

$$-S := \{q \in \mathbb{Q} \mid \forall s \in S : q > -s \wedge \forall t \in \mathbb{Q} : (t = \inf S \Rightarrow q \neq -t)\}$$

den zu S negativen Schnitt. Wir behaupten $S + (-S) = 0$. Zuerst müssen wir aber zeigen, dass $-S$ tatsächlich ein Schnitt ist.

Sei q' eine untere Schranke von S. Dann gilt $\forall s \in S : q = q' - 1 < s$ und deshalb $\forall s \in S : -q > -s$, also ist $-S$ nichtleer. Für ein beliebiges Element $s \in S$ folgt, dass jedes Element $s' \in -S$ die Ungleichung $s' \geq -s$ erfüllen muss, also ist $-s$ eine untere Schranke von $-S$.

Sei nun $q \in \mathbb{Q} \setminus (-S)$. Dann gibt es $s \in S$ mit $q \leq -s$, also $-q \geq s$. Weil S ein Schnitt ist, folgt $-q \in S$. Darum gilt aber $\forall t \in (-S) : t > q$. Das beweist (S1). (S2) beweisen wir indirekt. Sei $q \in (-S)$ gegeben, sodass $\forall t \in (-S) : q \leq t$. Dann ist q eine untere Schranke von $-S$, also ein Minimum und erst recht ein Infimum von $-S$. Das ist aber unmöglich wegen der Definition von $-S$.

Falls $\tilde{s} := \inf S$ existiert, dann ist $-\tilde{s}$ das Supremum der Menge $\tilde{S} := \{-s \mid s \in S\}$, des Komplements von $-S$, und damit das Infimum von $-S$. Nach Definition ist $-\tilde{s} \notin (-S)$.

Sei $x \in S + (-S)$, dann existieren $s \in S$ und $t \in -S$ mit $s + t = x$. Dass $t \in -S$ liegt, impliziert $t > -s$ und damit auch $x = s + t > 0$. Daher ist $S + (-S) \subseteq 0$. Nun sei $y > 0$. Wir suchen gemäß Proposition 6.4.21(ii) zwei rationale Zahlen q und r mit $q \in S$, $r \in Q \setminus S$ und $q - r < y$. Es gilt $\forall s \in S : s > r$, und daher ist $-r \in -S$. Wir definieren $r' := q - r$ und wissen $r' < y$, also $y - r' > 0$. Weil S ein Schnitt ist, bedeutet das $s := y - r' + q \in S$. Setzen wir nun zusammen, so haben wir $-r \in -S$ und $s \in S$ mit

$$-r + s = -r + y - r' + q = -r + y - q + r + q = y.$$

Das impliziert $y \in S + (-S)$, und daher ist $0 = S + (-S)$. $\square$

Die Verträglichkeit von $+$ und $\leq$, also (O1) beweisen wir als nächstes (siehe Definition 6.3.1).

6.4.29 **Proposition 6.4.29 (Verträglichkeit von $\leq$ und $+$).** Für je drei Elemente S, T und U von R gilt

$$S \leq T \Rightarrow S + U \leq T + U.$$

6.4.29 *Beweis.* Seien drei Schnitte S, T und U gegeben mit $S \leq T$. Sei $y \in T + U$. Dann existieren $t \in T$ und $u \in U$ mit $y = t + u$. Weil $S \leq T$ gilt, wissen wir $S \supseteq T$ und damit $t \in S$. Daher ist $t + u = y$ auch in $S + U$, was wiederum $S + U \leq T + U$ bestätigt. $\square$

Ein Schnitt S heißt **positiv**, falls $S > 0$ gilt. Er heißt **nichtnegativ**, falls $S \geq 0$ erfüllt ist. Analog führen wir die Bezeichnungen **negativ** und **nichtpositiv** ein. Für einen negativen Schnitt S ist $-S$ positiv. Das folgt aus der Verträglichkeit von $+$ und $\leq$ in Proposition 6.4.29.

Um aus R einen Körper zu machen, fehlt noch die zweite Operation.

Definition 6.4.30 (Multiplikation).   6.4.30

Wir definieren die Abbildung $\cdot : R \times R \to \mathbb{P}\mathbb{Q}$ wie folgt: Für zwei nichtnegative Schnitte S und T sei

$$S \cdot T := \{ st \mid s \in S \wedge t \in T \}.$$

Darüber hinaus erklären wir

$$S \cdot T := \begin{cases} -((-S) \cdot T) & \text{falls } S < 0 \text{ und } T \geq 0 \\ -(S \cdot (-T)) & \text{falls } S \geq 0 \text{ und } T < 0 \\ (-S) \cdot (-T) & \text{falls } S < 0 \text{ und } T < 0. \end{cases}$$

Wegen der Bemerkungen vor der Definition sind alle möglichen Fälle erfasst, und die Abbildung $\cdot$ ist wohldefiniert.

Proposition 6.4.31 (Körpereigenschaften). Die Abbildung $\cdot$ ist eine Verknüp-   6.4.31
fung auf R. Es gilt $(R, +, \cdot)$ ist ein Körper.

Beweis. Zuerst müssen wir beweisen, dass für nichtnegative Schnitte S und T die   6.4.31
Menge $S \cdot T$ wieder ein Schnitt ist. Es existieren $s \in S$ und $t \in T$, daher ist $st \in S \cdot T$, welches somit nichtleer ist.

Weil S und T nichtnegativ sind, folgt $0 \supseteq S$ und $0 \supseteq T$, und daher ist $0 \in \mathbb{Q}$ untere Schranke von S und T. Wir erhalten $\forall s \in S : 0 \leq s$ und $\forall t \in T : 0 \leq t$. Wegen Proposition 6.3.2(iii) gilt $\forall s \in S : \forall t \in T : 0 \leq st$, und daher ist $S \cdot T$ nach unten beschränkt.

Sei $q \in \mathbb{Q} \setminus (S \cdot T)$. Ist $s \in S$ beliebig, dann gilt $\forall t \in T : st \neq q$, und daher haben wir wegen $s > 0$ auch $\forall t \in T : t \neq \frac{q}{s}$. Das wiederum bedingt, dass $\frac{q}{s} \in \mathbb{Q} \setminus T$ liegt, weshalb $\forall t \in T : t \geq \frac{q}{s}$. Umgeformt bedeutet das $\forall t \in T : ts \geq q$, was (S1) impliziert.

Für $y \in S \cdot T$ existieren $s \in S$ und $t \in T$ mit $y = st$. Ferner gibt es $s' \in S$ mit $s' < s$ und $t' \in T$ mit $t' < t$. Weil alle Zahlen s, s', t, t' größer Null sind, folgt aus Proposition 6.3.2 sofort $s't' < st$, was (S2) impliziert.

Für nichtnegative Schnitte ist das Produkt also wieder ein Schnitt. In den anderen Fällen wird die Definition auf ein Produkt nichtnegativer Schnitte zurückgeführt, und daher ist $\cdot$ tatsächlich eine Verknüpfung auf R.

Wir wissen bereits, dass $(R, +)$ eine abelsche Gruppe ist. Der Rest der Körper-axiome muss noch nachgewiesen werden. Beginnen wir mit den Aussagen über die Multiplikation, doch zuvor wollen wir noch ein Hilfsresultat über positive Schnitte beweisen.

Lemma 6.4.32 (Schranken positiver Schnitte). Sei S ein positiver Schnitt,   6.4.32
dann gibt es ein $q > 0$ in $\mathbb{Q}$, das untere Schranke von S ist.

Beweis. Wegen $S > 0$ folgt, dass $0 \not\supseteq S$ gilt, und daher existiert ein $q \in 0$ mit   6.4.32
$q \notin S$, also $q \in \mathbb{Q} \setminus S$. Es gilt $0 < q$, weil $q \in 0$ und $\forall s \in S : q \leq S$, wegen (S1). $\square$

6.4.32   *Beweis (Fortsetzung des Beweises von Proposition 6.4.31).* Wir fahren mit
dem Nachweis fort, dass $(R \setminus \{0\}, \cdot)$ eine abelsche Gruppe ist:

(**AG**)   Das Assoziativgesetz für positive Schnitte folgt direkt aus dem Assoziativgesetz für die Multiplikation rationaler Zahlen. Seien S, T und U nichtnegative
Schnitte, dann gilt

$$(S \cdot T) \cdot U = \{xu \mid x \in S \cdot T, u \in U\} = \{(st)u \mid s \in S, t \in T, u \in U\} =$$
$$= \{s(tu) \mid s \in S, t \in T, u \in U\} = \{sy \mid s \in S, y \in T \cdot U\} =$$
$$= S \cdot (T \cdot U).$$

Seien nun S, T und U beliebig. Mit einer Anzahl einfacher Fallunterscheidungen
kann man das Assoziativgesetz auf den positiven Fall zurückführen. Sei etwa
$S < 0$, $T \geq 0$ und $U \geq 0$. Dann folgt

$$(S \cdot T) \cdot U = -((-S) \cdot T) \cdot U = -(((-S) \cdot T) \cdot U) = -((-S) \cdot (T \cdot U)) =$$
$$= -(-S) \cdot (T \cdot U) = S \cdot (T \cdot U).$$

All die anderen sechs Fälle beweist man analog.

(**KG**)   Auch die Kommutativität für nichtnegative Schnitte folgt aus der Kommutativität der Multiplikation in $\mathbb{Q}$. Für beliebige Schnitte folgt sie aus der
Symmetrie von Definition 6.4.30.

(**Einselement**)   Wir definieren $1 := \mathbb{S}_1 = \{x \in \mathbb{Q} \mid x > 1\}$ und behaupten,
dass 1 das Einselement bezüglich der Multiplikation ist. Es gilt $1 \neq 0$, und wir
betrachten einen nichtnegativen Schnitt S. Für $s \in 1 \cdot S$ gibt es $t \in 1$ und $s' \in S$
mit $s = ts'$. Weil $t > 1$ ist, folgt aus Proposition 6.3.2, dass $s > s'$ und damit
auch $s \in S$ gilt. Daher ist $1 \cdot S \subseteq S$.
Sei nun umgekehrt $s \in S$ gegeben. Wir können $s' \in S$ finden mit $0 < s' < s$, weil
S ein nichtnegativer Schnitt ist. Aus Proposition 6.3.2 folgt, dass $t = \frac{s}{s'} > 1$ ist,
also $t \in 1$, und außerdem wissen wir $ts' = s$. Daher ist auch $S \subseteq 1 \cdot S$.
Für negatives S gilt $1 \cdot S = -(1 \cdot (-S)) = -(-S) = S$.

(**Inverse**)   Sei S ein positiver Schnitt. Wir definieren

$$S^{-1} := \{q \in \mathbb{Q} \mid \forall s \in S : q > \tfrac{1}{s} \land \forall t \in \mathbb{Q} : (t = \inf S \Rightarrow q \neq \tfrac{1}{t})\}$$

und behaupten, das multiplikative Inverse zu S gefunden zu haben.
Zuerst müssen wir beweisen, dass S^{-1} ein Schnitt ist. Wegen des Lemmas existiert eine positive rationale Zahl q', die untere Schranke von S ist. Die Zahl
$q = \frac{q'}{2}$ erfüllt dann für alle $s \in S$, dass $s > q$ und daher $\frac{1}{s} < \frac{1}{q}$, also ist $\frac{1}{q} \in S^{-1}$.
Sei $q \in \mathbb{Q} \setminus S^{-1}$. O.b.d.A. gilt $q > 0$, denn alle Elemente von S^{-1} sind positiv.
Es folgt, dass es ein $s \in S$ gibt, für das $q \leq \frac{1}{s}$ erfüllt ist. Aus den Eigenschaften
der Ordnungsrelationen folgt aber dann $\frac{1}{q} \geq s$, und daher ist $\frac{1}{q} \in S$. Daher gilt
$\forall t \in S^{-1} : t > q$. Das zeigt (S1).
(S2) folgt wieder aus der Definition von S^{-1}. Ist $q \in S^{-1}$ gegeben mit $\forall s \in S^{-1} :$
$q \leq s$, dann ist q Minimum also Infimum von S^{-1}. Aus der Definition von S^{-1}
kann man aber ablesen, dass S^{-1} sein (eventuell existierendes) Infimum nicht
enthalten darf.
Nachdem wir jetzt gezeigt haben, dass S^{-1} tatsächlich ein Schnitt ist, müssen
wir beweisen, dass S^{-1} das Inverse von S ist. Sei also $q \in S \cdot S^{-1}$. Dann existieren

$s \in S$ und $t \in S^{-1}$ mit $st = q$. Weil $t \in S^{-1}$ folgt, dass $t > \frac{1}{s}$, und daher ist $st > 1$, woraus $S \cdot S^{-1} \subseteq 1$ folgt.

Sei umgekehrt $y \in 1$ gegeben. Wir definieren $\varepsilon = y - 1 > 0$ und wählen uns gemäß Lemma 6.4.32 eine positive untere Schranke r' von S. Außerdem können wir wegen Proposition 6.4.21(i) zwei rationale Zahlen $\tilde{r}$ und s mit $\tilde{r} \in \mathbb{Q} \setminus S$ und $s \in S$ und $s - \tilde{r} < r'\varepsilon$ finden. Sei $r = \max\{\tilde{r}, r'\}$. Dann ist immer noch $r \in \mathbb{Q} \setminus S$ und $s - r < r'\varepsilon$. Für r und s gilt darüber hinaus noch

$$\frac{s}{r} - 1 < \frac{r'\varepsilon}{r} < \varepsilon \quad \text{also} \quad \frac{s}{r} < 1 + \varepsilon = y.$$

Wir definieren $t := \frac{yr}{s} > 1$. Dann sind $s < st =: s' \in S$ und $\frac{1}{r} \in S^{-1}$ und weiters

$$s'\frac{1}{r} = \frac{st}{r} = \frac{yrs}{rs} = y,$$

also ist $y \in S \cdot S^{-1}$, und das impliziert $S \cdot S^{-1} = 1$.

Ist S negativ, dann definieren wir $S^{-1} := -((-S)^{-1})$, und wir haben

$$S \cdot S^{-1} = (-S) \cdot (-S^{-1}) = (-S) \cdot (-S)^{-1} = 1.$$

Zu guter Letzt fehlt noch das **Distributivgesetz**. Wir beginnen wieder mit nicht-negativen Schnitten S, T und U. Wegen der Distributivität in $\mathbb{Q}$ gilt

$$\begin{aligned}
(S + T) \cdot U &= \{xu \mid x \in S + T, u \in U\}\{(s + t)u \mid s \in S, t \in T, u \in U\} \\
&= \{su + tu \mid s \in S, t \in T, u \in U\} = \{y + z \mid y \in S \cdot U, z \in T \cdot U\} \\
&= S \cdot U + T \cdot U.
\end{aligned}$$

Für die sieben übrigen Fälle sei als Beispiel einer bewiesen: Mit $U < 0$ und $S \geq 0$ und $T \geq 0$ gilt

$$\begin{aligned}
(S + T) \cdot U &= -((S + T) \cdot (-U)) = -(S \cdot (-U) + T \cdot (-U)) \\
&= -(S \cdot (-U)) + (-(T \cdot (-U))) = S \cdot U + T \cdot U.
\end{aligned}$$

Das beweist, dass $(R, +, \cdot)$ ein Körper ist. □

Aufgabe 6.4.33. Beweisen Sie alle anderen sechs Fälle des Assoziativgesetzes der Multiplikation.

Aufgabe 6.4.34. Schreiben Sie den Beweis für die Kommutativität der Multiplikation explizit auf.

Aufgabe 6.4.35. Beweisen Sie alle sechs noch nicht bewiesenen Fälle des Distributivgesetzes in R.

Proposition 6.4.36 (Geordneter Körper). Der Körper $(R, +, \cdot)$ ist geordnet bezüglich $\leq$.

6.4.36

6.4.36   *Beweis.* Es genügt (O2) zu beweisen, denn (O1) haben wir in Proposition 6.4.29 bereits nachgewiesen. Seien also $S > 0$ und $T > 0$. Dann gibt es positive untere Schranken $\underline{s}$ von S und $\underline{t}$ von T, und daher ist $\underline{st} > 0$ eine untere Schranke von $S \cdot T$. Das impliziert $S \cdot T > 0$.   □

Nachdem wir gezeigt haben, dass die Menge aller Schnitte R einen geordneten Körper bildet, bleibt noch die letzte Eigenschaft nachzuweisen.

6.4.37   **Proposition 6.4.37 (Ordnungsvollständigkeit).**   Der geordnete Körper $(R, +, \cdot, \leq)$ ist ordnungsvollständig.

6.4.37   *Beweis.* Sei E eine nach unten beschränkte Teilmenge von R. Sei $Q \in R$ eine untere Schranke von E, und sei $\alpha \in \mathbb{Q}$ untere Schranke von Q.
Wir betrachten die Menge

$$S := \bigcup_{T \in E} T,$$

die Vereinigung aller Elemente von E.
Wir zeigen zuerst, dass S ein Schnitt ist. Es ist klar, dass S nichtleer ist, denn jedes $T \in E$ ist nichtleer. Außerdem ist α untere Schranke von jedem $T \in E$ (weil $T \subseteq Q$) und daher auch untere Schranke der Vereinigung.
Nun wählen wir ein $q \in \mathbb{Q} \setminus S$. Für dieses Element gilt, dass $\forall T \in E : q \notin T$, also $\forall T \in E : q \in \mathbb{Q} \setminus T$. Für ein beliebiges $s \in S$ gilt nun, dass $\exists T \in E : s \in T$, und daher muss $q \leq s$ sein, was (S1) beweist.
Schließlich gilt (S2), weil für beliebiges $s \in S$ wieder ein $T \in E$ existiert mit $s \in T$. Da T ein Schnitt ist, gibt es ein $s' \in T$, sodass $s' < s$ gilt. Nun ist aber s' in der Vereinigung aller T, also $s' \in S$.
Wir beschließen den Beweis mit der Behauptung, dass $S = \inf E$ gilt. Offensichtlich ist S untere Schranke von E, da $S \supseteq T$ für alle $T \in E$ erfüllt ist. Sei nun $U \in R$ ein Schnitt mit $U > S$. Dann ist $S \supsetneq U$, und daher existiert ein $s \in S$ mit $s \notin U$. Nun muss es aber ein $T \in E$ geben mit $s \in T$, woraus folgt, dass $U \not\supseteq T$ gilt, also ist U keine untere Schranke von E. Daher stimmt tatsächlich $S = \inf E$, und R ist ordnungsvollständig.   □

Nun kommen wir zum Eindeutigkeitsteil von Theorem 6.4.4. Wir beginnen mit einem Hilfsresultat.

6.4.38   **Lemma 6.4.38 (Infima, wenn $\mathbb{Q}$ Unterkörper ist).**   Sei $(S, +, \cdot, \leq)$ ein ordnungsvollständiger geordneter Körper mit geordnetem Unterkörper $\mathbb{Q}$. Dann ist jedes Element $b \in S$ das Infimum der Menge

$$\mathbb{T}_b := \{s \in \mathbb{Q} : b < s\}.$$

Beweis. Die Menge $\mathbb{T}_b$ ist durch b nach unten beschränkt, und daher existiert **6.4.38**
das Infimum $\inf \mathbb{T}_b =: b' \in S$. Angenommen, es gilt $b' > b$. Aus Proposition 6.4.5, für deren Beweis wir nur die Eigenschaften geordneter Körper und Ordnungsvollständigkeit verwendet haben, folgt, dass es ein $q \in \mathbb{Q}$ gibt mit $b < q < b'$.
Dann ist aber $q \in \mathbb{T}_b$, und daher ist b' keine untere Schranke von $\mathbb{T}_b$. Das ist ein
Widerspruch, also ist $b' = b$. $\qquad\square$

Proposition 6.4.39 (Eindeutigkeit). Sei $(S, +, \cdot, \leq)$ ein weiterer ordnungsvoll- **6.4.39**
ständiger geordneter Körper, der $\mathbb{Q}$ als geordneten Unterkörper enthält, dann sind
S und R isomorph.

Beweis. Die Abbildung $f : S \to R$ gegeben durch $f : s \mapsto \mathbb{T}_s$ ist ein monotoner **6.4.39**
Körperisomorphismus.
Zunächst ist f wohldefiniert, denn jedes $\mathbb{T}_s$ ist ein Schnitt von $\mathbb{Q}$: Dass $\mathbb{T}_s$ nichtleer
ist, folgt aus der Unbeschränktheit von $\mathbb{Q}$ in S. Weil s eine untere Schranke von $\mathbb{T}_s$
ist, existiert auch eine rationale Zahl $\tilde{s} < s$, die untere Schranke von $\mathbb{T}_s$ ist. Gilt
$q \in \mathbb{Q} \setminus \mathbb{T}_s$, dann muss $q \leq s$ sein wegen der Definition von $\mathbb{T}_s$. Daher ist q ebenfalls
untere Schranke von $\mathbb{T}_s$, was (S1) beweist. Ist schließlich $r \in \mathbb{T}_s$ eine rationale Zahl,
dann können wir wieder Proposition 6.4.5 verwenden, um eine rationale Zahl r' zu
erhalten, mit $s < r' < r$, also $r' \in \mathbb{T}_s$, gleichbedeutend mit der Gültigkeit von (S2).
Zuerst zeigen wir die Injektivität von f. Seien $s \neq s'$ zwei Elemente von S. O.B.d.A.
ist $s > s'$. Dann gilt $\mathbb{T}_s \subsetneq \mathbb{T}_{s'}$, weil es eine rationale Zahl zwischen s und s' gibt
(wieder Proposition 6.4.5). Daher ist $f(s) \neq f(s')$.
Die Abbildung f ist surjektiv. Ist T ein beliebiger Schnitt von $\mathbb{Q}$, dann ist $T \subseteq S$
nichtleer und nach unten beschränkt, besitzt also ein Infimum $s \in S$. Sei $t \in T$,
dann gilt $t > s$, weil wegen der Schnitteigenschaft (S2) die Menge T ihr Infimum
nicht enthält. Daher ist $t \in \mathbb{T}_s$. Sei umgekehrt $t \in \mathbb{T}_s$ und damit $t > s$. Ist $t \notin T$,
dann folgt aus der Schnitteigenschaft (S1), dass $\forall t' \in T : t \leq t'$, also ist t eine
untere Schranke von T mit $t > s$, was der Infimumeigenschaft von s widerspricht.
Darum gilt $T = \mathbb{T}_s = f(s)$.
Es bleibt zu zeigen, dass f ein Körperhomomorphismus ist.

- Seien $s, t \in S$. Dann ist $f(s) + f(t) = \mathbb{T}_s + \mathbb{T}_t$. Es gilt

$$\mathbb{T}_s + \mathbb{T}_t = \{s' + t' \mid s' \in \mathbb{T}_s, t' \in \mathbb{T}_t\} = \{s' + t' \mid s' > s \wedge t' > t\} =$$
$$= \{s' + t' \mid s' + t' > s + t\} = \mathbb{T}_{s+t} = f(s + t).$$

- Für $s \in S$ folgt

$$-f(s) = -\mathbb{T}_s = \{s' \in \mathbb{Q} \mid \forall t \in \mathbb{T}_s : s' > -t \wedge \forall t' \in \mathbb{Q} : (t' = \inf \mathbb{T}_s \Rightarrow s' \neq -t')\}$$
$$= \{s' \in \mathbb{Q} \mid s' > -s\} = \mathbb{T}_{-s} = f(-s).$$

- Sind wieder $s, t \in S$. Dann folgt für $s \geq 0$ und $t \geq 0$, dass

$$\mathbb{T}_s \cdot \mathbb{T}_t = \{s't' \mid s' \in \mathbb{T}_s, t' \in \mathbb{T}_t\} = \{s't' \mid s' > s \wedge t' > t\}$$
$$= \{s't' \mid s't' > st\} = \mathbb{T}_{st} = f(st).$$

Falls $s < 0$ ist und $t \geq 0$ gilt, ist $st = -((-s)t)$ und aus dem bereits Bewiesenen folgt

$$f(st) = f(-((-s)t)) = -f((-s)t) = -(f(-s)f(t)) = -(-(f(s))f(t)) = f(s)f(t).$$

Der letzte Fall $s < 0$, $t < 0$ ist einfacher:

$$f(st) = f((-s)(-t)) = f(-s)f(-t)$$
$$= (-f(s))(-f(t)) = f(s)f(t).$$

- Zuletzt sei wieder $s \in S$ mit $s > 0$.

$$f(s)^{-1} = \mathbb{T}_s^{-1} = \{s' \in \mathbb{Q} \mid \forall t \in \mathbb{T}_s : s' > \tfrac{1}{t} \wedge \forall t' \in \mathbb{Q} : (t' = \inf \mathbb{T}_s \Rightarrow s' \neq \tfrac{1}{t'})\} =$$
$$= \{s' \in \mathbb{Q} \mid s' > \tfrac{1}{s}\} = \mathbb{T}_{s^{-1}} = f(s^{-1}).$$

Ist hingegen $s < 0$, dann erhalten wir

$$f(s^{-1}) = f(-((-s)^{-1})) = -f((-s)^{-1}) = -(f(-s)^{-1}) = (-f(-s))^{-1} = f(s)^{-1}.$$

Daher ist f ein Körperisomorphismus, und tatsächlich sind S und R isomorph. $\square$

Wir haben nun alle Punkte in Theorem 6.4.4 bewiesen und bezeichnen ab nun den bis auf Isomorphie eindeutig bestimmten ordnungsvollständigen geordneten Körper R mit $\mathbb{R}$ und nennen ihn die **Menge der reellen Zahlen**.

6.5 Die komplexen Zahlen $\mathbb{C}$

Wir kommen nun zu einer weiteren Zahlenmenge, die durch Vergrößerung von $\mathbb{R}$ zustande kommt. Wir folgen (wieder) dem Bestreben, *noch mehr* Gleichungen lösen zu können und beginnen mit einem Rück- und Ausblick. Wir erinnern uns, dass die Geschichte der Algebra mit Büchern begonnen hat, in denen unter anderem die Lösung linearer und quadratischer Gleichungen beschrieben wurde. Begonnen hat das in einer Zeit, als nur die positiven rationalen Zahlen bekannt waren. Bereits die Lösung der quadratischen Gleichung

$$x^2 + 1 = 1 \tag{6.14}$$

bereitet da Schwierigkeiten. Gegen Anfang des 13. Jahrhunderts begann sich in Europa die 0 als eigenständige Zahl durchzusetzen, doch die alte Welt musste einige weitere Jahrhunderte warten, bis auch die negativen Zahlen akzeptiert waren. Von diesem Zeitpunkt an war Gleichung (6.14) lösbar, ebenso wie etwa

$$x^2 + 3x + 2 = 0. \tag{6.15}$$

Die Tatsache, dass die rationalen Zahlen nicht genügen, ist seit dem
5. Jahrhundert v. Chr. bekannt, als Hippasos von Metapont die Irrationalität von $\sqrt{2}$ als Diagonallänge des Einheitsquadrates erkannte.
Die Polynomgleichung

$$x^2 = 2, \tag{6.16}$$

die aus dem Satz von Pythagoras folgt, ist also — wie wir schon in Theorem 3.2.7 bewiesen haben — in den rationalen Zahlen nicht lösbar.
Daher wurde in der Mathematik schon früh auf die reellen Zahlen
zurückgegriffen, allerdings ohne eine wirkliche Definition als Zahlenmenge anzugeben. Das haben erst Cantor und Dedekind im Jahre 1871
auf äquivalente aber unterschiedliche Weise getan, und wir haben insbesondere Dedekinds Variante im vorigen Abschnitt vorgestellt.
Nun stellen wir uns die Frage, ob jede quadratische Gleichung in den
reellen Zahlen lösbar ist. Die Antwort ist, wie wir alle wissen, nein.
Z.B. hat die Gleichung

$$x^2 + 1 = 0 \tag{6.17}$$

keine reelle Lösung, und um diese Gleichung lösbar zu machen, sind
wir gezwungen, unsere Zahlenmenge ein letztes Mal zu vergrößern, was
uns auf die komplexen Zahlen führen wird.
Auch die komplexen Zahlen wurden in der Mathematik schon einige
Zeit verwendet, bevor eine exakte Definition gefunden wurde. So ist
bekannt, dass Girolamo Cardano (1501–1576) während er die Formeln
für die Nullstellen von Polynomen dritten und vierten Grades erarbei-
tete, die komplexen Zahlen vor Augen hatte. Er verwarf sie allerdings
wieder als „zu subtil und daher nutzlos".
Auch Leonhard Euler (1707–1783) kannte bereits die komplexen Zahlen.
Er führte 1748 die „Zahl" i in seiner berühmten Arbeit „Introductio in
analysin infinitorum" [26] als Bezeichnung ein. Dort taucht auch die
faszinierende Formel

$$e^{ix} = \cos x + i \sin x,$$

die heute Eulers Namen trägt, das erste Mal auf.

Der erste jedoch, der eine mathematische Arbeit über die komplexen Zahlen verfasst hat, in der eine Definition derselben (die reellen Zahlen vorausgesetzt) vorkommt, war Caspar Wessel (1745–1818). Er hat 1799 in der Königlich Dänischen Akademie eine Arbeit veröffentlicht [70] (übrigens als erstes Nichtmitglied, und es war seine einzige(!) mathematische Arbeit), in der er die geometrische Interpretation der komplexen Zahlen vorstellte. Er entwickelte diese Zahlen übrigens während er Oldenburg trigonometrisch vermaß (triangulierte), und es ist sicher, dass er bereits 1787 die komplexen Zahlen entwickelt hatte, unwissend, dass solche Zahlen bereits in Verwendung waren. Mit Hilfe dieser brillanten mathematischen Idee gelang es ihm als erstem, eine genaue Landkarte Dänemarks herzustellen.

Leider wurde seine Arbeit in Mathematikerkreisen nicht gelesen, und so wurde im Jahr 1806 die geometrische Interpretation von dem Schweizer Jean Robert Argand (1768–1822) wiederentdeckt und erneut entwickelt von Johann Carl Friedrich Gauß (1777–1855) im Jahre 1831, der übrigens interessanterweise eine weitere Arbeit von Wessel, nämlich die Triangulierung von Oldenburg im Jahr 1824 wiederholte. Was sind also diese „mystischen" komplexen Zahlen, die die Mathematiker so lange in Atem gehalten haben? Als moderne MathematikerInnen mit geschultem algebraischem Blick können wir den Zahlen den Mythos nehmen. Wir beginnen mit einer Definition.

6.5.1   **Definition 6.5.1 ($\mathbb{C}$).** Wir definieren $\mathbb{C} := \mathbb{R} \times \mathbb{R}$ und erklären auf dieser Menge die beiden Verknüpfungen $+$ und $\cdot$ wie folgt

$$
\begin{aligned}
(a_1, a_2) + (b_1, b_2) &:= (a_1 + b_1, a_2 + b_2) \\
(a_1, a_2) \cdot (b_1, b_2) &:= (a_1 b_1 - a_2 b_2, a_1 b_2 + a_2 b_1).
\end{aligned}
\tag{6.18}
$$

Wir nennen $(\mathbb{C}, +, \cdot)$ die *komplexen Zahlen*.

Zuerst untersuchen wir die algebraischen Eigenschaften unseres neuen Konstrukts.

6.5.2   **Theorem 6.5.2 ($\mathbb{C}$ ist ein Körper).** $(\mathbb{C}, +, \cdot)$ ist ein Körper.

Beweis. Um dieses Theorem zu beweisen, müssen wir die Körperaxiome nachrechnen. **6.5.2**

(AG(+)) Das folgt aus der komponentenweisen Definition von + und der Tatsache, dass $(\mathbb{R}, +)$ eine abelsche Gruppe ist.

(KG(+)) Hier trifft dasselbe Argument zu wie für das Assoziativgesetz.

(Nullelement) Es gilt, dass $(0,0)$ das neutrale Element bezüglich + ist: $(a_1, a_2) + (0,0) = (a_1 + 0, a_2 + 0) = (a_1, a_2)$.

(Inverse(+)) Das Inverse zu (a_1, a_2) ist $(-a_1, -a_2)$, wie man sehr leicht nachrechnet.

(AG($\cdot$)) Seien (a_1, a_2), (b_1, b_2) und (c_1, c_2) gegeben. Dann gilt

$$
\begin{aligned}
(a_1, a_2)\big((b_1, b_2)(c_1, c_2)\big) &= \\
&= (a_1, a_2)(b_1 c_1 - b_2 c_2, b_1 c_2 + b_2 c_1) \\
&= (a_1 b_1 c_1 - a_1 b_2 c_2 - a_2 b_1 c_2 - a_2 b_2 c_1, \\
&\qquad a_1 b_1 c_2 + a_1 b_2 c_1 + a_2 b_1 c_1 - a_2 b_2 c_2) \\
&= (a_1 b_1 - a_2 b_2, a_1 b_2 + a_2 b_1)(c_1, c_2) \\
&= \big((a_1, a_2)(b_1, b_2)\big)(c_1, c_2).
\end{aligned}
$$

(KG($\cdot$)) Dieses Gesetz folgt aus der Symmetrie der Definition von $\cdot$ und dem Kommutativgesetz in $(\mathbb{R}, \cdot)$.

(Einselement) Das Einselement ist $(1, 0)$, eine sehr einfache Rechnung.

(Inverse($\cdot$)) Ist $(a_1, a_2) \neq (0, 0)$, dann ist das Element

$$
\left(\frac{a_1}{a_1^2 + a_2^2}, \frac{-a_2}{a_1^2 + a_2^2} \right)
$$

das Inverse zu (a_1, a_2). Hier verwenden wir die Tatsache, dass für reelle Zahlen a_1 und a_2 der Nenner $a_1^2 + a_2^2$ nur dann verschwinden kann, wenn beide Zahlen gleich 0 sind. Das haben wir aber ausgeschlossen. Tatsächlich gilt

$$
(a_1, a_2) \left(\frac{a_1}{a_1^2 + a_2^2}, \frac{-a_2}{a_1^2 + a_2^2} \right) = \left(\frac{a_1^2 + a_2^2}{a_1^2 + a_2^2}, \frac{-a_1 a_2 + a_2 a_1}{a_1^2 + a_2^2} \right) = (1, 0).
$$

(**DG**)   Seien wiederum (a_1, a_2), (b_1, b_2) und (c_1, c_2) gegeben. Dann gilt wegen des Distributivgesetzes in $\mathbb{R}$

$$(a_1, a_2)\big((b_1, b_2) + (c_1, c_2)\big) =$$
$$= \big(a_1(b_1 + c_1) - a_2(b_2 + c_2), a_1(b_2 + c_2) + a_2(b_1 + c_1)\big)$$
$$= (a_1 b_1 - a_2 b_2, a_1 b_2 + a_2 b_1) + (a_1 c_1 - a_2 c_2, a_1 c_2 + a_2 c_1) =$$
$$= (a_1, a_2)(b_1, b_2) + (a_1, a_2)(c_1, c_2).$$

$\square$

Aufgabe 6.5.3. Führen Sie den Beweis, dass die Addition auf $\mathbb{C}$ assoziativ und kommutativ ist, explizit aus. Rechnen Sie auch nach, dass $(-a_1, -a_2)$ das additiv Inverse zu (a_1, a_2) ist.

Aufgabe 6.5.4. Zeigen Sie explizit, dass die Multiplikation auf $\mathbb{C}$ kommutativ und $(1, 0)$ das Einselement ist.

Die **reellen Zahlen sind ein Unterkörper von** $\mathbb{C}$, wie man sieht, indem man die Abbildung

$$\iota : \mathbb{R} \to \mathbb{C}$$
$$r \mapsto (r, 0)$$

betrachtet. Diese Abbildung ist offensichtlich injektiv und erlaubt es uns daher, $\mathbb{R}$ derart als Teilmenge von $\mathbb{C}$ aufzufassen, dass die von $\mathbb{C}$ ererbten Operationen mit den ursprünglichen $\mathbb{R}$-Operationen übereinstimmen $((r, 0) - (s, 0) = (r - s, 0)$ und für $s \neq 0$, $(r, 0)(s^{-1}, 0) = (rs^{-1}, 0))$. In Zukunft werden wir also die reellen Zahlen mit den komplexen Elementen $(r, 0)$ identifizieren und im Weiteren wieder r für diese Zahlen schreiben. Außerdem sehen wir, dass $(r, 0)(a_1, a_2) = (ra_1, ra_2)$ gilt.

Wir wollen an dieser Stelle explizit machen, was Mathematiker-Innen unter dem oben verwendeten Begriff des „Identifizierens" verstehen — nachdem dieses Thema sowohl im Erweiterungsstoff dieses Kapitels, als auch etwa schon in Beispiel 5.3.77 angeklungen ist.

Der einfachste Fall (d.h. der mit der wenigsten Struktur) ist der „bloßer" Mengen: Seien A und B Mengen und $\iota : A \to B$ eine injektive Abbildung, dann wird A bijektiv auf sein Bild $\iota(A) \subseteq B$ abgebildet. Mit anderen Worten ist die Abbildung

$$\tilde{\iota} : A \to \iota(A)$$
$$a \mapsto \iota(a)$$

eine Bijektion und als solche im Wesentlichen eine Umbenennung der Elemente. Das erlaubt es uns aber, jedes a in unserem Geist mit $\iota(a)$ gleichzusetzen und so $a \in A$ als Element von B aufzufassen. Man sagt dann auch, ι bettet A in B ein bzw. A wird mit seinem Einbettungsbild (unter ι) *identifiziert*.

Ist mehr Struktur im Spiel, betrachten wir also z.B. die Situation, dass A und B Gruppen sind, so spricht man nur dann vom „Identifizieren", wenn auch die zusätzliche Struktur erhalten bleibt, d.h. ι zusätzlich ein Gruppenhomomorphismus von A nach B ist. Damit ist aber $\tilde{\iota}$ ein Gruppenisomorphismus, und wir können die Gruppe A mit der Gruppe $\iota(A) \subseteq B$ identifizieren; die beiden Gruppen sind ja vom Standpunkt der Gruppentheorie nicht unterscheidbar. Außerdem ist $\iota(A)$ nach Definition eine Untergruppe von B, und so können wir A nicht nur als Teilmenge von B, sondern sogar als Untergruppe von B auffassen. Es ist dann auch die Sprechweise gebräuchlich, dass A mittels ι in B eingebettet wird.

Oben haben wir diese grundlegende Idee nach folgendem Muster angewendet: Zunächst haben wir $\mathbb{R}$ mittels ι injektiv nach $\mathbb{C}$ abgebildet — im ersten Schritt bloß als Menge. Dann haben wir festgestellt, dass die Operationen auf $\mathbb{R}$ mit den $\mathbb{C}$-Operationen auf $\iota(\mathbb{R})$ übereinstimmen, d.h. dass ι ein Körperhomomorphismus ist. Somit können wir $\mathbb{R}$ als Unterkörper von $\mathbb{C}$ auffassen, also die reellen Zahlen mit dem Unterkörper $\iota(\mathbb{R}) = \{(a, 0)| \; a \in \mathbb{R}\}$ von $\mathbb{C}$ identifizieren.

Interessant wird es nun, wenn wir die Eigenschaften anderer Elemente betrachten, z.B.

$$(0,1)(0,1) = (-1,0) = \iota(-1),$$

und damit finden wir in $\mathbb{C}$ eine Nullstelle des Polynoms $x^2 + 1$. Um die Schreibweise zu vereinfachen, führen wir eine Abkürzung für $(0,1)$ ein.

6.5.5   **Definition 6.5.5 (Imaginäre Einheit).** Es gelte die Bezeichnung

$$i := (0,1) \in \mathbb{C}.$$

Wir nennen i die *imaginäre Einheit*.

Wir haben schon nachgerechnet, dass $i^2 = -1$ gilt, und es folgt aus der Struktur von $\mathbb{C} = \mathbb{R} \times \mathbb{R}$ und der komponentenweisen Definition der Addition, dass sich jedes Element (a_1, a_2) von $\mathbb{C}$ eindeutig schreiben lässt als $(a_1, a_2) = (a_1, 0) + a_2(0,1)$ oder mit Hilfe der Abkürzung aus Definition 6.5.5 als $(a_1, a_2) = a_1 + ia_2$.

Damit gewinnen wir Eulers Schreibweise für die komplexen Zahlen (zurück). Mythisches oder Philosophisches haben wir dazu nicht benötigt. Wir fassen unsere neue Notation in einer Definition zusammen.

6.5.6   **Definition 6.5.6 (Real- und Imaginärteil).** Sei $z = (x, y) \in \mathbb{C}$. Dann schreiben wir z auch als

$$z = x + iy$$

und bezeichnen x als den *Realteil* und y als den *Imaginärteil* von z und schreiben $x = \operatorname{Re} z = \Re z$ bzw. $y = \operatorname{Im} z = \Im z$.

Die komplexen Zahlen lassen sich als Elemente von $\mathbb{R} \times \mathbb{R} = \mathbb{R}^2$ klarerweise auch als Punkte in der Ebene deuten. Das führt auf die Definition von Wessel, Argand und Gauß. Auch die Polarkoordinatenrepräsentation durch Länge und Winkel ist auf diese geometrische Interpretation zurückzuführen, siehe Abbildung 6.4:
Wir können in der komplexen Ebene *Polarkoordinaten* (für diese verweisen wir auf den Schulstoff bzw. KEMNITZ [50, Abschnitt 7.1.2])

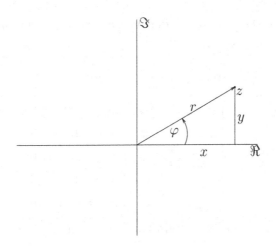

Abb. 6.4 Die komplexe Zahlenebene

einführen, d.h. wir verwenden anstelle der kartesischen Koordinaten den Abstand vom Ursprung und den Winkel von der positiven ersten Achse zur Beschreibung der Punkte. Dann lässt sich jede komplexe Zahl $0 \neq z = x + iy$ eindeutig als

$$z = r(\cos\varphi + i\sin\varphi)$$

schreiben (siehe Abbildung 6.4), wenn man den Winkel auf $[-\pi, \pi[$ einschränkt (das ist das üblicherweise gewählte Intervall). Der Radius errechnet sich aus dem Satz von Pythagoras als $r = \sqrt{x^2 + y^2}$, und der Winkel kann aus $\cos\varphi = \frac{x}{r}$ oder für $x \neq 0$ aus $\tan\varphi = \frac{y}{x}$ berechnet werden. Allerdings ist der Winkel durch letztere Gleichung nicht eindeutig bestimmt: Zunächst müssen wir beachten, dass wir den vollen Kreis nicht überschreiten, der Winkel also im Intervall $[-\pi, \pi[$ bleibt. Darüber hinaus ist tan im Intervall $[-\pi, \pi[$ nicht injektiv (ja nicht einmal überall definiert), sondern z.B. nur auf $]-\frac{\pi}{2}, \frac{\pi}{2}[$; tatsächlich ist die Arcustangens-Funktion arctan, die Umkehrfunktion des Tangens, die uns schon kurz in Abschnitt 4.4 (siehe Abbildung 4.4) begegnet ist, definiert als Funktion $\arctan : \mathbb{R} \to]-\frac{\pi}{2}, \frac{\pi}{2}[$. Schließlich ist $\frac{y}{x}$ für $x = 0$ nicht definiert und wir nehmen die folgende Fallunterscheidung vor, die sich danach richtet, in welchem Quadranten sich der Punkt

(x, y) befindet, das heißt nach den Vorzeichen von x und y (siehe auch ARENS et al. [6, Abschnitt 5.2]):

$$\varphi = \arccos\left(\frac{x}{\sqrt{x^2+y^2}}\right) \quad \text{oder}$$

$$\varphi = \begin{cases} \arctan \frac{y}{x} & \text{für } x > 0 \\ \arctan \frac{y}{x} + \pi & \text{für } x < 0, \, y > 0 \\ \arctan \frac{y}{x} - \pi & \text{für } x < 0, \, y < 0 \\ \frac{\pi}{2} & \text{für } x = 0, \, y > 0 \\ -\frac{\pi}{2} & \text{für } x = 0, \, y < 0. \end{cases} \quad (6.19)$$

Unser Ergebnis erheben wir nun zur Definition.

6.5.7   **Definition 6.5.7 (Betrag, Polardarstellung komplexer Zahlen).**
Sei $z = x + iy \in \mathbb{C}$ gegeben. Wir definieren den *Absolutbetrag* oder *Betrag* einer komplexen Zahl durch

$$|z| := \sqrt{x^2 + y^2}.$$

Für $z \neq 0$ ist der Winkel $\varphi =: \arg(z)$ in der Polardarstellung durch die Gleichungen (6.19) gegeben und wird das *Argument* von z genannt. Das Argument ist für $z = 0$ nicht definiert.

Für alle komplexen Zahlen $z \neq 0$ ist die Darstellung durch Absolutbetrag und Argument eindeutig. Dann gilt

$$z = |z|(\cos \arg(z) + i \sin \arg(z)).$$

Das Multiplizieren komplexer Zahlen ist in der Polardarstellung besonders einfach. Es gilt nämlich

$$z_1 z_2 = r_1 r_2 \big(\cos(\varphi_1 + \varphi_2) + i \sin(\varphi_1 + \varphi_2) \big),$$

wobei r_i bzw. φ_i der zu z_i $(i = 1, 2)$ gehörige Radius bzw. Winkel ist. (Es ist eventuell nötig, den Winkel $\varphi_1 + \varphi_2$ durch Addition oder Subtraktion von 2π wieder in den Bereich $[-\pi, \pi[$ zu bringen.) Es werden also die Radien multipliziert und die Winkel addiert. Das Inverse von $z \neq 0$ ist ebenfalls sehr einfach zu bestimmen; es gilt $z^{-1} = \frac{1}{r}(\cos(-\varphi) + i \sin(-\varphi))$.

In der kartesischen Darstellung ist die Division ein wenig mühsamer:

$$\frac{a_1 + ib_1}{a_2 + ib_2} = \frac{(a_1 + ib_1)(a_2 - ib_2)}{(a_2 + ib_2)(a_2 - ib_2)}$$

$$= \frac{a_1 a_2 + b_1 b_2 + i(a_2 b_1 - a_1 b_2)}{a_2^2 + b_2^2} = \frac{a_1 a_2 + b_1 b_2}{a_2^2 + b_2^2} + i \frac{a_2 b_1 - a_1 b_2}{a_2^2 + b_2^2}.$$

In diesem Fall haben wir den Bruch oben und unten mit derselben komplexen Zahl multipliziert, nämlich $a_2 - ib_2$. Diese verdient eine besondere Hervorhebung.

Definition 6.5.8 (Konjugiert komplexe Zahl). Sei $z = x + iy \in \mathbb{C}$. **6.5.8**
Wir definieren die zu z *konjugiert komplexe Zahl* $\bar{z}$ als

$$\bar{z} := x - iy.$$

Wie wir im Nenner obiger Rechnung sehen können, in dem das Quadrat des Betrags von $a_2 + ib_2$ auftaucht, gilt für jede komplexe Zahl z

$$z\bar{z} = |z|^2,$$

und außerdem gelten die Identitäten

$$\bar{\bar{z}} = z,$$

$$\overline{z_1 + z_2} = \overline{z_1} + \overline{z_2},$$

$$\overline{z_1 z_2} = \overline{z_1}\,\overline{z_2}.$$

Aufgabe 6.5.9. Weisen Sie die obigen drei Identitäten nach.

Aufgabe 6.5.10. Bestimmen Sie für die komplexen Zahlen

$$z_1 = 3 + 2i, \ z_2 = 2 - 4i, \ z_3 = -i, \ z_4 = 1 - i, \ z_5 = 5 - 3i$$

$\bar{z}_i$, $|z_i|$, $\arg z_i$ und $1/z_i$ für $i = 1, \ldots, 5$. Berechnen Sie weiters $z_i + z_j$, $z_i - z_j$, $z_i z_j$ und z_i/z_j für $i, j = 1, \ldots, 5$. Stellen Sie das Resultat jeweils in der Form $a + ib$ mit $a, b \in \mathbb{R}$ dar.

Aufgabe 6.5.11. Schreiben Sie die folgenden Zahlen in der Form $a+ib$ mit $a, b \in \mathbb{R}$:

$$z_1 = \frac{1+i}{7-i}, \; z_2 = \left| \frac{2-6i}{3+8i} \right|, \; z_3 = (9+6i)^4, \; z_4 = i^{101}, \; z_5 = \sum_{n=1}^{1234} i^n.$$

Aufgabe 6.5.12. 1. Multiplizieren Sie $3 + \frac{4}{3}i$ mit $-2 + \frac{i}{2}$. Wie sieht das in der komplexen Zahlenebene aus?
2. Was ist in $\mathbb{C}$ das Inverse zu $\frac{7}{2} - \frac{2}{4}i$?

Aufgabe 6.5.13. Lösen Sie folgendes Gleichungssystem über dem Körper der komplexen Zahlen:

$$\frac{1}{i}x + (2+i)y = 0$$
$$2x - (1-i)y = 2.$$

Wir wollen nun untersuchen, ob es uns gelingt, die Ordnungsrelation von $\mathbb{R}$ auf $\mathbb{C}$ auszudehnen, sodass wieder (O1) und (O2) gelten. Folgendes (zunächst) erstaunliche Resultat kommt dabei zu Tage.

6.5.14 **Theorem 6.5.14 ((Un-)ordnung auf $\mathbb{C}$).** Es gibt keine Ordnungsrelation auf $\mathbb{C}$, mit der $(\mathbb{C}, +, \cdot)$ ein geordneter Körper wird.

6.5.14 *Beweis.* Angenommen, es gäbe eine Ordnungsrelation $\leq$, die alle notwendigen Eigenschaften aufweist. Dann gilt jedenfalls $-1 < 0 < 1$ wegen Proposition 6.3.2(ii) und (v).
Wegen $i \neq 0$ folgt aber wieder wegen Proposition 6.3.2(v), dass $-1 = i^2 > 0$, ein Widerspruch. Daher existiert keine solche Ordnungsrelation. $\qquad \square$

Wir sehen also, dass die Existenz eines Elements mit negativem Quadrat jede Hoffnung zerstört, einen geordneten Körper zu konstruieren; diese steht nämlich im Widerspruch zu einer einfachen Konsequenz von (O2), die wir eben in Proposition 6.3.2(v) festgestellt haben.

Nun aber zurück zu den Polynomen. Für ein beliebiges quadratisches Polynom mit komplexen Koeffizienten α_i können wir jetzt jedenfalls die Nullstellen ausrechnen. Sei nämlich

$$p(z) = \alpha_2 z^2 + \alpha_1 z + \alpha_0,$$

dann kann man alle Nullstellen von p mit Hilfe der wohl bekannten Formel

$$z_{1,2} = \frac{-\alpha_1 \pm \sqrt{\alpha_1^2 - 4\alpha_2\alpha_0}}{2\alpha_2}$$

bestimmen.

Beispiel 6.5.15 (Nullstellen eines komplexen quadratischen Polynoms). *Sei das Polynom*

$$z^2 - (3 - 8i)z - 13 - 11i$$

gegeben. Die Nullstellen berechnen wir wie folgt:

$$
\begin{aligned}
z_{1,2} &= \frac{3 - 8i \pm \sqrt{(3 - 8i)^2 + 4(13 + 11i)}}{2} \\
&= \frac{3 - 8i \pm \sqrt{-55 - 48i + 52 + 44i}}{2} \\
&= \frac{3 - 8i \pm \sqrt{-3 - 4i}}{2}
\end{aligned}
$$

Wir müssen nun die Wurzel aus $-3 - 4i$ ziehen, wofür sich zwei Möglichkeiten anbieten. Zum einen können wir in Polarkoordinaten verwandeln und $\sqrt{(r, \varphi)} = (\sqrt{r}, \frac{\varphi}{2})$ verwenden. Zum anderen ist es möglich, die Wurzel direkt zu ziehen. Dazu verwenden wir einen unbestimmten Ansatz. Sei $\sqrt{-3 - 4i} = a + ib$. Dann gilt

$$(a + ib)^2 = a^2 - b^2 + 2iab = -3 - 4i,$$

was zum Gleichungssystem

$$a^2 - b^2 = -3, \quad 2ab = -4$$

führt.

Mit einem kleinen Trick können wir den Lösungsweg abkürzen. Wir wissen, dass

$$a^2 + b^2 = |a + ib|^2 = |(a + ib)^2| = |-3 - 4i| = \sqrt{9 + 16} = 5$$

gilt, und aus dieser erhalten wir durch Addition bzw. Subtraktion mit der oberen Gleichung

$$2a^2 = 2, \quad 2b^2 = 8.$$

Wir haben also $a = \pm 1$ und $b = \pm 2$, und aus der Beziehung $2ab = -4$ erhalten wir die Lösungen

$$\sqrt{-3 - 4i} = \pm(1 - 2i).$$

Setzen wir das in die Lösungsformel ein, dann ergibt das

$$z_{1,2} = \frac{3 - 8i \pm (1 - 2i)}{2} \quad \text{also } z_1 = 2 - 5i \text{ und } z_2 = 1 - 3i.$$

Aufgabe 6.5.16. Berechnen Sie für die komplexen Zahlen z_i aus Aufgabe 6.5.10 die Ausdrücke $\sqrt{z_i}$ und $\sqrt{\overline{z_i}}$.

Aufgabe 6.5.17. Berechnen Sie die Nullstellen der folgenden komplexen quadratischen Polynome:

1. $p(z) = z^2 + 8z + 25$,
2. $q(z) = z^2 - (6 + 2i)z + 43 - 6i$,
3. $r(z) = z^2 + (5 - 5i)z - 13i$.

Aufgabe 6.5.18. Für welchen Wert von k hat die Gleichung

$$x^2 = 3 + (kx - 3)^2$$

genau eine Lösung?

Für quadratische Polynome haben die komplexen Zahlen also das Nullstellenproblem erledigt, doch wir wissen noch immer nicht, ob wir dasselbe für beliebige Polynome tun können. Wir fragen uns also, ob jedes nichtkonstante komplexe Polynom eine Nullstelle in $\mathbb{C}$ besitzt. Allgemein nennt man einen Körper K **algebraisch abgeschlossen**, falls jedes nichtkonstante Polynom mit Koeffizienten in K eine Nullstelle in K hat, d.h. unsere Frage können wir umformulieren zu: Ist $\mathbb{C}$ algebraisch abgeschlossen? Dieses Problem hat J. C. F. Gauß 1799 in seiner Dissertation gelöst.

Theorem 6.5.19 (Fundamentalsatz der Algebra). Sei $p(z)$ ein **6.5.19** beliebiges nichtkonstantes Polynom mit komplexen Koeffizienten

$$p(z) = \sum_{i=0}^{n} a_i z^i \quad \text{mit } a_i \in \mathbb{C},\, n \geq 1,\, a_n \neq 0.$$

Dann existiert ein $\alpha \in \mathbb{C}$ mit $p(\alpha) = 0$; es gibt also immer wenigstens eine (komplexe) Nullstelle.

Beweis. Der Beweis dieses Satzes würde das Lehrziel dieses Buches **6.5.19** sprengen, und daher lassen wir ihn aus. Übrigens gibt es viele — über 100 — verschiedenen Beweise für diesen Satz. In jedem Buch über Funktionentheorie (komplexe Analysis) ist einer zu finden; siehe etwa REMMERT & SCHUMACHER [62]. □

Es lässt sich sogar noch ein klein wenig mehr sagen, denn wenn man eine Nullstelle eines Polynoms gefunden hat, dann kann man mit Hilfe der Polynomdivision folgenden Satz beweisen.

Theorem 6.5.20 (Abspaltung eines Linearfaktors). Sei p ein **6.5.20** komplexes Polynom n–ten Grades und α eine Nullstelle von p. Dann gibt es ein Polynom q vom Grad $n-1$, sodass

$$p(z) = q(z)(z - \alpha).$$

Man kann also den *Linearfaktor* $z - \alpha$ abspalten.

6.5.20 *Beweis.* Wegen des euklidischen Algorithmus (Proposition 5.3.67) gibt es zu p und $(z - \alpha)$ ein konstantes Polynom r mit

$$p(z) = q(z)(z - \alpha) + r.$$

Weil $0 = p(\alpha) = q(\alpha)(\alpha - \alpha) + r = r$, folgen $r = 0$ und das Resultat.

$\square$

Fasst man die beiden Theoreme 6.5.19 und 6.5.20 zusammen, dann kann man die folgende wichtige Folgerung über Polynome und ihre Nullstellen beweisen.

6.5.21 **Korollar 6.5.21 (Faktorisierung von Polynomen).** Sei p ein komplexes Polynom vom Grad n. Dann existieren genau n Linearfaktoren $z - \alpha_i$ mit $i = 1, \ldots, n$ und $c \in \mathbb{C}$, sodass

$$p(z) = c \prod_{i=1}^{n} (z - \alpha_i)$$

gilt. Das Polynom zerfällt also über $\mathbb{C}$ in genau n Linearfaktoren.

6.5.21 *Beweis.* Nach dem Fundamentalsatz der Algebra hat p eine Nullstelle, die man nach Theorem 6.5.20 abspalten kann. Übrig bleibt ein Polynom q, dessen Grad um 1 kleiner ist als der von p. Auf q kann man wieder den Fundamentalsatz anwenden, usw. Das Korollar folgt mittels vollständiger Induktion.

$\square$

Aufgabe 6.5.22. Bestimmen Sie alle (auch die komplexen) Nullstellen der Polynome

1. $p(x) = x^3 - x^2 + x - 1$,
2. $p(x) = x^3 + 2x^2 + 4x + 8$,
3. $p(z) = z^2 - (1 + i)z + i$,
4. $p(z) = z^4 - (2 - i)z^3 + (3 - 2i)z^2 - (4 - i)z + 2$.

Stellen Sie die Polynome als Produkte von Linearfaktoren dar.

Aufgabe 6.5.23. Bestimmen sie die Lösungsmengen über $\mathbb{C}$ folgender Gleichungen:

1. $x + \frac{1}{x} = \frac{13}{6}$,
2. $\frac{1}{x^4} - \frac{82}{x^2} + 81 = 0$.

Obige Resultate sind sehr praktisch, doch leider gibt es keine Möglichkeit, für allgemeine Polynome hohen Grades diese Linearfaktoren (d.h. die Nullstellen) explizit zu bestimmen. Nils Henrik Abel (1802–1829) hat nämlich im Jahr 1824 den folgenden Satz bewiesen.

Theorem 6.5.24 (Nils Henrik Abel). Für jedes $n \geq 5$ existiert ein **6.5.24** Polynom p mit rationalen Koeffizienten vom Grad n, das eine reelle Nullstelle r besitzt mit der Eigenschaft, dass r nicht geschrieben werden kann als algebraischer Ausdruck, der rationale Zahlen, Additionen, Subtraktionen, Multiplikationen, Divisionen und k–te Wurzeln enthält. Anders ausgedrückt existiert keine Formel und damit kein endlicher algebraischer Algorithmus, der aus den Koeffizienten eines Polynoms vom Grad $n \geq 5$ die Nullstellen berechnet.

Beweis. Der Beweis dieses Satzes gehört in die höhere Algebra und **6.5.24** kann unter dem Kapitel Galoistheorie z.B. in SCHEJA & STORCH [66] nachgelesen werden. □

Eine in der Mathematik sehr wichtige Anwendung des Korollars 6.5.21 ist die Tatsache, dass üblicherweise $n+1$ Punkte in $\mathbb{C}^2$ bzw. $\mathbb{R}^2$ genau ein Polynom vom Grad n bestimmen, das durch alle diese Punkte geht, d.h. alle diese Punkte *interpoliert*. Eine mathematisch exakte Formulierung dieser Tatsache gibt das nächste Beispiel.

Beispiel 6.5.25 (Lagrange Interpolation). *Gegeben seien $n+1$ Paare komplex-* **6.5.25** *er Zahlen (x_i, f_i) $(i = 0, \ldots, n)$ mit paarweise verschiedenen x_i. Dann gibt es genau ein Polynom p vom Grad höchstens n, das die Interpolationsbedingung*

$$p(x_i) = f_i, \quad i = 0, \ldots, n$$

erfüllt.
Leicht einzusehen ist, dass es höchstens ein solches Polynom geben kann, denn hätten wir zwei interpolierende Polynome p und q, dann würde das Polynom $p - q$, das ebenfalls höchstens Grad n hat, $(p-q)(x_i) = 0$ für alle $i = 0, \ldots, n$ erfüllen. Das Differenzenpolynom hätte also $n+1$ Nullstellen, müsste also in $n+1$ Linearfaktoren

zerfallen. Das ist aber unmöglich nach Korollar 6.5.21. Folglich muss $p - q$ das Nullpolynom sein, also stimmen p und q überein.

Um zu zeigen, dass ein interpolierendes Polynom existiert, wollen wir zunächst einen einfachen Fall lösen. Wir betrachten für $j \in \{0, \ldots, n\}$ die Paare (x_i, δ_i^j). Dabei sei δ_i^j wieder das Kronecker–Symbol aus Beispiel 2.2.2. Das Polynom

$$L_j(x) := \prod_{\substack{i=0 \\ i \neq j}}^{n} \frac{x - x_i}{x_j - x_i}$$

ist das Polynom, das die Punkte (x_i, δ_i^j) interpoliert, wie man leicht nachrechnet (die Eindeutigkeit folgt aus dem bereits gesagten). Die Polynome L_j heißen die Lagrangeschen Interpolationspolynome zu den Punkten x_i.

Für den allgemeinen Fall (x_i, f_i) können wir dann p anschreiben als

$$p(x) = \sum_{j=0}^{n} f_j L_j(x),$$

weil

$$p(x_i) = \sum_{j=0}^{n} f_j \delta_i^j = f_i$$

gilt, da in der Summe alle Terme wegfallen, für die $j \neq i$ ist. Es gibt also ein interpolierendes Polynom, und damit genau eines.

Seien etwa die Paare $(0, 1)$, $(1, 2)$ und $(2, 0)$ gegeben. Die Lagrangeschen Interpolationspolynome zu $0, 1, 2$ sind

$$L_0(x) = \tfrac{1}{2}(x - 1)(x - 2), \quad L_1(x) = -x(x - 2), \quad L_2(x) = \tfrac{1}{2}x(x - 1).$$

Daher ergibt sich für das Interpolationspolynom

$$p(x) = 1L_0(x) + 2L_1(x) + 0L_2(x) = \tfrac{1}{2}(x-1)(x-2) - 2x(x-2) = -\tfrac{1}{2}(3x+1)(x-2).$$

6.6 Die Quaternionen $\mathbb{H}$ und andere Zahlenmengen

Einer interessanten Frage über Zahlenmengen wollen wir zum Abschluss des Kapitels noch nachgehen. Sie ergibt sich im Anschluss an die Definition von $\mathbb{C}$ als Körperstruktur auf $\mathbb{R} \times \mathbb{R}$ und lautet: Kann man auch auf $\mathbb{R} \times \mathbb{R} \times \mathbb{R} = \mathbb{R}^3$ oder allgemeiner auf $\underbrace{\mathbb{R} \times \cdots \times \mathbb{R}}_{n-\text{mal}} = \mathbb{R}^n$ eine Körperstruktur einführen?

Die Suche nach der Antwort auf diese Frage hat auch den Mathematiker Sir William Rowan Hamilton (1805–1865), einen der bedeutendsten Wissenschaftler seiner Epoche, beschäftigt, und im Jahr 1843 präsentierte er schließlich die Arbeit

„On a new Species of Imaginary Quantities connected with a theory of Quaternions"
[38] bei einem Treffen der Royal Irish Academy.
Doch Hamilton hatte es nicht geschafft, auf $\mathbb{R}^3$ eine Körperstruktur einzuführen.
Er hatte zwar keine Probleme gehabt, auf jedem $\mathbb{R}^n$ durch komponentenweise Definition eine Addition zu erklären, die eine abelsche Gruppe ergab, doch die Multiplikation hatte nicht gelingen wollen. Was er bewerkstelligen konnte, war eine algebraische Struktur im $\mathbb{C}^2 = \mathbb{R}^4$ zu definieren, die so genannten **Quaternionen**, die wir nun beschreiben wollen.
Sei $\mathbb{H} = \mathbb{C} \times \mathbb{C}$ gegeben. Wir definieren Verknüpfungen auf $\mathbb{H}$ durch

$$(z_0, z_1) + (w_0, w_1) := (z_0 + w_0, z_1 + w_1)$$
$$(z_0, z_1)(w_0, w_1) := (z_0 w_0 - z_1 \overline{w_1}, z_0 w_1 + z_1 \overline{w_0}). \tag{6.20}$$

Wir können die algebraischen Eigenschaften von $(\mathbb{H}, +, \cdot)$ untersuchen. Wegen der komponentenweisen Definition der Addition folgt sofort, dass $(\mathbb{H}, +)$ eine abelsche Gruppe ist.
Die Multiplikation ist assoziativ, denn es gilt

$$\big((z_0, z_1)(w_0, w_1)\big)(t_0, t_1) = (z_0 w_0 - z_1 \overline{w_1}, z_0 w_1 + z_1 \overline{w_0})(t_0, t_1) =$$
$$= (z_0 w_0 t_0 - z_1 \overline{w_1} t_0 - z_0 w_1 \overline{t_1} - z_1 \overline{w_0} \overline{t_1}, z_0 w_0 t_1 - z_1 \overline{w_1} t_1 + z_0 w_1 \overline{t_0} + z_1 \overline{w_0} \overline{t_0}) =$$
$$= (z_0, z_1)(w_0 t_0 - w_1 \overline{t_1}, w_0 t_1 + w_1 \overline{t_0}) =$$
$$= (z_0, z_1)\big((w_0, w_1)(t_0, t_1)\big).$$

Weiters lässt sich einfach nachrechnen, dass das Paar $(1,0)$ das Einselement bezüglich der Multiplikation ist, und dass jedes von $0 = (0,0)$ verschiedene Element ein Inverses besitzt, nämlich

$$(z_0, z_1)^{-1} = \left(\frac{\overline{z_0}}{|z_0|^2 + |z_1|^2}, \frac{-z_1}{|z_0|^2 + |z_1|^2} \right).$$

Beidseitig gelten die Distributivgesetze, doch das Kommutativgesetz bezüglich der Multiplikation ist **nicht** erfüllt. Eine algebraische Struktur dieser Art nennt man **Schiefkörper**.
Die Quaternionen der Form $(z,0)$ bilden einen Körper, der isomorph zu $\mathbb{C}$ ist, und daher werden wir diese Elemente in Zukunft auch mit den komplexen Zahlen identifizieren und wieder z schreiben.
Wenn wir spezielle Elemente betrachten, erhalten wir erstaunliche Ergebnisse:

$$(0,1)(0,1) = (-1,0)$$
$$(0,i)(0,i) = (-1,0).$$

Die Quaternionen enthalten also neben $i = (i,0)$ noch zwei „Wurzeln" von -1. Wir schreiben $j := (0,1)$ und $k := (0,i)$ und erhalten so die Rechenregeln

$$i^2 = -1, \quad j^2 = -1, \quad k^2 = -1,$$
$$ij = k, \quad jk = i, \quad ki = j,$$
$$ji = -k, \quad kj = -i, \quad ik = -j.$$

Aus der Definition der Quaternionen lässt sich leicht zeigen, dass man jedes $q \in \mathbb{H}$ eindeutig schreiben kann als $z_0 + z_1 j$ (Achtung auf die Reihenfolge!) mit komplexen Koeffizienten z_0 und z_1 oder als $q = a_0 + a_1 i + a_2 j + a_3 k$ mit reellen Koeffizienten a_i.

Der Betrag einer Quaternione ist definiert durch

$$|(z_0, z_1)| := \sqrt{|z_0|^2 + |z_1|^2},$$

und die konjugierte Quaternione durch

$$\overline{(z_0, z_1)} := (\overline{z_0}, -z_1). \tag{6.21}$$

Es gilt analog zu den komplexen Zahlen $|q|^2 = q\bar{q}$ und $q^{-1} = \frac{\bar{q}}{|q|^2}$.

Interessant ist auch noch eine weitere Darstellung der Quaternionen als Paar (a, A) mit einer reellen Zahl a und einem Vektor (siehe Beispiel 2.2.1) $A \in \mathbb{R}^3$. In diesem Fall lassen sich die Operationen als

$$\begin{aligned}(a, A) + (b, B) &= (a + b, A + B) \\ (a, A)(b, B) &= (ab - AB, aB + Ab + A \times B)\end{aligned} \tag{6.22}$$

schreiben, also fast so wie die Operationen in $\mathbb{C}$, bis auf den das Kreuzprodukt $A \times B$ enthaltenden Term in der Formel für die Multiplikation. Für das Kreuzprodukt verweisen wir hier auf den Schulstoff bzw. auf Definition 7.3.51. Anhand der Formeln (6.22) lässt sich auch erahnen, dass Quaternionen etwas mit Drehungen zu tun haben.

Aufgabe 6.6.1. Beweisen Sie die Formeln (6.22) für die Operationen in $\mathbb{H}$.

Aufgabe 6.6.2. Betrachten wir $M_2(\mathbb{C})$, die 2×2–Matrizen mit komplexen Einträgen. Zeigen Sie, dass die Menge H der komplexen Matrizen der Form

$$\begin{pmatrix} z & w \\ -\bar{w} & \bar{z} \end{pmatrix}$$

mit der Matrixaddition und der Matrixmultiplikation einen Schiefkörper bildet. Zeigen Sie weiters, dass die Abbildung $\varphi : \mathbb{H} \to H$ mit

$$\varphi(a + ib + jc + kd) := \begin{pmatrix} a + ib & c + id \\ -c + id & a - ib \end{pmatrix}$$

ein Isomorphismus von $\mathbb{H}$ auf H ist.

Ebenfalls im 19. Jahrhundert haben zwei Mathematiker, Arthur Cayley (1821–1895) und John T. Graves (1806–1870) unabhängig voneinander versucht, obige Methode noch einmal anzuwenden, und sie haben beide geschafft, auf $\mathbb{H} \times \mathbb{H} \cong \mathbb{R}^8$ eine Multiplikation einzuführen. Es gelang ihnen, die *Cayley–Zahlen* oder *Oktonionen* oder *Oktaven* $\mathbb{O}$ zu definieren. Wir betrachten dazu die Definitionen (6.18) und (6.20). Bedenken wir, dass in den reellen Zahlen (als Teil von $\mathbb{C}$) jede Zahl $\bar{r} = r$ erfüllt, erkennen wir sofort die Parallelen der Konstruktionen von $\mathbb{C}$ aus $\mathbb{R} \times \mathbb{R}$ und von $\mathbb{H}$ aus $\mathbb{C} \times \mathbb{C}$. Seien also (h_0, h_1), $(k_0, k_1) \in \mathbb{H} \times \mathbb{H} = \mathbb{O}$ gegeben. Wir definieren analog die Verknüpfungen

$$(h_0, h_1) + (k_0, k_1) := (h_0 + k_0, h_1 + k_1)$$
$$(h_0, h_1)(k_0, k_1) := (h_0 k_0 - \overline{k_1} h_1, k_1 h_0 + h_1 \overline{k_0}). \tag{6.23}$$

Diese Weise, neue Operationen einzuführen, wird nach ihren Erfindern auch **Cayley–Dickson–Konstruktion** genannt. Natürlich fragen wir uns jetzt, welche algebraische Eigenschaften $\mathbb{O}$ aufweist. Dass $(\mathbb{O}, +)$ eine abelsche Gruppe ist, ist leicht einzusehen, und auch die Distributivgesetze lassen sich schnell nachrechnen, ebenso wie die Tatsache, dass $0 := (0, 0)$ und $1 := (1, 0)$ Null- bzw. Einselement sind.

Aufgabe 6.6.3. Beweisen Sie, dass die Oktonionen bezüglich $+$ eine abelsche Gruppe bilden, dass weiters die Distributivgesetze gelten, und zeigen Sie, dass 0 Nullelement und 1 Einselement sind. Überzeugen Sie sich weiters davon, dass die Oktonionen der Form $(q, 0)$ isomorph zu den Quaternionen sind.

Die Untersuchung der übrigen algebraischen Gesetze hält allerdings eine unangenehme Überraschung bereit, wie wir unten sehen werden. Analog zu den Quaternionen können wir Einheits-Oktonionen einführen durch die Definitionen

$$1 = (1, 0), \qquad i = (i, 0), \qquad j = (j, 0), \qquad k = (k, 0),$$
$$\ell = (0, 1), \qquad i\ell = (0, i), \qquad j\ell = (0, j), \qquad k\ell = (0, k).$$

Dann lässt sich jedes Element $a \in \mathbb{O}$ eindeutig schreiben als

$$a = h_0 + h_1 \ell = a_0 + a_1 i + a_2 j + a_3 k + a_4 \ell + a_5 i\ell + a_6 j\ell + a_7 k\ell$$

mit $a_i \in \mathbb{R}$ bzw. $h_i \in \mathbb{H}$, und man kann die konjugierte Oktonione

$$\overline{a} := \overline{h_0} - h_1 \ell = a_0 - a_1 i - a_2 j - a_3 k - a_4 \ell - a_5 i\ell - a_6 j\ell - a_7 k\ell$$

definieren und den Absolutbetrag

$$|a| := \sqrt{a\overline{a}} = \sqrt{\sum_{k=0}^{7} a_k^2},$$

der die Eigenschaft

$$|ab| = |a|\,|b| \tag{6.24}$$

für alle $a, b \in \mathbb{O}$ hat.

Die Multiplikationstafel der Einheitsoktonionen lässt sich leicht aufstellen:

$\cdot$	1	i	j	k	ℓ	$i\ell$	$j\ell$	$k\ell$
1	1	i	j	k	ℓ	$i\ell$	$j\ell$	$k\ell$
i	i	-1	k	$-j$	$i\ell$	$-\ell$	$-k\ell$	$j\ell$
j	j	$-k$	-1	i	$j\ell$	$k\ell$	$-\ell$	$-i\ell$
k	k	j	$-i$	-1	$k\ell$	$-j\ell$	$i\ell$	$-\ell$
ℓ	ℓ	$-i\ell$	$-j\ell$	$-k\ell$	-1	i	j	k
$i\ell$	$i\ell$	ℓ	$-k\ell$	$j\ell$	$-i$	-1	$-k$	j
$j\ell$	$j\ell$	$k\ell$	ℓ	$-i\ell$	$-j$	k	-1	$-i$
$k\ell$	$k\ell$	$-j\ell$	$i\ell$	ℓ	$-k$	$-j$	i	-1

Aus dieser Tafel kann man unmittelbar ablesen, dass Oktonionen nicht einmal mehr ein Schiefkörper sind. Es besitzt zwar jedes Element $a \neq 0$ das eindeutige Inverse $\bar{a}/|a|^2$, doch die Multiplikation ist weder kommutativ noch assoziativ! Es gelten z.B. $\ell j = -j\ell$ und $(ij)\ell = -i(j\ell) \neq i(j\ell)$. Die Multiplikation erfüllt allerdings eine schwächere Form der Assoziativität, das **Alternativgesetz**

$$x(xy) = (xx)y \quad \text{und} \quad (yx)x = y(xx) \quad \forall x, y \in \mathbb{O}.$$

Solch eine algebraische Struktur, in der über einer abelschen Gruppe eine Multiplikation definiert wird, die die Distributivität erfüllt und nullteilerfrei ist, für die ein Einselement existiert, und in der ein Absolutbetrag definiert ist, der (6.24) erfüllt, heißt (nichtassoziative) **normierte Divisionsalgebra**. Nachdem die Multiplikation der Oktonionen das Alternativgesetz erfüllt, spricht man in diesem Fall auch von einem **Alternativkörper**.

Aufgabe 6.6.4. Beweisen Sie, dass für Oktonionen das Alternativgesetz gilt.

Eine algebraische Struktur, die nicht das Assoziativgesetz erfüllt, ist unbequem handzuhaben, und die Frage drängt sich auf, warum man sich so etwas antun sollte. Abgesehen davon, dass ein wichtiges Prinzip in der Mathematik ist, nach den Grenzen des Erreichbaren in den Theorien zu streben und mathematische Strukturen zu klassifizieren und vollständig zu beschreiben, hinterlassen die Oktonionen ihre geheimen Spuren in vielen Bereichen der Mathematik und sogar in der Physik. Viele seltsame Phänomene, die dort auftreten und untereinander scheinbar ohne Zusammenhang sind, haben im Kern eine starke Verbindung zu den Oktonionen, und gerade ihre Nichtassoziativität schimmert dabei immer wieder zur Oberfläche durch und trägt wesentlich zur Exotik bei. Eine hervorragende Übersicht über die Phänomene und die Oktonionen findet sich in BAEZ [7, 8].

Die überraschende Wichtigkeit der Oktonionen im Blick, wäre natürlich der naheliegende nächste Schritt, die Cayley-Dickson-Konstruktion ein weiteres Mal für $\mathbb{S} = \mathbb{O} \times \mathbb{O}$ zu wiederholen und dadurch eine Multiplikation auf $\mathbb{R}^{16}$ zu erhalten. Das funktioniert auch, aber leider ist die entstehende Multiplikation nicht mehr nullteilerfrei, und wir erhalten keine Divisionsalgebra.

Die Frage, die wir uns als umsichtige MathematikerInnen nun stellen, ist, ob niemand klug genug war, die richtige Definition einer Multiplikation auf $\mathbb{R}^n$ für alle $n \geq 2$ zu finden, die zu einer Körperstruktur führt, oder ob die Schwierigkeiten einen mathematischen Grund haben.

Der Satz von Hurwitz (siehe HURWITZ [44]) besagt, dass die einzigen normierten Divisionsalgebren über $\mathbb{R}$ gerade die Strukturen $\mathbb{R}$, $\mathbb{C}$, $\mathbb{H}$ und $\mathbb{O}$ sind. Lässt man die Eigenschaft der Normiertheit weg, so existieren zwar weitere Divisionsalgebren, aber mit Grundmenge $\mathbb{R}^n$ gibt es solche Divisionsalgebren nur für n gleich 1, 2, 4 und 8. Dieser Satz ist ein tiefliegendes Resultat der algebraischen Topologie bzw. Differentialgeometrie, das erst 1958 unabhängig in BOTT & MILNOR [14] und KERVAIRE [51] bewiesen wurde. Es war also nicht Unfähigkeit, die die Mathematiker des 19. Jahrhunderts daran gehindert hat, über allen $\mathbb{R}^n$ eine Körperstruktur zu finden, sondern sie haben nach etwas gesucht, das nicht existiert.

Damit beenden wir unseren Ausflug in die Welt der Zahlen. Zu Beginn haben wir die natürlichen Zahlen, deren Geschichte ihren Ursprung bereits in grauer Vorzeit hat, basierend auf exakten mathematischen Grundlagen neu entdeckt. Weiter ging es über die ganzen zu den rationalen Zahlen und darauf aufbauend zu den reellen Zahlen, die die Grundlage der (reellen) Analysis darstellen. Auf der Suche nach den Nullstellen der Polynome sind wir zu den komplexen Zahlen, der Grundlage der (komplexen) Analysis und Gauß' fundamentalem Theorem gelangt. Selbst die Frage, ob wir damit schon alle Zahlensysteme gefunden haben, die ℝ als Unterkörper enthalten und in denen man dividieren kann, haben wir untersucht. Wir haben alle diese Strukturen gefunden und kurz dargestellt.

Insbesondere in Abschnitt 6.4 haben wir uns dabei eine Basis für die Analysis geschaffen: Wir haben die Archimedische Eigenschaft bewiesen und die Dichtheit der rationalen und irrationalen Zahlen in den reellen. Diese Resultate zusammen mit der (Ordnungs-)vollständigkeit sind Grundlage für die Konvergenztheorie reeller *Folgen*, die am Beginn der Analysis steht. Tatsächlich ist der Grenzwertbegriff für Folgen eines der zentralen Konzepte der Analysis und weist den weiteren Weg sowohl zu den (unendlichen) Reihen als auch zum Stetigkeitsbegriff für Funktionen. Selbstverständlich ist auch die Differential- und Integralrechnung — einer *der* Hauptstränge der Analysis — auf diesem Grenzwertbegriff errichtet.

Im weiteren Verlauf Ihres Studiums werden Sie schon bald die Welt der Analysis kennenlernen, ist diese doch zentraler Bestandteil der mathematischen Grundausbildung. Dementsprechend ist das Angebot an guten Lehrbüchern beinahe unüberschaubar, und jede Liste wäre notgedrungen unvollständig und subjektiv: „Klassiker" sind etwa FORSTER [30] und HEUSER [41], etwas jünger sind AMANN & ESCHER [4] und BEHRENDS [9], das im Stil dem vorliegenden Buch ähnlich ist. Die „Bibel" ist DIEUDONNE [23] — allerdings für AnfängerInnen sehr schwer verdaulich!

So werden wir nun die Welt der Zahlen wieder verlassen und uns im nächsten Kapitel geometrischen Strukturen und ihrem Bezug zur Wirklichkeit widmen und so die Basis für die Lineare Algebra legen, neben der Analysis das zweite Standbein jeder mathematischen Grundausbildung.

Kapitel 7
Analytische Geometrie

Wer die Geometrie begreift, vermag in dieser Welt alles zu verstehen. Galileo Galilei (1564–1642)

Wir haben in den vergangenen Kapiteln viele verschiedene Aspekte der Mathematik kennengelernt, die alle durchwegs darauf ausgerichtet waren, unser Wissen über die mathematischen Objekte selbst zu vergrößern. Zum einen haben wir die Logik und die Mengenlehre als die Grundlagen der Mathematik ergründet, zum anderen haben wir einfache algebraische Strukturen und die Zahlenmengen, besonders die ganzen Zahlen als Grundobjekt der Zahlentheorie, die reellen Zahlen als Basis für die (reelle) Analysis und die komplexen Zahlen, die Grundlage der komplexen Analysis oder Funktionentheorie, untersucht. In diesem Abschnitt wollen wir einen ersten Schritt unternehmen, um die Mathematik auf Probleme der „Welt da draußen" anzuwenden.

Gegenüber früheren Kapiteln und insbesondere Kapitel 5, wo das Studium abstrakter Strukturen, die sich im wesentlichen aus einigen wenigen Grundstrukturen deduktiv ergeben haben, im Mittelpunkt stand, verlagern wir hier — dem Thema angemessen — den Schwerpunkt unserer Darstellung: Wir betrachten konkrete, vor allem geometrische Situationen, die Ihnen zum Großteil aus der Schule bekannt vorkommen werden, und schälen die zugrunde liegenden gemeinsamen mathematischen Strukturen heraus. Dieser Unterschied wird auch von einem etwas veränderten Stil der Darstellung begleitet. Anders als im kompakten Definition-Satz-Beweis-Stil werden wir hier stärker den kreativen Aspekt mathematischen Vorgehens betonen und viel Moti-

© Springer-Verlag GmbH Deutschland, ein Teil von Springer Nature 2018
H. Schichl, R. Steinbauer, *Einführung in das mathematische Arbeiten*,
https://doi.org/10.1007/978-3-662-56806-4_7

vation aus konkreten Anwendungen beziehen bzw. in diesen mathematische Begriffe aufspüren (vgl. auch die graue Box auf Seite 217). Dabei werden wir mehrmals auf ähnliche und analoge Begriffsbildungen stoßen und Wiederholungen und Redundanzen als Stilmittel verwenden. Auch werden wir manchmal (wie auch schon in Abschnitt 4.4) längere Diskussionen im Text führen und erst später in Aussagen präzisieren oder auch weniger zentrale Begriffe einfach im fortlaufenden Text definieren. Ein derartiger Schreibstil ist eher in der angewandten Mathematik verbreitet.

Dass man mathematische Methoden verwenden kann, um Probleme in der Wirklichkeit zu lösen, ist der Menschheit schon lange bekannt. Nachweislich haben es bereits die Sumerer und Ägypter verstanden, Angelegenheiten in der Verwaltung, der Architektur und der Zeitmessung auf mathematische Weise zu lösen; ja damals wurde die Mathematik *nur* dazu verwendet.

Die Griechen der Antike haben dann beginnend mit Pythagoras (ca. 570–509 v. Chr.) die Mathematik als Wissenschaft der Untersuchung abstrakter Denkobjekte begründet und mit dem Problem der Inkommensurabilität (siehe Seite 319) auch die erste Grundlagenkrise durchlitten. Aus diesem Grund haben sie sich später auf die Untersuchung geometrischer Beziehungen spezialisiert, die mit Eudoxos (ca. 408–355 v. Chr.) begann, der die Geometrie auf der Grundlage seiner *Proportionenlehre* begründete. Euklid (ca. 325–265 v. Chr.) und Archimedes (287–212 v. Chr.) perfektionierten den Umgang mit der Geometrie und ihre Anwendungen auf Phänomene der Natur.

Nach dem Tod des Archimedes nahm in Europa die Entwicklung der Mathematik eine Auszeit, und erst Mitte bis Ende des 15. Jahrhunderts begann ein neuer Anlauf, zuerst mit Übersetzungen der archimedischen Schriften und der *Elemente* des Euklid. Von diesem Zeitpunkt an waren mathematische Methoden zur Beschreibung der Wirklichkeit, besonders in der Physik, wieder gefragt. Angeführt von Galileo Galilei (1564–1642) wurde die auf Aristoteles' Ideen der qualitativen Erklärung der Wirklichkeit basierende Lehre von den Wissenschaftlern verworfen und durch eine neue quantitative Physik ersetzt.

Eine wesentliche Grundlage für diese beschreibende Physik bildeten dabei die Methoden, die der französische Philosoph und Mathematiker René Descartes (1596–1650) im Jahre 1637 in DESCARTES [21] publizierte. Er erfand, neben anderen wesentlichen Beiträgen zur Mathematik, die analytische Geometrie und führte dabei das rechtwinkelige Koordinatensystem (das nach ihm benannt ist; Descartes wurde latinisiert zu Cartesius) und die Methode ein, geometrische Beweise mit Hilfe dieser Koordinaten zu führen.

Im Vergleich mit Descartes sind wir nach den vorangegangenen Kapiteln im Vorteil, haben wir uns doch die Zahlen und algebraischen Strukturen als Grundlagen bereits angeeignet, die zu seiner Zeit noch weitgehend ungeklärte Strukturen waren. Wir werden im Folgenden *unser* gesamtes bislang angesammeltes Wissen verwenden, um die kartesischen Koordinaten auf mathematisch exakte Weise einzuführen und damit geometrische und andere Probleme aus der „Wirklichkeit" zu lösen.

Zur Erinnerung weisen wir darauf hin, dass wir in diesem Kapitel an mehreren Stellen auf „naives" (Schul-)Wissen zurückgreifen, um Sachverhalte zu motivieren und griffiges Anschauungsmaterial zur Hand zu haben. Insbesondere betrifft dies die Winkelfunktionen, den Sinus- und Cosinussatz, die Summensätze für Sinus und Cosinus und die Lösung linearer Gleichungssysteme. Eine Sammlung der relevanten Fakten findet sich z.B. in KEMNITZ [50, Kapitel 6 bzw. Abschnitt 2.6].

7.1 Motivation

Wir beginnen unsere Darstellung der analytischen Geometrie mit Beispielen, die nicht alle unmittelbar einen geometrischen Zusammenhang erkennen lassen.

Beispiel 7.1.1 (Anwendung: Schulprodukte). *Ein Großhändler* 7.1.1
von Schulprodukten[1] *beliefert seine Kunden, die Zwischenhändler, mit*
den folgenden Produkten:

Kunde	Kessel	Feder	Tinte	Pergament	Mörser
Geschäft A	17	243	97	330	6
Geschäft B	9	810	230	710	3
Geschäft C	23	70	95	25	32

---

[1] aus der Winkelgasse, siehe ROWLING [65].

Nachdem er die Bestellungen abgesandt hat, möchte er bestimmen, wie viele Einheiten jedes Artikels er ausgeliefert hat. Zu diesem Zweck bildet er (natürlich) die Summe über die Spalten in der Tabelle und erhält das Ergebnis:

Kunde	Kessel	Feder	Tinte	Pergament	Mörser
Gesamt	49	1123	422	1065	41

Wenn wir diese Rechnung genauer betrachten und ein **mathematisches Modell** unseres Problems erstellen, dann können wir die Lieferung an jeden einzelnen Kunden K beschreiben durch ein 5-Tupel von Zahlen $m^K := (m_1^K, m_2^K, m_3^K, m_4^K, m_5^K) \in \mathbb{N}^5$, in dem m_1^K die Menge der gelieferten Kessel an Kunde K angibt, m_2^K die Menge der an K gelieferten Federn, etc. Kennen wir die Liefermengen m^A, m^B und m^C zu den jeweiligen Kunden, dann können wir die Gesamtliefermenge der Kessel bestimmen, indem wir $m_1 := m_1^A + m_1^B + m_1^C$ berechnen. Führen wir das für alle Artikel durch, so erhalten wir auch die Endergebnisse $m_2, \ldots, m_5$. Insgesamt haben wir das 5-Tupel des Gesamtergebnisses berechnet, indem wir die einzelnen 5-Tupel der Einzellieferungen **komponentenweise addiert** haben. Auf diese Weise haben wir eine Summe

$$m = m^A + m^B + m^C$$

erklärt.

Nehmen wir weiters an, dass die Produkte kurz vor Schulbeginn in viel stärkerem Maße nachgefragt werden als während des Schuljahres, und dass daher Ende August dreimal so viele Artikel wie sonst ausgeliefert werden müssen. Nehmen wir an, dass die oben aufgelisteten Mengen Standardbestellungen entsprechen, so wären vor Schulbeginn die folgenden Mengen auszuliefern:

Kunde	Kessel	Feder	Tinte	Pergament	Mörser
Geschäft A	51	729	291	990	18
Geschäft B	27	2430	690	2130	9
Geschäft C	69	210	285	75	96
Gesamt	147	3369	1266	3195	123

In unserem einfachen mathematischen Modell haben wir die Liefer-
menge an Geschäft A bestimmt, indem wir jede **Komponente** des
5-Tupels m^A mit 3 **multipliziert** haben. Wir haben also

$$3m^A = (3m_1^A, \ldots, 3m_5^A)$$

bestimmt und dasselbe für $3m^B$ und $3m^C$ durchgeführt. Die große
Gesamtlieferung zu Schulanfang beträgt damit

$$3m = 3(m^A + m^B + m^C) = 3m^A + 3m^B + 3m^C,$$

und die Rechenregeln für natürliche Zahlen stellen sicher, dass beide
Gleichheitszeichen gelten.

Beispiel 7.1.2 (Translationen explizit). *In Beispiel 5.1.1(i) haben*   **7.1.2**
wir die Translationen (im dreidimensionalen Raum) kennengelernt,
und im Verlauf von Kapitel 5 haben wir ihre Eigenschaften beschrieben.
Dabei haben wir uns auf unser allgemeines Verständnis verlassen, aber
keine Rechnungen mit Translationen angestellt oder Beweise geführt.
Diesen Aspekt wollen wir nun nachholen und befassen uns zunächst
mit Translationen in der Ebene. Um formal mit Translationen umzuge-
hen, benötigen wir zunächst eine Möglichkeit, den Ort anzugeben, an
dem sich ein bestimmtes Objekt befindet. Um die Beschreibung zu
vereinfachen, betrachten wir zunächst nur die Verschiebungen eines
Gegenstandes S auf einer rechteckigen Tischplatte. Den Ort A auf der
Tischplatte geben wir an, indem wir von einer fix gewählten Ecke O
ausgehend abmessen, wie viele cm der Schwerpunkt von S von der
kurzen Kante entfernt ist, die von O ausgeht. Diesen Abstand nennen
wir x_1. Danach bestimmen wir noch die Distanz, die S von der lan-
gen Tischkante hat, die bei O endet, und nennen sie x_2. Damit ist der
Ort A, den das Objekt S auf der Tischplatte hat, eindeutig bestimmt
(siehe Abbildung 7.1). Wenn wir nun das Objekt S verschieben, so
messen wir, um wie viel wir das Objekt von der kurzen Tischkante
wegschieben (wird der Abstand geringer, dann geben wir die Strecke
mit negativem Vorzeichen an). Diese Distanz bezeichnen wir mit T_1.
Außerdem bestimmen wir, wie weit wir S von der langen Tischkante
fortschieben (mit entsprechendem Vorzeichen) und bezeichnen diese
Distanz mit T_2 (siehe Abbildung 7.2). Die neue Position A' des Ob-

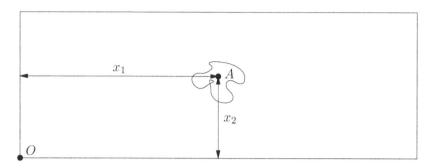

Abb. 7.1 Objekt auf einer Tischplatte

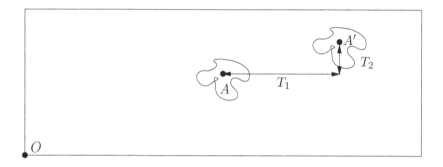

Abb. 7.2 Verschiebung auf der Tischplatte

jektes S können wir dann leicht herausfinden, indem wir $x_1' = x_1 + T_1$
und $x_2' = x_2 + T_2$ berechnen.

Wir haben also gesehen, dass wir sowohl die Position $A = (x_1, x_2)$ eines
Gegenstandes auf der Tischplatte als auch die Translation $T = (T_1, T_2)$
durch Paare von Zahlen beschreiben können.

Wollen wir das Objekt S von seiner neuen Position A' weiterschieben,
etwa um $T' = (T_1', T_2')$ (siehe Abbildung 7.3), dann erhalten wir die
neue Position A'' wieder durch $x_1'' = x_1' + T_1'$ und $x_2'' = x_2' + T_2'$. Wenden
wir nun einfach die Rechenregeln für reelle Zahlen an, so sehen wir,
dass $x_1'' = x_1 + (T_1 + T_1')$ und $x_2'' = x_2 + (T_2 + T_2')$ gilt, dass wir
also A'' direkt von A mit Hilfe der Translation $T^+ = (T_1^+, T_2^+) :=$
$(T_1 + T_1', T_2 + T_2')$ hätten erreichen können (siehe Abbildung 7.3).

Die Hintereinanderausführung der beiden Translationen T und T' ist
also tatsächlich (wie schon in Beispiel 5.1.1(i) diskutiert) wieder eine

Translation, und zwar T^+. Offenbar können wir T^+ dadurch berechnen, dass wir die beiden Translationen T und T' **komponentenweise addieren.**

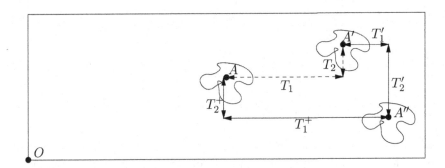

Abb. 7.3 Hintereinanderausführen von Translationen

Noch eine weitere Operation können wir mit Translationen auf natürliche Weise durchführen. Haben wir ein Objekt um T verschoben, so können wir uns fragen, wo es zu liegen kommt, wenn wir es einenhalb Mal so weit schieben (siehe Abbildung 7.4). Wir sehen, dass die Translation, die wir ausführen müssen $T^* = \frac{3}{2}T := (\frac{3}{2}T_1, \frac{3}{2}T_2)$ ist. Wir können also Translationen verlängern (oder verkürzen), indem wir sie **komponentenweise** mit einer reellen Zahl (hier $\frac{3}{2}$) **multiplizieren,** sie also **skalieren.** Ist diese reelle Zahl, der so genannte **Skalar**, positiv, so „schiebt die skalierte Translation in dieselbe Richtung wie die unskalierte". Ist der Skalar allerdings negativ, so „dreht die Translation ihre Richtung um".

In den beiden Beispielen 7.1.1 und 7.1.2 haben wir gesehen, dass n-Tupel reeller Zahlen dazu verwendet werden können, mathematische Modelle von Beziehungen in der realen Welt zu formen (Liefermengen, Position auf einer Tischplatte). Außerdem wurden wir in beiden Fällen ganz natürlich zu zwei Rechenoperationen geführt, der *komponentenweisen Addition* und der *komponentenweisen Multiplikation mit einer reellen Zahl*, einem Skalar. In den Abschnitten 7.2, 7.3 und 7.4 werden wir uns zuerst mit Paaren, dann mit Tripeln und schließlich mit n-Tupeln reeller Zahlen befassen und die beiden Rechenoperatio-

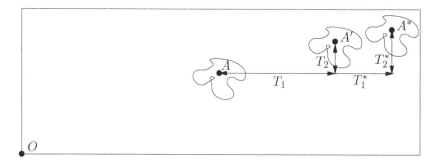

Abb. 7.4 Verlängern von Translationen

nen Addition und Multiplikation mit einem Skalar zu den primären Objekten unserer Untersuchung machen.

Bevor wir damit beginnen, stellen wir noch einige Aufgaben zur Wiederholung der in diesem Zusammenhang benötigten Fertigkeiten aus dem Schulstoff und wiederholen unseren Hinweis auf KEMNITZ [50].

Aufgabe 7.1.3. Lösen Sie die folgenden linearen Gleichungssysteme:

1. $\begin{aligned} 3x_1 + 4x_2 &= 3 \\ 2x_1 + 2x_2 &= 4, \end{aligned}$

2. $\begin{aligned} x + y &= a \\ x - y &= b \end{aligned}$ $\quad a, b \in \mathbb{R}$, (konstant),

3. $\begin{aligned} 3x_1 + 4x_2 + x_3 &= 1 \\ 2x_1 - x_2 &= 2 \\ x_1 + 3x_3 &= 5, \end{aligned}$

4. $\begin{aligned} 5a - 2b + 3c - 4d &= 0 \\ 2a + b &= 0 \\ 3c - 2d &= x \\ a + 6c &= y \end{aligned}$ $\quad x, y \in \mathbb{R}$, (konstant).

Aufgabe 7.1.4. Nach dem Ohmschen Gesetz besteht zwischen Spannung U, Widerstand R und Stromstärke I eines elektrischen Leiters die Beziehung $U = R \cdot I$. An den Enden eines Leiters liegt die Spannung $U = 220$ Volt. Wird der Widerstand R um 144 Ohm erhöht, so sinkt die Stromstärke um 1 Ampere. Wie groß ist der Widerstand des Leiters?

Aufgabe 7.1.5. Eine Strecke von $80\,cm$ soll so in zwei Teile geteilt werden, dass diese beiden Strecken Katheten eines rechtwinkeligen Dreiecks mit dem Flächeninhalt $768\,cm^2$ sein können. Wie lang sind die Teile?

Aufgabe 7.1.6. Der Wiener Rathausturm wirft auf den vor ihm liegenden waagrechten Platz einen $136,6\,m$ langen Schatten. Die Sonnenstrahlen schließen zu diesem Zeitpunkt mit dem Erdboden einen Winkel von $36,27°$ ein. Wie hoch ist der Rathausturm?

Aufgabe 7.1.7. Wiederholen Sie die Definition der Winkelfunktionen und ihre Funktionsgraphen. Dann lösen Sie die folgenden Aufgaben:

1. Bestimmen Sie alle reellen x, für die $\sin x = \frac{1}{\sqrt{2}}$ gilt.
2. Bestimmen Sie alle $x \in [0, 2\pi]$, für die $\sin x = \frac{1}{\sqrt{2}}$ gilt.
3. Bestimmen Sie alle $x \in [0, \frac{\pi}{2}]$, für die $\sin x = \frac{1}{\sqrt{2}}$ gilt.
4. Bestimmen Sie alle $x \in [\frac{\pi}{2}, \pi]$, für die $\sin x = \frac{1}{\sqrt{2}}$ gilt.
5. Bestimmen Sie alle $x \in [0, \pi]$, für die $\cos x = \frac{1}{\sqrt{2}}$ gilt.
6. Bestimmen Sie alle $x \in [-\pi, 0]$, für die $\cos x = \frac{1}{\sqrt{2}}$ gilt.
7. Bestimmen Sie alle $x \in [-2\pi, 0]$, für die $\cos x = \frac{1}{\sqrt{2}}$ gilt.
8. Bestimmen Sie alle $x \in [6\pi, \frac{13\pi}{2}]$, für die $\cos x = \frac{1}{\sqrt{2}}$ gilt.

Aufgabe 7.1.8. 1. Zeigen Sie mit Hilfe der Summensätze, dass
$\cos 2x = 2\cos^2 x - 1$ gilt.
2. Berechnen Sie ohne Taschenrechner $\cos \frac{\pi}{8}$.
3. Bestimmen Sie ohne Taschenrechner $\sin \frac{\pi}{8}$.

Aufgabe 7.1.9. 1. Zeigen Sie, dass $\sin(u+v)+\sin(u-v) = 2\sin u \cos v$ gilt.
2. Falls x und y gegeben sind, wie muss man u und v wählen, dass $u + v = x$ und $u - v = y$ gelten?
3. Leiten Sie aus 1. und 2. eine Formel für $\sin x + \sin y$ her.
4. In analoger Weise leiten Sie eine Formel für $\cos x + \cos y$ her.

Aufgabe 7.1.10. Unter der *Steigung* einer Straße versteht man den Tangens des Winkels, den die Straße mit der Horizontalen einschließt, also $\tan \alpha = \frac{h}{b}$. Dabei ist h der Höhenunterschied und b die Länge der Projektion des Straßenstückes auf die Horizontale.

1. Berechnen Sie für folgende Straßensteigungen den dazugehörigen Winkel: $10\,\%$, $15\,\%$, $20\,\%$, $25\,\%$.
2. Jemand legt auf einer unter $18\,\%$ ansteigenden Straße einen Kilometer zurück. Welchen Höhenunterschied hat er dabei überwunden?

Aufgabe 7.1.11. Zeigen Sie, dass $\tan(x + y) = \frac{\tan x + \tan y}{1 - \tan x \tan y}$ gilt.

Aufgabe 7.1.12. Ein dreieckiger Acker wird an zwei Seiten von Straßen begrenzt, die sich an einer Ecke des Ackers rechtwinkelig schneiden. Die dritte Grundstücksgrenze des Ackers ist eine $183\,m$ lange gerade Linie, die die linke begrenzende Straße in einem Winkel von 0.82659 schneidet. Berechnen Sie den Winkel, unter dem die Grundgrenze die andere Straße schneidet, und die Längen der anderen beiden Ackergrenzen, sowie die Fläche des Anbaugebietes, wenn bei der Bepflanzung von jeder der Straßen $2\,m$ Abstand gehalten werden muss.

Aufgabe 7.1.13. Von einem Leuchtturm aus werden zwei Schiffe angepeilt. Das erste Schiff liegt in einer Entfernung von $2{,}82\,km$, das zweite ist $3{,}12\,km$ entfernt. Der Winkel zwischen den Peilstrahlen beträgt $27{,}8°$. Wie weit sind die beiden Schiffe voneinander entfernt?

Aufgabe 7.1.14. In einer Stadt A empfängt man das Funksignal eines notgelandeten Flugzeuges aus der Richtung S $10{,}5°$ O (d.h. von der Südrichtung ausgehend schwenken wir $10{,}5°$ in Richtung Osten), in einer Stadt B aus der Richtung N $72{,}2°$ W. B liegt $670\,km$ von A entfernt in Richtung S $46°$ O. Wie weit ist das Flugzeug von A und B entfernt?

7.2 Die Ebene — $\mathbb{R}^2$

Wir gehen von Beispiel 7.1.2 aus und beginnen damit, zu abstrahieren und die Ränder der Tischplatte zu vergessen. Wir nehmen also an, dass die Tischplatte in alle Richtungen unendlich weit reicht (damit unsere Objekte nicht über den Rand fallen können). Einzig den Punkt O und die vormals kurze und lange Tischkante (die jetzt beide in der „Mitte" des Tisches liegen) wollen wir auch weiter behalten. Danach abstrahieren wir noch ein wenig und ersetzen Objekte durch ihre Schwerpunkte und vergessen ihre äußere Form. Abbildung 7.1 verändert sich dann zu Abbildung 7.5. Um diese Vorstellung mathe-

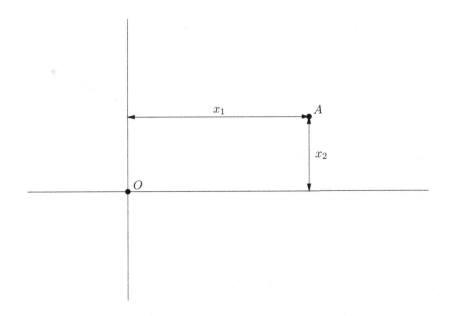

Abb. 7.5 Koordinaten in der Ebene

matisch umzusetzen, haben wir schon alle Zutaten zur Hand (siehe insbesondere Definition 4.1.38 und Beispiel 4.1.39).

Definition 7.2.1 (Mathematische Ebene). Die *(mathematische)* **7.2.1** *Ebene* ist die Menge $\mathbb{R}^2$ aller reellen Zahlenpaare. Wir nennen ein Element $A = (A_1, A_2)$ der Ebene *Punkt* und (A_1, A_2) seine *(kartesischen) Koordinaten*. Der Punkt $O = (0,0)$ heißt der *Ursprung*.

Nach unserer Definition besteht die Ebene also aus Punkten, und unter all diesen Punkten ist einer, der Ursprung, **ausgezeichnet**.
Wenn wir uns Beispiel 7.1.2 noch einmal ins Gedächtnis rufen, so haben wir gesehen, dass auch Translationen durch Paare reeller Zahlen

beschrieben werden können. Es gibt also noch eine zweite Interpretation der Elemente des $\mathbb{R}^2$, nämlich als Verschiebungen. Möchten wir die Translation T bestimmen, die den Punkt $x = (x_1, x_2)$ zum Punkt $y = (y_1, y_2)$ verschiebt, so finden wir $T = (y_1 - x_1, y_2 - x_2)$. Wir können $T \in \mathbb{R}^2$ auffassen als eine Richtung, in die man ausgehend von (x_1, x_2) gehen muss, um (y_1, y_2) zu erreichen (siehe Abbildung 7.6). Die Koordinaten eines Punktes $x \in \mathbb{R}^2$ entsprechen offensichtlich den

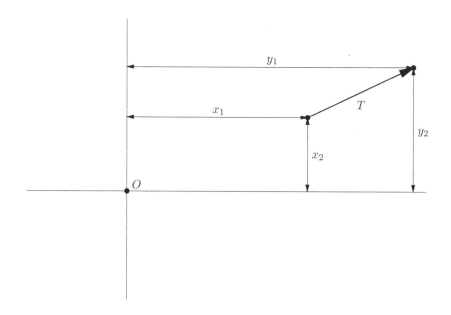

Abb. 7.6 Richtungen in der Ebene

Komponenten der Richtung, in die man gehen muss, um von $O \in \mathbb{R}^2$ nach x zu kommen.

Weiters haben wir in Beispiel 7.1.2 gesehen, dass wir Verschiebungen zusammensetzen können, indem wir sie komponentenweise addieren, und wir können sie skalieren, indem wir ihre Komponenten mit einer reellen Zahl multiplizieren.

Die folgenden Rechenoperationen auf $\mathbb{R}^2$ haben also einen Sinn.

7.2.2   **Definition 7.2.2 (Operationen in $\mathbb{R}^2$).**   Seien $x, y \in \mathbb{R}^2$ und $\lambda \in \mathbb{R}$. Wir definieren die *Addition* in $\mathbb{R}^2$ und die *Multiplikation mit einem Skalar* komponentenweise durch

$$x + y := (x_1 + y_1, x_2 + y_2)$$
$$\lambda x := (\lambda x_1, \lambda x_2).$$

Wir führen auch noch die Abkürzungen $-x$ für $(-1)x$ und $x - y$ für $x + (-y)$ ein.

Zwei Interpretationen für reelle Zahlenpaare stecken also in Beispiel 7.1.2. Erstens können wir ein Element von $\mathbb{R}^2$ als Punkt verstehen und zweitens als eine Richtung gemeinsam mit einer Länge ansehen. In der Geometrie von Ebene und Raum (siehe Abschnitt 7.3) werden solche Objekte üblicherweise als **Vektoren** bezeichnet.
Am Ende des Abschnittes 7.4 werden wir den Begriff aber nochmals beleuchten und mathematisch definieren.
Im Folgenden werden wir zwischen den beiden Interpretationen reeller Zahlenpaare unterscheiden, indem wir die Buchstaben P, Q, R, etc. für Punkte und u, v, w, etc. für Vektoren verwenden.

Bedenken Sie, dass keine *mathematische* Notwendigkeit dafür besteht, Punkte und Vektoren zu unterscheiden (beides sind einfach Elemente der Menge $\mathbb{R}^2$). Es ist aber ein häufig verwendetes Prinzip in der Mathematik, verschiedene Vorstellungen mit ein und demselben Objekt zu verknüpfen.

Ein ebenfalls erwähnenswerter Punkt ist, dass wir hier unserer Konvention für geordnete Paare (vgl. Definition 4.1.38) folgend Vektoren im $\mathbb{R}^2$ mit $v = (v_1, v_2)$ bezeichnen, sie also als so genannte *Zeilenvektoren* schreiben. In manchen Situationen, so z.B. in der Matrizenrechnung (siehe etwa (7.16)), ist es allerdings praktischer, die Notation $v = \begin{pmatrix} v_1 \\ v_2 \end{pmatrix}$ zu verwenden, also v als *Spaltenvektor* zu schreiben.

In der Literatur ist es auch oft üblich, für Vektoren eine andere „Buchstabensorte" als für ihre Komponenten zu verwenden: gebräuchlich sind unter anderem $\vec{v} = (v_1, v_2)$, $\underline{v} = (v_1, v_2)$ oder auch $\mathbf{v} = (v_1, v_2)$, $\mathfrak{v} = (v_1, v_2)$ und $\nu = (v_1, v_2)$.

Haben wir zwei Punkte P und Q in der Ebene gegeben, so erhalten wir den Vektor v von P nach Q durch $v := Q - P$.

7.2.3 **Beispiel 7.2.3 (Punkt und Richtung).** *Betrachten wir die Punkte $P = (1, 4)$ und $Q = (4, 8)$. Der Vektor v, der von P nach Q zeigt, also die Verschiebung, die man benötigt, um P nach Q zu schieben, hat die Komponenten $v = Q - P = (3, 4)$.*

Aufgabe 7.2.4. Bestimmen Sie den Vektor, der vom Punkt $A = (4, -9)$ zum Punkt $B = (-1, 4)$ führt. Welcher Vektor führt von B nach A? Wie hängen die beiden Vektoren zusammen?

Aufgabe 7.2.5. Eine Antenne einer Richtfunkstrecke ist auf einem Turm auf $47m$ Höhe montiert. Der Turm steht auf der Spitze eines $485m$ hohen Hügels. Die nächste Antenne der Richtfunkstrecke ist in $31m$ Höhe auf einem weiteren Turm montiert, der $4276m$ vom ersten entfernt auf $412m$ Seehöhe steht. Setzen Sie die beiden Antennen geeignet in das Koordinatensystem. Wie ist dann der Verbindungsvektor von der ersten Antenne zur zweiten Antenne?

Bevor wir uns auf die Erforschung der ebenen Geometrie stürzen, werden wir zunächst als gründliche MathematikerInnen die grundlegenden Eigenschaften der gerade eingeführten Rechenoperationen untersuchen. Dabei verwenden wir die Terminologie aus Abschnitt 5.2.

7.2.6 **Proposition 7.2.6 (Rechenregeln für $\mathbb{R}^2$).**   Die Rechenoperationen $+ : \mathbb{R}^2 \times \mathbb{R}^2 \to \mathbb{R}^2$ und $\cdot : \mathbb{R} \times \mathbb{R}^2 \to \mathbb{R}^2$ haben die folgenden Eigenschaften:

(+)   Das Paar $(\mathbb{R}^2, +)$ bildet eine abelsche Gruppe mit Nullelement $(0, 0)$.

(NG)   Es gilt $1x = x$.

(DG$_1$)   Für $x, y \in \mathbb{R}^2$ und $\lambda \in \mathbb{R}$ gilt $\lambda(x + y) = \lambda x + \lambda y$.

(AG)   Für alle $x \in \mathbb{R}^2$ und $\lambda, \mu \in \mathbb{R}$ finden wir $\lambda(\mu x) = (\lambda\mu)x$.

(DG$_2$)   Für alle $x \in \mathbb{R}^2$ und $\lambda, \mu \in \mathbb{R}$ finden wir $(\lambda + \mu)x = \lambda x + \mu x$.

7.2.6 *Beweis.* Alle Behauptungen folgen ganz leicht aus Definition 7.2.2 und den Rechenregeln für reelle Zahlen. $\square$

Aufgabe 7.2.7. Beweisen Sie explizit die Rechenregeln für $\mathbb{R}^2$ aus Proposition 7.2.6.

Die Rechenregeln, die wir in Proposition 7.2.6 hergeleitet haben, ermöglichen uns, jedes $x \in \mathbb{R}^2$ eindeutig zu schreiben als

$$x = (x_1, x_2) = x_1(1,0) + x_2(0,1) = x_1 e_1 + x_2 e_2 \qquad (7.1)$$

mit den speziellen Paaren $e_1 := (1,0)$ und $e_2 := (0,1)$. Diese Beziehung wollen wir in einer Definition hervorheben.

Definition 7.2.8 (Standardbasis, Linearkombination).   **7.2.8**

(i)   Die Menge $\{e_1, e_2\}$ nennen wir die *Standardbasis* des $\mathbb{R}^2$.

(ii)   Eine Darstellung der Form (7.1) nennen wir eine *Linearkombination* der Elemente e_1 und e_2 mit *Koeffizienten* x_1, x_2.

Beispiel 7.2.9 (Linearkombination). *Wir können den Punkt* $P =$ **7.2.9** $(1,4)$ *eindeutig schreiben als* $P = e_1 + 4e_2$.

Aufgabe 7.2.10. Stellen Sie den Punkt $Q = (-2, 8)$ als Linearkombination der Elemente e_1 und e_2 dar.

Aufgabe 7.2.11. Seien u und v zwei beliebige Elemente des $\mathbb{R}^2$. Wir sagen, dass $w \in \mathbb{R}^2$ dargestellt ist als Linearkombination von u und v, wenn

$$w = \lambda u + \mu v$$

für $\lambda, \mu \in \mathbb{R}$.
Stellen Sie $R = (-1, 4)$ dar als Linearkombination von $A = (-3, -2)$ und $B = (2, 5)$.

Im Folgenden werden wir die geometrischen Objekte einführen, die grundlegend für die ebene Geometrie sind (siehe Abbildung 7.7).

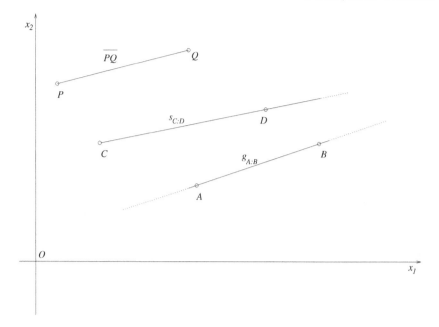

Abb. 7.7 Strecke, Strahl und Gerade

7.2.12 **Definition 7.2.12 (Strecke, Strahl, Gerade).** Seien $P \neq Q \in \mathbb{R}^2$ gegeben. Sei $v := Q - P$ der Vektor von P nach Q.

(i)   Wir definieren die *Strecke* $\overline{PQ}$ als folgende Menge von Punkten:

$$\overline{PQ} := \{P + t(Q - P) \mid t \in [0, 1]\}.$$

Die Punkte P und Q heißen die *Endpunkte* der Strecke $\overline{PQ}$.

(ii)   Die *Halbgerade* oder der *Strahl* von P in Richtung Q bzw. v sei die Menge

$$s_{P:v} := s_{P:Q} := \{P + tv \mid t \geq 0\}.$$

(iii) Die *Gerade* $g_{P:Q}$ durch P und Q sei die Menge

$$g_{Pv} := g_{P:Q} := \{P + tv \mid t \in \mathbb{R}\}.$$

(iv)   Wir sagen, der Punkt R liegt auf $g_{P:Q}$, $s_{P:Q}$ bzw. $\overline{PQ}$, wenn $R \in g_{P:Q}$, $s_{P:Q}$ bzw. $R \in \overline{PQ}$ gilt.

(v)   Wir nennen den Vektor v einen *Richtungsvektor* der (Halb-)Geraden $g_{P:Q}$ bzw. $s_{P:Q}$.

Alternativ zur Angabe zweier Punkte können wir also eine (Halb-)Gerade durch einen Punkt und einen Richtungsvektor definieren. Die Darstellung einer Geraden als Punktmenge der Form $P + tv$ für einen Punkt P und einen Vektor $v \neq 0$ heißt *Parameterdarstellung*, und gelegentlich werden wir für Geraden die Schreibweise $g : X = P + tv$ verwenden.

Aufgabe 7.2.13. Untersuchen Sie, ob die Punkte $R = (-4, -2)$, $S = (1, 8)$ und $T = (4, 7)$ jeweils auf $\overline{PQ}$, $s_{P:Q}$ und $g_{P:Q}$ liegen mit $P = (-1, 4)$ und $Q = (2, 10)$. Machen Sie eine Skizze, um die Lagebeziehungen auch zeichnerisch zu überprüfen.

Wie verändern sich die Lagebeziehungen, wenn man $\overline{QP}$, $s_{Q:P}$ und $g_{Q:P}$ betrachtet?

Proposition 7.2.14 (Eigenschaften von (Halb-)Geraden und Strecken). Die geometrischen Objekte aus Definition 7.2.12 haben die folgenden Eigenschaften: **7.2.14**

(i)   Es gilt $\overline{PQ} = \overline{QP}$.

(ii)   Für $R \in \mathbb{R}^2$ gilt $R \in \overline{PQ}$ genau dann, wenn es Skalare $\lambda, \mu \geq 0$ gibt mit $\lambda + \mu = 1$ und $R = \lambda P + \mu Q$.

(iii)   Seien R und S zwei verschiedene Punkte auf $g_{P:Q}$. Dann gilt $g_{P:Q} = g_{R:S}$.

(iv)   Sei R ein Punkt auf $g_{P:Q}$ und w ein Vektor mit $P - Q = \lambda w$ für ein $0 \neq \lambda \in \mathbb{R}$. Dann ist

$$g_{P:Q} = \{R + tw \mid t \in \mathbb{R}\}.$$

Beweis.   **7.2.14**

(i)   Es gilt $P + t(Q - P) = (1 - t)P + tQ = Q + (1 - t)(P - Q)$, und für $t \in [0, 1]$ gilt $(1 - t) \in [0, 1]$.

(ii)   Es gilt $R \in \overline{PQ}$ genau dann, wenn es ein $t \in [0, 1]$ gibt mit $R = P + t(Q - P) = (1 - t)P + tQ$. Wir setzen $\lambda = 1 - t$ und $\mu = t$.

(iii)   Seien $R, S \in g_{P:Q}$. Dann gilt $R = P + t_1 v$ und $S = P + t_2 v$ für
        geeignete $t_1, t_2 \in \mathbb{R}$, also $S - R = (t_2 - t_1)v$. Weil $R \neq S$ gilt,
        haben wir $t := t_2 - t_1 \neq 0$.
        Sei nun $x \in g_{P:Q}$, dann finden wir ein $s \in \mathbb{R}$ mit $x = P + sv$.
        Dann ist aber

$$x = P + sv = R - t_1 v + sv = R + (s - t_1)v$$
$$= R + \tfrac{s-t_1}{t}(tv) = R + \tfrac{s-t_1}{t}(S - R)$$

und damit $x \in g_{R:S}$ und $g_{P:Q} \subseteq g_{R:S}$.
Sei umgekehrt $x \in g_{R:S}$. Dann ist $x = R + s(S - R)$ für ein
reelles s und daher

$$x = R + s(S - R) = P + t_1 v + stv = P + (t_1 + st)v,$$

woraus $x \in g_{P:Q}$ und $g_{R:S} \subseteq g_{P:Q}$ folgt.

(iv)   Die Gerade $\{R + tw \mid t \in \mathbb{R}\}$ enthält die Punkte $R \in g_{P:Q}$ und
        $S = R + w = P + (t_1 + \lambda)(Q - P) \in g_{P:Q}$ für $R = P + t_1(Q - P)$.
        Der Rest folgt aus (iii).

$\square$

Aufgabe 7.2.15. Seien P, Q und R drei Punkte. Beweisen Sie, dass
$R \in s_{Q:P}$ genau dann, wenn es ein $\lambda \geq 0$ gibt mit $R = \lambda P + (1 - \lambda)Q$.

In Proposition 7.2.14(ii) haben wir gesehen, dass wir Punkte auf der
Strecke $\overline{PQ}$ finden können, indem wir Vielfache von *Punkten* addieren.
Daraus sehen wir, dass die Rechenoperationen für beide Interpretationen von reellen Zahlenpaaren tatsächlich einen Sinn haben.
Proposition 7.2.14(iii) hat uns außerdem gezeigt, dass je zwei verschie-
dene Punkte einer Geraden dazu verwendet werden können, die Gerade
zu beschreiben. Daher werden wir in Zukunft bei der Bezeichnung von
Geraden die definierenden Punkte weglassen, wenn kein Zweifel besteht, welche Gerade gemeint ist. Außerdem kann wegen 7.2.14(iv) ein
Richtungsvektor v offenbar durch einen anderen Richtungsvektor w
ersetzt werden, solange $w = \lambda v$ für ein geeignetes $0 \neq \lambda \in \mathbb{R}$ gilt.
Für Vektoren, die in dieser Weise in Beziehung stehen, führen wir den
folgenden Begriff ein.

Definition 7.2.16 (Kollineare Vektoren). Zwei Vektoren v und w **7.2.16** in der Ebene heißen *kollinear*, wenn ein Skalar $0 \neq \lambda \in \mathbb{R}$ existiert mit $v = \lambda w$. Ist der Skalar $\lambda > 0$, dann nennen wir die Vektoren v und w *gleich orientiert*.

So wie die Darstellung von Geraden im Sinne von 7.2.14(iii) nicht eindeutig ist, haben wir auch bei der Beschreibung von Strahlen eine Wahl. Natürlich können wir den Punkt P, an dem der Strahl s_{Pv} beginnt, nicht verändern. Allerdings gilt für jeden zu v kollinearen gleich orientierten Vektor w, dass $s_{Pv} = s_{Pw}$.

Beispiel 7.2.17 (Kollineare Vektoren). **7.2.17**

- *Die Vektoren $v = (1,3)$, $w = (3,9)$ und $u = (-2,-6)$ sind kollinear, und v und w sind gleich orientiert.*
- *Betrachten wir die Punkte $P = (1,4)$ und $Q = (4,8)$. Die Gerade $g_{P;Q}$ ist dann $g_{P;Q} = \{(1,4) + t(3,4) \mid t \in \mathbb{R}\}$. Wenn wir für $t = -1$ einsetzen, so finden wir $R = (-2,0) \in g_{P;Q}$. Der Vektor $w = (6,8)$ ist kollinear zu $Q - P$, und daher gilt $g_{P;Q} = \{(-2,0) + s(6,8) \mid s \in \mathbb{R}\} = g_{Rw}$.*

Aufgabe 7.2.18. Überprüfen Sie jeweils, ob die angegebenen Paare von Vektoren kollinear sind.

1. $u = (1,3)$, $v = (4,12)$;
2. $x = (12,4)$, $y = (2,6)$;
3. $r = (1,4)$, $s = (1,6)$.

Als nächstes untersuchen wir, welche möglichen Lagen Geraden zueinander haben können.

Theorem 7.2.19 (Lagebeziehungen von Geraden in der Ebe- **7.2.19** **ne).** Seien $g = \{P_g + tv_g \mid t \in \mathbb{R}\}$ und $h = \{P_h + sv_h \mid s \in \mathbb{R}\}$ zwei verschiedene Geraden.

(i) Dann haben g und h höchstens einen gemeinsamen Punkt, den so genannten *Schnittpunkt*.

(ii) Die Geraden haben genau dann einen Schnittpunkt (wir sagen: sie *schneiden* einander), wenn v_g und v_h nicht kollinear sind.

7.2.19 *Beweis.*

(i) Angenommen es existierten zwei verschiedene Schnittpunkte, d.h. $\exists P \neq Q \in g \cap h$, dann wäre wegen Proposition 7.2.14(iii) $g = g_{P:Q} = h$, was der Voraussetzung widerspricht, dass wir es mit zwei *verschiedenen* Geraden zu tun haben.

(ii) Nehmen wir an, es gibt ein x in $g \cap h$, dann gibt es ein $t \in \mathbb{R}$ mit $x = P_g + tv_g$ und ein $s \in \mathbb{R}$ mit $x = P_h + sv_h$. Somit ist die Existenz eines Schnittpunktes äquivalent zur Existenz von s, t mit

$$P_g - P_h = sv_h - tv_g. \tag{7.2}$$

Nun beweisen wir beide Implikationsrichtungen.

$\Rightarrow$: Angenommen die Richtungsvektoren sind kollinear, und es gäbe einen Schnittpunkt. Dann gibt es wegen (7.2) Zahlen λ und μ mit $P_g - P_h = \lambda v_h = \mu v_g$. Somit ist aber $P_g \in h$ und $P_h \in g$ und mit (i) folgt $g = h$, Widerspruch. Also gibt es keinen Schnittpunkt.

$\Leftarrow$: Nehmen wir an, die Richtungsvektoren sind nicht kollinear, dann gilt

$$v_{h,1}v_{g,2} - v_{h,2}v_{g,1} \neq 0. \tag{7.3}$$

Denn angenommen, wir hätten $v_{h,1}v_{g,2} - v_{h,2}v_{g,1} = 0$, so wäre

$$v_h = \frac{v_{h,1}}{v_{g,1}}v_g \quad \text{falls } v_{g,1} \neq 0 \text{ oder sonst} \quad v_h = \frac{v_{h,2}}{v_{g,2}}v_g,$$

da wegen der fehlenden Kollinearität nicht beide $v_{g,1}$ und $v_{g,2}$ verschwinden können. Aus demselben Grund ist der Skalar in jedem Fall ungleich Null. Das impliziert aber, dass die Vektoren v_g und v_h kollinear sind, was unserer Annahme widerspricht. Also gilt (7.3) und somit ist (7.2) mittels

$$t = \frac{v_{h,2}(P_{g,1} - P_{h,1}) - v_{h,1}(P_{g,2} - P_{h,2})}{v_{h,1}v_{g,2} - v_{h,2}v_{g,1}}$$

und

$$s = \frac{v_{g,2}(P_{g,1} - P_{h,1}) - v_{g,1}(P_{g,2} - P_{h,2})}{v_{h,1}v_{g,2} - v_{h,2}v_{g,1}}$$

lösbar, was sich leicht durch Einsetzen in die Komponentenversion von (7.2) nachrechnen lässt. Daher gibt es tatsächlich einen Schnittpunkt. □

Zwei verschiedene Geraden schneiden einander also in genau einem Schnittpunkt, oder ihre Richtungsvektoren sind kollinear. Letzterer Eigenschaft geben wir einen Namen.

Definition 7.2.20 (Parallele Geraden). Zwei verschiedene Geraden g und h mit kollinearen Richtungsvektoren heißen *parallel*. **7.2.20**

Mit dieser Definition können wir also formulieren: Zwei verschiedene Geraden in der Ebene sind entweder parallel oder sie schneiden einander in genau einem Schnittpunkt.

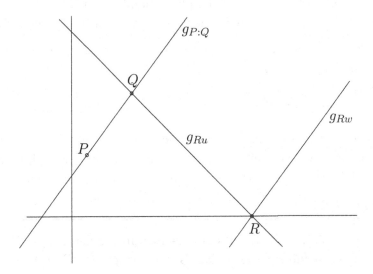

Abb. 7.8 Schnitt und Parallelität von Geraden

Beispiel 7.2.21 (Lagebeziehung von Geraden). *Seien wieder* $P =$ **7.2.21** $(1, 4)$ *und* $Q = (4, 8)$, *und betrachten wir die Gerade* $g_{P:Q}$ *wie in Beispiel 7.2.17. Nachdem* $R = (0, 12) \notin g_{P:Q}$ *und* $w = (1, 3)$ *kollinear zu* $Q - P$ *sind, sind die Geraden* $g_{P:Q}$ *und* g_{Rw} *parallel (siehe Abbildung 7.8).*

Andererseits ist für $u = (-2, 2)$ die Gerade g_{Ru} nicht parallel zu $g_{P:Q}$. Wir berechnen den Schnittpunkt S der beiden Geraden folgendermaßen: S liegt auf $g_{P:Q}$ und g_{Ru}, also existieren reelle Zahlen t und s mit $S = P + t(Q - P)$ und $S = R + su$. Setzen wir gleich, so erhalten wir $P + t(Q - P) = R + su$, was wir in Komponenten als **lineares Gleichungssystem** schreiben können

$$1 + (4 - 1)t = 0 - 2s$$
$$4 + (8 - 4)t = 12 + 2s.$$

Addieren wir die Gleichungen, so finden wir $7t = 7$, also $t = 1$ und damit $S = P + (Q - P) = Q = (4, 8)$.

Aufgabe 7.2.22. Wie ist jeweils die Lagebeziehung der folgenden Paare von Geraden? Falls die Geraden einander schneiden, bestimmen Sie den Schnittpunkt. Untersuchen Sie rechnerisch und zeichnerisch:

1. $g_{P:Q}$ und g_{Rv} mit $P = (1, 1)$, $Q = (4, -1)$, $R = (2, 6)$ und $v = (1, 5)$.
2. g_{Au} und g_{Bw} mit $A = (-1, 2)$, $u = (2, 4)$, $B = (2, 8)$ und $w = (-1, -2)$.
3. g_{Cx} und $g_{D:E}$ mit $C = (1, 3)$, $x = (-1, 3)$, $D = (0, 6)$ und $E = (1, 5)$.

Eine weitere wichtige Grundgröße in der Geometrie ist die *Länge* einer Strecke $\overline{PQ}$. Wir verstehen darunter den Abstand der Endpunkte P und Q. Diesen können wir aus dem Satz von Pythagoras leicht berechnen.

7.2.23 **Definition 7.2.23 (Euklidischer Abstand).** Seien $P, Q \in \mathbb{R}^2$ zwei Punkte. Wir definieren den *(euklidischen) Abstand* $d(P, Q)$ von P und Q durch
$$d(P, Q) := \sqrt{(Q_1 - P_1)^2 + (Q_2 - P_2)^2}.$$

Oft werden wir $d(P, Q)$ einfach als den Abstand von P und Q bezeichnen und die Abbildung

$$d : \mathbb{R}^2 \times \mathbb{R}^2 \ni (P, Q) \mapsto d(P, Q) \in \mathbb{R}$$

als *(euklidische) Metrik*.

Beispiel 7.2.24 (Abstand). *Der Abstand der beiden Punkte $P =$* **7.2.24**
$(1,4)$ und $Q = (4,8)$ ist

$$d(P,Q) = \sqrt{(4-1)^2 + (8-4)^2} = \sqrt{9+16} = 5.$$

Aufgabe 7.2.25. Betrachten Sie die beiden Richtfunkantennen aus Aufgabe 7.2.5. Wie weit sind die Antennen voneinander entfernt?

Der Abstand zweier Punkte hat einige Eigenschaften, die einerseits grundlegend für seinen Nutzen in der Geometrie sind und andererseits auf andere mathematische Strukturen übertragbar sind. Auch haben wir schon den einfacheren Fall des Abstands zweier Zahlen in $\mathbb{R}$ kennengelernt (Definition 6.4.11(ii)), der analoge Eigenschaften besitzt (Gleichung (6.10) und Proposition 6.4.12(iv),(v)).

Proposition 7.2.26 (Eigenschaften des Abstands). Der Abstand **7.2.26**
$d : \mathbb{R}^2 \times \mathbb{R}^2 \to \mathbb{R}$ besitzt für alle $P, Q, R \in \mathbb{R}^2$ die Eigenschaften:

(D1) $d(P,Q) \geq 0$ und aus $d(P,Q) = 0$ folgt $P = Q$,

(positive Definitheit)

(D2) $d(P,Q) = d(Q,P)$, (Symmetrie)
(D3) $d(P,Q) + d(Q,R) \geq d(P,R)$. (Dreiecksungleichung)

Beweis. **7.2.26**

(D2)   ist offensichtlich, ebenso wie die Tatsache $d(P,Q) \geq 0$.
(D1)   Sei $d(P,Q) = 0$, dann ist $(Q_1 - P_1)^2 + (Q_2 - P_2)^2 = 0$, und die Summe zweier nichtnegativer Zahlen kann nur dann gleich 0 sein, wenn beide Zahlen verschwinden. Daher gelten $(Q_1 - P_1)^2 = 0$ und $(Q_2 - P_2)^2 = 0$, woraus $Q_1 = P_1$ und $Q_2 = P_2$, also $Q = P$ folgen.
(D3)   Wir rechnen

$$d(P,R)^2$$
$$= (R_1 - P_1)^2 + (R_2 - P_2)^2$$
$$= ((R_1 - Q_1) + (Q_1 - P_1))^2 + ((R_2 - Q_2) + (Q_2 - P_2))^2$$
$$= (R_1 - Q_1)^2 + (Q_1 - P_1)^2 + 2(R_1 - Q_1)(Q_1 - P_1)$$
$$\quad (R_2 - Q_2)^2 + (Q_2 - P_2)^2 + 2(R_2 - Q_2)(Q_2 - P_2)$$
$$\leq (Q_1 - P_1)^2 + (Q_2 - P_2)^2 + (R_1 - Q_1)^2 + (R_2 - Q_2)^2$$
$$\quad + 2\sqrt{\left((Q_1 - P_1)^2 + (Q_2 - P_2)^2\right)\left((R_1 - Q_1)^2 + (R_2 - Q_2)^2\right)}$$
$$= \left(\sqrt{(Q_1 - P_1)^2 + (Q_2 - P_2)^2} + \sqrt{(R_1 - Q_1)^2 + (R_2 - Q_2)^2}\right)^2$$
$$= (d(P,Q) + d(Q,R))^2,$$

wobei wir für $a, b, c, d \in \mathbb{R}$

$$ab + cd \leq \sqrt{a^2 + c^2}\sqrt{b^2 + d^2}$$

verwendet haben. Diese Ungleichung folgt wiederum aus der Monotonie der Wurzelfunktion 6.4.9, denn wir haben (vgl. auch Aufgabe 6.4.16)

$$0 \leq (ad - cb)^2 = a^2d^2 - 2abcd + c^2b^2$$
$$2abcd \leq a^2d^2 + c^2b^2$$
$$a^2b^2 + 2abcd + c^2d^2 \leq a^2b^2 + a^2d^2 + c^2b^2 + c^2d^2$$
$$(ab + cd)^2 \leq (a^2 + c^2)(b^2 + d^2)$$
$$ab + cd \leq \sqrt{a^2 + c^2}\sqrt{b^2 + d^2}.$$

$\square$

Eine Abbildung $d : M \times M \to \mathbb{R}$ für eine beliebige Menge M, die die Eigenschaften (D1)–(D3) erfüllt, nennt man übrigens eine **Metrik** auf M. In diesem Sinne ist also der euklidische Abstand eine Metrik auf $\mathbb{R}^2$, und ebenso ist der Abstand aus Definition 6.4.11(ii) eine Metrik auf $\mathbb{R}$.

Die Eigenschaft (D3) des Abstandes kann geometrisch interpretiert werden. Um das zu erkennen, benötigen wir allerdings noch ein weiteres geometrisches Objekt, das uns die folgende Definition liefert.

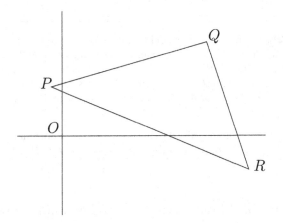

Abb. 7.9 Dreieck in der Ebene

Definition 7.2.27 (Ebenes Dreieck). Seien P, Q, R drei verschie-   **7.2.27**
dene Punkte in $\mathbb{R}^2$ so, dass die Vektoren $v := Q - P$ und $w := R - P$
nicht kollinear sind. Die Menge

$$D_{PQR} := \{\lambda P + \mu Q + \nu R \mid \lambda, \mu, \nu \geq 0, \ \lambda + \mu + \nu = 1\} \qquad (7.4)$$

nennen wir das *Dreieck* mit den Eckpunkten P, Q, R. Die Strecken $\overline{PQ}$,
$\overline{PR}$ und $\overline{QR}$ heißen die *Seitenkanten* von D.

Die Dreiecksungleichung (D3) besagt dann, dass die Länge der Seitenkante $\overline{PR}$ im Dreieck höchstens so lang wie die Summe der Längen der
beiden anderen Kanten $\overline{PQ}$ und $\overline{QR}$ sein kann. In Alltagssprache formuliert bedeutet das, dass ein Umweg über den Punkt Q nicht kürzer
als der direkte Weg von P zu R sein kann (siehe Abbildung 7.9). Ebenfalls aus der Abbildung erkennen wir, dass Gleichheit in (D3) genau
dann gilt, wenn die Vektoren $v := Q - P$ und $w := R - P$ kollinear
sind; für einen Beweis dieser Aussagen siehe Aufgabe 7.2.41. Beachten
wir auch den Zusammenhang der Vektoren im Dreieck: mit $v = Q - P$,
$w = R - P$ und $u := R - Q$ gilt $u = w - v$.

Eine Summe der Form $\lambda P + \mu Q + \nu R$ mit $\lambda, \mu, \nu \geq 0$ und $\lambda + \mu + \nu = 1$ wie in der
Definition des Dreiecks D_{PQR} nennen wir übrigens eine *konvexe Linearkombination*
oder *Konvexkombination* der Punkte P, Q, R.

Aufgabe 7.2.28. Seien P, Q, R die Eckpunkte eines Dreiecks, und sei S ein beliebiger Punkt in der Ebene. Beweisen Sie, dass es immer reelle Zahlen λ, μ und ν gibt mit $S = \lambda P + \mu Q + \nu R$ und $\lambda + \mu + \nu = 1$. Das Tripel (λ, μ, ν) nennt man die *baryzentrischen Koordinaten* von S bezüglich des Dreiecks D_{PQR}. Zeigen Sie weiters, dass $S \in D_{PQR}$ genau dann, wenn $0 \le \lambda$, $0 \le \mu$ und $0 \le \nu$ gelten.

Aufgabe 7.2.29. Bestimmen Sie die baryzentrischen Koordinaten des Schwerpunktes (siehe KEMNITZ [50, p. 114]) des Dreiecks D_{PQR} mit $P = (1, 1)$, $Q = (4, 8)$ und $R = (2, 5)$.

Betrachten wir den Vektor v vom Punkt P zum Punkt Q, so entspricht der Abstand $d(P, Q)$ der Länge des Vektors v, also der Länge der Strecke $\overline{PQ}$ vom Fußpunkt des Vektors zu seiner Spitze. Nachdem $v = (v_1, v_2) = (Q_1 - P_1, Q_2 - P_2)$ gilt, können wir die Länge von v leicht aus seinen Komponenten berechnen. Wir gießen diese Überlegung in eine Definition.

7.2.30   **Definition 7.2.30 (Norm).** Sei $v \in \mathbb{R}^2$. Wir definieren die *Länge* oder *euklidische Norm* von v durch

$$\|v\| := \sqrt{v_1^2 + v_2^2}.$$

7.2.31   **Beispiel 7.2.31 (Länge).** *Die Länge des Vektors* $v = (-3, 4)$ *beträgt* $\|v\| = \sqrt{(-3)^2 + 4^2} = 5$.

Aufgabe 7.2.32. Eine Schwimmboje soll durch eine gespannte Kette mit einem Poller am Ufer verbunden werden. Die Boje hat eine Höhe von $69cm$ und ist zu zwei Drittel untergetaucht. Die Befestigungsöse befindet sich an ihrer Spitze. Ebenfalls an der Spitze des $80cm$ hohen Pollers befindet sich die zweite Befestigungsöse. Der Poller steht am Ufer $1.5m$ über dem Wasserspiegel. Wie lang muss die Kette sein, dass sich die Schwimmboje mindestens $42m$ vom Ufer entfernen kann?

Laut Definition ist die Norm also eine Abbildung $\| \ \|_2 : \mathbb{R}^2 \to \mathbb{R}$, die jedem Vektor seine Länge zuordnet. Wir interessieren uns natürlich für ihre Eigenschaften, die übrigens völlig analog zu denen des Absolutbetrags auf $\mathbb{R}$ sind (siehe Proposition 6.4.12(i)–(iii)).

Proposition 7.2.33 (Eigenschaften der Norm). Die euklidische 7.2.33
Norm $\|\ \|$ hat für alle $x, y \in \mathbb{R}^2$ und alle $\lambda \in \mathbb{R}$ die folgenden Eigenschaften:

(N1) $\|x\| \geq 0$ und aus $\|x\| = 0$ folgt $x = 0$,   (positive Definitheit)

(N2) $\|\lambda x\| = |\lambda|\,\|x\|$,   (Homogenität)

(N3) $\|x + y\| \leq \|x\| + \|y\|$.   (Dreiecksungleichung)

Außerdem besteht zwischen Norm und Abstand der Zusammenhang

$$d(P, Q) = \|Q - P\|.$$

Beweis. Alle Eigenschaften folgen unmittelbar aus Definition 7.2.30   7.2.33
und Proposition 7.2.26 (für (N3) setze $x = R - Q$ und $y = Q - P$ in
(D3)). $\square$

Aufgabe 7.2.34. Beweisen Sie Proposition 7.2.33 explizit.

So wie der Abstand auf allgemeinere Mengen als den $\mathbb{R}^2$ ausgedehnt werden kann, ist
es auch möglich, die Norm zu verallgemeinern. Allerdings muss zur Formulierung
der Eigenschaften (N2) und (N3) die Menge M mit einer Addition ausgestattet
sein und eine Möglichkeit bieten, ihre Elemente mit Skalaren zu multiplizieren. In
diesem Fall, heißt eine beliebige Abbildung $\|\ \| : M \to \mathbb{R}$, die die Eigenschaften
(N1)–(N3) erfüllt eine **Norm** auf M.

Wir haben gesehen, dass in der Darstellung von Geraden bzw. Strahlen
die Richtungsvektoren nur bis auf Vielfache bzw. positive Vielfache
bestimmt sind. Mit Hilfe der Länge können wir zu jedem Vektor $v \neq 0$
einen speziellen kollinearen gleich orientierten Vektor v' definieren, der
die Länge 1 hat, indem wir $v' = \frac{1}{\|v\|} v$ setzen. Den Vektor v' nennt man
einen **normierten Vektor** oder **Einheitsvektor** (in Richtung von
v).

Mit Hilfe des Dreiecks (Definition 7.2.27) ist es uns nun möglich, die
bekannten Formeln der Trigonometrie zu verwenden. Mit dem Cosinussatz können wir etwa den Innenwinkel α des Dreiecks D_{PQR} am
Punkt P bestimmen (siehe Abbildung 7.10):

$$d(Q, R)^2 = d(P, Q)^2 + d(P, R)^2 - 2\,d(P, Q)\,d(P, R) \cos \alpha.$$

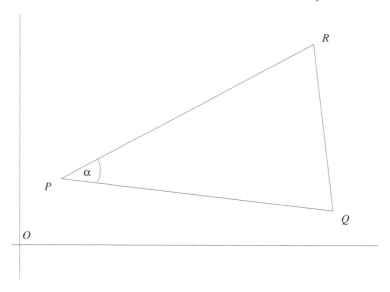

Abb. 7.10 Winkel im Dreieck

Wenn wir die obige Gleichung umformen, $v := Q - P$, $w := R - P$ und $u = R - Q = w - v$ setzen und weiterrechnen, erhalten wir

$$2\|v\|\,\|w\|\cos\alpha = \|v\|^2 + \|w\|^2 - \|w - v\|^2$$
$$= v_1^2 + v_2^2 + w_1^2 + w_2^2 - (w_1 - v_1)^2 - (w_2 - v_2)^2$$
$$= 2v_1 w_1 + 2v_2 w_2,$$

somit

$$\cos\alpha = \frac{v_1 w_1 + v_2 w_2}{\|v\|\,\|w\|}. \tag{7.5}$$

Wir können also den Winkel aus den Komponenten der bei P entspringenden Vektoren v und w bestimmen. Dabei haben wir zusätzlich zu den Längen $\|v\|$ und $\|w\|$ noch die Größe $v_1 w_1 + v_2 w_2$ benötigt. Wir wollen ihr einen Namen geben.

7.2.35 Definition 7.2.35 (Skalarprodukt).
Für zwei Elemente $x, y \in \mathbb{R}^2$ definieren wir das *(standard) innere Produkt* oder *(Standard-)Skalarprodukt* $\langle x, y\rangle$ von x und y durch

$$\langle x, y\rangle := x_1 y_1 + x_2 y_2.$$

Beispiel 7.2.36 (Skalarprodukt). *Das Skalarprodukt der Vektoren* **7.2.36**
$v = (4,0)$ *und* $w = (1,1)$ *berechnet sich zu* $\langle v, w \rangle = 4 \cdot 1 + 0 \cdot 1 = 4$.

Aufgabe 7.2.37. Berechnen Sie die paarweisen Skalarprodukte der
Vektoren $u = (1,4)$, $v = (-1,2)$, $w = (3,5)$ und $z = (-8,2)$.

Das innere Produkt $\langle \, , \, \rangle$ ist also eine Abbildung $\mathbb{R}^2 \times \mathbb{R}^2 \to \mathbb{R}$, und
wie für Distanz und Norm wollen wir zunächst ihre grundlegenden
Eigenschaften ergründen.

Proposition 7.2.38 (Eigenschaften des inneren Produkts). **7.2.38**
Seien $x, y, z \in \mathbb{R}^2$ und $\lambda \in \mathbb{R}$, dann gelten:

(IP1) $\langle x + y, z \rangle = \langle x, z \rangle + \langle y, z \rangle$ und $\langle z, x + y \rangle = \langle z, x \rangle + \langle z, y \rangle$,
(IP2) $\langle \lambda x, y \rangle = \lambda \langle x, y \rangle = \langle x, \lambda y \rangle$,

$\qquad\qquad$ ((IP1) zusammen mit (IP2) heißt Bilinearität)

(IP3) $\langle x, y \rangle = \langle y, x \rangle$, $\qquad\qquad\qquad\qquad$ (Symmetrie)
(IP4) $\langle x, x \rangle \geq 0$ und aus $\langle x, x \rangle = 0$ folgt $x = 0$.

$\qquad\qquad\qquad\qquad\qquad\qquad\qquad$ (positive Definitheit)

Außerdem besteht zwischen Skalarprodukt und Norm der Zusammenhang
$$\|x\| = \sqrt{\langle x, x \rangle}.$$

Beweis. Die Eigenschaften (IP1)–(IP3) folgen ebenso wie die Formel **7.2.38**
ganz einfach aus Definition 7.2.35. Auch $\langle x, x \rangle = x_1^2 + x_2^2 \geq 0$ ist
offensichtlich, und gilt $\langle x, x \rangle = 0$, dann muss $x_1^2 = x_2^2 = 0$ gelten, und
damit ist $x = 0$. $\qquad\qquad\qquad\qquad\qquad\qquad\qquad\qquad\qquad$ $\square$

Aufgabe 7.2.39. Weisen Sie explizit die Eigenschaften (IP1)–(IP3)
des inneren Produkts nach.

Einen in der Mathematik, speziell der Analysis, sehr wichtigen Zusammenhang zwischen Skalarprodukt und Norm halten wir in der folgenden Proposition fest.

7.2.40 **Proposition 7.2.40 (Cauchy-Schwarz–Ungleichung).**
Für $x, y \in \mathbb{R}^2$ gilt
$$|\langle x, y \rangle| \leq \|x\| \, \|y\|.$$

Gleichheit gilt genau dann, wenn x und y kollinear sind oder einer der beiden Vektoren der Nullvektor ist.

7.2.40 ***Beweis.*** Wir beweisen, dass $(\langle x, y \rangle)^2 \leq \|x\|^2 \|y\|^2 = \langle x, x \rangle \langle y, y \rangle$ gilt. Das Resultat folgt dann aus der Monotonie der Wurzelfunktion (Proposition 6.4.9).

Falls $y = 0$, dann ist die Ungleichung trivialerweise mit Gleichheit erfüllt. Sei also $y \neq 0$. Für beliebiges reelles λ gilt wegen Proposition 7.2.38

$$\begin{aligned}
0 \leq \langle x - \lambda y, x - \lambda y \rangle &= \langle x, x - \lambda y \rangle - \lambda \langle y, x - \lambda y \rangle \\
&= \langle x, x \rangle - 2\lambda \langle x, y \rangle + \lambda^2 \langle y, y \rangle.
\end{aligned} \tag{7.6}$$

Weil $y \neq 0$ gilt, können wir die obige Gleichung für den Spezialfall $\lambda = \frac{\langle x, y \rangle}{\langle y, y \rangle}$ betrachten. In diesem Fall finden wir

$$0 \leq \langle x, x \rangle - 2 \frac{\langle x, y \rangle}{\langle y, y \rangle} \langle x, y \rangle + \frac{(\langle x, y \rangle)^2}{(\langle y, y \rangle)^2} \langle y, y \rangle = \langle x, x \rangle - \frac{(\langle x, y \rangle)^2}{\langle y, y \rangle} \tag{7.7}$$

und daher nach Multiplikation mit $\langle y, y \rangle$

$$(\langle x, y \rangle)^2 \leq \langle x, x \rangle \langle y, y \rangle.$$

Nun zum Fall der Gleichheit: Wie bereits oben bemerkt, liefert etwa $y = 0$ Gleichheit mit Null auf beiden Seiten. Falls $x = \mu y$ für ein $0 \neq \mu \in \mathbb{R}$, dann gilt ebenfalls Gleichheit, wobei nun auf beiden Seiten $|\mu| \|y\|^2$ auftritt. Umgekehrt, falls Gleichheit mit $\|x\| \|y\| = 0$ gilt, dann ist $x = 0$ oder $y = 0$. Gilt schließlich Gleichheit mit $x \neq 0 \neq y$, dann folgt aus (7.6), (7.7) mit λ wie oben $0 = \langle x - \lambda y, x - \lambda y \rangle$, also $x - \lambda y = 0$ und x, y sind kollinear. $\qquad \square$

Aufgabe 7.2.41. Beweisen Sie, dass Gleichheit in der Dreiecksungleichung $\|x + y\| \leq \|x\| + \|y\|$ genau dann gilt, falls die beiden Vektoren x und y kollinear und gleich orientiert sind oder einer der beiden Vektoren der Nullvektor ist.

Hinweis: Verwenden Sie die Cauchy–Schwarz Ungleichung und den Zusammenhang zwischen Norm und Skalarprodukt.

Tatsächlich kann man so wie im Fall des Abstands und der Norm den Begriff des inneren Produkts abstrakt definieren. Genauer, ist eine Mengen M mit Addition und Skalarmultiplikation ausgestattet, dann definieren wir: Eine Abbildung $\langle\,,\,\rangle :$ $M \times M \to \mathbb{R}$, die die Eigenschaften (IP1)–(IP4) erfüllt, heißt ein **Skalarprodukt** auf M.

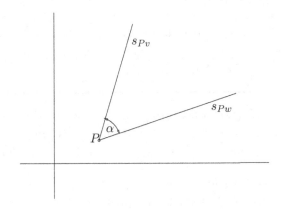

Abb. 7.11 Winkel zwischen Vektoren

Nun sind wir bereit, den Winkel zwischen zwei Vektoren v und w zu definieren, also die Formel (7.5) zur Definition zu erheben. Geometrisch bedeutet das, dass wir den Winkel zwischen zwei Strahlen bestimmen, die am gleichen Punkt P entspringen und in Richtung v bzw. w führen (siehe Abbildung 7.11).

Definition 7.2.42 (Winkel). Seien $P, v, w \in \mathbb{R}^2$, und seien die Strahlen s_{Pv} und s_{Pw} gegeben. Der von den beiden Strahlen eingeschlossene *Winkel* α ist festgelegt durch den Winkel zwischen den beiden Richtungsvektoren v und w, der durch

7.2.42

$$\cos \alpha := \frac{\langle v, w \rangle}{\|v\|\,\|w\|} \tag{7.8}$$

und $0 \le \alpha \le \pi$ definiert ist.

7.2.43 **Beispiel 7.2.43 (Winkel).** *Betrachten wir wieder die Vektoren* $v = (4,0)$ *und* $w = (1,1)$. *Mit* $\langle v, w \rangle = 4$ *und* $\|v\| = \sqrt{16} = 4$ *sowie* $\|w\| = \sqrt{2}$ *erhalten wir für den Winkel zwischen den durch* v *und* w *definierten Strahlen[2]*

$$\cos \alpha = \frac{\sqrt{2}}{2} \quad also \quad \alpha = \frac{\pi}{4}.$$

Aufgabe 7.2.44. Berechnen Sie den Winkel zwischen den Vektoren $v = (-1, 4)$ und $w = (9, 5)$.

Stehen die beiden Vektoren v und w rechtwinkelig aufeinander, dann ist $\cos \alpha = \cos \frac{\pi}{2} = 0$, und daher wegen $\|v\|, \|w\| \ne 0$ auch $\langle v, w \rangle = 0$. Das führt uns zur folgenden Definition.

7.2.45 **Definition 7.2.45 (Orthogonalität).** Die beiden Vektoren $v, w \in \mathbb{R}^2$ heißen *orthogonal*, wenn $\langle v, w \rangle = 0$ gilt. In Zeichen schreiben wir dann $v \perp w$ und sagen v und w stehen *normal* aufeinander.

Es ist leicht, zu einem gegebenen Vektor $v \in \mathbb{R}^2$ einen orthogonalen Vektor w zu finden. Offenbar gilt nämlich

$$v \perp w, \text{ falls } w \text{ kollinear zu } (-v_2, v_1).$$

Ein solches w heißt dann auch ein **Normalvektor** zu v. Wenden wir obige Bedingung zweimal an, so sehen wir, dass jeder Normalvektor u zu einem Normalvektor w von v kollinear zu v selbst ist. Wir werden Normalvektoren zu einem gegebenen Vektor v oft mit $\mathfrak{n}_v$ bezeichnen.

---

[2] Beachten Sie, dass in der Mathematik grundsätzlich die Winkel im Bogenmaß gemessen werden. Nur in seltenen Fällen werden in Anwendungen andere Winkelmaße verwendet.

Beispiel 7.2.46 (Normalvektor im $\mathbb{R}^2$). *Ein Normalvektor zum* 7.2.46
Vektor $v = (3,4)$ *ist z.B. der Vektor* $w = (-4,3)$.

Mit Hilfe eines Normalvektors können wir weitere Beschreibungen für
eine Gerade g_{Pv} finden. Die erste wird uns eine bequeme Möglichkeit
der Verallgemeinerung auf höhere Dimensionen ermöglichen, die zweite
dient vornehmlich zur einfachen Berechnung des **Normalabstandes**
eines Punktes R von einer Geraden g_{Pv}. Unter letzterem verstehen
wir den Abstand (siehe Abbildung 7.12) von R zum Schnittpunkt F
von g_{Pv} mit g_{Rn_v}, also dem Schnittpunkt F der von R ausgehenden
zu g_{Pv} normalen Geraden mit g_{Pv}. Es kann gezeigt werden (was in
der Linearen Algebra auch getan wird), dass der Normalabstand der
minimale Abstand von R zu g_{Pv} ist, also $d(R, F) = \min\{d(Q, S)|\ S \in$
$g_{Pv}\}$ gilt.

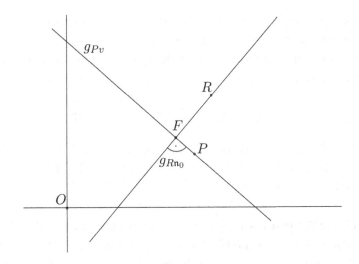

Abb. 7.12 Abstandsmessung mit der HNF

Aufgabe 7.2.47. Finden Sie drei Normalvektoren zum Vektor $w = (1, 2)$. Wie sehen alle Normalvektoren auf w aus?

Aufgabe 7.2.48. Spiegeln Sie den Punkt $R = (2,5)$ an der Geraden $g := g_{P:Q}$ mit $P = (0,1)$ und $Q = (1,4)$. Gehen Sie dabei so vor, dass Sie die Gerade h bestimmen, die durch R geht und die normal auf g steht. Schneiden Sie g und h, und finden Sie den Punkt, der von R doppelt so weit entfernt ist wie der Schnittpunkt von g und h. Fertigen Sie auch eine Zeichnung an.

7.2.49   **Proposition 7.2.49 (Normalvektorform, Hessesche Normalform).**

Sei g_{Pv} eine Gerade durch den Punkt P mit Richtungsvektor v.

(i)   Ist $\mathfrak{n}_v$ ein Normalvektor auf v, dann gilt

$$g_{Pv} = \{x \in \mathbb{R}^2 \mid \langle \mathfrak{n}_v, x - P \rangle = 0\}.$$

Obige Bedingung $\langle \mathfrak{n}_v, x - P \rangle = 0$ heißt *Geradengleichung* oder *Normalvektorform* der Geraden g_{Pv}.

(ii)   Ist $\mathfrak{n}_0$ ein normierter Normalvektor von v, und setzen wir $d := \langle \mathfrak{n}_0, P \rangle$, dann gilt

$$g_{Pv} = \{x \in \mathbb{R}^2 \mid \langle \mathfrak{n}_0, x \rangle - d = 0\}.$$

Hierbei ist $|d|$ der Normalabstand von g_{Pv} zum Ursprung, und wir nennen diese Form der Geradendarstellung die *Hessesche Normalform (HNF)* der Geraden.

7.2.50   **Beispiel 7.2.50 (Geradengleichung und Hessesche Normalform).** *Betrachten wir die Gerade g_{Pv}, definiert durch $P = (1,4)$ und $v = (3,4)$. Wählen wir den Normalvektor $\mathfrak{n}_v = (4,-3)$, und verwenden wir Proposition 7.2.49. Wir finden*

$$
\begin{aligned}
g_{Pv} &= \{x \in \mathbb{R}^2 \mid \langle (4,-3), (x_1 - 1, x_2 - 4) \rangle = 0\} \\
&= \{x \in \mathbb{R}^2 \mid 4x_1 - 3x_2 = -8\},
\end{aligned}
$$

also ist $4x_1 - 3x_2 = -8$ eine Geradengleichung für g_{Pv}, und die Hessesche Normalform lautet $\frac{4x_1 - 3x_2 + 8}{5} = 0$.

Beweis (Proposition 7.2.49). **7.2.50**

(i) Sei $x \in g_{Pv}$. Dann gilt $x = P + tv$, also $x - P = tv$ für ein
$t \in \mathbb{R}$. Nehmen wir diese Gleichung ins Saklarprodukt mit $\mathfrak{n}_v$ so
erhalten wir $\langle \mathfrak{n}_v, x - P \rangle = \langle \mathfrak{n}_v, tv \rangle = t \langle \mathfrak{n}_v, v \rangle = 0$.
Sei umgekehrt x gegeben mit $\langle \mathfrak{n}_v, x - P \rangle = 0$. Dann folgt, dass
$x - P$ orthogonal auf $\mathfrak{n}_v$ steht, also ist $x - P$ kollinear zu v, folglich
$x - P = tv$ für ein geeignetes t und somit $x \in g_{Pv}$.

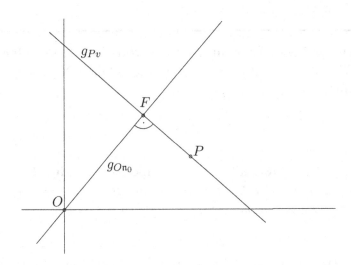

Abb. 7.13 Hessesche Normalform

(ii) Die Hessesche Normalform finden wir durch einfache Umformungen aus der Geradengleichung. Es bleibt zu zeigen, dass d
den Normalabstand der Geraden vom Ursprung berechnet (siehe
dazu Abbildung 7.13). Den Normalabstand finden wir, indem
wir den Abstand $d(O, F)$ von Ursprung und dem Schnittpunkt
F der Geraden g_{Pv} mit der Geraden $g_{O\mathfrak{n}_0}$, die in Richtung $\mathfrak{n}_0$
durch den Ursprung verläuft, berechnen. Weil F auf $g_{O\mathfrak{n}_0}$ liegt,
gilt $F = \lambda \mathfrak{n}_0$. Setzen wir das in die HNF ein, dann sehen wir, dass
$d = \langle \mathfrak{n}_0, F \rangle = \langle \mathfrak{n}_0, \lambda \mathfrak{n}_0 \rangle = \lambda \langle \mathfrak{n}_0, \mathfrak{n}_0 \rangle = \lambda$ gilt, weil $\mathfrak{n}_0$ normiert ist.
Der Abstand von F zu O ist $d(F, O) = \|F\| = \|\lambda \mathfrak{n}_0\| = |\lambda| \|\mathfrak{n}_0\| =$
$|\lambda| = |d|$. $\qquad\square$

Aufgabe 7.2.51. Bestimmen Sie Geradengleichung und Hessesche Normalform für die folgenden Geraden:

1. $g_{P;Q}$ mit $P = (1, 3)$ und $Q = (4, -2)$,
2. g_{Rv} mit $R = (-2, -3)$ und $v = e_2$,
3. g_{Sw} mit $S = (2, 1)$ und $w = e_1$.

Nun kommen wir zur versprochenen Aussage, die belegt, dass mittels HNF das Messen des Normalabstandes von Punkt zu Geraden besonders einfach ist.

7.2.52   **Proposition 7.2.52 (Normalabstand von Punkt und Gerade).** Für P, R, $v \in \mathbb{R}^2$ mit $v \neq 0$ sei $\langle \mathfrak{n}_0, x \rangle - d = 0$ die HNF von g_{Pv}. Der Normalabstand δ von R zu g_{Pv} ist dann

$$\delta = |\langle \mathfrak{n}_0, R \rangle - d|.$$

7.2.53   **Beispiel 7.2.53 (Normalabstand Punkt zu Gerade).** *Für die Gerade g_{Pv} aus Beispiel 7.2.50 und den Punkt $R = (4, 3)$ finden wir mit $\mathfrak{n}_0 = \frac{1}{5}(4, -3)$ den Normalabstand $\delta = \frac{1}{5}|4 \cdot 4 - 3 \cdot 3 + 8| = 3$.*

7.2.53   *Beweis (Proposition 7.2.52).* Betrachten wir nochmals die Abbildung 7.12. Der Normalabstand von R zu g_{Pv} ist der Abstand $d(R, F)$, wobei F der Schnittpunkt von g_{Pv} mit der Normalgeraden auf g_{Pv} durch den Punkt R ist. Der Schnittpunkt lässt sich einerseits schreiben als $F = R + \lambda \mathfrak{n}_0$ für ein reelles λ. Andererseits gilt $\langle \mathfrak{n}_0, F \rangle - d = 0$. Setzen wir für F ein, so erhalten wir $\langle \mathfrak{n}_0, R + \lambda \mathfrak{n}_0 \rangle - d = 0$. Nun verwenden wir Proposition 7.2.38 und finden

$$0 = \langle \mathfrak{n}_0, R \rangle + \lambda \langle \mathfrak{n}_0, \mathfrak{n}_0 \rangle - d = \langle \mathfrak{n}_0, R \rangle + \lambda - d,$$

also $\lambda = \langle \mathfrak{n}_0, R \rangle - d$. Nun gilt

$$d(R, F) = \|F - R\| = \|R + \lambda \mathfrak{n}_0 - R\| = |\lambda| \, \|\mathfrak{n}_0\| = |\lambda|.$$

$\square$

Aufgabe 7.2.54. Bestimmen Sie den Normalabstand des Punktes $P = (3, 6)$ von der Geraden g_{Qv} mit $Q = (-1, 2)$ und $v = (3, 4)$.

Aufgabe 7.2.55. Wiederholen Sie Beispiel 7.2.48, indem Sie mit Hilfe der Hesseschen Normalform von g einen zweiten Punkt auf der Normalen zu g durch R finden, der denselben Normalabstand von g hat wie R.

Beispiel 7.2.56 (Flächeninhalt eines Dreiecks). *Kehren wir noch* 7.2.56
einmal zum Dreieck D_{PQR} aus Abbildung 7.10 zurück. Wenn wir den Winkel α bestimmt haben, können wir mit Hilfe der Formel

$$A = \tfrac{1}{2} d(P, Q)\, d(P, R)|\sin\alpha|$$

seine Fläche berechnen. Setzen wir nun die bekannte Beziehung $\sin^2\alpha + \cos^2\alpha = 1$ und (7.8) zusammen, dann erhalten wir mit $u := Q - P$ und $v := R - P$

$$
\begin{aligned}
\sin^2\alpha &= 1 - \frac{\langle u, v\rangle^2}{\|u\|^2\|v\|^2} \\
&= \frac{\langle u, u\rangle\langle v, v\rangle - \langle u, v\rangle^2}{\|u\|^2\|v\|^2} \\
&= \frac{(u_1^2 + u_2^2)(v_1^2 + v_2^2) - (u_1 v_1 + u_2 v_2)^2}{\|u\|^2\|v\|^2} \\
&= \frac{u_1^2 v_1^2 + u_1^2 v_2^2 + u_2^2 v_1^2 + u_2^2 v_2^2 - u_1^2 v_1^2 - u_2^2 v_2^2 - 2u_1 v_1 u_2 v_2}{\|u\|^2\|v\|^2} \\
&= \frac{u_1^2 v_2^2 + u_2^2 v_1^2 - 2u_1 v_1 u_2 v_2}{\|u\|^2\|v\|^2} = \frac{(u_1 v_2 - u_2 v_1)^2}{\|u\|^2\|v\|^2}.
\end{aligned}
$$

Daher gelten $|\sin\alpha| = \frac{|u_1 v_2 - u_2 v_1|}{\|u\|\,\|v\|}$ und

$$A = \tfrac{1}{2}|u_1 v_2 - u_2 v_1|.$$

Fassen wir die beiden Vektoren u und v zu einer 2×2–Matrix M zusammen, indem wir sie spaltenweise nebeneinander schreiben, d.h.,

$$M = \begin{pmatrix} u_1 & v_1 \\ u_2 & v_2 \end{pmatrix}, \quad \text{dann erhalten wir } A = \tfrac{1}{2}|\det M| \qquad (7.9)$$

(siehe auch Beispiel 5.2.30).

Aufgabe 7.2.57. Gegeben sind die Punkte $A = (-2, -4)$, $B = (4, 4)$, $C = (3, 19)$ und $D = (-9, 3)$. Prüfen Sie nach, dass $ABCD$ ein Trapez bildet. (Eines der beiden Paare von gegenüberliegenden Seiten muss zueinander parallel sein.) Berechnen Sie weiters die vier Winkel, den Umfang, den Flächeninhalt und die Höhe (den Abstand der parallelen Seiten).

Ein weiteres wichtiges geometrisches Objekt ist der Kreis. So wie das Dreieck war auch der Kreis bereits in der Antike ein beliebtes Studienobjekt.

7.2.58 **Definition 7.2.58 (Kreis).** Seien $M \in \mathbb{R}^2$ und r eine positive reelle Zahl.

(i)   Die *Kreislinie* oder auch der *Kreis* $S_r(M)$ ist definiert als die Menge aller Punkte $x \in \mathbb{R}^2$, die von M den Abstand r besitzen, also
$$S_r(M) = \{x \in \mathbb{R}^2 \mid d(x, M) = r\}.$$

Wir nennen dann M den *Mittelpunkt* und r den *Radius* des Kreises.

(ii)   Die *abgeschlossene Kreisscheibe* $B_r(M)$ mit Mittelpunkt M und Radius r ist definiert als die Menge
$$B_r(M) = \{x \in \mathbb{R}^2 \mid d(x, M) \leq r\}.$$

(iii) Die *offene Kreisscheibe* $D_r(M)$ mit Mittelpunkt M und Radius r ist definiert als die Menge
$$D_r(M) = \{x \in \mathbb{R}^2 \mid d(x, M) < r\}.$$

Nun können wir natürlich Lagebeziehungen von Kreis und Geraden studieren. Wir wollen das nur anhand eines Beispiels tun und damit unsere konkreten Untersuchungen der analytischen Geometrie der Ebene beenden, um uns danach etwas strukturelleren Fragen zu widmen.

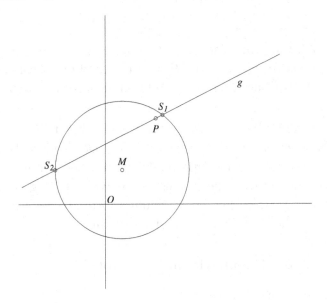

Abb. 7.14 Beispiel 7.2.59

Beispiel 7.2.59 (Kreis und Gerade). *Sei der Kreis $S_r(M)$ mit* **7.2.59**
Mittelpunkt $M = (1,2)$ und Radius $r = 4$ gegeben. Betrachten wir die
Gerade g_{Pv} durch den Punkt $P = (3,5)$ mit Richtungsvektor $v = (2,1)$
(siehe Abbildung 7.14). Wir bestimmen die Schnittpunkte von g_{Pv}
und $S_r(M)$ folgendermaßen: Es gilt für $x \in S_r(M)$, dass $16 = r^2 =$
$d(M,x)^2 = \|x - M\|^2 = (x_1 - 1)^2 + (x_2 - 2)^2$. *Ist außerdem $x \in g_{Pv}$,*
so wissen wir $(x_1, x_2) = x = P + tv = (3,5) + t(2,1)$. Wir setzen die
Geradengleichung in die Kreisgleichung ein und finden

$$16 = (3+2t-1)^2 + (5+t-2)^2 = 4+8t+4t^2+9+6t+t^2 = 13+14t+5t^2,$$

also $5t^2 + 14t - 3 = 0$. Lösen wir die quadratische Gleichung, so erhalten
wir

$$t_{1,2} = \frac{-14 \pm \sqrt{196 + 60}}{10} = \frac{-14 \pm 16}{10} = \tfrac{1}{5}, -3.$$

Die beiden Schnittpunkte sind also $S_1 = (\tfrac{17}{5}, \tfrac{26}{5})$ und $S_2 = (-3, 2)$.

Aufgabe 7.2.60. Schneiden Sie die Geraden $g_1 : 4x + 3y = 29$, $g_2 :$ $x - 3y = 19$ und $g_3 := g_{P:Q}$, für $P = (-1, 3)$ und $Q = (8, 4)$, mit dem Kreis $S_5(-2, 4)$. Überprüfen Sie Ihre Ergebnisse zeichnerisch.

Aufgabe 7.2.61. Über einen kreisförmigen Teich mit $12m$ Durchmesser soll ein $80cm$ breiter Steg gebaut werden. Der Normalabstand der Mittellinie des Steges vom Mittelpunkt des Teiches soll $6m$ betragen. Die Stützen des Steges, die genauso breit wie der Steg sind, sollen außerhalb des Wassers mit $50cm$ Mindestabstand vom Ufer stehen. Wie weit sind die Stützen voneinander entfernt?

Aufgabe 7.2.62 (Geometrie mit Scharfblick).

Einem Kreis mit Radius R, dessen Mittelpunkt M im Ursprung liegt, ist ein kleinerer Kreis mit Radius r eingeschrieben (siehe Skizze). Sein Mittelpunkt m habe die Koordinaten x und y. Der Berührpunkt C der beiden Kreise ist einer der Eckpunkte eines achsenparallelen Dreiecks, dessen weitere Eckpunkte A und B auf den Achsen liegen. Bestimmen Sie die Länge der Seite c dieses Dreiecks.

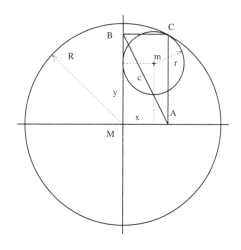

Wir haben uns jetzt einige Zeit mit konkreten geometrischen Objekten in der Ebene beschäftigt. Zum gründlichen Studium einer mathematischen Struktur gehört aber, wie wir schon seit Kapitel 5 wissen, auch das Studium einer entsprechenden Klasse von Abbildungen, die die Struktur erhalten. Wir wollen uns nun auf die Suche nach den zur Struktur der Ebene passenden Abbildungen machen.

Versuchen wir, uns dem Problemkreis über ein Beispiel zu nähern. Wir wollen die Drehungen der Ebene um den Ursprung und den Winkel φ

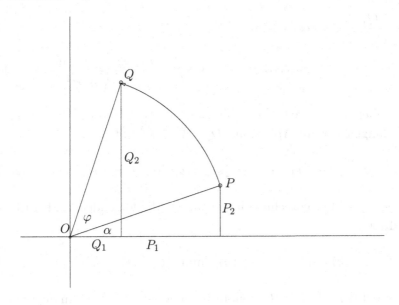

Abb. 7.15 Drehung um den Winkel φ

beschreiben. Wenn wir Abbildung 7.15 betrachten, sehen wir, dass der Punkt P durch die Drehung in den Punkt Q übergeführt wird. Weil P und Q auf einem Kreis mit Mittelpunkt O liegen, gilt

$$\sqrt{P_1^2 + P_2^2} = \|P\| = \|Q\| = \sqrt{Q_1^2 + Q_2^2}. \qquad (7.10)$$

Verwenden wir die Definition der Winkelfunktionen, so sehen wir, dass

$$\begin{aligned} \sin \alpha &= \frac{P_2}{\sqrt{P_1^2+P_2^2}}, & \sin(\alpha + \varphi) &= \frac{Q_2}{\sqrt{Q_1^2+Q_2^2}}, \\ \cos \alpha &= \frac{P_1}{\sqrt{P_1^2+P_2^2}}, & \cos(\alpha + \varphi) &= \frac{Q_1}{\sqrt{Q_1^2+Q_2^2}} \end{aligned} \qquad (7.11)$$

gelten. Aus den Summensätzen für Sinus und Cosinus folgt dann mit Hilfe von (7.10) und (7.11)

$$\begin{aligned} \frac{Q_2}{\sqrt{P_1^2 + P_2^2}} &= \sin(\alpha + \varphi) \\ &= \sin \alpha \cos \varphi + \cos \alpha \sin \varphi = \frac{P_2 \cos \varphi + P_1 \sin \varphi}{\sqrt{P_1^2 + P_2^2}} \end{aligned} \qquad (7.12)$$

$$\frac{Q_1}{\sqrt{P_1^2 + P_2^2}} = \cos(\alpha + \varphi)$$

$$= \cos\alpha \cos\varphi - \sin\alpha \sin\varphi = \frac{P_1 \cos\varphi - P_2 \sin\varphi}{\sqrt{P_1^2 + P_2^2}} \quad (7.13)$$

und daher $Q_1 = P_1 \cos\varphi - P_2 \sin\varphi$ sowie $Q_2 = P_1 \sin\varphi + P_2 \cos\varphi$.
So gelangen wir zur Abbildung $D_\varphi : \mathbb{R}^2 \to \mathbb{R}^2$ mit

$$(x_1, x_2) \mapsto (x_1 \cos\varphi - x_2 \sin\varphi, x_1 \sin\varphi + x_2 \cos\varphi). \quad (7.14)$$

Wie sich leicht nachrechnen lässt, hat D_φ die folgenden beiden Eigenschaften:

$$D_\varphi(x + y) = D_\varphi(x) + D_\varphi(y) \quad \text{und} \quad D_\varphi(\lambda x) = \lambda D_\varphi(x). \quad (7.15)$$

Sie respektiert also die Rechenoperationen $+$ und $\cdot$ im $\mathbb{R}^2$ in dem Sinne, dass es egal ist, ob die Operationen vor oder nach der Abbildung ausgeführt werden. Solche Abbildungen sind also die gesuchten struktur-erhaltenden Abbildungen der Ebene. Wir geben ihnen daher einen Namen.

7.2.63 **Definition 7.2.63 (Lineare Abbildung).**
Eine Abbildung $f : \mathbb{R}^2 \to \mathbb{R}^2$ heißt *linear* oder *lineare Abbildung*, falls die folgenden Bedingungen gelten:

(i) $f(x + y) = f(x) + f(y) \quad \forall x, y \in \mathbb{R}^2$,
(ii) $f(\lambda x) = \lambda f(x) \quad \forall x \in \mathbb{R}^2, \ \forall \lambda \in \mathbb{R}$.

Aufgabe 7.2.64. Rechnen Sie explizit nach, dass die Drehung D_φ in der Ebene eine lineare Abbildung ist, d.h. zeigen Sie explizit die Gültigkeit von (7.15).

Aufgabe 7.2.65. Zeigen Sie, dass für $\lambda \in \mathbb{R}$ die Abbildung $(x_1, x_2) \mapsto (\lambda x_1, \lambda x_2)$ linear ist.

Als nächstes wollen wir eine handliche Schreibweise für lineare Abbildungen der Ebene entwickeln. Dazu ziehen wir nochmals unser Beispiel, die Drehung D_φ um den Winkel φ heran. Wenn wir D_φ genauer betrachten, so sehen wir, dass die Abbildungsvorschrift (7.14) die Koordinaten (x_1, x_2) des Punktes x, also des Arguments der Abbildung, und die Konstanten $\sin\varphi$ und $\cos\varphi$ enthält. Genauer sind es vier Konstanten, zwei davon ($\cos\varphi$ und $-\sin\varphi$) nehmen Einfluss auf die Berechnung von x_1, die anderen beiden ($\sin\varphi$ und $\cos\varphi$) auf die von x_2.

Zunächst ordnen wir diese vier Konstanten in der 2×2–Matrix $M_\varphi \in M_2(\mathbb{R})$

$$M_\varphi = \begin{pmatrix} \cos\varphi & -\sin\varphi \\ \sin\varphi & \cos\varphi \end{pmatrix}$$

an. Dann definieren wir für Matrizen $A = \begin{pmatrix} a_{11} & a_{12} \\ a_{21} & a_{22} \end{pmatrix} \in M_2(\mathbb{R})$ und Vektoren $x = (x_1, x_2) \in \mathbb{R}^2$ ein **Produkt**, das wieder einen Vektor ergibt, gemäß der Vorschrift

$$Ax = \begin{pmatrix} a_{11} & a_{12} \\ a_{21} & a_{22} \end{pmatrix} \begin{pmatrix} x_1 \\ x_2 \end{pmatrix} = \begin{pmatrix} a_{11}x_1 + a_{12}x_2 \\ a_{21}x_1 + a_{22}x_2 \end{pmatrix}. \tag{7.16}$$

Es wird also analog zur Multiplikation zweier 2×2–Matrizen (siehe Seite 197) der erste Eintrag des Vektors Ax gebildet, indem die Einträge der ersten Zeile der Matrix A jeweils mit dem entsprechenden Eintrag des Vektors multipliziert und die beiden Ergebnisse addiert werden. Den zweiten Eintrag des Ergebnisvektors erhalten wir, indem wir die zweite Zeile der Matrix heranziehen und genauso vorgehen.

Beachten Sie, dass es sich in Formel (7.16) als vorteilhaft erweist, die Vektoren $x = (x_1, x_2)$ und Ax als Spaltenvektoren, also $x = \begin{pmatrix} x_1 \\ x_2 \end{pmatrix}$ bzw. $Ax = \begin{pmatrix} (Ax)_1 \\ (Ax)_2 \end{pmatrix}$ zu schreiben (vgl. auch die graue Box auf Seite 377). Hierbei handelt es sich um eine reine Bequemlichkeit in der Schreibweise, und wir messen der Tatsache, ob x als Zeilen- oder Spaltenvektor geschrieben wird, keine weitere Bedeutung zu.

In der Linearen Algebra gibt es gute Gründe, dies doch zu tun; da diese aber jenseits der Zielsetzungen dieses Buches liegen, verzichten wir hier darauf, diese Unterscheidung zu treffen.

Verwenden wir diese Notation, so finden wir für unser Beispiel

$$D_\varphi(x) = \begin{pmatrix} D_\varphi(x)_1 \\ D_\varphi(x)_2 \end{pmatrix} = \begin{pmatrix} x_1 \cos\varphi - x_2 \sin\varphi \\ x_1 \sin\varphi + x_2 \cos\varphi \end{pmatrix}$$

$$= \begin{pmatrix} \cos\varphi & -\sin\varphi \\ \sin\varphi & \cos\varphi \end{pmatrix} \begin{pmatrix} x_1 \\ x_2 \end{pmatrix} = M_\varphi x$$

für alle $x \in \mathbb{R}^2$. Wir können also die Abbildung D_φ durch eine Matrix $M_\varphi \in M_2(\mathbb{R})$ beschreiben. Die interessante Frage ist, ob das so sein muss. In der Tat gilt:

7.2.66 Theorem 7.2.66 (Matrixdarstellung linearer Abbildungen).

(i)   Eine Abbildung $f : \mathbb{R}^2 \to \mathbb{R}^2$ ist genau dann eine lineare Abbildung, wenn eine Matrix $M_f \in M_2(\mathbb{R})$ existiert mit $f(x) = M_f x$ für alle $x \in \mathbb{R}^2$.

(ii) Sind zwei lineare Abbildungen f und g gegeben, so ist die Abbildung $g \circ f$ ebenfalls linear und wird durch die Matrix $M_g M_f$ dargestellt.

7.2.66 *Beweis.*

(i)   Sei f eine lineare Abbildung und $x \in \mathbb{R}^2$. Dann lässt sich x eindeutig als Linearkombination der Form $x = x_1 e_1 + x_2 e_2$ schreiben, wobei e_1, e_2 die Standardbasis des $\mathbb{R}^2$ ist (vgl. Definition 7.3.7 bzw. die Diskussion davor). Weil f linear ist, gilt $f(x) = f(x_1 e_1 + x_2 e_2) = x_1 f(e_1) + x_2 f(e_2)$. Wir sehen also, dass der Wert für jedes $x \in \mathbb{R}^2$ bereits bestimmt ist durch $f(e_1)$ und $f(e_2)$, also durch die Werte von f auf der Standardbasis des $\mathbb{R}^2$. Wir definieren

$$M_f := \begin{pmatrix} f(e_1)_1 & f(e_2)_1 \\ f(e_1)_2 & f(e_2)_2 \end{pmatrix};$$

die Spalten von M_f sind also die Vektoren $f(e_1)$ und $f(e_2)$. Mit dieser Definition haben wir

$$M_f x = \begin{pmatrix} f(e_1)_1 x_1 + f(e_2)_1 x_2 \\ f(e_1)_2 x_1 + f(e_2)_2 x_2 \end{pmatrix} = x_1 f(e_1) + x_2 f(e_2) = f(x),$$

also haben wir die lineare Abbildung f tatsächlich durch die Matrix M_f dargestellt.

Ist umgekehrt $A \in M_2(\mathbb{R})$, so definiert $f(x) := Ax$ eine lineare Abbildung, weil aus der Definition der Matrixmultiplikation $A(x + y) = Ax + Ay$ und $A(\lambda x) = \lambda Ax$ leicht gezeigt werden können.

(ii) Seien f und g zwei lineare Abbildungen. Dann gelten $f(x) = M_f x$ und $g(x) = M_g x$, und daher $(g \circ f)(x) = g(f(x)) = g(M_f x) = M_g(M_f x)$. Aber wie wir aus Aufgabe 5.2.8 wissen (oder noch einmal leicht nachrechnen können), ist die Matrixmultiplikation assoziativ, und somit gilt $M_g(M_f x) = (M_g M_f)x$. Aus dieser Tatsache folgt mit (i), dass $g \circ f$ linear ist.

$\square$

Aufgabe 7.2.67. Weisen Sie explizit nach, dass die im Beweisteil (i) verwendete Tatsache

$$A(x + y) = Ax + Ay \quad \text{und} \quad A(\lambda x) = \lambda Ax$$

für alle $A \in M_2(\mathbb{R})$, $x, y \in \mathbb{R}^2$ und $\lambda \in \mathbb{R}$ gilt.

Aufgabe 7.2.68. Rechnen Sie explizit nach, dass $(AB)x = A(Bx)$ gilt für $A, B \in M_2(\mathbb{R})$ und $x \in \mathbb{R}^2$.

Aufgabe 7.2.69. Geben Sie die Matrixdarstellung der linearen Abbildung aus Aufgabe 7.2.65 an. Veranschaulichen Sie die geometrische Wirkung der Abbildung grafisch.

Aufgabe 7.2.70. Veranschaulichen Sie die geometrische Wirkung der linearen Abbildung, deren Matrixdarstellung

$$D = \begin{pmatrix} \mu & 0 \\ 0 & \nu \end{pmatrix}$$

ist.

Aufgabe 7.2.71. Sei $0 \neq v \in \mathbb{R}^2$ gegeben. Betrachten Sie die Matrix

$$S_v := \mathbb{1} - \frac{2}{\|v\|^2} \begin{pmatrix} v_1^2 & v_1 v_2 \\ v_1 v_2 & v_2^2 \end{pmatrix}.$$

Welche geometrische Wirkung hat die lineare Abbildung, die von S_v definiert wird? Untersuchen Sie dazu die folgenden Spezialfälle für v: e_1, e_2, $(1,1)$, $(-1,1)$. Gewinnen Sie daraus eine Vermutung, und beweisen Sie dann Ihre Vermutung.
Hinweis: Betrachten Sie das Bild der Vektoren e_1, e_2, $(-v_2, v_1)$ auch graphisch.

Aufgabe 7.2.72. Seien S und T zwei Spiegelungsmatrizen wie in Aufgabe 7.2.71. Zeigen Sie, dass $D = ST$ eine Drehung beschreibt. Um welchen Winkel wird gedreht?

Wir können also die linearen Abbildungen der Ebene mit den reellen 2×2–Matrizen identifizieren. Die Identifikation geht sogar so weit, dass für zwei lineare Abbildungen f und g die Komposition $f \circ g$ durch die Matrixmultiplikation $M_f M_g$ berechnet werden kann. Um diesen Zusammenhang struktureller zu formulieren, bezeichnen wir mit $\mathrm{Lin}(\mathbb{R}^2)$ die Menge der linearen Abbildungen auf $\mathbb{R}^2$. Diese ist (mit der Verknüpfung von Abbildungen) ein Monoid (vgl. Beispiel 5.2.21), da wegen Theorem 7.2.66(ii) die Verknüpfung linearer Abbildungen wieder eine lineare Abbildung ist und die identische Abbildung ebenfalls linear ist. Ebenso ist nach Aufgabe 5.2.23 $M_2(\mathbb{R})$ ein Monoid. Schließlich ist die Abbildung

$$M : \mathrm{Lin}(\mathbb{R}^2) \to M_2(\mathbb{R})$$
$$f \mapsto M_f$$

bijektiv (das können wir anhand der Argumente im Beweis von Theorem 7.2.66(i) sehen), und Punkt (ii) desselben Theorems zeigt, dass $M_{g \circ f} = M_g M_f$ gilt, also dass M ein *Monoidhomomorphismus* (Definition 5.2.57(iii)) ist, und daher sind die Monoide $(\mathrm{Lin}(\mathbb{R}^2), \circ)$ und $(M_2(\mathbb{R}), \cdot)$ *isomorph*.

Zum Abschluss dieses Abschnitts wollen wir unter Benutzung von Theorem 7.2.66 untersuchen, unter welchen Bedingungen eine lineare Abbildung $f : \mathbb{R}^2 \to \mathbb{R}^2$ bijektiv ist (siehe dazu auch Aufgabe 5.2.32). Ist das der Fall, dann muss f zunächst injektiv sein. Es muss also aus $f(x) = f(y)$ schon $x = y$ folgen. Wegen der Linearität von f folgt aus $f(x) = f(y)$ die Gleichung $f(x - y) = 0$. Daraus sehen wir:

f ist genau dann injektiv, wenn aus $f(z) = 0$ schon $z = 0$ folgt.

Um ein weiteres Kriterium für die Injektivität abzuleiten, nehmen wir an, f sei injektiv, und es gelte

$$0 = f(x) = x_1 f(e_1) + x_2 f(e_2). \tag{7.17}$$

Wegen obiger Überlegung muss aus dieser Gleichung schon $x_1 = x_2 = 0$ folgen. (Klarerweise ist $x_1 = x_2 = 0$ eine Lösung der Gleichung (7.17), die Frage ist allerdings, ob das die *einzige* Lösung ist). Setzen wir $f(e_1) = (a_{11}, a_{21})$ und $f(e_2) = (a_{12}, a_{22})$, und schreiben wir (7.17) in Komponenten auf, so erhalten wir:

$$\begin{aligned} 0 &= x_1 a_{11} + x_2 a_{12}, \\ 0 &= x_1 a_{21} + x_2 a_{22}. \end{aligned} \tag{7.18}$$

Wir lösen das Gleichungssystem, indem wir die erste Zeile mit a_{21} und die zweite mit $-a_{11}$ multiplizieren und die Gleichungen addieren. Das ergibt die Gleichung

$$0 = x_2(a_{12}a_{21} - a_{11}a_{22}),$$

die (wegen der Nullteilerfreiheit von $\mathbb{R}$) dann und nur dann eine Lösung $x_2 \neq 0$ hat, wenn

$$a_{11}a_{22} - a_{12}a_{21} = 0 \tag{7.19}$$

gilt. Multiplizieren wir andererseits in (7.18) die erste Zeile mit a_{22} und die zweite mit $-a_{12}$, so finden wir nach Addition der Gleichungen

$$0 = x_1(a_{11}a_{22} - a_{12}a_{21}),$$

und wieder hat die Gleichung genau dann eine Lösung $x_1 \neq 0$, wenn (7.19) gilt. Die Größe $a_{11}a_{22} - a_{12}a_{21}$ haben wir schon in Beispiel 5.2.30 kennen gelernt:

$$a_{11}a_{22} - a_{12}a_{21} = \det \begin{pmatrix} a_{11} & a_{12} \\ a_{21} & a_{22} \end{pmatrix} = \det M_f$$

heißt die **Determinante** der Matrix M_f. Wir sehen also

f ist genau dann injektiv, wenn $\det M_f \neq 0$ ist.

Interessanterweise folgt aus $\det M_f \neq 0$ auch schon, dass f surjektiv ist, denn für beliebiges $y \in \mathbb{R}^2$ finden wir $x \in \mathbb{R}^2$ mit $f(x) = y$ durch

$$x = \frac{1}{a_{11}a_{22} - a_{12}a_{21}}(a_{22}y_1 - a_{12}y_2, -a_{21}y_1 + a_{11}y_2). \tag{7.20}$$

Also gilt der Satz:

7.2.73   **Theorem 7.2.73 (Lineare Isomorphismen des $\mathbb{R}^2$).** Eine lineare Abbildung $f : \mathbb{R}^2 \to \mathbb{R}^2$ ist genau dann bijektiv, wenn die Determinante ihrer darstellenden Matrix $\det M_f \neq 0$ erfüllt.

Auch die inverse Abbildung f^{-1} von f haben wir in (7.20) bereits berechnet. Sie wird durch die zu $M_f = \begin{pmatrix} a_{11} & a_{12} \\ a_{21} & a_{22} \end{pmatrix}$ *inverse* Matrix

$$(M_f)^{-1} = \frac{1}{\det M_f} \begin{pmatrix} a_{22} & -a_{12} \\ -a_{21} & a_{11} \end{pmatrix}$$

dargestellt.

Aufgabe 7.2.74. Zeigen Sie dass für eine bijektive lineare Abbildung f mit Matrixdarstellung M_f die inverse Abbildung f^{-1} tatsächlich von der inversen Matrix $(M_f)^{-1}$ dargestellt wird, also dass $M_{f^{-1}} = (M_f)^{-1}$ gilt.
Hinweis: Ziehen Sie ihre Aufzeichnungen zu Aufgabe 5.2.32 zu Rate.

Aufgabe 7.2.75. Zeigen Sie, dass die invertierbaren linearen Abbildungen auf $\mathbb{R}^2$ eine Gruppe bilden, die zu $\mathrm{GL}(2, \mathbb{R})$ (Beispiel 5.3.26) isomorph ist.

Viele der in diesem Abschnitt entdeckten Zusammenhänge übertragen sich ohne Änderung von der Ebene auf den Raum. Wie weit die Parallelen gehen, werden wir im nächsten Abschnitt herausfinden.

7.3 Der Raum — $\mathbb{R}^3$

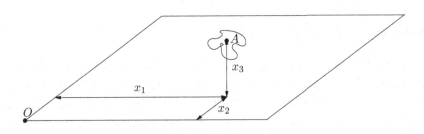

Abb. 7.16 Tischplatte mit Höhenmessung

Wenn wir in Beispiel 7.1.2 nicht nur Objekte, die auf der Tischplatte liegen, in Betracht ziehen, sondern auch solche zulassen, die sich oberhalb der Tischplatte befinden, so können wir deren Positionen dadurch angeben, dass wir zu den Abständen von den beiden Seitenkanten des Tisches noch die Höhe x_3 über der Tischplatte messen. Wir müssen also zu unseren beiden Koordinaten x_1 und x_2 eine dritte Koordinate x_3 hinzufügen (siehe Abbildung 7.16).

In Analogie zur Ebene führt uns das zu der folgenden Definition.

Definition 7.3.1 (Mathematischer Raum). Der *mathematische* 7.3.1 oder *dreidimensionale Raum*, auch *Anschauungsraum*, ist die Menge $\mathbb{R}^3$ aller reellen Zahlentripel. Wir nennen ein Element $A = (A_1, A_2, A_3)$ des Raums *Punkt* und (A_1, A_2, A_3) seine *(kartesischen) Koordinaten*. Der Punkt $O = (0,0,0)$ heißt der *Ursprung*.

Wir sehen also, dass der einzige Unterschied zu Definition 7.2.1 die zusätzliche dritte Koordinate ist. Auch im Raum gibt es Translationen, und nachdem man bei einer Verschiebung auch die Höhe ändern kann, werden auch Translationen in $\mathbb{R}^3$ mit drei Komponenten angegeben. Die Analogie geht so weit, dass es nur natürlich ist, auch die Rechenoperationen auf drei Koordinaten auszudehnen.

7.3.2   **Definition 7.3.2 (Operationen in $\mathbb{R}^3$).** Seien $x, y \in \mathbb{R}^3$ und $\lambda \in \mathbb{R}$. Wir definieren die *Addition* in $\mathbb{R}^3$ und die *Multiplikation mit einem Skalar* komponentenweise durch

$$x + y := (x_1 + y_1, x_2 + y_2, x_3 + y_3)$$
$$\lambda x := (\lambda x_1, \lambda x_2, \lambda x_3).$$

Wiederum schreiben wir $-x$ für $(-1)x$ und $x - y$ für $x + (-y)$.

Auch für Elemente des $\mathbb{R}^3$ gibt es wieder die beiden Interpretationen, einerseits als Punkt und andererseits als Richtung, d.h. als Vektor. Wie schon im vorherigen Abschnitt werden wir Punkte mit P, Q, R usw. und Vektoren mit u, v, w etc. bezeichnen; siehe dazu auch die graue Box auf Seite 377.

7.3.3   **Beispiel 7.3.3 (Punkt und Richtung).** *Untersuchen wir die Punkte $P = (1, 4, 9)$ und $Q = (4, 8, -2)$. Der Vektor v, der von P nach Q zeigt, hat die Komponenten $v = Q - P = (3, 4, -11)$.*

Aufgabe 7.3.4. Eine Großhandelsfirma für Schulprodukte liefert an den Einzelhändler 27 Krötenaugen, 53 Pakete Froschlaich und $182g$ Käferbeine. Der Einzelhändler hatte aber 31 Krötenaugen, 51 Pakete Froschlaich und $200g$ Käferbeine bestellt. Um wie viel ist die Lieferung falsch? Was hat das Ergebnis mit Verbindungsvektoren zu tun?

Die Rechenoperationen in $\mathbb{R}^3$ und $\mathbb{R}^2$ unterscheiden sich so wenig voneinander, dass sich auch die Eigenschaften, die wir in Proposition 7.2.6 bewiesen haben, auf den $\mathbb{R}^3$ übertragen.

Proposition 7.3.5 (Rechenregeln für $\mathbb{R}^3$).   Die Rechenopera-   **7.3.5**
tionen $+ : \mathbb{R}^3 \times \mathbb{R}^3 \to \mathbb{R}^3$ und $\cdot : \mathbb{R} \times \mathbb{R}^3 \to \mathbb{R}^3$ haben die folgenden
Eigenschaften:

(+)   Das Paar $(\mathbb{R}^3, +)$ bildet eine abelsche Gruppe mit Nullele-
        ment $(0, 0, 0)$.

(NG)   Es gilt $1x = x$.

(DG$_1$)   Für $x, y \in \mathbb{R}^3$ und $\lambda \in \mathbb{R}$ gilt $\lambda(x + y) = \lambda x + \lambda y$.

(AG)   Für alle $x \in \mathbb{R}^3$ und $\lambda, \mu \in \mathbb{R}$ finden wir $\lambda(\mu x) = (\lambda \mu)x$.

(DG$_2$)   Für alle $x \in \mathbb{R}^3$ und $\lambda, \mu \in \mathbb{R}$ finden wir $(\lambda + \mu)x = \lambda x + \mu x$.

Beweis. Völlig analog zum Fall des $\mathbb{R}^2$ folgen alle Rechenregeln leicht   **7.3.5**
aus den Rechenregeln für reelle Zahlen.   □

Aufgabe 7.3.6. Führen Sie den Beweis von Proposition 7.3.5 explizit
aus.

Mit Hilfe der Rechenregeln können wir analog zum $\mathbb{R}^2$ jedes $x \in \mathbb{R}^3$
eindeutig schreiben als

$$x = x_1(1, 0, 0) + x_2(0, 1, 0) + x_3(0, 0, 1), \qquad (7.21)$$

was uns zur folgenden Definition führt.

Definition 7.3.7 (Standardbasis, Linearkombination).   **7.3.7**

(i)   Die Menge $\{e_1 = (1, 0, 0), e_2 = (0, 1, 0), e_3 = (0, 0, 1)\}$ nennen
        wir die *Standardbasis* des $\mathbb{R}^3$.

(ii)   Eine Darstellung der Form (7.21) nennen wir eine *Linearkombi-
        nation* der Standardbasisvektoren e_1, e_2, e_3 mit Koeffizienten x_1,
        x_2, x_3.

Es lässt sich also analog zur Ebene jedes $x \in \mathbb{R}^3$ eindeutig als Linearkombination der Standardbasisvektoren schreiben.

Beispiel 7.3.8 (Linearkombination). *Der Punkt $P = (1, 4, 9)$ lässt*   **7.3.8**
sich eindeutig schreiben als $P = e_1 + 4e_2 + 9e_3$.

Aufgabe 7.3.9. Stellen Sie die beiden Vektoren $P = (1, 1, 5)$ und $Q = (-2, 4, 1)$ als Linearkombination der Standardbasisvektoren dar.

Aufgabe 7.3.10. Seien u, v und w drei beliebige Elemente des $\mathbb{R}^3$. Wir sagen, dass $y \in \mathbb{R}^3$ dargestellt ist als Linearkombination von u, v und w, wenn

$$y = \lambda u + \mu v + \nu w$$

für $\lambda, \mu, \nu \in \mathbb{R}$. Stellen Sie $R = (-1, 4, 3)$ als Linearkombination von $A = (-3, -2, 0)$, $B = (2, 2, 1)$ und $C = (0, 4, -3)$ dar.

Auch die grundlegenden geometrischen Objekte Strecke, Strahl und Gerade werden im $\mathbb{R}^3$ völlig analog zum $\mathbb{R}^2$ eingeführt (siehe Abbildung 7.17):

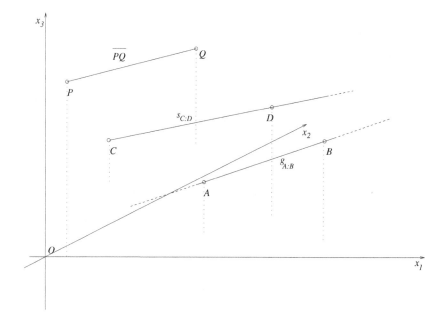

Abb. 7.17 Strecke, Strahl und Gerade im $\mathbb{R}^3$

Definition 7.3.11 (Strecke, Strahl, Gerade). Seien $P \neq Q \in \mathbb{R}^3$ **7.3.11**
gegeben. Sei $v := Q - P$ der Vektor von P nach Q.

(i)   Wir definieren die *Strecke* $\overline{PQ}$ als folgende Menge von Punkten:

$$\overline{PQ} := \{P + t(Q - P) \mid t \in [0,1]\}.$$

        Die Punkte P und Q heißen die *Endpunkte* der Strecke $\overline{PQ}$.

(ii)   Die *Halbgerade* oder der *Strahl* von P in Richtung Q bzw. v sei
       die Menge

$$s_{Pv} := s_{P:Q} := \{P + tv \mid t \geq 0\}.$$

(iii)   Die *Gerade* $g_{P:Q}$ durch P und Q sei die Menge

$$g_{Pv} := g_{P:Q} := \{P + tv \mid t \in \mathbb{R}\}.$$

(iv)   Wir sagen, der Punkt R liegt auf $g_{P:Q}$, $s_{P:Q}$ bzw. $\overline{PQ}$, wenn
       $R \in g_{P:Q}$, $R \in s_{P:Q}$ bzw. $\overline{PQ}$ gilt.

(v)   Wir nennen den Vektor v einen *Richtungsvektor* der (Halb-)Ge-
       raden $g_{P:Q}$ bzw. $s_{P:Q}$.

Alternativ zur Angabe zweier Punkte können wir also eine (Halb-)Ge-
rade wiederum durch einen Punkt und einen Richtungsvektor definie-
ren. Ebenso heißt die Darstellung einer Geraden im $\mathbb{R}^3$ als Punktmenge
der Form $P + tv$ *Parameterdarstellung* und wir werden gelegentlich die
Schreibweise $g : X = P + tv$ verwenden.
Weil wir im Beweis von Proposition 7.2.14 über die Eigenschaften von
(Halb-)Geraden und Strecken nirgendwo verwendet haben, dass die
Punkte und Vektoren aus *Zahlenpaaren* bestehen, übertragen sich die
Resultate ebenfalls auf den Raum.

Proposition 7.3.12. Die geometrischen Objekte aus Definition 7.2.12 **7.3.12**
haben die folgenden Eigenschaften:

(i)   Es gilt $\overline{PQ} = \overline{QP}$.

(ii)   Für $R \in \mathbb{R}^3$ gilt $R \in \overline{PQ}$ genau dann, wenn es Skalare $\lambda, \mu \geq 0$
       gibt mit $\lambda + \mu = 1$ und $R = \lambda P + \mu Q$.

(iii)   Seien R und S zwei verschiedene Punkte auf $g_{P:Q}$. Dann gilt
       $g_{P:Q} = g_{R:S}$.

(iv)   Sei R ein Punkt auf $g_{P:Q}$ und w ein Vektor mit $P - Q = \lambda w$ für ein $0 \neq \lambda \in \mathbb{R}$. Dann ist

$$g_{P:Q} = \{R + tw \mid t \in \mathbb{R}\}.$$

7.3.12   ***Beweis.*** Der Beweis kann wortwörtlich wie der von Proposition 7.2.14 geführt werden.   □

Aufgabe 7.3.13. Überzeugen Sie sich davon, dass Proposition 7.3.12 tatsächlich durch ein Umschreiben des Beweises von Proposition 7.2.14 bewiesen werden kann.

Wieder schließen wir, dass wir Geraden durch die Angabe zweier beliebiger Punkte oder durch Angabe eines Punktes und eines Richtungsvektors beschreiben können. Auch der Begriff der Kollinearität von Vektoren überträgt sich problemlos von der Ebene in den Raum.

7.3.14   **Definition 7.3.14 (Kollineare Vektoren).** Zwei Vektoren v und w im Raum heißen *kollinear*, wenn ein Skalar $0 \neq \lambda \in \mathbb{R}$ existiert mit

$$v = \lambda w.$$

Ist der Skalar $\lambda > 0$, dann nennen wir die Vektoren v und w *gleich orientiert*.

7.3.15   **Beispiel 7.3.15 (Kollineare Vektoren).**

- *Die Vektoren $v = (1,3,2)$, $w = (3,9,6)$ und $u = (-2,-6,-4)$ sind kollinear, und v und w sind gleich orientiert.*
- *Betrachten wir die Punkte $P = (1,4,2)$ und $Q = (4,8,5)$. Die Gerade $g_{P:Q}$ ist dann $g_{P:Q} = \{(1,4,2) + t(3,4,3) \mid t \in \mathbb{R}\}$. Wenn wir für $t = -1$ einsetzen, so finden wir $R = (-2,0,-1) \in g_{P:Q}$. Der Vektor $w = (6,8,6)$ ist kollinear zu $Q - P$, und daher gilt $g_{P:Q} = \{(-2,0,-1) + s(6,8,6) \mid s \in \mathbb{R}\}$.*

Aufgabe 7.3.16. Überprüfen Sie, welche der folgenden Vektoren kollinear sind: $u = (1,2,3)$, $v = (-1,-2,3)$, $w = (-1,-2,-3)$, $x = (-3,-6,9)$. Welche sind gleich orientiert?

Ein erster größerer Unterschied zwischen $\mathbb{R}^2$ und $\mathbb{R}^3$ taucht auf, wenn wir die möglichen Lagen untersuchen, die Geraden zueinander haben können. In $\mathbb{R}^2$ haben wir gesehen, dass $g_{Pv} \cap g_{Qw} = \emptyset$ genau dann gilt, wenn v und w kollinear sind und $Q \notin g_{Pv}$ liegt.

Beispiel 7.3.17 (Geraden im $\mathbb{R}^3$). *Betrachten wir die Geraden* g_{Pv} **7.3.17**

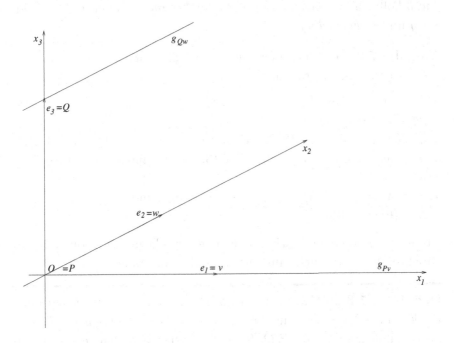

Abb. 7.18 Windschiefe Geraden

mit $P = O$ und $v = e_1$ und g_{Qw} mit $Q = e_3$ und $w = e_2$ (siehe Abbildung 7.18). Diese beiden Geraden haben keinen Schnittpunkt S, weil $S = te_1$ für ein t und $S = e_3 + se_2$ für ein geeignetes s erfüllen müsste. Wenn wir die drei entstehenden Gleichungen aufschreiben, finden wir aber

$$S_1 = 1\,t = t = 0 + 0\,s \Rightarrow t = 0,$$
$$S_2 = 0\,t = 0 = 0 + 1\,s = s \Rightarrow s = 0,$$
$$S_3 = 0\,t = 0 = 1 + 0\,s = 1 \Rightarrow 0 = 1,$$

einen offensichtlichen Widerspruch. Die Richtungsvektoren der Geraden sind aber nicht kollinear, weil $e_1 \neq \lambda e_2$ für alle $\lambda \in \mathbb{R}$.

Im $\mathbb{R}^3$ kann es also passieren, dass zwei nichtparallele Geraden leeren Schnitt haben. Das führt uns zur folgenden Definition.

7.3.18   **Definition 7.3.18 (Parallele und windschiefe Geraden).** Seien g und h Geraden in $\mathbb{R}^3$ mit $g \cap h = \emptyset$. Sind die Richtungsvektoren von g und h kollinear, so sagen wir g und h sind *parallel*, andernfalls nennen wir g und h *windschief*.

Aufgabe 7.3.19. Überprüfen Sie jeweils die Lagebeziehung der folgenden Paare von Geraden:

1. g_{Pv} und g_{Qw} für $P = (1, 2, -1)$, $Q = (1, -1, 3)$, $v = (1, 3, 2)$ und $w = (1, 3, 0)$,
2. $g : X = (1, -3, 5) + \lambda(2, 2, -1)$ und $h : X = (2, 1, -4) + \mu(1, 3, 1)$,
3. $g_{A:B}$ mit $A = (1, -1, 0)$ und $B = (3, 1, -10)$ und $\ell : X = (3, 0, 5) + \nu(-1, -1, 5)$,
4. $m : X = (2, -1, 5) + \sigma(1, 4, -4)$ und $g_{R:S}$ mit $R = (2, 3, 3)$ und $S = (6, 11, -9)$.

Als nächstes definieren wir ein Klasse grundlegender geometrischer Objekte, die im $\mathbb{R}^2$ nicht auftreten, nämlich die Ebenen.

7.3.20   **Definition 7.3.20 (Ebene).** Seien P, Q und R drei verschiedene Punkte im $\mathbb{R}^3$ so, dass die Vektoren $v = Q - P$ und $w = R - P$ nicht kollinear sind (also P, Q, R nicht auf einer Geraden liegen). Dann definieren wir die durch P, Q und R bestimmte *Ebene $\varepsilon_{P:Q:R}$* durch

$$\varepsilon_{Pvw} := \varepsilon_{P:Q:R} := \{P + tv + sw \mid s, t \in \mathbb{R}\}.$$

Eine solche Darstellung einer Ebene mit Hilfe eines Punktes und zweier Vektoren heißt *Parameterdarstellung*, v und w heißen *Richtungsvektoren* von ε_{Pvw}.

Analog zum Fall von Geraden werden wir manchmal für Ebenen die Schreibweise $\varepsilon : X = P + tv + sw$ verwenden.

Aufgabe 7.3.21. Bestimmen Sie eine Parameterdarstellung der Ebene, die die drei Punkte $P = (1, 3, -1)$, $Q = (2, 1, 0)$ und $R = (3, 0, 4)$ enthält.

Nachdem wir die möglichen Lagebeziehungen zweier Geraden zueinander bereits geklärt haben, untersuchen wir als nächstes, wie Ebenen und Geraden zueinander liegen können.

Proposition 7.3.22 (Lagebeziehungen von Ebenen und Geraden im Raum). Für $P, Q, u, v, w \in \mathbb{R}^3$ seien die Ebene ε_{Pvw} und die Gerade g_{Qu} gegeben. **7.3.22**

(i)   Gibt es $\lambda, \mu \in \mathbb{R}$ mit $u = \lambda v + \mu w$ und ist $Q \in \varepsilon_{Pvw}$, dann gilt $g_{Qu} \subseteq \varepsilon_{Pvw}$.

(ii)   Gibt es $\lambda, \mu \in \mathbb{R}$ mit $u = \lambda v + \mu w$ und ist $Q \notin \varepsilon_{Pvw}$, dann ist $g_{Qu} \cap \varepsilon_{Pvw} = \emptyset$. In diesem Fall sagen wir, dass g_{Qu} *parallel* zu ε_{Pvw} ist.

(iii) Wenn es keine $\lambda, \mu \in \mathbb{R}$ gibt mit $u = \lambda v + \mu w$, dann haben g_{Qu} und ε_{Pvw} genau einen Punkt, den *Schnittpunkt*, gemeinsam.

Die drei möglichen Lagebeziehungen von Gerade und Ebene im Raum sind also: Die Gerade liegt entweder zur Gänze in der Ebene, oder Gerade und Ebene sind parallel, oder sie haben genau einen Schnittpunkt (siehe Abbildung 7.19).

Beweis. **7.3.22**

(i)   Sei also $u = \lambda v + \mu w$ und $Q \in \varepsilon_{Pvw}$, d.h. es ist $Q = P + sv + tw$ für geeignete s und t. Für beliebiges $R \in g_{Qu}$, also $R = Q + ru$ für geeignetes r, gilt

$$R = Q + ru = P + sv + tw + r(\lambda v + \mu w)$$
$$= P + (s + r\lambda)v + (t + r\mu)w \in \varepsilon_{Pvw},$$

und da R beliebig war, gilt tatsächlich $g_{Qu} \subseteq \varepsilon_{Pvw}$.

(ii)   Sei nun $u = \lambda v + \mu w$ aber $Q \notin \varepsilon_{Pvw}$. Wir nehmen indirekt an, dass $g_{Qu} \cap \varepsilon_{Pvw} \neq \emptyset$ gilt. Für $S \in g_{Qu} \cap \varepsilon_{Pvw}$ gilt dann $S = Q + ru$

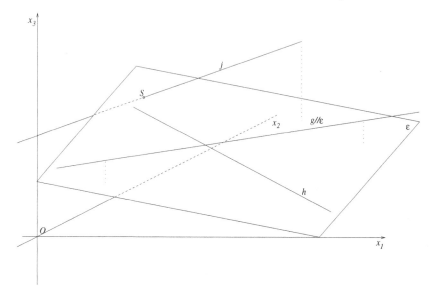

Abb. 7.19 Lagebeziehungen zwischen einer Ebene und einer Geraden

für ein r und $S = P + sv + tw$ für geeignete s und t. Setzen wir alles zusammen, so erhalten wir

$$Q = S - ru = P + sv + tw - r(\lambda v + \mu w)$$
$$= P + (s - r\lambda)v + (t - r\mu)w \in \varepsilon_{Pvw},$$

einen Widerspruch zu $Q \notin \varepsilon_{Pvw}$.

(iii) Wir versuchen g_{Qu} und ε_{Pvw} miteinander zu schneiden. Wenn es einen gemeinsamen Punkt S gibt, dann muss sowohl $S = P + sv + tw$ als auch $S = Q + ru$ für geeignete s, t und r gelten. Gleichsetzen liefert

$$P - Q + sv + tw - ru = 0,$$

bzw. in Komponenten

$$P_1 - Q_1 + sv_1 + tw_1 - ru_1 = 0,$$
$$P_2 - Q_2 + sv_2 + tw_2 - ru_2 = 0, \qquad (7.22)$$
$$P_3 - Q_3 + sv_3 + tw_3 - ru_3 = 0.$$

Wir finden mit $q = Q - P$

$$s = \frac{-q_1 w_2 u_3 - q_3 w_1 u_2 - q_2 w_3 u_1 + q_3 w_2 u_1 + q_1 w_3 u_2 + q_2 w_1 u_3}{D},$$

$$t = \frac{-v_1 q_2 u_3 - v_3 q_1 u_2 - v_2 q_3 u_1 + v_3 q_2 u_1 + v_1 q_3 u_2 + v_2 q_1 u_3}{D},$$

$$r = \frac{-v_1 w_2 q_3 - v_3 w_1 q_2 - v_2 w_3 q_1 + v_3 w_2 q_1 + v_1 w_3 q_2 + v_2 w_1 q_3}{D},$$

wobei

$$D = -v_1 w_2 u_3 - v_3 w_1 u_2 - v_2 w_3 u_1 + v_3 w_2 u_1 + v_1 w_3 u_2 + v_2 w_1 u_3.$$
$$(7.23)$$

Und wir haben tatsächlich genau einen Punkt in $g_{Qu} \cap \varepsilon_{Pvw}$ gefunden, da $D \neq 0$ gilt. In der Tat würde aus $D = 0$ folgen, dass $u = \lambda v + \mu w$ für $\lambda = \frac{u_2 w_1 - u_1 w_2}{v_1 w_2 - v_2 w_1}$, $\mu = \frac{u_1 v_2 - u_2 v_1}{v_1 w_2 - v_2 w_1}$, falls $v_1 w_2 - v_2 w_1 \neq 0$. Gilt $v_1 w_2 - v_2 w_1 = 0$, dann kann man andere Darstellungen von u durch v und w finden.

$\square$

Aufgabe 7.3.23. Um das Ende des Beweises in Proposition 7.3.22 vollständig auszuführen, beweisen Sie das folgende Resultat.
Für drei Vektoren $u, v, w \in \mathbb{R}^3$ sei D wie in (7.23) definiert. Zeigen Sie, dass aus $D = 0$ folgt, dass $(\kappa, \lambda, \mu) \neq (0, 0, 0)$ existiert mit $\kappa u + \lambda v + \mu w = 0$.
Folgern Sie weiters, dass $\kappa \neq 0$ gilt, wenn v und w nicht kollinear sind.

Sicherlich ist Ihnen aufgefallen, dass obiger Beweis etwas rechenaufwändig und mühsam ist. Das liegt vor allem daran, dass wir die entsprechende dahinterliegende Struktur noch nicht isoliert haben und dies auch im Rahmen des Buches nicht vollständig tun werden. Im Vergleich zum $\mathbb{R}^2$ beginnen im $\mathbb{R}^3$ derartige Rechnungen wegen ihres Aufwands unhandlich zu werden, und die Notwendigkeit einer Lösbarkeitstheorie für lineare Gleichungssysteme tritt plastisch vor Augen. Tatsächlich ist eine solche Theorie einer der Grundsteine der *Linearen Algebra* und der mit D abgekürzte Ausdruck wird sich dort als geeignete Verallgemeinerung der Determinante einer 2×2-Matrix herausstellen, und zwar als Determinante der aus den drei Vektoren u, v und w durch Hintereinanderschreiben der Spaltenvektoren gebildeten 3×3-Matrix.

7.3.24 **Beispiel 7.3.24 (Ebene und Gerade im Raum).** *Seien die Ebene* ε_{Pvw} *für* $P = (1, 1, 4)$, $v = (1, 2, 4)$ *und* $w = (0, 1, 3)$ *und die Gerade* g_{Qu} *mit* $Q = (2, 2, 2)$ *und* $u = (3, 0, 1)$ *gegeben. Wir berechnen den Schnittpunkt von* ε_{Pvw} *mit* g_{Qu}.
Nach Gleichung (7.22) betrachten wir das Gleichungssystem

$$1s + 0t - 3r = 2 - 1$$
$$2s + 1t - 0r = 2 - 1$$
$$4s + 3t - 1r = 2 - 4$$

und berechnen $s = \frac{16}{7}$, $t = -\frac{25}{7}$, $r = \frac{3}{7}$. *Daher ist der Schnittpunkt* $S = Q + \frac{3}{7}u = \left(\frac{23}{7}, 2, \frac{17}{7}\right)$.

Aufgabe 7.3.25. Bestimmen Sie den Schnittpunkt der Geraden $g :$ $X = (0, 1, 1) + t(1, 1, 2)$ mit der Ebene $\varepsilon_{A:B:C}$ mit $A = (0, 2, -2)$, $B = (2, 0, -1)$ und $C = (-1, 1, 0)$.

Wir haben in Proposition 7.3.22 gesehen, dass für *drei* Vektoren u, v, w $\in \mathbb{R}^3$ die Frage, ob sich $u = \lambda v + \mu w$ schreiben lässt, wichtig ist. Wir sagen in diesem Fall (vgl. Definition 7.3.7), dass sich u als *Linearkombination* von v und w (mit Koeffizienten λ und μ) schreiben lässt. Diese Eigenschaft ist verwandt mit der Kollinearität *zweier* Vektoren, d.h. mit der Tatsache, dass sich $u = \lambda v$ schreiben lässt.
Um diese Verwandtschaft herauszuschälen, betrachten wir für fixe u und v ungleich 0 die Gleichung $\lambda u + \mu v = 0$. Sie hat immer die *triviale Lösung* $\lambda = \mu = 0$. Existiert auch noch eine weitere Lösung mit, o.B.d.A., $\lambda \neq 0$, so erhalten wir $u = -\frac{\mu}{\lambda}v$, und finden, dass u und v kollinear sind. Umgekehrt sind u und v kollinear, d.h. $u = \nu v$ für einen Skalar ν, dann gilt $1u + (-\nu)v = 0$, also hat die Gleichung $\lambda u + \mu v = 0$ eine nichttriviale Lösung. Also sind u und v genau dann kollinear, wenn die Gleichung $\lambda u + \mu v = 0$ eine nichttriviale Lösung besitzt.

Als nächstes nehmen wir uns drei Vektoren u, v, w vor und betrachten die Gleichung

$$\lambda u + \mu v + \nu w = 0. \qquad (7.24)$$

Auch diese Gleichung hat immer die triviale Lösung $\lambda = \mu = \nu = 0$. Nehmen wir wieder an, es gäbe eine nichttriviale Lösung mit o.B.d.A. $\lambda \neq 0$, dann finden wir $u = -\frac{\mu}{\lambda} v - \frac{\nu}{\lambda} w$ und umgekehrt sehen wir, dass aus $u = \alpha v + \beta w$ folgt, dass (7.24) eine nichttriviale Lösung besitzt (z.B. $\lambda = 1$, $\mu = -\alpha$, $\nu = -\beta$). Es besteht also ein eindeutiger Zusammenhang zwischen der nicht-trivialen Lösbarkeit von Gleichungen der Form (7.24) und der Frage, ob sich einer der Vektoren durch eine Linearkombination der anderen ausdrücken lässt. Wir verallgemeinern diesen Ideenkreis auf endliche Mengen von Vektoren.

Definition 7.3.26 (Lineare (Un-)Abhängigkeit). Sei eine Menge von Vektoren $M := \{u_1, \ldots, u_m\} \subseteq \mathbb{R}^3$ gegeben.   **7.3.26**

(i)   Wir sagen, dass M *linear unabhängig* ist (oder dass die Vektoren $u_1, \ldots, u_m$ linear unabhängig sind), wenn die Gleichung

$$\sum_{i=1}^m \lambda_i u_i = 0$$

nur die triviale Lösung $\lambda_1 = \cdots = \lambda_m = 0$ besitzt.

(ii)   Sind die Vektoren nicht linear unabhängig, so nennen wir sie *linear abhängig*.

(iii) Wir sagen, der Vektor u ist *linear abhängig von* den Vektoren $u_1, \ldots, u_m$, wenn es $\mu_i \in \mathbb{R}$ gibt mit

$$u = \sum_{i=1}^m \mu_i u_i,$$

sich u also als Linearkombination der u_i schreiben lässt.

Offensichtlich gilt für die Situation (iii), dass die Menge $\{u, u_1, \ldots, u_m\}$ linear abhängig ist. Außerdem können wir ein Resultat der obigen Diskussion so umformulieren: *zwei* nichtverschwindende Vektoren sind genau dann linear abhängig, wenn sie kollinear sind.

Auch Proposition 7.3.22 können wir nun umformulieren: eine Ebene ε_{Pvw} und eine Gerade g_{Qu} besitzen genau dann einen eindeutigen Schnittpunkt, wenn die Vektoren u, v, w linear unabhängig sind.

7.3.27 **Beispiel 7.3.27 (Linear abhängige Vektoren).** *Die drei Vektoren* $u = (1, 1, 1)$, $v = (1, 1, 2)$ *und* $w = (3, 3, 5)$ *sind linear abhängig, da die Gleichung* $\lambda u + \mu v + \nu w = 0$ *die nichttriviale Lösung* $\lambda = 1$, $\mu = 2$, $\nu = -1$ *hat.*

Aufgabe 7.3.28. Überprüfen Sie, ob die folgenden Vektoren linear abhängig sind:

1. $u = (1, -1, 2)$, $v = (3, 1, 1)$ und $w = (0, -5, 4)$,
2. $A = (4, 1, 1)$, $B = (1, 3, 3)$ und $C = (-1, 3, 1)$.

Wir verwenden unseren neuen Formalismus, um die Lagebeziehungen zweier Ebenen im Raum zu studieren (siehe Abbildung 7.20).

7.3.29 **Proposition 7.3.29 (Lagebeziehung von Ebenen im Raum).** Seien $P, Q, u_1, u_2, v_1, v_2 \in \mathbb{R}^3$ gegeben. Wir betrachten die Ebenen $\varepsilon_{Pu_1u_2}$ und $\varepsilon_{Qv_1v_2}$.

(i)   Sind v_1 und v_2 beide linear abhängig von $\{u_1, u_2\}$ und ist

    (a) $Q \in \varepsilon_{Pu_1u_2}$, dann gilt $\varepsilon_{Pu_1u_2} = \varepsilon_{Qv_1v_2}$.

    (b) $Q \notin \varepsilon_{Pu_1u_2}$, dann gilt $\varepsilon_{Pu_1u_2} \cap \varepsilon_{Qv_1v_2} = \emptyset$, und wir sagen, die beiden Ebenen sind *parallel*.

(ii) Andernfalls gibt es eine Gerade g, die Schnittgerade, mit $g = \varepsilon_{Pu_1u_2} \cap \varepsilon_{Qv_1v_2}$.

7.3.29 *Beweis.*

(i)   Falls v_1 und v_2 linear abhängig von u_1 und u_2 sind, so wissen wir $v_1 = \lambda_1 u_1 + \lambda_2 u_2$ und $v_2 = \mu_1 u_1 + \mu_2 u_2$. Sei $R \in \varepsilon_{Qv_1v_2}$, dann gilt $R = Q + q v_1 + r v_2 = Q + (q\lambda_1 + r\mu_1)u_1 + (q\lambda_2 + r\mu_2)u_2$. Daher liegt R genau dann in $\varepsilon_{Pu_1u_2}$, wenn Q darin liegt.

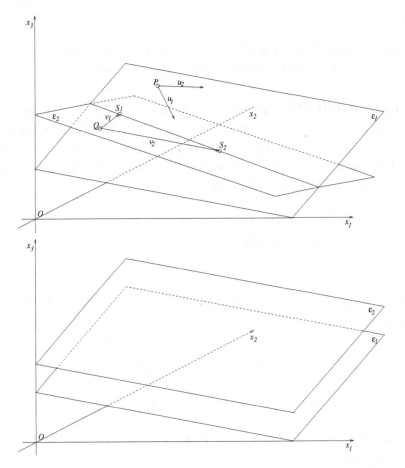

Abb. 7.20 Lagebeziehung zweier Ebenen im $\mathbb{R}^3$

(ii) Seien nun nicht beide Vektoren v_1, v_2 linear abhängig von den Vektoren u_1 und u_2. Nehmen wir o.B.d.A. an, dass v_1 nicht linear abhängig von u_1, u_2 ist. Dann schneiden sich wegen Proposition 7.3.22(iii) die Gerade g_{Qv_1} und die Ebene $\varepsilon_{Pu_1u_2}$ in genau einem Punkt S_1.

Ist auch v_2 nicht linear abhängig von u_1 und u_2, dann finden wir ebenfalls einen Schnittpunkt S_2 von $\varepsilon_{Pu_1u_2}$ und g_{Qv_2}. Die Schnittgerade g ist dann $g = g_{S_1S_2}$.

Ist v_2 linear abhängig von u_1 und u_2, dann ist $g = g_{S_1v_2}$.

In beiden Fällen rechnet man leicht nach, dass tatsächlich $g = \varepsilon_{Pu_1u_2} \cap \varepsilon_{Qv_1v_2}$ gilt. $\qquad\square$

Aufgabe 7.3.30. Führen Sie den Beweis von Proposition 7.3.29 zu Ende, indem Sie explizit nachrechnen, dass $g = \varepsilon_{Pu_1u_2} \cap \varepsilon_{Qv_1v_2}$ gilt.

7.3.31 **Beispiel 7.3.31 (Zwei Ebenen im Raum).** *Gegeben seien die Ebenen ε_{Pvw} und ε_{Qux} mit den Definitionen $P = (1,3,1)$, $v = (2,0,2)$, $w = (1,1,3)$, $Q = (2,1,3)$, $u = (1,1,-1)$ und $x = (-1,1,0)$. Wenn wir die Ebenen schneiden, müssen wir die Parameterdarstellungen gleichsetzen. Wir erhalten das Gleichungssystem*

$$1 + 2s + 1t = 2 + 1r - 1p$$
$$3 + 0s + 1t = 1 + 1r + 1p$$
$$1 + 2s + 1t = 3 - 1r + 0p.$$

Halten wir p fix und lösen wir dann das lineare Gleichungssystem, so finden wir

$$r = \tfrac{1}{2} + \tfrac{p}{2}, \quad s = \tfrac{3}{2} - p, \quad t = -\tfrac{3}{2} + \tfrac{p}{2}$$

für beliebiges reelles p. Die Schnittgerade g ist also

$$g = \{(\tfrac{1}{2}, \tfrac{3}{2}, -\tfrac{3}{2}) + b(1, -2, 1) \mid b \in \mathbb{R}\},$$

wobei wir verwendet haben, dass Richtungsvektoren nur bis auf Vielfache bestimmt sind.

Aufgabe 7.3.32. Überprüfen Sie jeweils die Lagebeziehungen der Ebenen. Falls sie einander schneiden, bestimmen Sie eine Parameterdarstellung der Schnittgeraden.

1. $\varepsilon_{A:B:C}$ und ε_{Duv} mit $A = (2,1,-1)$, $B = (3,4,-2)$, $C = (1,4,0)$, $D = (4,5,1)$, $u = (1,1,1)$ und $v = (1,1,0)$,
2. ε_{Prs} und ε_{Qtw} mit $P = (3,1,4)$, $Q = (-1,2,1)$, $r = (1,1,1)$, $s = (-1,1,2)$, $t = (0,2,3)$ und $w = (5,-1,-4)$.

Aufgabe 7.3.33. Überlegen Sie, welche möglichen Lagebeziehungen es für drei Ebenen im $\mathbb{R}^3$ gibt. Versuchen Sie, Kriterien für alle Möglichkeiten zu finden, indem Sie die Propositionen 7.3.22 und 7.3.29 verwenden.

Wie bereits im Erweiterungsstoff in Abschnitt 7.2 angedeutet, lassen sich Abstand, Norm und inneres Produkt ohne Probleme auf allgemeinere Mengen als den $\mathbb{R}^2$ übertragen. Wir führen dieses Programm nun für den $\mathbb{R}^3$ durch und beginnen mit der Definition des inneren Produkts.

Die Begriffe „inneres Produkt", „Norm" und „Abstand" sind Schlüsselbegriffe nicht nur in der analytischen Geometrie, sondern für viele Gebiete der Mathematik. In Abschnitt 7.2 sind wir anschaulich vorgegangen und haben motiviert durch unsere Untersuchungen geometrischer Objekte zuerst den Abstand zweier Punkte, später die Norm eines Vektors und schließlich das innere Produkt zweier Vektoren eingeführt. Dann erst haben wir die Zusammenhänge zwischen diesen Begriffen, nämlich

$$d(P,Q) = \|P - Q\| \text{ und}$$

$$\|x\| = \sqrt{\langle x, x \rangle}$$

festgestellt (Propositionen 7.2.33 und 7.2.38).

Nun wollen wir strukturierter vorgehen, bzw. die strukturellen Zusammenhänge dieser drei Begriffe stärker betonen. Wir beginnen mit der Definition des Skalarprodukts und verwenden obige Formeln um Norm und Abstand zu definieren. Dann gehen wir rein strukturmathematisch vor und leiten die Eigenschaften der Norm aus denen des Skalarprodukts her und jene des Abstands aus denen der Norm. Diese abstrakte Sichtweise legt den Grundstein für die weitere Verallgemeinerung dieser Begriffe nicht nur für den Fall des n-dimensionalen Raumes $\mathbb{R}^n$, wie wir im folgenden Abschnitt 7.4 sehen werden, sondern auch weit darüber hinaus.

Definition 7.3.34 (Skalarprodukt, Norm und Abstand im $\mathbb{R}^3$). 7.3.34
Seien P, Q, v, w in $\mathbb{R}^3$.

(i)　　Wir definieren das *(standard) innere Produkt* oder auch *(Standard-)Skalarprodukt* $\langle v, w \rangle$ von v und w durch

$$\langle v, w \rangle := \sum_{i=1}^{3} v_i w_i.$$

(ii)   Die *euklidische Norm* $\|v\|$ von v definieren wir durch

$$\|v\| := \sqrt{\langle v, v \rangle}.$$

(iii)   Wir definieren den *(euklidischen) Abstand* bzw. die *(euklidische) Distanz* $d(P, Q)$ der Punkte P und Q durch

$$d(P, Q) := \|Q - P\|.$$

Wiederum bezeichnen wir die Abbildung $d : \mathbb{R}^3 \times \mathbb{R}^3 \to \mathbb{R}$ als die *(euklidische) Metrik* .

Die Rechenregeln für das innere Produkt, die Norm und die Distanz auf $\mathbb{R}^3$ sind dieselben wie diejenigen auf $\mathbb{R}^2$. Wir beginnen mit den Eigenschaften des inneren Produkts.

7.3.35   **Proposition 7.3.35 (Eigenschaften des inneren Produkts).** Das innere Produkt auf $\mathbb{R}^3$ hat für alle $x, y, z \in \mathbb{R}^3$ und alle $\lambda \in \mathbb{R}$ die folgenden Eigenschaften:

(IP1) $\langle x + y, z \rangle = \langle x, z \rangle + \langle y, z \rangle$ und $\langle z, x + y \rangle = \langle z, x \rangle + \langle z, y \rangle$,

(IP2) $\langle \lambda x, y \rangle = \lambda \langle x, y \rangle = \langle x, \lambda y \rangle$,

(Bilinearität)

(IP3) $\langle x, y \rangle = \langle y, x \rangle$,   (Symmetrie)

(IP4) $\langle x, x \rangle \geq 0$ und aus $\langle x, x \rangle = 0$ folgt $x = 0$.

(positive Definitheit)

7.3.35   ***Beweis.*** Alle Eigenschaften folgen (wie schon im Beweis von Proposition 7.2.38) durch leichte Rechnung aus der Definition.   □

Aufgabe 7.3.36. Führen Sie den Beweis von Proposition 7.3.35 explizit aus.

Aufgabe 7.3.37. Berechnen Sie das innere Produkt der Vektoren $v = (-1, 3, 4)$ und $w = (9, 1, 3)$.

Auch für das dreidimensionale innere Produkt gilt die Cauchy-Schwarz–Ungleichung.

Proposition 7.3.38 (Cauchy-Schwarz–Ungleichung). Das innere Produkt auf $\mathbb{R}^3$ erfüllt die Cauchy-Schwarz–Ungleichung, d.h. für alle $x, y \in \mathbb{R}^3$ gilt

7.3.38

$$|\langle x, y \rangle| \leq \|x\| \, \|y\|.$$

Gleichheit gilt genau dann, wenn die Menge $\{x, y\}$ linear abhängig ist.

Beweis. Wir können den Beweis von Proposition 7.2.40 wortwörtlich übernehmen, da wir dort nur die Eigenschaften (IP1)–(IP4) und den Zusammenhang zwischen Norm und innerem Produkt verwendet haben. Beachten Sie dabei auch, dass $\{x, y\}$ genau dann linear abhängig ist, wenn x und y kollinear sind oder wenigstens einer der Vektoren der Nullvektor ist. □

7.3.38

Aufgabe 7.3.39. Überzeugen Sie sich davon, dass Proposition 7.3.38 tatsächlich durch wortwörtliches Übernehmen des Beweises von Proposition 7.2.40 bewiesen werden kann.

Die Tatsache, dass sich der Beweis der Cauchy-Schwarz–Ungleichung im $\mathbb{R}^3$ wortwörtlich wie im $\mathbb{R}^2$ führen lässt, ist auch eine Leistung der Notation. Tatsächlich ist bereits die Notation im Falle des $\mathbb{R}^2$ völlig losgelöst von der Komponentenschreibweise des Skalarprodukts und daher unabhängig davon, ob die Vektoren nun 2, 3 oder noch mehr Komponenten haben. Ja, diese Schreibweise ist so klug gewählt, dass sie eine weitergehende Verallgemeinerung auf den n-dimensionalen Raum und auch darüber hinaus leicht verkraften kann.

Nun wenden wir uns der (euklidischen) Norm zu. Obwohl die Eigenschaften dieselben sind wie im $\mathbb{R}^2$, führen wir den Beweis hier anders: Statt wie in der Ebene die explizite Formel $\|x\| = \sqrt{\sum x_i^2}$ (siehe Definition 7.2.30 und Proposition 7.2.33) zu verwenden — was im Prinzip möglich aber weniger elegant wäre — stützen wir uns ausschließlich auf den Zusammenhang zwischen Norm und Skalarprodukt (Definition 7.3.34(ii)) sowie dessen Eigenschaften aus den Propositionen 7.3.35 und 7.3.38.

7.3.40 **Proposition 7.3.40 (Eigenschaften der Norm).** Die euklidische Norm $\|\ \|$ hat für alle $x, y \in \mathbb{R}^3$ und alle $\lambda \in \mathbb{R}$ die folgenden Eigenschaften:

(N1) $\|x\| \geq 0$ und aus $\|x\| = 0$ folgt $x = 0$,   (positive Definitheit)

(N2) $\|\lambda x\| = |\lambda|\,\|x\|$,   (Homogenität)

(N3) $\|x + y\| \leq \|x\| + \|y\|$.   (Dreiecksungleichung)

7.3.40 *Beweis.*

(N1) Für ein beliebiges $x \in \mathbb{R}^3$ haben wir $\|x\| = \sqrt{\langle x, x \rangle} \geq 0$ wegen (IP4). Gilt $0 = \|x\| = \sqrt{\langle x, x \rangle}$, dann ist $\langle x, x \rangle = 0$ und wiederum aus (IP4) folgt $x = 0$.

(N2) Wir wählen $x \in \mathbb{R}^3$ und $\lambda \in \mathbb{R}$ und sehen $\|\lambda x\| = \sqrt{\langle \lambda x, \lambda x \rangle} = \sqrt{\lambda^2 \langle x, x \rangle} = |\lambda|\sqrt{\langle x, x \rangle} = |\lambda|\,\|x\|$ wegen (IP2).

(N3) Seien $x, y \in \mathbb{R}^3$ beliebig. Dann gilt unter Verwendung der Cauchy-Schwarz–Ungleichung, der Monotonie der Wurzelfunktion (Proposition 6.4.9) und (IP1)

$$\|x + y\| = \sqrt{\langle x + y, x + y \rangle}$$
$$= \sqrt{\langle x, x \rangle + 2\langle x, y \rangle + \langle y, y \rangle}$$
$$\leq \sqrt{\|x\|^2 + 2\|x\|\|y\| + \|y\|^2} = \|x\| + \|y\|.$$

$\square$

Mit Hilfe der Norm können wir wiederum zu einem gegebenen Vektor $v \neq 0$ einen kollinearen, gleich orientierten Vektor v' der Länge 1 angeben: $v' = \frac{1}{\|v\|} v$ heißt **normierter Vektor** oder **Einheitsvektor** in Richtung von v.

Aufgabe 7.3.41. Berechnen Sie die Norm von $v = (3, 1, 3)$, und bestimmen Sie den Einheitsvektor in Richtung von v.

Nun wenden wir uns der Distanz auf $\mathbb{R}^3$ zu und gehen wieder „strukturell" vor.

Proposition 7.3.42 (Eigenschaften der Metrik). Der Abstand **7.3.42** auf $\mathbb{R}^3$ besitzt für alle $P, Q, R \in \mathbb{R}^3$ die Eigenschaften:

(D1) $d(P, Q) \geq 0$ und aus $d(P, Q) = 0$ folgt $P = Q$,

(positive Definitheit)

(D2) $d(P, Q) = d(Q, P)$, (Symmetrie)

(D3) $d(P, Q) + d(Q, R) \geq d(P, R)$. (Dreiecksungleichung)

Beweis. **7.3.42**

(D1) Es gilt $d(P, Q) = \|Q - P\| \geq 0$ wegen (N1), und falls $0 = d(P, Q) = \|Q - P\|$ folgt ebenfalls wegen (N1), dass $Q - P = 0$, also $P = Q$.

(D2) Wegen (N2) haben wir $d(P, Q) = \|Q - P\| = \|(-1)(P - Q)\| = 1\|P - Q\| = d(Q, P)$.

(D3) Seien $P, Q, R \in \mathbb{R}^3$. Dann ist wegen (N3)

$$d(P, R) = \|R - P\| = \|R - Q + Q - P\|$$
$$\leq \|R - Q\| + \|Q - P\| = d(Q, R) + d(P, Q).$$

$\square$

Aufgabe 7.3.43. Ein radfahrender Ornithologe glaubt, einen seltenen Vogel auf einem Mast am Straßenrand bemerkt zu haben, während er daran vorbeigefahren ist. Er ist schnell unterwegs und benötigt noch $50m$, um das Rad in der Mitte der Straße anzuhalten. Die Straße ist $4m$ breit, und der $18m$ hohe Mast steht $90cm$ vom Straßenrand entfernt. Welche Entfernung hat der Vogel von den Augen des Ornithologen, wenn er auf der Mastspitze sitzt und sich die Augen des Radfahrers $170cm$ über dem Boden befinden?

Im Anschluss an die im Erweiterungsstoff in Abschnitt 7.2 gemachten Bemerkungen — nämlich, dass für jede Menge M mit Addition und Skalarmultiplikation eine Abbildung $\langle\,,\,\rangle$ mit den Eigenschaften (IP1)–(IP4) ein Skalarprodukt auf M, eine Abbildung $\|\ \|$ mit den Eigenschaften (N1)–(N3) eine Norm auf M genannt wird und sogar für beliebige Mengen M eine Abbildung d mit den Eigenschaften (D1)–(D3) als Metrik auf M bezeichnet wird — wollen wir die Andeutungen in der grauen Box von Seite 429 explizit machen. Wir beginnen also mit einem — wie auch immer gegebenen — Skalarprodukt $\langle\,,\,\rangle$ auf einer Menge M mit Addition und Skalarmultiplikation. Ein einfaches Beispiel auf $\mathbb{R}^3$ wäre etwa $\langle x, y \rangle := x_1 y_1 + 2 x_2 y_2$. Dann definieren wir die Abbildungen

$$\|\ \| : M \to \mathbb{R} \qquad \text{und} \qquad d : M \times M \to \mathbb{R}$$
$$x \mapsto \sqrt{\langle x, x \rangle} \qquad\qquad\qquad (x, y) \mapsto \|x - y\|.$$

Nun zeigt eine Analyse des Beweises der Normeigenschaften (N1)–(N3) in Proposition 7.3.40, dass wir nur die Definition der Norm, $\|x\| = \sqrt{\langle x, x \rangle}$, die Eigenschaften (IP1)–(IP4) sowie die Cauchy-Schwarz–Ungleichung verwendet haben. Ein genaues Studium des Beweises der Cauchy-Schwarz–Ungleichung (Proposition 7.3.38 also eigentlich des Beweises von Proposition 7.2.40) zeigt weiters, dass wir ebenfalls nur die Eigenschaften des inneren Produkts (IP1)–(IP4) und die Definition der Norm verwendet haben. Daher bleiben beide Resultate auch in der allgemeineren Situation gültig, und wir erhalten, dass $\|\ \|$ tatsächlich eine Norm auf M ist.

Weiters haben wir im Beweis der Metrikeigenschaften (D1)–(D3) in Proposition 7.3.42 nur die Eigenschaften der Norm, (N1)–(N3) und die Definition der Metrik, $d(x, y) = \|x - y\|$, verwendet. Also bleibt auch dieses Resultat in der allgemeineren Situation richtig, und d ist tatsächlich eine Metrik auf M.

Wir können sogar noch einen Schritt weiter gehen. Wir könnten, etwa durch

$$\|x\|_1 := |x_1| + |x_2| + |x_3|$$

eine Abbildung $\|\ \|_1 : \mathbb{R}^3 \to \mathbb{R}$ definieren. Diese Abbildung erfüllt (N1)–(N3). Wenn wir nun d wie oben definieren — in der Definition haben wir nur die Norm verwendet —, dann ist d wieder eine Metrik.

Übrigens ist $d_0 : \mathbb{R}^3 \times \mathbb{R}^3 \to \mathbb{R}$ mit $d_0(P, Q) := \begin{cases} 1 & P = Q \\ 0 & P \neq Q \end{cases}$ eine Metrik auf $\mathbb{R}^3$, die sich nicht als $\|P - Q\|$ für eine Norm auf $\mathbb{R}^3$ schreiben lässt.

Aufgabe 7.3.44. Beweisen Sie, dass $\|\ \|_1$ eine Norm auf $\mathbb{R}^3$ definiert und dass dann $d_1 : \mathbb{R}^3 \times \mathbb{R}^3 \to \mathbb{R}$ mit $d_1(P, Q) := \|Q - P\|_1$ eine Metrik ist.

Aufgabe 7.3.45. Überprüfen Sie, dass d_0 tatsächlich eine Metrik auf $\mathbb{R}^3$ ist, und zeigen Sie, dass es keine Norm $\|\ \|_0$ auf $\mathbb{R}^3$ gibt mit $d_0(P, Q) = \|Q - P\|_0$.

Wir können wie im $\mathbb{R}^2$ auch im $\mathbb{R}^3$ den Winkel zwischen zwei Strahlen definieren. Eine sehr ähnliche Herleitung motiviert auch die folgende Definition.

Definition 7.3.46 (Winkel, Orthogonalität). 7.3.46

(i) Seien $P, v, w \in \mathbb{R}^3$, und seien die Strahlen s_{Pv} und s_{Pw} gegeben. Der von den beiden Strahlen eingeschlossene *Winkel* α ist festgelegt durch den Winkel zwischen den beiden Richtungsvektoren v und w, der durch

$$\cos \alpha := \frac{\langle v, w \rangle}{\|v\| \, \|w\|}$$

und $0 \leq \alpha \leq \pi$ definiert ist.

(ii) Die beiden Vektoren $v, w \in \mathbb{R}^3$ heißen *orthogonal*, wenn $\langle v, w \rangle = 0$ gilt. In Zeichen schreiben wir $v \perp w$.

Es ist auch im $\mathbb{R}^3$ leicht, zu einem Vektor v einen orthogonalen Vektor, einen **Normalvektor**, w zu finden. Es gilt nämlich unter anderem $v \perp w$, wenn w kollinear zu $(-v_2, v_1, 0)$ ist. Im Gegensatz zum $\mathbb{R}^2$ gibt es im $\mathbb{R}^3$ aber unendlich viele *nicht* kollineare Normalvektoren zu v, z.B. ist auch $(0, v_3, -v_2) \perp v$.

Beispiel 7.3.47 (Normalvektoren im $\mathbb{R}^3$). *Normalvektoren zum* 7.3.47 *Vektor* $v = (3, 4, 9)$ *sind z.B. die Vektoren* $w = (-4, 3, 0)$ *und* $w' = (0, -9, 4)$.

Aufgabe 7.3.48. Bestimmen Sie drei Normalvektoren zu $v = (1, 3, -1)$.

Die folgende Proposition beschreibt die Menge der Normalvektoren eines gegebenen nichttrivialen Vektors: maximal je zwei Normalvektoren sind linear unabhängig.

Proposition 7.3.49 (Normalvektoren). Sei $0 \neq v \in \mathbb{R}^3$ und seien 7.3.49 w und w' zueinander nicht kollineare Normalvektoren auf v. Dann ist jeder Normalvektor u von v linear abhängig von w und w'.

7.3.49 *Beweis.* Sei $u \perp v$. Dann gelten insgesamt die Gleichungen

$$v_1 u_1 + v_2 u_2 + v_3 u_3 = 0,$$
$$v_1 w_1 + v_2 w_2 + v_3 w_3 = 0,$$
$$v_1 w_1' + v_2 w_2' + v_3 w_3' = 0.$$

Sind die u_i, w_i und w_i' gegeben, dann können wir ähnlich wie im Beweis von Proposition 7.3.22(iii) die Zahl

$$D = u_1 w_2 w_3' + u_3 w_1 w_2' + u_2 w_3 w_1' - u_3 w_2 w_1' - u_1 w_3 w_2' - u_2 w_1 w_3'$$

bilden, die laut dortigem Beweis nur dann gleich 0 ist, wenn u, w und w' linear abhängig sind. Andererseits gilt im Fall $D \neq 0$ aber, dass die einzige Lösung obigen Gleichungssystems

$$v_1 = \frac{0 w_2 w_3' + u_3 0 w_2' + u_2 w_3 0 - u_3 w_2 0 - 0 w_3 w_2' - u_2 0 w_3'}{D} = 0$$

$$v_2 = \frac{u_1 0 w_3' + u_3 w_1 0 + 0 w_3 w_1' - u_3 0 w_1' - u_1 w_3 0 - 0 w_1 w_3'}{D} = 0$$

$$v_3 = \frac{u_1 w_2 0 + 0 w_1 w_2' + u_2 0 w_1' - 0 w_2 w_1' - u_1 0 w_2' - u_2 w_1 0}{D} = 0$$

ist, was man durch lange aber leichte Rechnung überprüfen kann. Dies ist aber ein Widerspruch zur Annahme $v \neq 0$. Also ist u linear abhängig von w und w', weil w und w' selbst nicht linear abhängig sind.   □

Wie schon im Beweis von Proposition 7.3.22 tritt hier an einer rechenintensiven Stelle der Ausdruck D auf, hier aus den Vektoren u, w und w' gebildet. Und wie schon in der grauen Box auf Seite 423 diskutiert, können wir das Überhandnehmen der rechnerischen Komplexität als ein Zeichen für das nicht vollständige Benutzen der dahinterliegenden Struktur deuten.

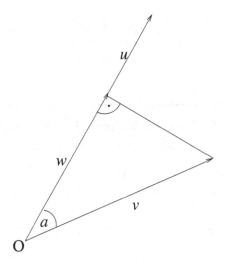

Abb. 7.21 Orthogonalprojektion eines Vektors

Beispiel 7.3.50 (Orthogonalprojektion eines Vektors). *Betrach-* **7.3.50**
ten Sie die Vektoren u und v aus Abbildung 7.21. Wenn wir den Vektor
v wie abgebildet auf u projizieren, dann entsteht der Vektor w. Es gilt

$$\|w\| = \|v\| \cos\alpha = \|v\| \frac{|\langle u,v\rangle|}{\|u\|\,\|v\|} = |\langle \tfrac{u}{\|u\|}, v\rangle|.$$

Der Vektor w ergibt sich dann zu

$$w = \frac{\|w\|}{\|u\|} u = \langle \tfrac{u}{\|u\|}, v\rangle \frac{u}{\|u\|} = \frac{\langle u,v\rangle}{\|u\|^2} u = \frac{\langle u,v\rangle}{\langle u,u\rangle} u.$$

Als nächstes wenden wir uns der wichtigen Frage zu, ob wir zu zwei
gegebenen nicht kollinearen Vektoren u und v einen Vektor w finden
können, der auf beide Vektoren orthogonal steht, also $w \perp u$ und $w \perp v$
erfüllt. Dies ist sogar explizit möglich und zwar mittels des folgenden
Begriffs.

Definition 7.3.51 (Kreuzprodukt). Seien $u, v \in \mathbb{R}^3$ zwei Vektoren. **7.3.51**
Wir definieren das *Kreuzprodukt* oder *Vektorprodukt* $u \times v$ von u und
v durch

$$u \times v = \begin{pmatrix} u_2 v_3 - u_3 v_2 \\ u_3 v_1 - u_1 v_3 \\ u_1 v_2 - u_2 v_1 \end{pmatrix}.$$

7.3.52 Proposition 7.3.52 (Eigenschaften des Kreuzprodukts). Das Kreuzprodukt erfüllt für alle $u, v, w \in \mathbb{R}^3$ die folgenden Rechenregeln:

(i) $u \times (v + w) = u \times v + u \times w,$

(ii) $u \times (\lambda v) = (\lambda u) \times v = \lambda (u \times v),$

(iii) $u \times v = -v \times u,$ (Antisymmetrie)

(iv) $u \times (v \times w) + v \times (w \times u) + w \times (u \times v) = 0,$

                                              (Jacobi–Identität)

(v) $u \perp (u \times v) \wedge v \perp (u \times v).$

Eigenschaft (v) in der Proposition besagt, dass das Kreuzprodukt $w = u \times v$ tatsächlich ein gemeinsamer Normalvektor auf u und v ist.

Außerdem beobachten wir, dass das Kreuzprodukt *nicht assoziativ* ist, denn Jacobi–Identität, Antisymmetrie und Assoziativität schließen einander aus: Hätten wir alle drei Eigenschaften, dann wäre für beliebige $u, v, w \in \mathbb{R}^3$

$$\begin{aligned} 0 &= u \times (v \times w) + v \times (w \times u) + w \times (u \times v) \\ &= (u \times v) \times w + v \times (w \times u) - (u \times v) \times w = v \times (w \times u), \end{aligned}$$

was natürlich falsch ist.

7.3.53 Beispiel 7.3.53 (Kreuzprodukt). *Für die Vektoren* $u = (1, 1, 4)$ *und* $v = (2, 1, 3)$ *haben wir*

$$u \times v = \begin{pmatrix} 1 \cdot 3 - 4 \cdot 1 \\ 2 \cdot 4 - 3 \cdot 1 \\ 1 \cdot 1 - 1 \cdot 2 \end{pmatrix} = (-1, 5, -1).$$

Beweis (von Proposition 7.3.52). Die Eigenschaften (i)–(iii) folgen unmittelbar durch leichte Rechnung aus der Definition.   **7.3.53**

(iv)   Wir berechnen $u \times (v \times w)$:

$$u \times (v \times w) = u \times \begin{pmatrix} v_2 w_3 - v_3 w_2 \\ v_3 w_1 - v_1 w_3 \\ v_1 w_2 - v_2 w_1 \end{pmatrix}$$

$$= \begin{pmatrix} u_2(v_1 w_2 - v_2 w_1) - u_3(v_3 w_1 - v_1 w_3) \\ u_3(v_2 w_3 - v_3 w_2) - u_1(v_1 w_2 - v_2 w_1) \\ u_1(v_3 w_1 - v_1 w_3) - u_2(v_2 w_3 - v_3 w_2) \end{pmatrix}$$

$$= \begin{pmatrix} u_2 v_1 w_2 - u_2 v_2 w_1 - u_3 v_3 w_1 + u_3 v_1 w_3 \\ u_3 v_2 w_3 - u_3 v_3 w_2 - u_1 v_1 w_2 + u_1 v_2 w_1 \\ u_1 v_3 w_1 - u_1 v_1 w_3 - u_2 v_2 w_3 + u_2 v_3 w_2 \end{pmatrix} .$$

Betrachten wir nun zwei Terme der Form $u_i v_i w_k - u_i v_k w_i$ aus $u \times (v \times w)$ und addieren wir die entsprechenden Terme aus den beiden anderen Produkten $v \times (w \times u)$ und $w \times (u \times v)$ so erhalten wir

$$u_i v_i w_k - u_i v_k w_i + v_i w_i u_k - v_i w_k u_i + w_i u_i v_k - w_i u_k v_i = 0.$$

Das Produkt $u \times (v \times w)$ besteht aber nur aus Summen solcher Doppelterme, die sich jeweils wegheben. Also finden wir

$$u \times (v \times w) + v \times (w \times u) + w \times (u \times v) = 0.$$

(v)   Seien $u, v \in \mathbb{R}^3$. Wir berechnen

$$\langle u, u \times v \rangle$$
$$= u_1(u_2 v_3 - u_3 v_2) + u_2(u_3 v_1 - u_1 v_3) + u_3(u_1 v_2 - u_2 v_1)$$
$$= u_1 u_2 v_3 - u_1 u_3 v_2 + u_2 u_3 v_1 - u_2 u_1 v_3 + u_3 u_1 v_2 - u_3 u_2 v_1 = 0.$$

Außerdem gilt $\langle v, u \times v \rangle = -\langle v, v \times u \rangle = 0$ nach dem bereits Bewiesenen.

$\square$

Aufgabe 7.3.54. Beweisen Sie explizit die Punkte (i)–(iii) aus Proposition 7.3.52.

Aufgabe 7.3.55. Überzeugen Sie sich explizit von dem Symmetrieargument, das verwendet wurde, um Punkt (iv) in Proposition 7.3.52 zu beweisen.

Aufgabe 7.3.56. Berechnen Sie das Kreuzprodukt der beiden Vektoren $u = (1, 3, -2)$ und $v = (-1, 1, 5)$. Rechnen Sie nach, dass in der Tat $u \perp (u \times v)$ und $v \perp (u \times v)$ gelten.

7.3.57 **Beispiel 7.3.57 (Dreiecksfläche und Norm des Kreuzprodukts).** *Seien wieder zwei nicht kollineare Vektoren u und v gegeben. Wir können wie in Beispiel 7.2.56 die Fläche des Dreiecks D_{0uv} berechnen. Es gilt*

$$A = \tfrac{1}{2}\|u\|\,\|v\|\sin\alpha,$$

wobei α der von u und v eingeschlossene Winkel sei. Wir haben wieder

$$\sin^2\alpha = 1 - \cos^2\alpha = 1 - \frac{\langle u, v\rangle^2}{\|u\|^2\,\|v\|^2}$$

$$= \frac{\|u\|^2\,\|v\|^2 - \langle u, v\rangle^2}{\|u\|^2\,\|v\|^2}$$

$$= \frac{(u_2 v_3 - u_3 v_2)^2 + (u_3 v_1 - u_1 v_3)^2 + (u_1 v_2 - u_2 v_1)^2}{\|u\|^2\,\|v\|^2}.$$

Berechnen wir die Norm von $u \times v$, dann ergibt das

$$\|u \times v\|^2 = \left\|\begin{pmatrix} u_2 v_3 - u_3 v_2 \\ u_3 v_1 - u_1 v_3 \\ u_1 v_2 - u_2 v_1 \end{pmatrix}\right\|^2$$

$$= (u_2 v_3 - u_3 v_2)^2 + (u_3 v_1 - u_1 v_3)^2 + (u_1 v_2 - u_2 v_1)^2$$

$$= \|u\|^2 \|v\|^2 \sin^2\alpha.$$

Die Länge des Kreuzprodukts entspricht also gerade der doppelten Fläche des Dreiecks D_{0uv}, also der Fläche des Parallelogrammes, dessen Seiten von den Vektoren u und v gebildet werden.

Im $\mathbb{R}^2$ haben wir mittels eines Normalvektors zum Richtungsvektor einer Geraden die Geradengleichung und die HNF gefunden (Proposition 7.2.49). Analoges ist auch im $\mathbb{R}^3$ möglich: Mittels eines Normalvektors zu den *beiden* Richtungsvektoren einer *Ebene* können wir für diese Ebenengleichung und HNF angeben. Analog zum $\mathbb{R}^2$ dient die HNF zur einfachen Bestimmung des Normalabstands eines Punktes von der Ebene, wobei der **Normalabstand** des Punktes R von der Ebene ε_{Puv} völlig analog definiert ist: Es ist der Abstand von R zum Punkt F, der als Schnittpunkt der Ebene ε_{Puv} mit der Geraden $g_{R,u\times v}$ definiert ist (siehe Abbildung 7.22).

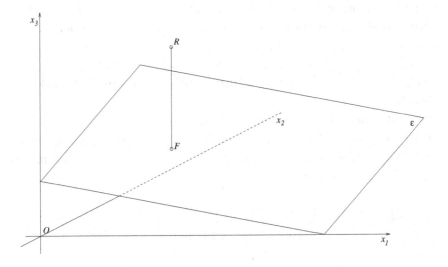

Abb. 7.22 Normalabstand im $\mathbb{R}^3$

Proposition 7.3.58 (Normalvektorform, Hessesche Normalform).

7.3.58

Sei ε_{Pvw} eine Ebene durch den Punkt P mit Richtungsvektoren v und w.

(i)   Ist $\mathfrak{n}$ ein Normalvektor auf v und w, dann gilt

$$\varepsilon_{Pvw} = \{x \in \mathbb{R}^3 \mid \langle \mathfrak{n}, x - P \rangle = 0\}.$$

Die Bedingung $\langle \mathfrak{n}, x - P \rangle = 0$ heißt *Ebenengleichung* oder *Normalvektorform* der Ebene ε_{Pvw}.

(ii)   Ist $\mathfrak{n}_0$ ein normierter Normalvektor von v und w, und setzen wir $d := \langle \mathfrak{n}_0, P \rangle$, dann gilt

$$\varepsilon_{Pvw} = \{x \in \mathbb{R}^3 \mid \langle \mathfrak{n}_0, x \rangle - d = 0\}.$$

Hierbei ist $|d|$ der Normalabstand von ε_{Pvw} zum Ursprung, und wir nennen diese Form der Ebenendarstellung die *Hessesche Normalform (HNF)* der Ebene.

Obige Proposition legt nahe, dass Ebenen im Raum in vielem den Geraden in der Ebene gleichen. Tatsächlich können jene „Ebenen, denen eine Dimension fehlt" immer durch einen Normalvektor beschrieben werden und werden Hyperebenen genannt. Wir werden ihnen in Abschnitt 7.4 nochmals begegnen.

7.3.59   **Beispiel 7.3.59 (Ebenengleichung und Hessesche Normalform).**
Betrachten wir die Ebene g_{Pvw} definiert durch $P = (1, 4, 1)$, $v = (3, 4, 0)$ und $w = (1, 1, 1)$. Mit Hilfe des Kreuzprodukts berechnen wir einen Normalvektor $\mathfrak{n}$ zu v, w durch $\mathfrak{n} = v \times w = (4, -3, 7)$, und finden mit Proposition 7.3.58

$$\begin{aligned} \varepsilon_{Pvw} &= \{x \in \mathbb{R}^3 \mid \langle (4, -3, 7), (x_1 - 1, x_2 - 4, x_3 - 1) \rangle = 0\} \\ &= \{x \in \mathbb{R}^3 \mid 4x_1 - 3x_2 + 7x_3 = -1\}, \end{aligned}$$

die Ebenengleichung für ε_{Pvw}.
Die Hessesche Normalform für ε_{Pvw} ist $\frac{4x_1 - 3x_2 + 7x_3 + 1}{\sqrt{74}} = 0$.

7.3.59   *Beweis (Proposition 7.3.58).*

(i)   Sei $x \in \varepsilon_{Pvw}$. Dann gilt $x = P + tv + sw$, also $x - P = tv + sw$ für geeignete $s, t \in \mathbb{R}$. Wir multiplizieren die Gleichung skalar mit $\mathfrak{n}$ und erhalten

$$\langle \mathfrak{n}, x - P \rangle = \langle \mathfrak{n}, tv + sw \rangle = t\langle \mathfrak{n}, v \rangle + s\langle \mathfrak{n}, w \rangle = 0.$$

Sei umgekehrt x gegeben mit $\langle \mathfrak{n}, x - P \rangle = 0$. Dann folgt, dass $x - P$ orthogonal auf $\mathfrak{n}$ steht, also ist $x - P$ nach Proposition 7.3.49 linear abhängig von v und w, folglich $x - P = tv + sw$ für geeignete s und t.

(ii) Die Hessesche Normalform finden wir durch einfache Umformungen aus der Geradengleichung. Es bleibt zu zeigen, dass d den Normalabstand der Ebene vom Ursprung berechnet. Den Normalabstand finden wir, indem wir den Abstand $d(O, F)$ von Ursprung und dem Schnittpunkt F der Ebene ε_{Pvw} mit der Geraden $g_{O\mathfrak{n}_0}$, die in Richtung $\mathfrak{n}_0$ durch den Ursprung verläuft, berechnen. Weil F auf $g_{O\mathfrak{n}_0}$ liegt, gilt $F = \lambda\mathfrak{n}_0$ für ein geeignetes λ. Setzen wir das in die HNF ein, dann sehen wir, dass $d = \langle \mathfrak{n}_0, F \rangle = \langle \mathfrak{n}_0, \lambda\mathfrak{n}_0 \rangle = \lambda\langle \mathfrak{n}_0, \mathfrak{n}_0 \rangle = \lambda$, weil $\mathfrak{n}_0$ normiert ist. Der Abstand von F zu O ist $d(F, O) = \|F\| = \|\lambda\mathfrak{n}_0\| = |\lambda|\|\mathfrak{n}_0\| = |\lambda| = |d|$. $\qquad\square$

Aufgabe 7.3.60. Bestimmen Sie eine Ebenengleichung der Ebene $\varepsilon_{P:Q:R}$ mit $P = (1, -2, 3)$, $Q = (2, 4, -1)$ und $R = (1, 3, 0)$.

Aufgabe 7.3.61. Bestimmen Sie eine Parameterdarstellung der Ebene $\varepsilon : 5x - 3y + 2z = 12$.

Aufgabe 7.3.62. Bestimmen Sie den Schnittpunkt der Geraden $g : X = (0, 1, 1) + t(1, 1, 2)$ mit der Ebene $\varepsilon : 3x + 5y + 4z = 25$.

Aufgabe 7.3.63. Wo und unter welchem Winkel schneidet die Gerade $g : X = (6, 3, -4) + t(2, 1, -2)$ die x_1-x_2-Ebene?

Aufgabe 7.3.64. Gegeben seien die Punkte $A = (2, -3, -1)$, $B = (1, 3, 1)$, $C = (-2, -3, 4)$ und $D = (3, 4, 5)$. Berechnen Sie Schnittpunkt und Schnittwinkel zwischen der Gerade $g_{A:D}$ und der Ebene $\varepsilon_{A:B:C}$.

Aufgabe 7.3.65. Gegeben sind die beiden Geraden $g : X = (1, 2, 1) + s(3, -4, 6)$ und $h : X = (3, 0, -1) + t(6, -1, 0)$. Berechnen Sie eine Gleichung der Ebene, die die Gerade g enthält und zur Geraden h parallel ist.

Aufgabe 7.3.66. Zeigen Sie, dass die Geraden $g : X = (1,2,3) + s(0,-1,1)$ und $h : X = (3,2,1) + t(1,0,1)$ windschief sind und berechnen Sie ihren Abstand.

Aufgabe 7.3.67. Gegeben sind die Ebenen $\varepsilon_1 : 2x + 3y + 4z = 0$ und $\varepsilon_2 : 3x - y + 5z = 0$. Berechnen Sie eine Parameterdarstellung der Schnittgeraden.

Völlig analog zum Abstand eines Punktes zu einer Geraden im $\mathbb{R}^2$ können wir die HNF verwenden, um den Abstand eines Punktes von einer Ebene im $\mathbb{R}^3$ zu ermitteln.

7.3.68 **Proposition 7.3.68 (Normalabstand von Punkt und Ebene).** Für $P, R, v, w \in \mathbb{R}^3$ mit linear unabhängigen v, w sei $\langle \mathfrak{n}_0, x \rangle - d = 0$ die HNF von ε_{Pvw}. Der Normalabstand δ von R zu ε_{Pvw} ist dann

$$\delta = |\langle \mathfrak{n}_0, R \rangle - d|.$$

7.3.68 *Beweis.* Der Beweis verläuft völlig analog zum Beweis von Proposition 7.2.52.   □

7.3.69 **Beispiel 7.3.69 (Normalabstand Punkt zu Ebene).** *Für die Ebene ε_{Pvw} aus Beispiel 7.3.59 und den Punkt $R = (3,4,-2)$ finden wir den Normalabstand $\delta = \left| \frac{4 \cdot 3 - 3 \cdot 4 + 7 \cdot (-2) + 1}{\sqrt{74}} \right| = \frac{13\sqrt{74}}{74}$.*

Aufgabe 7.3.70. Führen Sie den Beweis von Proposition 7.3.68 explizit aus.

Aufgabe 7.3.71. Berechnen Sie den Normalabstand des Punktes $P = (-1,6,0)$ von der Ebene $\varepsilon : 3x - 6y + 2z = 10$ mit Hilfe des Lotfußpunktes, also des Schnittpunktes von ε mit der Normalgeraden auf ε durch P.

Bestimmen Sie dann den Abstand von P zu ε mit Hilfe der Hesseschen Normalform von ε. Vergleichen Sie die Ergebnisse und den Rechenaufwand.

Aufgabe 7.3.72. Gegeben seien der Punkt $P = (5, 4, 3)$ und die Gerade $g : X = (9, 1, 3) + t(3, 4, -5)$ im Raum.

1. Bestimmen Sie die Gleichung der Normalebene ε auf g durch P.
2. Berechnen Sie den Schnittpunkt von ε mit g.
3. Berechnen Sie den Normalabstand des Punktes P von g.

Aufgabe 7.3.73. Verwenden Sie ihre Ergebnisse aus Aufgabe 7.3.33, um jeweils die Lagebeziehungen der folgenden Ebenen zu bestimmen:

1. $\varepsilon_1 : 2x - y + 3z = 4$, $\varepsilon_2 : -x + 4y + z = 11$ und $\varepsilon_3 : -5x + 2y - z = -5$,
2. $\eta_1 : x + y - 2z = 6$, $\eta_2 : -2x + 3y - z = 3$ und $\eta_3 : 5x + 2y - 7z = 21$,
3. $\rho_1 : 3x + y - 2z = 8$, $\rho_2 : x + y - 3z = 9$ und $\rho_3 : -6x - 2y + 4z = 12$.

Zwei wichtige geometrische Objekte im Raum sind Verallgemeinerungen von zweidimensionalen Objekten, der Tetraeder und die Kugel.

Definition 7.3.74 (Dreieck, Tetraeder, Kugel).　　　　　**7.3.74**

(i)　Seien drei verschiedene Punkte $P, Q, R \in \mathbb{R}^3$ gegeben, sodass $Q - P$ und $R - P$ nicht kollinear sind. Wir definieren das *Dreieck* $D = D_{PQR}$ durch

$$D = \{\lambda P + \mu Q + \nu R \mid \lambda, \mu, \nu \geq 0 \wedge \lambda + \mu + \nu = 1\}.$$

(ii)　Seien $P, Q, R, S \in \mathbb{R}^3$ gegeben, und seien $Q - P$, $R - P$ und $S - P$ linear unabhängig. Wir definieren den *Tetraeder* $T = T_{PQRS}$ mit den Eckpunkten P, Q, R, S als

$$T = \{\lambda P + \mu Q + \nu R + \rho S \mid \lambda, \mu, \nu, \rho \geq 0 \wedge \lambda + \mu + \nu + \rho = 1\}.$$

Die vier Dreiecke D_{PQR}, D_{PQS}, D_{PRS} und D_{QRS} heißen die *Seitenflächen* von T und die sechs Strecken $\overline{PQ}$, $\overline{PR}$, $\overline{PS}$, $\overline{QR}$, $\overline{QS}$ und $\overline{RS}$ die *Kanten* von T.

(iii)　Seien $M \in \mathbb{R}^3$ und eine positive reelle Zahl r gegeben. Die *Kugelfläche* oder *Sphäre* $S_r(M)$ ist definiert als die Menge aller Punkte $x \in \mathbb{R}^3$, die von M den Abstand r besitzen, d.h.

$$S_r(M) = \{x \in \mathbb{R}^3 \mid d(x, M) = r\}.$$

Wir nennen dann M den *Mittelpunkt* und r den *Radius* der Sphäre $S_r(M)$.

Die *abgeschlossene (Voll)Kugel* $B_r(M)$ bzw. die *offene (Voll)Kugel* $D_r(M)$ mit Mittelpunkt M und Radius r sind definiert als die Mengen

$$B_r(M) = \{x \in \mathbb{R}^3 \mid d(x, M) \le r\},$$

bzw.

$$D_r(M) = \{x \in \mathbb{R}^3 \mid d(x, M) < r\}.$$

7.3.75 **Beispiel 7.3.75 (Volumen eines Tetraeders).** *Betrachten wir den Tetraeder T_{PQRS} in Abbildung 7.23. Bekanntermaßen lässt sich das*

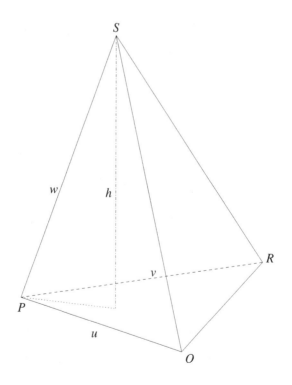

Abb. 7.23 Tetraeder

Volumen von T_{PQRS} berechnen durch

$$V = \tfrac{1}{3} A \|h\|,$$

wobei A der Flächeninhalt des Grunddreiecks ist. Nach Beispiel 7.3.57 wissen wir, dass $A = \tfrac{1}{2}\|u \times v\|$ gilt. Es bleibt uns also noch, $\|h\|$ zu bestimmen. Nun ist aber h die Projektion des Vektors w auf den Vektor $u \times w$, also wissen wir wegen Beispiel 7.3.50, dass

$$\|h\| = \tfrac{1}{\|u \times v\|} |\langle u \times v, w \rangle|$$

gilt. Setzen wir alles zusammen, dann finden wir

$$V = \tfrac{1}{6} |\langle u \times v, w \rangle|.$$

Wenn wir jetzt noch die Definition von $u \times v$ einsetzen, dann erhalten wir

$$V = \tfrac{1}{6} |u_2 v_3 w_1 - u_3 v_2 w_1 + u_3 v_1 w_2 - u_1 v_3 w_2 + u_1 v_2 w_3 - u_2 v_1 w_3|, \quad (7.25)$$

und auf die Zahl innerhalb der Betragsstriche sind wir schon zuvor, etwa in (7.23), gestoßen.

Aufgabe 7.3.76. Gegeben sind die Punkte $A = (4, 1, 1)$, $B = (2, 4, 5)$ und $C = (-1, -2, 3)$. Berechnen Sie den vierten Eckpunkt D des Parallelogrammes $ABCD$ sowie dessen Flächeninhalt.

Aufgabe 7.3.77. Gegeben sei die Ebene $\varepsilon : 6x + 4y + 3z = 24$. Ihre Schnittpunkte mit den drei Koordinatenachsen werden mit A, B, C bezeichnet. Berechnen Sie das Volumen des Tetraeders, der aus diesen drei Punkten und dem Ursprung gebildet wird.

Aufgabe 7.3.78. Von der $133\,m$ über einem See liegenden Spitze eines Hügels sieht man zwei Boote. Das eine Boot erscheint in nördlicher Richtung unter dem Tiefenwinkel $39°$, das andere in östlicher Richtung unter dem Tiefenwinkel $29°$. Berechnen Sie die Entfernung der beiden Boote.

Aufgabe 7.3.79. Die Grundkante der (quadratischen) Cheopspyramide ist $230\,m$ lang, die Seitenflächen sind unter $51{,}9°$ zur Grundfläche geneigt. Berechnen Sie die Höhe, die Länge einer Seitenkante und den Rauminhalt (das Volumen) der Pyramide.
Hinweis: Setzen Sie für die Berechnung des Volumens die Pyramide aus zwei Tetraedern zusammen.

Wie schon im Fall der Ebene beenden wir unser Studium der konkreten geometrischen Objekte im Raum mit einem Beispiel zur Lagebeziehung von Kugel und Geraden.

7.3.80   **Beispiel 7.3.80 (Kugel und Gerade).** *Sei die Kugel $S_r(M)$ mit Mittelpunkt $M = (1, 2, 0)$ und Radius $r = 4$ gegeben. Betrachten wir die Gerade g_{Pv} durch den Punkt $P = (3, 5, 0)$ mit Richtungsvektor $v = (2, 1, 0)$ (siehe Abbildung 7.24).*

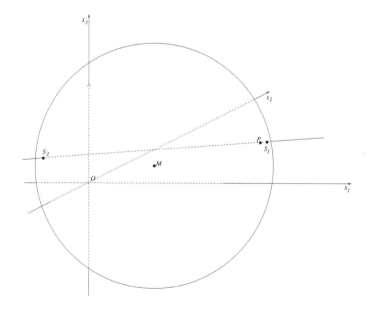

Abb. 7.24 Schnitt zwischen Gerade und Kugel

Wir bestimmen die Schnittpunkte von g_{Pv} und $S_r(M)$ folgendermaßen: Es gilt für $x \in S_r(M)$

$$16 = r^2 = d(M,x)^2 = \|x - M\|^2 = (x_1 - 1)^2 + (x_2 - 2)^2 + (x_3)^2.$$

Ist außerdem $x \in g_{Pv}$, so wissen wir $x = (x_1, x_2, x_3) = P + tv = (3,5,0) + t(2,1,0)$. Wir setzen die Geradengleichung in die Kugelgleichung ein und finden

$$16 = (3+2t-1)^2 + (5+t-2)^2 = 4+8t+4t^2+9+6t+t^2 = 13+14t+5t^2,$$

also $5t^2 + 14t - 3 = 0$. Lösen wir die quadratische Gleichung, so erhalten wir

$$t_{1,2} = \frac{-14 \pm \sqrt{196 + 60}}{10} = \frac{-14 \pm 16}{10} = \frac{1}{5}, -3.$$

Die beiden Schnittpunkte sind also $S_1 = (\frac{17}{5}, \frac{26}{5}, 0)$ und $S_2 = (-3, 2, 0)$.

Aufgabe 7.3.81. Bestimmen Sie eine Gleichung der Kugel $S_5(3, 1, -2)$ und schneiden Sie diese mit der Geraden $g : X = (1,3,1) + \lambda(1, -1, 1)$.

Aufgabe 7.3.82. Bestimmen Sie eine Gleichung der Ebene ε, die durch die Schnittgerade der Ebenen $2x_1 + x_2 + 5x_3 = 31$ und $-4x_1 + 5x_2 + 4x_3 = 50$ geht und den Punkt $P = (-5, 2, 3)$ enthält. Berechnen Sie eine Gleichung der Kugel, die diese Ebene im Punkt P berührt und durch den Punkt $Q = (-6, 0, -4)$ geht.

Wir haben nun einige interessante geometrische Objekte von der Ebene auf den Raum verallgemeinert. Wie in der Ebene wollen wir uns nun den strukturerhaltenden Abbildungen widmen. Wenig überraschend lässt sich der Begriff der linearen Abbildung ohne Probleme auf den $\mathbb{R}^3$ übertragen.

Definition 7.3.83 (Lineare Abbildung). Eine Abbildung $f : \mathbb{R}^3 \to \mathbb{R}^3$ heißt *linear* oder *lineare Abbildung*, falls gilt: **7.3.83**

(i) $f(x + y) = f(x) + f(y) \quad \forall x, y \in \mathbb{R}^3$,
(ii) $f(\lambda x) = \lambda f(x) \quad \forall x \in \mathbb{R}^3, \forall \lambda \in \mathbb{R}$.

Nun vermuten wir natürlich eine zum $\mathbb{R}^2$ analoge Möglichkeit, lineare Abbildungen durch Matrizen darzustellen. Dazu ist es naheliegend, die Anzahl der Zeilen und Spalten von 2 auf 3 zu erhöhen (siehe auch Beispiel 2.2.1). Matrixaddition und -produkt werden analog verallgemeinert ebenso wie das Produkt von Matrix und Vektor.

7.3.84   **Definition 7.3.84 (Operationen für 3×3–Matrizen).** Wir betrachten die Menge $M_3(\mathbb{R})$ der 3×3–Matrizen mit reellen Einträgen. Seien

$$A = \begin{pmatrix} a_{11} & a_{12} & a_{13} \\ a_{21} & a_{22} & a_{23} \\ a_{31} & a_{32} & a_{33} \end{pmatrix} \text{ und } B = \begin{pmatrix} b_{11} & b_{12} & b_{13} \\ b_{21} & b_{22} & b_{23} \\ b_{31} & b_{32} & b_{33} \end{pmatrix}$$

gegeben, und sei $x \in \mathbb{R}^3$.

(i)   Wir definieren die Summe $A + B$ von A und B komponentenweise, d.h. durch

$$A + B := \begin{pmatrix} a_{11} + b_{11} & a_{12} + b_{12} & a_{13} + b_{13} \\ a_{21} + b_{21} & a_{22} + b_{22} & a_{23} + b_{23} \\ a_{31} + b_{31} & a_{32} + b_{32} & a_{33} + b_{33} \end{pmatrix}.$$

(ii)   Das Produkt AB von A mit B ist definiert durch $AB :=$

$$\begin{pmatrix} a_{11}b_{11} + a_{12}b_{21} + a_{13}b_{31} & a_{11}b_{12} + a_{12}b_{22} + a_{13}b_{32} & a_{11}b_{13} + a_{12}b_{23} + a_{13}b_{33} \\ a_{21}b_{11} + a_{22}b_{21} + a_{23}b_{31} & a_{21}b_{12} + a_{22}b_{22} + a_{23}b_{32} & a_{31}b_{13} + a_{32}b_{23} + a_{23}b_{33} \\ a_{31}b_{11} + a_{32}b_{31} + a_{33}b_{31} & a_{31}b_{12} + a_{32}b_{22} + a_{33}b_{32} & a_{31}b_{13} + a_{32}b_{23} + a_{23}b_{33} \end{pmatrix},$$

d.h. durch $(AB)_{ij} = \sum\limits_{k=1}^{3} a_{ik}b_{kj}$.

(iii)   Wir definieren das Produkt Ax von A mit x durch

$$Ax = \begin{pmatrix} a_{11} & a_{12} & a_{13} \\ a_{21} & a_{22} & a_{23} \\ a_{31} & a_{32} & a_{33} \end{pmatrix} \begin{pmatrix} x_1 \\ x_2 \\ x_3 \end{pmatrix} := \begin{pmatrix} a_{11}x_1 + a_{12}x_2 + a_{13}x_3 \\ a_{21}x_1 + a_{22}x_2 + a_{23}x_3 \\ a_{31}x_1 + a_{32}x_2 + a_{33}x_3 \end{pmatrix},$$

d.h. durch $(Ax)_j = \sum_{k=1}^{3} a_{jk}x_k$.

Beachten Sie, dass die Definitionen von AB und Ax dem altbekannten Schema folgen: um einen Eintrag im Ergebnis zu erhalten, werden die Einträge der respektiven Zeile von A und die der entsprechenden Spalte von B bzw. der einzigen Spalte von x paarweise miteinander multipliziert und die Ergebnisse addiert (siehe Abbildung 5.1 für den 2×2–Fall).

Beispiel 7.3.85 (3 × 3-**Matrizen**). *Seien die Matrizen $A, B \in M_3(\mathbb{R})$* **7.3.85**
gegeben durch

$$A = \begin{pmatrix} 1 & 2 & 1 \\ 2 & 3 & 1 \\ 3 & 0 & 2 \end{pmatrix}, \quad B = \begin{pmatrix} 2 & -1 & 3 \\ 1 & 1 & 0 \\ 3 & 1 & -1 \end{pmatrix}.$$

Dann finden wir

$$A + B = \begin{pmatrix} 3 & 1 & 4 \\ 3 & 4 & 1 \\ 6 & 1 & 1 \end{pmatrix}, \quad AB = \begin{pmatrix} 7 & 2 & 2 \\ 10 & 2 & 5 \\ 12 & -1 & 7 \end{pmatrix}.$$

Für $x = (1, 5, 1)$ berechnen wir

$$Ax = \begin{pmatrix} 12 \\ 18 \\ 5 \end{pmatrix}.$$

Aufgabe 7.3.86. Bestimmen Sie jeweils $A_i + A_j$, $A_i A_j$ und $A_i x_j$ für
$i, j = 1, 2, 3$:

$$A_1 := \begin{pmatrix} 1 & 1 & 1 \\ 0 & 1 & 2 \\ -2 & 3 & 4 \end{pmatrix}, \quad A_2 := \begin{pmatrix} 1 & 2 & 4 \\ -1 & 3 & 5 \\ 2 & 1 & -1 \end{pmatrix}, \quad A_3 := \begin{pmatrix} 3 & 0 & 0 \\ 0 & -2 & 0 \\ 0 & 0 & 4 \end{pmatrix},$$

$$x_1 := \begin{pmatrix} 3 \\ 1 \\ -2 \end{pmatrix}, \quad x_2 := \begin{pmatrix} -1 \\ 2 \\ 4 \end{pmatrix}, \quad x_3 := \begin{pmatrix} 0 \\ 1 \\ 0 \end{pmatrix}.$$

Nun gilt in völliger Analogie zu Theorem 7.2.66, dass genau die linearen Abbildungen des $\mathbb{R}^3$ durch 3 × 3–Matrizen dargestellt werden
können.

7.3.87   Theorem 7.3.87 (Matrixdarstellung linearer Abbildungen).

(i)   Eine Abbildung $f : \mathbb{R}^3 \to \mathbb{R}^3$ ist genau dann eine lineare Abbildung, wenn eine Matrix $M_f \in M_3(\mathbb{R})$ existiert mit $f(x) = M_f x$ für alle $x \in \mathbb{R}^3$.

(ii)   Sind zwei lineare Abbildungen f und g gegeben, so ist die Abbildung $g \circ f$ ebenfalls linear und wird durch die Matrix $M_g M_f$ dargestellt.

7.3.87   *Beweis.* Der Beweis besteht aus einem Umschreiben des Beweises von Theorem 7.2.66: alle Vektoren und Matrizen sind auf 3 Komponenten auszudehnen und statt der Standardbasis des $\mathbb{R}^2$ ist die Standardbasis $\{e_1, e_2, e_3\}$ des $\mathbb{R}^3$ zu verwenden.   □

Aufgabe 7.3.88. Machen Sie den Beweis von Theorem 7.3.87 explizit.

Ebenso wie in der Ebene können wir den Inhalt des vorigen Theorems struktureller so formulieren: Bezeichnen wir mit $\mathrm{Lin}(\mathbb{R}^3)$ die Menge der linearen Abbildungen auf $\mathbb{R}^3$, dann ist die Abbildung

$$M : \mathrm{Lin}(\mathbb{R}^3) \to M_3(\mathbb{R})$$
$$f \mapsto M_f$$

ein *Monoidisomorphismus.*

Ebenso kann die Bijektivität einer linearen Abbildung f des $\mathbb{R}^3$ ihrer Matrixdarstellung M_f angesehen werden. Man kann nämlich auch aus den Komponenten einer 3×3-Matrix eine Zahl destillieren

$$\det \begin{pmatrix} a_{11} & a_{12} & a_{13} \\ a_{21} & a_{22} & a_{23} \\ a_{31} & a_{32} & a_{33} \end{pmatrix} := \begin{matrix} a_{11}a_{22}a_{33} + a_{12}a_{23}a_{31} + a_{13}a_{21}a_{32} \\ - a_{13}a_{22}a_{31} - a_{11}a_{23}a_{32} - a_{12}a_{21}a_{33}, \end{matrix} \tag{7.26}$$

die wiederum *Determinante* genannt wird und die Invertierbarkeit der Matrix charakterisiert (vergleichen Sie (7.26) mit (7.23)). So ergibt sich wieder, dass die lineare Abbildung f genau dann bijektiv ist, wenn $\det M_f \neq 0$ gilt. Der Beweis ist wegen des größeren Rechenaufwands für 3×3-Determinanten erheblich länger als im $\mathbb{R}^2$, sodass wir darauf verzichten, ihn hier zu geben (vgl. dazu auch die grauen Boxen auf den Seiten 423 und 436). In der Linearen Algebra wird der entsprechende Beweis üblicherweise gleich in allgemeinerer Form, d.h. ohne Einschränkung auf drei Dimensionen gegeben — und in Termen weiterer Begriffe aus dem Gebäude dieser Theorie. Wir werden dieses Thema auch noch am Ende des folgenden Abschnitts 7.4 streifen.

Beispiel 7.3.89 (Volumen und lineare Abbildungen). *Betrach-* **7.3.89**
ten wir noch einmal Beispiel 7.3.75. Wenn wir aus den Vektoren u, v und w, die den Tetraeder definieren, spaltenweise eine 3×3–Matrix M zusammenbauen, dann lässt sich (7.25) wegen (7.26) schreiben als

$$V = \tfrac{1}{3!}|\det M|; \qquad (7.27)$$

vergleichen Sie das auch mit (7.9) in Beispiel 7.2.56.
Sei jetzt W der achsenparallele Würfel mit Seitenlänge ε, dessen eine Ecke beim Punkt P liegt, und der von den Vektoren εe_1, εe_2 und εe_3 aufgespannt wird (siehe Abbildung 7.25). Sei M_f die Matrixdarstellung

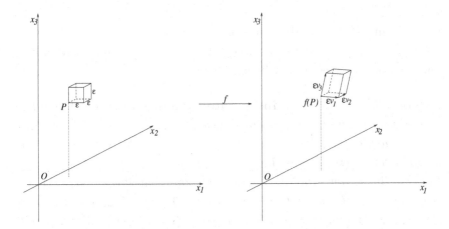

Abb. 7.25 Lineares Bild eines Würfels

einer linearen Abbildung f. Dann ist die Menge $U := f(W)$ ein Parallelepiped[3], dessen eine Ecke bei $f(P)$ liegt, und das von den Vektoren

---

[3] Ein Parallelepiped ist die dreidimensionale Verallgemeinerung eines Parallelogrammes.

εv_1, εv_2 und εv_3 aufgespannt wird, wo v_i die i-te Spalte von M_f ist. Das Volumen $\mathrm{vol}(U)$ dieses Parallelepipeds lässt sich aus (7.27) ablesen (Jedes Parallelepiped besteht wie auch jeder Würfel aus 6 volumsgleichen Tetraedern):

$$\mathrm{vol}(U) = \varepsilon^3 |\det M_f|.$$

Das ursprüngliche Volumen ε^3 des Würfels W wurde also durch die lineare Abbildung f um den Faktor $|\det M_f|$ verändert, unabhängig von der genauen Lage des Würfels, eine Beobachtung, die in der Analysis bei der Berechnung von Volumina und Integralen eine sehr wichtige Rolle spielt.

Aufgabe 7.3.90. Überprüfen Sie, dass das Bild $f(W)$ in Beispiel 7.3.89 tatsächlich das angegebene Parallelepiped ist.
Hinweis: Überlegen Sie zunächst, wie die Ecken von W aussehen. Dann berechnen Sie für jede Ecke E von W das Bild $f(E)$ und zeigen Sie, dass diese Bilder die Ecken eines Parallelepipeds bilden. Danach überlegen Sie, warum das Innere von W auf das Innere des Parallelepipeds abgebildet wird.

Dass wir mit Hilfe von Mathematik auch Probleme aus der realen Welt lösen können, soll Ihnen das folgende aus einer echten Anwendung stammende Beispiel verdeutlichen.

7.3.91   **Beispiel 7.3.91 (Anwendung: Satellitenantenne).** Ein Freund hat eine Satellitenantenne auf seinem Dach montiert. Nachdem er fünfmal vergeblich das Dach erklettert hat, um die Antenne korrekt einzustellen, bittet er um Hilfe.
Im Handbuch der Antenne findet sich zum Satelliten Astra 1F die Angabe: geostationärer Orbit auf 19,2° O. Das Haus des Freundes steht nahe Wien (geografische Länge 48,33° N, geografische Breite 16,31° O).
Um die Antenne optimal auf den Satelliten ausrichten zu können, müssen ihre Einstellparameter (Höhenwinkel und Winkel gegen die Südrichtung) bestimmt werden. Natürlich kann das durch Versuch und Irrtum geschehen, indem man die Antenne so lange verdreht, bis die Empfangsqualität ausreichend ist. Wir als Mathematiker wollen allerdings versuchen, die Parameter aus den Angaben zu berechnen und

dadurch das mühsame Ausprobieren zu vermeiden (vor allem das echte Leiterklettern um aufs Dach zu gelangen).

Zunächst müssen wir ein mathematisches Modell der Situation entwickeln. Dazu ist ein wenig physikalisches Wissen nötig.

Um mathematische Modelle zu bilden, ist es meist unumgänglich, theoretische Resultate aus anderen Wissenschaften zu verwenden. Daher ist es für MathematikerInnen hilfreich, auch in andere Wissenschaftsdisziplinen hineinzuschnuppern, um sich einerseits das Fachvokabular anzueignen und andererseits die typischen Arbeitsweisen und Fragestellungen dieser Wissenschaftsdisziplinen kennenzulernen. Die Mathematische Modellierung beschäftigt sich mit dem korrekten Aufbau von mathematischen Modellen und damit, wie man richtig mit ihnen umgeht. Einige Fallstudien können Sie etwa in VON DRESKY et al. [69] nachlesen. Modellierung wird in der täglichen Arbeit vieler Mathematiker so häufig benötigt, dass sogar viele Softwarepakete entwickelt wurden, die den Mathematiker bei der Modellierung unterstützen, siehe etwa KALLRATH [49].

Zur Modellierung müssen wir die physikalischen Grundgesetze heranziehen, nach denen sich ein Satellit in einer Umlaufbahn um die Erde bewegt. Damit die Satellitenantenne sinnvoll auf den Satelliten ausgerichtet werden kann, muss der Satellit geostationär sein, d.h. er darf seine (scheinbare) Position am Himmel nicht verändern. Ein geostationärer Satellit muss sich parallel zur Erde um das Schwerkraftzentrum, also um den Erdmittelpunkt, drehen. Aus diesem Grund muss ein solcher Satellit zwangsläufig über dem Äquator „stehen".

Mit dieser Überlegung können wir die Parameter des Satellitenorbits bestimmen. Die Umlaufzeit des Satelliten ist

$$T = 1\,\mathrm{Tag} = 23\mathrm{h}\,56\mathrm{min} = 86160\mathrm{s}.$$

Daher beträgt seine Winkelgeschwindigkeit

$$\omega = 2\pi/T = 7{,}292 \cdot 10^{-5} s^{-1}.$$

Der Radius h_0 des Orbits lässt sich aus dem Kräftegleichgewicht zwischen Gravitation und Zentripetalkraft $F_G = F_Z$ bestimmen. Die Gravitationskraft folgt dem Gravitationsgesetz

$$F_G = \kappa \frac{m_1 m_2}{r^2}, \qquad (7.28)$$

mit der Gravitationskonstante $\kappa = 6{,}67259 \cdot 10^{-11} m^3 kg^{-1} s^{-2}$, den Massen m_1 und m_2 der beteiligten Körper und dem Abstand r ihrer Schwerpunkte (siehe etwa MESCHEDE & VOGEL [55, 1.7]). Die Zentripetalkraft einer gleichförmigen Kreisbewegung mit konstanter Winkelgeschwindigkeit ω ist

$$F_Z = m\omega^2 r, \qquad (7.29)$$

wobei m die Masse des bewegten Körpers und r der Radius der Kreisbahn sind (siehe MESCHEDE & VOGEL [55, 1.4]).

Der Durchmesser der Erde beträgt ca. $d_E = 12756{,}3\,km$, und ihre Masse beläuft sich auf etwa $m_E = 5{,}972 \cdot 10^{24}\,kg$.

Nachdem der Satellit geostationär ist, muss ein Kräftegleichgewicht $F_G = F_Z$ herrschen. Wir finden für seinen Bahnradius h_0 unter Verwendung von (7.28) und (7.29)

$$\kappa m_S m_E h_0^{-2} = F_G = F_Z = m_S \omega^2 h_0$$

$$h_0 = \sqrt[3]{\frac{\kappa m_E}{\omega^2}}.$$

Hier ist m_S die (unbekannte) Masse des Satelliten (die wir zum Glück auch nicht kennen müssen). Setzen wir die gegebenen Werte ein, so erhalten wir $h_0 = 42158{,}83\,km$.

Für die Bestimmung der Satellitenparameter geben wir zwei verschiedene Lösungsverfahren an. Zum ersten lösen wir das Problem nur mit Hilfe von Trigonometrie. Danach zeigen wir, wie sehr sich die Berechnung beschleunigen lässt, wenn wir das Wissen einsetzen, das wir in diesem Kapitel bereits gewonnen haben.

Lösung mit Hilfe von Trigonometrie: Wir betrachten das Problem aus drei Blickwinkeln. In Abbildung 7.26 sehen wir die Erde „von oben" betrachtet, die Äquatorialebene in Hauptlage. Der Nordpol **N**, das Haus **H** und der Satellit **S** sind eingezeichnet. Die Gerade g liegt

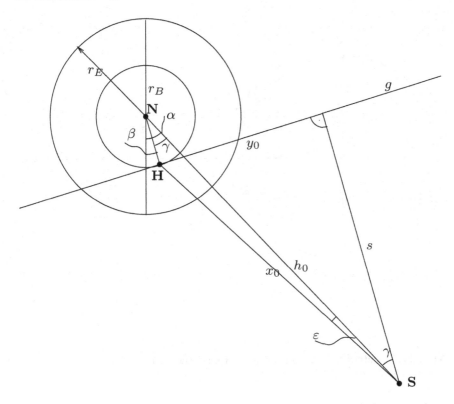

Abb. 7.26 Grundriss

in der Tangentialebene auf die Erdoberfläche in **H** und ist in Hauptlage (parallel zu der Bildebene). Die gegebenen Größen sind r_E, der
Erdradius, $\alpha = 19{,}2°$ und $\beta = 16{,}31°$. Ferner kennen wir h_0 aus der
Berechnung zu Beginn.
In Abbildung 7.27 ist die Erde mit den relevanten Punkten in einem
Seitenriss dargestellt, in dem die Tangentialebene auf **H** projizierend
ist (als Bild eine Gerade hat). Der Winkel ψ ist der gesuchte Höhenwinkel. Der Abstand $s = \overline{SF}$ kann aus dem Grundriss in Abbildung 7.26 entnommen werden, weil die Gerade g in Abbildung 7.27
ebenfalls projizierend ist (als Bild einen Punkt hat) und mit ihr alle
zu ihr parallelen Geraden wie die Projektion von g auf die Äquatorialebene, die in Abbildung 7.27 mit dem Punkt F zusammenfällt.
Bekannte Größen in Abbildung 7.27 sind r_E und der Winkel $\varphi' = 48{,}33°$.

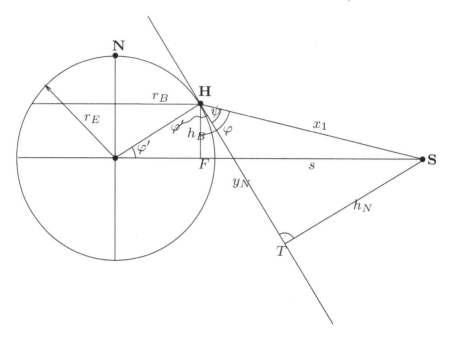

Abb. 7.27 Seitenriss mit projizierender Tangentialebene

Abbildung 7.28 entsteht aus Abbildung 7.26, indem man das Bild um g so weit dreht bis die Tangentialebene an **H** parallel zur Bildebene liegt. Das ist genau dann der Fall, wenn die Projektionen des Erdmittelpunktes und von **H** aufeinander liegen. Die Länge y_0 liegt auf der Geraden g und ist somit in den beiden Abbildungen 7.26 und 7.28 ablesbar. Die Länge y_N ist der Abstand des auf die Tangentialebene projizierten Satelliten T in Abbildung 7.27 zur Geraden g. Dieser Abstand kann in den beiden Abbildungen 7.27 und 7.28 abgelesen werden. Der in Abbildung 7.28 eingezeichnete Winkel σ ist der gesuchte „Winkel gen Süden", der an der Satellitenantenne eingestellt werden muss.

Nun zur Rechnung. Wir beginnen in Abbildung 7.27 mit der Bestimmung von r_B und h_B. Es gilt

$$r_E = 6378{,}15\,km, \quad r_B = r_E \cos\varphi' = 4240{,}44\,km,$$
$$h_B = r_E \sin\varphi' = 4764{,}39\,km.$$

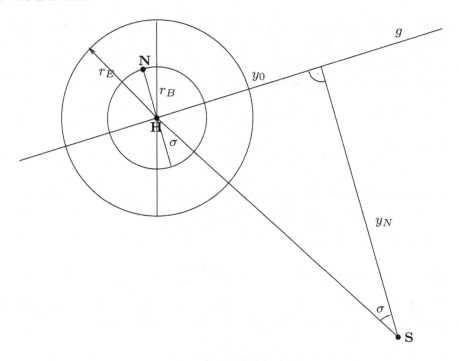

Abb. 7.28 Tangentialebene an **H** in Hauptlage

Nun wechseln wir in Abbildung 7.26. Nach der Bestimmung von $\gamma = \alpha - \beta = 2{,}89°$ verwenden wir den Cosinussatz, um aus dem Dreieck **NHS** die Länge x_0 zu bestimmen

$$x_0 = \sqrt{h_0^2 + r_B^2 - 2h_0 r_B \cos\gamma} = 37924{,}39\,km.$$

Der Sinussatz ermöglicht es uns dann, den Winkel ε zu berechnen. Es gilt

$$\frac{\sin\varepsilon}{r_B} = \frac{\sin\gamma}{x_0}$$

$$\varepsilon = \arcsin(\frac{r_B \sin\gamma}{x_0}) = 0{,}323°.$$

Jetzt finden wir ein rechtwinkeliges Dreieck für die Berechnung der Längen y_0 und s, dessen Winkel bei **S** gleich $\gamma + \varepsilon = 3{,}213°$ ist. Es gilt

$$s = x_0 \cos(\gamma + \varepsilon) = 37864{,}77\,km,$$
$$y_0 = x_0 \sin(\gamma + \varepsilon) = 2125{,}59\,km.$$

Damit ist die Aufgabe in Abbildung 7.26 erledigt, und wir wechseln wieder zurück in Abbildung 7.27. Nach der Bestimmung von s besitzen wir genug Angaben, um das rechtwinkelige Dreieck $\mathbf{HS}F$ zu untersuchen und den Winkel φ und die Länge x_1 zu bestimmen:

$$\varphi = \arctan \frac{s}{h_B} = 82{,}83°,$$

$$x_1 = \sqrt{h_B^2 + s^2} = 38163{,}34 \, km.$$

Der Höhenwinkel ψ ergibt sich nun leicht als $\psi = \varphi - \varphi' = 34{,}5°$. Nun kennen wir genug Bestimmungsstücke des Dreiecks $\mathbf{HS}T$, um auch die letzten Größen zu ermitteln. Es gilt

$$y_N = x_1 \cos \psi = 31452{,}03 \, km.$$

Damit können wir schließlich die letzte Abbildung 7.28 in Angriff nehmen, um den letzten fehlenden Winkel σ zu berechnen.

$$\sigma = \arctan \frac{y_0}{y_N} = 3{,}87°.$$

Um die Satellitenantenne korrekt zu betreiben, muss man sie also von Süden um $\sigma = 3{,}87°$ in Richtung Osten drehen und einen Höhenwinkel von $\psi = 34{,}5°$ einstellen.

Um zu demonstrieren, wie leistungsfähig unsere Rechenoperationen auf dem $\mathbb{R}^3$ sind, werden wir das Problem noch einmal lösen.
Lösung mit Hilfe analytischer Geometrie: *Wir führen die Rechnung im $\mathbb{R}^3$ durch. Zunächst legen wir die Erde in den Ursprung des Koordinatensystems. Dann hat der Punkt $\mathbf{H}$ die Kugelkoordinaten (siehe etwa KEMNITZ [50, Abschnitt 7.1.5]) $(6378{,}15; 16{,}31°; 48{,}33°)$ und daher die kartesischen Koordinaten $(1190{,}86; 4069{,}79; 4764{,}39)$. Analog kann man die kartesischen Koordinaten des Satelliten bestimmen als $(13864{,}64; 39813{,}81; 0)$.*
Der Höhenwinkel ψ ergibt sich als der Winkel, den die Verbindungsgerade von $\mathbf{H}$ und $\mathbf{S}$ mit der Tangentialebene durch $\mathbf{H}$ an die Kugel einschließt. Der Vektor $\mathbf{H}$ ist der Normalvektor an die Tangentialebene, und der Verbindungsvektor

$$\overrightarrow{HS} = S - H = (12673{,}77; 35744{,}02; -4764{,}39)$$

ist schnell berechnet. Der eingeschlossene Winkel ist

$$\cos\varphi = \frac{\langle H, S - H \rangle}{\|H\|\,\|S - H\|} = 0{,}566 \Rightarrow \varphi = 55{,}5°,$$

und daher finden wir den Höhenwinkel $\psi = 90° - \varphi = 34{,}5°$.
Der normierte Normalvektor auf die Tangentialebene ist

$$n_0 = \frac{H}{\|H\|} = (0{,}1867; 0{,}6381; 0{,}747).$$

Die Projektion des Verbindungsvektors $\overrightarrow{HS}$ auf den Normalvektor ist
dann wegen Beispiel 7.3.50

$$n_S = \langle S - K, n_0 \rangle n_0 = (4035{,}74; 13792{,}21; 16146{,}15).$$

Die Projektion von S auf die Tangentialebene ist

$$F = S - n_S = (9828{,}9; 26021{,}6; -16146{,}15).$$

Der Nordpol N hat die Koordinaten $(0; 0; 6378{,}15)$. Wir projizieren
den Nordpol ebenso wie S auf die Tangentialebene durch H. Dazu
bestimmen wir den Verbindungsvektor von N und H

$$\overrightarrow{NH} = H - N = (1190{,}86; 4069{,}79; -1613{,}76).$$

Diesen Vektor projizieren wir wieder auf den Ebenennormalvektor n_0.
Es gilt

$$n_N = \langle H - N, n_0 \rangle n_0 = (301{,}3; 1029{,}71; 1205{,}46),$$

und die Projektion von N auf die Tangentialebene ist wiederum

$$G = N + n_N = (301{,}3; 1029{,}71; 7583{,}61).$$

Nun müssen wir nur noch den Winkel zwischen den Vektoren $\overrightarrow{FH}$ und
$\overrightarrow{GH}$ bestimmen

$$\cos \sigma = \frac{\langle F - \mathbf{H}, \mathbf{H} - G \rangle}{\|F - \mathbf{H}\| \, \|\mathbf{H} - G\|} = 0{,}9977 \Rightarrow \sigma = 3{,}87^\circ,$$

und das ist der gesuchte Winkel gen Süden.
Wie Sie sehen, ist der zweite Lösungsweg erheblich einfacher, eine
Demonstration der Mächtigkeit des Werkzeugs der analytischen Geometrie.

Wir haben in diesem Abschnitt gesehen, dass fast alle geometrischen Objekte von der Ebene auf den Raum übertragen werden können. In den meisten Fällen behalten diese Objekte bei der Übertragung alle ihre Eigenschaften. Als mutige MathematikerInnen wollen wir uns nun im Lichte von Beispiel 7.1.1, in dem wir mit 5–Tupeln gerechnet haben, über die Grenzen unserer dreidimensionalen Anschauung hinaus wagen.

7.4 Höhere Dimensionen — $\mathbb{R}^n$

In diesem Abschnitt verlassen wir nun vollständig den Raum der Anschauung und lassen die Einschränkung auf zwei oder drei Komponenten in einem Vektor fallen. Sei $n \in \mathbb{N}_+$ im Folgenden fix aber beliebig.

7.4.1 **Definition 7.4.1 (Der n-dimensionale Raum).** Für $n \in \mathbb{N}_+$ bezeichnen wir die Menge aller reellen n-Tupel mit $\mathbb{R}^n$ und nennen sie den *n-dimensionalen Raum*. Wir nennen ein Element $x = (x_1, \ldots, x_n)$ des $\mathbb{R}^n$ *Punkt des $\mathbb{R}^n$* oder *n-dimensionalen Vektor* und $(x_1, \ldots, x_n)$ seine (kartesischen) Koordinaten. Der Punkt $0 = (0, \ldots, 0)$ wird als *Ursprung* des $\mathbb{R}^n$ bezeichnet.

Beachten Sie, dass wir ab jetzt die Unterscheidung zwischen Punkt und Vektor aufgeben (vgl. die graue Box auf Seite 377). Dementsprechend identifizieren wir den Ursprung mit dem Nullelement 0 des $\mathbb{R}^n$ und bezeichnen ihn nicht mehr mit O.

Oft fühlen sich AnfängerInnen beim Übergang vom dreidimensionalen zum 4-dimensionalen oder noch höherdimensionalen Raum verunsichert. Schließlich versagt hier unsere Vorstellungskraft, und eine unserer fundamentalsten Alltagserfahrungen stößt an eine Grenze.

Andererseits haben wir im Abschnitt 7.3 viele mathematische Begriffe von der Ebene problemlos auf den Raum ausgedehnt: oft war dies lediglich eine „Abschreibübung" oder eine einfache Übung im Ersetzen der 2-komponentigen Vektoren durch 3-komponentige. Also warum sollten wir uns nicht vom Formalismus leiten lassen? Als im mathematischen Denken bereits geschulte LeserInnen sollten wir genug Vertrauen in den formalen Apparat erworben haben, um ihn auch dort verwenden zu können, wo unsere Alltagserfahrung versagt (wie bei der Grahamschen Zahl aus Kapitel 6). Gerade diese Möglichkeit, einen mathematischen Formalismus auszuweiten und auch in Situationen anzuwenden, an die wir bei seiner Einführung gar nicht gedacht haben, ist ja eine der großen Stärken mathematischen Denkens. Verwenden wir also unseren Formalismus als Geländer und Stütze bei der Erkundung des n-dimensionalen Raums.

Nebenbei bemerkt, besteht auch großer Bedarf nach der mathematischen Untersuchung von höherdimensionalen Räumen. Abgesehen von unserem einfachen Beispiel 7.1.1, in dem ja in natürlicher Weise 5-Tupel aufgetreten sind, und den vielfachen ähnlich gearteten Anwendungen soll hier an prominenter Stelle die Physik angeführt werden: Denn seit Albert Einstein (1879–1955) ist die 4-dimensionale Raumzeit die Bühne der Physik.

Beginnen wir also ganz einfach mit der Verallgemeinerung der grundlegenden Rechenoperationen auf den n-dimensionalen Raum.

7.4.2 **Definition 7.4.2 (Operationen in $\mathbb{R}^n$).** Auf der Menge $\mathbb{R}^n$ der reellen n–Tupel definieren wir die beiden Operationen $+$, die *Addition*, und die *Skalarmultiplikation* für $x, y \in \mathbb{R}^n$ und $\lambda \in \mathbb{R}$ durch

$$x + y = (x_1, \ldots, x_n) + (y_1, \ldots, y_n) = (x_1 + y_1, \ldots, x_n + y_n),$$
$$\lambda x = \lambda(x_1, \ldots, x_n) = (\lambda x_1, \ldots, \lambda x_n).$$

Völlig analog zu $\mathbb{R}^2$ und $\mathbb{R}^3$ finden wir die folgenden Rechenregeln.

7.4.3 **Proposition 7.4.3 (Rechenregeln für $\mathbb{R}^n$).** Die Rechenoperationen $+ : \mathbb{R}^n \times \mathbb{R}^n \to \mathbb{R}^n$ und $\cdot : \mathbb{R} \times \mathbb{R}^n \to \mathbb{R}^n$ haben die folgenden Eigenschaften:

(+) Das Paar $(\mathbb{R}^n, +)$ bildet eine abelsche Gruppe mit Nullelement 0.

(NG Es gilt $1x = x$.

(DG$_1$) Für $x, y \in \mathbb{R}^n$ und $\lambda \in \mathbb{R}$ gilt $\lambda(x + y) = \lambda x + \lambda y$.

(AG) Für alle $x \in \mathbb{R}^n$ und $\lambda, \mu \in \mathbb{R}$ finden wir $\lambda(\mu x) = (\lambda \mu)x$.

(DG$_2$) Für alle $x \in \mathbb{R}^n$ und $\lambda, \mu \in \mathbb{R}$ finden wir $(\lambda + \mu)x = \lambda x + \mu x$.

Aufgabe 7.4.4. Überzeugen Sie sich explizit davon, dass der Beweis von Proposition 7.4.3 völlig analog zu den Fällen $n = 2$ und $n = 3$ geführt werden kann.

In Ebene und Raum hat der Begriff der Linearkombination ausschließlich auf den Rechenregeln aufgebaut. Daher überrascht es nicht, dass auch hier die Verallgemeinerung auf n Dimensionen keinerlei Probleme macht.

7.4.5 **Definition 7.4.5 (Standardbasis).** Sei e_i das n–Tupel, das an der i-ten Stelle den Eintrag 1 hat und bei dem alle anderen Einträge verschwinden (d.h. gleich 0 sind), $e_i = (0, \ldots, 0, 1, 0, \ldots, 0)$. Die Menge $\{e_i \mid i = 1, \ldots, n\}$ nennen wir die *Standardbasis* des $\mathbb{R}^n$.

Offensichtlich lässt sich jedes $x \in \mathbb{R}^n$ eindeutig als *Linearkombination* der Elemente e_i schreiben,

$$x = \sum_{i=1}^{n} x_i e_i.$$

Aufgabe 7.4.6. 1. Stellen Sie den Vektor $(4, 5, 2, 3, 6, 8) \in \mathbb{R}^6$ als Linearkombination der Standardbasisvektoren dar.

2. Es sei der Vektor $v \in \mathbb{R}^m$ mit $v_i = \frac{i}{i^2+1}$ für $i = 1, \ldots, m$ gegeben. Stellen Sie v als Linearkombination der Standardbasisvektoren dar. Schreiben Sie die Linearkombination dabei mit Hilfe des Summensymbols an.

Aufgabe 7.4.7. Betrachten wir noch einmal die Firma aus Beispiel 7.1.1. Nehmen wir an, dass vor Schulanfang der folgende Lagerbestand vorhanden ist: 52 Kessel, 983 Federn, 1512 Fässchen Tinte, 918 Blatt Pergament und 44 Mörser. Wie viel muss nachproduziert werden, damit alle Kunden beliefert werden können? Welche Mengen bleiben im Lager übrig? Welche Rechnung im $\mathbb{R}^5$ müssen Sie ausführen?

Auch Gerade, Strecke und Strahl verallgemeinern sich auf den $\mathbb{R}^n$ einfach, indem wir in Definition 7.3.11 den Raum $\mathbb{R}^3$ durch $\mathbb{R}^n$ ersetzen.

Definition 7.4.8 (Strecke, Strahl, Gerade). Seien $P \neq Q \in \mathbb{R}^n$,   **7.4.8**
und sei $v := Q - P$.

(i)   Wir definieren die *Strecke* $\overline{PQ}$ als folgende Teilmenge des $\mathbb{R}^n$:

$$\overline{PQ} := \{P + t(Q - P) \mid t \in [0, 1]\},$$

     P und Q heißen die *Endpunkte* der Strecke $\overline{PQ}$.

(ii)   Die *Halbgerade* oder der *Strahl* von P in Richtung Q bzw. v sei die Menge
$$s_{Pv} := s_{P:Q} := \{P + tv \mid t \geq 0\}.$$

(iii)   Die *Gerade* $g_{P:Q}$ durch P und Q sei die Menge

$$g_{Pv} := g_{P:Q} := \{P + tv \mid t \in \mathbb{R}\}.$$

(iv)   Wir sagen, R liegt auf $g_{P:Q}$, $s_{P:Q}$ bzw. $\overline{PQ}$, wenn $R \in g_{P:Q}$, $s_{P:Q}$ bzw. $\overline{PQ}$ gilt.

(v)   Wir nennen v einen *Richtungsvektor* der (Halb-)Geraden $g_{P:Q}$ bzw. $s_{P:Q}$.

Ein weiterer zentraler Begriff, der im $\mathbb{R}^n$ völlig analog zum $\mathbb{R}^3$ definiert wird, ist die lineare (Un-)Abhängigkeit.

7.4.9   **Definition 7.4.9 (Lineare (Un-)Abhängigkeit).** Sei eine Menge
von Vektoren $M := \{u_1, \ldots, u_m\} \subseteq \mathbb{R}^n$ gegeben.

(i)   Wir sagen, dass M *linear unabhängig* ist (oder dass die Vektoren
       $u_1, \ldots, u_m$ linear unabhängig sind), wenn die Gleichung

$$\sum_{i=1}^m \lambda_i u_i = 0.$$

nur die triviale Lösung $\lambda_1 = \cdots = \lambda_m = 0$ besitzt.

(ii)   Sind die Vektoren nicht linear unabhängig, so nennen wir sie
       linear abhängig.

(iii) Wir sagen, der Vektor u ist *linear abhängig von* den Vektoren
       $u_1, \ldots, u_m$, wenn es $\mu_i \in \mathbb{R}$ gibt mit

$$u = \sum_{i=1}^m \mu_i u_i,$$

sich u also als Linearkombination der u_i schreiben lässt.

Zwei linear abhängige Vektoren $v, w \neq 0$ nennen wir wiederum *kollinear*.

Aufgabe 7.4.10. Überprüfen Sie, ob die folgenden vier Vektoren des
$\mathbb{R}^4$ linear unabhängig sind: $v_1 = (1, 0, -1, 0)$, $v_2 = (0, 2, 3, 0)$, $v_3 = (1, 1, 0, 3)$ und $v_4 = (-2, 0, 0, 1)$.

Wie nicht anders zu erwarten war, können auch die Begriffe Metrik,
Norm und inneres Produkt ohne Probleme auf n Dimensionen verallgemeinert werden. Auch ihre Eigenschaften und sogar die Beweise(!)
hängen nicht von der Einschränkung auf $n = 2$ oder $n = 3$ ab.

7.4.11   **Definition 7.4.11 (Skalarprodukt, Norm und Abstand im $\mathbb{R}^n$).**
Seien P, Q, v, w in $\mathbb{R}^n$.

(i)   Wir definieren das *(standard) innere Produkt* oder *(Standard-)
       Skalarprodukt* $\langle v, w \rangle$ von v und w durch

$$\langle v, w \rangle := \sum_{i=1}^n v_i w_i.$$

(ii)   Die *(euklidische) Norm* $\|v\|$ von v definieren wir durch

$$\|v\| := \sqrt{\langle v, v \rangle}.$$

(iii) Wir definieren den *(euklidischen) Abstand* bzw. die *(euklidische)*
       Distanz $d(P, Q)$ von P und Q durch

$$d(P, Q) := \|Q - P\|.$$

Wiederum bezeichnen wir die Abbildung $d : \mathbb{R}^n \times \mathbb{R}^n \to \mathbb{R}$ als
die *(euklidische) Metrik* .

Proposition 7.4.12 (Eigenschaften des inneren Produkts).   7.4.12
Das innere Produkt auf $\mathbb{R}^n$ hat für alle $x, y, z \in \mathbb{R}^n$ und alle $\lambda \in \mathbb{R}$
die folgenden Eigenschaften:

(IP1) $\langle x + y, z \rangle = \langle x, z \rangle + \langle y, z \rangle$ und $\langle z, x + y \rangle = \langle z, x \rangle + \langle z, y \rangle$,
(IP2) $\langle \lambda x, y \rangle = \lambda \langle x, y \rangle = \langle x, \lambda y \rangle$,

(Bilinearität)

(IP3) $\langle x, y \rangle = \langle y, x \rangle$,   (Symmetrie)
(IP4) $\langle x, x \rangle \geq 0$ und aus $\langle x, x \rangle = 0$ folgt $x = 0$.

(positive Definitheit)

Aufgabe 7.4.13. Beweisen Sie Proposition 7.4.12, indem Sie den Beweis von Proposition 7.3.35 resp. Ihre Lösung von Aufgabe 7.3.36
studieren und sich davon überzeugen, dass die Einschränkung $n = 3$
ohne Probleme fallen gelassen werden kann.

Aufgabe 7.4.14. Betrachten wir ein weiteres Mal die Firma aus Beispiel 7.1.1, die Schulprodukte liefert. In Aufgabe 7.4.7 haben Sie
berechnet, wie viel nachbestellt werden muss, um die Kunden zu Schulbeginn beliefern zu können. Berechnen Sie nun, wie viel zusätzlich
hergestellt werden muss, damit die nächsten drei (normal großen)
Bestellungen ebenfalls abgewickelt werden können.
Die Hauszauberer der Firma benötigen zur Herstellung jedes Kessels
480 Sekunden, für eine Feder 18 Sekunden, für ein Fässchen Tinte 60

Sekunden, für ein Blatt Pergament 20 Sekunden und für jeden Mörser 240 Sekunden. Wie lange muss der Firmenchef warten, bis seine Lager aufgefüllt sind?

Wenn Sie die Zeitdauern zu dem (Zeit)Kostenvektor

$$c = (480, 18, 60, 20, 240)$$

zusammenfassen, wie können Sie dann bei dieser Berechnung das innere Produkt einsetzen?

7.4.15 **Proposition 7.4.15 (Cauchy–Schwarz–Ungleichung).** Das innere Produkt auf $\mathbb{R}^n$ erfüllt die Cauchy–Schwarz–Ungleichung, d.h. für alle $x, y \in \mathbb{R}^n$ gilt

$$|\langle x, y \rangle| \le \|x\| \, \|y\|.$$

Gleichheit gilt genau dann, wenn x und y linear abhängig sind.

7.4.15 **Beweis.** Der Beweis von Proposition 7.2.40 bleibt weiterhin wortwörtlich gültig, da wir dort eben nur die Eigenschaften (IP1)–(IP4) und den Zusammenhang zwischen Norm und innerem Produkt verwendet haben.   □

7.4.16 **Proposition 7.4.16 (Eigenschaften der Norm).** Die euklidische Norm $\| \ \|$ hat für alle $x, y \in \mathbb{R}^n$ und alle $\lambda \in \mathbb{R}$ die folgenden Eigenschaften:

(N1) $\|x\| \ge 0$ und aus $\|x\| = 0$ folgt $x = 0$,   (positive Definitheit)
(N2) $\|\lambda x\| = |\lambda| \, \|x\|$,   (Homogenität)
(N3) $\|x + y\| \le \|x\| + \|y\|$.   (Dreiecksungleichung)

Aufgabe 7.4.17. Beweisen Sie Proposition 7.4.16, indem Sie feststellen, dass im Beweis von Proposition 7.3.40 die Einschränkung $n = 3$ nicht verwendet wurde. Welche Voraussetzungen und Resultate wurden überhaupt im Beweis von Proposition 7.3.40 verwendet?

Natürlich können wir wiederum zu einem gegebenen Vektor $v \ne 0$ einen kollinearen, gleich orientierten Vektor v' der Länge 1 angeben — wortwörtlich wie früher formulieren wir: $v' = \frac{1}{\|v\|} v$ heißt **normierter Vektor** oder **Einheitsvektor** in Richtung von v.

Proposition 7.4.18 (Eigenschaften der Metrik). Der Abstand   **7.4.18**
auf $\mathbb{R}^n$ besitzt für alle $P, Q, R \in \mathbb{R}^n$ die Eigenschaften:

(D1) $d(P, Q) \geq 0$ und aus $d(P, Q) = 0$ folgt $P = Q$,

(positive Definitheit)

(D2) $d(P, Q) = d(Q, P)$, (Symmetrie)
(D3) $d(P, Q) + d(Q, R) \geq d(P, R)$. (Dreiecksungleichung)

Aufgabe 7.4.19. Beweisen Sie Proposition 7.4.18, indem Sie feststellen, dass die Einschränkung $n = 3$ im Beweis von Proposition 7.3.42 nicht nötig war. Was *genau* wurde denn im Beweis von Proposition 7.4.18 *überhaupt* verwendet?

Wir haben bereits in der grauen Box auf Seite 431 erwähnt, dass die Notation für Skalarprodukt, Norm und Metrik so geschickt gewählt ist, dass die Verallgemeinerung vieler Aussagen und auch Beweise von 2 auf 3 Dimensionen durch wortwörtliches Übernehmen der Formulierungen möglich war. Derselbe Grund steht natürlich auch hinter der Tatsache, dass ein Teil der gerade durchgeführten Verallgemeinerung auf n Dimensionen beinahe eine "Abschreibübung" war. Gerade hier, wo wir unseren „Anschauungsraum" verlassen haben, ist diese „Durchgängigkeit" der Notation eine nicht zu unterschätzenden Hilfe (vgl. auch die graue Box auf Seite 463).

Wir können wie im $\mathbb{R}^2$ und $\mathbb{R}^3$ auch im $\mathbb{R}^n$ den Winkel zwischen zwei Strahlen definieren.

Definition 7.4.20 (Winkel, Orthogonalität).   **7.4.20**

(i)   Seien $P, v, w \in \mathbb{R}^n$, und seien die Strahlen s_{Pv} und s_{Pw} gegeben. Der von den beiden Strahlen eingeschlossene *Winkel* α ist festgelegt durch den Winkel zwischen den beiden Richtungsvektoren v und w, der durch

$$\cos\alpha := \frac{\langle v, w\rangle}{\|v\|\,\|w\|}$$

und $0 \leq \alpha \leq \pi$ definiert ist.

(ii)   Die beiden Vektoren $v, w \in \mathbb{R}^n$ heißen *orthogonal*, wenn

$$\langle v, w\rangle = 0$$

gilt. In Zeichen schreiben wir $v \perp w$.

Das Kreuzprodukt zur Auffindung eines Normalvektors verallgemeinert sich allerdings **nicht** vom $\mathbb{R}^3$ auf den $\mathbb{R}^n$, da es auf zwei Vektoren u und v im $\mathbb{R}^n$ für $n \geq 4$ keinen (bis auf Kollinearität) eindeutigen Normalvektor gibt.

Es gibt allerdings im $\mathbb{R}^n$ die Verallgemeinerung der Hesseschen Normalform allerdings nicht für Ebenen, sondern für „Ebenen, denen eine Dimension fehlt", vgl. die Diskussion nach Proposition 7.3.58. Genauer definieren wir wie folgt:

7.4.21   **Definition 7.4.21 (Hyperebene).** Sei $P \in \mathbb{R}^n$, und sei $0 \neq \mathfrak{n} \in \mathbb{R}^n$. Die *Hyperebene* $h_{P,\mathfrak{n}}$ durch P, die orthogonal auf $\mathfrak{n}$ steht, ist definiert als die Menge

$$h_{P,\mathfrak{n}} := \{x \in \mathbb{R}^n \mid \langle \mathfrak{n}, x - P\rangle = 0\}.$$

Im $\mathbb{R}^2$ waren die „größten" betrachteten Teilmengen die (eindimensionalen) Geraden, im $\mathbb{R}^3$ waren es die (zweidimensionalen) Ebenen. Es ist also nur natürlich, dass wir im $\mathbb{R}^n$ nach $(n-1)$-dimensionalen Verallgemeinerungen, den Hyperebenen, suchen. Bei Geraden im $\mathbb{R}^2$ und Ebenen im $\mathbb{R}^3$ haben wir jeweils zuerst die Parameterdarstellung eingeführt und danach die Normalvektorform als äquivalente Beschreibung gefunden. Obwohl sich diese Vorgehensweise genauso kopieren ließe wie fast alles beim Übergang von $\mathbb{R}^3$ auf $\mathbb{R}^n$, ist es doch bequemer, dies nicht zu tun. Es lassen sich zwar beide Definitionen problemlos auf den $\mathbb{R}^n$ übertragen. Doch während die Normalvektorform *eine* Gleichung bleibt, in der *ein* Vektor, der Normalvektor, auftritt, benötigen wir für eine Parameterdarstellung einer Hyperebene des $\mathbb{R}^n$ immerhin $n-1$ linear unabhängige Richtungsvektoren, einen Punkt und $n-1$ reelle Parameter. Wir haben also die *praktischere* und *übersichtlichere* Definition verallgemeinert.

Es ist häufig in der Mathematik, dass für eine Verallgemeinerung mehrere äquivalente Definitionen zur Auswahl stehen. Welche davon die praktischere ist, stellt sich oft erst im Zuge des Verallgemeinerns heraus. Die übersichtlichste Definition wird dann üblicherweise ausgewählt, und die anderen werden zu Kriterien „degradiert".

Proposition 7.4.22 (Hessesche Normalform). Sei $P \in \mathbb{R}^n$, $\mathfrak{n}_0$ ein normierter Vektor, und setzen wir $d := \langle \mathfrak{n}_0, P \rangle$, dann gilt

$$h_{P,\mathfrak{n}} = \{x \in \mathbb{R}^n \mid \langle \mathfrak{n}_0, x \rangle - d = 0\}.$$

Hierbei ist $|d|$ der Normalabstand von $h_{P,\mathfrak{n}}$ zum Ursprung, und wir nennen diese Form der Hyperebenendarstellung die *Hessesche Normalform (HNF)* der Hyperebene.

Ganz analog zum $\mathbb{R}^2$ und $\mathbb{R}^3$ können wir den Normalabstand δ von R zur Hyperebene $h_{P,\mathfrak{n}}$ mit Hilfe der HNF bestimmen (siehe Proposition 7.3.68): Es gilt

$$\delta = |\langle \mathfrak{n}_0, R \rangle - d|. \tag{7.30}$$

Aufgabe 7.4.23. Beweisen Sie Proposition 7.4.22 und Formel (7.30).

Natürlich gibt es im $\mathbb{R}^n$ auch Verallgemeinerungen von Dreieck, Tetraeder und Kugel.

Definition 7.4.24 (Simplex, Sphäre).

(i)   Seien $P_0, \ldots, P_k \in \mathbb{R}^n$ gegeben, und seien weiters die Vektoren $P_1 - P_0, \ldots, P_k - P_0$ linear unabhängig. Wir definieren den k–*Simplex* σ_k mit den Ecken $P_0, \ldots, P_k$ durch

$$\sigma_k = \{\sum_{i=0}^{k} \lambda_i P_i \mid \lambda_i \geq 0, \ \sum_{i=0}^{k} \lambda_i = 1\}.$$

Ein k–Simplex hat k verschiedene $(k-1)$–Seitensimplices.
Wir nennen 1–Simplices Strecken, 2–Simplices Dreiecke und 3–Simplices Tetraeder.

(ii) Seien $M \in \mathbb{R}^n$ und eine positive reelle Zahl r gegeben. Die n–Sphäre $S_r(M)$ ist dann definiert als die Menge aller $x \in \mathbb{R}^n$, die von M den Abstand r besitzen, also

$$S_r(M) = \{x \in \mathbb{R}^n \mid d(x, M) = r\}.$$

Wir nennen dann M den *Mittelpunkt* und r den *Radius* der Sphäre.
Die *abgeschlossene Kugel* $B_r(M)$ bzw. die *offene Kugel* $D_r(M)$ mit Mittelpunkt M und Radius r sind definiert als die Mengen

$$B_r(M) = \{x \in \mathbb{R}^n \mid d(x, M) \leq r\},$$

bzw.

$$D_r(M) = \{x \in \mathbb{R}^n \mid d(x, M) < r\}.$$

Schließlich studieren wir noch die strukturerhaltenden Abbildungen in höheren Dimensionen. Wir gehen nicht nur analog zu $\mathbb{R}^2$ und $\mathbb{R}^3$ vor, sondern gehen noch einen Schritt weiter: Wir lassen im Definitions- und im Zielbereich *verschiedene* Dimensionen zu.

7.4.25 **Definition 7.4.25 (Lineare Abbildung).**
Eine Abbildung $f : \mathbb{R}^n \to \mathbb{R}^m$ heißt *linear* oder *lineare Abbildung*, falls gilt:

(i) $f(x + y) = f(x) + f(y)$ für alle $x, y \in \mathbb{R}^n$,
(ii) $f(\lambda x) = \lambda f(x)$ für alle $x \in \mathbb{R}^n$ und $\lambda \in \mathbb{R}$.

In unserem Interesse liegt es nun, auch diesen Abbildungen Matrizen zuzuordnen. Als ersten Schritt verallgemeinern wir die Matrixoperationen, wobei wir folgende Notation verwenden: Die Menge der $m \times n$–Matrizen (d.h. mit m Zeilen und n Spalten, vgl. Beispiel 2.2.1) mit reellen Einträgen bezeichnen wir mit $M_{m,n}(\mathbb{R})$ oder $\mathbb{R}^{m \times n}$. Gilt $m = n$, so schreiben wir auch $M_n(\mathbb{R})$ für $M_{n,n}(\mathbb{R})$.

Definition 7.4.26 (Matrixoperationen). Seien $A, C \in M_{m,n}(\mathbb{R})$, **7.4.26**
$B \in M_{n,\ell}(\mathbb{R})$ und $x \in \mathbb{R}^n$.

(i)   Die Summe $A + C$ von A und C definieren wir komponenten-
weise, d.h. durch $(A + C)_{ij} := a_{ij} + c_{ij}$ $(1 \leq i \leq m, 1 \leq j \leq m)$.

(ii) Das Produkt AB von A mit B ist definiert als die $m \times \ell$–Matrix
mit den Einträgen $(1 \leq i \leq m, 1 \leq j \leq \ell)$

$$(AB)_{ij} := \sum_{s=1}^{n} a_{is} b_{sj}.$$

(iii) Das Proukt Ax von A mit x ist definiert als der Vektor im $\mathbb{R}^m$
mit den Einträgen $(1 \leq i \leq m)$

$$(Ax)_i = \sum_{s=1}^{n} a_{is} x_s.$$

Beachten Sie, dass wir nur Summen für Matrizen gleicher Größe auf
diese Art definieren können. Anders beim Matrixprodukt: Dieses folgt
zwar ebenfalls dem bereits für $m = n = 2$ und $m = n = 3$ verwendeten
Schema — dazu muss aber die Anzahl der Spalten der ersten Matrix
mit der Anzahl der Zeilen der zweiten Matrix übereinstimmen (siehe
auch Abbildung 5.1). Die Produktmatrix besitzt dann so viele Zeilen
wie der erste Faktor und so viele Spalten wie der zweite. Fassen wir
außerdem Spaltenvektoren im $\mathbb{R}^n$ als $n \times 1$–Matrizen auf, wie wir das
bereits in Beispiel 2.2.1 besprochen haben, so sehen wir, dass (iii) nichts
anderes als der Spezialfall $l = 1$ von (ii) ist!

Aufgabe 7.4.27. Berechnen Sie — wenn möglich — $A_i + A_j$ und $A_i A_j$
für $i, j = 1, \ldots, 8$ für die Matrizen

$$A_1 := \begin{pmatrix} 1 & 2 & 5 \\ -1 & 0 & -2 \\ 3 & 4 & 1 \\ 2 & 1 & 5 \end{pmatrix}, \quad A_2 := \begin{pmatrix} 0 & 1 & 3 \\ 2 & 0 & 8 \\ 0 & 4 & 3 \\ 1 & 1 & -3 \end{pmatrix}, \quad A_3 := \begin{pmatrix} 1 & 0 \\ -1 & 2 \\ 3 & -2 \\ 0 & 0 \end{pmatrix}$$

$$A_4 := \begin{pmatrix} 1 & 0 & 3 & -1 \\ 2 & 1 & -1 & 0 \end{pmatrix}, \quad A_5 := \begin{pmatrix} 3 & 0 & 1 \\ -1 & 0 & -1 \\ 2 & -4 & 1 \end{pmatrix}, \quad A_6 := \begin{pmatrix} 1 \\ 2 \\ 0 \\ -3 \end{pmatrix},$$

$$A_7 := \begin{pmatrix} 4 & 0 & 1 & 2 \\ -1 & 7 & 0 & -2 \\ 3 & -2 & 1 & 0 \end{pmatrix}, \quad A_8 := \begin{pmatrix} 0 & 1 & 2 & 1 & 4 & 1 \\ -1 & 2 & 4 & -1 & 0 & 1 \end{pmatrix}.$$

Nun können wir unsere Suche nach der Matrixdarstellung für lineare Abbildungen $f : \mathbb{R}^n \to \mathbb{R}^m$ beginnen. Tatsächlich gilt für beliebiges $x \in \mathbb{R}^n$ aufgrund der Linearität

$$f(x) = f\left(\sum_{i=1}^{n} x_i e_i\right) = \sum_{i=1}^{n} x_i f(e_i),$$

und wieder ist f eindeutig durch seine Werte $f(e_i)$ auf der Standardbasis bestimmt. Die Vektoren $f(e_i)$ sind aber alle in $\mathbb{R}^m$. Wir finden also, dass f durch n Vektoren im $\mathbb{R}^m$ beschrieben werden kann. Diese n Vektoren schreiben wir nebeneinander und erhalten dadurch eine $m \times n$–Matrix

$$M_f := \begin{pmatrix} f(e_1)_1 & f(e_2)_1 & \cdots & f(e_n)_1 \\ f(e_1)_2 & f(e_2)_2 & \cdots & f(e_n)_2 \\ \vdots & \vdots & \ddots & \vdots \\ f(e_1)_m & f(e_2)_m & \cdots & f(e_n)_m \end{pmatrix}.$$

Gemäß Definition 7.4.26(iii) erhalten wir tatsächlich

$$M_f x = \begin{pmatrix} f(e_1)_1 & f(e_2)_1 & \cdots & f(e_n)_1 \\ f(e_1)_2 & f(e_2)_2 & \cdots & f(e_n)_2 \\ \vdots & \vdots & \ddots & \vdots \\ f(e_1)_m & f(e_2)_m & \cdots & f(e_n)_m \end{pmatrix} \begin{pmatrix} x_1 \\ x_2 \\ \vdots \\ x_n \end{pmatrix} = \begin{pmatrix} \sum_{i=1}^{n} f(e_i)_1 x_i \\ \sum_{i=1}^{n} f(e_i)_2 x_i \\ \vdots \\ \sum_{i=1}^{n} f(e_i)_m x_i \end{pmatrix},$$

also $f(x) = M_f x$.

Wenden wir uns nun der Verknüpfung linearer Abbildungen zu. Das Produkt AB einer $m \times n$–Matrix A und einer $k \times \ell$–Matrix B können wir nach Definition 7.4.26(ii) nur bilden, wenn $n = k$ gilt. Das passt auch gut, denn wir erwarten, dass die $m \times n$–Matrix A eine lineare Abbildung $f_A : \mathbb{R}^n \to \mathbb{R}^m$ und die $k \times \ell$–Matrix B eine lineare Abbildung $f_B : \mathbb{R}^\ell \to \mathbb{R}^k$ definieren. Wir können aber $f_A \circ f_B$ nur bilden, wenn $\mathbb{R}^k = \mathbb{R}^n$, also $k = n$ gilt. Die entstehende Matrix AB ist dann eine $m \times \ell$–Matrix, was genau zur linearen Abbildung $f_A \circ f_B : \mathbb{R}^\ell \to \mathbb{R}^m$ passt.

Es gilt also der erwartete Satz.

Theorem 7.4.28 (Matrixdarstellung linearer Abbildungen).   **7.4.28**

(i)   Eine Abbildung $f : \mathbb{R}^n \to \mathbb{R}^m$ ist genau dann eine lineare Abbildung, wenn eine Matrix $M_f \in M_{m,n}(\mathbb{R})$ existiert mit $f(x) = M_f x$ für alle $x \in \mathbb{R}^n$.

(ii)   Sind zwei lineare Abbildungen $f : \mathbb{R}^n \to \mathbb{R}^m$ und $g : \mathbb{R}^m \to \mathbb{R}^k$ gegeben, so ist die Abbildung $g \circ f$ ebenfalls linear und wird durch die Matrix $M_g M_f \in M_{k,n}(\mathbb{R})$ dargestellt.

Beweis. Dass jede lineare Abbildung $\mathbb{R}^n \to \mathbb{R}^m$ durch eine Matrix   **7.4.28** dargestellt werden kann, ist in der obigen Diskussion bereits bewiesen worden. Der Rest des Beweises ist vollkommen analog zum Beweis von Theorem 7.2.66; man muss nur alle Vektoren und Matrizen auf n bzw. m bzw. k Komponenten ausdehnen und die Standardbasis $\{e_1, \ldots, e_n\}$ verwenden. $\square$

Aufgabe 7.4.29. Führen Sie den Beweis von Theorem 7.4.28 explizit aus.

Auch im $\mathbb{R}^n$ kann man der Matrix M_f die Bijektivität einer linearen Abbildung $f : \mathbb{R}^n \to \mathbb{R}^n$ ansehen, denn wieder gilt, dass f genau dann bijektiv ist, wenn $\det M_f \neq 0$ gilt. Auch die anderen Beobachtungen, die wir im Zusammenhang mit der Determinante von 3×3–Matrizen gemacht haben, verallgemeinern sich. So ist das Volumen eines n–Simplex $\mathrm{vol}(\sigma_n) = \frac{1}{n!} |\det M|$, wenn M die Matrix ist, in deren i-ter Spalte der Vektor $P_i - P_0$ steht, und das Volumen eines n-dimensionalen Hyperwürfels wird durch Abbilden mit f um $|\det M_f|$ skaliert (vergleichen Sie Beispiel 7.3.89). Die Definition der Determinante von $n \times n$–Matrizen und der Beweis der obigen Tatsachen gehen allerdings über den Stoff dieses Buches hinaus.

Wir haben gesehen, dass wir ausgehend von geometrischen Objekten in der Ebene ohne gröbere Anstrengungen über den dreidimensionalen Raum in das n–Dimensionale vorstoßen konnten. Die meisten geometrischen Objekte und Größen konnten wir dabei ganz einfach verallgemeinern. Auch den Umgang mit den strukturerhaltenden Abbildungen, den linearen Abbildungen, haben wir mit Hilfe der Matrizen bewerkstelligt. Was noch bleibt, ist eine letzte Beobachtung und die Vorbereitung eines weiteren Verallgemeinerungsschrittes, von dem ausgehend die Theorie in der Linearen Algebra weiterentwickelt werden wird.

Wenn wir die Abschnitte 7.2, 7.3 und 7.4 genauer betrachten, dann haben wir kaum jemals benötigt, dass die Zahlen λ reelle Zahlen sind[4]. Wir haben nur verwendet, dass die λ addiert, subtrahiert, multipliziert und dividiert werden können. Wir haben also verwendet, dass die λ aus einem *Körper* sind.

Außer in der expliziten Definition der Operationen $+$ und $\cdot$, der Standardbasis und dem inneren Produkt haben wir nirgendwo verwendet, dass die Elemente von $\mathbb{R}^n$ durch n–Tupel *reeller* Zahlen beschrieben werden können. Sonst haben wir überall nur die Rechenregeln aus Proposition 7.4.3 verwendet. Wir wollen also zuletzt den Ballast der reellen n–Tupel von uns werfen und die Eigenschaften, die wir in Proposition 7.4.3 hergeleitet haben, zur Definition erheben und so eine neue *algebraische Struktur* definieren.

7.4.30 **Definition 7.4.30 (Vektorraum).** Sei $\mathbb{K}$ ein Körper und $(V, +)$ eine abelsche Gruppe, auf der noch zusätzlich eine *Skalarmultiplikation* $\cdot : \mathbb{K} \times V \to V$ definiert ist mit den folgenden Eigenschaften:

(NG)   Es gilt $1x = x$.
(AG)   Für alle $x \in V$ und $\lambda, \mu \in \mathbb{K}$ finden wir $\lambda(\mu x) = (\lambda\mu)x$.
(DG$_1$)   Für $x, y \in V$ und $\lambda \in \mathbb{K}$ gilt $\lambda(x + y) = \lambda x + \lambda y$.
(DG$_2$)   Für alle $x \in V$ und $\lambda, \mu \in \mathbb{K}$ finden wir $(\lambda + \mu)x = \lambda x + \mu x$.

Dann nennen wir V einen *Vektorraum über dem (Skalaren)körper* $\mathbb{K}$ und bezeichnen die Elemente von V als *Vektoren*.

Ist der Körper $\mathbb{K} = \mathbb{R}$, so nennen wir V einen *reellen Vektorraum*, gilt $\mathbb{K} = \mathbb{C}$, dann ist V ein *komplexer Vektorraum*, und ist $\mathbb{K} = \mathbb{Z}_p$ oder

---

[4] abgesehen von den Begriffen Skalarprodukt, Norm und Metrik

ein anderer endlicher Körper, dann können wir sogar *endliche Vektorräume* definieren, das sind Vektorräume mit endlich vielen Elementen, die vor allem in der Kodierungstheorie und Kryptologie wichtige Anwendungen haben.

Mit diesen Bemerkungen beenden wir unseren Aufbau der mathematischen Grundlagen. Beginnend von den logischen Wurzeln der Mathematik haben wir aufgrund sorgfältiger Argumentation zunächst die Mengenlehre entdeckt, um mit ihrer Hilfe einerseits die Zahlenmengen mathematisch exakt zu definieren und andererseits die Grundlagen der mathematischen Strukturtheorie zu erschaffen. Schließlich haben wir beides zusammengenommen, um mathematische Modelle wirklicher Objekte zu beschreiben. Das hat uns zur mathematischen Ebene und dem mathematischen Raum geführt. Doch wir haben dort nicht haltgemacht, sondern haben danach die Fesseln unserer dreidimensionalen Anschauung abgeworfen und uns in das n–Dimensionale aufgemacht, wo wir schließlich beobachtet haben, dass $\mathbb{R}^2$, $\mathbb{R}^3$ und $\mathbb{R}^n$ nur wieder Spezialfälle einer allgemeineren algebraischen Struktur sind, der Vektorräume.

Das Studium von Vektorräumen ist die Grundaufgabe der Linearen Algebra, die neben der Analysis das zweite Standbein jeder mathematischen Grundausbildung darstellt. Historisch hat sie sich aus der analytischen Geometrie und der Lösungstheorie linearer Gleichungssysteme entwickelt. Beide diese Stränge führen auf den zentralen Begriff des Vektorraums und natürlich zu den strukturerhaltenden Abbildungen zwischen Vektorräumen, den linearen Abbildungen. In der Linearen Algebra werden diese gemeinsam studiert, was — wie wir gesehen haben — das Studium von Matrizen mit einschließt und zu einer mächtigen Theorie mit vielfältigen Anwendungen innerhalb der Mathematik aber auch in den Natur- und Wirtschaftswissenschaften führt.

Dementsprechend ist die Lehrbuchliteratur in Linearer Algebra genauso überbordend wie in der Analysis. Ein einfaches Einführungsbuch mit vielen konkreten Beispielen ist etwa ANTON [5]. Die theoretischen Aspekte findet man z.B. in FISCHER [29], JÄNICH [47] zwei deutschsprachigen Klassikern oder in dem englischen Standardtext STRANG [67]. Ein fortgeschrittener Text ist etwa OELJEKLAUS & REMMERT [60].

Jetzt ist es an der Zeit, weiteres Neuland zu entdecken und zu erkunden, was Generationen von MathematikerInnen aus den hier präsentierten Prinzipien geschaffen haben. Wir hoffen, dass Ihnen dieser Streifzug durch die Grundlagen der modernen Mathematik ein wenig Freude bereitet hat, und wünschen allen LeserInnen viel Vergnügen mit all den Theorien, Strukturen und Anwendungen, die es noch in den Tiefen und Weiten der Mathematik zu entdecken gibt.

Literaturverzeichnis

[1] M. Aigner. *Diskrete Mathematik.* Vieweg, Wiesbaden, Braunschweig, 2006.

[2] M. Aigner und G.M. Ziegler. *Das BUCH der Beweise.* 4.Auflage, Springer, Berlin, 2014.

[3] Ş. Alaca und K.S. Williams. *Introductory algebraic number theory.* Cambridge University Press, 2010.

[4] H. Amann und J. Escher. *Analysis. I–III.* Birkhäuser, Basel, 2006–2009.

[5] H. Anton. *Lineare Algebra. Einführung, Grundlagen, Übungen.* Spektrum Lehrbuch. Spektrum Akademischer Verlag, Heidelberg, 1998.

[6] T. Arens, F. Hettlich, C. Karpfinger, U. Kockelkorn, K. Lichtenegger, und H. Stachel. *Mathematik.* Springer-Verlag, 2015.

[7] J.C. Baez. The octonions. *Bull. Amer. Math. Soc.*, 39:145–206, 2002.

[8] J.C. Baez. The octonions, errata. *Bull. Amer. Math. Soc.*, 42: 213, 2005.

[9] E. Behrends. *Analysis, Band 1; Ein Lehrbuch für den sanften Wechsel von der Schule zur Uni.* 6. Auflage, Vieweg, Braunschweig, Wiesbaden, 2014.

[10] A. Beutelspacher. *Das ist o.B.d.A. trivial.* 9. Auflage, Vieweg, Braunschweig, Wiesbaden, 2009.

[11] A. Beutelspacher, T. Schwarzpaul, und H.B. Neumann. *Kryptografie in Theorie und Praxis.* Vieweg+Teubner, Wiesbaden, 2005.

© Springer-Verlag GmbH Deutschland, ein Teil von Springer Nature 2018
H. Schichl, R. Steinbauer, *Einführung in das mathematische Arbeiten*,
https://doi.org/10.1007/978-3-662-56806-4_8

[12] E. Bishop. *Foundations of constructive analysis*. McGraw–Hill, New York, 1967.

[13] E.D. Bloch. *Proofs and fundamentals: a first course in abstract mathematics*. Birkhäuser, Basel, 2000.

[14] R. Bott und J. Milnor. On the parallelizability of the spheres. *Bull. Amer. Math. Soc.*, 64:87–89, 1958.

[15] P. Bundschuh. *Einführung in die Zahlentheorie*. 6. Auflage, Springer, Berlin, 2010.

[16] P.J. Cameron. *Combinatorics: topics, techniques, algorithms*. Cambridge University Press, 1994.

[17] G. Cantor. Ueber eine Eigenschaft des Inbegriffs aller reellen algebraischen Zahlen. *Crelle's Journal*, 77:258–263, 1873.

[18] G. Cantor. Über unendliche lineare Punktmannichfaltigkeiten 1-6. *Mathematische Annalen*, 16-21, 1879–1884.

[19] G. Cantor. Beitrage zur Begründung der transfiniten Mengenlehre. Art. I. *Mathematische Annalen*, 46(4):481–512, 1895.

[20] J. Cigler und H.C. Reichel. *Topologie*. B.I. Hochschultaschenbücher, Mannheim, Wien, Zürich, 1987.

[21] R. Descartes. *Discours de la méthode pour bien conduire sa raison et chercher la véritè dans les sciences*. Ian Maire, Leyde, 1637.

[22] P. Deuflhard und A. Hohmann. *Numerische Mathematik 1: Eine algorithmisch orientierte Einführung*. de Gruyter, Berlin, New York, 4 ed., 2008.

[23] J. Dieudonne. *Grundzüge der modernen Analysis, I–IX*. Vieweg, Wiesbaden, Braunschweig, ab 1960.

[24] H.D. Ebbinghaus, J. Flum, und W. Thomas. *Einführung in die mathematische Logik*. Wissenschaftliche Buchgesellschaft, Darmstadt, 1978.

[25] P.J. Eccles. *An Introduction to Mathematical Reasoning: numbers, sets, and functions*. Cambridge University Press, 1997.

[26] Leonhard Euler. *Introductio in analysin infinitorum*. MM Bousquet, 1748.

[27] D. Everett. Cultural constraints on grammar and cognition in Pirahã: Another look at the design features of human language. *Current Anthropology*, 46 (4):621–646, 2005.

[28] G. Exoo. A Euclidean Ramsey problem. *Discrete Computational Geometry*, 29:223–227, 2003.

[29] G. Fischer. *Lineare Algebra. (Eine Einführung für Studienanfänger).* 18. Auflage, Vieweg Studium: Grundkurs Mathematik. Vieweg, Wiesbaden, 2013.

[30] O. Forster. *Analysis. Bd 1-3.* Vieweg, Wiesbaden, Braunschweig, 2008.

[31] A. Fraenkel. Zu den Grundlagen der Cantor-Zermeloschen Mengenlehre. *Mathematische Annalen,* 86(3):230–237, 1922.

[32] R.W. Freund und R.H.W. Hoppe. *Stoer/Bulirsch: Numerische Mathematik 1.* Springer-Lehrbuch. Springer, Berlin, 10 ed., 2007.

[33] M. Gardner. Mathematical games. *Scientific American,* 237:18–28, November 1977.

[34] K. Gödel. Über formal unentscheidbare Sätze der Principia Mathematica und verwandter Systeme I. *Monatshefte für Mathematik,* 38(1):173–198, 1931.

[35] R.L. Graham, D.E. Knuth, und O. Patashnik. *Concrete mathematics: a foundation for computer science.* Addison-Wesley, Boston, MA, USA, 1994.

[36] R.L. Graham und B.L. Rothschild. Ramsey's theorem for n-parameter sets. *Transactions of the American Mathematical Society,* 159:257–292, 1971.

[37] P.R. Halmos und W. Hintzsche. *Wie schreibt man mathematische Texte.* Teubner, Stuttgart, 1977.

[38] W.R. Hamilton. On a new species of imaginary quantities connected with a theory of quaternions. In *Proceedings of the Royal Irish Academy,* vol. 2, pp. 424–434, 1844.

[39] G.H. Hardy und E.M. Wright. *An introduction to the theory of numbers. Edited and revised by D. R. Heath-Brown and J. H. Silverman. With a foreword by Andrew Wiles. 6th ed.* Oxford: Oxford University Press, 6th ed. ed., 2008. ISBN 978-0-19-921986-5/pbk; 978-0-19-921985-8/hbk.

[40] H. Hermes. *Einführung in die mathematische Logik: klassische Prädikatenlogik.* Teubner, Stuttgart, 5 ed., 1991.

[41] H. Heuser. *Lehrbuch der Analysis 1 und 2.* 17. Auflage, Vieweg+Teubner, Stuttgart, 2009.

[42] N.J. Higham. *Handbook of writing for the mathematical sciences.* Society for Industrial Mathematics, 1998.

[43] E. Hlawka, J. Schoissengeier, und R. Taschner. *Geometrische und analytische Zahlentheorie.* Manzsche Verlags- und Universitäts-buchhandlung, Wien, 1986.

[44] A. Hurwitz. Über die Composition der quadratischen Formen von beliebig vielen Variabeln. *Nachr. Ges. Wiss. Göttingen,* pp. 309–316, 1898.

[45] K.F. Ireland und M. Rosen. *A classical introduction to modern number theory.* Springer, New York, 1990.

[46] K. Jacobs und D. Jungnickel. *Einführung in die Kombinatorik.* Walter de Gruyter, Berlin, 2004.

[47] K. Jänich. *Lineare Algebra. 11. Auflage.* Springer-Lehrbuch. Springer, Berlin, 2008.

[48] J.C. Jantzen und J. Schwermer. *Algebra.* Springer-Lehrbuch. 2. Auflage, Springer, Berlin, 2013.

[49] J. Kallrath. *Modeling languages in mathematical optimization.* Kluwer Academic Publishers, Dordrecht, 2004.

[50] A Kemnitz. *Mathematik zum Studienbeginn.* Vieweg, Wiesbaden, Braunschweig, 4 ed., 2001.

[51] M.A. Kervaire. Non-parallelizability of the n-sphere for $n > 7$. *Proc. of the National Academy of Sciences of the USA,* 44(3):280, 1958.

[52] D.E. Knuth. *The Art of Computer Programming Volumes 1-3 Boxed Set.* Addison-Wesley, Boston, MA, USA, 1998.

[53] D.E. Knuth, T. Larrabee, und P.M. Roberts. *Mathematical writing.* The Mathematical Association of America, Washington, USA, 1989.

[54] S.G. Krantz. *A primer of mathematical writing.* American Mathematical Society, Providence, RI, USA, 1997.

[55] D. Meschede und H. Vogel. *Gerthsen Physik.* 25. Auflage, Springer, Berlin, 2015.

[56] A.F. Monna und D. van Dalen. *Sets and Integration: An Outline of the Development.* Wolters-Noordhoff, 1972.

[57] J. Neukirch. *Algebraische Zahlentheorie.* Springer Verlag, Berlin, 2006.

[58] A. Neumaier. *Introduction to numerical analysis.* Cambridge Univ Press, 2001.

[59] J.J O'Connor und E.F. Robertson. A history of set theory, 1996. URL http://www-groups.dcs.st-and.ac.uk/~history/ HistTopics/Beginnings_of_set_theory.html.

[60] E. Oeljeklaus und R. Remmert. *Lineare Algebra. I.*, vol. Band 150 of *Heidelberger Taschenbücher.* Springer, Berlin, 1974.

[61] W. Rautenberg. *Einführung in die mathematische Logik: Ein Lehrbuch.* 3. Auflage, Vieweg+Teubner, Wiesbaden, 2008.

[62] R. Remmert und G. Schumacher. *Funktionentheorie 1.* Springer Verlag, Berlin, 2001.

[63] P. Ribenboim. *Meine Zahlen, meine Freunde: Vorlesungen zur Zahlentheorie.* Springer, Berlin, 2009.

[64] R.L. Rivest, A. Shamir, und L.M. Adelman. A method for obtaining digital signatures and public-key cryptosystems. Research Report MIT/LCS/TM-82, MIT, 1977.

[65] J.K. Rowling. *Harry Potter und der Stein der Weisen.* Carlsen, Hamburg-Ottensen, 1999.

[66] G. Scheja und U. Storch. *Lehrbuch der Algebra.* Teubner Verlag, Stuttgart, 1988.

[67] G. Strang. *Introduction to linear algebra.* Wellesley-Cambridge Press, Wellesley, MA, USA, 5th ed., 2016.

[68] D. van Dalen, H.C. Doets, und H. de Swart. *Sets: Naive, Axiomatic and Applied.* International Series in Pure and Applied Mathematics. Pergammon Press, 1978.

[69] C. von Dresky, I. Gasser, S. Günzel, und C.P. Ortlieb. *Mathematische Modellierung: Eine Einführung in zwölf Fallstudien.* Teubner BG GmbH, Wiesbaden, 2009.

[70] C. Wessel. Om diretioneus analytiske Betegning et Forsög anwendt foremelig til plane of sphaeriske Polygoners Oplössing. *Danske Selsk. Skr. N. Sarml*, 5:55–66, 1797.

[71] A.N. Whitehead und B. Russel. *Principia mathematica. v. 1, 2 e 3*, vol. 1–3. Cambridge University Press, 1910.

[72] F. Wiedijk. Estimating the cost of a standard library for a mathematical proof checker, 2001. URL http://www.cs.ru.nl/ ~freek/notes/mathstdlib2.pdf.

[73] F. Wiedijk. Nine formal proof sketches, 2005. URL http://www. cs.ru.nl/~freek/notes/sketches1.pdf.

[74] E. Zermelo. Untersuchungen über die Grundlagen der Mengen-lehre. I. *Mathematische Annalen*, 65(2):261–281, 1908.

Englische Phrasen

In der englischsprachigen mathematischen Literatur sind, wie auch in der deutschsprachigen, viele Standardformulierungen verbreitet. Im Folgenden werden wir einige dieser Phrasen aufzählen, gruppiert entsprechend den grauen Boxen, in denen wir ihre deutschen Pendants vorgestellt haben.

Einige Grundregeln der englischen mathematischen Sprache wollen wir dabei voranstellen. Die Verwendung bestimmter (**the**) und unbestimmter Artikel (**a** und **an**) im Englischen unterliegt denselben Richtlinien wie im Deutschen; die auf Seite 120 vorgestellten Regeln gelten analog. Auch das Wort "or" steht ohne weitere Zusätze für ein einschließendes Oder; ausschließendes Oder wird mit "either... or" formuliert. Außerdem sind natürlich auch im Englischen die Hinweise von Seite 105 zu beachten, dass überschaubar, klar und in vollständigen Sätzen geschrieben werden sollte. Wie im Deutschen werden mathematische Teile von Texten im Präsens (*simple present tense*) formuliert.

Am Häufigsten benötigt man im mathematischen Teil einer englischen Arbeit Implikationen, und daher gibt es viele gebräuchliche Formulierungen (vgl. Seite 3.2.2.1):

> **then**; (from this) **it follows** (that); (then) **we have**; **let... then**; this **implies**; **let... be satisfied, then**; **then... is true**; **assuming... we obtain (get)**;

Öfters taucht auch die Formulierung

> **unless** x **we have** y

© Springer-Verlag GmbH Deutschland, ein Teil von Springer Nature 2018
H. Schichl, R. Steinbauer, *Einführung in das mathematische Arbeiten*,
https://doi.org/10.1007/978-3-662-56806-4_9

auf, die soviel bedeutet wie: $\neg x \implies y$, und analog zum Deutschen gibt es auch **if** p **then** q (wenn p dann q) und q **only if** p (q nur dann, wenn p).

Auch für Äquivalenzen haben sich einige Standardformulierungen eingebürgert (siehe Seite 90):

> this is **equivalent** to; this is **the equivalent** of; this is **tantamount** to; the two statements **follow from each other**; this is a **necessary and sufficient condition** for; this is **necessary and sufficient** for; **if and only if** …; **it follows, that**…**and conversely**; **it follows, that**…**and vice versa**; p **is a necessary and sufficient criterion for** q; p **characterizes** q.

Zusätzlich wird auch das das kurze Kunstwort **iff** sehr häufig verwendet — etwa wie in „x iff y", was mit „x gilt genau dann, wenn y" zu übersetzen wäre.

Neben Implikationen und Äquivalenzen sind Formulierungsvarianten für All- und Existenzaussagen sehr wichtig. Für erstere zitieren wir wieder das Beispiel „$\forall x \in M$:" von Seite 95. Dafür stehen in der englischen Literatur etwa:

- For all x in M…
- For any x in M…
- For every x in M…
- For an arbitrary x in M…
- For x in M arbitrary…
- If $x \in M$, then…
- Every element (x) of M satisfies…
- The elements of M satisfy…
- Let $x \in M$ be arbitrary. Then…

Die letzte Formulierung unterscheidet sich semantisch ein wenig von den vorhergehenden, da sie das x für kommende (Beweis)Schritte einführt.

Will man die Allaussage auf mehrere Variable auf einmal anwenden, so setzt man für das deutsche Wort „je" im Englischen "any" wie in

> Any two distinct points in the plane determine a unique line.

Als weitere Beispiele mögen auch die Übersetzungen der letzten beiden Sätze in der grauen Box von Seite 95 dienen:

- All bijective functions are invertible.
- For every bijective function f there exists the inverse function, which we will denote by f^{-1}.

Natürlich werden auch für Existenzaussagen (vergleiche die graue Box auf Seite 98) verschiedenste Phrasen verwendet:

- There is an $x \in M$ with...
- There exists an $x \in M$ with...
- Every monotone bounded sequence of real numbers has a cluster point.
- $\log x \leq x$ for suitable x.
- In general $x^2 + x + 41$ is not a prime number.

Für Eindeutigkeitsaussagen ist es in der englischen Literatur üblich, das Wort "unique" einzusetzen: $\exists! v \in V : \alpha(v)$ würde etwa mit

There is a unique v in V satisfying α of v.

Wichtig sind auch noch Kombinationen von Quantoren. Dabei enthält die literatische Form für $\exists\,\forall$–Kombinationen in der englischen Fachliteratur oft die Worte "independent of the choice" wie in

The value of $y = f(x)$ is independent of the choice of x.

Weil Beweise, wie wir schon beobachtet haben, aus Ketten von Schlussfolgerungen bestehen, sind auch in der englischen Literatur die weitaus vielfältigsten Phrasen für Folgerungen (vgl. Seite 110) gebräuchlich. Zusätzlich zu den Formulierungen für Implikationen von Seite 485 sind dabei üblich:

so; **thus**; **hence**; **therefore**; **from this we get**; **because of**; that **means** that; **bearing in mind** that; that **results in**; that **yields**; **yielding**; **as a consequence** it is true that; **consequently**; **as a special case** we get; **especially**; we can **conclude** that; we **see** that; that **implies**; **in particular**; **particularly**; this can be **written** as; **reformulating** we obtain (get); in other **words**; it **shows** that...

und auch für den Hinweis auf Zusammenhänge und verwendete Resultate (vgl. Seite 110) gibt es englische Standardphrasen:

> by **assumption**; **because of** Theorem 4.17; **considering** the theory of the...; **since** V is finite dimensional; from the **definition** ensues; Corollary 5.9 **yields**; **using** equation (49) we find; **by definition** we obtain; **by construction** it is true that; **by** Lemma 3.5; **because** f is continuous...

Schließlich lässt sich noch der zeitliche Aufwand beschreiben (vgl. Seite 111):

> by **simple calculation**; **looking closely**; as can be **easily seen**; **obviously**; **evidently**; by **technical and not interesting estimation**; by **trivial but tedious calculation**; **trivialy**; by **arduous** work; by **checking the truth tables**;...

Die häufig angetroffene Phrase "it holds that" wird ebenfalls zur Formulierung von Implikationen verwendet. Sie ist allerdings ein Germanismus und ist in selbst erstellten Formulierungen zu vermeiden.

Wie auch in deutschen Texten sollten Beweise gegliedert werden. Zwischenabschnitte werden dabei meist mit Sätzen wie

> **First we need to show**...; **The second step in the proof is**...; **We claim that**...;

begonnen. Natürlich sollte auch das Ende eines Beweises gekennzeichnet werden. In der neueren englischen Literatur ist das Beweisabschlusszeichen □ üblich, aber es werden auch folgende typische Formulierungen verwendet (vgl. Seite 19) (diese Phrasen sind auch für mündliche Vorträge sehr wichtig, da in diesen das Beweisabschlusszeichen nicht eingesetzt werden kann):

> **now everything is proved (shown, derived, etc.)**;
> **which/what had to be proved (shown, derived, etc.)**;
> **which/what needed to be proved (shown, derived, etc.)**;
> **which/what was claimed**;
> **this completes the proof.**

Schließlich sollten Sie, ganz analog zu deutschen Texten (siehe Seite 104), bei der Textanalyse besonders sorgfältig an Stellen aufpassen, wo sie die Wörter **clear, obviously, evidently** oder verwandte Phrasen wie „**it is absolutely clear that**" lesen.

Wir hoffen, mit dieser Zusammenstellung und den englischen Begriffen auf den Seiten 490ff. den Leserinnen und Lesern unseres Buches die ersten Schritte auf dem Weg in die englische Vortragswelt zu erleichtern. Auf dass sie ihr Publikum gut informieren und unterhalten mögen! — Wenn Sie sich die Phrasen einprägen, werden Sie jedenfalls gekonnter präsentieren als ein Vortragender unlängst auf einem Kongress: 25 Minuten Umblättern von Overhead–Folien, begleitet von wohlplatzierten „This!" und „That!", ergänzt durch das eine oder andere beiläufig eingestreute „Have", viel Gestikulieren und aufgeregtes Zeigen auf endlose Gleichungsketten mit einem langen Bambusstab erwiesen sich als ungenügend, den Zuhörern den Gehalt seiner Arbeit zu vermitteln.

Deutsch — Englisch

A

Abbildung: map, mapping
  Deck—: congruence transformation
  Einschränkung einer —: restriction of a map
  Erweiterung einer —: extension of a map
  Hintereinanderausführung von —en: composition of maps
  identische —: identity map
  inverse —: inverse map
  Komposition von —en: composition of maps
  lineare —: linear map
  Menge aller —en: set of all mappings
  Quotienten—: quotient map
  Verknüpfung von —en: composition of maps
abelsche Gruppe: Abelian group
abgeschlossen: closed
abgeschlossene Kreisscheibe: closed disk
abgeschlossene Kugel: closed ball
abgeschlossenes Intervall: closed interval
abgeschlossene (Voll)Kugel: closed ball
Absolutbetrag: absolute value
Abstand: distance
  euklidischer —: Euclidean distance
  Normal—: normal distance

abzählbar (unendlich): (countably) infinite, countable
Addition: addition
  komponentenweise —: componentwise addition
Addition mit Runden: addition with rounding
Addition von Restklassen: addition of congruence classes
additiv kommutativer Halbring: additive commutative semiring
adjungieren: adjoin
Aleph: aleph
Algebra: algebra
  boolesche —: Boolean algebra
  Lineare —: linear algebra
  normierte Divisions—: normed division algebra
  Schalt—: Boolean algebra
algebraisch abgeschlossen: algebraically closed
algebraische Strukturen: algebraic structure
algebraische Zahl: algebraic number
Algorithmus: algorithm
allgemeine lineare Gruppe: general linear group
allgemeiner Summand: summand
Allquantor: universal quantifier
Alternativgesetz: alternative law
Alternativkörper: alternative field
AND: AND

© Springer-Verlag GmbH Deutschland, ein Teil von Springer Nature 2018
H. Schichl, R. Steinbauer, *Einführung in das mathematische Arbeiten*,
https://doi.org/10.1007/978-3-662-56806-4_10

Anschauungsraum: three dimensional space
Antisymmetrie: antisymmetry
antisymmetrisch: antisymmetric
äquivalent: equivalent
äquivalente Bedingung: equivalent condition
Äquivalenz: equivalence
Äquivalenz: equivalence
Äquivalenzklasse: equivalence class
Äquivalenzrelation: equivalence relation
Äquivalenzumformung: equivalent rewriting
archimedische Eigenschaft: Archimedean property
Argument: argument
assoziativ: associative
Assoziativgesetz: associative law
auf: onto
Aussage: statement
ausschließendes Oder: exclusive or
Automorphismus: automorphism
Axiom: axiom

B

b-**adische Darstellung**: *b*-adic representation
baryzentrische Koordinaten: barycentric coordinates
Basis: basis
Begriff: concept, term
Behauptung: claim
Bemerkung: remark
Beobachtung: observation
Bereich
    Definitions–: domain, domain of definition
    Integritäts–: integral domain
    Werte–: range
    Ziel–: codomain
Bernoullische Ungleichung: Bernoulli's inequality
beschränkt: bounded
Betrag: absolute value
Beweis: proof
    direkter –: direct proof
    indirekter –: indirect proof
    Induktions–: proof by induction

technischer –: technical proof
beweisen: prove
Beweismethode: method of proof
Bewertungsfunktion: degree function, valuation map
bijektiv: bijective
Bild: image
    Ur–: inverse image, preimage
bilinear: bilinear
binäre Variable: binary variable
Binomialkoeffizient: binomial coefficient
binomischer Lehrsatz: binomial theorem
boolesche Algebra: Boolean algebra
boolescher Verband: Boolean lattice

C

Cartesisches Produkt: Cartesian product
Cayley–Dickson–Konstruktion: Cayley–Dickson construction
Cayley–Tafel: Cayley table
Cayley–Zahlen: Cayley numbers
charakterisieren: characterize

D

Deckabbildung: congruence transformation
Dedekindscher Schnitt: Dedekind cut
definieren: define
Definition: definition
Definition durch Fallunterscheidung: definition by cases
Definitionsbereich: domain, domain of definition
Definitionsmenge: domain
definitorisches Gleichheitszeichen: defining equality sign
Determinante: determinant
dicht: dense
Diedergruppe: dihedral group
Dioid: dioid
direkter Beweis: direct proof
disjunktive Normalform: disjunctive normal form
Distanz: distance
    euklidische –: Euclidean distance

Distributivgesetz: distributive law
Doppelkomplementsgesetz: involution law
Doppelnegationsgesetz: involution law
doppelte Verneinung: double negation
Dreieck: triangle
Dreiecksungleichung: triangle inequality
Dualitätsgesetz: duality law
Durchschnitt: intersection
Durchschnittsmenge: intersection

E

Ebene: plane
  Hyper–: hyperplane
  mathematische –: mathematical plane
Ebenengleichung: standard form of a plane
echte Teilmenge: proper subset
Eigenschaft: property
einbetten: embed
Einbettung: embedding
eindeutig: unique
eindeutige Funktion: one-to-one function
eineindeutige Funktion: one-to-one correspondence
Einheit: unit
Einheitengruppe: group of units
Einheitsmatrix: unit matrix
Einheitsvektor: unit vector
einschließendes Oder: inclusive disjunction
Einschränkung einer Abbildung: restriction of a map
Einselement: identity
ein und nur ein: a unique, exactly one, one and only one
Element: element
endliche Menge: finite set
endlicher Körper: finite field
endlicher Vektorraum: finite vector space
Endomorphismus: endomorphism
Endpunkt: end point
entweder... oder: either... or

ererbt: inherited
Ergebnis: result
Erweiterung einer Abbildung: extension of a map
euklidische Distanz: Euclidean distance
euklidische Funktion: Euclidean function
euklidische Metrik: Euclidean metric
euklidische Norm: Euclidean norm
euklidischer Abstand: Euclidean distance
euklidischer Algorithmus: Euclidean algorithm
euklidischer Ring: Euclidean domain
Existenz: existence
Existenzquantor: existential quantifier
Existenz- und Eindeutigkeitsaussage: existence and uniqueness statement
exklusives Oder: exclusive disjunction

F

Faktorielle: factorial
Faktormenge: quotient set
Fakultät: factorial
Fall: case
Fallunterscheidung: case distinction, distinction of cases
Folgerung: corollary
Form: form
freie Variable: free variable
Fundamentalsatz: fundamental theorem, main theorem
Funktion: function
  Bewertungs–: degree function, valuation map
  eindeutige –: one-to-one function
  eineindeutige –: one-to-one correspondence
  euklidische –: Euclidean function
  Umkehr–: inverse function
  Wert einer –: function value
für alle: for all
für die gilt: for which, satisfying, with

G

Gaußsche Zahlen: Gaussian integers

Gegenbeispiel: counterexample
gemeinsamer Teiler: common divisor
genau ein: a unique, exactly one, one and only one
geordnete Menge: partially ordered set, poset
geordneter Körper: ordered field
geordnetes Paar: ordered pair
Gerade: line, straight line
Geradengleichung: standard form of a line
gerade Zahl: even number
geschlossene Darstellung: closed form
Gesetz
   Alternativ–: alternative law
   Assoziativ–: associative law
   Distributiv–: distributive law
   Doppelkomplements–: involution law
   Doppelnegations–: involution law
   Dualitäts–: duality law
   Idempotenz–: idempotence law
   Kommutativ–: commutative law
   Komplementaritäts–: complement law
   Neutralitäts–: identity law
   Verschmelzungs–: absorption law
Gesetze von De Morgan: de Morgan's laws
ggT: gcd
gleichmächtig: equinumerous, equipotent
gleich orientiert: equally oriented
Grad eines Polynoms: degree of a polynomial
Grahamsche Zahl: Graham's number
Graph: graph
großer Satz von Fermat: Fermat's Last Theorem
größter gemeinsamer Teiler: greatest common divisor
Grundmenge: basic set
Gruppe: group
   abelsche –: Abelian group
   allgemeine lineare –: general linear group
   Dieder–: dihedral group
   Einheiten–: group of units

Kleinsche Vierer–: Klein four-group
kleinste nicht abelsche –: smallest non-Abelian group
kleinste nicht zyklische –: smallest non-cyclic group
kommutative –: commutative group
Permutations–: permutation group
triviale –: trivial group
triviale Unter–: trivial subgroup
Unter–: subgroup
zyklische –: cyclic group
Gruppenaxiome: group axioms
Gruppenhomomorphismus: group homomorphism
Gruppenisomorphismus: group isomorphism
Gruppentheorie: group theory
Gruppoid: groupoid
Gruppoidhomomorphismus: groupoid homomorphism
Gruppoidisomorphismus: groupoid isomorphism

H
Halbgerade: half-line
Halbgruppe: semigroup
Halbgruppenhomomorphismus: semigroup homomorphism
Halbgruppenisomorphismus: semigroup isomorphism
halboffenes Intervall: half-open interval
Halbordnung: partial order (relation)
Halbring: semiring
Hauptsatz: fundamental theorem, main theorem
Hessesche Normalform (HNF): normal form of a line (plane, hyperplane)
Hierarchie von Strukturen: hierarchy of structures
Hilfssatz: lemma
hinreichend: sufficient
Hintereinanderausführung von Abbildungen: composition of maps
homogen: homogeneous

Homogenität: homogeneity
Homomorphismus: homomorphism
Hyperebene: hyperplane

I

idempotent: idempotent
Idempotenzgesetz: idempotence law
identifizieren: identify
identische Abbildung: identity map
Identität: identity
imaginäre Einheit: imaginary unit
Imaginärteil: imaginary part
Implikation: implication
Index: index
Indexmenge: index set
Indexverschiebung: index shift
indirekter Beweis: indirect proof
Induktionsanfang: basis (of induction), induction base
Induktionsannahme: induction hypothesis
Induktionsbeweis: proof by induction
Induktionsprinzip: induction principle
Induktionsschritt: inductive step
Induktionsvoraussetzung: induction hypothesis
induziert: induced
Infimum: infimum
injektiv: injective
inneres Produkt: inner product
    standard –: dot product, standard inner product, standard scalar product
Integritätsbereich: integral domain
Interpolationsbedingung: interpolation condition
interpolieren: interpolate
Intervall: interval
Inverse: inverse
inverse Abbildung: inverse map
inverse Matrix: matrix inverse
Inverses: inverse
inverses Element: (two-sided) inverse
invertierbar: invertible
irreduzibel: irreducible
isomorph: isomorphic
Isomorphismus: isomorphism

J

Jacobi–Identität: Jacobi identity

K

Kardinalität: cardinality
Kardinalzahl: cardinal, cardinal number
kartesische Koordinaten: Cartesian coordinates
Klasse: class
Kleinsche Vierergruppe: Klein four-group
kleinste nicht abelsche Gruppe: smallest non-Abelian group
kleinste nicht zyklische Gruppe: smallest non-cyclic group
Koeffizient einer Linearkombination: coefficient of a linear combination
Koeffizient eines Polynoms: coefficient of a polynomial
kollinear: collinear
Kombinatorik: combinatorics
kommutativ: commutative
kommutative Gruppe: commutative group
kommutativer Halbring: commutative semiring
kommutativer Ring: commutative ring
kommutativer Ring mit Einselement: commutative ring (with unit)
Kommutativgesetz: commutative law
Komplement: complement
Komplementaritätsgesetz: complement law
komplexer Vektorraum: complex vector space
komponentenweise Addition: componentwise addition
komponentenweise Multiplikation: componentwise multiplication
Komposition von Abbildungen: composition of maps
kongruent modulo: congruent modulo

Kongruenzklasse: congruence class, residue class
konjugiert komplexe Zahl: conjugate complex number
konjunktive Normalform: conjunctive normal form
Kontinuumshypothese: continuum hypothesis
Kontradiktion: contradiction
konvexe Linearkombination: convex (linear) combination
Konvexkombination: convex (linear) combination
Korollar: corollary
Körper: field
Körperaxiome: field axioms
Körperhomomorphismus: field homomorphism
Körperisomorphismus: field isomorphism
Kreis: circle, disk
Kreislinie: circle
Kreisscheibe: disk
Kreuzprodukt: cross product, vector product
Kriterium: criterion
Kronecker–Delta: Kronecker delta
Kronecker–Symbol: Kronecker symbol
Kugel: ball, sphere
Kugelfläche: sphere
Kürzungsregel: cancellation law

L

Lagrangesches Interpolationspolynom: Lagrange polynomial
Länge: length
Laufvariable: index variable
leere Menge: empty set
Lemma: lemma
lexikographische Ordnung: lexicographic order
linear: linear
linear abhängig: linearly dependent
lineare Abbildung: linear map
Lineare Algebra: linear algebra
lineare Ordnung: linear order
lineares Gleichungssystem: linear system (of equations)

Linearfaktor: linear factor
Linearkombination: linear combination
linear unabhängig: linearly independent
Linkseinselement: left identity
linksinverses Element: left inverse
linksneutrales Element: left identity
Linksnullteiler: left zero divisor
Linksteiler: left divisor
Logarithmus: logarithm

M

Mächtigkeit: cardinality
Mächtigkeit des Kontinuums: cardinality of the continuum
Magma: magma
Maßtheorie: measure theory
mathematische Ebene: mathematical plane
Mathematische Modellierung: mathematical modeling
mathematische Struktur: mathematical structure
Matrix: matrix
  Einheits–: unit matrix
  inverse –: matrix inverse
  Null–: zero matrix
  quadratische –: square matrix
  rechteckige –: rectangular matrix
Matrix–Vektor–Produkt: matrix–vector product
Maximum: maximum
Menge: set
Menge aller Abbildungen: set of all mappings
Menge der komplexen Zahlen: set of complex numbers
Menge der reellen Zahlen: set of real numbers
Mengenfamilie: collection of sets
Mengenklammern: braces, curly brackets
Mengenlehre nach Zermelo und Fraenkel: Zermelo-Fraenkel set theory
Mengensystem: collection of sets
Metrik: metric
  euklidische –: Euclidean metric

mindestens ein: at least one
Minimum: minimum
Mittelpunkt: center
Monoid: monoid
Monoidhomomorphismus: monoid
 homomorphism
Monoidisomorphismus: monoid
 isomorphism
monoton fallend: monotone
 decreasing
monoton wachsend: monotone
 increasing
Multiplikation: multiplication
 komponentenweise −: componentwise multiplication
 Skalar−: scalar multiplication
Multiplikation mit einem Skalar:
 scalar multiplication
Multiplikation mit Runden:
 multiplication with rounding
Multiplikation von Restklassen:
 multiplication of congruence
 classes
multiplikativ kommutativer
 Halbring: multiplicative
 commutative semiring

N
Nachfolger: successor
Nachfolgereigenschaft: successor
 property
nach oben beschränkt: bounded
 (from) above
nach unten beschränkt: bounded
 (from) below
NAND: NAND
natürliche Ordnung: natural order
n-dimensionaler Raum: n-
 dimensional space
n-dimensionaler Vektor: n-
 dimensional vector
Negation: negation
neutrales Element: neutral element
Neutralitätsgesetz: identity law
nicht vergleichbar: incomparable
Norm: norm
 euklidische −: Euclidean norm
Normalabstand: normal distance
Normalform

disjunktive −: disjunctive normal
 form
Hessesche − (HNF): normal form
 of a line (plane, hyperplane)
konjunktive −: conjunctive normal
 form
Normalvektor: normal vector
Normalvektorform: standard form of
 a (line, plane)
normierte Divisionsalgebra: normed
 division algebra
normierter Vektor: unit vector
notwendig: necessary
Nullelement: additive identity
Nullmatrix: zero matrix
Nullteiler: zero divisor
nullteilerfrei: without zero divisors

O
o.B.d.A.: w.l.o.g.
obere Grenze: upper bound
obere Schranke: upper bound
Obermenge: superset
Oder−Verknüpfung: disjunction
Oder−Verknüpfung: disjunction
offene Kreisscheibe: open disk
offene Kugel: open ball
offenes Intervall: open interval
offene (Voll)Kugel: open ball
ohne Beschränkung der All-
 gemeinheit: without loss of
 generality
Oktaven: octaves
Oktonionen: octonions
Operator: operator
OR: OR
Ordnung: order
 Halb−: partial order (relation)
 lexikographische −: lexicographic
 order
 lineare −: linear order
 natürliche −: natural order
 Total−: total order
 Zu−: mapping
Ordnungsaxiome: order axioms
Ordnungsrelation: partial order
 (relation)
ordnungsvollständig: order complete
orthogonal: orthogonal

P

parallel: parallel
Parallelschaltung: parallel connection
Parameterdarstellung: parametric
    form of a (line, plane, ray)
Partition: partition
Pascalsches Dreieck: Pascal's
    triangle
Peano-Axiome: Peano axioms
Permutation: permutation
Permutationsgruppe: permutation
    group
Pfeilnotation von Knuth: Knuth's
    arrow notation
Polarkoordinaten: polar coordinates
Polynom: polynomial
    Grad eines −s: degree of a
        polynomial
    Koeffizient eines −s: coefficient of
        a polynomial
    Lagrangesches Interpolations−:
        Lagrange polynomial
Polynomdivision: polynomial long
    division
positiv definit: positive definite
Potenzmenge: power set
Prädikat: predicate
Prädikatenlogik: predicate logic
prim: prime
Primelement: prime element
Primfaktorzerlegung: prime
    factorization
Primzahl: prime number
Prinzip der Allmächtigkeit:
    omnipotence principle
Prinzip der Allwissenheit:
    omniscience principle
Produkt: product
    Cartesisches −: Cartesian product
    Kreuz−: cross product, vector
        product
    Matrix−Vektor− −: matrix−vector
        product
    Teleskop−: telescope product
    Vektor−: cross product, vector
        product
Produkt Matrix mit Vektor:
    matrix−vector product
Produktmenge: set product

Produktzeichen: product sign
Proposition: proposition
Punkt: point
punktweise: pointwise

Q

quadratische Matrix: square matrix
Quaternionen: quaternions
Quotientenabbildung: quotient map
Quotientenmenge: quotient set

R

Radius: radius
Ramsey−Theorie: Ramsey theory
rationaler Schnitt: rational cut
Realteil: real part
rechteckige Matrix: rectangular
    matrix
Rechtseinselement: right identity
rechtsinverses Element: right inverse
rechtsneutrales Element: right
    identity
Rechtsnullteiler: right zero divisor
Rechtsteiler: right divisor
reeller Vektorraum: real vector space
reelle Zahlenfolge: real sequence
reflexiv: reflexive
rekursive Darstellung: recursive
    form
rekursive Definition: recursive
    definition
Relation: relation
    Äquivalenz−: equivalence relation
    Ordnungs−: partial order (relation)
relativ prim: coprime, relatively
    prime
Repräsentant: representative
Restklasse: congruence class, residue
    class
Richtungsvektor: direction vector
Ring: ring
    additiv kommutativer Halb−:
        additive commutative semiring
    euklidischer −: Euclidean domain
    Halb−: semiring
    kommutativer −: commutative ring
    kommutativer Halb−: commuta-
        tive semiring

kommutativer – mit Einselement: commutative ring (with unit)

multiplikativ kommutativer Halb–: multiplicative commutative semiring

Teil–: subring

trivialer –: trivial ring

Unter–: subring

Ringhomomorphismus: ring homomorphism

Ringisomorphismus: ring isomorphism

Ring mit Eins(element): ring with unit, unit ring

runden: round

Russellsche Antinomie: Russell's paradox

S

Satz: theorem

Schaltalgebra: Boolean algebra

Schiefkörper: skew field

Schlussfolgerung: conclusion

schneiden: intersect

Schnittpunkt: point of intersection

Seitenkante: edge

Serienschaltung: series connection

Signum: sign

Simplex: simplex

Skalar: scalar

Skalarmultiplikation: scalar multiplication

Skalarprodukt: scalar product

Standard–: dot product, standard inner product, standard scalar product

skalieren: scale

sonst: otherwise

Spaltenvektor: column vector

Spezialfall: special case

Sphäre: sphere

Standardbasis: standard basis

standard inneres Produkt: dot product, standard inner product, standard scalar product

Standardskalarprodukt: dot product, standard inner product, standard scalar product

Strahl: ray

Strecke: line segment

Struktur: structure

Summationsindex: index of summation

Summe: sum

Summenzeichen: summation sign

Supremum: supremum

Supremums–Eigenschaft: supremum property

surjektiv: surjective

Symmetrie: symmetry

symmetrisch: symmetric

symmetrische Differenz: symmetric difference

T

Tautologie: tautology

technischer Beweis: technical proof

teilbar: divisible

Teilbarkeit: divisibility

teilen: divide

Teiler: divisor

teilerfremd: coprime, relatively prime

Teilkörper: subfield

Teilmenge: subset

Teilring: subring

Teilstruktur: substructure

Teleskopprodukt: telescope product

Teleskopsumme: telescope sum

Tetraeder: tetrahedron

Theorem: theorem

totalgeordnete Menge: chain, linearly ordered set

Totalordnung: total order

Transformation: transformation

transitiv: transitive

Translation: translation

transzendente Zahl: transcendental number

trivial: trivial

triviale Gruppe: trivial group

trivialer Ring: trivial ring

trivialer Teiler: trivial divisor

triviale Teilmenge: trivial subset

triviale Untergruppe: trivial subgroup

U

überabzählbar: uncountable
überdecken: cover
Umkehrfunktion: inverse function
unabhängig: independent
unbestimmter Ansatz: ansatz
Und–Verknüpfung: conjunction
unendlich: infinite
unendliche Menge: infinite set
unendliche Reihe: infinite series
unendliches Intervall: unbounded
    interval
ungerade Zahl: odd number
Universalmenge: universal set
untere Grenze: lower bound
untere Schranke: lower bound
Untergruppe: subgroup
Unterkörper: subfield
Unterring: subring
Unvollständigkeitssatz: Incomplete-
    ness Theorem
Urbild: inverse image, preimage
Ursprung: origin

V

Vektor: vector
    Einheits–: unit vector
    n**-dimensionaler –**: n-dimensional
        vector
    Normal–: normal vector
    normierter –: unit vector
    Produkt Matrix mit –: matrix–
        vector product
    Richtungs–: direction vector
    Spalten–: column vector
    Zeilen–: row vector
Vektorprodukt: cross product, vector
    product
Vektorraum: vector space
    endlicher –: finite vector space
    komplexer –: complex vector space
    reeller –: real vector space
Venn-Diagramm: Venn diagram
verallgemeinern: generalize
Vereinigung: union
Vereinigungsmenge: union
vergleichbar: comparable
Verknüpfung: operation

Verknüpfungstabelle: multiplication
    table
Verknüpfung von Abbildungen:
    composition of maps
Vermutung: conjecture
Verschmelzungsgesetz: absorption
    law
verträglich: compatible
Vollkugel: ball
vollständige Induktion: induction,
    mathematical induction
Voraussetzung: assumption, premise
Vorzeichen: sign

W

Wahrheitstafel: truth table
Wert: value
Wertebereich: range
Wert einer Funktion: function value
Widerspruch: contradiction
windschief: skew
wohldefiniert: well-defined
wohlgeordnet: well-ordered

X

XOR: XOR

Z

Zahl
    algebraische –: algebraic number
    Cayley– –en: Cayley numbers
    Gaußsche –en: Gaussian integers
    gerade –: even number
    Grahamsche –: Graham's number
    Kardinal–: cardinal, cardinal
        number
    konjugiert komplexe –: conjugate
        complex number
    Menge der komplexen –en: set of
        complex numbers
    Menge der reellen –en: set of real
        numbers
    Prim–: prime number
    reelle –enfolge: real sequence
    transzendente –: transcendental
        number
    ungerade –: odd number
Zahlengerade: real line
Zahlentheorie: number theory

Zeilenvektor: row vector
Zermelo–Fraenkel–Mengenlehre:
  Zermelo-Fraenkel set theory
Zielbereich: codomain
Zielmenge: codomain

Zirkelschluss: circular argument,
  circular reasoning

Zuordnung: mapping

zyklische Gruppe: cyclic group

Englisch — Deutsch

A

Abelian group: abelsche Gruppe; *224*

absolute value: Absolutbetrag, Betrag; *328, 350*

absorption law: Verschmelzungsgesetz; *73, 140*

addition: Addition; *414, 464*

    componentwise –: komponentenweise Addition; *368, 371*

addition of congruence classes: Addition von Restklassen; *202*

addition with rounding: Addition mit Runden; *199*

additive commutative semiring: additiv kommutativer Halbring; *241*

additive identity: Nullelement; *213*

adjoin: adjungieren; *217*

aleph: Aleph; *184*

algebra: Algebra; *193, 195*

    Boolean –: Schaltalgebra, boolesche Algebra; *66, 74*

    linear –: Lineare Algebra; *423*

    normed division –: normierte Divisionsalgebra; *362*

algebraically closed: algebraisch abgeschlossen; *355*

algebraic number: algebraische Zahl; *328*

algebraic structure: algebraische Strukturen; *200*

algorithm: Algorithmus; *195*

alternative field: Alternativkörper; *362*

alternative law: Alternativgesetz; *362*

AND: AND; *67*

ansatz: unbestimmter Ansatz; *353*

antisymmetric: antisymmetrisch; *155*

antisymmetry: Antisymmetrie; *438*

Archimedean property: archimedische Eigenschaft; *324*

argument: Argument; *350*

associative: assoziativ; *211*

associative law: Assoziativgesetz; *73, 140, 176, 211*

assumption: Voraussetzung; *81*

at least one: mindestens ein; *97*

a unique: genau ein, ein und nur ein; *97*

automorphism: Automorphismus; *234*

axiom: Axiom; *18, 77, 188*

B

b-adic representation: *b*–adische Darstellung; *291*

ball: Kugel, Vollkugel; *446*

barycentric coordinates: baryzentrische Koordinaten; *390*

basic set: Grundmenge; *200*

basis: Basis; *291*

basis (of induction): Induktionsanfang; *46*

Bernoulli's inequality: Bernoullische Ungleichung; *51*

© Springer-Verlag GmbH Deutschland, ein Teil von Springer Nature 2018
H. Schichl, R. Steinbauer, *Einführung in das mathematische Arbeiten*,
https://doi.org/10.1007/978-3-662-56806-4_11

composition of maps: Verknüpfung von Abbildungen, Hintereinanderausführung von Abbildungen, Komposition von Abbildungen; *175*

concept: Begriff; *200*

conclusion: Schlussfolgerung; *103*

congruence class: Restklasse, Kongruenzklasse; *155*

congruence transformation: Deckabbildung; *226*

congruent modulo: kongruent modulo; *153*

conjecture: Vermutung; *24*

conjugate complex number: konjugiert komplexe Zahl; *351*

conjunction: Und–Verknüpfung; *67, 78*

conjunctive normal form: konjunktive Normalform; *72*

continuum hypothesis: Kontinuumshypothese; *187*

contradiction: Kontradiktion, Widerspruch; *93*

convex (linear) combination: konvexe Linearkombination, Konvexkombination; *389*

coprime: relativ prim, teilerfremd; *255, 260*

corollary: Korollar, Folgerung; *23*

countable: abzählbar (unendlich); *184*

(countably) infinite: abzählbar (unendlich); *184*

counterexample: Gegenbeispiel; *97*

cover: überdecken; *151*

criterion: Kriterium; *23, 90*

cross product: Kreuzprodukt, Vektorprodukt; *437*

curly brackets: Mengenklammern; *125*

cyclic group: zyklische Gruppe; *228*

D

Dedekind cut: Dedekindscher Schnitt; *332*

define: definieren; *34*

defining equality sign: definitorisches Gleichheitszeichen; *34*

definition: Definition; *20*

definition by cases: Definition durch Fallunterscheidung; *28*

degree function: Bewertungsfunktion; *261*

degree of a polynomial: Grad eines Polynoms; *242*

de Morgan's laws: Gesetze von De Morgan; *73, 140*

dense: dicht; *324*

determinant: Determinante; *222, 412, 452*

dihedral group: Diedergruppe; *228*

dioid: Dioid; *241*

direction vector: Richtungsvektor; *381, 417, 420, 465*

direct proof: direkter Beweis; *20, 86*

disjunction: Oder–Verknüpfung, Oder–Verknüpfung; *68, 77*

disjunctive normal form: disjunktive Normalform; *71*

disk: Kreis, Kreisscheibe; *402*

distance: Abstand, Distanz; *328, 430*

Euclidean –: euklidischer Abstand, euklidische Distanz; *386, 430, 467*

normal –: Normalabstand; *397, 441*

distinction of cases: Fallunterscheidung; *27*

distributive law: Distributivgesetz; *73, 140, 240*

divide: teilen; *17, 247*

divisibility: Teilbarkeit; *17*

divisible: teilbar; *17*

divisor: Teiler; *17, 247, 248*

domain: Definitionsmenge, Definitionsbereich; *160, 163*

co–: Zielmenge, Zielbereich; *160, 163*

Euclidean –: euklidischer Ring; *261*

integral –: Integritätsbereich; *249*

domain of definition: Definitionsbereich; *160, 163*

dot product: standard inneres Produkt, Standardskalarprodukt; *392, 429, 466*

double negation: doppelte Verneinung; *80*

duality law: Dualitätsgesetz; *73, 140*

E

edge: Seitenkante; *389*

composition of −s: Verknüpfung
von Abbildungen, Hintereinanderausführung von Abbildungen,
Komposition von Abbildungen;
175
extension of a −: Erweiterung einer
Abbildung; *173*
identity −: identische Abbildung;
174
inverse −: inverse Abbildung; *176*
linear −: lineare Abbildung; *406,
449, 472*
quotient −: Quotientenabbildung;
164
restriction of a −: Einschränkung
einer Abbildung; *172*
valuation −: Bewertungsfunktion;
261
mapping: Abbildung, Zuordnung; *160,
163, 165*
mathematical induction: vollständige Induktion; *46*
mathematical modeling: Mathematische Modellierung;
455
mathematical plane: mathematische
Ebene; *375*
mathematical structure: mathematische Struktur; *177,
196*
matrix: Matrix; *26*
rectangular −: rechteckige Matrix;
27
square −: quadratische Matrix; *27*
unit −: Einheitsmatrix; *214*
zero −: Nullmatrix; *214*
matrix inverse: inverse Matrix; *412*
matrix–vector product: Produkt
Matrix mit Vektor, Matrix–
Vektor–Produkt; *407*
maximum: Maximum; *159*
measure theory: Maßtheorie; *182*
method of proof: Beweismethode; *45*
metric: Metrik; *388*
Euclidean −: euklidische Metrik;
386, 430, 467
minimum: Minimum; *159*
monoid: Monoid; *216*

monoid homomorphism: Monoidhomomorphismus; *234*
monoid isomorphism: Monoidisomorphismus; *234*
monotone decreasing: monoton
fallend; *178*
monotone increasing: monoton
wachsend; *178*
multiplication: Multiplikation; *197*
componentwise −: komponentenweise Multiplikation; *369,
371*
scalar −: Skalarmultiplikation,
Multiplikation mit einem Skalar;
376, 414, 464
**multiplication of congruence
classes**: Multiplikation von
Restklassen; *202*
multiplication table:
Verknüpfungstabelle; *201*
multiplication with rounding:
Multiplikation mit Runden; *199*
**multiplicative commutative semi-
ring**: multiplikativ kommutativer
Halbring; *241*

N
NAND: NAND; *69*
natural order: natürliche Ordnung;
156
n-dimensional space: *n*-
dimensionaler Raum; *462*
n-dimensional vector: *n*-
dimensionaler Vektor; *462*
necessary: notwendig; *86*
negation: Negation; *68*
neutral element: neutrales Element;
213
norm: Norm; *391*
Euclidean −: euklidische Norm; *390,
430, 467*
normal distance: Normalabstand;
397, 441
normal form
conjunctive −: konjunktive
Normalform; *72*
disjunctive −: disjunktive Normalform; *71*

polar coordinates: Polarkoordinaten; *348*

polynomial: Polynom; *30, 242*
  coefficient of a –: Koeffizient eines Polynoms; *242*
  degree of a –: Grad eines Polynoms; *242*
  Lagrange –: Lagrangesches Interpolationspolynom; *358*

polynomial long division: Polynomdivision; *261*

poset: geordnete Menge; *155, 178*

positive definite: positiv definit; *329, 330, 387, 391, 393, 430, 432, 433, 467, 468, 469*

power set: Potenzmenge; *143, 185*

predicate: Prädikat; *94*

predicate logic: Prädikatenlogik; *94*

preimage: Urbild; *160, 166*

premise: Voraussetzung; *81*

prime: prim; *253*

prime element: Primelement; *253*

prime factorization: Primfaktorzerlegung; *251*

prime number: Primzahl; *20*

product: Produkt; *30*
  Cartesian –: Cartesisches Produkt; *144, 179*
  cross –: Kreuzprodukt, Vektorprodukt; *437*
  dot –: standard inneres Produkt, Standardskalarprodukt; *392, 429, 466*
  inner –: inneres Produkt; *392*
  matrix–vector –: Produkt Matrix mit Vektor, Matrix–Vektor–Produkt; *407*
  standard inner –: standard inneres Produkt, Standardskalarprodukt; *392, 429, 466*
  telescope –: Teleskopprodukt; *35*
  vector –: Kreuzprodukt, Vektorprodukt; *437*

product sign: Produktzeichen; *32*

proof: Beweis; *18*
  direct –: direkter Beweis; *20, 86*
  indirect –: indirekter Beweis; *22, 86*
  method of –: Beweismethode; *45*
  technical –: technischer Beweis; *107*

proof by induction: Induktionsbeweis; *46*

proper subset: echte Teilmenge; *130*

property: Eigenschaft; *217*

proposition: Proposition; *18*

prove: beweisen; *77*

Q

quaternions: Quaternionen; *359*

quotient map: Quotientenabbildung; *164*

quotient set: Quotientenmenge, Faktormenge; *152*

R

radius: Radius; *402, 446, 472*

Ramsey theory: Ramsey–Theorie; *282*

range: Wertebereich; *166, 170*

rational cut: rationaler Schnitt; *334*

ray: Strahl; *380, 417, 465*

real line: Zahlengerade; *320*

real part: Realteil; *348*

real sequence: reelle Zahlenfolge; *180*

real vector space: reeller Vektorraum; *476*

rectangular matrix: rechteckige Matrix; *27*

recursive definition: rekursive Definition; *34*

recursive form: rekursive Darstellung; *34*

reflexive: reflexiv; *147*

relation: Relation; *146*
  equivalence –: Äquivalenzrelation; *148*

relatively prime: relativ prim, teilerfremd; *255, 260*

remark: Bemerkung; *23*

representative: Repräsentant; *149, 203*

residue class: Restklasse, Kongruenzklasse; *155*

restriction of a map: Einschränkung einer Abbildung; *172*

result: Ergebnis; *200*

right divisor: Rechtsteiler; *248*

right identity: Rechtseinselement, rechtsneutrales Element; *213*

right inverse: rechtsinverses Element;
220
right zero divisor: Rechtsnullteiler;
249
ring: Ring; 242
  additive commutative semi–:
    additiv kommutativer Halbring;
    241
  commutative –: kommutativer
    Ring; 242
  commutative semi–: kommutativer
    Halbring; 241
  commutative – (with unit): kom-
    mutativer Ring mit Einselement;
    242
  multiplicative commutative
    semi–: multiplikativ kommuta-
    tiver Halbring; 241
  semi–: Halbring; 241
  sub–: Unterring, Teilring; 245
  trivial –: trivialer Ring; 243
  unit –: Ring mit Eins(element); 242
ring homomorphism: Ringhomomorphismus; 266
ring isomorphism: Ringisomorphismus; 266
ring with unit: Ring mit
Eins(element); 242
round: runden; 199
row vector: Zeilenvektor; 27, 377
Russell's paradox: Russellsche
Antinomie; 123, 190

S

satisfying: für die gilt; 126
scalar: Skalar; 371
scalar multiplication: Skalarmultiplikation, Multiplikation mit einem
Skalar; 376, 414, 464
scalar product: Skalarprodukt; 395
  standard –: standard inneres
    Produkt, Standardskalarprodukt;
    392, 429, 466
scale: skalieren; 371
semigroup: Halbgruppe; 211
semigroup homomorphism: Halbgruppenhomomorphismus;
234

semigroup isomorphism: Halbgruppenisomorphismus; 234
semiring: Halbring; 241
series connection: Serienschaltung;
66
set: Menge; 120
  basic –: Grundmenge; 200
  collection of –s: Mengenfamilie,
    Mengensystem; 133, 143
  empty –: leere Menge; 120, 129
  finite –: endliche Menge; 125, 180
  index –: Indexmenge; 35, 133
  infinite –: unendliche Menge; 126,
    180
  linearly ordered –: totalgeordnete
    Menge; 155
  partially ordered –: geordnete
    Menge; 155, 178
  po–: geordnete Menge; 155, 178
  power –: Potenzmenge; 143, 185
  proper sub–: echte Teilmenge; 130
  quotient –: Quotientenmenge,
    Faktormenge; 152
  sub–: Teilmenge; 129
  super–: Obermenge; 130
  trivial sub–: triviale Teilmenge; 130
  universal –: Universalmenge; 138
  Zermelo-Fraenkel – theory:
    Zermelo–Fraenkel–Mengenlehre,
    Mengenlehre nach Zermelo und
    Fraenkel; 188
set of all mappings: Menge aller
Abbildungen; 178
set of complex numbers: Menge der
komplexen Zahlen; 344
set of real numbers: Menge der
reellen Zahlen; 342
set product: Produktmenge; 144
sign: Vorzeichen, Signum; 328
simplex: Simplex; 471
skew: windschief; 420
skew field: Schiefkörper; 359
smallest non-Abelian group:
kleinste nicht abelsche Gruppe;
228
smallest non-cyclic group: kleinste
nicht zyklische Gruppe; 228
special case: Spezialfall; 250

sphere: Kugelfläche, Sphäre, Kugel;
445, 446, 472

square matrix: quadratische Matrix;
27

standard basis: Standardbasis; *379,
415, 464*

standard form of a line: Geradengleichung, Normalvektorform;
398

standard form of a plane: Ebenengleichung, Normalvektorform;
442

standard inner product: standard
inneres Produkt, Standardskalarprodukt; *392, 429, 466*

standard scalar product: standard
inneres Produkt, Standardskalarprodukt; *392, 429, 466*

statement: Aussage; *76*

straight line: Gerade; *380, 417, 465*

structure: Struktur; *119*

subfield: Unterkörper, Teilkörper; *275*

subgroup: Untergruppe; *231*

subring: Unterring, Teilring; *245*

subset: Teilmenge; *129*

substructure: Teilstruktur; *230*

successor: Nachfolger; *289, 293*

successor property: Nachfolgereigenschaft; *293*

sufficient: hinreichend; *86*

sum: Summe; *30*

summand: allgemeiner Summand; *30*

summation sign: Summenzeichen; *30*

superset: Obermenge; *130*

supremum: Supremum; *158*

supremum property: Supremums–
Eigenschaft; *321*

surjective: surjektiv; *168*

symmetric: symmetrisch; *148*

symmetric difference: symmetrische
Differenz; *136*

symmetry: Symmetrie; *387, 393, 430,
433, 467, 469*

T

tautology: Tautologie; *93*

technical proof: technischer Beweis;
107

telescope product: Teleskopprodukt;
35

telescope sum: Teleskopsumme; *35*

term: Begriff; *200*

tetrahedron: Tetraeder; *445*

theorem: Satz, Theorem; *18*

three dimensional space: Anschauungsraum; *413*

total order: Totalordnung; *155*

transcendental number: transzendente Zahl; *328*

transformation: Transformation; *165*

transitive: transitiv; *147*

translation: Translation; *196*

triangle: Dreieck; *389, 445*

triangle inequality: Dreiecksungleichung; *329, 387, 391, 432, 433,
468, 469*

trivial: trivial; *40, 111*

trivial divisor: trivialer Teiler; *20*

trivial group: triviale Gruppe; *225*

trivial ring: trivialer Ring; *243*

trivial subgroup: triviale Untergruppe; *231*

trivial subset: triviale Teilmenge; *130*

truth table: Wahrheitstafel; *77*

(two-sided) inverse: inverses
Element; *221*

U

unbounded interval: unendliches
Intervall; *157*

uncountable: überabzählbar; *185*

union: Vereinigungsmenge, Vereinigung; *132*

unique: eindeutig; *98*

unit: Einheit; *246*

unit matrix: Einheitsmatrix; *214*

unit ring: Ring mit Eins(element); *242*

unit vector: normierter Vektor,
Einheitsvektor; *391, 432, 468*

universal quantifier: Allquantor; *95*

universal set: Universalmenge; *138*

upper bound: obere Grenze, obere
Schranke; *30, 157*

V

valuation map: Bewertungsfunktion;
261

Mathematische Symbole

© Springer-Verlag GmbH Deutschland, ein Teil von Springer Nature 2018
H. Schichl, R. Steinbauer, *Einführung in das mathematische Arbeiten*,
https://doi.org/10.1007/978-3-662-56806-4

Theoreme, Propositionen, Lemmata, Korollare

Beispiele

Index

Wichtige Schriften

Tabelle 1: Griechisches Alphabet

klein	groß	Name	klein	groß	Name
α	A	Alpha	ν	N	Ny
β	B	Beta	ξ	Ξ	Xi
γ	Γ	Gamma	o	O	Omikron
δ	Δ	Delta	π	Π	Pi
ε, ϵ	E	Epsilon	ρ, ϱ	P	Rho
ζ	Z	Zeta	σ, ς	Σ	Sigma
η	H	Eta	τ	T	Tau
ϑ, θ	Θ	Theta	υ	Y	Ypsilon
ι	I	Iota	φ, ϕ	Φ	Phi
$\kappa, \varkappa$	K	Kappa	χ	X	Chi
λ	Λ	Lambda	ψ	Ψ	Psi
μ	M	My	ω	Ω	Omega

Tabelle 2: Die ersten vier hebräischen Buchstaben

	Name		Name
א	Aleph	ב	Beth
ג	Gimel	ד	Daleth

Tabelle 3: Kalligraphische und Frakturbuchstaben

kalli-graphisch	Fraktur klein	groß	Name	kalli-graphisch	Fraktur klein	groß	Name
$\mathcal{A}$	a	$\mathfrak{A}$	A	$\mathcal{N}$	n	$\mathfrak{N}$	N
$\mathcal{B}$	b	$\mathfrak{B}$	B	$\mathcal{O}$	o	$\mathfrak{O}$	O
$\mathcal{C}$	c	$\mathfrak{C}$	C	$\mathcal{P}$	p	$\mathfrak{P}$	P
$\mathcal{D}$	d	$\mathfrak{D}$	D	$\mathcal{Q}$	q	$\mathfrak{Q}$	Q
$\mathcal{E}$	e	$\mathfrak{E}$	E	$\mathcal{R}$	r	$\mathfrak{R}$	R
$\mathcal{F}$	f	$\mathfrak{F}$	F	$\mathcal{S}$	s	$\mathfrak{S}$	S
$\mathcal{G}$	g	$\mathfrak{G}$	G	$\mathcal{T}$	t	$\mathfrak{T}$	T
$\mathcal{H}$	h	$\mathfrak{H}$	H	$\mathcal{U}$	u	$\mathfrak{U}$	U
$\mathcal{I}$	i	$\mathfrak{J}$	I	$\mathcal{V}$	v	$\mathfrak{V}$	V
$\mathcal{J}$	j	$\mathfrak{J}$	J	$\mathcal{W}$	w	$\mathfrak{W}$	W
$\mathcal{K}$	k	$\mathfrak{K}$	K	$\mathcal{X}$	x	$\mathfrak{X}$	X
$\mathcal{L}$	l	$\mathfrak{L}$	L	$\mathcal{Y}$	y	$\mathfrak{Y}$	Y
$\mathcal{M}$	m	$\mathfrak{M}$	M	$\mathcal{Z}$	z	$\mathfrak{Z}$	Z

Springer

Willkommen zu den Springer Alerts

Jetzt anmelden!

- Unser Neuerscheinungs-Service für Sie:
  aktuell *** kostenlos *** passgenau *** flexibel

Springer veröffentlicht mehr als 5.500 wissenschaftliche Bücher jährlich in gedruckter Form. Mehr als 2.200 englischsprachige Zeitschriften und mehr als 120.000 eBooks und Referenzwerke sind auf unserer Online Plattform SpringerLink verfügbar. Seit seiner Gründung 1842 arbeitet Springer weltweit mit den hervorragendsten und anerkanntesten Wissenschaftlern zusammen, eine Partnerschaft, die auf Offenheit und gegenseitigem Vertrauen beruht.

Die SpringerAlerts sind der beste Weg, um über Neuentwicklungen im eigenen Fachgebiet auf dem Laufenden zu sein. Sie sind der/die Erste, der/die über neu erschienene Bücher informiert ist oder das Inhaltsverzeichnis des neuesten Zeitschriftenheftes erhält. Unser Service ist kostenlos, schnell und vor allem flexibel. Passen Sie die SpringerAlerts genau an Ihre Interessen und Ihren Bedarf an, um nur diejenigen Information zu erhalten, die Sie wirklich benötigen.

Mehr Infos unter: springer.com/alert

Printed in the United States
By Bookmasters